普通高等教育"十一五"国家级规划教材
普通高等教育农业农村部"十三五"规划教材
全国高等农林院校"十三五"规划教材
全国高等农林院校教材经典系列
全国高等农林院校教材名家系列

试验统计方法

第五版

盖钧镒　管荣展 ◎ 主编

中国农业出版社
北 京

内容简介 ●●●

　　科学研究进入大数据时代，试验统计方法是基本课程。《试验统计方法》（第五版）供与植物生产有关的专业，包括农学、植物科学与技术、种子科学与工程、园艺、草业科学、植物保护、生物技术、农业资源与环境等专业使用。内容包括 16 章，可分为 7 个单元。第一单元在介绍科学研究基本过程、试验方案制订和试验误差及其控制的基础上进一步讲述田间试验的误差来源、土壤差异和控制误差的小区技术、试验设计、实施规则以及试验数据的获取。第二单元从样本试验数据最基本的描述统计开始，进而介绍研究对象总体的理论分布、统计数的抽样分布及统计数的理论概率。第三单元在误差理论的基础上引入通过假设测验进行统计推断的基本方法，介绍平均数比较的 u 测验和 t 测验，然后进一步介绍 F 测验和 χ^2测验及其应用，包括计量数据的方差分析和计数数据的统计分析等。第四单元进入 2 个及 2 个以上变数间关系的分析，包括一元回归和相关、多元回归和相关及曲线回归。第五单元为方差分析的进一步应用，介绍单因素试验、多因素试验及不完全区组试验结果的统计分析。第六单元为总体参数估计方法和样本个体的聚类方法，是现代遗传分析中的基础知识。最后于第七单元介绍应用于调查研究的抽样调查方法、抽样结果的统计分析以及抽样方案的设计。本书内容（1）兼顾田间试验和实验室试验两方面的需求，在试验设计与分析和分子生物学数据分析两方面都做了安排，读者可以根据所学专业选择重点学习内容；（2）采用非数学性的方法叙述，深入浅出便于理解，并将回归的矩阵解法引入第五单元各类试验设计的分析，和 SAS 软件的应用相结合，以简化复杂试验设计的方差分析方法；（3）着重介绍方法和应用，每种方法均配有例题，可供比照使用。

　　本书内容有伸缩性，可供田间试验和统计方法、生物统计学、试验设计等不同课程使用。本书可以作为本科生、大专生的教材，研究生的参考书，也可供有关专业的教师、学生和研究人员参考应用。本教材配套的在线开放课程"生物统计学"获得了国家精品在线开放课程认定（https：//www.icourse163.org/learn/NJAU‐1001754031），读者可以参考。

谨将本书献给

《田间试验和统计方法》第一版和第二版主编马育华教授

本书同时献给

前四版的全体编审成员

第五版修订者

主　　编　　盖钧镒（南京农业大学）

　　　　　　管荣展（南京农业大学）

参　　编　　顾世梁（扬州大学）

　　　　　　智海剑（南京农业大学）

　　　　　　韩立德（安徽农业大学）

　　　　　　贺建波（南京农业大学）

第一版编审者

主　　编　　马育华（南京农学院）

参　　编　　周承钥（浙江农业大学）

　　　　　　盛承师（湖南农学院）

　　　　　　卢宗海（北京农业大学）

　　　　　　莫惠栋（江苏农学院）

　　　　　　李佐坤（华中农学院）

　　　　　　孙广芝（吉林农业大学）

审　　稿　　除上述同志外，尚有：

　　　　　　邱　厥（西南农学院）

　　　　　　范　濂（河南农学院）

　　　　　　王鸿钧（西北农学院）

　　　　　　韩承伟（内蒙古农牧学院）

　　　　　　孙直夫（安徽农学院）

　　　　　　张全德（浙江农业大学）

　　　　　　翟婉萱（沈阳农学院）

　　　　　　姜藏珍（山西农学院）

　　　　　　林德光（华南热带作物学院）

第二版修订者

主　　编　马育华（南京农业大学）

参　　编　卢宗海（北京农业大学）

　　　　　莫惠栋（江苏农学院）

　　　　　盖钧镒（南京农业大学）

　　　　　张全德（浙江农业大学）

　　　　　马泽仁（南京农业大学）

审　　稿　除上述人员外，尚有：

　　　　　周承钥（浙江农业大学）

　　　　　范　濂（河南农学院）

　　　　　翟婉萱（沈阳农业大学）

　　　　　姜藏珍（山西农业大学）

第三版修订者

主　　编　盖钧镒（南京农业大学）

参　　编　翟虎渠（南京农业大学）

　　　　　胡蕴珠（南京农业大学）

　　　　　蒯建敏（扬州大学）

　　　　　管荣展（南京农业大学）

　　　　　章元明（南京农业大学）

审　　稿　潘家驹（南京农业大学）

　　　　　孔繁玲（中国农业大学）

第四版修订者

主　编　盖钧镒（南京农业大学）

参　编　管荣展（南京农业大学）

　　　　　顾世梁（扬州大学）

　　　　　智海剑（南京农业大学）

　　　　　金文林（北京农学院）

　　　　　韩立德（安徽农业大学）

第五版前言

《试验统计方法》作为农科院校的教材，原名《田间试验和统计方法》，2000年第三版时更用现名。当时因为高等农林院校发展了植物生产及其生物学基础类专业（农学、种子科学与工程、园艺、草业科学、植物保护、生物技术、农业资源与环境、植物科学与技术等），都需要修读试验研究和统计方法课程，这些专业的研究并不限于田间，许多都在实验室，因而课程的内容需要从田间试验拓展到实验室试验，课程的名称相应地也必须适应这个需求。现在看来，本书改名是适当的。因为植物生产与生命科学类专业在扩展，试验研究由田间扩展到温室、网室和实验室；大学教材需要有宽的知识面，便于提供课堂授课与自学结合的主动学习的机会；尤其因为农业的两大研究手段都跨入了大数据的行列，一是与作物基因型相关的分子生物学和基因组学，一是与作物表型测定有关的光谱和遥感技术。从大数据整理分析中做出严密的推论，试验统计方法是最基本的课程。

《田间试验和统计方法》教材是在马育华教授和他的同事们从事"生物统计"和"田间试验技术"教学时编写教材的结晶，最早是1960年的油印本，1979由马育华教授组织专家集体编写作为全国高等农业学校统编教材出版，后于1985年修订再版一次。《试验统计方法》作为《田间试验和统计方法》的重编版，沿用了《田间试验和统计方法》内容体系的框架，加进了适于不同专业的应用例题，更改了书名。

植物生产类科学及生物学基础的研究涉及多层次的试验，实验室的试验是基础性研究所必需的，温室、网室的试验是应用性基础研究常用的，田间试验是研究结果走向大田应用的桥梁，抽样调查是在非严格控制条件下的抽样试验。不论哪个层次的试验，统计分析的基本原理是相同的，但不同对象有千变万化的应用方式和内涵，研究工作者要善于运用不同层次的试验探索由浅入深的科学问题，又能够将研究的理性成果反馈到植物生产的实际。

鉴于以上理解,《试验统计方法》修订时做了如下考虑:(1)教学对象为植物生产及生物学基础类有关专业,包括农学、植物科学与技术、种子科学与工程、园艺、草业科学、植物保护、生物技术、农业资源与环境等。(2)以田间试验和统计方法为重点,但注意到温室、网室和实验室试验的应用与需求。(3)教材在内容上有伸缩性,以便各院校各专业开设不同学时的课程有选择的余地。为兼顾不同专业需要适当扩充内容,并注意例题要兼顾各专业,通过例题启发在不同专业领域的应用。(4)为便于植物生产类及有关专业学生的阅读,本教材的写法是非数学性的,要求易于理解和体会。

按照上述编写原则,本教材在写作上做了以下几方面安排:(1)保持原有绪论、田间试验设计与实施、描述统计、统计推断、方差分析、χ^2 测验、参数估计方法、直线回归与相关、多元回归、曲线回归、单因素试验统计分析、多因素试验统计分析、不完全区组试验统计分析、抽样方法等基本框架;(2)将原直线回归与相关一章中的协方差分析转到单因素试验统计分析一章;(3)单因素试验一章随机区组和拉丁方设计的分析(包括协方差分析)按常规公式介绍平方和的分解与计算后,引进了方差分析的多元回归矩阵解法,并将 SAS 软件的 ANOVA、GLM 程序用于以后多因素试验和不完全区组试验的分析,但为便于和公式解法相比较,在以矩阵解法为主时仍将平方和公式列出;(4)将原"参数估计方法"改为"简单分布和混合分布的参数估计方法",其中增加混合分布参数估计内容为学生理解基因、QTL 定位的统计分析方法提供基础知识。将此章和"聚类分析"一章移到后面作为第十三章和第十四章,使基本统计推断框架保持连续;(5)适应现代计算机教学的发展,全书例题及有关部分均列出了 SAS 统计软件应用的提示,并纳入附录中;(6)增加内容,但尽量简化文字,适当减小篇幅。

本教材由第四版各位编者完成各原编章节的修订,新增贺建波新编了简单分布和混合分布的参数估计方法一章中的混合分布一节。在初稿基础上由盖钧镒和管荣展进行贯穿统稿工作,包括实习指南、附表、附录(SAS 简介与范例)、索引与术语、参考书目的核对修订等,这是一项繁复的保证全书连贯平衡的工作。定稿过程中为使全书进一步贯穿、均衡又不过多增加篇幅,内容上做了适当调整和增删。定稿过程中做了较多的更动,主编感谢各位参编人员的理解,惠允变更和割爱。

尽管修订这本教材的期限是宽裕的,但各位编者的教学、研究工作均繁忙,因而成稿还是很匆促的;对教材内容做的调整也只是一种尝试,有待实践的检验；加上水平有限，书稿中必然还存在许多缺点、错误和不足之处，恳请各位读者随时指正，以便再次修订时改进。

盖的缇

2020 年 2 月

第一版前言

　　田间试验和统计方法是农学的专业基础课。根据全国高等农业院校农学专业教育计划，本课程的教学要求，首先，学习有关田间试验的基本知识，了解在进行试验过程中选用试验方案、控制试验误差以及设计和实施试验的一些基本方法。其次，学习有关试验数据分析的基本技能，例如整理试验数据和计算平均数、变异数等，从而对试验所获结果有一个数量概念。第三，学习有关从试验数据进行归纳的统计推断原理和程序，从而对于样本与总体的关系以及试验的偶然因素性质有一个清楚概念，因而能对试验结果做出科学的结论。

　　在编写过程中，参加同志除多次讨论了本课程的教学要求外，也讨论了深度、广度。认为在广度方面必须介绍田间试验的基本概念和与田间试验有密切联系而又广泛应用的统计方法两个部分。在深度方面则必须介绍田间试验和统计的基本知识和技能，便于进行科学试验；介绍近代试验统计理论而又密切联系我国当前田间试验的实际需要，为科技的现代化提供研究手段；介绍着重于删繁就简，清晰易懂的统计内容，而不计较于数学公式的推导等。根据这些原则来指导编写本教材的具体内容。

　　本课程内容共分 12 章。第一章田间试验的基本概念，着重讲述田间试验的任务、类型和有关试验误差、试验方案等。第二章提出试验数据的整理方法，例如制作次数分布表和分布图以及计算平均数、变异数等描述性质的统计方法。第三章从理论上讲述变数的理论分布（包括二项式分布和正态分布）、统计数的抽样分布（包括样本平均数及其差数的抽样分布），使学生学习后在统计推断上有了理论基础；概率的基本概念也在本章开始时讲授。第四章的统计假设测验和第五章的方差分析则是应用了科学的归纳方法，从样本推断总体的主要统计方法；从这两章讲授了主要的统计假设测验方法，例如 u 测验、t 测验和 F 测验。第六章、第七章和第八章共 3 章则介绍了当前田间试验常用的试验设计及其原理，以及田间布置、实施的具体内容；试验结果的分析方法，包括单因素试验（第七章）和多因素试验（第八章）的分析，同时也介绍了目前常用的正交设计及其分析。第九章和第十章两章介绍两个及多个变数的关系的统计方法，包括两个变数的直线回归与相关、多个变数的线性回归与相关。第十一章讲述次数数据的分析方法；由于本章讲及 χ^2 分布的应用，因之也解释变异数的测验和比较方法。至此，统计方法中 4 种主要统计测验：u 测验、t 测验、F 测验和 χ^2 测验均已一一介绍。第十二章讲授田间抽样的基本概念和分析方法。书后附有统计用表 14 个以及统计符号解释等。

　　全书要求学生具有高中水平的数学基础（仅有几处提及微积分概念）和一定的农学知识。由于本书是一本教科书，为使学生切实掌握基本要领和计算技能，书中有较多例题说明，并在每章之末附有习题，计算题则附有答案，便于习题课采用或作为课外练习用。

　　考虑到本课程的教学时间，一般院校可仅讲授 10 章，而将第十章"多元回归和相关"和第十二章"田间抽样"作为参考资料，但是，有条件的院校也可以加讲这两章。另外，在各章有些较困难节、段则标以"*"号，讲授时将其略去也不失全书的系统性。这样，在一个学期内（周学时 4 小时）可以授完本课。

　　本书如有错误或不确切之处，恳请批评指正，以便日后修改。

编　者

1978 年 10 月

第二版前言

《田间试验和统计方法》教材自1979年发行在全国各高等农业院校试用以来，已历时4年有余，在试用过程中积累了不少教学经验。随着高等农业教育、科研和生产实践的不断发展，为了进一步完善教材内容，主编单位南京农业大学受农牧渔业部的委托，组织成立了《田间试验和统计方法》教材修订编审小组，负责在原教材的基础上修编第二版《田间试验和统计方法》。一年来，编审小组收集了20多所高等农业院校意见，普遍认为本教材是一本既有理论阐述又有实践内容，比较完整、系统，内容比较丰富的教材，但也认为为了使教材更符合当前学科的普遍水平业已提高的情况，满足学科发展的需要，使之继续保持科学性、系统性和现代性，更臻完善，需及早进行修订。编审小组根据这些意见和本学科当前的进展，对原教材进行了全面的修订。修订本仍保持原来章目共12章，但其中有些章节系新编，如增添了第三章理论分布的泊松分布，第六章的条区、再裂区试验设计，第十章的多元回归方程和正规方程组的矩阵解法等；有的删旧布新，例如第八章删去正交试验设计和统计分析，增编了条区试验与再裂区试验及多年、多点的联合区域试验的统计分析方法，第十二章删去了两级抽样和多级抽样等；有的在章节的内容安排上做了一定的调整，并普遍地加强了田间试验和统计分析方法的基本原理阐述和与实际应用的联系，对各章所附习题亦做了些改动。此外，还增附了田间试验和统计术语的英汉对照和进一步学习的参考书目，供读者参阅。

本次教材由北京农业大学修订第四章和第五章，江苏农学院修订第九章和第十章，浙江农业大学修订第一章和第六章，南京农业大学修订第二章、第三章、第七章、第八章、第十一章和第十二章。在本次教材审稿时承蒙参加审稿的教授、专家们提出了很多宝贵的意见。在审稿和定稿过程中，得到了浙江农业大学的热情协助，在此谨表由衷的感谢。由于时间仓促，水平有限，本教材从形式到内容都还会存在着许多缺点和不足之处，恳望广大师生和各方面的读者不吝珠玉，随时指正，以便再次修订时改进。

编　者
1985 年 6 月

第三版前言

《田间试验和统计方法》教材自1979年出版发行并在全国农业院校试用以来，已有20年的使用经历。其间于1985年修订再版一次，前后二版发行量近40万册。这本教材得到教学、科研单位师生和研究人员的广泛接纳、应用，说明了它在人才培养、研究工作中起过重要作用，因而获得了1996年农业部优秀教材一等奖和1997年国家级教学成果一等奖。

根据教育部规定，随着时代的发展，教材要定期修订、重编，以适应新时代的需要。教学改革的发展，趋向拓宽专业面。教育部对高等教育专业目录做了新的调整，对教材提出了新的要求。农业部科教司决定将《田间试验和统计方法》重编，并纳入了教育部的"国家重点教材建设"和"面向21世纪课程教材"计划。

接受《田间试验和统计方法》重编任务后，聘请了多年从事这门课程教学和研究的专家组成编写小组。经广泛的调查研究确定了重编这本教材的一些原则性意见，包括（1）教学对象从农学专业扩展为植物生产类有关专业，包括农学、园艺、草业、植物保护、生物技术、农业资源与环境等。（2）田间试验是植物生产类专业最基本的科学实验，尽管现代农业科学研究采用了大量的温室及实验室的试验，但田间试验仍是最重要的，因此本教材的内容仍侧重在田间试验和统计方法上，但注意到实验室的应用。（3）教材在内容上有伸缩性，以便各校各专业开设不同学时的课程有选择的余地。为兼顾不同专业需要适当扩充内容。并注意通过例题启发在不同专业领域的应用。（4）为便于植物生产类及有关专业学生的阅读，本教材的写法是非数学性的，要求易于理解和体会。

按照上述编写原则，本教材在总体框架和写作上做了以下几方面的调整：（1）增设绪论一章介绍科学试验的基本概念，将田间试验的设计与实施，由原第一章和第六章合为一章；（2）保持原有描述统计、统计推断、相关回归、田间试验设计和分析、χ^2测验、抽样方法等基本框架；（3）增加参数估计方法、曲线回归、不完全区组设计和统计分析等 3 章；（4）在 χ^2 应用、回归分析、多因素试验、抽样调查方面扩展应用内容，其中为说明混杂设计的方法将第一版中曾有的正交试验法改写后重新纳入本书；（5）增加内容，但不增加太多篇幅，文字力求简明；（6）适应现代计算机教学的发展，增编 SAS 统计软件应用的附录；（7）为加强实践教学增加了"实习指南"供选用，同时还增加了习题的数量；（8）符号体系及术语在第一版和第二版基本上进一步规范化；将试验处理看作自变量，试验数据看作依变量并统以 y 表示。

本教材的名称直到完稿时才决定采用原名的简称《试验统计方法》，其原因一是简化后便于称呼，二是更切合于不同专业的需要。这只是一次尝试，是否妥当有待实践的检验。

本教材第一章、第七章、第十四章和第十五章由盖钧镒，第二章、第六章和第十二章由胡蕴珠，第三章、第四章和第五章由翟虎渠，第八章和第十三章由管荣展，第九章、第十章和第十一章及实习指南由删建敏编写或修订，插图及 SAS 简介由管荣展编制，其他附表、附录、索引由管荣展、章元明编写、修订。全书由盖钧镒、章元明负责统稿，最后由主编定稿。定稿过程中为保证全书贯穿平衡，内容上做了适当调整和增删。本教材的编写是全体编者和工作人员共同努力的结果，感谢全体人员的相互配合和共同努力。特别要感谢两位审稿专家在百忙中不辞辛劳，对文稿提出了许多宝贵意见，使教材更趋完善。还要感谢何小红同志在教材汇编定稿打印过程中所做出的贡献，由于他细致踏实的工作，使本教材在格局、体例、术语、符号上尽可能保持一致。

在本教材即将完稿付印的时候，编者特别怀念本书的第一版和第二版主编马育华教授。本书的基本框架是马育华教授数十年从事试验统计教学工作的结晶，同时也是前两版编写组人员共同努力的结果。感谢他们为本书的重编奠定了良好的基础。

尽管编写这本教材的时间是充裕的，但成稿还是很匆促的，对教材内容做的调整也只是一种尝试，有待实践的检验，加上主编水平有限，书稿中还存在许多缺点、错误和不足之处，恳请各位读者随时指正，以便再次修订时改进。

盖钧镒

1999 年 12 月

第四版前言

　　《试验统计方法》第三版自 2000 年出版发行并在全国农业院校使用以来，又已逾 12 年，印数约 10 万。这期间国内种植业与生命科学的教育飞速发展，尤其分子生物学和种业领域的研究激发了对试验统计知识的需求。现在看来，书名由《田间试验和统计方法》改为《试验统计方法》是适当的。因为植物生产与生命科学类专业在扩展，试验研究由田间扩展到温室、网室和实验室；大学教材需要有拓宽的知识面，便于提供课堂授课与自学结合的主动学习的机会。

　　《田间试验和统计方法》教材是在马育华教授和他的同事们从事"生物统计"和"田间试验技术"教学时编写教材的结晶，最早是 1960 年的油印本，1978 年由马育华教授组织专家编写作为全国高等农业学校统编教材出版，后于 1985 年修订再版，前后二版发行量近 40 万册。《试验统计方法》是《田间试验和统计方法》的重编版，沿用了《田间试验和统计方法》内容体系的框架，加进了适于不同专业的应用例题。2012 年 10 月 12 日是马育华教授百年诞辰，为纪念马育华教授主持的编写组对这本教材所做的开创性工作，本届编写组谨将这次修订本的出版作为向马育华教授和历届编写组的献礼。

　　植物生产类科学及生命科学基础的研究涉及多层次的试验，实验室的试验是基础性研究所必需的，温室、网室的试验是应用性基础研究常用的，田间试验是研究结果走向大田应用的桥梁，抽样调查是在非严格控制条件下的抽样试验。不论哪个层次的试验，统计分析的基本原理是相同的，但不同对象有千变万化的应用方式和内涵，研究工作者要善于运用不同层次的试验探索由浅入深的科学问题，又能够将研究的理论成果反馈到植物生产的实际。

　　鉴于以上的理解，本次修订做了如下考虑：（1）教学对象为植物生产及生物学基础类有关专业，包括农学、种子科学与工程、园艺、草业科学、植物保护、生物技术、农业资源与环境、植物科学与技术等。（2）以田间试验和统计方法为重点，但注意温室、网室和实验室试验的应用与需求。（3）教材在内容上有伸缩性，以便各校各专业开设不同学时的课程有选择的余地。为兼顾不同专业需要适当扩充内容，并注意例题要兼顾各专业，通过例题启发在不同专业领域的应用。（4）为便于植物生产类及有关专业学生的阅读，本教材的写法是非数学性的，要求易于理解和体会。

按照上述编写原则，本次修订在写作上做了以下几方面安排：（1）保持原有绪论、田间试验设计与实施、描述统计、统计推断、方差分析、χ^2测验、参数估计方法、直线回归与相关、多元回归、曲线回归、单因素试验统计分析、多因素试验统计分析、不完全区组试验统计分析、抽样方法等基本框架；（2）增设种质资源和分子数据常用的"聚类分析"一章；（3）将原直线回归与相关一章中的协方差分析转到单因素试验的统计分析一章；（4）单因素试验一章随机区组和拉丁方设计的分析（包括协方差分析）按常规公式介绍平方和的分解与计算后，引进了方差分析的多元回归矩阵解法，并将 SAS 软件的 ANOVA、GLM 程序用于以后多因素试验和不完全区组试验的分析，但为便于和公式解法相比较，在以矩阵解法为主时仍将平方和公式列出，引进方差分析的矩阵解法是本次修订的最主要内容；（5）适应现代计算机教学的发展，全书例题及有关部分均列出了 SAS 统计软件应用的提示，并纳入附录中；（6）增加内容，但尽量简化文字，适当减小篇幅。

本次修订工作，令人伤感的是北京农学院的金文林教授英年早逝，他对所分配的任务曾想做较大的修改，病中还在做努力，但未完成；他的夫人从电脑中找到了未竟草稿，后交由安徽农业大学韩立德续完初稿。本教材第一章、第七章、第十五章和第十六章由盖钧镒修订，第二章和第三章由智海剑修订，第四章、第五章、第八章和第十四章由管荣展修订，第六章和第十三章由金文林和韩立德修订，第九章、第十章和第十一章由顾世梁完成修订初稿，第十二章由顾世梁新编初稿。在初稿基础上需要做好前后贯穿统稿工作，以求全书格调一致。韩立德参加了部分章节的统稿，主要的统稿工作由管荣展完成，包括实习指南、附表、附录（SAS 简介与范例）、索引与英汉术语对照表、主要参考文献的核对修订等，这是一项繁复的保证全书连贯平衡的工作。全书由主编会同管荣展定稿，定稿过程中为使全书进一步贯穿、均衡又不增篇幅，内容上做了适当调整和增删。将协方差分析从第九章转到第十三章；第十二章初稿中有关动态聚类部分暂未编入；第十三章中方差分析的平方和分解在公式解法基础上引入方差分析的矩阵解法；第十四章中多因素试验以基于矩阵模型的软件计算为主，配有公式备用，混杂设计试验完全纳入正交设计；第十五章不完全区组试验完全改为矩阵解法；第十六章抽样调查例题配以 SAS 软件解法。定稿过程中做了较多的更改，主编感谢各位参编人员的理解，惠允变更和割爱。这次修订、完稿是全体编者和工作人员相互配合、共同努力的结果。

尽管修订这本教材的时间是宽裕的，但各位编者的教学、研究工作均繁忙，因而成稿还是很匆促的；对教材内容做的调整也只是一种尝试，有待实践的检验；加上水平有限，书稿中必然还存在许多缺点、错误和不足之处，恳请各位读者随时指正，以便再次修订时改进。

2013 年 3 月

目 录

本教材可供植物生产及生物学各相关专业相应课程使用，建议的课程计划如下：

课程学习期限	建议学习内容	建议学时数
两个学期	第一学期：1、3、4、5、6、7、8、9、10、14、15	60～70
	第二学期：2、11、12、13、16	40
一个学期	1、2、3、4、5、6、7、8、9*、11、12*、13*	60～70
一个学期	1、2*、3、4、5、6、7、8、9*、10、11*、14、15	60～70
短期课程	1、2、3、4、5、6、8、9*、11*、12*	40～50
短期课程	1、2*、3、4、5、6、7、9*、11*、15	40～50

注：①有＊号的章可选讲部分内容。②建议学习内容中的"1"代表第一章，其余类推。

第一章

绪论——科学试验及其误差控制

第一节　科学研究与科学试验

一、农业和生物学领域的科学研究

科学研究是人类认识自然、改造自然、服务社会的原动力。农业和生物学领域的科学研究推动了人们认识生物界的各种规律，促进人们发掘出新的农业技术和措施，从而不断提高农业生产水平，改进人类生存环境。自然科学中有两大类科学，一类是理论科学，一类是实验科学。理论科学研究主要运用推理，包括演绎和归纳的方法。实验科学研究要运用推理方法但还必须通过周密设计的试验提供事实作为推理的依据。农业和生物学领域中与植物生产有关的专业包括农学、植物科学与技术、园艺、草业科学、种子科学与工程、植物保护、生物技术、农业资源与环境等，所涉及的学科大都是实验科学。这些领域中科学实验的方法主要有两类，一类是抽样调查，另一类是科学试验。生物界千差万别，变化万端，要准确地描述自然，通常必须通过抽样的方法，使所做的描述具有代表性。同理，要准确地获得试验结果，必须严格控制试验条件，使所比较的对象间尽可能少受干扰而能把差异突出地显示出来。

二、科学研究的基本过程和方法

（一）科学研究的基本过程

科学研究的目的在于探求新的知识、理论、方法、技术和产品。基础性研究或应用基础性研究在于揭示新的知识、理论和方法；应用性研究则在于获得某种新的技术或产品。在农业科学领域中不论是基础性研究还是应用性研究，基本过程均包括 3 个环节：①根据本人的观察（了解）或前人的观察（通过文献）对所研究的命题形成一种认识或假说；②根据假说所涉及的内容安排相斥性试验或抽样调查；③根据试验或调查所获的数据资料进行分析、推理，肯定或否定或修改假说，从而形成结论，或开始新一轮试验以验证修改完善后的假说，如此循环发展，使所获得的认识或理论逐步发展、深化。

（二）科学研究的基本方法

1. 选题　科学研究的基本要求是探索、创新。研究课题的选择决定了该项研究创新的潜在可能性。优秀的科学研究人员主要在于选题时的明智，而不仅仅在于解决问题的能力。最有新意的研究是去开拓前人还未涉及过的领域。不论是理论性研究还是应用性研究，选题时都必须明确其意义或重要性，理论性研究着重看所选课题在未来学科发展上的重要性，而应用性研究则着重看其对未来生产发展的作用和潜力。

科学研究不同于平常一般的工作，它需要进行独创性思维。因此要求所选的课题使研究者具有强烈的兴趣，促进研究者心理状态保持十分敏感。反之，若所选的课题并不激发研究者的兴趣，那么这项研究是难以获得新颖的见解和成果的。有些课题是资助者设定的，这时研究者必须认真体会它的确实意义并激发出对该项研究的热情和信心。

2. 文献　科学的发展是累积性的，每一项研究都是在前人建筑的大厦顶层上添砖加瓦，这就首先要登上顶层，然后才能增建新的楼层。文献便是把研究工作者推到顶层，掌握大厦总体结构的通道。选题要有文献的依据，设计研究内容和方法更需文献的启示。查阅文献可以少走弯路，所花费的时间将远远能被因避免重复、避免弯路所节省的时间所补偿，绝对不要吝啬查阅文献的时间和功夫。

科学文献随着时代的发展越来越丰富。百科全书是最普通的资料来源，它对于进入一个新领域的最初了解是极为有用的。文献索引是帮助科学研究人员进入某一特定领域做广泛了解的重要工具。专业书籍可为所进入的领域提供一个基础性了解。评论性杂志可使科学研究人员了解有关领域里已取得的主要成绩。文摘可帮助研究人员查找特定领域研究的结论性内容，从而跟上现代科学前进的步伐。科学期刊和杂志登载最新研究的论文，它介绍一项研究的目的、材料、方法以及由试验资料推论到结果的全过程。优秀的科学论文，可给人们以研究思路和方法上的启迪。

各个有实力的研究机构都十分重视图书、期刊和其他文献的搜集，图书馆是研究人员工作的一个关键场所。现代通信和网络技术的发展，使一些期刊和其他杂志通过网络为研究人员提供服务，现在计算机及网络系统已经是文献探索的主要工具。

3. 假说　在提出一项课题时，对所研究的对象总有一些初步的了解，有些来自以往观察的累积，有些来自文献的分析。因而围绕研究对象和预期结果之间的关系，研究者常已有某种见解或想法，即已构成了某种假说（hypothesis），而须通过进一步的研究来证实或修改已有的假说。一项研究的目的和预期结果总是和假说相关的，没有形成假说的研究，常常是含糊的、目的性不甚明确的。即便最简单的研究，例如进行若干个外地品种与当地品种的比较试验，实际上也有其假说，即"某地引入种可能优于当地对照种"，只不过是这类研究的假说比较简单而已。

简单的假说只是某些现象的概括；复杂的假说则要进一步设定各现象之间的联系，这种联系可能是平行的，也可能是因果的，复杂的假说中甚至还可能包含类推关系。例如数量性状遗传由多个微效基因控制，称为多基因假说；进一步可以假设多基因体系中各基因效应不同，有的表现为主效基因，有的表现为微效基因，这称为主基因-微基因假说；再进一步还可以假设多基因体系中各主效基因和微效基因在不同环境下表现效应不同，这就是主效基因和微效基因可以转换的泛主基因-微基因假说。这是一个多环节的复合假说。假说只是一种尝试性的设想，即对于所研究对象的试探性概括，在它没有被证实之前，决不能与真理、定律混为一谈。

科学的基本方法之一是归纳，从大量现象中归纳出真谛。演绎是科学的另一个基本方法，当构思出一个符合客观事实的假说时，可据此推演出更广泛的结论。而形式逻辑是必要的演绎工具。自然科学研究人员应自觉地训练并用好归纳、演绎以及形式逻辑的方法。

4. 假说的检验　假说有时也表示为假设。在许多研究中假设是简单的，它们的推论也很明确。对假说进行检验，可以安排对研究对象进行观察，更多的情况是进行实验或试验，这是直接的检验。有时也可对假说的推理安排试验进行验证，从证明假说的推理去证明假说本身，这是一种间接的检验，验证了所有可能推理的正确性，也就验证了所做的假说本身，当然这种间接的检验要十分小心，防止漏洞。

5. 试验的规划和设计　围绕检验假说而开展的试验，需要全面、仔细地规划和设计。试验所涉及的范围要覆盖假说涉及的各个方面，以便对待检验的假说可以做出肯定的、无漏洞的判断。

比较是科学研究中常用的方法，有比较才有鉴别。农业和生物学领域的研究中常常采用比较试验的方法，从比较中推论出最确凿的理论、方法和技术。比较研究中十分重要的是选定恰当的比较标准。

比较试验中比较的对象不一定只有两个，可以是一组对象间的比较。这组比较的对象是按假说的内涵选定的，称为一组处理。这一组处理可能是某个因子（因素）量的不同级别或质的不同状态（水平），也可能是不同因子（因素）的不同级别（或状态）的组合，全部处理规定了整个研究的内容和范围，称为试验方案，这是狭义的理解。广义的试验方案是指包括实施步骤在内的整个试验计划。确定试验方案是试验规划和设计的核心部分。如上所述，试验方案中必须明确比较的标准或对照处理。

农业和生物学的试验中十分重视试验结果的代表性和重演性，从而可以明确研究结果的适用范围和稳定程度。因而要求试验材料和试验的环境条件有代表性。这是因为作为试验材料的生物体是存在遗传分化的，作为应用试验结果的地点是有地理、季节、土壤等环境差异的。设计一项试验时必须考虑到试验材料和试验环境的代表性和典型性。

农业和生物学的试验中供试的一组处理间的差异，是在一定的试验条件下在供试材料身上体现出来的，因而要确切暴露出处理间或供试因子、级别间的差异，就必须严格控制供试材料和试验条件的一致性；在多个因子的试验时还要将所比较的那个因子以外的因子控制在相同的水平上。这是比较试验的"唯一差异"原则。

供试的生物体和试验条件除了因系统的原因造成的变异外，还有许多偶然因素所致的变异。试验研究应严格排除这种系统性的变异，使剩下的偶然性波动确实是不能完全控制的。一个试验中试验结果（数据）包含了这种偶然性波动，要正确地从试验数据提取结论，就必须与试验的偶然性波动相比较，只有证实试验表现出来的效应显然不是偶然性波动所致，才能合乎逻辑地做出正确的推论。因而在设计试验时必须考虑到可以确切估计出排除了系统误差的试验效应和试验的偶然性误差，从而在两者的比较中引出关于试验对象的结论。农业和生物学的试验中常将排除系统误差和控制随机误差的试验设置称为试验设计，这是狭义的理解，广义的理解则是指整个研究工作的设计。这种狭义的试验设计实际上是试验环境控制的设计。

第二节　试验方案

一、试验的因素和水平

如上节所述，试验方案是根据试验目的和要求所拟进行比较的一组试验处理（treatment）的总称。农业和生物学的研究中，不论是农作物还是微生物，其生长、发育以及最终所表现的产量受多种因素的影响，其中有些属自然的因素，例如光、温、降水、气、土、病、虫等，有些属于栽培条件，例如肥料、水分、生长素、农药、除草剂等。进行科学试验时，必须在固定大多数因素的条件下才能研究一个或几个因素的作用，从变动这一个或几个因子的不同处理中比较鉴别出最佳的一个或几个处理。这种被固定的因子在全试验中保持一致，组成了相对一致的试验条件；被变动并设有待比较的一组处理的因子称为试验因素，简称因素或因子（factor），试验因素的量的不同级别或质的不同状态称为水平（level）。试验因素水平可以是定性的，例如供试的不同品种，具有质的区别，称为质量水平；也可以是定量的，例如喷施生长素的不同浓度，具有量的差异，称为数量水平。数量水平不同级别间的差异可以等间距，也可以不等间距。所以试验方案是由试验因素与其相应的水平组成的，其中包括有比较的标准水平。

试验方案按其供试因子数的多少可以区分为以下 3 类。

（一）单因素试验

单因素试验（single-factor experiment）是指整个试验中只变更、比较 1 个试验因素的不同水平，其他作为试验条件的因素均严格控制一致的试验。这是一种最基本的、最简单的试验方案。例如在育种试验中，将新育成的若干品种与原有品种进行比较以测定其改良的程度，此时，品种是试验的唯一因素，各育成品种与原有品种即为各个处理水平，在试验过程中，除品种不同外，其他环境条件和栽培管理措施都应严格控制一致。又例如为了明确某个品种的耐肥程度，施肥量就是试验因素，试验中的处理水平就是几种不同的施肥量，品种及其他栽培管理措施都相同。

（二）多因素试验

多因素试验（multiple-factor or factorial experiment）是指在同一试验方案中包含 2 个或 2 个以上的试验因素，各个因素都分为不同水平，其他试验条件均应严格控制一致的试验。各因素不同水平的组合称为处理组合（treatment combination）。处理组合数是各供试因素水平数的乘积。这种试验的目的一般在于明确各试验因素的相对重要性和相互作用，并从中评选出 1 个或几个最优处理组合。例如进行甲、乙、丙 3 个品种与高、中、低 3 种施肥量的 2 因素试验，共有 $3 \times 3 = 9$ 个处理组合，分别为甲高、甲中、甲低、乙高、乙中、乙低、丙高、丙中和丙低。这样的试验，除了可以明确 2 个试验因素分别的作用外，还可以检测出 3 个品种对各种施肥量是否有不同反应并从中选出最优处理组合。生物体生长受到许多因素的综合作用，采用多因素试验，有利于探究并明确对生物体生长有关的几个因素的效应及其相互作用，能够较全面地说明问题。多因素试验的效率常高于单因素试验。

（三）综合性试验

综合性试验（comprehensive experiment）也是一种多因素试验，但与上述多因素试验不同。综合性试验中各因素的各水平不构成平衡的处理组合，而是将若干因素的某些水平结合在一起形成少数几个处理组合。这种试验方案的目的在于探讨一系列供试因素某些处理组合的综合作用，而不在于检测因素的单独效应和相互作用。单因素试验和多因素试验常是分析性的试验；综合性试验则是在对于起主导作用的那些因素及其相互关系已基本清楚的基础上设置的试验。它的处理组合就是一系列经过实践初步证实的优良水平的配套。例如选择一种或几种适合当地条件的综合性丰产技术作为试验处理与当地常规技术做比较，从中选出较优的综合性处理。

二、试验的指标和效应

（一）试验指标

用于衡量试验效果的指示性状称为**试验指标**（experimental indicator）。一个试验中可以选用单指标，也可以选用多指标，这由专业知识对试验的要求确定。例如农作物品种比较试验中，衡量品种的优劣、适用或不适用，围绕育种目标需要考察生育期（早熟性）、丰产性、抗病性、抗虫性、耐逆性等多种指标。当然，一般田间试验中最主要的常常是产量这个指标。各种专业领域的研究对象不同，试验指标各异。例如研究杀虫剂的作用时，试验指标不仅包括防治后植物受害程度的反应，还包括昆虫群体及其生长发育对杀虫剂的反应。在设计试验时要合理地选用试验指标，它决定了观测记载的工作量。试验指标过简则难以全面准确地评价试验结果，达不到试验目的；过繁则增加许多不必要的工作量，造成浪费。试验指标较多时还要分清主次，以便抓住主要方面。探索性研究需要设计特定的试验指标，这时先要从可能的指标体系中优选试验指标。一个优良的试验指标应该是最能反映研究目标的、稳定的，同时最好是简易的、节省耗费的。

（二）试验效应

试验因素对试验指标所起的增加或减少的作用称为**试验效应**（experimental effect）。例如某水稻品种施肥量试验，每公顷施氮肥 150 kg 时，产量为 5 250 kg/hm²；每公顷施氮肥 225 kg 时，产量为 6 750 kg/hm²；则在每公顷施氮 150 kg 的基础上增施 75 kg 的效应即为 6 750－5 250＝1 500（kg/hm²）。这个试验属单因素试验，在同一因素内两种水平间试验指标的相差属**简单效应**（simple effect）。

在多因素试验中，不但可以了解各供试因素的简单效应，还可以了解各因素的平均效应和因素间的交互作用。表 1－1 为某豆科植物施用氮（N）、磷（P）的 2×2＝4 种处理组合（N_1P_1、N_1P_2、N_2P_1 和 N_2P_2）试验结果的假定数据，用以说明各种效应。

①一个因素的水平相同，另一因素不同水平间的产量差异仍属简单效应。例如表 1－1 试验Ⅱ中 18－10＝8 就是同一 N_1 水平时 P_2 与 P_1 间的简单效应；28－16＝12 为在同一 N_2 水平时 P_2 与 P_1 间的简单效应；16－10＝6 为同一 P_1 水平时 N_2 与 N_1 间的简单效应；28－18＝10 为同一 P_2 水平时 N_2 与 N_1 间的简单效应。

②一个因素内各简单效应的平均数称为平均效应，也称为**主要效应**（main effect），简称主效。例如表 1－1 试验Ⅱ中 N 的主效为（6＋10）/2＝8，这个值也是两个氮肥水平平均数的差数，即 22－14＝8；P 的主效为（8＋12）/2＝10，也是两个磷肥水平平均数的差数，即 23－13＝10。

③两个因素简单效应间的平均差异称为**交互作用效应**（interaction effect），简称互作。它反映一个因素的各水平在另一因素的不同水平中反应不一致的现象。将表 1－1 以图 1－1 表示，可以明确看到，Ⅰ中的二直线平行，反应一致，表现没有互作。交互作用的具体计算为（8－8）/2＝0，或（6－6）/2＝0。图 1－1 的Ⅱ中 P_2－P_1 在 N_2 时比在 N_1 时增产幅度大，直线上升快，表现有互作，交互作用为（12－8）/2＝2，或为（10－6）/2＝2，这种互作称为正互作。图 1－1 的Ⅲ和Ⅳ中，P_2－P_1 在 N_2 时比在 N_1 时增产幅度表现减少或大大减产，直线上升缓慢，甚至下落成交叉状，这是有负互作。Ⅲ中的交互作用为（4－8）/2＝－2，Ⅳ中为（－2－8）/2＝－5。

表 1-1　2×2 试验数据（解释各种效应）

试验	因素	N				
		水平	N_1	N_2	平均	N_2-N_1
I	P	P_1	10	16	13	6
		P_2	18	24	21	6
		平均	14	20		6
		P_2-P_1	8	8	8	0，0/2=0
		水平	N_1	N_2	平均	N_2-N_1
II	P	P_1	10	16	13	6
		P_2	18	28	23	10
		平均	14	22		8
		P_2-P_1	8	12	10	4，4/2=2
		水平	N_1	N_2	平均	N_2-N_1
III	P	P_1	10	16	13	6
		P_2	18	20	19	2
		平均	14	18		4
		P_2-P_1	8	4	6	−4，−4/2=−2
		水平	N_1	N_2	平均	N_2-N_1
IV	P	P_1	10	16	13	6
		P_2	18	14	16	−4
		平均	14	15		1
		P_2-P_1	8	−2	3	−10，−10/2=−5

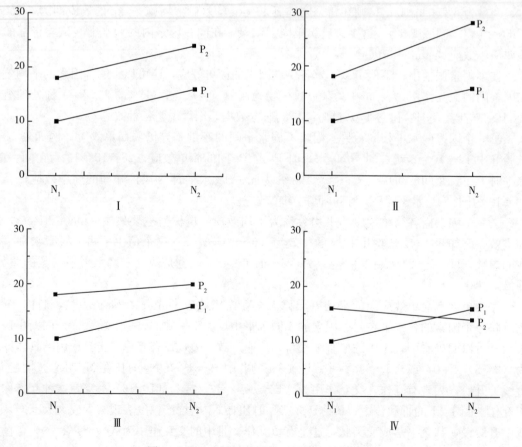

图 1-1　2×2 试验的图示（解释交互作用）

因素间的交互作用只有在多因素试验中才能反映出来。互作显著与否关系到主效的实用性。若交互作用不显著，则各因素的效应可以累加，主效就代表了各个简单效应。在正互作时，从各因素的最佳水平推论最优组合，估计值要偏低些，但仍有应用价值。若为负互作，则根据互作的大小程度而有不同情况。Ⅲ中由单增施氮（N_2P_1）及单增施磷（N_1P_2）来估计氮、磷肥皆增施（N_2P_2）的效果会估计过高，但 N_2P_2 还是最优组合，还有一定的应用价值。而Ⅳ中 N_2P_2 反而减产，如从各因素的最佳水平推论最优组合将得出错误的结论。

两个因素间的互作称为**一级互作**（first order interaction）。一级互作易于理解，实际意义明确。三个因素间的互作称为**二级互作**（second order interaction），余类推。二级以上的高级互作较难理解，实际意义不大，一般不予考察。

三、制订试验方案的要点

拟订一个正确有效的试验方案，以下几方面供参考。

1. 前期工作　拟订试验方案前应通过回顾以往研究的进展、调查交流、文献探索等明确试验的目的，形成对所研究主题及其外延的设想，使待拟订的试验方案能针对主题确切而有效地回答问题。

2. 根据试验目的确定供试因素及其水平　供试因素一般不宜过多，应该抓住 1~2 个或少数几个主要因素解决关键性问题。每因素的水平数目也不宜过多，且各水平间距要适当，使各水平能有明确区分，并把最佳水平范围包括在内。例如通过喷施矮壮素以控制某种植物生长，其浓度试验设置 $50\,mg/kg$、$100\,mg/kg$、$150\,mg/kg$、$200\,mg/kg$ 和 $250\,mg/kg$ 共 5 个水平，其间距为 $50\,mg/kg$。若间距缩小至 $10\,mg/kg$ 便须增加许多处理，若处理数不多，参试浓度的范围窄，会遗漏最佳水平范围，而且由于水平间差距过小，其效应会因受误差干扰而不易有规律性地显示出来。如果涉及试验因素多，一时难以取舍，或者对各因素最佳水平的可能范围难以做出估计，这时可以将试验分为两阶段进行，即先做单因素的预备试验，通过拉大幅度进行初步观察，然后根据预备试验结果再精细选取因素和水平进行正规试验。预备试验常采用较多的处理数，较少或不设重复；正规试验则精选因素和水平，设置较多的重复。为不使试验规模过大而失控，试验方案原则上应力求简单，单因素试验可解决的就不一定采用多因素试验。

3. 设对照　试验方案中应包括有对照水平或处理，简称对照（check，CK）。品种比较试验中常统一规定同一生态区域内使用的标准（对照）种，以便作为各试验单位共同的比较标准。

4. 唯一差异原则　试验方案中应注意符合比较间的唯一差异原则，以便正确地解析出试验因素的效应。例如喷施磷肥的试验方案中如果设喷施磷（A）与不喷施磷（B）两个处理，则二者间的差异含有磷的作用，也有水的作用，这时磷和水的作用混杂在一起解析不出来；若加进喷水（C）的处理，则磷和水的作用可分别从 A 与 C 及 B 与 C 的比较中解析出来，因而可进一步明确磷和水的相对重要性。

5. 拟订试验方案时必须正确处理试验因素及试验条件间的关系　一个试验中只有供试因素的水平在变动，其他因素都保持一致，固定在某个水平上。根据交互作用的概念，在一种条件下某试验因子的最优水平，换了一种条件，便可能不再是最优水平，反之亦然。这在品种试验中最明显。例如在生产上大面积推广的"扬麦 1 号"小麦品种、"农垦 58"水稻品种，在品种比较试验甚至区域试验阶段都没有显示出它们突出的优越性，而是在生产上应用后，倒过来使主管部门重新认识其潜力而得到广泛推广。这说明在某种试验条件下限制了其潜力的表现，而在另一种试验条件下则激发了其潜力的表现。因而在拟订试验方案时必须做好试验条件的安排，绝对不要以为强调了试验条件的一致性就可以获得正确的试验结果。例如品种比较试验时要安排好密度、肥料水平等一系列试验条件，使之具有代表性和典型性。由于单因子试验时试验条件必然有局限性，可以考虑将某些与试验因素可能有互作（特别负互作）的条件作为试验因素一起进行多因素试验，或者同一单因素试验在多种条件下分别进行试验。

6. 多因素试验的应用　多因素试验提供了比单因素试验更多的效应估计，具有单因素试验无可比拟的优越性。但当试验因素增多时，处理组合数迅速增加，要对全部处理组合进行全面试验（称为全面实施）就会使规模过大，往往难以实施，因而以往多因素试验的应用常受到限制。解决这个难题的方法就是利用本书后文将介绍的正交试验法，通过抽取部分处理组合（称为部分实施）来代表全部处理组合，以缩小试验规模。这种方法牺牲了高级交互作用效应的估计，但仍能估计出因素的简单效应、主要效应和低级交互作用效应，因而促进了多因素试验的应用。

第三节　试验误差及其控制

一、试验数据的误差和精确性

通过试验的观察或测定，获得试验数据，这是推论试验结果的依据。然而研究工作者获得的试验数据往往是含有误差的。例如测定一个大豆品种"南农88-48"的蛋白质含量，取一个样品（specimen）测得结果为42.35%，再取一个样品测得结果为41.98%，两者是同一品种的豆粒，理论上应相等，但实际不等，如果再继续取样品测定，所获的数据均可能各不相等，这表明实验数据确有误差。通常将每次所取样品测定的结果称为一个观察值（observation），以 y 表示。理论上这批大豆种子的蛋白质含量有一个理论值或真值，以 μ 表示，则 $y=\mu+\varepsilon$，即观察值＝真值＋误差，每个观察值都有一误差（ε），可正，可负，$\varepsilon=y-\mu$。

若上述大豆种子是在冷库中保存的，另有一部分是在常温下保存的，也取样品测定其蛋白质含量，其结果为41.20%、40.80%、…，这些观察值也都包含有误差。但比较冷库的种子和常温的种子，在常温条件下长期保存后，其蛋白质含量有所降低。照理两者都是同一品种、同一田块里收获来的种子，其蛋白质含量应相同。但实际不同，有误差，这种误差是能追溯其原因的。因而对同一块田里同一品种种子蛋白质含量的测定，观察值间存在变异，这种变异可归结为两种情况，一种是完全偶然性的，找不出确切原因的，称为随机误差（random error）或偶然性误差（spontaneous error）；另一种是有一定原因的，称为偏差（bias）或系统误差（systematic error）。若以上例中冷库保存的大豆种子为比较的标准，其种子蛋白质含量的观察值可表示为

$$y_A=\mu+\varepsilon_A$$

在常温下保存的大豆种子蛋白质含量的观察值可表示为

$$y_B = \mu + \alpha_B + \varepsilon_B$$

式中，μ 代表"南农 88-48"大豆品种蛋白质含量的真值（理论值），ε_A 和 ε_B 分别为每一样品观察值的随机误差，α_B 则为室温保存下（可能由于呼吸作用）导致的偏差或系统误差。两种保存方法下蛋白质含量的差数为

$$y_B - y_A = \alpha_B + (\varepsilon_B - \varepsilon_A)$$

上式表明，两种保存方法下蛋白质含量的差数包含了系统误差和随机误差两个部分。

试验数据的优劣是相对于试验误差而言的。系统误差使数据偏离了其理论真值；随机误差使数据相互分散。因而系统误差（α_B 值）影响了数据的准确性（又称为准确度），准确性是指观测值与其理论真值间的符合程度。而随机误差（ε_A 和 ε_B 值）影响了数据的精确性，精确性是指观测值间的符合程度。图 1-2 以打靶的情况来比喻准确性和精确性。以中心为理论真值，a 表示 5 枪集中在中心，准而集中，具有最佳的准确性和精确性；b 表示 5 枪偏离中心，有系统误差，但很集中，即准确性差，而精确性甚佳；c 表示 5 枪既打不到中心，又很分散，准确性和精确性均很差；d 表示 5 枪很分散，但能围绕中心打，平均起来有一定准确性，但精确性差。

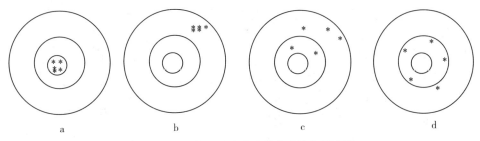

图 1-2　由打靶图示试验的准确性和精确性

农业和生物学的试验中，常常采用比较试验来衡量试验的效应。如果两个处理均受同一方向和大小的系统误差干扰，这往往对两个处理效应之间的比较影响不大。当然，若两个处理分受两种不同方向和大小系统误差的干扰，便严重影响两个处理效应间的真实比较。但一般的试验，只要误差控制得好，后面一种情况出现较少。因而研究工作者在正确设计并实施试验计划的基础上，十分重视精确性或随机误差的控制，因为这直接影响到后文所要介绍的统计推论的正确性。

二、试验误差的来源

研究工作者通过试验获得了观测值，其目的是要了解研究对象的真值。若观察中包含了大量的误差便无法由观察值对真值做出估计，因而必须尽量减少误差的干扰。

如上所述，系统误差是一种有原因的偏差，因而在试验过程中要防止这种偏差的出现。在各种领域的研究工作中系统误差出现的原因多种多样，难以一概而论，因而要求各种领域的研究人员熟知本领域研究中产生系统误差的常发性因素。这有赖于经验的积累。请教同行专家是十分重要的。导致系统误差的原因可能不止一个，方向也不一定相同，所以实际观察的系统误差往往是多种误差的复合。田间试验是农业和生物学研究中最常用的研究手段，它比其他研究有很多特殊性，其中最主要的是将生物体的反应作为试验指标，而试验又是在开

放的自然条件下进行的，生物体及自然界的气候、土壤本身都存在很多变异，因而田间试验的误差控制是尤其重要的。下一章将专门讨论田间试验的误差来源，尤其是系统误差的来源。

一般而言，随机误差是偶然性的。整个试验过程中涉及的随机波动因素愈多，试验的环节愈多，试验时间愈长，随机误差发生的可能性及波动程度便愈大。随机误差不可能避免，但可以减小，这主要依赖于控制试验过程，尤其那些随机波动性大的因素。不同专业领域有其各自的主要随机波动因素，这同样须有经验的积累，成熟的研究人员是熟知其关键的。

理论上，系统误差是可以通过试验条件及试验过程的仔细操作来控制的。实际上，一些主要的系统误差较易控制，而有些细微系统误差则较难控制。一般研究工作者在分析数据时把误差中的一些主要系统误差排除以后，剩下都归结为随机误差，因而估计出来的随机误差有可能比想象的要大，甚至大得多。

三、随机误差的规律性

理论上，系统误差源自某种系统性原因，只要仔细检查，它是有规律可循的。至于随机误差，只要确实是随机波动所致，也有其变化规律的。仍以大豆品种蛋白质含量的测定为例，若从一批种子中抽取 100 份样品，分别进行蛋白质含量的测定，若无系统误差的干扰，则所获 100 个数据，将其平均数当作理论真值 $\hat{\mu}$（μ 上加帽子表示这 100 个数据所属总体真值的估

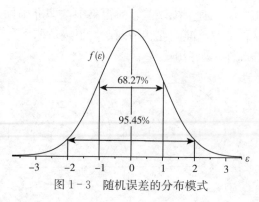

图 1-3　随机误差的分布模式

计值），根据 $\varepsilon = y - \hat{\mu}$ 可计算出 100 个误差值。这 100 个误差值有正（＋）有负（－），平均起来正负相抵消而等于 0。若将其画成坐标图，接近于一个对称的钟形图（图 1-3），在靠近 0 的两侧出现的误差次数多，越远离 0 的地方误差出现的次数越少。这种随机误差的分布是正态分布。许多以数量表示的观察值的误差常常属于这种模式。了解随机误差的这种模式，对以后判断试验结果的表面效应是误差所致，还是一种真实的处理效应所致是至关重要的。

以上单个样品蛋白质含量测定的误差可用 ε 表示，若测定了多个样品则可用多个样品的平均数作代表，表示该品种的平均蛋白质含量。显然，在平均过程中正负误差抵消了一部分，因而平均数与单个观察值相比，虽然存在随机误差，但平均后要小得多。这里要强调，多个观察值的平均数既然是由单个观察值平均得来的，必然也存在随机误差。观察值个数越多，其平均数由于正负相互抵消的作用越大而且也加以平均，因而误差便越小。既然平均数的误差是随机误差，因而它也像观察值的误差一样，具有相同的规律性，只是向 0 集中得更明显。

四、随机误差的层次性

仍以大豆品种蛋白质含量测定为例，以上在冷藏的种子中取样品做测定，通常要均匀取约 30 g 种子，磨碎烘干后用克氏法做测定。若取了 100 个 30 g 的样品进行测定，尽管取种子时很注意从各个部位都取到，但这 100 个样品的结果，在严格控制分析技术时 100 个数据

间仍然有变异，表明有随机误差存在。实际上进行克氏定氮时一般只从 $30\,g$ 豆粉中取出 $2\,g$ 进行分析，技术人员在每次测定时要多次称量、消化、移液等，这些操作过程往往也有随机因素的影响，使结果有波动，因而一般对同一份样品（$30\,g$）进行 2 次测定，若两者相对相差不大便不再做第 3 次测定，否则要进行第 3 次分析直至有 2 个数据相一致为止。从这里可以看到，大豆蛋白质测定中抽取样品时，因为取样过程的随机性存在取样的随机误差，对于同一份样品理论上应相同，但实际分析结果两次测定间仍有随机误差，这种随机误差是由于测定时称量、消化、移液等过程中的随机因素所导致的，而前者是取样过程的随机性所导致的，两者虽都是随机误差，但发生的时段或层次不一样，因此随机误差具有层次性。这里前一阶段的是取样误差，后一阶段的是测定过程误差。此时，观测值可表示为

$$y = \mu + \varepsilon + \delta$$

式中，ε 表示前一阶段误差，δ 表示第二阶段误差。既然不同阶段存在不同的随机误差，而关于试验结果的推断是与随机误差大小比较后做出的，因此研究工作者要注意推断的性质与误差的性质保持一致。

五、试验误差的控制

根据以上关于试验误差来源的分析，研究工作者为保证试验结果的正确性，必须针对各种可能的系统误差原因预防多种多样的系统误差；同时针对不同阶段、不同层次偶然性因素造成的随机误差分别尽量控制这种不同阶段、不同层次上发生的随机误差，使之尽量缩小。关于田间试验的两类误差的控制将在第二章介绍，至于其他各种领域实验室或温室试验的误差控制，要按上述原则具体分析、对待。试验中的误差控制常依赖于经验的积累，而细心的研究工作者往往少走弯路。

第四节　试验统计学的发展和本课程的主要内容

一、试验统计学的发展

对农业和生物学的研究工作者来说，试验统计学作为一门系统的学科奠基于 1925 年 R. A. Fisher 出版的 *Statistical Methods for Research Workers*，该书形成了试验统计学较为完整的体系。在这以前 $2 \sim 3$ 个世纪内已经积累了有关概率、分布和统计方法的一些要素。在这以后由于农业和生物学研究的发展，生物统计、试验设计和抽样理论得到了快速发展。以后工业研究和数理科学研究的发展推动了数理统计的发展，同时，也促进了试验统计学科的发展。

统计（statistics）是一个古老的政治术语，原来被用于国家管理需要的统计数字，后来发展完善而成为统计学，被作为实验数据收集、分析及推论的理论、方法和科学。试验统计学是统计学的一个部分，它是统计学与试验设计相结合而发展起来的。试验统计学的发展也是与随机误差和误差控制的研究紧密相关的。以下一些研究进展为试验统计学的建立和发展奠定了基础：17 世纪 Pascal 和 Fermat 的概率论；18 世纪 de Moivre、Laplace 和 Gauss 的正态分布理论；19 世纪达尔文应用统计方法研究生物界的连续性变异；孟德尔应用统计方法发现显性、分离、独立分配等遗传定律；Karl Pearson 用统计方法研究进化问题，并创建了 *Biometrika* 杂志；Galton 研究了亲子身高的回归问题；20 世纪以来 Gosset（笔名

Student）用实验方法发现了 t 分布；Fisher 提出了方差分析，建立了试验设计的三大原理，并提出了随机区组、拉丁方等试验设计，还将统计方法用于研究数量性状的基因效应；在此基础上 Yates、Yule 等发展了一系列试验设计包括后来的混杂设计和不完全区组设计等；英国 Rothamsted 试验场在生物统计和田间试验设计方面卓有贡献；Neyman 和 E. S. Pearson 建立了统计推断的理论；Snedecor 建立了统计实验室并出版了 *Statistical Methods Applied to Experiment in Agriculture and Biology*；Wald 建立序贯分析和统计决策函数的理论；Cochran 和 Cox 系统地归纳了试验设计和抽样方法研究的进展，出版了 *Experimental Designs* 和 *Sampling Techniques* 二书；Kempthorne 将统计方法应用于数量性状的遗传研究，出版了 *An Introduction to Genetic Statistics*；而 Mather 则出版了 *Biometrical Genetics*。以上一些统计理论、方法的建立及在农业和生物学中应用，再加上统计学其他分支学科的发展，促进、推动了试验统计学的发展。

二、本课程的主要内容

本课程是试验统计学的一门初中级课程，以应用为主。为与农业和生物学试验，特别是田间试验紧密地结合起来，课程配套教材的名称在第一版和第二版时为《田间试验和统计方法》，重编版时因适用专业拓宽到农业生物学领域，试验或实验不局限在田间，因而简称为《试验统计方法》。本教材包括 7 个单元 16 章。第一单元在介绍科学研究基本过程、试验方案制订和试验误差及其控制的基础上进一步讲述田间试验的误差来源、土壤差异和控制误差的小区技术、试验设计、实施规则以及试验数据的获取。第二单元从样本试验数据最基本的描述统计开始，进而介绍研究对象总体的理论分布、统计数的抽样分布及其概率计算。第三单元在误差理论的基础上引入通过假设测验进行统计推断的基本方法，介绍平均数比较的 u 测验、t 测验和 F 测验，以及计数资料的卡平方（χ^2）测验及其应用等。第四单元介绍 2 个及 2 个以上变数间的回归和相关分析，包括一元（直线）回归和相关、多元回归和相关以及曲线回归。第五单元为方差分析的进一步应用，介绍单因素试验、多因素试验及不完全区组试验结果的统计分析和线性模型。第六单元为总体参数估计方法和样本个体的聚类方法，系现代遗传分析中的基础知识。第七单元介绍应用于调查研究的抽样调查方法、抽样结果的统计分析以及抽样方案的设计。

本教材在编排上尽量将以往"生物统计""试验设计""参数估计""抽样方法"等内容贯穿在一起，联系农业和生物学的研究形成一个体系。7 个单元的内容可按课程要求和学时数灵活安排，给主讲教师留有充分的选择余地。考虑到计算机技术和统计软件的进步，本教材将部分内容的演算过程简化了，代之以统计软件 SAS（Statistical Analysis System）为背景配合计算分析方面的教学和实习。

习题

1. 农业和生物学领域中进行科学研究的目的是什么？简述研究的基本过程和方法。

2. 何谓试验因素和试验水平？何谓简单效应、主要效应和交互作用效应？举例说明之。

3. 什么是试验方案？如何制订一个正确的试验方案？试结合所学专业举例说明之。

4. 什么是试验指标？为什么要在试验过程中进行一系列的观察记载和测定？为什么观

察和测定要求有统一的标准和方法？

5. 什么是试验误差？试验误差与试验的准确性、精确性以及试验处理间比较的可靠性有什么关系？

6. 试验误差有哪些来源？如何控制？

7. 试讨论试验统计学对正确进行科学试验的重要意义。

田间试验的设计和实施

第一节　田间试验的特点和要求

一、田间试验的特点

农业科学研究的根本任务是寻求提高农作物产量和品质、增加经济效益的理论、方法和技术。产量和品质是在大田生产中实现的，因此农业科学研究的主体是田间的研究，田间试验的结果将能直接用于指导田间的生产。有时即便研究的直接对象不是作物本身，也要在田间通过作物的反应来检测某种技术的效应。例如杀虫剂、杀菌剂和除草剂的效果可以直接从害虫、病原物及杂草的反应检测，但在应用到生产前还必须观察农作物的反应。又例如检测土壤的肥力水平可以直接分析各种有效成分的含量，但最终还须看作物田间实际的产量或品质。当然农业科学研究中也有一些试验并不一定要看作物的反应，例如研究昆虫、病原物、杂草本身的生长、发育及其影响因子等，但至少所要观察的或收集试验数据的对象总是田间自然条件下的生物体。在农业科学研究中，田间试验是主要形式，也有些研究必须在温室或实验室控制条件下进行，尤其是一些理论性研究。但是任何农业技术或措施在应用到大田生产时，都必须先进行田间试验，因而田间试验不仅是进行探索研究的主要工具，而且是农业科学与农业生产相互联系的桥梁。

以上分析，田间试验有两个特点：

①田间试验的研究对象和材料是生物体本身，以农作物为主，也包括昆虫、病原物、土壤微生物、杂草等，以生物体本身生长发育过程的反应为试验指标研究有关生长发育的规律、某些因素的作用、某些技术的效果等。由农作物或其他生物体本身的反应来直接检测试验的效果，这是田间试验的重要特点。由于自然界的生物体往往是一个具有多种遗传变异的群体，即便使用纯系品种的种子也往往存在一些变异，因而试验材料本身就存在产生试验误差的多种因素。

②田间试验是在开放的自然条件下进行的，试验环境包括土壤、气候、甚至病虫等生物条件，它们是多变的，再加上农作物试验周期长，尤其最后产品的测定要在田间自然条件下经历生长发育的全过程，因而田间试验的环境条件存在着导致试验产生试验误差的可能，包括产生系统误差和随机误差的多种可能性。

二、田间试验的基本要求

为保证田间试验达到预定要求，使试验结果能在提高农业生产和科学研究的水平上发挥作用，田间试验有以下几项基本要求。

1. 试验目的要明确　在大量阅读文献与社会调查的基础上，明确选题，制订合理的试验方案。对试验的预期结果及其在农业生产和科学实验中的作用要做到心中有数。试验项目首先应抓住当时的生产实践和科学实验中急需解决的问题；并照顾到长远的和在不久的将来可能突出的问题。

2. 试验条件要有代表性　试验条件应能代表拟推广该项试验结果地区的自然条件（例如生态区域、气候条件、地势、土壤种类、土壤肥力等）与农业条件（例如轮作制度、农业结构、施肥水平等）。这样，新品种或新技术在试验中的表现才能真正反映今后拟推广地区实际生产中的表现。在进行试验时，既要考虑代表目前的条件，还应注意到将来可能被广泛采用的条件，使试验结果既能符合当前需要，又不落后于生产发展的要求。

3. 试验结果要具有必需的准确度和精确度　上章提及试验的准确度和精确度两个方面。在田间试验中准确度是指试验中某一性状（小区产量或其他性状）的观察值与其理论真值的接近程度；越是接近，则试验越准确。在一般试验中，真值为未知数，准确度不易确定，故常设置对照处理，通过与对照相比来了解结果的相对准确程度。精确度是指试验中同一性状的重复观察值彼此接近的程度，即试验误差的大小，它是可以计算的。试验误差越小，则处理间的比较越精确。因此在进行试验的全过程中，特别要注意田间试验的唯一差异原则，即除了将所研究的因素有意识地分成不同处理外，其他条件及一切管理措施都应尽可能一致。必须准确地执行各项试验技术，避免发生人为的错误和系统误差。试验结果的准确度和精确度是相对的，试验前就必须（根据经验）设定标准或要求，以保证试验结果应用的可靠性。

4. 试验结果要能够重演　这指在相同或类似条件下，再次进行试验，应能获得与原试验相同或类似的结果。这对于在生产实际中推广农业科学研究成果极为重要，不能重演的试验结果没有实际应用价值。田间试验中不仅农作物本身有变异性，而且环境条件更是复杂多变。要保证试验结果能够重演，首先要仔细、明确地设定试验条件，包括田间管理措施等，试验实施过程中对试验条件（包括气象、土壤及田间管理措施等）和作物生长发育过程保持系统的记录，以便创造相同的试验条件，重复验证，并在将试验结果应用于相应条件的农业生产时有相同的效果。其次，为保证试验结果能重演，可将试验在多种试验条件下进行，以得到相应于各种可能条件的结果。例如进行品种区域试验时，为更全面地评价品种，常进行2～3年多个地点的试验，以明确品种的适应范围，才能将品种在适宜的地区和条件下推广应用，取得预期的效果。

第二节　田间试验的误差和土壤差异

一、田间试验的误差

如前所述，田间试验的特点是在试验过程中存在大量误差因素的干扰，特别是试验所用的材料是植物有机体，而试验所在的大田又受难以控制的自然环境条件的影响，其试验误差常比工业的、理化的试验误差大得多。所以为做好田间试验，必须仔细分析试验误差的可能来源，以便采取针对性措施控制和降低误差。

（一）田间试验误差的来源

1. 试验材料固有的差异　在田间试验中，供试材料常是植物或其他生物，它们在其遗传和生长发育上往往存在着差异,例如试验用的材料基因型不一致、种子生活力有差别、试验用的秧苗素质有差异等,均能造成试验结果的偏差。

2. 试验时农事操作、田间管理和观测记载条件的不一致所引起的差异 供试材料在田间的生长周期较长,在试验过程中的各个管理环节稍有不慎,就会增大试验误差。例如下述因素均会增大试验误差:①播种前整地、施肥的不一致性及播种时播种深浅的不一致性;②在作物生长发育过程中田间管理(包括中耕、除草、灌溉、施肥、防病、治虫及使用除草剂、生长调节剂等)完成时间及操作标准的不一致性;③收获脱粒时成熟程度和操作质量的不一致性;④观察测定时间、人员、仪器、鉴别标准等的不一致。

3. 进行试验时外界条件的差异 田间试验条件最主要、最经常的差异是试验地的土壤差异,主要指土壤肥力不均匀所导致的试验条件差异,这是试验误差中最有影响、也是最难以控制的。其他试验条件差异还有病虫害侵袭、人畜践踏、风雨影响等,它们常具有随机性,各处理遭受的影响不完全相同。

上述各项差异在不同程度上影响试验结果,造成试验误差。田间试验误差也可分为两类:系统误差和随机误差。上述3方面田间试验误差的来源因素都可导致系统误差,也都可导致随机误差。每类因素究竟导致了系统误差还是随机误差,要具体情况具体分析。试验误差与试验中发生的错误是两种完全不同的概念。在试验过程中,错误绝不允许发生,系统误差可以控制,但随机误差却难以避免。研究人员要采取一切措施,减少各种来源的差异,降低误差,以保证试验的准确性和精确性。

(二)田间试验误差的控制途径

根据以上田间试验误差来源的分析,控制田间试验误差必须针对试验材料、田间操作管理、试验条件等的一致性逐项落实。为防止系统误差,田间试验应严格遵循唯一差异原则,尽量排除其他非处理因素的干扰。常用的田间试验误差控制措施有以下几方面。

1. 选择同质一致的试验材料 必须严格要求试验材料的基因型同质一致。至于生长发育上的一致性,例如秧苗大小、壮弱不一致时,则可按大小、壮弱分档,而后将同一规格的安排在同一区组的各处理小区,或将各档秧苗按比例混合分配于各处理,从而减少试验的差异。

2. 改进操作和管理技术,使之标准化 总的原则是:除操作要仔细、一丝不苟、把各种操作尽可能做到完全一样外,一切管理操作、观察测量和数据收集都应以区组为单位进行,减少可能发生的差异。这是下节中将要讨论的局部控制原则。例如整个试验的某种操作如不能在同一天内完成,则至少要在同一天内完成一个区组内所有小区的工作。这样,各天之间如有差异,就由于区组的划分而得以控制。进行操作的人员不同,常常会使相同技术发生差异。例如施肥、施用杀虫剂等,如有数人同时进行操作,最好一人完成一个或若干个区组,不宜分配二人到同一区组操作。

3. 控制引起差异的外界主要因素 前已提及,试验过程中引起差异的外界因素中,土壤差异是最主要的又是较难控制的。如果能控制土壤差异从而减小土壤差异对处理的影响,就可以有效地降低误差,增大试验的精确度。通常采用的有以下3种措施:①选择肥力均匀的试验地;②试验中采用适当的小区技术;③应用恰当的试验设计和相应的统计分析。

大量试验研究的实践已证实,只要能正确贯彻落实以上3方面的控制措施,便能有效地降低误差,本章后文将对上述3种措施做讨论。

二、试验地的土壤差异

试验地是田间试验最重要的试验条件。如上所述，试验地的土壤差异是田间试验最主要最经常的误差来源，田间试验的设计和实施主要是针对控制土壤差异而展开的，因而有必要了解试验地土壤差异的规律。

试验地的土壤差异，一方面是由于土壤形成的基础不同，历史原因造成土壤的物理性质和化学性质有很大差异；另一方面，是由于在土地利用上的差异，例如种植不同作物，以及在耕作、栽培、施肥等农业技术上的不一致等，均会造成土壤差异。土壤差异集中地表现为土壤肥力的差异。以往研究证明，土壤差异具有持久性。在一田块上原有的肥力差异，以及由于作物栽培过程中某项技术措施上的差异所造成的肥力差异，一般均会维持较长时间。因此选择试验地时，必须对土壤情况做仔细考量，这对控制误差，提高试验精确度有十分重要的意义。

土壤肥力差异是可以测定的。测定土壤差异程度，最简单的方法是目测法，即根据前茬作物生长的一致情况加以评定。更精细地测定土壤肥力差异，可采用空白试验或均一性试验。空白试验（blank test）即在整个试验地上种植单一品种的作物，这种作物以植株较小而适于条播的谷类作物为好。在整个作物生长过程中，从整地到收获，采用一致的栽培和管理措施，并对作物生长情况做仔细观察，遇有特殊情况（例如严重缺株、病虫害等），应注明地段、行数以作为将来分析时的参考。收获时，将整个试验地划分为面积相同的大量单位小区，依次编号，分开收获，得到产量数据。由于空白试验的品种和田间管理是一致的，产量差异反映土壤肥力的差异，所以根据各单位小区的产量数据，可以画出肥力变异图（图2-1）。

高	特高	高	高	高	高	高	高	高	高
高	高	高	高	高	高	中	高	中	高
高	高	高	高	高	高	高	高	中	中
中	中	中	中	中	中	中	中	中	中
中	高	中	中	中	中	中	中	中	中
中	中	中	中	中	中	中	中	低	中
中	中	中	中	低	中	中	中	中	低
低	低	低	低	低	低	低	低	低	低
低	低	低	低	低	低	低	低	低	低
低	低	低	低	低	低	低	特低	特低	低

图2-1　土壤肥力变异

（此图为示意图，实际空白试验的单位小区面积小、数量多。图内"高""中""低"等文字代表单位小区的产量或肥力）

从图 2-1 上可以发现，产量特别高和产量特别低的那些单位通常是孤立的点，不相连接。但产量高的单位常和高的相连，低和低的相连，即相邻单位的土壤肥力最为相似。因而土壤差异通常有两种表现形式：一种形式是肥力高低变化较有规则，即肥力从大田的一边到另一边逐渐改变，这是较为普通的肥力梯度形式；另一种形式是斑块状差异，即田间有较为明显的肥力差异的斑块，面积有大有小，分布亦无一定的规则。由空白试验的数据可以计算单位小区的变异程度，可用于表示该试验地土壤肥力变异的一般情况。进一步还可将单位小区合并成各种长宽形状及大小的试验小区，通过其变异程度的比较找出最适的小区形状及大小。空白试验的数据还可用于研究后文将介绍的试验设计。

三、试验地的选择和培养

正确选择试验地是使土壤差异减少至最小限度的一个重要措施，对提高试验精确度有很大作用。除试验地所在的自然条件和农业条件应该有代表性外，应从以下几方面考虑。

1. 试验地的土壤肥力要比较均匀一致　这可以通过测定作物生长的均匀整齐度来判断。有些试验处理可能对土壤条件有不同的影响，例如凡是牵涉到肥料、生长期不同的品种或不同种植密度等处理，都可能因为后效应而导致土壤肥力差异。因而以前曾做过这类试验的田块，就不宜选作试验田。如果有必要用这种田块，就应该进行一次或多次匀田种植。匀田种植的做法与空白试验相同，但由于目的只是期望通过这种种植减少土壤差异，所以不必划分为单位小区进行产量测定。

2. 选择的田块要有土地利用的历史记录　因为土地利用上的不同对土壤肥力的分布及均匀性有很大影响，故要选近年来在土地利用上是相同或接近相同的田块。如不能选得全部符合要求的土地，只要有历史记录，能掌握田块的轮作及栽培的历史，对过去栽培的不同作物、不同技术措施能分清地段，则可以通过试验小区技术的妥善设置和排列做适当的补救，亦可酌量采用。

3. 试验地最好选平地　在不得已的情况下，可采用同一方向倾斜的缓坡地，但都应该是平整的。试验时，要特别注意小区的排列，务必使同一重复的各小区设置在同一等高线上，使肥力水平和排水条件等较为一致。

4. 试验地的位置要适当　应选择阳光充足四周有较大空旷地的田块，而不宜选择过于靠近树林、房屋、道路、水塘等的地块，以免遭受遮阴影响和人、畜、鸟、兽、积水等的偶然因素影响。试验地四周最好种有与试验用作物相同的作物，以免试验地孤立而易遭受雀兽危害等。这对控制试验误差有一定作用。

5. 了解土地利用历史并做空白试验　对拟选作试验用的田块，特别是在建立固定的试验地时，除掌握整个试验地的土壤一般情况及土地利用历史外，还要进行空白试验。因为一致的种植不仅有助于降低土壤差异，更重要的是能深入具体地了解土壤差异程度及其分布情况，为进行试验时小区和区组的正确定位以及小区面积、形状、重复次数等的确定，提供可靠依据，从而做出切合土壤实际、将试验误差尽可能降低的试验设计。

6. 试验地采用轮换制　这样，使每年的试验能设置在较均匀的土地上。经过不同处理的试验后，尤其是在肥料试验后，原试验地的土壤肥力的均匀性会受到影响，而且影响的时间延续较长，并在一定时间内只能用作一般生产地，以待逐渐恢复均匀性。另外，连续种植同一作物易造成病原物和害虫数量的累积，使得病虫危害逐年加重。为此，试验单位至少应有二组以上试验地，一组田块进行试验，另一组田块则进行匀田或其他作物种植，以备轮换。

第三节　田间试验设计的原则

田间试验设计（field experiment design），广义的理解是指整个试验研究课题的设计，包括确定试验处理的方案、小区技术以及相应的观察记载、资料收集、资料整理和统计分析的方法等；狭义的理解专指小区技术，特别是重复区和试验小区的排列方法。关于试验方案制订的问题已在第一章中介绍，本章所讨论的试验设计均指狭义的设计。

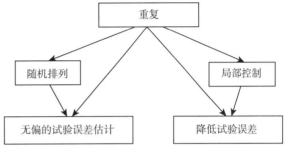

图 2-2　田间试验设计 3 个基本原则的关系和作用

田间试验设计的主要作用是降低试验误差，提高试验的精确度，使研究人员能从试验结果中获得无偏的处理平均值以及试验误差的估计量，从而能进行正确而有效的比较。科学的田间试验设计是以下面 3 个基本原则为依据的（图 2-2）。

一、重复原则

试验中同一处理种植的小区数即为重复（replication）次数。如果每个处理种植 1 个小区，则为 1 次重复；如果每处理有 2 个小区，称为 2 次重复。

重复的一个作用是估计试验误差。试验误差是客观存在的，但只能由同一处理的几个重复小区间的差异来估计。同一处理有了 2 次以上重复，就可以从这些重复小区之间的产量（或其他性状指标）差异估计误差。如果试验的各处理只种 1 个小区，则同一处理将只有 1 个数值，无从求得差异，亦无法估计误差。

重复的另一重要作用是降低试验误差，以提高试验的精确度。数理统计学证明：平均数误差的大小与重复次数的平方根成反比。重复多，则平均数的误差就小。有 4 次重复的试验，其平均数误差将只有 2 次重复同类试验的一半。试验误差减小，就会提高试验检测差异的灵敏度。此外，有重复的试验，其平均数能更准确地估计处理效应。因为单一小区所得的数值易受特别高或特别低的土壤肥力的影响，多次重复所估计的处理效应比单个数值更为可靠，使处理间的比较更为有效。

二、随机排列原则

随机排列（random assortment）是指一个区组中每个处理都有同等的机会设置在任何一个试验小区上，避免任何主观成见所引起的偏差。进行随机排列，可用抽签法或计算器（机）产生随机数字法。随机排列与重复相结合，就能提供无偏的试验误差估计值。

三、局部控制原则

局部控制（local control）就是将整个试验环境分成若干个相对一致的小环境，再在小环境内设置成套处理，即在田间分范围、分地段地控制土壤差异等非处理因素，使之对各试验处理小区的影响达到最大程度的一致。因为在较小地段内，试验环境条件容易控制一致。这是降低误差的重要手段之一。田间试验设置重复目的在于降低误差，但是，增加了重复，由于相应增加了全试验田的面积，必然会增大土壤差异。为了解决这个问题，可将试验田按重复次数划分为相同数目的区组。如果有较为明确的土壤差异，最好能按肥力划分区组，使区组内肥力相对均匀一致，每个区组再按供试处理数目划分小区，安排全套处理。这样，试验误差的来源只限于区组内较小块地段的微小土壤差异，而与因增加重复而扩大试验田所增大的土壤差异无关。这种布置就是田间试验的局部控制原则。

在实验室、温室等条件下进行的试验，由于所使用试剂的生产厂家、生产批次、操作人员、仪器设备、环境条件、测定时段、温室部位等多种因素可能不尽相同，这些差异都可能给试验结果带来系统误差。为此，和控制田间土壤肥力差异一样，可以对这些因素的差异采取局部控制，把差异因素分成几个部分，一致或基本一致的归为同一区组，安排一组处理。这时区组因素不再是土壤，而是以上列举的其他因素。

遵循重复、随机排列和局部控制3个基本原则而做出的田间试验设计，配合应用适当的统计分析，既能准确地估计试验处理效应，又能获得无偏的、最小的试验误差估计，因而对于所要进行的各处理间的比较能做出可靠的结论。

第四节　控制土壤差异的小区技术

一、试验小区的面积

（一）试验小区面积与试验误差的关系

在田间试验中，安排一个处理的小块地段称为试验小区，简称小区（plot）。小区面积的大小对于减小土壤差异的影响和提高试验的精确度有相当密切的关系。在一定范围内，小区面积增加时，试验误差减小，但减小不是同比例的。试验小区太小也有可能恰巧占有土壤肥力较低或土壤肥力较高的斑块状地段，从而使小区误差增大。但小区增大到一定程度后，误差的降低就不再很明显。图2-3显示，水稻小区增大到5 m² 后，再增大小区面积，降低误差的作用并不明显增强，但却要多费人力和物力，不如增加重复次数有利。对于一块一定面积的试验田，增大小区面积，重复次数必然要减少。因而精确度是由于增大小区面积而提高，但又随着减少重复次数而有所损失。总之，增加重复次数可以预期能比增大小区面积更有效地降低试验误差，从而提高精确度。

（二）试验小区面积的确定

试验小区面积的大小，一般变动范围为6～60 m²。而示范性试验的小区面积通常不小于330 m²。在确定一个具体试验的小区面积时，可以从以下各方面考虑。

1. 试验种类　诸如机械化栽培试验、灌溉试验等的小区面积应大些，而品种比较试验小区面积可小些。

2. 作物的类别　种植密度大的作物（例如水稻、小麦等）的试验小区面积可小些，种植密度小的大株作物（例如棉花、玉米、甘蔗等）的小区面积应大些。水稻和小麦品种比较试验的小区面积变动范围一般为5～15 m²，玉米品种比较试验的小区面积为15～25 m²，可供参考。

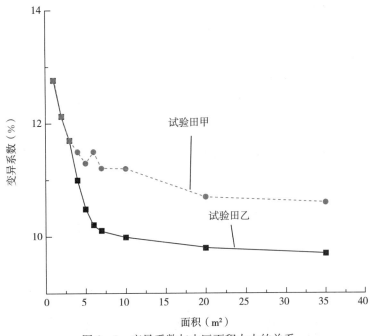

图 2-3　变异系数与小区面积大小的关系
（根据两个水稻空白试验的产量数据）

3. **试验地土壤差异的程度和形式**　土壤差异大时，小区面积应大些；土壤差异较小时，小区面积可小些。当土壤差异呈斑块时，应该用较大的小区。

4. **育种工作的不同阶段**　在新品种选育的过程中，品系数由多到少，种子数量由少到多，其精确度要求从低到高，因此在各阶段所采用的小区面积是从小到大。

5. **试验地面积**　有较大的试验地供使用时，小区面积可适当大些。

6. **试验过程中的取样需要**　在试验的进行中需要田间取样进行各种测定时，取样会影响取样区四周植株的生长，亦影响取样小区最后的产量测定，因此要根据取样需求相应增大小区面积，以保证所需的收获面积。

7. **边际效应和生长竞争**　边际效应是指小区两边或两端的植株，因占较大空间而表现的差异。小区面积应考虑边际效应大小，边际效应大的需增大小区面积。小区与未种植作物的边际相邻时，最外面一行，即毗连未种植作物的空间的第一行的产量比在中间的各行更高，产量的增加有时可超过 100%。第二行的产量则比中间各行的平均数有时增、有时减，但相差不太大。生长竞争是指当相邻小区种植不同品种或相邻小区施用不同肥料时，由于株高、分蘖（枝）能力或生长期的不同，通常将有一行或更多行受到影响。这种影响因不同性状及其差异大小而有不同。对这些效应和影响的处理办法，是在小区收获、计算面积时，除去可能受影响的边行和两端，以减小误差。一般来讲，小区的每一边可除去 1~2 行，两端各除去 0.3~0.5 m，这样留下准备收获的面积称为收获面积或计产面积。观察记载和收获计产应在计产面积上进行。

二、试验小区的形状

试验小区的形状是指小区长度与宽度的比例。适当的小区形状在控制土壤差异、提高试验精确度方面也有相当作用。在通常情形下，长方形尤其是狭长形小区，容易调匀土壤差异，使小区肥力接近于试验地的平均肥力水平，也便于观察记载及农事操作。不论是呈梯度变化还是呈斑块状的土壤肥力差异，采用狭长小区均能较全面地包括不同肥力的土壤，可减小小区之间的土壤差异，提高精确度。例如已知试验田呈肥力梯度时，小区的方向应使长边与肥力变化最大的方向平行，使区组方向与肥力梯度方向垂直（图2-4），这样可提供较高的小区间可比性和试验的精确度。

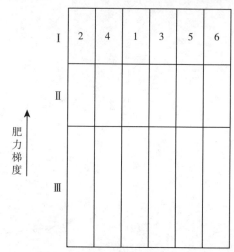

图2-4　按土壤肥力变异趋势确定小区排列方向
（Ⅰ、Ⅱ、Ⅲ代表重复；1、2、…、6代表小区）

小区的长宽比可为3～10∶1，甚至可达20∶1，可根据试验地形状和面积以及小区多少和大小等调整。采用播种机或其他机具时，为了发挥机械性能，长宽比还可增加，其宽度则应为机具的宽度或其倍数。在喷施杀虫剂、杀菌剂或液肥的试验中，小区的宽度应考虑到喷雾器喷施的幅度。

在边际效应值得重视的试验中，方形小区是有利的。方形小区具有最小的周长，计产面积占小区面积的比例最大。进行肥料试验时，如果采用狭长形小区，处理效应往往会扩及邻区，采用方形或近方形的小区比较好。当土壤差异表现的形式确实不知时，用方形小区较妥，因为虽不如用狭长小区那样获得较高的精确度，但亦不会产生最大的误差。

三、重复次数

重复次数指成套试验处理在试验地上种植的次数。试验设置的重复次数越多，试验误差便越小，但是多于一定的重复次数后，误差下降（精确度增大）变缓，而人力和物力的花费大大增加，所以要权衡增益后确定最适重复次数。

重复次数的多少，一般应根据试验所要求的精确度、处理数目、试验地土壤差异大小、试验材料（例如种子）的数量、试验地面积、小区大小等具体确定。对精确度要求高的试验，重复次数应多些。试验处理数目少时，重复次数应多些。试验田土壤差异较大的，重复次数应多些；土壤差异较为一致的，重复次数可少些。在育种工作的初期，由于试验材料的种子数量较少，重复次数可少些；但在后期的产量试验，种子数量较多，精确度要求较高，重复次数应多些。试验地面积大时，允许有较多重复。小区面积较小的试验，通常可用3～6次重复；小区面积较大的，一般可重复3～4次。进行面积大的对比试验时，2次重复即可，最好能由几个地点联合试验，对产量进行综合计算和分析。

四、对照区的设置

田间试验应设置对照区（check，CK），作为试验处理比较的标准。对照应该是当地推广良种或最广泛应用的栽培技术措施。设置对照区的目的是：①便于在田间对各处理进行观察比较时作为衡量品种或处理优劣的标准；②用于估计和矫正试验田的土壤差异。通常在1

个试验中只设 1 个对照，有时为了适应某种特定要求，可同时用 2 个各具不同特点的处理作对照，例如品种比较试验中，可设早熟和晚熟两个品种作对照。通常在 1 个试验重复中只加 1 个对照区，但在利用对照区估计和矫正试验田土壤差异的试验中，可按每隔若干个处理小区重复布置对照区，这时对照区的设置多少及方式由采用的试验设计决定，详见下节。

五、保护行的设置

在试验地周围设置保护行（guarding row）的作用是：①保护试验材料不受外来因素的影响，例如人、畜等的践踏和损害；②防止靠近试验田四周的小区受到空旷地的特殊环境影响即边际效应，使处理间能有正确的比较。

保护行的数目视作物而定，例如禾谷类作物一般至少应种植 4 行以上的保护行。小区与小区之间一般连接种植，不种保护行。重复之间不必设置保护行，如有需要，亦可种 2～3 行保护行。

保护行种植的品种，可用对照种，最好用比供试品种略为早熟的品种，以便在成熟时提前收割，既可避免与试验小区发生混杂，又能减少鸟类等对试验小区作物的危害，还便于试验小区作物的收获。

六、重复区（或区组）和小区的排列

小区技术还应考虑整个重复区或区组怎样安排以及小区在区组内的排列位置问题。将全部处理小区分配于具有相对同质的一块土地上，这称为一个**区组（block）**。一般试验须设置 3～4 次重复，分别安排在 3～4 个区组上，这时重复与区组相等，每个区组或重复包含有全套处理，称为完全区组。也有少数情况，一个重复安排在几个区组上，每个区组只安排部分处理，称为不完全区组。设置区组是控制土壤差异最简单而有效的方法之一。在田间，重复或区组可排成一排，亦可为排成两排或多排，这决定于试验地的形状、地势等，特别要考虑土壤差异情况。原则是同一重复或区组内的土壤肥力应尽可能一致，而不同重复之间可存在差异。区组间的差异大，并不增大试验误差，因可通过统计分析扣除其影响；而区组内的差异小，能有效地减小试验误差，因而可增大试验的精确度。

小区在各重复内的排列方式，一般可分为顺序排列和随机排列。顺序排列，可能存在系统误差，不能做出无偏的误差估计。随机排列是各小区在各重复内的位置完全随机决定，可避免系统误差，提高试验的准确度，还能提供无偏的误差估计。

第五节　常用的田间试验设计

试验设计是试验统计学的一个分支，由 Fisher 首倡于 20 世纪 20 年代，是为适应当时农业科学研究发展的需要而创立、发展起来的，通过试验设计可以大大提高科学试验的效率。常用的田间试验设计可以归纳为顺序排列的试验设计和随机排列的试验设计两大类。后者强调有合理的试验误差估计，以便通过试验的表面效应与试验误差相比较后做出推论，常用于对精确度要求较高的试验；前者并不在于此，而着重在使试验实施比较方便，常用在处理数量大、精确度要求不高、不须做统计推论的早期试验或预备试验。

一、顺序排列的试验设计

（一）对比法设计

对比法设计（contrast design）利用增设对照区估计和矫正试验田的土壤差异，常用于少数品种的比较试验及示范试验，其排列特点是每个供试品种均直接排列于对照区旁边，使每个小区可与其相邻的对照区直接比较。图2-5为8个品种3次重复的对比法排列。

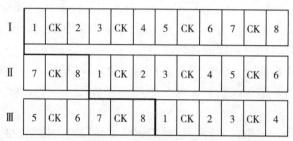

图2-5　8个品种3次重复对比排列（阶梯式）

这类设计由于相邻小区特别是狭长形相邻小区之间土壤肥力的相似性，可获得较精确的结果，并有利于设置和观察。但对照区过多，要占试验田面积的1/3，土地利用率不高。一般重复次数可为3～6次，必要时还可适当增加。每个重复内的各小区都是顺序排列。重复排列成多排时，不同重复内小区可排列成阶梯式或逆向式，以避免同一处理的各小区排在一直线上。

（二）间比法设计

当试验的处理数较多，对试验的精确度要求不太高时，例如育种试验前期（例鉴定圃试验）供试的品系（种）数多，可用此法。**间比法设计**（interval contrast design）的特点是，在一条地上，排列的第一个小区和末尾的小区一定是对照（CK）小区，每2个对照小区之间排列相同数目的处理小区，通常是4个或9个，重复2～4次。各重复可排成一排或多排。排成多排时，则可采用逆向式（图2-6）。如果一条土地上不能安排整个重复的小区，则可在第二条土地上接下去，但是开始时仍要种1个对照区，称为额外对照（Ex. CK）（图2-7）。

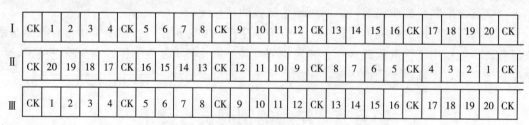

图2-6　20个品种3次重复的间比法排列（逆向式）
（Ⅰ、Ⅱ、Ⅲ代表重复；1、2、3…代表品种；CK代表对照）

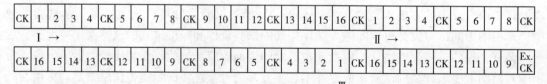

图2-7　16个品种3次重复的间比排列，2行排3个重复及额外对照的设置
（Ⅰ、Ⅱ、Ⅲ代表重复；1、2、3…代表品种；CK代表对照；Ex. CK代表额外对照）

顺序排列设计的优点是设计简单，操作方便，可按品种成熟期、株高等排列，能减少边际效应和生长竞争。但缺点是这类设计虽通过增设对照，并安排重复区以控制误差，但各处理在小区内的安排不是随机排列，所以估计的试验误差有偏性，理论上不能应用统计分析进行显著性测验，尤其是有明显土壤肥力梯度时，品种间比较将会发生系统偏差。

二、随机排列的试验设计

（一）完全随机设计

完全随机设计（completely random design）将各处理随机分配到各个试验单元（或小区）中，每个处理的重复数可以相等或不相等。这种设计对试验单元的安排灵活机动，单因素试验和多因素试验皆可应用。例如要检验 3 种不同的生长素，各 1 个剂量，测定对小麦苗高的效应，包括对照（用水）在内，共 4 个处理，若用盆栽试验每盆小麦为 1 个单元，每处理用 4 盆，共 16 盆。随机排列时将每盆标号 1、2、…、16，然后用抽签法或计算机（器）随机数字发生法得第一处理为 14、13、9 和 8，第二处理为 12、11、6 和 5，第三处理为 2、7、1 和 15，余下 3、4、10 和 16 为第四处理。这类设计分析简便，但是应用此类设计时，试验的环境因素必须相当均匀，所以一般用于实验室培养试验及网室、温室的盆栽试验。也可以用 SAS 软件设计此类试验，见附录 1 的 LT2-1。

（二）随机区组设计

随机区组设计（randomized block design）也称为完全随机区组设计（random complete block design）。这种设计的特点是根据局部控制原则，将试验地按肥力程度划分为等于重复次数的区组，每个区组安排 1 个重复，区组内各处理都独立地随机排列。这是随机排列设计中最常用而最基本的设计。

随机区组设计有以下优点：①设计简单，容易掌握；②富有弹性，单因素试验、多因素试验以及综合性试验都可应用；③能提供无偏的误差估计，并有效地减小单向的肥力差异，降低误差；④对试验地的地形要求不严，必要时，不同区组亦可分散设置在不同地段上。不足之处在于这种设计不允许处理数太多，一般不超过 20 个。因为处理多时，区组必然增大，局部控制的效率降低，而且只能控制一个方向的土壤差异。小区的随机排列可采用抽签或计算机产生随机数字等方法实现。例如有 1 个包括 8 个处理的试验，只要将处理分别给以 1、2、3、4、5、6、7 和 8 的代号，然后抽签即可完成。随机区组在田间布置时，应考虑到试验精确度和工作便利等方面，以前者为主。设计的目的在于降低试验误差，宁使同区组内各小区间的土壤差异尽可能小些，而将土壤差异留在区组之间，因为区组间的差异在统计分

I	II	III	IV
7	4	2	1
1	3	1	7
3	6	8	5
4	8	7	3
2	1	6	4
5	2	4	8
8	7	5	6
6	5	3	2

肥力梯度 ——————————→

图 2-8　8 个品种 4 个重复的随机区组排列

析时是可以估计并扣除的。从小区形状而言，一般狭长形小区之间的土壤差异小，此时区组便为方形或接近方形。在通常情况下，狭长形小区方形区组的设计能提高试验精确度。在有单向肥力梯度时，亦是如此，但必须注意使区组的划分与梯度垂直，而区组内小区长的一边与梯度平行（图2-8）。这样既能提高试验精确度，又能满足工作便利的要求。如肥力梯度不明显处理数又较多，为避免第一小区与最末小区距离过远，可将小区布置成两排（图2-9），甚至多排。

		I								II								III					
3	8	1	10	7	15	14	9	16	5	13	8	12	4	9	15	9	5	2	10	14	7	4	12
6	13	4	16	11	2	12	5	14	3	6	11	1	10	7	2	1	11	13	8	3	15	16	6

图2-9　16个品种3个重复的随机区组，区组内小区布置成两排

如上所述，若试验地段有限制，一个试验的所有区组不能设在同一地段时，各个区组可以分散设置，但一区组内的所有小区必须布置在一起。

也可用SAS软件设计此类试验，见附录1的LT2-2。

（三）拉丁方设计

拉丁方设计（Latin square design）将处理从纵横两个方向排列为区组（通常每个区组内安排1个重复），区组内随机安排各处理，使每个处理在每个直行（列）区组和每个横行（行）区组中出现的次数相等（通常1次），所以它是比随机区组多一个方向局部控制的随机排列设计。图2-10所示为5×5拉丁方。每个直行及每个横行都成为1个区组，而每个处理在每个直行或横行

C	D	A	E	B
E	C	D	B	A
B	A	E	C	D
A	B	C	D	E
D	E	B	A	C

图2-10　5×5拉丁方

都只出现1次。所以拉丁方设计的处理数、重复数、直行数、横行数均相同。由于两个方向划分成区组，拉丁方排列具有双向控制土壤差异的作用，即可以从直行和横行两个方向消除土壤差异，因而有较高的精确度。

拉丁方设计的主要优点为精确度高，但缺乏弹性，因为在设计中，重复数必须等于处理数，两者相互制约。处理数多，则重复次数会过多，处理数少，则重复次数必然少，导致试验估计误差的自由度太小，鉴别试验处理间差异的灵敏度不高。通常拉丁方设计的应用范围只限于4～8个处理。在采用4个处理的拉丁方设计时，为保证鉴别差异的灵敏度，可采用复拉丁方设计，即用2个（4×4）拉丁方。此外，布置这种设计时，不能将每个直行或每个横行分开设置，要求有整块平坦的土地，缺乏随机区组那样的灵活性。

第一直行和第一横行均为顺序排列的拉丁方称为标准方。拉丁方甚多，但标准方较少。如3×3只有一个标准方。

$$A \quad B \quad C$$
$$B \quad C \quad A$$
$$C \quad A \quad B$$

将每个标准方的横行和直行进行调换，可以化出许多不同的拉丁方。一般而论，每个 $k \times k$ 标准方，可化出 $k!(k-1)!$ 个不同的拉丁方。

进行拉丁方设计时，首先应根据处理数 k 从拉丁方的标准方表中选定一个 $k \times k$ 的标准方。但在实际应用上，为了获得所需的拉丁方，可简捷地在一些选择的标准方（表 2-1）的基础上进行横行、直行及处理的随机排列。

表 2-1 （4×4）～（8×8）的选择标准方

4×4

1	2	3	4
A B C D	A B C D	A B C D	A B C D
B A D C	B C D A	B D A C	B A D C
C D B A	C D A B	C A D B	C D A B
D C A B	D A B C	D C B A	D C B A

5×5	6×6
A B C D E	A B C D E F
B A E C D	B F D C A E
C D A E B	C D E F B A
D E B A C	D A F E C B
E C D B A	E C A B F D
	F E B A D C

7×7	8×8
A B C D E F G	A B C D E F G H
B C D E F G A	B C D E F G H A
C D E F G A B	C D E F G H A B
D E F G A B C	D E F G H A B C
E F G A B C D	E F G H A B C D
F G A B C D E	F G H A B C D E
G A B C D E F	G H A B C D E F
	H A B C D E F G

不同处理数时，拉丁方的随机过程略有不同，一般按以下所示步骤进行。

4×4 拉丁方：随机取 4 个标准方中的一个，随机排列所有直行及第 2、3、4 横行，也可以随机排列所有横行和直行，再随机排列处理。

5×5 及更高级拉丁方：随机排列所有直行、横行和处理。设有 5 个品种分别以 1、2、3、4 和 5 代表，拟用拉丁方排列进行比较试验。首先取上面所列的 5×5 选择标准方，然后进行直行的随机排列、横行的随机排列以及品种的随机排列，随机排列过程如图 2-11 所示。

1.选择标准方	2.按随机排列数字 1 4 5 3 2 调整选择标准方的直行	3.按随机排列数字 5 1 2 4 3 调整前一方的横行	4.按随机排列数字 2=A，5=B，4=C 1=D，3=E，排列品种
A B C D E	A D E C B	E B A D C	3 5 2 1 4
B A E C D	B C D E A	A D E C B	2 1 3 4 5
C D A E B	C E B A D	B C D E A	5 4 1 3 2
D E B A C	D A C B E	D A C B E	1 2 4 5 3
E C D B A	E B A D C	C E B A D	4 3 5 2 1

图 2-11 5×5 拉丁方的随机排列

也可用 SAS 软件设计此类试验，见附录 1 的 LT2-3。

(四) 裂区设计

裂区设计（split plot design）是多因素试验的一种设计形式。在多因素试验中，如果处理组合数不太多，而各个因素的效应同等重要时，常采用随机区组设计；如处理组合数较多而一些因素又有特殊要求时，往往采用裂区设计或其他设计。

裂区设计与多因素试验的随机区组设计在小区排列上有明显的差别。在随机区组设计中，两个或更多因素间各个处理组合的小区皆机会均等地随机排列在同一区组内。而在裂区设计时则先按第一个因素设置各个处理（主处理）的小区；然后在这主处理的小区内引进第二个因素的各个处理（副处理）的小小区；按主处理所划分的小区称为主区（main plot），亦称为整区；主区内按各副处理所划分的小小区称为副区，亦称为裂区（split plot）。从第二个因素来讲，1 个主区就是 1 个区组，但是从整个试验所有处理组合讲，1 个主区仅是 1 个不完全区组。由于这种设计将主区分裂为副区，故称为裂区设计。这种设计的特点是主处理分设在主区，副处理则分设于同一主区内的副区，副区之间比主区之间更为接近，因而副处理间的比较比主处理间的比较更为精确。

通常在下列情况下，采用裂区设计。

①在一个因素的各种处理比另一个因素的处理可能需要更大的面积时，为了实施和管理上的方便而应用裂区设计。例如耕地、肥料、灌溉等的试验，耕作、施肥、灌溉等处理宜作为主区；而另一个因素（例如品种等），则可设置于副区。

②试验中某因素的主效比另一个因素的主效更为重要，而要求更精确的比较，或两个因素间的交互作用比其主效是更为重要的研究对象时，宜采用裂区设计。将要求更高精确度的因素作为副处理，另一个因素作为主处理。

③根据以往研究，得知某些因素的效应比另一些因素的效应更大时，适宜采用裂区设计，将可能表现较大差异的因素作为主处理。

下面以品种与施肥量两个因素的试验说明裂区设计。例如有 6 个品种，以 1、2、3、4、5 和 6 表示，有 3 种施肥量，以高、中、低表示，重复 3 次，则裂区设计的排列可如图 2-12 所示。图 2-12 中先对主处理（施肥量）随机排列，后对副处理（品种）随机排列，每个重复的主处理和副处理的随机排列皆独立进行。

裂区设计在小区排列方式上可有变化，主处理与副处理亦均可排成拉丁方，这样可以提高试验的精确度。尤其是主区，由于其误差较大，能用拉丁方排列更为有利。主区和副区最适于拉丁方排列的多因素组合有 5×2、5×3、5×4、6×2、6×3、7×2、7×3 等。

也可以用 SAS 软件设计此类试验，见附录 1 的 LT2-4。

图 2-12　施肥量与品种二因素试验的裂区设计

（施肥量高、中、低设为主区，品种 1、2、3、4、5 和 6 设为副区；Ⅰ、Ⅱ、Ⅲ代表重复）

（五）再裂区设计

裂区设计若再需引进第三个因素的试验，可以进一步做成再裂区，即在裂区内再划分为更小单位的小区，称为再裂区（split-split plot），然后将第三个因素的各个处理（称为副副处理），随机排列于再裂区内，这种设计称为再裂区设计（split-split plot design）。

再裂区设计比较复杂，但实际试验研究需要采用它时，可用于研究因素之间的一些高级互作，且能估计 3 种试验误差，有利于回答对试验因素具有不同精确度要求的问题。兹举例说明设计步骤。

设有 3 种肥料用量以 A_1、A_2 和 A_3 表示，作为主处理（$a=3$），重复 3 次即 3 个区组（$r=3$）；4 个小麦品种以 B_1、B_2、B_3 和 B_4 表示，作为副处理（$b=4$）；2 种播种密度以 C_1 和 C_2 表示，作为副副处理（$c=2$），做再裂区设计。

①先将试验田（地）划分为等于重复次数的区组，每个区组划分为等于主处理数目的主区，每个主区安排 1 个主处理。本例，先将试验地划分为 3 个区组，每个区组划分为 3 个主区，每个主区安排 1 种肥料用量。

②每个主区划分为等于副处理数目的裂区（即副区），每个裂区安排 1 个副处理。本例，每个主区划分为 4 个裂区，每个裂区安排 1 个小麦品种。

③每个裂区再划分为等于副副处理数目的再裂区，每个再裂区安排 1 个副副处理。本例，每个裂区再划分为 2 个再裂区，每个再裂区安排 1 种密度。全部处理都用随机区组排列，如图 2-13 所示。

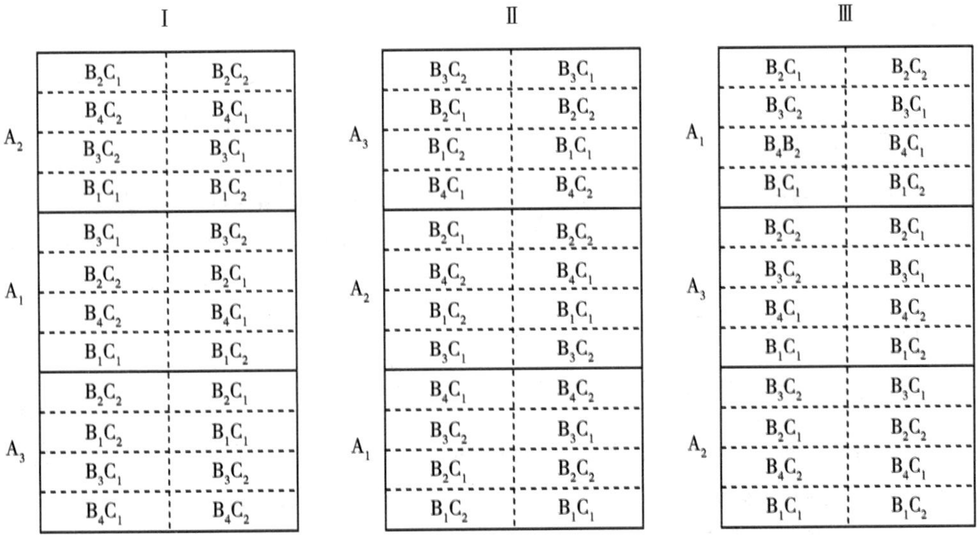

图 2-13 小麦肥料用量（A）、品种（B）和密度（C）的再裂区设计

（六）条区设计

条区设计（strip block design）是裂区设计的一种衍生设计，如果所研究的两个因素都需要较大的小区面积，且为了便于管理和观察记载，可将每个区组先划分为若干纵向长条形小区，安排第一因素的各个处理（A 因素）；再将各区组划分为若干横向长条形小区，安排第二因素的各个处理（B 因素），这种设计方式称为条区设计。

假定第一因素（A因素）有4个处理，第二因素（B因素）有3个处理，其3个重复的条区设计如图2-14所示。

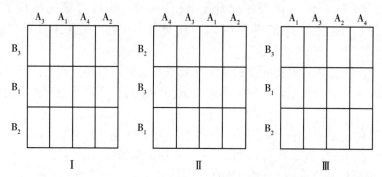

图2-14　A因素4个处理、B因素3个处理的条区设计

图2-14为两因素都做随机区组排列的方式。但也可将第一因素做随机区组排列，第二因素做拉丁方排列。同理，也可将第一因素做拉丁方排列（重复次数应与第一因素处理数目相等），第二因素做随机区组排列。

条区设计能估计3种试验误差，分别用于测验两个因素的主效及其交互作用，但对两个因素的主效测验则不如一般随机区组设计精确，因此仅用于对交互作用特别重视的试验。

第六节　田间试验的实施

在明确试验目的和要求的基础上，拟订出合理的试验方案，进行田间试验设计，接着就是田间试验的实施。这包括正确地、及时地把试验的各处理按要求布置到试验田块，做好各项田间管理，以保证田间供试作物的正常生长，及时、客观地进行有关项目的观察记载，获得可靠的试验数据。

在田间试验的整个过程中，技术操作的不一致所引起的差异是造成试验误差的一个重要来源。为了减小误差，必须在田间试验的各个环节始终贯彻唯一差异原则。为了达到这个目的，总的要求就是必须贯彻以区组为单位的局部控制原则。在同一区组内的各种田间操作，除处理项目的不同要求外，都必须尽可能一致。

一、田间试验计划的制订

首先必须制订试验计划，明确规定试验的目的、要求、方法以及各项技术措施的规格要求，以便试验的各项工作按计划进行和在进程中检查执行情况，保证试验任务的完成。

（一）田间试验计划的内容

田间试验计划一般包含以下项目：

①试验名称；

②试验目的及其依据，包括现有的科研成果、发展趋势以及预期的试验结果；

③试验年限和地点；

④试验地的土壤、地势等基本情况和轮作方式及前作状况；

⑤试验处理方案；

⑥试验设计和小区技术；

⑦整地、播种、施肥及田间管理措施；

⑧田间观察记载、室内考种和实验室分析测定的项目及其方法；

⑨试验资料的统计分析方法和要求；

⑩收获计产方法；

⑪试验的土地面积、需要经费、人力及主要仪器设备；

⑫项目负责人、执行人。

（二）编制种植计划书

种植计划书把试验处理安排到试验小区，作为试验田间记载簿。肥料、栽培、品种、药剂比较等试验的种植计划书一般比较简单，内容只包括处理种类（或代号）、种植区号（或行号）、田间记载项目等。育种工作各阶段的试验，由于材料较多，而且试验是多年连续的，一般应包括今年种植区号（或行号）、去年种植区号（或行号）、品种或品系名称（或组合代号）、来源（原产地或原材料）以及田间记载项目等。种植计划书的内容可以根据需要灵活拟订，应遵守便于查清试验材料的来龙去脉和历年表现的原则，以利于对试验材料的评定和总结。

田间试验计划和种植计划书应该备有复本，一本种植计划书用于田间记载，播种后绘制田间种植图，附于种植计划书前面。另一份种植计划书用于防止第一本的丢失，所以应及时将调查结果誊抄在上面，该复本不得带出档案室。计算机技术简化了种植计划书的编制和管理，复本可以留在电脑和存储器中，但必须注意将调查记载结果及时录入电脑并注意在存储器中保存复本，要建立好记载本档案和存储器档案。

二、试验地的准备和田间区划

选定试验地后，要观察前茬作物的长势，作为土壤肥力均匀度的参考。试验按要求施用质量一致的基肥，而且要施得均匀。使用厩肥时必须是充分腐熟并充分混合，施用时采用分格定量的方法。要尽力设法避免施基肥不当而造成土壤肥力上的差异。

试验地在犁耙时要求做到犁耕深度一致，耙匀耙平。犁地的方向应与将来作为小区长边的方向垂直，使每个重复内各小区的耕作情况最为相似。犁耙范围应延伸到将来试验区边界外一至数米，使试验范围内的耕层相似。整地后应开好四周排水沟，做到沟沟相通，使田面做到雨后不积水。

试验地准备工作初步完成后，即可按田间试验设计和种植计划书进行试验地的田间区划。通常先计算好整个试验区的总长度和总宽度，然后根据土壤肥力差异再划分区组、小区、走道、保护行等。在不方整的土地上设置试验时，整个试验地边界线先要拉直，在试验地的一角用木桩定点，用绳索把试验区的一边固定，再在定点处按照勾股定理画出一个方形或长方形试验区。然后按试验设计要求和田间种植计划，划分区组、小区、走道、保护行等，绘出田间布置图，在实际布置落实试验时可完全依循它进行操作。

图2-15是某小麦品种比较试验的田间种植图，注明了4个重复区（区组）以及各小区的排列位置。

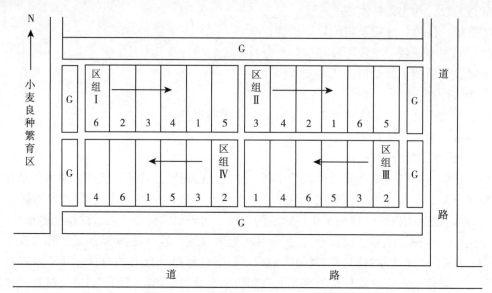

图 2-15 小麦品种比较试验田间种植方案
（G 为保护行区）

三、种子准备

根据试验计划的密度以及种子的千粒重和发芽率，确定每小区应准备的种子数量，各小区（或各行）的可发芽种子数应基本相同，以免造成植株营养面积和光照条件的差异。育种试验初期，材料较多，而每种材料的种子数较少，不可能进行发芽试验，则应要求每小区（或每行）的播种粒数相同。

按照种植计划书（田间记载本）的顺序准备种子，避免发生差错。根据计算好的各小区（或各行）播种量，称量或数出种子，每小区（或每行）的种子装入 1 个纸袋，袋面上写明小区号码（或行号）。水稻种子的准备，可把每小区（或每行）的种子装入穿有小孔的尼龙丝网袋里，挂上编号小竹牌或塑料牌，以便进行浸种催芽。

需要药剂拌种以防治苗期病虫害的，应在准备种子时做好拌种，以防止苗期病虫害所致的缺苗断垄。

准备好当年播种材料的同时，须留同样材料按次序存放于仓库内，以备遇到灾害后补种时应用。

四、播种或移栽

如人工操作（这是当前田间试验常用的方法），播种前须按预定行距开好播种沟，并根据田间种植计划书和田间区划插上区号（或行号）牌，经查对无误后才按区号（或行号）分发种子袋，再将区号（或行号）与种子袋上号码核对一次，使牌上行号（区号）、种子袋上行号（区号）与记载本上行号（区号）三者一致。无误后开始播种。

播种时应力求种子分布均匀，深浅一致，尤其要注意各处理同时播种，播完 1 个区（行），种子袋仍放在小区（行）的一端，播后须逐行检查，如有错漏，应立即纠正，然后覆土。整个试验区播完后再复查 1 次，如发现错误，应在记载簿上做相应改正并注明。

如用播种机播种，小区形状要符合机械播种的要求。先要按规定的播种量调节好播种机；在播种以后，还须核定每区的实际播种量（放入箱中的种子量减去剩下的种子量），并记录下来；播种机的速度要均匀一致，而且种子必须播在一条直线上。无论是人工播种还是机械播种，播种后都必须做全面检查，若发现有露籽，应及时覆盖。

出苗后要及时检查所有小区的出苗情况，如有小部分漏播或过密，必须及时设法补救；如大量缺苗，则应详细记载缺苗面积，便于以后计算产量时扣除，但仍须补苗，以免空缺对邻近植株发生影响。

如要进行移栽，取苗时要力求挑选大小均匀的秧苗，以减小试验材料的不一致程度；如果秧苗不能完全一致，则可分等级按比例等量分配于各小区中。运苗过程中要防止发生差错，最好用塑料牌或其他标志物标明试验处理或品种代号，随秧苗分送到各小区，经过核对后再行移栽。移栽时要按照预定的行穴距，保证一定的密度，务使所有秧苗保持相等的营养面积。移栽后多余的秧苗可留在行（区）的一端，以备在必要时进行补栽。

整个试验区播种或移栽完毕后，应立即播种或移栽保护行。将实际播种情况，按一定比例在田间记载簿上绘出田间种植图，图上应详细记下各重复的位置、小区面积、形状、每条田块上的起止行号、走道、保护行设置等，以便日后查对。

播种量超过预定苗数的试验要适时间苗、定苗，以防止出现弱苗。

五、栽培管理

试验田的栽培管理措施可按当地丰产田的标准进行，在执行各项管理措施时除了试验设计所规定的处理间差异外，其他管理措施应力求质量一致，使对各小区的影响尽可能没有差别。例如病虫害防治，每个小区用药量及喷施要求质量一致，数量相等，并且分布均匀。还要求同一措施能在同一天内完成，如遇到天气突然变化，不能一天完成，则应坚持完成一个重复。至于中耕、除草、灌溉、排水、施肥等管理措施，各有其技术操作特点，亦同样要做到尽可能一致。总之，要充分认识到试验田管理、技术操作的一致性对于保证试验准确度和精确度的重要性，从而最大限度地减小试验误差。

六、收获和脱粒

田间试验的收获要及时、细致、准确，绝不能发生差错，否则就得不到完整的试验结果，影响试验的总结，甚至前功尽弃。

收获前必须先准备好收获、脱粒用的材料和工具，例如绳索、标牌、布袋、纸袋、脱粒机、晾晒工具等。试验材料成熟后应及时收获。收获试验小区之前，如果保护行已成熟，可先收割保护行。如为了减小边际影响和生长竞争，设计时预定要割去小区边行及两端一定长度的，则应照计划先收割并先运走。然后在小区中按计划进行随机取样，留作考种或其他测定用，挂上标牌；小区其余部分收获后装入尼龙网袋，在袋内外各挂1个标牌。查对无误后运回。考种样本运入挂藏室，并按类别或不同处理分别挂好，不能混杂堆放。收获小区要注意晒干后及早脱粒，暂不脱粒的须常翻动，以免霉变。如果各小区的成熟期不同，则应先熟先收，未成熟小区待成熟后再收。

脱粒时应严格按小区分区脱粒，分别晒干后称量，还要把取作样本的那部分产量加到各有关小区，以求得小区实际产量。为使小区产量能相互比较或与类似试验的产量比较，通常

将小区产量折算成标准含水量下的产量。折算公式为

$$标准含水量的产量 = \frac{小区实际产量 \times (100 - 收获的含水量)}{100 - 标准含水量}$$

如果是品种试验，则每个品种脱粒完毕后，必须仔细扫清脱粒机及容器，避免品种间的机械混杂。脱粒后把秸秆捆上的塑料牌转扣在种子袋上，内外各扣 1 块，以备查对。在晾晒时须注意避免混杂和搞错。

为使收获工作顺利进行，避免发生差错，收获、运输、脱粒、晾晒、储藏等工作，必须专人负责，建立验收制度，随时检查核对。

第七节　田间试验的观察记载和测定

一、田间试验的观察记载

在作物生长发育过程中根据试验目的和要求进行系统的、正确的观察记载，掌握丰富的第一手材料，为得出规律性的认识提供依据。因试验目的不同，观察记载项目亦有差异，现列举田间试验中常采用的观察项目。

1. 气候条件的观察记载　正确记载气候条件，注意作物生长动态，研究二者之间的关系，就可以进一步探明产量高低的原因，得出较正确的结论。气象观察可在试验所在地进行，也可引用附近气象台（站）的资料。有关试验地的小气候，则必须由试验人员观察记载。对于特殊气候条件，例如冷、热、风、雨、霜、雪、雹等灾害性天气以及由此而引起的作物生长发育的变化，试验人员应及时观察并记载下来，以供日后分析试验结果时参考。

2. 田间农事操作的记载　任何田间管理和其他农事操作都在不同程度上改变作物生长发育的外界条件，因而会引起作物的相应变化。因此详细记载整个试验过程中的农事操作，例如整地、施肥、播种、中耕除草、防治病虫害等，将每项操作的日期、数量、方法等记录下来，有助于正确分析试验结果。

3. 作物生长发育动态的记载　这是田间观察记载的主要内容。在整个试验过程中，要观察作物的各个物候期（或称生育时期）、形态特征、特性、生长动态、经济性状等。

4. 收获物的室内考种和测定　有些项目需在作物收获后考种、观察和测定，如种子千粒重（百粒重）、结实率、种子成分分析和品质分析等。

试验的观察记载必须有专人负责。不确切或片面性的记载，会造成偏差，甚至得到完全错误的结论。

二、田间试验中的取样测定

在田间试验过程中有些性状（例如物质积累和分配等生理、生化性状）须在试验过程的特定生育阶段取样做室内分析测定。取样测定有如下要点。

①取样方法合理，保证样本有代表性。例如做药剂防治效果试验时，首先要了解某种害虫的田间分布型，再决定采用何种取样方法（将在本书第十六章详细介绍）。

②样本容量适当，保证分析测定结果的精确性。

③分析测定方法要标准化，所用仪器要经过标定，药品要符合纯度要求，操作要规范化。

田间试验经过上述一系列步骤，取得大量试验资料，应及时整理数据，输入计算机，形成规范的数据库。这样，下一步的任务就是将试验资料进行统计分析，对试验做出科学的结论。

第八节　温室和实验室的试验

农业和生物学的研究中，特别是一些基础性研究的试验必须在温室或实验室控制条件下进行。关于温室和实验室试验，因为研究领域千变万化，难以一一叙述。一般说来，这类试验的试验方案设计原则与田间试验是一致的，在第一章中已有介绍。关于温室和实验室试验的误差来源，与田间试验相比，除以生物体本身为试验材料，必须保证供试材料的均一性以避免供试材料所致的系统误差外，其他误差来源随试验的性质、试验的条件不同而有很大差异，要具体分析对待。

以下两点可供设计温室与实验室试验时参考。

①唯一差异原则同样适用于温室和实验室试验中试验方案和试验条件的设计。

②重复原则、随机排列原则及局部控制原则同样适用于温室和实验室试验的设计。其中区组因素与田间试验不同，不再是土地，而是其他与生长发育有关的条件因素。例如温室中阳光可能是重要因素，可将区组设置在同一照射层次上；若温室内加温散热是重要因素，则将区组设置在同一个温度层次的位置上。又如组织培养试验中，人工接种、培养基的批次、接种时间等均可为区组因素。在分析测定试验时，使用同一分析测定仪器也可成为区组因素。有些试验因条件相对一致，也可不必设置区组因素，例如在一个光温十分均匀的温室中进行盆栽试验，这时可采用完全随机设计。

本章所讲的内容包含了田间试验技术的精义，初学者往往以为文字容易看懂，理论不深而忽视本章的学习。实际上确实有人做了一辈子田间试验而没有做成一个精确试验的。所以老师必须提醒学生重视对这一章内容的理解和应用。

习题

1. 举例说明田间试验的特点和对田间试验的要求。

2. 试分析田间试验误差的主要来源。如何控制田间试验的系统误差？如何降低田间试验的随机误差？

3. 试述试验地土壤差异的特点。如何通过小区技术和试验设计控制土壤差异？

4. 田间试验设计的基本原则是什么？完全随机设计、随机区组设计、拉丁方设计各有何特点？各在什么情况下应用？

5. 一个棉花品种试验，供试品种10个，采用4次重复的随机区组设计，小区面积为10 m²，试画出田间种植图（试验地呈南北向肥力梯度）。

6. 为了进一步探讨"宁麦8号"在沿江地区的最适播期，充分发挥该品种的增产潜力，采用A（10/22，月/日）、B（10/27）、C（11/1）、D（11/6）和E（11/11）5期播种，拟设计为3次重复的随机区组试验（小区面积为20 m²）。（1）试画出田间种植图（设试验地肥力呈南北向变化）；（2）计算该试验需用面积（沟、路、埂自定）。

7. 裂区设计的应用范围是什么？若从国外引入 5 个大豆品种加 1 个当地对照种在济南试验，观察品种的表现，分 4 期播种（月/日：5/30、6/10、6/20 和 6/30），进行 3 次重复的裂区设计，试确定主处理和副处理并说明其理由；画出田间设计图（副区面积为 3 m²）；估计需用地面积。

8. 对田间试验的布置和管理有什么要求？要达到什么目的？

9. 在网室中研究 4 个稻瘟病小种对 10 个水稻品种的致病性差异，拟进行 4 次重复的盆栽试验，试验指标为病斑长度，试对此试验做设计。试验处理有哪些？可考察哪些试验效应？是否需要设置区组？采用何种设计？

次数分布和平均数、变异数

通过科学试验的观察、测定和记载，可以得到大量数据资料（data）。对于这些资料，必须按照一定的程序进行整理和分析，才能透过数据表现看到蕴藏在数据中的客观规律。所以资料的整理和分析是试验工作的重要组成部分，也是深入认识客观事物的一个重要步骤。

第一节　总体和样本

一、总体

具有共同性质的个体所组成的集团，称为总体（population），总体往往是根据事物的属性人为规定的。总体所包含的个体数目可能有无穷多个，这种总体称为无限总体（infinite population）；也可能由有限个个体构成，这种总体称为有限总体（finite population）。例如水稻品种"湘矮早4号"的总体，是指"湘矮早4号"这个品种在多年、多地点无数次种植中的所有个体，其个体数目是无限的，所以是无限总体。而诸如"某个小区种植的所有大豆植株""一包小麦种子""一块玉米田的果穗"等总体，由有限个个体组成，因而是有限总体。总体可以是根据属性人为定义的，因此可能是抽象的，例如"水稻品种"可以是一个总体，它是指所有的水稻品种；"江苏水稻新品种"也可以是一个总体，它是指江苏省新近选育成功的所有水稻品种。

同一总体的各个体间在性状或特性表现上有差异，因而总体内个体间表现不同或者说表现变异。例如同是"湘矮早4号"，即使栽培在相对一致的条件下，由于受到许多偶然因素的影响，它的植株高度也彼此不一。每个个体的某个性状、特性的测定数值称为观察值（observation）。观察值集合起来，称为总体的一项变数（variable）。总体内个体间尽管属性相同但仍然受一些随机因素的影响造成观察值或表现上的变异，所以变数又称为随机变数（random variable）。

二、样本

由总体的全部观察值而算得的总体特征数，例如总体平均数等，则称为参数。参数是反映总体规律性的数值，科学研究的目的就在于求得对总体参数的了解。但总体所包含的个体往往太多甚至无穷多，不能逐一测定或观察。也就是说，总体参数是客观存在而又实际较难获得的一类群体特征值。因此要了解总体，只能从总体中抽取若干个个体来研究。这些个体的集合称为总体的一个样本（sample）。测定样本中的各个体而得的样本特征数，如平均数等，称为统计数（statistic）。统计数是总体相应参数的估计值（estimate）。

既然要从样本估计总体的特征参数，那么就要考虑样本的代表性，样本统计数越接近总体参数其代表性越好。样本代表性的好坏取决于获得样本的方式和样本大小。一般要求随机地从总体中抽取样本，这样可以无偏地估计总体。从总体中随机抽取的样本称为**随机样本**（random sample）。样本中包含的个体数称为样本容量或样本含量（sample size）。随机样本的容量越大，越能代表总体。当样本容量等于总体容量时，样本统计数就是总体参数了。

第二节 次数分布

一、试验资料的性质和分类

试验中观察记载所得数据，因所研究的性状、特性不同而有不同的性质，一般可以分为数量性状资料和质量性状资料两大类。

（一）数量性状资料

数量性状（quantitative trait）的度量有计数和量测两种方式，其所得变数不同。

1. 不连续性变数 不连续性变数（discontinuous variable）又称为间断性变数（discrete variable），指用计数方法获得的数据，例如每公顷苗数、每公顷穗数、每穗粒数、发病株数等，其各个观察值必须以整数表示，在两个相邻的整数间不容许有带小数的数值存在。例如在记载单株穗数时，只能得到整数而不能得到 3.2 或 4.8 个穗数。由于两个整数间是不连续的，故称为不连续性变数或间断性变数。

2. 连续性变数 连续性变数（continuous variable）指称量、度量或测量方法所得到的数据，其各个观察值并不限于整数，在两个数值之间可以有微量数值差异的第三个数值存在。例如测定水稻每穗籽粒质量时，在 2 g 和 3 g 间，可以有 2.357 g 等数值存在。其小数位数的多少，因称量的精度而异。这种变数称为连续性变数。又如农作物产量、株高、病斑长度、土壤中营养元素的含量等均属于连续性变数。

（二）质量性状资料

质量性状（qualitative trait）指能观察而不能量测的性状，也称为属性性状，如花冠、种皮、子叶等器官的颜色，芒、绒毛的有无等。要从这类性状获得数量资料，可采用下列两种方法：

1. 按属性统计次数法 于一定总体或样本内，统计其具有某个性状的个体数目及具有不同性状的个体数目，按类别计其次数或相对次数。例如在 320 株水稻植株中有 240 株为紫色柱头的、80 株为黄色柱头的。这类资料也称为次数（或频次）资料。又如对某品种做接种病菌试验，结果为接种 200 个单株后有 152 个单株不发病，48 个单株发病，前者占 76%，后者占 24%，这种资料也属于次数资料。

2. 给每类属性以相对数量的方法（给分法） 例如，小麦籽粒颜色有白有红，可令白色的数量值为 0，呈红色的数量值为 1。对这类变异除给分外，还可按给分统计次数。

二、次数分布表

试验或调查研究所得资料，倘包含很多观察值，例如有几百个观察值时，未加整理就有大堆数字，很难得到明确的概念。如果把这些观察值按数值大小或数据的类别进行分组，制成关于观察值的不同组别或不同分类单位的**次数分布**（frequency distribution）表，就可以看出资料中不同表现的观察值与其频率间的规律性，即可以看出资料的频率分布的初步情况，从而对资料得到一个初步概念。次数分布表的制作方法因变数种类不同而有不同，兹分述如下。

（一）不连续性变数资料的整理

现以某小麦品种的每穗小穗数为例，随机采取 100 个麦穗，计数每穗小穗数，未加整理的资料列成表 3-1。

表 3-1　100 个麦穗的每穗小穗数

18	15	17	19	16	15	20	18	19	17
17	18	17	16	18	20	19	17	16	18
17	16	17	19	18	18	17	17	17	18
18	15	16	18	18	18	17	20	19	18
17	19	15	17	17	17	16	17	18	18
17	19	19	17	19	17	18	16	18	17
17	19	16	16	17	17	17	15	17	16
18	19	18	18	19	19	20	17	16	19
18	17	18	20	19	16	18	19	17	16
15	16	18	17	18	17	17	16	19	17

上述资料为不连续性变数资料，每穗小穗数在 15～20 的范围内变动，把所有观察值按每穗小穗数多少加以归类，共分为 6 组，组与组间相差为 1 小穗，称为组距。这样可得表 3-2 形式的次数分布表。

表 3-2　100 个麦穗每穗小穗数的次数分布表

每穗小穗数（y）	次数（f）
15	6
16	15
17	32
18	25
19	17
20	5
总次数（n）	100

从表 3-2 中看到，一堆杂乱的原始资料，经初步整理后，就可了解资料的大致信息，如每穗小穗数以 17 个为最多等。

有些间断性变数资料，观察值个数较多，变异幅度较大，不可能如上例那样按每一观察值归一组的方法整理。例如研究某早稻品种的每穗粒数，共观察 200 个稻穗，每穗粒数的变异幅度为 27～83 粒。这样的资料如以每一观察值为一组，则组数太多，资料的规律性就显示不出来。如每组包含若干粒数的幅度，例如以 5 粒为一组，则可使组数适当减少。经初步整理后分为12组（这里要求组距相等），资料的规律性就较明显，如表3-3所示。

表3-3　200个稻穗每穗粒数的次数分布表

每穗粒数（y）	次数（即穗数 f）
26～30	1
31～35	3
36～40	10
41～45	21
46～50	32
51～55	41
56～60	38
61～65	25
66～70	16
71～75	8
76～80	3
81～85	2
合计	200

从表3-3可以看出，一半以上的稻穗的每穗粒数在46～60粒，大部分稻穗的每穗粒数在41～70粒；但也有少数稻穗少到26～30粒的，多到81～85粒的。

（二）连续性变数资料的整理

兹以表3-4的140行水稻试验的产量为例，说明连续性变数资料的整理方法。这里水稻行产量是连续性变数，整数之间可以有小数存在，本例为简明易读，四舍五入后保留整数。

1. 数据排序　首先对数据按从小到大排列（升序）或从大到小排列（降序），即进行排序（sort）。

2. 求极差　所有数据中的最大观察值和最小观察值的差数，称为极差（range），亦即整个样本的变异幅度。从表3-4中查到最大观察值为254（g），最小观察值为75（g），极差为254－75＝179（g）。

表3-4　140行水稻产量（g）

177	215	197	97	123	159	245	119	119	131	149	152	167	104
161	214	125	175	219	118	192	176	175	95	136	199	116	165
214	95	158	83	137	80	138	151	187	126	196	134	206	137
98	97	129	143	179	174	159	165	136	108	101	141	148	168
163	176	102	194	145	173	**75**	130	149	150	161	155	111	158
131	189	91	142	140	154	152	163	123	205	149	155	131	209
183	97	119	181	149	187	131	215	111	186	118	150	155	197
116	**254**	239	160	172	179	151	198	124	179	135	184	168	169
173	181	188	211	197	175	122	151	171	166	175	143	190	213
192	231	163	159	158	159	177	147	194	227	141	169	124	159

3. 确定组数和组距 根据极差分为若干组，每组的距离相等，称为**组距**（class interval）。组数和组距是相互决定的，组距小则组数多，组距大则组数少。决定组数时必须考虑到资料整理的目的，组数过多或过少，都不能反映次数与观察值间的关系，不能反映资料的规律性。另外，如果组数过多，则往往过于分散，看不到资料的集中情况，而且不便于以后的继续分析。在确定组数和组距时应考虑：①观察值个数的多少；②极差的大小；③便于计算；④能反映出资料的真实面貌等方面。样本大小（即样本内包含观察值的个数的多少）与组数多少的关系可参照表3-5来确定。

表3-5 样本容量与组数多少的关系

样本内观察值的个数	分组时的组数
50	5～10
100	8～16
200	10～20
300	12～24
500	15～30
1 000	20～40

组数确定后，还须确定组距。组距＝极差/组数。以表3-4中140行水稻产量为例，样本内观察值的个数为140，查表3-5知，可分为8～16组，这里确定分为12组，则组距为179/12＝14.9（g），为分组方便起见，取2位整数，以15 g作为组距。

4. 选定组限和组中点值 每组应有明确的界限，才能使各个观察值划入一定的组内，为此必须选定适当的组中点值（**组值**，class value）及**组限**（class limit）。组中点值最好为整数或与观察值的位数相同，以便于以后的计算。组限要明确，最好比原始资料的数字多一位小数，这样可使观察值归组时不致含糊不清，避免个别观察值不能确定究竟归入哪一组。组距确定后，首先要选定第一组的中点值，它确定后，则第一组组限确定，其余各组的中点值和组限也可随之确定。第一组的中点值以最接近最小观察值为好，这样可以避免第一组内次数过多，能正确地反映资料的规律性。

以表3-4中140行水稻产量为例，选定第一组的中点值为75 g，与最小观察值75 g相等；则第二组的中点值为75＋15＝90（g），其余类推。各组的中点值选定后，就可以求得各组组限。每组有两个组限，数值小的称为下限（lower limit），数值大的称为上限（upper limit）。上述资料中，第一组的下限为该组中点值减去1/2组距，即75－(15/2)＝67.5（g）；上限为中点值加1/2组距，即75＋(15/2)＝82.5（g）。故第一组的组限为67.5～82.5 g。按照此法计算其余各组的组限，就可写出分组数列。

5. 把原始资料的各个观察值按分组数列的各组组限归组 可按原始资料中各观察值的次序，逐个把数值归于各组。按照中国的传统方法，可在每组用5笔的"正"字作归组记号，划完1个"正"表示有5次。待全部观察值归组后，即可求得各组的次数，制成一个次数分布表。例如表3-4中第一个观察值177应归于表3-6中第8组，组限为172.5～187.5；第二个观察值215应归于第10组，组限为202.5～217.5……依次把140个观察值都进行归组，即可制成140行水稻产量的次数分布表（表3-6）。

表3-6　140行水稻的次数分布

组　　限	中点值（y）	次数（f）
67.5～82.5	75	2
82.5～97.5	90	7
97.5～112.5	105	7
112.5～127.5	120	13
127.5～142.5	135	17
142.5～157.5	150	20
157.5～172.5	165	25
172.5～187.5	180	21
187.5～202.5	195	13
202.5～217.5	210	9
217.5～232.5	225	3
232.5～247.5	240	2
247.5～262.5	255	1
合计（n）		140

前面提到分为12组，但由于第一组的中点值接近于最小观察值，故第一组的下限小于最小观察值，实际上差不多增加了1/2组；这样也使最后一组的中点值接近于最大值，又增加了1/2组，故实际的组数比原来确定的要多一个组，为13组。如果一定要分成12组，在计算组距时就用计划的组数减去1去除极差。

也可用SAS软件分析本例题，见附录1的LT3。

（三）属性变数资料的整理

属性变数的资料，也可以用类似次数分布的方法来整理。在整理前，把资料按质量性状的各种属性进行分类，分类数等于组数，然后根据各个体在质量属性上的具体表现，分别归入相应的组中，即可得到属性分布的规律性认识。例如某水稻杂种二代植株米粒性状的分离情况归于表3-7。

表3-7　水稻杂种二代植株米粒性状的分离情况

属性分组（y）	次数（f）
红米非糯	96
红米糯稻	37
白米非糯	31
白米糯稻	15
合计（n）	179

三、次数分布图

试验资料除用次数分布表来表示外，也可以用图形表示，次数分布图可以更形象地表明次数分布的情况。较普遍应用的图示有：方柱形图、多边形图、条形图和饼图。

（一）方柱形图

方柱形图（histogram）适用于表示连续性变数的次数分布。现以表 3-6 的 140 行水稻产量的次数分布表为例加以说明。该表有 13 组，所以在横轴上分为 13 等份（因第一组下限不是从 0 开始，故第一等份应离开原点一些，并在其前加折断号），每等份代表 1 组。第一组的上限即为第二组的下限，如此依次类推。在纵轴上标定次数，查 140 行水稻产量的次数分布表，最多一组的次数为 25，故在纵轴上分为 25 等份，但只要标明 0、5、10、15、20 和 25 即可，借以代表次数。横坐标与纵坐标的长度应有合适的比例（一般以 5∶4 或 6∶5 为好），绘成的图形才能明显表明次数分布情况。图示第一组时，横坐标上第一等份的两界限，即为第一组的下限和上限。查表 3-6 第一组次数为 2，所以在两组限处画两条纵线，其高度等于纵坐标上两个单位，再画一横线连接两纵线的顶端，成为方柱形。其余各组可依次绘制，即成方柱形次数分布（图 3-1）。

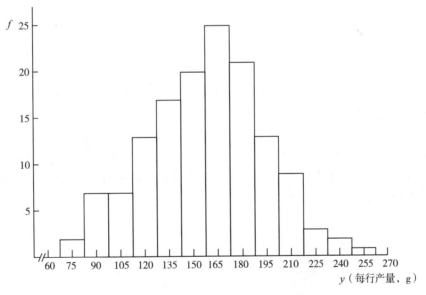

图 3-1　140 行水稻产量次数分布方柱形图

（二）多边形图

多边形图（polygon）也是表示连续性变数资料的一种常用方法，且在同一图上可比较两组以上的资料。仍以 140 行水稻产量次数分布为例，在图示时，以每组的中点值为代表，在横坐标第一等份的中点向上至纵坐标上 2 个单位处标记一个点，表示第一组含有两个次数。在横坐标的第二等分的中点用同法向上标记一点，其高度为纵坐标上的 7 个单位，以表示该组含次数 7 个。其余各组依同法标记各组次数的点。最后把各点依次用直线连接，所成图形即为次数多边形图（图 3-2）。多边形图的折线在左边最小组的组中点外和右边最大组的组中点外，应各伸出一个组距的距离而交于横轴，因该两组次数为 0，这可以使多边形的面积大致上与方柱形图相同。

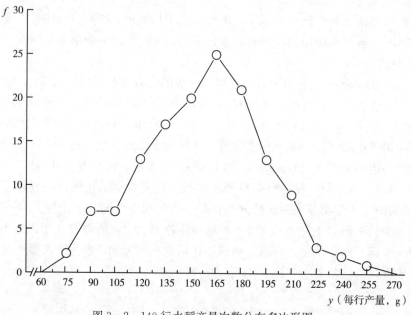

图 3-2　140 行水稻产量次数分布多边形图

（三）条形图

条形图（bar diagram）适用于间断性变数和属性变数资料，用于表示这些变数的次数分布状况。一般其横轴标出间断的中点值或分类性状，纵轴标出次数。现以表 3-7 水稻 F_2 代米粒性状的分离情况为例，在横轴上按等距离分别标定 4 种米粒性状，在纵轴上标定次数（f）。查表 3-7 中第一组为红米非糯稻，其次数为 96，在此组标定点向上，相当于纵坐标 96 处画垂直于横坐标的狭条形，表示第一组的次数。同法于第二组的标定点处向上画一狭条形，其高度相当于纵坐标的 37，表示红米糯稻的次数。余类推，即可画成水稻 F_2 代植株 4 种米粒性状分离情况条形图（图 3-3）。

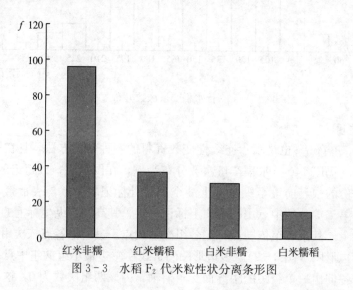

图 3-3　水稻 F_2 代米粒性状分离条形图

（四）饼图

饼图（pie diagram）适用于间断性变数和属性变数资料，用于表示这些变数中各种属性或各种间断性数据观察值在总观察个数中的比例（％）。例如图 3-4 中白米糯稻在杂种二代群体中占 8％，白米非糯、红米糯稻和红米非糯分别占 17％、21％和 54％。

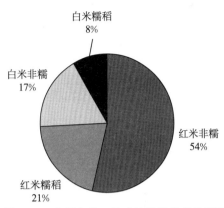

图 3-4　水稻杂种二代米粒性状分离的饼图

第三节　平　均　数

一、平均数的意义和种类

平均数（average）是数据的代表值，表示资料中观察值的中心位置，并且可作为资料的代表而与另一组资料相比较，借以明确二者之间相差的情况。

平均数的种类较多，主要有算术平均数、中数、众数、几何平均数等。以算术平均数最常应用，中数、众数和几何平均数等几种应用较少。

1. 算术平均数　一个数量资料中各个观察值的总和除以观察值个数所得的商数，称为**算术平均数**（arithmetic mean），记作 $\bar{y}$。因其应用广泛，常将算术平均数简称为**均数**（mean）。均数的大小决定于样本的各观察值。

2. 中数　将资料内所有观察值从大到小（或从小到大）排序，居中间位置的观察值称为**中数**（median），记作 M_d。如果观察值个数为偶数，则以中间两个观察值的算术平均数为中数。

3. 众数　资料中最常见的一数，或次数最多一组的中点值，称为**众数**（mode），记作 M_o。例如棉花纤维检验时所用的主体长度即为众数。

4. 几何平均数　如有 n 个观察值，其相乘积开 n 次方，即为**几何平均数**（geometric mean），用 G 代表。

$$G = \sqrt[n]{y_1 y_2 y_3 \cdots y_n} = (y_1 y_2 y_3 \cdots y_n)^{1/n} \tag{3-1}$$

二、算术平均数的计算方法

算术平均数的计算可视样本大小及分组情况而采用不同的方法。如样本较小，即资料包含的观察值个数不多，可直接计算平均数。设一个含有 n 个观察值的样本，其各个观察值为 y_1、y_2、y_3、$\cdots$、y_n，则算术平均数 $\bar{y}$ 由下式算得。

$$\bar{y} = \frac{y_1 + y_2 + y_3 + \cdots + y_n}{n} = \frac{\sum\limits_{i=1}^{n} y_i}{n} \tag{3-2}$$

式中，y_i 代表各个观察值，$\sum$ 为累加符号，$\sum\limits_{i=1}^{n} y_i$ 表示从第一个观察值 y_1 一直加到第 n 个观察值 y_n，也可简写成 $\bar{y} = \dfrac{\sum\limits_{i=1}^{n} y_i}{n}$ 或 $\bar{y} = \dfrac{\sum y}{n}$。

【例3-1】在水稻品种比较试验中，"湘矮早4号"的5个小区产量分别为20.0 kg、19.0 kg、21.0 kg、17.5 kg和18.5 kg，求该品种的小区平均产量。

由式（3-2）得

$$\bar{y} = \frac{\sum y}{n} = \frac{20.0 + 19.0 + 21.0 + 17.5 + 18.5}{5} = 19.2 \text{（kg）}$$

若样本较大，且已进行了分组（例如表3-6），可采用加权法计算算术平均数，即用组中点值代表该组出现的观测值以计算平均数，其公式为

$$\bar{y} = \frac{\sum f_i y_i}{\sum f_i} = \frac{\sum fy}{n} \tag{3-3}$$

式中，y_i 为第 i 组中点值，f_i 为第 i 组变数出现次数。

【例3-2】利用表3-6资料计算平均每行水稻产量。

$$\bar{y} = \frac{\sum fy}{n} = \frac{2 \times 75 + 7 \times 90 + \cdots + 1 \times 255}{140} = \frac{22\,110}{140} = 157.93 \text{（g）}$$

若采用直接法，$\bar{y} = 157.47$（g）。分组后计算的结果与直接法结果稍有差异，但十分相近。

三、算术平均数的重要特性

算术平均数具有以下两个重要特性。

1. 离均差的总和为 0　观察值与总体平均数的差数称为离均差（deviation from mean），所有观察值的离均差的总和等于0，即

$$\sum_{i=1}^{n} (y_i - \bar{y}) = 0$$

2. 离均差平方的总和最小　样本各观察值与其平均数的差数平方的总和，较各个观察值与任意其他数值的差数平方的总和为小，亦即离均差平方的总和最小。这个问题可做这样的说明，设 Q 为各个观察值与任意数值 a 的差数平方的总和，即：$Q = \sum_{i=1}^{n} (y_i - a)^2$。对此 Q 求最小值，可得使 Q 最小的 a 值为平均数 $\bar{y}$。

四、总体平均数

以上从样本的角度论述平均数，现从总体的角度考虑平均数的概念。总体平均数用 μ 来代表，它同样具有算术平均数所具有的特性，即

$$\mu = \frac{\sum_{i=1}^{N} y_i}{N} \tag{3-4}$$

式中，y_i 代表各个观察值，N 代表有限总体所包含的个体数，$\sum_{i=1}^{N} y_i$ 表示总体内各个观察值的总和。

实际上，所研究的总体往往是无限总体，总体的参数是常常无法用观察或计算得到的。同理，总体平均数常常无从计算，因而往往用样本平均数作为总体平均数的估计值。这是有

其道理的，因为样本平均数的数学期望等于总体平均数（参见第十四章）。

第四节 变 异 数

每个样本有一批观察值，除以平均数作为样本的平均表现外，还应该考虑样本内各个观察值的变异情况，才能通过样本的观察数据更好地描述样本，乃至描述样本所代表的总体，为此，必须有度量变异的统计数。常用的变异程度指标有极差、方差、标准差和变异系数。

一、极差

极差（range）又称为全距或称变幅，记作 R，是资料中最大观察值与最小观察值的差数。例如调查两个小麦品种的每穗小穗数，每品种计数 10 个麦穗，经整理后的数字列于表 3-8。

表 3-8 两个小麦品种的每穗小穗数

品种名称	每穗小穗数										总和	平均
甲	13	14	15	17	18	18	19	21	22	23	180	18
乙	16	16	17	18	18	18	18	19	20	20	180	18

表 3-8 资料中，甲品种每穗小穗数最少为 13 个，最多为 23 个，$R=23-13=10$ 个小穗；乙品种每穗小穗数最少为 16 个，最多为 20 个，$R=20-16=4$ 个小穗。可以看出，两品种的平均每穗小穗数虽同为 18 个，但甲品种的极差较大，其变异范围较大，平均数的代表性较差；乙品种的极差较小，其变异幅度较小，其平均数代表性较好。

极差虽可以对资料的变异有所说明，但它只是两个极端数据决定的，没有充分利用资料的全部信息，而且容易受到资料中不正常的极端值的影响。所以用它来代表整个样本的变异度是有缺陷的。

二、方差

为了正确反映资料的变异度，较合理的方法是根据样本全部观察值来度量资料的变异度。这时要选定一个数值作为共同比较的标准。平均数既作为样本的代表值，则以平均数作为比较的标准较为合理，但同时应该考虑各样本观察值偏离平均数的情况，为此这里给出一个各观察值偏离平均数的度量方法。

每一个观察值均有一个偏离平均数的度量指标——离均差，但各个离均差的总和为 0，不能用来度量变异，那么可将各个离均差平方后加起来，求得离均差平方和（简称平方和）SS，其定义

样本平方和为
$$SS = \sum (y_i - \bar{y})^2 \tag{3-5}$$

总体平方和为
$$SS = \sum (y_i - \mu)^2 \tag{3-6}$$

由于各个样本所包含的观察值数目不同，为便于比较起见，用观察值数目来除平方和，得到平均平方和，简称均方（mean square）或方差（variance）。样本均方用 s^2 表示，其定义为

$$s^2 = \frac{\sum\limits_{1}^{n}(y_i - \bar{y})^2}{n-1} \tag{3-7}$$

样本均方是总体方差（σ^2）的无偏估计值。式（3-7）中的除数为自由度（$n-1$）而不是 n，下文将解释其意义。

$$\sigma^2 = \frac{\sum\limits_{1}^{N}(y_i - \mu)^2}{N} \tag{3-8}$$

式中，N 为有限总体所含个体数。均方和方差这两个名词通用，但常称样本的 s^2 为均方，总体的 σ^2 为方差。

三、标准差

（一）标准差的定义

标准差（standard deviation）为方差的正平方根值，用于表示资料的变异度，其单位与观察值的度量单位相同。从样本资料计算标准差的公式为

$$s = \sqrt{\frac{\sum(y - \bar{y})^2}{n-1}} \tag{3-9}$$

同样，样本标准差是总体标准差的估计值。总体标准差用 σ 表示，其计算公式为

$$\sigma = \sqrt{\frac{\sum(y - \mu)^2}{N}} \tag{3-10}$$

式（3-9）和式（3-10）中，s 表示样本标准差，$\bar{y}$ 为样本平均数，$n-1$ 为自由度（degree of freedom）或记为 $\nu = n-1$；σ 为总体标准差，μ 为总体平均数，N 为有限总体所包含的个体数。

（二）自由度的意义

比较式（3-9）和式（3-10），样本标准差不以样本容量 n，而以自由度 $n-1$ 作为除数，这是因为通常所掌握的是样本资料，不知 μ 的数值，不得不用样本平均数 $\bar{y}$ 代替 μ。$\bar{y}$ 与 μ 有差异，由算术平均数的性质可知，$\sum(y - \bar{y})^2$ 比 $\sum(y - \mu)^2$ 小。因此由 $\sqrt{\sum(y - \bar{y})^2 / n}$ 算出的标准差将偏小。如分母用 $n-1$ 代替，则可免除偏小的弊病。

自由度（degree of freedom）记作 DF 或 df，其具体数值则常用 ν 表示。它的统计意义是指样本内独立而能自由变动的离均差个数。例如一个有 5 个观察值的样本，因为受统计数 $\bar{y}$ 的约束，在 5 个离均差中，只有 4 个数值可以在一定范围之内自由变动取值，而第五个离均差必须满足 $\sum(y - \bar{y}) = 0$。例如一个样本为 3、4、5、6、7，平均数为 5，前 4 个离差为 -2、-1、0 和 1，则第 5 个离均差为前 4 个离均差之和的变号数，即 -(-2) = 2。一般地，样本自由度等于观察值的个数（n）减去约束条件的个数（k），即 $\nu = n-k$。

在应用上，小样本一定要用自由度来估计标准差；如为大样本，因 n 和 $n-1$ 相差微小，也可不用自由度，而直接用 n 作除数。但样本大小的界限没有统一规定，所以一般样本资料在估计标准差时，皆用自由度。

（三）标准差的计算方法

1. 直接法　可按式（3-9）计算，分 4 个步骤：先求出 $\bar{y}$，再求出各个 $y-\bar{y}$ 进而求得各个 $(y-\bar{y})^2$，求和得 $\sum(y-\bar{y})^2$，再可代入式（3-9）算得标准差。

【例 3-3】设某某水稻单株籽粒质量的样本有 5 个观察值，以 g 为单位，其数为 2、8、7、5 和 4（用 y 代表），按照上述步骤，由表 3-9 可算得平方和为 22.80，把它代入式（3-9），即可得到

表 3-9　水稻单株籽粒质量的平方和的计算

计算项目	y	$y-\bar{y}$	$(y-\bar{y})^2$	y^2
	2	-3.2	10.24	4
	8	2.8	7.84	64
	7	1.8	3.24	49
	5	-0.2	0.04	25
	4	-1.2	1.44	16
总和	26	0	22.80	158
平均	5.2			

$$s=\sqrt{\frac{\sum(y-\bar{y})^2}{n-1}}=\sqrt{\frac{22.80}{5-1}}=2.39\ (\text{g})$$

这就是该水稻单株籽粒质量的标准差为 2.39 g。

2. 矫正数法　式（3-9）经过转换可得

$$s=\sqrt{\frac{\sum y^2-(\sum y)^2/n}{n-1}} \tag{3-11}$$

式（3-11）中的 $(\sum y)^2/n$ 项称为矫正数，记作 C。由式（3-11）可知，离均差平方和（SS）为各观察值的平方（y^2）之和（$\sum y^2$）减去观察值总和的平方除以观察值个数的商 $[C=(\sum y)^2/n]$ 后得到的差。因而可以比较简便地算出标准差。

在本例，于表 3-9 中写出各观察值的平方值（y^2），将有关数字代入式（3-11）即有

$$s=\sqrt{\frac{\sum y^2-(\sum y)^2/n}{n-1}}=\sqrt{\frac{158-(26)^2/5}{5-1}}=2.39\ (\text{g})$$

其结果和直接法算得相同。

3. 加权法　若样本较大，并已获得如表 3-6 的次数分布表，可采用加权法计算标准差，其公式为

$$s=\sqrt{\frac{\sum f_i(y_i-\bar{y})^2}{\sum f_i-1}}=\sqrt{\frac{\sum f_i y_i^2-(\sum f_i y_i)^2/n}{n-1}} \tag{3-12}$$

式中，f_i 和 y_i 的含义同式（3-3）。

【例 3-4】利用表 3-6 的次数分布资料计算每行水稻产量的标准差。

由式（3-12），可得

$$s = \sqrt{\frac{\sum f_i y_i^2 - (\sum f_i y_i)^2 / n}{n-1}} = \sqrt{\frac{2 \times 75^2 + 7 \times 90^2 + \cdots + 1 \times 255^2 - (22\ 110)^2 / 140}{140 - 1}}$$

$$= 36.45\ (g)$$

若采用直接法，其标准差 $s = 36.23$（g）。分组后计算的结果与直接法结果稍有差异，但十分相近。

四、变异系数

标准差和观察值的单位相同，表示一个样本的变异度。若比较两个样本的变异度，则因单位不同或平均数不同，不能用标准差进行直接比较。这时可计算样本的标准差对平均数的百分数，称为变异系数（coefficient of variation），用 CV 表示。

$$CV = \frac{s}{\bar{y}} \times 100\% \tag{3-13}$$

由于变异系数是一个不带单位的纯数，故可用以比较两个事物的变异度大小。例如表 3-10 为两个小麦品种主茎高度的平均数、标准差和变异系数。如只从标准差看，品种甲比乙的变异大些；但因二者的平均数不同，标准差间不宜直接比较。如果算出变异系数，就可以相互比较，这里乙品种的变异系数为 11.3%，甲品种为 9.5%，可见乙品种的相对变异程度较大。

表 3-10　两个小麦品种主茎高度的测量结果

品种	$\bar{y}$（cm）	s（cm）	变异系数 CV（%）
甲	95.0	9.02	9.5
乙	75.0	8.50	11.3

变异系数在田间试验设计中有重要用途。例如在空白试验时，可作为土壤差异的指标，而且可以作为确定试验小区的面积、形状和重复次数等的依据。

但是在使用变异系数时，应该认识到它是由标准差和平均数构成的比数，既受标准差的影响，又受平均数的影响。因此在使用变异系数表示样本变异程度时，宜同时列举平均数和标准差，否则可能会引起误解。

第五节　理论总体（群体）的平均数和标准差

某些总体是可以从理论上推测其构成成分的概率的，那么就可以从理论上推测无限总体的平均数和方差。设总体的第 i 个构成成分的概率为 p_i，其平均数为 μ_i，那么总体的平均数为

$$\mu = \sum (p_i \mu_i) \tag{3-14}$$

总体的方差为
$$\sigma^2 = \sum [p_i (\mu_i - \mu)^2] \tag{3-15}$$

【例 3-5】由单个位点控制的数量性状，F_2 代有 3 种基因型，这 3 种基因型值分别为 $m+d$、$m-d$ 和 $m+h$，而这 3 种基因型的理论频率分别为 0.25、0.25 和 0.5，因而可以计得其平均数为

$$\mu = 0.25 \, (m+d) + 0.25 \, (m-d) + 0.5 \, (m+h) = m + 0.5h$$

其方差为

$$\sigma^2 = 0.25 \, (m+d-\mu)^2 + 0.25 \, (m-d-\mu)^2 + 0.5 \, (m+h-\mu)^2$$

将总体平均数 μ 代入上式，化简的方差为

$$\sigma^2 = \frac{1}{2}d^2 + \frac{1}{4}h^2$$

表 3-11　F_2 代群体的遗传构成

总体的构成成分	频率（f）	平均数
1	0.25	$m+d$
2	0.25	$m-d$
3	0.50	$m+h$

习题

1. 一块土地的地下害虫情况，共调查 6 个样点，每个样点为 $0.111\,\text{m}^2$（1 平方尺），6 个样点的金针虫头数分别为 2、3、1、4、0 和 5。试指出题中总体、样本、变数、观察值各是什么？

2. 100 个小区水稻产量的资料如下（×10 g），试根据所给资料编制次数分布表。

37	36	39	36	34	35	33	31	38	34
46	35	39	33	41	33	32	34	41	32
38	38	42	33	39	39	30	38	39	33
38	34	33	35	41	31	34	35	39	30
39	35	36	34	36	35	37	35	36	32
35	37	36	28	35	35	36	33	38	27
35	37	38	30	26	36	37	32	33	30
33	32	34	33	34	37	35	32	34	32
35	36	35	35	35	34	32	30	36	30
36	35	38	36	31	33	32	33	36	34

［参考答案：当第一组中点值＝26、$i＝3$ 时，各组次数依次为 2、7、24、41、21、4、0 和 1］

3. 根据习题 2 的次数分布表，绘制方柱图和多边形图。

4. 采用习题 2 的 100 个小区水稻产量的次数分布资料，用加权法分别计算平均数和标准差。

［参考答案：$\bar{y}=34.67$（×10 g），$s=3.33$（×10 g）］

5. 试分别算出以下两个玉米品种的 10 个果穗长度（cm）的标准差及变异系数，并解释所得结果。

BS24：19、21、20、20、18、19、22、21、21、19。

金皇后：16、21、24、15、26、18、20、19、22、19。

[参考答案：BS24：$s=1.247$，$CV=6.24\%$；金皇后：$s=3.399$，$CV=16.99\%$]

6. 观察 10 株小麦的分蘖数为 3、6、2、5、3、3、4、3、4 和 3。如果每个观察值分别以 y_1、y_2、…、y_n 来表示，那么 n 是多少？y_3 和 y_7 各是多少？y_i 和 y_{i-1} 各为多少？y_i 和 y_{i-1} 有什么区别？当 $i=2$ 时，y_{i-1}，y_i-1 各为多少？

[参考答案：$n=10$，$y_3=2$，$y_7=4$，$y_{2-1}=y_1=3$，$y_2-1=6-1=5$]

7. 按照习题 6 的 10 株小麦分蘖数，计算其 $\bar{y}$ 和各个 $(y_i-\bar{y})$，并验算是否 $\sum(y_i-\bar{y})=0$？该样本的众数和中数各为多少？极差、均方和标准差又各为多少？

[参考答案：$\bar{y}=3.6$，$M_d=3$，$M_o=3$，$R=4$，$s^2=1.38$，$s=1.17$]

8. 仿照例 3-5，试计算回交世代的平均数和遗传方差。

[参考答案：$\mu=m+\dfrac{1}{2}d+\dfrac{1}{2}h$ 或 $\mu=m-\dfrac{1}{2}d+\dfrac{1}{2}h$，$\sigma^2=\dfrac{1}{4}(d-h)^2$ 或 $\sigma^2=\dfrac{1}{4}(d+h)^2$]

第四章

理论分布和抽样分布

在上章样本次数分布及其特征的基础上，本章将讨论总体的分布及其特征。首先介绍间断性变数总体的理论分布，包括二项式分布和泊松分布；然后介绍连续性变数总体的理论分布，即正态分布；最后介绍从这两类理论分布中抽出的样本统计数的分布，即抽样分布。为了说明这些理论分布，必须首先了解概率的基本概念和计算法则。

第一节　事件、概率和随机变量

一、事件和事件发生的概率

在自然界的一种事物，常存在几种可能出现的情况，每种可能出现的情况称为事件，而每个事件出现的可能性称为该事件的概率（probability）。例如种子可能发芽，也可能不发芽，这就是两种事件，而发芽的可能性和不发芽的可能性就是对应于两种事件的概率。若某特定事件只是可能发生的几种事件中的一种，这种事件称为随机事件（random event），例如抽取 1 粒种子，它可能发芽也可能不发芽，这决定于发芽与不发芽的机会（概率），发芽与不发芽这两种可能性均存在，出现的是这两种可能性中的一种。

事件发生的可能性（概率）是在大量的实验中观察得到的，例如棉田发生盲蝽危害的情况，并不是所有的棉株都受害，随着观察的次数增多，对棉株受害可能性程度大小的把握越准确、越稳定。这里将一个调查结果列于表 4-1。调查 5 株时有 2 株受害，受害株的频率为 40％，调查 25 株时受害频率为 48％，调查 100 株时受害频率为 33％。可以看出 3 次调查结果有差异，说明受害频率有波动、不稳定。而当进一步扩大调查的单株数时，发现频率比较稳定了，调查 500 株到 2 000 株的结果是受害棉株稳定在 35％左右。

表 4-1　在相同条件下盲蝽在某棉田危害程度的调查结果

调查株数（n）	5	25	50	100	200	500	1 000	1 500	2 000
受害株数（a）	2	12	15	33	72	177	351	525	704
棉株受害频率（a/n）	0.40	0.48	0.30	0.33	0.36	0.354	0.351	0.350	0.352

现以 n 代表调查株数，以 a 代表受害株数，那么可以计算出受害频率 $p=a/n$。从棉株受害情况调查结果看，频率在 n 取不同的值时，尽管调查田块是相同的，频率 p 却不同，只有在 n 很大时频率才比较稳定一致。因而调查株数 n 较多时的稳定频率才能较好地代表棉株受害的可能性。统计学上用 n 较大时稳定的 p 近似代表概率。然而，正如此试验中出现

的情况，尽管频率比较稳定，但仍有较小的数值波动，说明观察的频率只是对棉株受害这个事件概率的估计。通过大量试验而估计的概率称为试验概率或统计概率，以 $P(A) = \lim\limits_{n \to \infty} a/n$ 表示。此处 P 代表概率，$P(A)$ 代表事件 A 的概率，$P(A)$ 变化的范围为 $0 \sim 1$，即 $0 \leqslant P(A) \leqslant 1$。

随机事件的概率表现了事件的客观统计规律性，它反映了事件在一次试验中发生可能性的大小，概率大表示事件发生的可能性大，概率小表示事件发生的可能性小。若事件 A 发生的概率较小，例如小于 0.05 或 0.01，则认为事件 A 在一次试验中不太可能发生，这称为小概率事件。人们依据概率很小而做出该事件不可能发生的推断方法称为小概率事件实际不可能性原理，简称小概率原理。这里的 0.05 或 0.01 称为小概率标准，农业试验研究中通常使用这两个小概率标准。

除了随机事件外，还有必然事件和不可能事件，它们是随机事件的特例。对于一类事件来说，在同一组条件的实现之下必然要发生的，称为必然事件。例如水在标准大气压下加热到 100 ℃ 必然沸腾。相反，如果在同一组条件的实现之下必然不发生的，称为不可能事件。例如水在标准大气压下温度低于 100 ℃ 时，不可能沸腾。必然事件和不可能事件发生的概率为 1 和 0。

二、事件间的关系

在实际问题中，不只研究一个随机事件，而是要研究多个随机事件，这些事件之间又有一定的联系。例如在种子发芽试验中，显然"发芽"和"不发芽"之间是有一定联系的。为了表述上述类似事件之间的联系，下面说明事件之间的几种主要关系。

1. 和事件　事件 A 和 B 至少有 1 个发生而构成的新事件称为事件 A 和 B 的和事件，记为 A+B，读作"或 A 发生或 B 发生"。例如有一批种子，包含有能发芽的和不能发芽的。若 A 为"取到能发芽种子"，B 为"取到不能发芽种子"，则 A+B 为"或者取到能发芽种子或者取到不能发芽种子"。事件间的和事件可以推广到多个事件：事件 A_1、A_2、$\cdots$、A_n 至少有 1 个发生而构成的新事件称为事件 A_1、A_2、$\cdots$、A_n 的和事件，记为 $A_1 + A_2 + \cdots + A_n = \sum\limits_{i=1}^{n} A_i$。

2. 积事件　事件 A 和 B 同时发生所构成的新事件称为事件 A 和 B 的积事件，记作 AB，读作"A 和 B 同时发生或相继发生"。事件间的积事件也可以推广到多个事件：事件 A_1、A_2、$\cdots$、A_n 同时发生所构成的新事件称为这 n 个事件的积事件，记作 $A_1 A_2 \cdots A_n = \prod\limits_{i=1}^{n} A_i$。

3. 互斥事件　事件 A 和 B 不可能同时发生，即 AB 为不可能事件，记作 $A \cdot B = V$，称事件 A 和 B 互斥或互不相容。例如有一袋种子，按种皮分黄色和白色。若记 A 为"取到黄色"，B 为"取到白色"，显然 A 和 B 不可能同时发生，即一粒种子不可能既为黄色又为白色，说明事件 A 和 B 互斥。这个定义也可以推广到 n 个事件。

4. 对立事件　事件 A 和 B 不可能同时发生，但必发生其一，即 A+B 为必然事件（记为 A+B=U），AB 为不可能事件（记为 $A \cdot B = V$），则称事件 B 为事件 A 的对立事件，并记 B 为 $\overline{A}$。例如上面 A 为"取到黄色"，B 为"取到白色"，A 与 B 不可能同时发生，但是，任意抽取一粒种子，其皮色不是黄色就是白色，即 A 和 B 必发生其一，因此 A 和 B 互为对立事件。

5. 完全事件系 若事件 A_1、A_2、…、A_n 两两互斥，且每次试验结果必发生其一，则称 A_1、A_2、…、A_n 为完全事件系。例如仅有 3 类花色：黄色、白色和红色，则取一朵花，"取到黄色""取到白色"和"取到红色"就构成完全事件系。

6. 事件的独立性 若事件 A 发生与否不影响事件 B 发生的可能性，则称事件 A 和事件 B 相互独立。例如事件 A 为"花的颜色为黄色"，事件 B 为"产量高"，显然如果花的颜色与产量无关，则事件 A 与事件 B 相互独立。

三、计算事件概率的法则

(一) 互斥事件的加法

假定两互斥事件 A 和 B 的概率分别为 $P(A)$ 和 $P(B)$。则事件 A 与 B 的和事件的概率等于事件 A 的概率与事件 B 的概率之和，即 $P(A+B) = P(A) + P(B)$。加法定理对于多个两两互斥的事件也成立：假定 A_1、A_2、…和 A_n 是 n 个彼此间均是两两互斥的事件，其概率依次为 $P(A_1)$、$P(A_2)$、…、$P(A_n)$，则 A_1、A_2 到 A_n 和事件的概率 $P(A_1+A_2+\cdots+A_n) = P(A_1) + P(A_2) + \cdots + P(A_n)$。例如一捆花中红、黄和白花的概率分别为 0.2、0.3 和 0.5，那么随机抽取 1 朵非白色花的概率为 0.5（=0.2+0.3），这只是由加法定理得到的两个事件概率之和。

(二) 独立事件的乘法

假定 $P(A)$ 和 $P(B)$ 是两个独立事件 A 与 B 各自出现的概率，则事件 A 与 B 同时出现的概率等于两独立事件出现概率 $P(A)$ 与 $P(B)$ 的乘积，即 $P(AB)=P(A)P(B)$。

乘法定理对于 n 个相互独立的事件也成立。假定 $P(A_1)$、$P(A_2)$、…、$P(A_n)$ 是 n 个相互独立事件各自出现的概率，则该 n 个事件同时出现的概率 $P(A_1A_2\cdots A_n)=P(A_1)P(A_2)\cdots P(A_n)$。

现有 4 粒种子，其中 3 粒为黄色、1 粒为白色，采用复置抽样。试求下列两事件的概率：（A）第一次抽到黄色、第二次抽到白色；（B）两次都抽到黄色。由于采用复置抽样（即每次抽出观察结果后又放回再进行下一次抽样），所以第一次和第二次的抽样结果间是相互独立的。采用概率的古典定义，可以求出抽到黄色种子的概率为 3/4＝0.75，抽到白色种子的概率为 1/4＝0.25。因此，有 $P(A)=P$（第一次抽到黄色种子）P（第二次抽到白色种子）$=0.75\times0.25=0.187\,5$，$P(B)=P$（第一次抽到黄色种子）P（第二次抽到黄色种子）$=0.75\times0.75=0.562\,5$。

(三) 对立事件的概率

若事件 A 的概率为 $P(A)$，那么其对立事件的概率为 $P(\overline{A})=1-P(A)$。

(四) 完全事件系的概率

例如"从 10 个数字中随机抽得任何 1 个数字都可以"这样一个事件是完全事件系，其概率为 1。

(五) 非独立事件的乘法

如果事件 A 和 B 是非独立的，那么事件 A 与 B 同时发生的概率为事件 A 的概率 $P(A)$ 乘以事件 A 发生的情况下事件 B 发生的概率 $P(B\mid A)$，即：$P(AB)=P(A)P(B\mid A)$。

四、随机变量

随机变量是指随机变数所取的某个实数值。用抛硬币试验作例子，硬币落地后只有两种可能结果：币值面向上和国徽面向上，用数"1"表示"币值面向上"，用数"0"表示"国徽面向上"。把 0 和 1 作为抛硬币试验随机变量 y 的取值，就可以简单地表示试验结果，即

$$P(y=1) = 0.5, \quad P(y=0) = 0.5$$

同理，用"1"表示"能发芽种子"，其概率为 p；用"0"表示"不能发芽种子"，其概率为 q。显然 $p+q=1$，则 $P(y=1) = p$，$P(y=0) = q = 1-p$。

用变量 y 表示水稻产量，若 y 大于 500 kg 的概率为 0.25，大于 300 kg 且等于小于 500 kg 的概率为 0.65，等于小于 300 kg 的概率为 0.1。则用变量 y 的取值范围来表示的试验结果为 $P(y \leqslant 300) = 0.10$，$P(300 < y \leqslant 500) = 0.65$，$P(y > 500) = 0.25$。

对于前两个例子，当试验只有几个确定的结果，并可一一列出，变量 y 的取值可用实数表示，且 y 取某一值时，其概率是确定的，这种类型的变量称为离散型随机变量。将这种变量的所有可能取值及其对应概率一一列出所形成的分布称为离散型随机变量的概率分布（probability distribution）。

$$
\begin{array}{llllll}
\text{变量 } y_i & y_1 & y_2 & y_3 & \cdots & y_n \\
\text{概率 } P(y=y_i) & P_1 & P_2 & P_3 & \cdots & P_n
\end{array}
$$

$P(y=y_i)$ 也可用函数 $f(y)$ 表述，称为概率函数。

对于上面水稻产量的例子，变量 y 的取值仅为一个范围，且 y 在该范围内取值时，其概率是确定的。此时取 y 为一个固定值是无意义的，因为在连续尺度上一点的概率几乎为 0。这种类型的变量称为连续型随机变量（continuous random variate）。对于连续型随机变量，若存在非负可积函数 $f(y)$（$-\infty < y < +\infty$），对任意 a 和 b（$a < b$）都有

$$P(a \leqslant y < b) = \int_a^b f(y)\mathrm{d}y$$

此处 y 为连续型随机变量，$f(y)$ 称为 y 的概率密度函数（probability density function）或分布密度（distribution density）。因此它的分布由密度函数所确定。若已知密度函数，则通过定积分可求得连续型随机变量在某个区间的概率。

总之，随机变量可能取得的每个实数值或某个范围的实数值是有 1 个相应概率的，这就是所要研究和掌握的规律，这规律称为随机变量的概率分布。

随机变量完整地描述了一个随机试验，包括随机试验的所有可能结果以及各结果对应的可能性大小。这样，对随机试验概率分布的研究，就转成了对随机变量概率分布的研究。这里须注意事件发生的可能性与试验结果是不同的，前者是指事件可能发生的概率，后者是指特定试验结果，这种结果可能是概率大的事件发生了，也可能概率小的事件发生了。概率分布指明了不同事件发生的可能性。

随机变量是用来代表总体的任意数值的，随机变数是随机变量的一组数据，代表总体的随机样本资料，它可用来估计总体的参数。

第二节 二项式分布

一、二项总体及二项式分布

试验或调查中最常见的一类随机变数是整个总体的各组或单位可以根据某种性状的出现

与否而分为两组。例如小麦种子发芽和不发芽，大豆子叶色为黄色和青色，调查棉田盲蝽危害分为受害株和不受害株等等。这类变数均属间断性随机变数，其总体中包含两项，是非此即彼的两项，它们构成的总体称为二项总体（binary population）。

为便于研究，通常将二项总体中的"此"事件以变量"1"表示，具概率 p；将"彼"事件以变量"0"表示，具概率 q。因而二项总体又称为 0、1 总体，其概率则显然有：$p+q=1$ 或 $q=1-p$。

如果从二项总体抽取 n 个个体，可能得到 y 个个体属于"此"，而属于"彼"的个体为 $n-y$。由于是随机独立地从总体中抽取个体的，每次抽取的个体均有可能属于"此"，也可能属于"彼"，那么得到的 y 个"此"个体的数目可能为 0、1、2、…、n 个。此处将 y 作为间断性资料的变量，y 共有 $n+1$ 种取值，这 $n+1$ 种取值各有其概率，因而由变量及其概率就构成了一个分布，这个分布称为二项式概率分布，简称二项式分布或二项分布（binomial distribution）。例如观察施用某种农药后供试 5 只蚜虫的死亡数目，记"死"为 0，记"活"为 1，观察结果将可能出现 6 种事件，它们是 5 只全死、4 死 1 活、3 死 2 活、2 死 3 活、1 死 4 活、5 只全活，这 6 种事件构成了一个完全事件系，但 6 个事件的概率不同，将完全事件系的总概率 1 分布到 6 个事件中去，就是所谓的概率分布。如果将活的虫数 y 来代表相应的事件，便得到了关于变量 y 的概率分布。下面将给出二项式分布的概率计算方法。

二、二项式分布的概率计算方法

二项总体包含两项，其概率相应为 p 和 q，并且 $(p+q)^n=1$，可推知变量 y 的概率函数为

$$P(y)=C_n^y p^y q^{n-y}$$

其中

$$C_n^y=\frac{n!}{y!\ (n-y)!} \tag{4-1}$$

这个分布律也称贝努里（Bernoulli）分布，并有

$$\sum_{y=0}^{n} P(y) = 1$$

贝努里分布描述了随机变量（y）取不同值的概率，其概率函数为

$$P(y-i)=C_n^i p^i q^{n-i}$$

其累积函数为

$$F(y) = \sum_{i=0}^{y} P(y=i) \tag{4-2}$$

【例 4-1】棉田盲蝽危害的统计概率乃从调查 2 000 株后获得近似值 $p=0.35$，作为受害概率 p，则未受害的概率 $q=(1-0.35)=0.65$。设对田间植株进行抽样，每次抽取 n 株作为一个抽样单位。问大量抽样时 n 株中出现 y 株是受害的理论概率应有多少？（这里因为田间株数多，抽样后概率 p 可认为不变，相当于复置抽样。）

如调查 5 株为一个抽样单位，即 $n=5$，则受害株数 $y=0$、1、2、3、4 和 5 的概率可以计算出来，如表 4-2 所示。

表 4-2　调查单位为 5 株的概率分布表（$p=0.35$，$q=0.65$）

受害株数概率函数 $P(y)$	$C_n^y p^y q^{n-y}$	$P(y)$	$F(y)$	$NP(y)$
$P(0)$	$C_5^0 \times 0.35^0 \times 0.65^5$	0.116 0	0.116 0	46.40
$P(1)$	$C_5^1 \times 0.35^1 \times 0.65^4$	0.312 4	0.428 4	124.96
$P(2)$	$C_5^2 \times 0.35^2 \times 0.65^3$	0.336 4	0.764 8	134.56
$P(3)$	$C_5^3 \times 0.35^3 \times 0.65^2$	0.181 1	0.945 9	72.44
$P(4)$	$C_5^4 \times 0.35^4 \times 0.65^1$	0.048 8	0.994 7	19.52
$P(5)$	$C_5^5 \times 0.35^5 \times 0.65^0$	0.005 3	1.000 0	2.12

如果每次抽 5 个单株，共抽 $N=400$ 次，则理论上能够得到 $y=2$ 的次数应为

$$理论次数 = 400 \times P(2) = 400 \times 0.336\ 4 = 134.56（次）$$

对于任意 y，其理论次数为

$$理论次数 = NP(y) \tag{4-3}$$

图 4-1 和图 4-2 给出了概率函数图和累积概率函数图。

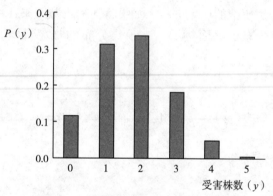

图 4-1　棉株受盲蝽危害的概率分布
（$p=0.35$，$n=5$）

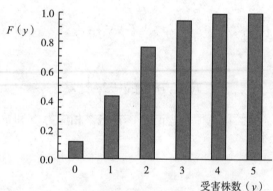

图 4-2　棉株受盲蝽危害的累积概率函数 $F(y)$
（$p=0.35$，$n=5$）

【例 4-2】某种害虫在某地区的自然死亡率为 40%，即 $p=0.4$，现对这种害虫用一种新药进行杀虫试验，每次抽样 10 头作为一组。试问如新药无效，则在 10 头中死 3 个、2 个、1 个以及全部完好的概率为多少？

按上述二项式分布概率函数式计算，有

$$7 个完好，3 个死去概率\ P(3) = C_{10}^3 (0.40)^3 (0.60)^7 = 0.214\ 99$$

$$8 个完好，2 个死去概率\ P(2) = C_{10}^2 (0.40)^2 (0.60)^8 = 0.120\ 93$$

$$9 个完好，1 个死去概率\ P(1) = C_{10}^1 (0.40)^1 (0.60)^9 = 0.040\ 31$$

$$10 个全部完好的概率\ P(0) = C_{10}^0 (0.40)^0 (0.60)^{10} = 0.006\ 05$$

若问 10 个中不超过 2 个死去的概率为多少？则应该应用累积函数，即

$$F(2) = \sum_0^2 P(y) = P(0) + P(1) + P(2) = 0.006\ 05 + 0.040\ 31 + 0.120\ 93 = 0.167\ 29$$

若计算不超过 1 个死去的概率，则

$$F(1) = \sum_0^1 P(y) = P(0) + P(1) = 0.006\ 05 + 0.040\ 31 = 0.046\ 36$$

这个试验结果说明若新药无杀虫效果，由于偶然原因，这一事件（10 个昆虫中仅死 1 个及少于 1 个的事件）的概率为 0.046，即 100 次中只会出现 4.6 次。

【例 4-3】某果树育种的杂交后代中，预期得优良植株的概率 $p=0.02$。试求：在 $n=15$ 株杂交后代苗中，存在优良植株（即至少 1 株）的概率是多少？若希望有 $P=0.99$ 的概率能得到 1 株以上的优良植株，至少应有多少株杂种苗供选择？

（1）$P(y \geqslant 1)=P(y=1)+P(y=2)+\cdots+P(y=15)=1-P(y=0)=1-q^{15}=1-0.98^{15}=0.2614$，即在 15 株杂交后代苗中，存在至少 1 株优良植株的概率是 0.2614，把握性不大。由此式计算中可知，概率计算与样本容量 n 有关，也与该二项总体中优良株的概率有关。

（2）本例题的第二问题中，告诉了概率 [即 $P(y \geqslant 1)=0.99$]，需要求算样本容量。那么，根据 $P(y \geqslant 1)=0.99$ 可得：$1-P(y=0)=0.99$，$P(y=0)=q^n=1-0.99=0.01$，$n \lg q=n \lg 0.98=\lg 0.01$，$n=\dfrac{\lg 0.01}{\lg 0.98} \approx 228$（株）。说明至少要有 228 株杂种苗，才可能发现 1 株以上（至少 1 株）优良株。

三、二项式分布的形状和参数

上述棉株受害概率如果为 $p=1/2$，则未受害概率 $q=1-p=1/2$，这时受害株的概率分布将表现为 $p=q$ 的形式（图 4-3）。从图 4-1 和图 4-3 可看出，如果 $p=q$，则二项式分布呈对称形状；如果 $p \neq q$，则表现偏斜形状。但从理论和实践检验，当 n 很大时即使 $p \neq q$，它也接近对称形状。所以这种理论分布是由 n 和 p 两个参数决定的。

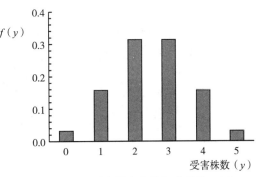

图 4-3 棉株受盲蝽危害的概率函数 $f(y)$
（$p=0.5$，$n=5$）

凡描述一个总体分布，平均数和方差（或标准差）两个参数是重要的。例如以抽取 5 株中的受害株数（y）作为统计指标，从总体中可以抽取的所有样本均有一个 y 值，这样所有的 y 构成了一个新总体，该总体属于二项总体，其平均数（μ）、方差（σ^2）和标准差（σ）如下式

$$\mu=np \qquad \sigma^2=npq \qquad \sigma=\sqrt{npq} \qquad (4-4)$$

例如上述棉田受害率调查结果，$n=5$，$p=0.35$，所以可求得总体参数为 $\mu=5 \times 0.35=1.75$ 株，$\sigma=\sqrt{5 \times 0.35 \times 0.65}=\sqrt{1.1375}=1.067$ 株。

以上平均数和标准差系指从二项总体抽出 n 个个体的样本总和数（个数）分布的平均数和标准差。

四、多项式分布

若总体内包含几种特性或分类标志，可以将总体中的个体分为几类，例如在给某一人群使用一种新药，可能有的疗效好，有的没有疗效，而另有疗效为副作用的，像这种将变数资料分为 3 类或多类的总体称为多项总体，研究其随机变量的概率分布可使用多项式分布（multinomial distribution）。

设总体中共包含有 k 项事件，它们的概率分别为 p_1、p_2、p_3、$\cdots$、p_k，显然 $p_1 + p_2 + p_3 + \cdots + p_k = 1$。若从这种总体随机抽取 n 个个体，那么可能得到这 k 项的个数分别为 y_1、y_2、y_3、$\cdots$、y_k，显然 $y_1 + y_2 + y_3 + \cdots + y_k = n$。那么，根据数学推导，这样一个事件的概率理论上应为

$$P(y_1, y_2, y_3, \cdots, y_k) = \frac{n!}{y_1! \ y_2! \ y_3! \ \cdots y_k!} p_1^{y_1} p_2^{y_2} p_3^{y_3} \cdots p_k^{y_k} \qquad (4-5)$$

这是多项式展开式中任意项（k 项）的概率函数，这种概率分布称为多项式分布。如果是 3 项式的概率分布，那么

$$P(y_1, y_2, y_3) = \frac{n!}{y_1! \ y_2! \ y_3!} p_1^{y_1} p_2^{y_2} p_3^{y_3}$$

【例 4-4】某药对病人有效的概率为 1/2，对病人无效的概率为 1/3，有副作用的概率为 1/6。若随机抽取 2 个使用该药的病人，其结果可能包括这样几种事件：2 个病人有副作用；1 个无效，1 个有副作用；两个无效；1 个有效，1 个有副作用；1 个有效，1 个无效；两个均有效。这几种事件的概率可以使用上述概率分布公式计算，如表 4-3 所示。

表 4-3 多项式分布的概率计算

变量 (y_1, y_2, y_3)	概率及其计算 $P(y_1, y_2, y_3)$
(0, 0, 2)	$\dfrac{2!}{0! \ 0! \ 2!} \left(\dfrac{1}{2}\right)^0 \left(\dfrac{1}{3}\right)^0 \left(\dfrac{1}{6}\right)^2 = \dfrac{1}{36}$
(0, 1, 1)	$\dfrac{2!}{0! \ 1! \ 1!} \left(\dfrac{1}{2}\right)^0 \left(\dfrac{1}{3}\right)^1 \left(\dfrac{1}{6}\right)^1 = \dfrac{1}{9}$
(0, 2, 0)	$\dfrac{2!}{0! \ 2! \ 0!} \left(\dfrac{1}{2}\right)^0 \left(\dfrac{1}{3}\right)^2 \left(\dfrac{1}{6}\right)^0 = \dfrac{1}{9}$
(1, 0, 1)	$\dfrac{2!}{1! \ 0! \ 1!} \left(\dfrac{1}{2}\right)^1 \left(\dfrac{1}{3}\right)^0 \left(\dfrac{1}{6}\right)^1 = \dfrac{1}{6}$
(1, 1, 0)	$\dfrac{2!}{1! \ 1! \ 0!} \left(\dfrac{1}{2}\right)^1 \left(\dfrac{1}{3}\right)^1 \left(\dfrac{1}{6}\right)^0 = \dfrac{1}{3}$
(2, 0, 0)	$\dfrac{2!}{2! \ 0! \ 0!} \left(\dfrac{1}{2}\right)^2 \left(\dfrac{1}{3}\right)^0 \left(\dfrac{1}{6}\right)^0 = \dfrac{1}{4}$

五、泊松分布——二项式分布的一种极限分布

应用上述式（4-2）二项式分布时，往往遇到一个概率 p 或 q 是很小的值，例如小于 0.1，另一方面 n 又相当大，这样以上二项式分布将为另一种分布所接近，或者为一种极限分布。这种分布称为泊松概率分布，简称泊松分布（Poisson distribution）。

如果 $np = m$，则泊松分布概率函数为

$$P(y) = \frac{m^y e^{-m}}{y!} \quad y = 0、1、2、\cdots、\infty$$

$$(4-6)$$

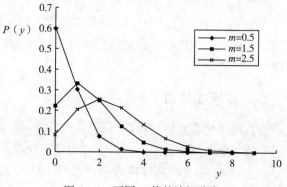

图 4-4 不同 m 值的泊松分布

式中，e＝2.718 28…，为自然对数的底数。

凡在观察 n 次中（n 相当大），某事件出现的平均次数 m（m 是一个定值）很小，那么，这个事件出现的次数将符合泊松分布。这种分布在生物学研究中是经常遇到的，例如昆虫与植物种类在一定面积的分布、病菌侵害作物的分布、原子衰变的规律等随机变数。

泊松分布的平均数（μ）、方差（σ^2）和标准差（σ）分别为

$$\mu = m \qquad \sigma^2 = m \qquad \sigma = \sqrt{m} \qquad\qquad (4-7)$$

这一分布包括一个参数 m，由 m 的大小决定其分布形状，如图 4-4 所示。当 m 值小时分布呈很偏斜形状，m 增大后则逐渐对称，趋近于以下即将介绍的正态分布。

【例 4-5】1907 年 Student 氏进行以血细胞计数酵母细胞精确度试验。如果这种计数技术是有效的，则每个小方格的细胞数目理论上应符合泊松分布。

表 4-4 是从 1 mm² 分为 400 个小方格的结果。总共计数的细胞数为 1 872 个，因之平均数 $m＝1 872/400＝4.68$。理论次数须从泊松分布的概率计算，即

$$e^{-m}\left(1 + m + \frac{m^2}{2!} + \cdots + \frac{m^y}{y!} + \cdots\right) \qquad y＝0、1、2、3、\cdots \qquad (4-8)$$

表 4-4　血细胞计数的每个小方格内酵母细胞数

酵母细胞数	0	1	2	3	4	5	6	7	8
实际次（格）数	0	20	43	53	86	70	54	37	18
理论次数	3.71	17.37	40.65	63.41	74.19	69.44	54.16	36.21	21.18

酵母细胞数	9	10	11	12	13	14	15	16	总
实际次（格）数	10	5	2	2	0	0	0	0	400
理论次数	11.02	5.16	2.19	0.86	0.31	0.10	0.03	0.01	400.00

本例 $m＝4.68$，$e^{-m}＝(2.718 28)^{-4.68}＝0.009 275$，$0.009 275 \times 400＝3.71$。3.71 是理论次数第一项（细胞数为 0），其他各理论次数均可按式（4-8）计算。概率值乘以 400 得理论次数。本例标准差估计值为 $\hat{\sigma} = \sqrt{4.68} = 2.16$。

泊松分布有一特性，即 2 个或 2 个以上的泊松分布之和，也是一个泊松分布，因此 2 个或 2 个以上事件各独立地服从泊松分布时，可以将其合并，并求其平均数和标准差。

第三节　正态分布

正态分布（normal distribution），是连续性变数的理论分布。正态分布在理论和实践上都具有非常重要的意义：①客观世界确有许多现象的数据是服从正态分布的，因此它可以用来配合这些现象的样本分布从而发现这些现象的理论分布。例如人们在日常生活中发现许多数量指标总是正常范围内有差异，但偏离正常、表现过高或过低的情况总是比较少，而且越不正常的可能性越小，这就是所谓的常态或称为正态，可以用正态分布的理论及由正态分布衍生出来的方法来研究。一般作物产量和许多经济性状的数据均表现正态分布。②在适当条件下，它可用来做二项式分布及其他间断性或连续性变数分布的似近分布，这样就能用正态分布代替其他分布以计算概率和进行统计推论。③虽然有些总体并不呈正态分布，但从总体中抽出的样本平均数及其他一些统计数的分布，在样本容量适当大时仍然趋近正态分布，因

此可用它来研究这些统计数的抽样分布。本节先从前述的二项式分布的实例引导出正态分布，然后述及正态分布的特性，最后介绍概率计算方法。

一、二项式分布的另一种极限——正态分布

现以二项式分布导出正态分布，因为后者是前者的极限分布。以上述二项式分布棉株受害率为例，假定受害概率 $p=1/2$，那么，$p=q=1/2$。现假定每个抽样单位包括 20 株，这样将有 21 个组，其受害株的概率函数 $P(y)=C_{20}^{y}0.5^{y}0.5^{(20-y)}$，于是概率分布计算如下：

$$\left(\frac{1}{2}+\frac{1}{2}\right)^{20}=1\left(\frac{1}{2}\right)^{20}+20\left(\frac{1}{2}\right)^{20}+190\left(\frac{1}{2}\right)^{20}+\cdots+20\left(\frac{1}{2}\right)^{20}+1\left(\frac{1}{2}\right)^{20}$$

$$=0.000\,00+0.000\,02+0.000\,18+\cdots+0.000\,02+0.000\,00$$

将概率分布绘于图 4-5。从图可见分布是对称的，平均数 (μ) 和方差 (σ^2) 分别为

$$\mu=np=20(1/2)=10（株）$$
$$\sigma^2=npq=20(1/2)(1/2)=5（株）$$

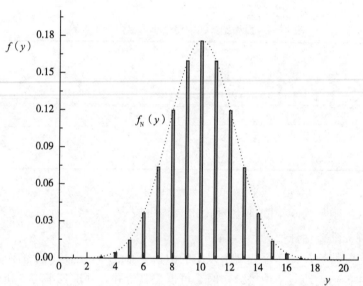

图 4-5 棉株受害率 $(0.5+0.5)^{20}$ 分布图
(实线表示二项式概率分布，虚线表示接近的正态分布曲线)

如果 $p=q$，不论 n 值是大还是小，二项式分布的多边形图必呈对称。如果 $p\neq q$，当 n 很大时，这多边形也趋于对称。多边形是许多直线连接相邻组组中值次数的点形成的，倘 n 很大时，组数为 $n+1$ 组，组距变为非常小，连接邻组的各个直线变得很短，而多边形的边数也相应加多。倘 n 或组数增加到无穷多时 $(n\rightarrow\infty)$，每个组的直方形都一一变为纵轴线，连接的直线也一一变为点。这时多边形的折线就表现为一个光滑曲线。这个光滑曲线在数学上的意义是一个二项式分布的极限曲线。二项式分布的极限曲线属于连续性变数分布曲线。这种曲线一般称为正态分布曲线或正态概率密度曲线。可以推导出正态分布的概率密度函数为

$$f_{N}(y)=\frac{1}{\sigma\sqrt{2\pi}}e^{-\frac{1}{2}\left(\frac{y-\mu}{\sigma}\right)^2}$$

$$(4-9)$$

式中，y 是所研究的变数；$f_N(y)$ 是某一定值 y 出现的函数值，一般称为概率密度函数，相当于曲线 y 值的纵轴高度［这里 $f_N(y)$ 中的 N 是专指正态分布曲线而言的］；$\pi =$ 3.141 59…；e＝2.718 28…；μ 为总体参数，表示所研究总体的平均数，不同正态分布可以有不同的 μ，但某一定总体的 μ 是一个常数；σ 为总体参数，表示所研究总体标准差，不同正态分布可以有不同的 σ，但某一定总体的 σ 是一个常数。

这里 y 是从负无穷大到正无穷大数值区间中的一个点。在连续性变数的尺度上有无穷个点，单独一个点的概率几乎是 0，因而讨论变量处在这个点的概率是没有意义的，只有讨论正态分布变数在某个取值区间的概率才有实际意义，故这里将式（4-9）称为概率密度函数，而不称为概率函数，以区别于离散型分布的概率函数。

式（4-9）的函数图见图 4-6。

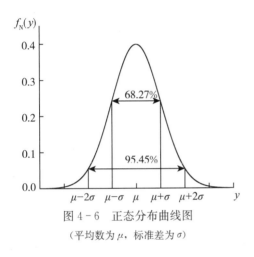

图 4-6 正态分布曲线图
（平均数为 μ，标准差为 σ）

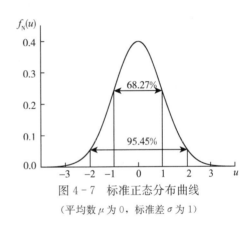

图 4-7 标准正态分布曲线
（平均数 μ 为 0，标准差 σ 为 1）

参数 μ 和 σ^2 有如下的数学表述：

$$\left.\begin{array}{l} \mu = \int_{-\infty}^{+\infty} y f_N(y) \mathrm{d}y \\ \sigma^2 = \int_{-\infty}^{+\infty} (y-\mu)^2 f_N(y) \mathrm{d}y \end{array}\right\} \tag{4-10}$$

为简化计，一般以一个新变数 u 替代 y 变数，即将 y 离其平均数的差数，以 σ 为单位进行转换，于是

$$u = \frac{y-\mu}{\sigma}$$

或

$$u\sigma = y - \mu 。$$

u 称为正态离差，由之可将式（4-9）标准化为

$$\varphi(u) = \frac{1}{\sqrt{2\pi}} \mathrm{e}^{-\frac{1}{2}u^2} \tag{4-11}$$

式（4-11）称为标准化正态分布方程，它是参数 $\mu = 0$，$\sigma^2 = 1$ 时的正态分布（图 4-7），记作 $N(0，1)$。由于它具有最简单形式，各种不同平均数和标准差的正态分布均可以经过适当转换用标准化分布表示出来。所以下节将用它计算正态分布曲线的概率。

二、正态分布曲线的特性

正态分布曲线有以下特性。

①正态分布曲线以 $y=\mu$ 为对称轴，向左右两侧呈对称分布，所以它是一条对称曲线。从 μ 所竖立的纵轴 $f_N(y=\mu)$ 是最大值，所以正态分布曲线的算术平均数、中数和众数是相等的，三者合一，均位于 μ 点上。

②正态分布曲线以参数 μ 和 σ 的不同而表现为一系列曲线，所以它是一个曲线簇而不仅是一个曲线。μ 确定它在横轴上的位置，而 σ 确定它的变异度，不同 μ 和 σ 的正态分布总体具有不同的曲线和变异度，所以任何一条特定正态分布曲线必须在其 μ 和 σ 确定后才能确定。图 4-8 和图 4-9 表示这个区别。

③正态分布资料的次数分布表现为多数次数集中于算术平均数 μ 附近，离平均数越远，其相应的次数越少；且在 μ 左右相等 $|y-\mu|$ 范围内具有相等次数；在 $|y-\mu| \geqslant 3\sigma$ 时其次数极少。

④正态分布曲线在 $|y-\mu|=1\sigma$ 处有"拐点"。曲线两尾向左右伸展，永不接触横轴，所以当 $y \rightarrow \pm\infty$，分布曲线以 y 轴为渐近线，因之曲线全距从 $-\infty$ 到 $+\infty$。

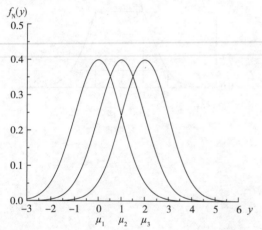

图 4-8　标准差相同（$\sigma=1$）而平均数不同
（$\mu_1=0$、$\mu_2=1$、$\mu_3=2$）的 3 条正态分布曲线

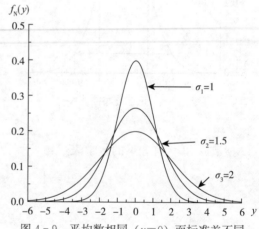

图 4-9　平均数相同（$\mu=0$）而标准差不同
（$\sigma_1=1$、$\sigma_2=1.5$、$\sigma_3=2$）的 3 条正态分布曲线

⑤正态分布曲线与横轴之间的总面积等于 1，因此在曲线下横轴的任何定值，例如从 $y=y_1$ 到 $y=y_2$ 之间的面积，等于介于这两个定值间面积占总面积的成数，或者说等于 y 落于这个区间内的概率。正态分布曲线的任何两个 y 定值 y_a 与 y_b 之间的面积或概率是完全依曲线的 μ 和 σ 而确定的，详细数值见附表 1。下面为几对常见的区间与其相对应的面积或概率的数字：

区间	面积或概率
$\mu \pm 1\sigma$	0.682 7
$\mu \pm 2\sigma$	0.954 5
$\mu \pm 3\sigma$	0.997 3
$\mu \pm 1.960\sigma$	0.950 0
$\mu \pm 2.576\sigma$	0.990 0

上述关系是正态分布的理论结果，从实际试验数据可以证实这种关系。例如第三章第二节表 3-4 的 140 行水稻产量资料的样本分布表现出接近正态分布，其平均数（$\bar{y}$）、标准差（s）以及离均差为 1 个标准差、2 个标准差和 3 个标准差的区间所包括的次数列于表 4-5。实验的结果与正态分布的理论结果很相近。

表 4-5　140 行水稻产量在 $\bar{y}\pm1s$、$\bar{y}\pm2s$、$\bar{y}\pm3s$ 范围内所包括的次数表

$\bar{y}\pm ks$	数值（g）	区间（g）	区间内包括的次数	
			次数	概率（%）
$\bar{y}\pm1s$	157.9 ± 36.4	$121.5\sim194.5$	99	70.71
$\bar{y}\pm2s$	157.9 ± 72.8	$85.1\sim230.7$	134	95.71
$\bar{y}\pm3s$	157.9 ± 109.2	$48.7\sim267.1$	140	100.00

三、计算正态分布曲线区间面积或概率的方法

在一个连续性随机变数中，不能够计算某一定值的概率，而只能计求某个区间或范围的概率。例如计算水稻产量每公顷达 5 700 kg 以上的概率或 5 700～7 500 kg 区间的概率等。

一定区间概率的表示方法，一般采用下述符号：倘一随机变数 y 取 a 与 b 两个定值时，而 $a<b$，其概率表示为

$$P(a<y\leqslant b)$$

或简写为

$$P(a<y<b) \tag{4-12}$$

在正态分布曲线下，y 的定值从 $y=a$ 到 $y=b$ 间的概率可用曲线下区间的面积来表示，或者说，用其定积分的值表示，如图 4-10 所示的面积。

$$P(a<y\leqslant b)=\int_a^b \frac{1}{\sigma\sqrt{2\pi}}e^{-\frac{1}{2}\left(\frac{y-\mu}{\sigma}\right)^2}\mathrm{d}y \tag{4-13}$$

因为正态分布曲线的全距从 $-\infty$ 到 $+\infty$，同样可以计算曲线下从 $-\infty$ 到 y 的面积，其公式为

$$F_N(y)=\int_{-\infty}^{y} f_N(y)\mathrm{d}y \tag{4-14}$$

这里 $F_N(y)$ 称为正态分布的累积函数，具有平均数 μ 和标准差 σ。如给予变数任何一定值，例如 a，那么，可以计算 $y\leqslant a$ 的概率为 $F_N(a)$，即

$$P(y\leqslant a)=F_N(a) \tag{4-15}$$

采用这种方法，如果 a 与 $b(a<b)$ 是 y 的两个定值，则其区间概率可从下式计算。

$$P(a<y\leqslant b)=F_N(b)-F_N(a) \tag{4-16}$$

正态分布的密度函数 $f_N(y)$ 是按 y 值将累积函数 $F_N(y)$ 求其导数所得的。根据式（4-14），当 $y=-\infty$ 时，$F_N(-\infty)=0$；当 $y=+\infty$ 时，$F_N(+\infty)=1$（图 4-11）。虽然正态分布曲线是从 $-\infty$ 到 $+\infty$，但实际应用上，如 y 值从 $(\mu-3\sigma)$ 到 $(\mu+3\sigma)$ 范围内，即相当于 6 个 σ 范围内，$F_N(y)$ 值即可以相当于差不多从 0 到接近于 1。现将 y 值从 $(\mu-3\sigma)$ 到 $(\mu+3\sigma)$ 范围内 $F_N(y)$ 的值，以 0.01 为一间隔列于附表 1。从附表 1 可以计算出任何从 $-\infty$ 到某一定值 y_a 的概率或从 $y=a$ 到 $y=b$ 区间的概率。

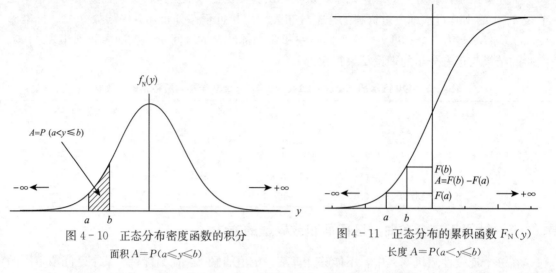

图 4-10　正态分布密度函数的积分
面积 $A=P(a \leqslant y \leqslant b)$

图 4-11　正态分布的累积函数 $F_N(y)$
长度 $A=P(a<y \leqslant b)$

由于不同总体具有不同的 μ 和 σ，为了便于计算，可转换为标准化正态分布方程式（4-11），即以 u 变数替代 y 变数以计算概率。u 变数具有正态分布特性，其 $\mu=0$ 和 $\sigma^2=1$。因此凡要计算任何一个正态分布的概率只需将 y 转换为 u 值，然后查附表 1 便可以决定 y 落于某一给定区间的概率。下面举出几例说明计算方法。

【例 4-6】假定 y 是一个随机变数，服从正态分布，平均数 $\mu=30$，标准差 $\sigma=5$，试计算（1）y 小于 26 的概率；（2）y 小于 40 的概率；（3）y 介乎 26 和 40 区间的概率；（4）y 大于 40 的概率。

（1）首先计算 $P(y \leqslant 26)=F_N(26)$，要计算 $F_N(26)$，就必须先将 y 转换为 u 值，即

$$u=\frac{y-\mu}{\sigma}=\frac{26-30}{5}=-0.8$$

查附表 1，当 $u=-0.8$ 时，$F_N(26)=0.211\,9$，说明这一分布从 $-\infty$ 到 26 范围内的变量数占全部变量数的 21.19%，或者说，$y \leqslant 26$ 概率为 0.211 9。

（2）同样计算 $P(y \leqslant 40)=F_N(40)$，有

$$u=\frac{y-\mu}{\sigma}=\frac{40-30}{5}=+2.0$$

查附表 1，当 $u=+2.0$ 时，$F_N(40)=0.977\,3$，这指出从 $-\infty$ 到 40 范围内的变量数占全部变量数的 97.73%，或者说，$y \leqslant 40$ 概率为 0.977 3。

（3）计算 $P(26<y \leqslant 40)$，即有

$$P(26<y \leqslant 40)=F_N(40)-F_N(26)=0.977\,3-0.211\,9=0.765\,4$$

或者写为

$$P(26<y \leqslant 40)=P(-0.8<u \leqslant 2.0)=0.977\,3-0.211\,9=0.765\,4$$

（4）计算 $P(y>40)$，即有

$$P(y>40)=1-P(y \leqslant 40)=1-0.977\,3=0.022\,7$$

以上计算参见图 4-12。

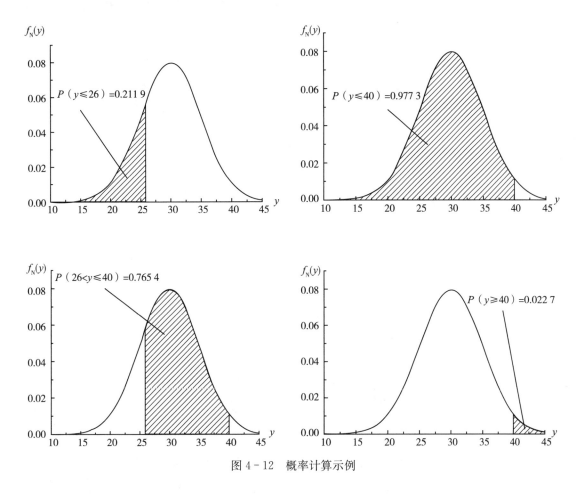

图 4-12 概率计算示例

【例4-7】在应用正态分布时，经常要讨论随机变数 y 离其平均数的差数大于或小于若干个 σ 值的概率。例如计算离均差绝对值等于小于和等于大于 1σ 的概率为

$$P(\mu-\sigma\leqslant y\leqslant\mu+\sigma)=0.841\,34-0.158\,66=0.682\,66$$

或简写为

$$P(|y-\mu|\leqslant\sigma)=0.682\,7$$

$$P(|y-\mu|\geqslant\sigma)=1-0.682\,7=0.317\,3$$

相应地，离均差绝对值等于小于 2σ、等于大于 2σ、等于小于 3σ 和等于大于 3σ 的概率值为

$$P(|y-\mu|\leqslant2\sigma)=P(\mu-2\sigma\leqslant y\leqslant\mu+2\sigma)=P(-2\leqslant u\leqslant+2)=0.954\,5$$

$$P(|y-\mu|\geqslant2\sigma)=1-0.954\,5=0.045\,5$$

$$P(|y-\mu|\leqslant3\sigma)=P[(\mu-3\sigma)\leqslant y\leqslant(\mu+3\sigma)]=P(-3\leqslant u\leqslant+3)=0.997\,3$$

$$P(|y-\mu|\geqslant3\sigma)=1-0.997\,3=0.002\,7$$

以上结果解释了正态分布曲线的概率特性，可参考图 4-13。

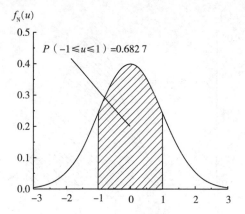
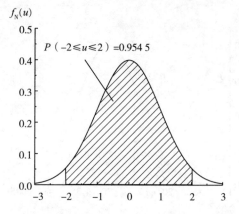

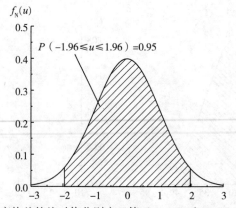

图 4-13　离均差的绝对值分别小于等于 1σ、2σ 和 1.96σ 的概率值

【例 4-8】计算正态分布曲线中间部分面积（概率）为 0.99 时，其 y 或 u 值应等于多少？

因为正态分布是对称的，故在曲线左边从 $-\infty$ 到 $-u$ 的概率和在曲线右边从 u 到 ∞ 的概率都应等于 $1/2(1-0.99)=0.005$。查附表 1，$u=-2.58$ 时，$F_N(y)=0.004\,94\approx0.005$。于是知，当 $y=\mu\pm2.58\sigma$ 时，在其范围内包括 99% 的变量，仅有 1% 变量在此范围之外。上述结果写作

$$P(|y-\mu|\geq2.58\sigma)=P(|u|\geq2.58)=0.01$$
$$P(|y-\mu|\leq2.58\sigma)=P(|u|\leq2.58)=0.99$$

同理可求得

$$P(|y-\mu|\geq1.96\sigma)=P(|u|\geq1.96)=0.05$$
$$P(|y-\mu|\leq1.96\sigma)=P(|u|\leq1.96)=0.95$$

以上 $P(|y-\mu|\geq2.58\sigma)$ 乃正态分布曲线下左边一尾 y 从 $-\infty$ 到 $y_1=\mu-2.58\sigma$ 上的面积和右边一尾 y 从 $y_2=\mu+2.58\sigma$ 到 ∞ 上的面积之和，亦可写成

$$P(|y-\mu|\geq2.58\sigma)=P(y\leq\mu-2.58\sigma)+P(y\geq\mu+2.58\sigma)$$

同理，$P(|y-\mu|\geq1.96\sigma)$ 亦可写成

$$P(|y-\mu|\geq1.96\sigma)=P(y\leq\mu-1.96\sigma)+P(y\geq\mu+1.96\sigma)$$

以上两式等号右侧的前一项为左尾概率，后一项为右尾概率，其和概率称为两尾概率

值。由于两尾概率值经常应用，为减少计算的麻烦，在附表 2 列出了两尾概率取某一值时的临界 u 值（正态离差 u 值），可供直接查用。例如可查得 $P=0.01$ 时 $u=2.58$，$P=0.05$ 时 $u=1.96$，即表示

$$P(|u|\geqslant 2.58)=0.01$$
$$P(|u|\geqslant 1.96)=0.05$$

如果仅计算一尾，则为一尾概率值。例如计算

$$P(u\geqslant 1.64)=\frac{1}{2}P(|u|\geqslant 1.64)=\frac{1}{2}(0.1)=0.05$$

这个 0.05 称为 y 值大于 $\mu+1.644\ 8\sigma$ 的一尾概率值。当概率一定时，两尾概率的 $|u|$ 总是大于一尾概率 $|u|$。例如两尾概率为 0.05 时，$|u|=1.96$；而一尾概率为 0.05 时，$|u|=1.64$。这表明在给定概率为 0.05 时，若考虑两尾，则离均差的绝对值需大于 1.96σ；若考虑一尾，则离均差的绝对值只需大于 1.64σ。

第四节　抽样分布

统计学的一个主要任务是研究总体和样本之间的关系。这种关系可以从两个方向进行研究。第一个方向是从总体到样本的方向，其目的是要研究从总体中抽出的所有可能样本统计量的分布及其与原总体的关系。这就是本节所要讨论的抽样分布。第二个方向是从样本到总体的方向，即从总体中随机抽取样本，并用样本对总体做出推论。这就是以后将要讨论的统计推断问题。抽样分布（sampling distribution）是统计推断的基础。

一、统计数的抽样及其分布参数

从总体中随机抽样得到样本，获得样本观察值后可以计算一些统计数，统计数的分布称为统计数抽样分布，简称抽样分布。这里讨论的是抽样分布的参数与被抽样的已知总体参数间的关系。需指出的是，抽样分为复置抽样和不复置抽样，复置抽样指将抽得的个体放回总体后再继续抽样的方法，不复置抽样指将抽得的个体不放回总体而继续进行抽样的方法。讨论抽样分布时考虑的是复置抽样方法，但无限总体时复置抽样和不复置抽样并无差别。

（一）样本平均数的抽样及其分布参数

如图 4-14 所示，从一个总体进行随机抽样可以得到许多样本，如果总体是无限总体，那么可以得到无限多个随机样本。如果从容量为 N 的有限总体抽样，若每次抽取容量为 n 的样本，那么一共可以得到 N^n 个样本（所有可能的样本个数）。抽样所得到的每个样本可以计算 1 个平均数，全部可能的样本都被抽取后可以得到许多平均数，例如 $\bar{y}_1$、$\bar{y}_2$、$\bar{y}_3$、…、$\bar{y}_m$ 等。这里 m 代表抽样所可能得到的所有平均数的总个数。如果被抽样的总体是无限总体，显然 m 代表无穷大的正整数，如果是有限总体那么 $m=N^n$。将抽样所得到的所有可能的样本平均数集合起来便构成一个新的总体，这个总体是由原总体（或称为母总体）抽样得到的，它的变数资料是由所有样本平均数构成的，样本平均数 $\bar{y}$ 就成为一个新总体的变量。每次随机抽样所得到的平均数可能会有差异，所以由平均数构成的新总体也应该有其分布，这种分布称为平均数的抽样分布。随机样本的任何一种统计数都可以是一个变量，这种变量的分布称为统计数的抽样分布。除平均数抽样分布外，还有总和数抽样分布、方差抽样分

布、标准差抽样分布等。抽样分布是统计推断分析的基础，一些重要的统计数抽样分布如 t 分布、χ^2 分布、F 分布将在以后相应章节详细介绍。

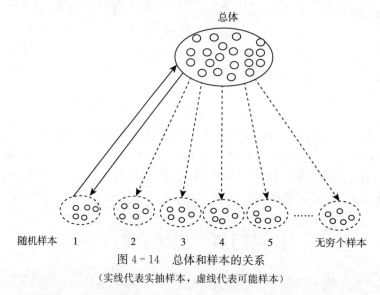

图 4-14　总体和样本的关系

(实线代表实抽样本，虚线代表可能样本)

既然新总体是由母总体中通过随机抽样得到的，那么新总体与母总体间必然有关系。数理统计的推导表明新总体与母总体在特征参数上存在函数关系。以平均数抽样分布为例，这种关系可表示为以下两个方面。

①该抽样分布的平均数（$\mu_{\bar{y}}$）与母总体的平均数（μ）相等，即

$$\mu_{\bar{y}} = \mu \tag{4-17}$$

②该抽样分布的方差（$\sigma_{\bar{y}}^2$）和标准差与母总体方差（σ^2）和标准差间存在如下关系。

$$\left.\begin{array}{l} \sigma_{\bar{y}}^2 = \dfrac{\sigma^2}{n} \\[2mm] \sigma_{\bar{y}} = \dfrac{\sigma}{\sqrt{n}} \end{array}\right\} \tag{4-18}$$

式中，n 为样本容量。抽样分布的标准差又称为标准误，它可以度量抽样分布的变异。

这里抽样分布的参数，即平均数（$\mu_{\bar{y}}$）和方差（$\sigma_{\bar{y}}^2$）这两个概念要很好理解，前者是所有样本平均数的平均数，后者是所有样本平均数间的方差，它们不同于母总体的参数，但有式（4-17）和式（4-18）的关系。

【例4-9】以上式（4-17）式（4-18）的理论关系可以通过抽样实验做验证。设有一个总体 $N=3$（y_i 设为 2、4、6）。以样本容量 $n=1$、$n=2$、$n=4$ 及 $n=8$，从总体中进行复置抽样，抽出全部样本列于表 4-6。

表 4-6　各种不同样本容量的样本平均数（$\bar{y}$）的抽样分布

n=1		n=2		n=4		n=8	
$\bar{y}$	f	$\bar{y}$	f	$\bar{y}$	f	$\bar{y}$	f
2	1	2	1	2.0	1	2.00	1
						2.25	8
		2.5	4			2.50	36

（续）

	n=1		n=2		n=4		n=8	
	$\bar{y}$	f	$\bar{y}$	f	$\bar{y}$	f	$\bar{y}$	f
							2.75	112
			3	2	3.0	10	3.00	266
							3.25	504
					3.5	16	3.50	784
							3.75	1 016
	4	1	4	3	4.0	19	4.00	1 107
							4.25	1 016
					4.5	16	4.50	784
							4.75	504
			5	2	5.0	10	5.00	266
							5.25	112
					5.5	4	5.50	36
							5.75	8
	6	1	6	1	6.0	1	6.00	1
$\sum f$	3		9		81		6 561	
平均数	4		4		4		4	
方　差	8/3		4/3		2/3		1/3	

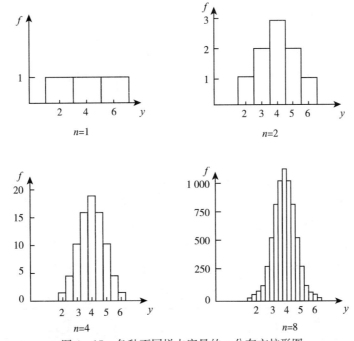

图 4-15　各种不同样本容量的 $\bar{y}$ 分布方柱形图

　　表 4-6 中列出这些不同样本容量的 $\bar{y}$ 抽样分布，可用图 4-15 所示的方柱形图表示其分布形状。

现试看：样本平均数分布的平均数（$\mu_{\bar{y}}$）、方差（$\sigma_{\bar{y}}^2$）与其母总体平均数（μ）、方差（σ^2）的关系。由表4-6中第一列，当$N=3$、$n=1$时总体平均数和方差为

$$\mu = \sum_{i=1}^{N} y_i \Big/ N = (2+4+6)/3 = 12/3 = 4$$

$$\sigma^2 = \sum_{i=1}^{N} (y_i - \mu)^2 \Big/ N = [(2-4)^2 + (4-4)^2 + (6-4)^2]/3 = 8/3$$

当样本容量依次为2、4和8时，其$\mu_{\bar{y}}$相应为4、4和4；其$\sigma_{\bar{y}}^2$相应为4/3、2/3和1/3。即$\mu_{\bar{y}} = \mu$，$\sigma_{\bar{y}}^2 = \dfrac{\sigma^2}{n}$。因而验证了式（4-17）和式（4-18）的理论关系。

（二）样本总和数的抽样及其分布参数

样本总和数也有其抽样分布，根据数理统计的推导，样本总和数（$\sum y$）的抽样分布参数与母总体间存在如下关系。

①该抽样分布的平均数（$\mu_{\sum y}$）与母总体的平均数（μ）间的关系为

$$\mu_{\sum y} = n\mu \tag{4-19}$$

②该抽样分布的方差（$\sigma_{\sum y}^2$）与母总体方差（σ^2）间的关系为

$$\sigma_{\sum y}^2 = n\sigma^2 \tag{4-20}$$

式中，n为样本容量。

（三）两个独立随机样本平均数差数的抽样及其分布参数

如果从一个总体随机地抽取一个样本容量为n_1的样本，同时随机独立地从另一个总体抽取一个样本容量为n_2的样本，那么可以得到分别属于两个总体的样本，这两个样本的平均数用$\bar{y}_1$和$\bar{y}_2$表示。设这两个样本所来自的两个总体的平均数分别为μ_1和μ_2，它们的方差分别为σ_1^2和σ_2^2。根据数理统计的推导，两个独立随机抽取的样本平均数间的差数（$\bar{y}_1 - \bar{y}_2$）的抽样分布参数与两个母总体间存在如下关系。

①该抽样分布的平均数（$\mu_{\bar{y}_1 - \bar{y}_2}$）与母总体的平均数之差相等，即

$$\mu_{\bar{y}_1 - \bar{y}_2} = \mu_1 - \mu_2 \tag{4-21}$$

②该抽样分布的方差（$\sigma_{\bar{y}_1 - \bar{y}_2}^2$）与母总体方差间的关系为

$$\sigma_{\bar{y}_1 - \bar{y}_2}^2 = \sigma_{\bar{y}_1}^2 + \sigma_{\bar{y}_2}^2 = \frac{\sigma_1^2}{n_1} + \frac{\sigma_2^2}{n_2} \tag{4-22}$$

【例4-10】式（4-21）和式（4-22）的理论关系可以通过抽样实验以验证。假定第一个总体包括3个观察值，2、4和6（$N_1=3$，$n_1=2$），所有样本数为$N^n = 3^2 = 9$个；总体平均数为$\mu_1 = 4$，总体方差为$\sigma_1^2 = 8/3$。第二个总体包括2个观察值，3和6（$N_2=2$），抽出的样本容量为3（$n_2=3$），所以所有样本数为$2^3 = 8$个，总体平均数为$\mu_2 = 4.5$，总体方差为$\sigma_2^2 = 2.25$。现将上述两个总体$\bar{y}$的次数分布列于表4-7，并计算出其分布的参数。

表4-7　从两个总体抽出的样本平均数的次数分布表

$\bar{y}_1$	f	$\bar{y}_2$	f
2	1	3	1
3	2	4	3
4	3	5	3

（续）

$\bar{y}_1$	f	$\bar{y}_2$	f
5	2	6	1
6	1		
总　和	9	总　和	8

$N_1=3$	$n_1=2$	$N_2=2$	$n_2=3$
$\mu_1=4$	$\mu_{\bar{y}_1}=\mu_1=4$	$\mu_2=4.5$	$\mu_{\bar{y}_2}=\mu_2=4.5$
$\sigma_1^2=8/3$	$\sigma_{\bar{y}_1}^2=\dfrac{\sigma_1^2}{n_1}=4/3$	$\sigma_2^2=2.25$	$\sigma_{\bar{y}_2}^2=\dfrac{\sigma_2^2}{n_2}=3/4$

现在要研究从这两个总体抽出的样本平均数差数的分布及其参数。由于从第一总体抽出 9 个所有样本，从第二总体抽出 8 个所有样本，所以必须将第一总体的 9 个样本平均数和第二总体的 8 个样本平均数做所有可能的相互比较，这样共有 $9\times8=72$ 个比较或 72 个差数，这 72 个差数次数分布列于表 4-8 和表 4-9。

表 4-8　样本平均数差数的次数分布表

$\bar{y}_1$	2	2	2	2	3	3	3	3	4	4	4	4	5	5	5	5	6	6	6	总和
$\bar{y}_2$	3	4	5	6	3	4	5	6	3	4	5	6	3	4	5	6	3	4	5	6
$\bar{y}_2-\bar{y}_2$	1	-2	-3	-4	0	-1	-2	-3	1	0	-1	-2	2	1	0	-1	3	2	1	0
f	1	3	3	1	2	6	6	2	3	9	9	3	2	6	6	2	1	3	3	1	72

表 4-9　样本平均数差数分布的平均数和方差计算表

$\bar{y}_1-\bar{y}_2$	f	$f(\bar{y}_1-\bar{y}_2)$	$(\bar{y}_1-\bar{y}_2+0.5)$	$(\bar{y}_1-\bar{y}_2+0.5)^2$	$f(\bar{y}_1-\bar{y}_2+0.5)^2$
-4	1	-4	-3.5	12.25	12.25
-3	5	-15	-2.5	6.25	31.25
-2	12	-24	-1.5	2.25	27.00
-1	18	-18	-0.5	0.25	4.50
0	18	0	0.5	0.25	4.50
1	12	12	1.5	2.25	27.00
2	5	10	2.5	6.25	31.25
3	1	3	3.5	12.25	12.25
总	72	-36			150.00

由表 4-9 可算得

$$\mu_{\bar{y}_1-\bar{y}_2}=(-36)/72=-0.5$$

$$\mu_1-\mu_2=4-4.5=-0.5$$

$$\sigma_{\bar{y}_1-\bar{y}_2}^2=\frac{\sum\left[(\bar{y}_1-\bar{y}_2)-(\mu_1-\mu_2)\right]^2}{72}=\frac{\sum(\bar{y}_1-\bar{y}_2+0.5)^2 f}{72}=\frac{150}{72}=\frac{25}{12}$$

而

$$\frac{\sigma_1^2}{n_1}+\frac{\sigma_2^2}{n_2}=\frac{8/3}{2}+\frac{9/4}{3}=\frac{4}{3}+\frac{3}{4}=\frac{25}{12}$$

这与式（4-21）计算结果和式（4-22）计算结果均相同，即

$$\mu_{\bar{y}_1-\bar{y}_2}=\mu_1-\mu_2=4-4.5=-0.5$$

$$\sigma_{\bar{y}_1-\bar{y}_2}^2=\frac{\sigma_1^2}{n_1}+\frac{\sigma_2^2}{n_2}=\frac{4}{3}+\frac{3}{4}=\frac{25}{12}$$

二、正态分布总体的统计数抽样分布

前面介绍了统计数抽样分布的主要特征及其和母总体特征数间的关系，以下将讨论统计数抽样分布的规律。

（一）样本平均数的抽样分布

从正态分布总体抽取的样本，无论样本容量是大还是小，其样本平均数（$\bar{y}$）的抽样分布必呈正态分布，具有平均数 $\mu_{\bar{y}}=\mu$ 和方差 $\sigma_{\bar{y}}^2=\sigma^2/n$，而且方差随样本容量增大而递降。平均数的正态分布一般记为 $N(\mu_{\bar{y}},\ \sigma^2/n)$。图 4-16 给出样本容量 $n=1$、4 与 9 时 $\bar{y}$ 的分布。从图 4-16 中可以看出随着样本容量的增加，分布的集中程度增加了，说明方差减小了。

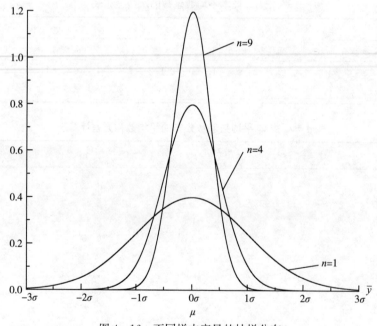

图 4-16　不同样本容量的抽样分布

若母总体不是正态分布，从中抽样所得平均数（$\bar{y}$）的分布不一定属正态分布，但当样本容量 n 增大时，从该总体抽出样本平均数（$\bar{y}$）的抽样分布趋近于正态分布，具平均数 μ 和方差 σ^2/n，这是中心极限定理决定的。例 4-9 的原总体是均匀分布，但从图 4-15 可见随着样本容量的增大越来越接近于正态分布，这是抽样实验的例证。

中心极限定理说明了只要样本容量适当大，不论总体分布形状如何，其平均数（$\bar{y}$）的分布都可看作正态分布。在实际应用上，如 $n>30$ 就可以应用这个定理。知道了平均数（$\bar{y}$）抽样分布的规律及其参数，由此任何从样本所计算的平均数（$\bar{y}$）值的概率就可以从正态分布计算出来。平均数的标准化分布是将上述平均数（$\bar{y}$）转换为 u 变数。

$$u = \frac{\bar{y} - \mu}{\sigma_{\bar{y}}} = \frac{\bar{y} - \mu}{\sigma / \sqrt{n}} \quad (4-23)$$

【例 4-11】 在江苏沛县调查 336 个 $1\,m^2$ 小地老虎虫害情况的结果，$\mu = 4.73$ 头，$\sigma = 2.63$ 头。试问样本容量 $n = 30$ 时，由随机抽样得到样本平均数 $(\bar{y})$ 等于或小于 4.37 的概率为多少？

$$\sigma_{\bar{y}} = \frac{\sigma}{\sqrt{n}} = \frac{2.63}{\sqrt{30}} = 0.480（头）$$

$$u = \frac{\bar{y} - \mu}{\sigma_{\bar{y}}} = \frac{\bar{y} - \mu}{\sigma / \sqrt{n}} = \frac{4.37 - 4.73}{0.480} = \frac{-0.36}{0.48} = -0.75$$

查附表 1，$P(u \leqslant -0.75) = 0.226\,6$，即概率为 22.66%（属一尾概率）。因所得概率较大，说明差数 -0.36 是随机误差，从而证明这样本平均数 4.37 是有代表性的。变异系数为

$$CV = \frac{\sigma_{\bar{y}}}{\bar{y}} = \frac{0.48}{4.37} \times 100\% = 11.0\%$$

（二）两个独立样本平均数差数的抽样分布

假定有两个正态分布总体各具有平均数和标准差为 (μ_1, σ_1) 和 (μ_2, σ_2)，从第一个总体随机抽取 n_1 个观察值，同时独立地从第二个总体随时机抽取 n_2 个观察值。这样计算出样本平均数和标准差 $(\bar{y}_1, s_1)$ 和 $(\bar{y}_2, s_2)$。

从统计理论可以推导出其样本平均数的差数 $(\bar{y}_1 - \bar{y}_2)$ 的抽样分布，具有以下特性。

①如果两个总体各呈正态分布，则其样本平均数差数 $(\bar{y}_1 - \bar{y}_2)$ 准确地遵循正态分布律，无论样本容量大或小，都有

$$N(\mu_{\bar{y}_1 - \bar{y}_2}, \ \sigma^2_{\bar{y}_1 - \bar{y}_2})$$

②两个样本平均数差数分布的平均数必等于两个总体平均数的差数，如式（4-21）所示。

③两个独立的样本平均数差数分布的方差等于两个总体的样本平均数的方差总和，如式（4-22）所示。其差数标准差为

$$\sigma_{\bar{y}_1 - \bar{y}_2} = \sqrt{\frac{\sigma_1^2}{n_1} + \frac{\sigma_2^2}{n_2}} \quad (4-24)$$

这个分布也可标准化，获得 u 值，即

$$u = \frac{(\bar{y}_1 - \bar{y}_2) - (\mu_1 - \mu_2)}{\sqrt{\dfrac{\sigma_1^2}{n_1} + \dfrac{\sigma_2^2}{n_2}}} \quad (4-25)$$

从 u 值可查正态离差概率表，获得其相应的概率。

若两个样本抽自同一正态分布总体，则其平均数差数的抽样分布不论容量大小均呈正态分布，且

$$\mu_{\bar{y}_1 - \bar{y}_2} = 0$$

$$\sigma_{\bar{y}_1 - \bar{y}_2} = \sigma \sqrt{\frac{1}{n_1} + \frac{1}{n_2}} \quad (4-26)$$

若两个样本抽自同一总体，但并非正态分布总体，则其平均数差数的抽样分布按中心极限定理在 n_1 和 n_2 相当大时（大于30）才逐渐趋近于正态分布。

若两个样本抽自两个非正态分布总体，尤其 σ_1^2 与 σ_2^2 相差很大时，则其平均数差数的抽样分布很难确定。不过当 n_1 和 n_2 相当大，而 σ_1^2 与 σ_2^2 相差不太大时，也可近似地应用正态接近方法估计平均数差数出现的概率，当然这种估计的可靠性得依两总体偏离正态的程度和相差大小而转移。

三、二项总体的统计数抽样分布

（一）二项总体的分布参数

为了说明二项（0，1）总体的抽样分布特性，以总体内包含 5 个个体为例，每一个体为 $y=0$ 或 $y=1$。若总体的变量为 0，1，0，1，1，则总体平均数和方差为

$$\mu=(0+1+0+1+1)/5=3/5=0.6$$

$$\sigma^2=[(0-0.6)^2+(1-0.6)^2+(0-0.6)^2+(1-0.6)^2+(1-0.6)^2]/5=0.24$$

$$\sigma=\sqrt{0.24}=0.49$$

二项总体的参数有平均数（μ）、方差（σ^2）和标准差（σ），其计算式分别为

$$\mu=p$$

$$\sigma^2=p(1-p)=pq$$

$$\sigma=\sqrt{p(1-p)}=\sqrt{pq}$$

式中，p 为二项总体中要研究的属性事件发生的概率，$q=1-p$。

（二）样本平均数（成数）的抽样分布

从二项总体进行抽样得到样本，计算其样本平均数，根据前面介绍的抽样分布理论，可知样本平均数抽样分布的参数：平均数（$\mu_{\bar{y}}$）、方差（$\sigma_{\bar{y}}^2$）和标准误（σ），其计算式分别为

$$\mu_{\bar{y}}=p$$

$$\sigma_{\bar{y}}^2=\frac{pq}{n}$$

$$\sigma_{\bar{y}}=\sqrt{\frac{pq}{n}}=\sqrt{\frac{p(1-p)}{n}}$$

式中，n 是样本容量。样本观察值中有两类数据，即"0"和"1"两种观察值，将样本观察值总加起来后除以样本容量（n）得到的平均数实际上就是"1"所占的比例数，即成数，或百分数。

（三）样本总和数（次数）的抽样分布

从二项总体进行抽样得到样本，计算其样本总和数。根据前面介绍的抽样分布理论，可知样本总和数的抽样分布参数：平均数（$\mu_{\sum y}$）、方差（$\sigma_{\sum y}^2$）和标准误（$\sigma_{\sum y}$），其计算式分别为

$$\mu_{\sum y}=np$$

$$\sigma_{\sum y}^2=npq=np(1-p)$$

$$\sigma_{\sum y}=\sqrt{npq}=\sqrt{np(1-p)}$$

【例 4-12】棉田盲蝽危害棉株分为受害株和未受害株。假定调查 2 000 株作为一个总体，受害株为 704 株。这是一个二项总体，于是计算出受害率 $p=35.2\%$ 或 0.352，$\sigma=\sqrt{p(1-p)}=\sqrt{0.352\times0.648}=0.477\,6$ 或 47.76%。现从这个总体抽样，以株为单位，用

简单随机抽样方法，调查 200 株棉株，获得 74 株受害，那么，观察受害率（就是成数，或者说是样本平均数）$\hat{p}=74/200=37.0\%$，试问样本平均数与总体真值的差数的概率为多少？

总体真值 $p=0.352$，差数 $=\hat{p}-p=0.370-0.352=0.018$。成数的标准误 $\sigma_{\hat{p}}=\sqrt{p\,(1-p)\,/n}=\sqrt{0.228\,096\,/200}=0.034$ 或 3.4%。由于二项式分布在 np 及 nq 大于 5 时，趋近于正态分布，本例样本较大可看成正态分布，采用正态离差（u）查出概率。于是 $u=\dfrac{\hat{p}-p}{\sigma_{\hat{p}}}=\dfrac{0.018}{0.034}=0.53$。查附表 2，当 $u=0.53$ 时，概率值为 0.59，即获得这种 $|\hat{p}-p|\geqslant 0.018$ 的概率（两尾概率）为 0.59，这就说明样本估计的受害率为 37.0% 有代表性（可以近似代表总体的受害率）。

如果以次数资料（或称为样本总和数资料）表示也可得到同样结果。总体调查 2 000 株中受害株有 704 株，调查 200 株的理论次数应为 $np=200\times 0.352=70.4$ 株。现观察受害株为 74 株（总和数），差数 $=n\hat{p}-np=74-70.4=3.6$ 株，$u=\dfrac{(n\hat{p}-np)}{\sqrt{npq}}=3.6/6.754=0.53$，与上相同，获得这种差数的概率为 0.59。

习 题

1. 试解释必然事件、不可能事件和随机事件。举出几个随机事件的事例。什么是互斥事件？什么是对立事件？

2. 从计算器随机发生出 0、1、2、3、…、9 共 10 个数的概率是相等的，即 $P(A_i)=1/10$，而 $0\leqslant y\leqslant 9$。试计算：$P(2\leqslant y\leqslant 8)$，$P(1\leqslant y\leqslant 9)$，$P[(2\leqslant y\leqslant 4)$ 或 $P(6\leqslant y\leqslant 8)]$ 以及 $P[(2\leqslant y\leqslant 4)$ 与 $(3\leqslant y\leqslant 7)]$。

[参考答案：0.7，0.9，0.6，0.2]

3. （1）水稻糯和非糯相对性状是 1 对等位基因所控制的，糯稻纯合体为 $wxwx$，非糯稻纯合体为 $WxWx$。两个纯合体亲本杂交后，F_1 代为非糯稻杂合体 $Wxwx$。现以 F_1 回交于糯稻品种亲本，在后代 200 株中，试问预期多少株为糯稻，多少株为非糯稻？试列出糯稻和非糯稻的概率。（2）假定 F_1 代自交，则 F_2 代分离 3/4 植株为非糯稻，1/4 为糯稻，现非糯稻给予变量"1"，糯稻给予变量"0"，试问这种数据属哪一类分布？试列出这一总体概率分布的 μ 和 σ^2 值。

[参考答案：（1）各 100 株，概率为 1/2；（2）$\mu=p=0.75$，$\sigma^2=pq=0.187\,5$]

4. 上题 F_2 代，假定播种了 2 000 株，试问理论结果糯稻应有多少？非糯稻应有多少？假定将 2 000 株随机分为 400 组，每组仅 5 株，那么，每组内非糯稻可出现 0 株、1 株、2 株、3 株、4 株和 5 株 6 种可能性。试列出 400 组的次数分布并计算非糯稻的 μ 和 σ^2。

5. 正态分布的概率密度函数是怎样表示的？式中的各个符号各有何意义？正态分布的特性有哪几点？是不是所有生物资料均呈正态分布？为什么正态分布在统计上这样重要？

6. 一个给定正态分布具有平均数为 0，标准差为 1，试计算以下概率：$P(u\geqslant 1.17)$，$P(u\leqslant 1.17)$，$P(u\leqslant -1.17)$，$P(0.42\leqslant u\leqslant 1.61)$，$P(-1.61\leqslant u\leqslant -0.42)$，$P(-1.61\leqslant u$

$\leqslant+0.42$），$P(\mid u\mid\geqslant 1.05)$，$P(\mid u\mid\leqslant 1.05)$，并试计算 u_1 值：$P(\mid u\mid\geqslant u_1)=0.05$，$P(u\geqslant u_1)=0.025$。

[参考答案：0.121 0，0.879 0，0.121 0，0.283 5，0.283 5，0.609 1，0.293 8，0.706 2，1.96，1.96]

7. 假定一个正态分布，其平均数为 16，方差为 4。(1) 落于 10 和 20 之间的观察值的百分数为多少？(2) 小于 12 的观察值的百分数为多少？大于 20 的观察值百分数为多少？(3) 计算其分布中间 50% 观察值的变幅或全距。(4) 计算中间占 95% 观察值的变幅或全距。

[参考答案：(1) 0.975 9；(2) 0.022 8，0.022 8；(3) 14.65～17.34；(4) 12.08～19.92]

8. 假定一个总体共有 5 个个体，其值为 $y_1=1$，$y_2=2$，$y_3=3$，$y_4=4$，$y_5=5$。从总体进行复置抽样：(1) 每次抽取 2 个观察值，抽出所有样本，共有多少个可能样本？(2) 计算总体平均数、方差和标准差。(3) 将所有样本计求平均数，列出样本平均数次数分布表，绘一方柱形图，算出平均数分布的平均数和方差。(4) 样本平均数分布的平均数与总体平均数有什么关系？平均数分布的方差与总体方差有什么关系？(5) 平均数的方柱形图呈什么类型分布？

9. 二项总体分布和从中抽出的样本平均数分布以及总和数分布 3 种分布有何异同之处？试举出这 3 种分布的特点、参数以及其应用。

10. 假定某种农药施用后，发现杀死害虫结果为 0、1、0、0、1、1、0、1、1、0（$y=0$ 死虫，$y=1$ 活虫）。以这作为一个总体，(1) 试计算总体的平均数和标准差；(2) 试按 $n=4$ 计算从总体抽出的样本平均数和总和数两种分布的平均数和标准差。列出这 3 种分布的分析结果。

11. 某水稻品种株高服从 $N(95.0, 5.0^2)$，求下列概率：(1) 株高小于 85.2 cm；(2) 株高大于 100.0 cm；(3) 株高为 90.0～105.0 cm；(4) 株高在多少厘米以下的可占全体的 95%？

[参考答案：(1) 0.025 0；(2) 0.158 7；(3) 0.818 6；(4) <103.2 cm]

第五章

统计假设测验

研究者追求的是关于研究目标总体的结论，但他（她）的研究是从试验开始的。一个试验相当于许许多多试验总体中的一个样本。由一个样本平均数可以对总体平均数做出估计，但样本平均数是有抽样波动（抽样误差）的。用存在误差的样本平均数来推断总体，其结论并不一定正确。例如某地区当地水稻良种的常年平均产量为 $8\ 250\ \text{kg/hm}^2$（总体），若一个新品种的多点试验结果为 $9\ 000\ \text{kg/hm}^2$，比当地良种产量看起来高，即 $9\ 000-8\ 250=750\ \text{kg/hm}^2$ 是试验的表面效应，造成这种差异的可能原因，一是新品种潜力真高，另一是试验误差造成的假象。科学判断这种差异真实性的方法是将表面效应与误差做比较，若表面效应并不大于误差，则说明新品种并不真正优越；相反，若表面效应确实大于误差，则推断表面效应不是误差，新品种确实优于当地良种。这个尺度如何掌握？科学的方法是依据事件发生的概率做判断。根据上章抽样误差出现的概率，可利用抽样分布来计算。因此只要设定概率标准，例如表面效应属于误差的概率小于 5％，便可推论表面效应不大可能属误差所致，而是新品种优越。这种把试验的表面效应与误差大小比较并由表面效应可能属误差的概率而做出推论的方法称为统计推断（statistical inference）。此处计算表面效应由误差造成的概率，首先必须假设表面效应是由误差造成的，也就是假设新品种并不优于当地良种。有了这事先的假设，才能计算表面效应属于误差的概率。这种事先做出处理无效的假设，再依据该假设概率大小来判断接受或否定该假设的过程称为统计假设测验（test for statistical hypothesis）。本章基于理论分布和抽样分布的理论，讨论统计假设测验的基本原理和方法。

第一节　统计假设测验的基本原理

一、统计假设

如上所述，研究工作的推论是为总体做的，而数据是从样本来的。判断样本试验的表面效应是否属于误差的科学方法是依据事件发生的概率做判断的，此处计算表面效应由误差造成的概率，首先必须假设表面效应是由误差造成的，有了这事先的假设，才能计算试验表面效应可能是误差的概率。这种事先做出的假设称为统计假设（statistical hypothesis），统计假设是为总体做的，因而肯定或否定的是关于总体的假设。通常所做假设是处理无效，因而常用的假设称为无效假设或零假设（null hypothesis）。以下列举一些平均数比较时常用的统计假设。

（一）单个平均数的假设

一个样本是从一个具有平均数 μ_0 的总体中随机抽出的，记作 $H_0:\mu=\mu_0$。例如：①某小麦品种的产量具有原地方品种的产量，这指新品种的产量表现乃原地方品种产量表现的一个随机样本，其平均产量（μ）等于某一指定值（μ_0），故记为 $H_0:\mu=\mu_0$；②某棉花品种的纤维长度（μ）具有工业上某一指定的标准（C），这可记为 $H_0:\mu=C$。

（二）两个平均数相比较的假设

两个样本都是从两个具有相等参数的总体中随机抽出的，记为 $H_0:\mu_1=\mu_2$ 或 $H_0:\mu_1-\mu_2=0$。例如：①两个小麦品种的产量是相同的；②两种杀虫药剂对于某种害虫的药效是相等的。

上述假设均为无效假设。因为假设总体参数（平均数）与某指定值相等或假设两个总体参数相等，即假设其没有效应差异，或者说实得差异是由误差造成的。和无效假设相对应的统计假设，称为对应假设或备择假设（alternative hypothesis），记作 $H_A:\mu\neq\mu_0$ 或 $H_A:\mu_1\neq\mu_2$。其含义为如果否定了无效假设，则逻辑上必定接受备择假设；同理，如果接受了无效假设，当然也就否定了备择假设。

除平均数的统计假设外，还有百分数、变异数以及多个平均数的假设等，也都应在试验前根据研究目的而提出。提出无效假设的作用在于：以无效假设为前提，推断其随机统计数的分布，进一步用于概率计算和统计假设测验。

二、统计假设测验的基本方法

假设测验中，先按研究目的提出一个假设。然后通过试验或调查，取得样本资料。最后检查这些资料结果，看看是否与无效假设所提出的有关总体参数的约束相符合。如果二者之间符合的可能性不是很小，则接受无效假设；如果二者符合的可能性很小，则否定无效假设、接受备择假设。具体地，通过抽样分布，确定总体参数的表现应该在某个范围内，如果超过了该数值范围，就应认为无效假设是错误的，那么应该接受备择假设。

下面用一个例子，说明假设测验方法的过程。设某地区的当地棉花品种，一般每小区结棉铃 300 个（小区面积 2.4 m²），即当地品种这个总体的平均数 $\mu_0=300$，并从多年种植结果获得其标准差为 75，而现有某新品种通过 25 个小区的试验，计得其样本平均产量为每小区 330 个，即 $\bar{y}=330$，那么新品种样本所属总体与 $\mu_0=300$ 的当地品种这个总体是否有显著差异呢？以下做具体分析。

（一）对所研究的总体平均数提出一个无效假设

通常所做的无效假设应为所比较的两个总体间无差异。无效假设的意义在于以无效假设为前提，可以根据抽样分布计算试验结果出现的概率。测验单个平均数，则假设该样本是从一已知总体（总体平均数为指定值 μ_0）中随机抽出的，即 $H_0:\mu=\mu_0$。如上例，即假设新品种的总体平均数（μ）等于原品种的总体平均数 $\mu_0=300$ 个，而样本平均数 $\bar{y}$ 和 μ_0 之间的差数 $330-300=30$（个）属随机误差；对应假设则为 $H_A:\mu\neq\mu_0$。如果测验两个平均数，则假设两个样本的总体平均数相等，即 $H_0:\mu_1=\mu_2$，也就是假设两个样本平均数的差数（$\bar{y}_1-\bar{y}_2$）属随机误差，而非真实差异；其对应假设则为 $H_A:\mu_1\neq\mu_2$。

（二）在无效假设前提下，估算平均数抽样分布，计算符合假设的概率

上述棉花品种结铃数的例子中，无效假设为 $H_0:\mu=\mu_0$，即新品种产量与原当地品种产量总体无显著差异。在无效假设的情况下，因为样本容量为 $n=25$，那么抽样分布是可以推知的，即具正态分布形状，分布参数平均数（$\mu_{\bar{y}}$）和标准误（$\sigma_{\bar{y}}$）分别为

$$\mu_{\bar{y}} = \mu = 300$$

$$\sigma_{\bar{y}} = \frac{\sigma}{\sqrt{n}} = \frac{75}{\sqrt{25}} = 15$$

直观推想，如果试验中新品种每小区平均结铃数很接近 300 个，例如 301 个或 299 个等，则试验结果当然与无效假设符合性好，于是应接受 H_0；如果新品种每小区平均结铃数为 500 个，与无效假设的相差很大，理应否定 H_0。但如试验结果与无效假设并不相差悬殊，例如像上例那样 $\bar{y} - \mu_0 = 30$（个），那应如何判断呢？这就要借助于概率原理。

具体方法为，在 $H_0 : \mu = \mu_0$ 的条件下，根据 $\bar{y}$ 的抽样分布算出获得 $\bar{y} = 330$ 的概率，或者说算得出现随机误差 $\bar{y} - \mu = 30$ 的概率。在此，根据 u 测验公式可算得

$$u = \frac{\bar{y} - \mu}{\sigma_{\bar{y}}} = \frac{330 - 300}{15} = 2$$

因为无效假设是新品种与老品种每小区结铃数相等，对应假设是两者不等，"不等"包含了新品种产量有大于或小于当地品种产量的可能性，所以采用两尾测验。查附表 2，当 $u=2$ 时，P（概率）界于 0.04 和 0.05 之间，即这个试验结果（$\bar{y} - \mu_0 = 30$）属于抽样误差的概率为 4%～5%。这里可以有供选择的两种推论：或者这一差数是随机误差（样本 $\bar{y} = 330$ 是假设总体 $\mu_0 = 300$ 中的一个随机样本），但其出现概率为 4%～5%；或者这一差数不是随机误差（样本 $\bar{y} = 330$ 不是假设总体 $\mu_0 = 300$ 中的一个随机样本），其概率为 95%～96%。

（三）根据"小概率事件实际上不可能发生"原理接受或否定假设

上章述及，当一事件的概率很小时可认为该事件在一次试验中几乎是不可能事件。故当 $\bar{y} - \mu$ 由随机误差造成的概率小于 5% 或 1% 时，就可认为它不可能属于抽样误差，从而否定假设。如上述棉花试验例，因随机误差而得到该差数 $\bar{y} - \mu_0 = 30$ 的概率 $P < 0.05$，因而可以否定 H_0，称这个差数是显著的。如果因随机误差而得到某差数的概率 $P < 0.01$，则称这个差数是极显著的。所以这种假设测验也称为显著性测验。用来测验假设的概率标准 5% 或 1% 等，称为显著水平（significance level），一般以 α 表示，如 $\alpha = 0.05$ 或 $\alpha = 0.01$。上例算得 u 值的概率小于 5%，即说明差数 30 已达 $\alpha = 0.05$ 显著水平。

假设测验时选用的显著水平，除 $\alpha = 0.05$ 和 $\alpha = 0.01$ 为常用外，也可以选 $\alpha = 0.10$ 或 $\alpha = 0.001$ 等。到底选哪种显著水平，应根据试验的要求或试验结论的重要性而定。如果试验中难以控制的因素较多，试验误差可能较大，则显著水平可选低些，即 α 值取大些。反之，如果试验耗费较大，对精确度的要求较高，不容许反复，或者试验结论的应用事关重大，则所选显著水平应高些，即 α 值应该小些。显著水平 α 对假设测验的结论是有直接影响的，所以它应在试验开始前即规定下来。

综上，统计假设测验的步骤可总结为：①对样本所属的总体提出统计假设，包括无效假设和备择假设（对应假设）。②规定测验的显著水平 α 值。③在无效假设（H_0）为正确的假定下，根据平均数（$\bar{y}$）或其他统计数的抽样分布，如为正态分布的则计算正态离差 u 值。由 u 值查附表 2 即可知道因随机抽样而获得实际差数（如 $\bar{y} - \mu$ 等）属于误差的概率。④将规定的 α 值和算得的 u 值的概率相比较，从而做出接受或否定无效假设的推断。

以上介绍的测验方法是直接计算符合无效假设的概率从而做出推论。另一种方法是计算

无效假设的接受区（acceptance region）和否定区（rejection region）。在无效假设（H_0）前提下，估算出 $\bar{y}$ 的抽样分布，如图 5-1。根据 $\bar{y}$ 的抽样分布划出一个区间，如果 $\bar{y}$ 在这一区间内，则接受 H_0；如 $\bar{y}$ 在这一区间外，则否定 H_0。

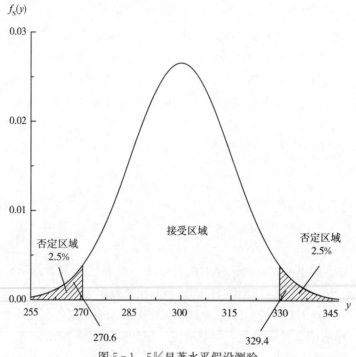

图 5-1　5%显著水平假设测验
（表示接受区域和否定区域）

根据上章所述 $\bar{y}$ 和 $u=(\bar{y}-\mu)/\sigma_{\bar{y}}$ 的分布，可知

$$P\{\mu-1.96\sigma_{\bar{y}}<\bar{y}<\mu+1.96\sigma_{\bar{y}}\}=0.95$$

$$P\{\frac{\bar{y}-\mu}{\sigma_{\bar{y}}}>1.96\}=0.025$$

$$P\{\frac{\bar{y}-\mu}{\sigma_{\bar{y}}}<-1.96\}=0.025$$

该式可改写为

$$P\{\bar{y}>(\mu+1.96\sigma_{\bar{y}})\}=0.025$$

$$P\{\bar{y}<(\mu-1.96\sigma_{\bar{y}})\}=0.025$$

$\bar{y}$ 落在 $(\mu-1.96\sigma_{\bar{y}},\ \mu+1.96\sigma_{\bar{y}})$ 区间内的概率为 95%，落在这一区间外的概率为 5%。若 $\bar{y}$ 落在区间 $(\mu-1.96\sigma_{\bar{y}},\ \mu+1.96\sigma_{\bar{y}})$ 之内，则说明样本 $\bar{y}$ 与无效假设相符性好，可以接受无效假设。统计上定义该区间为 95%的接受区；若 $\bar{y}$ 落在区间 $(\mu-1.96\sigma_{\bar{y}},\ \mu+1.96\sigma_{\bar{y}})$ 之外，即 $\bar{y}\leqslant\mu-1.96\sigma_{\bar{y}}$ 或 $\bar{y}\geqslant\mu+1.96\sigma_{\bar{y}}$，则无效假设与样本表现相符性差，应该否定无效假设，因此可得到 5%的左右两个否定区，见图 5-1。同理，若采用的概率水平为 1%，则从 $\mu-2.58\sigma_{\bar{y}}$ 到 $\mu+2.58\sigma_{\bar{y}}$ 的区间为 99%接受区域，任一样本平均数出现于这区间外的概率仅有 0.01，它的两个否定区域则为 $\bar{y}\leqslant\mu-2.58\sigma_{\bar{y}}$ 和 $\bar{y}\geqslant\mu+2.58\sigma_{\bar{y}}$。

上述棉花新品种例中，$\mu_0=300$，$\sigma_{\bar{y}}=15$，$1.96\sigma_{\bar{y}}=29.4$。其两个 2.5%概率的否定区域

为 $\bar{y} \leqslant 300 - 29.4$ 和 $\bar{y} \geqslant 300 + 29.4$，即从当地品种产量中抽样，获得大于 329.4 个和小于 270.6 个的概率只有 5% （图 5-1）。新品种每小区结铃数 330 个落在右面的否定区，说明不是从当地品种结铃数中抽得的，因而否定无效假设。棉花新品种和当地品种的每小区结铃数有显著差异，显著水平为 0.05。

三、两尾测验和一尾测验

假设测验中，若 $H_0 : \mu = \mu_0$，备择假设为 $H_A : \mu \neq \mu_0$，这种备择假设包含有 $\mu > \mu_0$ 和 $\mu < \mu_0$ 两种备择可能性。例如上述单个平均数测验，指该新品种的总体平均每小区结铃数大于 300 个或小于 300 个两种可能性。这在假设测验时，所考虑的概率为正态分布曲线左边一尾概率（小于 300 个）和右边一尾概率（大于 300 个）的总和，这种测验称为两尾测验（two-tailed test）。两尾测验中，应有两个否定区域。

根据假设测验目的的要求，备择假设可以仅仅有一种备择可能性，也就是仅存在有一个否定区域，这类测验称为一尾测验（或称为单尾测验，one-tailed test）。例如统计假设为 $H_0 : \mu \leqslant \mu_0$，则对应备择假设为 $H_A : \mu > \mu_0$，属一尾测验。再如 $H_0 : \mu \geqslant \mu_0$，$H_A : \mu < \mu_0$，也属于一尾测验。例如某种农药规定杀虫效果达 90% 方合标准，则其统计假设为 $H_0 : \mu \leqslant 90\%$，$H_A : \mu > 90\%$，该一尾测验的否定区域在分布的右边一尾。又如施用某种杀菌剂后发病率为 10%，不施用时常年平均为 50%，要测验使用杀菌剂后是否降低了发病率，也要做一尾测验，$H_0 : \mu \geqslant 50\%$，$H_A : \mu < 50\%$。

做一尾测验时，否定区为一个，概率水平为 5% 情况下，单尾的面积为 5%，则临界值的绝对值有所减小。以正态分布表做说明，取 $\alpha = 0.05$ 时，需查附表 2 的 $P = 0.10$ 一栏，$u = 1.64$，其否定区域或者为 $\bar{y} > \mu + 1.64\sigma_{\bar{y}}$（当 $H_0 : \mu \leqslant \mu_0$ 时），或者是 $\bar{y} < \mu - 1.64\sigma_{\bar{y}}$（当 $H_0 : \mu \geqslant \mu_0$ 时）。两尾测验的临界正态离差 $|u_\alpha|$ 大于一尾测验的 $|u_\alpha|$。例如 $\alpha = 0.05$ 时，两尾测验的 $|u_\alpha| = 1.96$，而一尾测验则 $u_\alpha = +1.64$ 或 -1.64。所以一尾测验容易否定无效假设。试验数据分析中，要根据实际情况慎重选择采用一尾测验还是两尾测验。

只有在试验中样本统计数呈现与无效假设含义不相符的情况下，才需进行假设测验；否则无须假设测验。例如，某杀虫剂在试验中的杀虫率为 80%，就不需要测验该杀虫剂是否达到了 "90% 以上" 的新杀虫剂市场准入标准。两尾测验也是这个道理，例如某品种试验平均每小区结铃数为 500 个，就没有必要测验该品种是否与总体平均每小区结铃数 500 个相一致。

四、假设测验的两类错误

使用估计值推断总体时，可能会犯两类错误，一类是无效假设是正确的，但是假设测验结果却否定了无效假设，该错误称为第一类错误（type I error）；另一类是无效假设是错误的，备择假设本来是正确的，但是测验结果却接受了无效假设，这种错误称为第二类错误（type II error）。假设测验的错误可归纳为表 5-1。

表 5-1 假设测验的两类错误

测验结果	如果 H_0 是正确的	如果 H_0 是错误的
H_0 被否定	第一类错误	没有错误
H_0 被接受	没有错误	第二类错误

　　如果样本统计数落在已知分布的接受区间以外，那么就做出参数间有差异的统计推断，或者说差异显著。做出这种推断可能犯的错误是：如果客观上样本所代表的总体参数与已知总体间无差异，可是测验结果却认为有差异，则犯了第一类错误，错误的概率为显著水平 α 值。例如上述棉花品种的每小区结铃数，$H_0: \mu = \mu_0 = 300$ 个，取 $\alpha = 0.05$。从 $\bar{y}$ 的分布可知，当 $\bar{y}$ 在 $\mu \pm 1.96\sigma_{\bar{y}}$ 之间，即在 $270.6 \sim 329.4$ 个的范围时，皆接受 H_0，即接受 $\mu = 300$ 的假设；而当 $\bar{y}$ 在 $\mu \pm 1.96\sigma_{\bar{y}}$ 以外，即 $\bar{y} > 329.4$ 或 $\bar{y} < 270.6$ 时，则否定 $H_0: \mu = 300$ 的假设。已知在假设为正确（即 $\mu = 300$）的条件下，样本平均数 $\bar{y}$ 的分布会有 5% 的 $\bar{y}$ 落入图 5-1 的否定区域，因而对一个正确的假设而做出错误的否定的概率就是显著水平 $\alpha = 0.05$，它是犯第一类错误的概率。显著水平与第一类错误的大小有关，如取 $\alpha = 0.01$ 或 $\alpha = 0.001$，则犯第一类错误的概率就变小了。

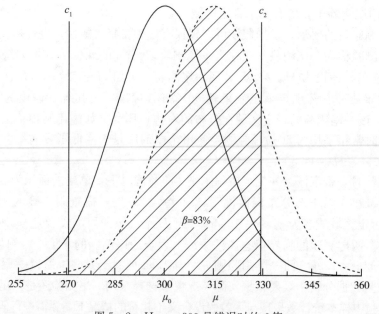

图 5-2　$H_0: \mu = 300$ 是错误时的 β 值

　　如果样本统计数落在已知分布的接受区以内，那么就做出参数间没有差异的统计推断，或者说差异不显著。做出这种推断可能犯的错误是：如果客观上样本所代表的总体参数与已知总体间有差异，可是测验结果认为没有差异，这时犯了第二类错误，错误的概率为 β 值。β 值的计算方法就是计算抽样平均数落在已知总体的接受区的概率（这里的已知总体是假定的）。已知总体的均值 $\mu_0 = 300$，其平均数抽样标准误为 15，被抽样总体的平均数 $\mu = 315$，标准误也为 15，由此可以画出这两个总体的分布曲线，如图 5-2 所示。图 5-2 中标出了已知总体的接受区域在 c_1 和 c_2 之间。从被抽样总体抽得的平均数可能落在 c_1 和 c_2 的概率为被抽样总体的抽样分布曲线与 c_1 和 c_2 两条直线以及横轴围成的面积，这个面积正是抽样平均数落在已知总体接受区的可能性。由于两个总体的平均数不同，这种可能性正是第二类错误的概率值，其一般计算方法为

$$u_1 = \frac{270.6 - 315}{15} = -2.96$$

$$u_2 = \frac{329.4 - 315}{15} = 0.96$$

查附表 1，$P(u_1 < -2.96) = 0.0015$，$P(u_2 < 0.96) = 0.8315$，故有

$$\beta = P(u_2 < 0.96) - P(u_1 < -2.96) = 0.8315 - 0.0015 = 0.83 = 83\%$$

这就是说，如果样本从具有 $\mu = 315$ 而不是 $\mu_0 = 300$ 的总体抽得，则在规定显著水平 $\alpha = 0.05$ 下，将有 83% 的机会接受 $H_0: \mu_0 = 300$ 的错误结论；换言之，不能识别 $H_0: \mu_0 = 300$ 为错误的概率为 83%。

由上述计算和图 5-2 还可看到，如提高显著水平 α 的标准，譬如取 $\alpha = 0.01$ 或 $\alpha = 0.001$，则 c_1 线向左移动，c_2 线向右移动，因而 β 值会增大。由此说明，显著水平过高（α 值过小），会增大犯第二类错误的危险。

如果再假定新品种总体的真 $\mu = 345$，即离开 $\mu_0 = 300$ 更远一些，如图 5-3 所示。则可算得犯第二类错误的概率 $\beta = 0.15 = 15\%$。因此 β 值的大小又是依赖于真 μ 与假设的 μ_0 间的距离的。如果 μ 和 μ_0 靠近，则易接受错误的 H_0，犯第二类错误的概率 β 较大，如图 5-2 所示，$\beta = 83\%$；如果 μ 和 μ_0 相距较远，则不易接受错误的 H_0 而犯第二类错误，如图 5-3 所示，$\beta = 15\%$。

同样，在图 5-3 也可看出，如将显著水平 $\alpha = 0.05$ 减小到 $\alpha = 0.01$，则 β 值也要增大一些。所以在样本容量 n 固定时，显著水平 α 值的减小是一定要增大 β 值的，即第一类错误的概率减小必然使第二类错误的概率增大，反之亦然。

但是如果样本容量增加，则两类错误的概率都可减小。从图 5-2 和图 5-3 皆可看出，如果显著水平 α 已定，否定区域即已固定，因而犯第二类错误的概率 β 乃决定于这两条曲线相互重叠的程度。现在如将 n 从 25 增至 225，则 $\sigma_{\bar{y}} = 75/\sqrt{225} = 5$，因而 $\mu_0 = 300$ 曲线的否定区域为 $\bar{y} < 290.2$ 和 $\bar{y} > 309.8$，$\mu = 345$ 曲线的否定区域为 $\bar{y} < 335.2$ 和 $\bar{y} > 354.8$，见图 5-4。由于标准误变小，这两条曲线并不重叠了，因而犯两类错误的概率都减小。

由于样本平均数的标准误为 $\sigma_{\bar{y}} = \sigma/\sqrt{n}$，因而无论是 σ 减小还是 n 增加，均可使 $\sigma_{\bar{y}}$ 变小，所以改进试验技术可以控制出现上述两类错误的概率。

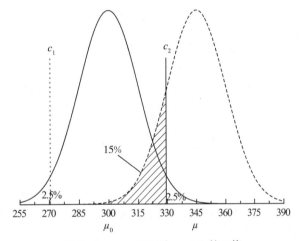

图 5-3　$\mu_0 = 300$ 而 $\mu = 345$ 的 β 值

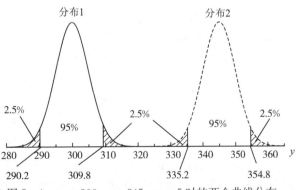

图 5-4　$\mu_0 = 300$，$\mu = 345$，$\sigma_{\bar{y}} = 5$ 时的两个曲线分布

综上所述，关于两类错误的讨论可归纳为：①在样本容量 n 固定的条件下，提高显著水平 α（取较小的 α 值），例如从 5% 变为 1% 则将增大第二类错误的概率 β 值。②在 n 和显著水平 α 相同的条件下，真总体平均数

（μ）和假设平均数（μ_0）的相差（以标准误为单位）愈大，则犯第二类错误的概率 β 值愈小。③为了降低犯两类错误的概率，需采用一个较低的显著水平，例如 $\alpha=0.05$；同时适当增加样本容量，或适当减小总体方差（σ^2），或两者兼有之。④如果显著水平 α 已固定下来，则改进试验技术和增加样本容量可以有效地降低犯第二类错误的概率。因此不良的试验设计（例如观察值太少等）和粗放的试验技术，是使试验不能获得正确结论的极重要原因。因为在这样的情况下，容易接受任一个假设，而不论这个假设是正确的还是错误的。

第二节　平均数的假设测验

一、t 分布

在第四章已述及，从一个平均数为 μ、方差为 σ^2 的正态分布总体中抽样，或者在一个非正态分布总体里抽样，只要样本容量有足够大，则所得一系列样本平均数（$\bar{y}$）的分布必趋向正态分布，具有 $N(\mu, \sigma_{\bar{y}}^2)$，并且 $u=\dfrac{\bar{y}-\mu}{\sigma_{\bar{y}}}$ 遵循正态分布 $N(0, 1)$。因此由试验结果算得 u 值后，便可从附表 2 查得其相应的概率，测验 $H_0:\mu=\mu_0$。这类测验称为 u 测验，上节棉花新品种每小区结铃数的平均数是否不同于当地品种的测验，就是 u 测验的一个例子。

但是测验只有在总体方差（σ^2）为已知，或方差（σ^2）虽未知但样本容量相当大，可用样本均方（s^2）直接作为总体方差（σ^2）估计值时应用。当样本容量不太大（$n<30$）而方差（σ^2）为未知时，如以样本均方（s^2）估计总体方差（σ^2），则其标准化离差 $\dfrac{\bar{y}-\mu}{s_{\bar{y}}}$ 的分布不呈正态，而呈 t 分布，具有自由度 DF 或 $\nu=n-1$。

$$t=(\bar{y}-\mu)/s_{\bar{y}} \qquad\qquad (5-1)$$

$$s_{\bar{y}}=s/\sqrt{n} \qquad\qquad (5-2)$$

式中，$s_{\bar{y}}$ 为样本平均数的标准误，它是 $\sigma_{\bar{y}}$ 的估计值；其中 s 为样本标准差；n 为样本容量。

t 分布（t-distribution）是 1908 年 W. S. Gosset 首先提出的，又称为学生氏分布（Student's t-distribution）。它是一组对称密度函数曲线，具有 1 个单独参数自由度（ν）以确定某一特定分布。在理论上，当自由度（ν）增大时，t 分布趋近于正态分布。

t 分布的密度函数为

$$f_\nu(f)=\frac{[(\nu-1)/2]!}{\sqrt{\pi\nu}[(\nu-2)/2]!}\left(1+\frac{t^2}{\nu}\right)^{-\left(\frac{\nu+1}{2}\right)} \qquad (-\infty<t<+\infty) \qquad (5-3)$$

t 分布的平均数（μ_t）和标准差（σ_t）分别为

$$\mu_t=0 \text{（假定 } \nu>1）$$

$$\sigma_t=\sqrt{\nu/(\nu-2)} \text{（假定 } \nu>2） \qquad\qquad (5-4)$$

t 分布曲线是对称的，围绕其平均数 $\mu_t=0$ 向两侧递降。自由度较小的 t 分布比自由度较大的 t 分布具有较大的变异度。和正态分布曲线比较，t 分布曲线稍为扁平，峰顶略低，尾部稍高（图 5-5）。t 分布是一组随自由度（ν）而改变的曲线，但当 $\nu>30$ 时接近正态分布曲线，当 $\nu=\infty$ 时和正态分布曲线合一。由于 t 分布受自由度制约，所以 t 值与其相应的概率也随自由度而不同。

和正态分布概率累积函数一样，t 分布的概率累积函数也分一尾表和两尾表。一尾表为 t 到 ∞ 的面积，两尾表为 $-\infty$ 到 $-t$ 和 t 到 ∞ 两个相等的尾部面积之和。附表 3 是两尾表，该表第 1 列为自由度，表头为两尾概率值，表中数字乃临界 t 值。当 $\nu=\infty$，表中 t 值等于正态分布的 u 值，因为自由度（ν）增大后，$f(t)$ 趋向正态分布，为其极限。例如在 $P=0.05$ 时正态分布曲线下的 $u=1.96$；在附表 3 也可查到 $\nu=\infty$ 时，$P=0.05$ 时，$t=1.96$。

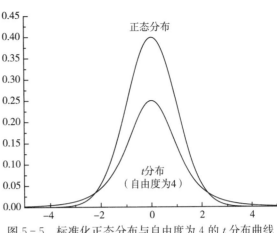

图 5-5　标准化正态分布与自由度为 4 的 t 分布曲线

t 分布的概率累积函数为

$$F_\nu(t) = \int_{-\infty}^{t} f_\nu(t)\,\mathrm{d}t \tag{5-5}$$

计算给定 t_0 值时的累积函数为

$$F_\nu(t_0) = P(t < t_0) = \int_{-\infty}^{t_0} f_\nu(t)\,\mathrm{d}t$$

因而 t 分布曲线右尾从 t 到 ∞ 的面积为 $1-F_\nu(t)$，而两尾面积则为 $2\left[1-F_\nu(t)\right]$，例如 $\nu=3$ 时，$P(t<3.182)=0.975$，故右边一尾面积为 $1-0.975=0.025$（指 $t=3.182$ 到 ∞ 的一尾面积）；由于 t 分布左右对称，故左边一尾（$t=-\infty$ 到 -3.182）的面积也是 0.025；因而两尾面积为 $2(1-0.975)=0.05$。如要查一尾概率，则只需将附表 3 上的表头概率值乘以 1/2 即得，例如 $\nu=3$ 时，$t=5.841$，表上 $P=0.01$，则一尾概率 P 值应为 0.01/2 $=0.005$。

在 t 表中，若 ν 相同，则 P 越大，t 越小；P 越小，t 越大。因此在假设测验时，当算得的 $|t|$ 大于或等于表上查出的 t_α 时，则表明其属于随机误差的概率小于规定的显著水平，因而可否定假设。反之，若算得的 $|t|<t_\alpha$，则接受无效假设。

按 t 分布进行的假设测验称为 t 测验（t-test）。下面分述单个样本平均数和两个样本平均数比较时的假设测验。

二、单个样本平均数的假设测验

这是某一样本所属总体平均数是否和某一指定的总体平均数相同的测验。

【例 5-1】某春小麦良种的千粒重 $\mu_0=34\,\mathrm{g}$，现自外地引入一高产品种，在 8 个小区种植，得其千粒重（g）为 35.6、37.6、33.4、35.1、32.7、36.8、35.9 和 34.6，问新引入品种的千粒重与当地良种有无显著差异？

这里总体 σ^2 为未知，又是小样本，故需用 t 测验；又新引入品种千粒重可能高于也可能低于当地良种，故需做两尾测验。测验步骤为：

H_0：新引入品种千粒重与当地良种千粒重指定值相同，即 $\mu=\mu_0=34\,\mathrm{g}$，或简记作 H_0：$\mu=34\,\mathrm{g}$；则 H_A：$\mu\neq34\,\mathrm{g}$。

显著水平取 $\alpha=0.05$。

测验计算，有

$$\bar{y}=(35.6+37.6+\cdots+34.6)/8=281.7/8=35.2 \text{ (g)}$$

$$SS=35.6^2+37.6^2+\cdots+34.6^2-(281.7)^2/8=18.83$$

$$s=\sqrt{18.83/(8-1)}=1.64 \text{ (g)}$$

$$s_{\bar{y}}=1.64/\sqrt{8}=0.58 \text{ (g)}$$

$$t=(35.2-34)/0.58=2.069$$

查附表 3，$\nu=7$ 时，$t_{0.05}=2.365$。现实得 $|t|=2.069<t_\alpha=2.365$，故 $P>0.05$。

推断：接受 $H_0:\mu=34 \text{ g}$，即新引入品种千粒重与当地良种千粒重指定值没有显著差异。

以上计算也可以由 SAS 软件 TTEST 程序计算（附录 1 的 LT5-1），得 $P(>|t|)=0.0749$，大于 0.05，差异不显著。

三、两个样本平均数相比较的假设测验

这是两个样本平均数间的比较，目的是测验这两个样本所属的总体平均数有无显著差异。测验方法因试验设计的不同而分为两类。

（一）成组数据的平均数比较

这里指完全随机设计的两个处理，各试验单位彼此独立，不论两个处理的样本容量是否相同，所得数据皆称为成组数据，对两个组（处理）平均数间做比较。成组数据的平均数比较又依两个样本所属的总体方差（σ_1^2和σ_2^2）是否已知、是否相等而采用不同的测验方法，兹分述于下。

1. 在两个样本的总体方差（σ_1^2和σ_2^2）为已知时，用 u 测验 由抽样分布的公式知，两样本平均数（$\bar{y}_1$ 和 $\bar{y}_2$）的差数标准误（$\sigma_{\bar{y}_1-\bar{y}_2}$），在 σ_1^2 和 σ_2^2 是已知时为

$$\sigma_{\bar{y}_1-\bar{y}_2}=\sqrt{\frac{\sigma_1^2}{n_1}+\frac{\sigma_2^2}{n_2}}$$

并有

$$u=\frac{(\bar{y}_1-\bar{y}_2)-(\mu_1-\mu_2)}{\sigma_{\bar{y}_1-\bar{y}_2}}$$

在假设 $H_0:\mu_1-\mu_2=0$ 下，正态离差 u 值为 $u=\dfrac{\bar{y}_1-\bar{y}_2}{\sigma_{\bar{y}_1-\bar{y}_2}}$，故可对两样本平均数的差异做假设测验。在两个样本均为大样本时，由大样本估计总体方差，也可用 u 做近似测验。

【例 5-2】据以往资料，已知某小麦品种每平方米产量的方差 $\sigma^2=0.4 \text{ (kg)}^2$。今在该品种的一块地上用 A、B 两法取样，A 法取 12 个样点，得每平方米产量 $\bar{y}_1=1.2 \text{ (kg)}$；B 法取 8 个样点，得 $\bar{y}_2=1.4 \text{ (kg)}$。试比较 A、B 两法的每平方米产量是否有显著差异？

假设：A、B 两法的每平方米产量相同，即 $H_0:\mu_1-\mu_2=0$，$\bar{y}_1-\bar{y}_2=-0.2$ 系随机误差；对 $H_A:\mu_1\neq\mu_2$。显著水平 $\alpha=0.05$，$u_{0.05}=1.96$。

测验计算，$\sigma^2=\sigma_1^2=\sigma_2^2=0.4$，$n_1=12$，$n_2=8$，故有

$$\sigma_{\bar{y}_1-\bar{y}_2}=\sqrt{\frac{0.4}{12}+\frac{0.4}{8}}=0.2887 \text{ (kg)}$$

$$u=\frac{1.2-1.4}{0.2887}=-0.69$$

因为实得 $|u|=0.69<u_{0.05}=1.96$，实得概率 $P(>|u|)=0.488\,4$，故推断：接受 $H_0:\mu_1=\mu_2$，即 A、B 两种取样方法所得的每平方米产量没有显著差异。

2. 在两个样本的总体方差（σ_1^2 和 σ_2^2）**为未知，但可假定** $\sigma_1^2=\sigma_2^2=\sigma^2$，**而两个样本又为小样本时，用** t **测验**　首先，从样本变异算出平均数差数的均方（s_e^2），作为对总体方差（σ^2）的估计。由于可假定 $\sigma_1^2=\sigma_2^2=\sigma^2$，故 s_e^2 应为两样本均方的加权平均值，即有

$$s_e^2=\frac{\mathrm{SS}_1+\mathrm{SS}_2}{\nu_1+\nu_2}=\frac{\sum(y_1-\bar{y}_1)^2+\sum(y_2-\bar{y}_2)^2}{(n_1-1)+(n_2-1)} \tag{5-6}$$

式中，s_e^2 又称为合并均方；$\nu_1=n_1-1$、$\nu_2=n_2-1$ 分别为两样本的自由度；$\mathrm{SS}_1=\sum(y_1-\bar{y}_1)^2$、$\mathrm{SS}_2=\sum(y_2-\bar{y}_2)^2$ 分别为两样本的平方和。求得 s_e^2 后，其两样本平均数的差数标准误为

$$s_{\bar{y}_1-\bar{y}_2}=\sqrt{\frac{s_e^2}{n_1}+\frac{s_e^2}{n_2}} \tag{5-7}$$

当 $n_1=n_2=n$ 时，则上式变为

$$s_{\bar{y}_1-\bar{y}_2}=\sqrt{\frac{2s_e^2}{n}} \tag{5-8}$$

于是有

$$t=\frac{(\bar{y}_1-\bar{y}_2)-(\mu_1-\mu_2)}{s_{\bar{y}_1-\bar{y}_2}} \tag{5-9A}$$

由于假设 $H_0:\mu_1=\mu_2$，故上式成为

$$t=\frac{\bar{y}_1-\bar{y}_2}{s_{\bar{y}_1-\bar{y}_2}} \tag{5-9B}$$

它具有自由度 $\nu=(n_1-1)+(n_2-1)$，据之即可测验 $H_0:\mu_1=\mu_2$。

【例 5-3】 调查某转基因水稻纯合家系及其对应亲本型的成熟期株高。试验种成相邻两区，随机抽样调查各 10 株，结果列于表 5-2。试测验转基因家系与其野生型材料株高是否差异显著。

表 5-2　转基因水稻及其亲本型（野生型）的株高（cm）

材料	株高数据									
转基因纯合系	79.6	87.0	81.8	91.7	82.8	88.1	86.9	82.3	77.3	85.8
野生型（对照）	83.0	87.8	87.5	91.1	87.8	84.1	87.1	83.0	85.9	85.9

因为是小样本，故需用 t 测验。两材料种在一起，来源又较相近，假定 $\sigma_1^2=\sigma_2^2=\sigma^2$，又由于事先并不知道两种材料的株高孰高孰低，故用两尾测验 t，测验步骤如下。

假设：两种材料的株高总体没有差异，即 $H_0:\mu_1=\mu_2$ 对 $H_A:\mu_1\neq\mu_2$。

显著水平取 $\alpha=0.05$。

测验计算，得 $\bar{y}_1=84.3\ \mathrm{cm}$，$\bar{y}_2=86.3\ \mathrm{cm}$，$\mathrm{SS}_1=166.84$，$\mathrm{SS}_2=56.56$。

故有

$$s_e^2=\frac{166.84+56.56}{10+10-2}=12.40$$

$$s_{\bar{y}_1-\bar{y}_2}=\sqrt{\frac{2\times12.40}{10}}=1.583\,7$$

$$t = \frac{84.3 - 86.3}{1.583\ 7} = -1.263$$

查附表 3，$\nu = 9 + 9 = 18$ 时，$t_{0.05} = 2.101$。现实得 $|t| = 1.263 < t_{0.05}$，$P(>|t|) = 0.224\ 9$，故推断：接受假设 $H_0 : \mu_1 = \mu_2$，转基因家系与其亲本型间没有显著株高差异。

此分析也可由 SAS 软件 TTEST 程序计算，见附录 1 的 LT5 - 3。

【例 5 - 4】 研究矮壮素使玉米矮化的效果，在抽穗期测定喷矮壮素小区玉米 8 株、对照区玉米 9 株，其株高结果见表 5 - 3。试做假设测验。

表 5 - 3　喷矮壮素与否的玉米株高（cm）

y_1（喷矮壮素）	y_2（对照）
160	220
160	270
200	197
160	262
200	270
170	256
150	265
210	236
	213

从理论上判断，矮壮素只可能矮化无效而不可能促进植株长高，因此假设喷矮壮素的株高与未喷的相同或更高，即 $H_0 : \mu_1 \geq \mu_2$ 对 $H_A : \mu_1 < \mu_2$，即喷矮壮素的株高较未喷的为矮，做一尾测验。

显著水平取 $\alpha = 0.05$。假定 $\sigma_1^2 = \sigma_2^2 = \sigma^2$。

测验计算，得 $\bar{y}_1 = 176.3$ cm，$\bar{y}_2 = 243.2$ cm，$SS_1 = 3\ 787.5$，$SS_2 = 6\ 065.6$。故有

$$s_e^2 = \frac{3\ 787.5 + 6\ 065.6}{7 + 8} = 656.87$$

$$s_{\bar{y}_1 - \bar{y}_2} = \sqrt{656.87 \left(\frac{1}{8} + \frac{1}{9} \right)} = 12.45 \ \text{（cm）}$$

$$t = \frac{176.3 - 243.2}{12.45} = -5.37$$

按 $\nu = 7 + 8 = 15$，查附表 3 得一尾 $t_{0.05} = 1.753$（一尾测验 $t_{0.05}$ 等于两尾测验的 $t_{0.10}$），现实得 $|t| = 5.37 > t_{0.05} = 1.753$，故 $P < 0.05$。推断：否定 $H_0 : \mu_1 \geq \mu_2$，接受 $H_A : \mu_1 < \mu_2$，即认为玉米喷矮壮素后，其株高显著地矮于对照。此分析也可由 SAS 软件 TTEST 程序计算，见附录 1 的 LT5 - 4。

3. 两个样本的总体方差（σ_1^2 和 σ_2^2）为未知，且 $\sigma_1^2 \neq \sigma_2^2$ 时，用近似 t 测验　由于 $\sigma_1^2 \neq \sigma_2^2$，故差数标准误需用两个样本的均方 s_1^2 和 s_2^2 分别估计 σ_1^2 和 σ_2^2，即有

$$s_{\bar{y}_1 - \bar{y}_2} = \sqrt{\frac{s_1^2}{n_1} + \frac{s_2^2}{n_2}} \tag{5 - 10}$$

但是，将式（5-10）代入式（5-9）时，所得 t 值不再呈典型的 t 分布，因而仅能进行近似的 t 测验。在做 t 测验时需先计算 k 值和 ν'

$$k=\frac{s_{\bar{y}_1}^2}{s_{\bar{y}_1}^2+s_{\bar{y}_2}^2} \tag{5-11}$$

$$\nu'=\frac{1}{\dfrac{k^2}{\nu_1}+\dfrac{(1-k)^2}{\nu_2}} \tag{5-12A}$$

式（5-12A）可进一步表述为式（5-12B），这就是 Satterthwaite 公式，用于计算有效自由度（effective degree of freedom），即

$$\nu'=\frac{\nu_1\nu_2(s_{\bar{y}_1}^2+s_{\bar{y}_2}^2)^2}{\nu_2(s_{\bar{y}_1}^2)^2+\nu_1(s_{\bar{y}_2}^2)^2} \tag{5-12B}$$

然后有

$$t'=(\bar{y}_1-\bar{y}_2)\Big/\sqrt{\frac{s_1^2}{n_1}+\frac{s_2^2}{n_2}} \tag{5-13}$$

式（5-13）的 t' 近似于 t 分布，具有有效自由度为 ν'，据之查附表 3 得出概率。

【例 5-5】测定冬小麦品种"东方红 3 号"的蛋白质含量（%）10 次，得 $\bar{y}_1=14.3$，$s_1^2=1.621$；测定"农大 139"的蛋白质含量 5 次，得 $\bar{y}_2=11.7$，$s_2^2=0.135$。试测验两品种蛋白质含量的差异显著性。

该资料经 F 测验（见后面有关方差分析的章节），得知两品种蛋白质含量的方差是显著不同的，因而需按下述步骤测验。

假设两品种的蛋白质含量相等，即 $H_0:\mu_1=\mu_2$；对 $H_A:\mu_1\neq\mu_2$。显著水平取 $\alpha=0.01$，做两尾测验。

测验计算，有

$$k=\frac{1.621/10}{1.621/10+0.135/5}=\frac{0.162\,1}{0.162\,1+0.027\,0}=0.86$$

$$\nu'=\frac{1}{\dfrac{(0.86)^2}{10-1}+\dfrac{(1-0.86)^2}{5-1}}=11.48\approx11$$

$$s_{\bar{y}_1-\bar{y}_2}=\sqrt{\frac{1.621}{10}+\frac{0.135}{5}}=0.435$$

$$t'=\frac{14.3-11.7}{0.435}=5.98$$

查附表 3，$\nu'=11$ 时，$t_{0.01}=3.106$。现 $|t'|=5.98>t_{0.01}=3.106$，$P(>|t'|)<0.000\,1$，故推断：否定 $H_0:\mu_1=\mu_2$，接受 $H_A:\mu_1\neq\mu_2$。即两品种的蛋白质含量有极显著差异。

（二）成对数据的比较

若试验设计是将性质相同的两个供试单位配成一对，并设有多个配对，然后对每个配对的两个供试单位分别随机地给予不同处理，则所得观察值为成对数据。例如在条件最为近似的两个小区或盆钵中进行两种不同处理，在同一植株（或某器官）的对称部位上进行两种不同处理，或在同一供试单位上进行处理前和处理后的对比等，都将获得成对比较的数据。

成对数据，由于同一配对内两个供试单位的试验条件很接近，而不同配对间的条件差异又可通过同一配对的差数予以消除，因而可以控制试验误差，具有较高的精确度。在分析试

验结果时，只要假设两样本的总体差数的平均数 $\mu_d = \mu_1 - \mu_2 = 0$，而不必假定两样本的总体方差 σ_1^2 和 σ_2^2 相同。

设两个样本的观察值分别为 y_1 和 y_2，共配成 n 对，各对的差数为 $d = y_1 - y_2$，差数的平均数为 $\bar{d} = \bar{y}_1 - \bar{y}_2$，则差数平均数的标准误 $s_{\bar{d}}$ 为

$$s_{\bar{d}} = \sqrt{\frac{\sum (d - \bar{d})^2}{n(n-1)}} \tag{5-14}$$

因而有

$$t = \frac{\bar{d} - \mu_d}{s_{\bar{d}}} \tag{5-15A}$$

它的自由度为 $\nu = n - 1$。若 $H_0 : \mu_d = 0$，则上式改为

$$t = \bar{d} / s_{\bar{d}} \tag{5-15B}$$

即可测验 $H_0 : \mu_d = 0$。

【例 5 - 6】 选生长期、发育进度、植株大小和其他方面皆比较一致的两株番茄构成一组，共得 7 组，每组中一株接种 A 处理病毒，另一株接种 B 处理病毒，以研究不同处理方法的钝化病毒效果。表 5 - 4 结果为病毒在番茄上产生的病痕数目，试测验两种处理方法的差异显著性。

表 5 - 4 A、B 两法病毒接种处理的番茄病痕数

组别	y_1（A 法）	y_2（B 法）	d
1	10	25	−15
2	13	12	1
3	8	14	−6
4	3	15	−12
5	5	12	−7
6	20	27	−7
7	6	18	−12

这是配对设计，因 A、B 两法对钝化病毒的效应并未明确，故用两尾测验。

假设两种处理对钝化病毒无不同效果，即 $H_0 : \mu_d = 0$；对 $H_A : \mu_d \neq 0$。显著水平取 $\alpha = 0.01$。

测验计算，得

$$\bar{d} = [(-15) + 1 + \cdots + (-12)]/7 = -58/7 = -8.3 \text{ （个）}$$
$$SS_d = [(-15)^2 + 1^2 + \cdots + (-12)^2 - (-58)^2]/7 = 167.43$$
$$s_{\bar{d}} = \sqrt{167.43/(7 \times 6)} = 1.997$$
$$t = -8.3/1.997 = -4.16$$

查附表 3，$\nu = 7 - 1 = 6$ 时，$t_{0.01} = 3.707$。实得 $|t| = 4.16 > t_{0.01} = 3.707$，$P(> |t|) = 0.006\,0$，故推断：否定 $H_0 : \mu_d = 0$，接受 $H_A : \mu_d \neq 0$，即 A、B 两法对钝化病毒的效应有极显著差异。此分析也可以由 SAS 软件 TTEST 过程直接计算，见附录 1 的 LT5 - 6。

【例 5 - 7】 研究某种新肥料能否比原肥料每亩增产 5 kg 以上皮棉，选土壤和其他条件最

近似的相邻小区组成一对，其中一区施新肥料，另一区施原肥料作对照，重复 9 次。产量结果见表 5 - 5。试测验新肥料能否比原肥料每亩增产 5 kg 以上皮棉。

表 5 - 5　两种肥料的皮棉亩产量（kg）

重复区	y_1（新肥料）	y_2（对照）	d
I	67.4	60.6	6.8
II	72.8	66.6	6.2
III	68.4	64.9	3.5
IV	66.0	61.8	4.2
V	70.8	61.7	9.1
VI	69.6	67.2	2.4
VII	67.2	62.4	4.8
VIII	68.9	61.3	7.6
IX	62.6	56.7	5.9

注：1 亩 $=1/15 \ hm^2$。

因为要测验新肥料能否比对照增产 5 kg，故采用一尾测验。

H_0：新肥料比对照每亩增产不到 5 kg，最多 5 kg；对 H_A：新肥料比对照每亩可增产 5 kg 以上。即 $H_0 : \mu_d \leqslant 5 \ kg$，对 $H_A : \mu_d > 5 \ kg$。显著水平取 $\alpha = 0.05$。

测验计算，得

$$\overline{d} = (6.8 + 6.2 + \cdots + 5.9)/9 = 50.5/9 = 5.61 \ （kg/亩）$$

$$s_{\overline{d}} = \sqrt{\frac{6.8^2 + 6.2^2 + \cdots + 5.9^2 - (50.5)^2/9}{9 \times (9-1)}} = 0.70 \ （kg/亩）$$

$$t = \frac{\overline{d} - 5}{s_{\overline{d}}} = \frac{5.61 - 5}{0.70} = 0.87$$

按 $\nu = 9 - 1 = 8$，查附表 3 得，$t_{0.05} = 1.860$（一尾概率）。现实得 $t = 0.87 < t_{0.05} = 1.860$，$P(>t) = 0.2044$，故推断：接受 $H_0 : \mu_d \leqslant 5$，即认为新肥料较原肥料每亩增产皮棉不超过 5 kg。

此分析也可由 SAS 软件 TTEST 程序计算，见附录 1 的 LT5 - 7。

成对数据和成组数据平均数比较所依据的条件是不相同的。前者假定各个配对的差数来自差数的分布为正态分布的总体，具有 $N(0, \sigma_d^2)$；而配对的两个供试单位是彼此相关的。后者则假定两个样本皆来自具有共同（或不同）方差的正态分布总体，而两个样本的各个供试单位都是彼此独立的。在实践上，如果将成对数据按成组数据的方法比较，容易使统计推断发生第二类错误，即不能鉴别应属显著的差异。故在应用时需严格区别。

第三节　二项资料的百分数假设测验

很多生物试验结果是用百分数或成数表示的，例如结实率、发芽率、杀虫率、病株率以及杂种后代分离比例均为百分数。这些百分数系由具有某属性的个体数目求得，属于间断性计数资料，它与连续性的资料不同。在理论上，这类百分数的假设测验，应基于二项式分布

$(p+q)^n$ 来分析（见例 4-3），但是如果样本容量 n 较大，p 不过小，而 np 和 nq 又均不小于 5 时，$(p+q)^n$ 的分布趋近于正态分布，因而可将百分数资料做正态分布处理，做出近似的 u 测验。适于用 u 测验所需的二项样本容量 n 见表 5-6。

表 5-6　适于用 u 测验的二项样本的 $n\hat{p}$ 和 n 值表

$\hat{p}$（样本百分数）	$n\hat{p}$（较小组次数）	n（样本容量）
0.50	15	30
0.40	20	50
0.30	24	80
0.20	40	200
0.10	60	600
0.05	70	1 400

一、单个样本百分数（成数）的假设测验

测验百分数（频率）$\hat{p}$ 所属总体与某理论值或期望值 p_0 的差异显著性，可采用样本百分数的标准误 $\sigma_{\hat{p}}$，其计算式为

$$\sigma_{\hat{p}}=\sqrt{p_0(1-p_0)/n} \tag{5-16}$$

故有

$$u=(\hat{p}-p_0)/\sigma_{\hat{p}} \tag{5-17}$$

即可测验 $H_0 : p=p_0$。

【例 5-8】以紫花和白花的大豆品种杂交，在 F_2 代共得 289 株，其中紫花 208 株，白花 81 株。如果花色受 1 对等位基因控制，则根据遗传学原理，F_2 代紫花株与白花株的分离比率应为 3:1，即紫花理论频率 $p=0.75$，白花理论频率 $q=1-p=0.25$。问该试验结果是否符合 1 对等位基因的遗传规律？

假设：大豆花色遗传符合 1 对等位基因的分离规律，紫花植株的百分数是 75%，即 $H_0 : p=0.75$；对 $H_A : p \neq 0.75$。显著水平取 $\alpha=0.05$，做两尾测验，$u_{0.05}=1.96$。

测验计算，有

$$\hat{p}=208/289=0.719\ 7$$

$$\sigma_{\hat{p}}=\sqrt{0.75 \times 0.25/289}=0.025\ 5$$

$$u=\frac{0.719\ 7-0.75}{0.025\ 5}=-1.19$$

因为实得 $|u|=1.19 < u_{0.05}=1.96$，$P(>|u|)=0.234\ 7$，故推断：接受 $H_0 : p=0.75$，即大豆花色遗传是符合 1 对等位基因遗传规律的，紫花植株频率 $\hat{p}=0.72$ 和 $p=0.75$ 的相差系随机误差。如果测验 $H_0 : p=0.25$，结果完全一样。

以上资料亦可直接用次数进行假设测验。由第四章可知，当二项资料以次数表示时，$\mu=np$，$\sigma_{np}=\sqrt{npq}$，故测验计算得

$$np=289 \times 0.75=216.75\ （株）$$

$$\sigma_{np}=\sqrt{289 \times 0.75 \times 0.25}=7.36\ （株）$$

于是有

$$u = \frac{n\hat{p} - np}{\sigma_{np}} = \frac{208 - 216.75}{7.36} = -1.19$$

结果同上。

二、两个样本百分数（频率）相比较的假设测验

现讨论两个样本百分数（$\hat{p}_1$ 和 $\hat{p}_2$）所属总体百分数（p_1 和 p_2）的差异显著性测验。设两个样本某种属性个体的观察百分数分别为 $\hat{p}_1 = y_1/n_1$ 和 $\hat{p}_2 = y_2/n_2$，而两个样本总体该种属性的个体百分数分别为 p_1 和 p_2，则两个样本百分数的差数标准误（$\sigma_{\hat{p}_1 - \hat{p}_2}$）为

$$\sigma_{\hat{p}_1 - \hat{p}_2} = \sqrt{\frac{p_1 q_1}{n_1} + \frac{p_2 q_2}{n_2}} \tag{5-18}$$

式中，$q_1 = (1 - p_1)$，$q_2 = (1 - p_2)$。这是两个总体百分数为已知时的差数标准误公式。

如果假定两个总体的百分数相同，即 $p_1 = p_2 = p$，$q_1 = q_2 = q$，则有

$$\sigma_{\hat{p}_1 - \hat{p}_2} = \sqrt{pq\left(\frac{1}{n_1} + \frac{1}{n_2}\right)} \tag{5-19}$$

在两个总体的百分数 p_1 和 p_2 未知时，则在两个总体方差 $\sigma_{p_1}^2 = \sigma_{p_2}^2$ 的假定下，可用两个样本百分数的加权平均值 $\bar{p}$ 作为 p_1 和 p_2 的估计，即

$$\left.\begin{array}{l} \bar{p} = \dfrac{y_1 + y_2}{n_1 + n_2} \\ \bar{q} = 1 - \bar{p} \end{array}\right\} \tag{5-20}$$

因而两个样本百分数的差数标准误为

$$\sigma_{\hat{p}_1 - \hat{p}_2} = \sqrt{\bar{p}\bar{q}\left(\frac{1}{n_1} + \frac{1}{n_2}\right)} \tag{5-21}$$

故有

$$u = \frac{\hat{p}_1 - \hat{p}_2}{\sigma_{\hat{p}_1 - \hat{p}_2}} \tag{5-22}$$

即可对 $H_0 : p_1 = p_2$ 做出假设测验。

【例 5-9】 调查低洼地小麦 378 株（n_1），其中有锈病株 355 株（y_1），锈病率 93.92%（$\hat{p}_1$）；调查高坡地小麦 396 株（n_2），其中有锈病 346 株（y_2），锈病率 87.37%（$\hat{p}_2$）。试测验两块麦田的锈病率有无显著差异。

假设：两块麦田的总体锈病率无差别，即 $H_0 : p_1 = p_2$；对 $H_A : p_1 \neq p_2$。显著水平取 $\alpha = 0.05$，做两尾测验，$u_{0.05} = 1.96$。

测验计算，得

$$\bar{p} = \frac{355 + 346}{378 + 396} = 0.906$$

$$\bar{q} = 1 - 0.906 = 0.094$$

$$\sigma_{\hat{p}_2 - \hat{p}_1} = \sqrt{0.906 \times 0.094\left(\frac{1}{378} + \frac{1}{396}\right)} = 0.021\,0$$

$$u = \frac{0.939\,2 - 0.873\,7}{0.021\,0} = 3.12$$

实得 $|u| = 3.12 > u_{0.05} = 1.96$，概率 $P(> |u|) = 0.001\,8$，故推断：否定 $H_0 : p_1 =$

p_2，接受 $H_A : p_1 \neq p_2$，即两块麦田的锈病率有显著差异。

【例 5 - 10】原杀虫剂 A 在 1 000 头虫子中杀死 657 头，新杀虫剂 B 在 1 000 头虫子中杀死 728 头。问新杀虫剂 B 的杀虫率是否高于原杀虫剂 A？

假设：新杀虫剂 B 的杀虫率并不高于原杀虫剂 A，即 $H_0 : p_2 \leqslant p_1$；对 $H_A : p_2 > p_1$。显著水平取 $\alpha = 0.01$，做一尾测验，$u_{0.01} = 2.326$（一尾概率）。

测验计算，有

$$\hat{p}_1 = 657/1\ 000 = 0.657$$

$$\hat{p}_2 = 728/1\ 000 = 0.728$$

$$\bar{p} = \frac{657 + 728}{1\ 000 + 1\ 000} = 0.692\ 5$$

$$\bar{q} = 1 - 0.692\ 5 = 0.307\ 5$$

$$\sigma_{\hat{p}_1 - \hat{p}_2} = \sqrt{0.692\ 5 \times 0.307\ 5 \left(\frac{1}{1\ 000} + \frac{1}{1\ 000} \right)} = 0.020\ 64$$

$$u = \frac{p_2 - p_1}{\sigma_{\hat{p}_1 - \hat{p}_2}} = \frac{0.728 - 0.657}{0.020\ 64} = 3.44$$

实得 $u = 3.44 > u_{0.01} = 2.326$，概率 $P(<u) = 0.000\ 3$，故推断：否定 $H_0 : p_2 \leqslant p_1$，接受 $H_A : p_2 > p_1$，即新杀虫剂 B 的杀虫率极显著地高于原杀虫剂 A。

此分析也可由 SAS 软件 TTEST 程序计算，见附录 1 的 LT5 - 10。

以上各例样本都较大，故可用 u 测验。

三、二项样本假设测验时的连续性矫正

二项总体的百分数是由某属性的个体数计算来的，在性质上属于间断性变异，其分布是间断性二项式分布。把它当作连续性正态分布或 t 分布处理，结果会有些出入，一般容易发生第一类错误。补救的办法是在假设测验时进行连续性矫正。这种矫正在 $n < 30$ 且 $n\hat{p}$（或 $n\hat{q}$）< 5 时是必需的。如果样本大，试验结果符合表 5 - 6 条件，则可以不做矫正，用 u 测验。

（一）单个样本百分数假设测验的连续性矫正

经过连续性矫正的正态离差 u 值或 t 值，分别以 u_c 或 t_c 表示。单个样本百分数的连续性矫正公式为

$$t_c = \frac{|\ n\hat{p} - np\ | - 0.5}{s_{n\hat{p}}} \tag{5 - 23}$$

它的自由度为 $\nu = n - 1$。式中

$$s_{n\hat{p}} = \sqrt{n\ \hat{p}\hat{q}} \tag{5 - 24}$$

它是 $\sigma_{np} = \sqrt{npq}$ 的估计值。

【例 5 - 11】用基因型纯合的糯玉米和非糯玉米杂交，按遗传学原理，预期 F_1 代植株上糯性花粉粒的 $p_0 = 0.5$，现在一视野中检视 20 粒花粉，得糯性花粉 8 粒。试问此结果和理论频率 $p_0 = 0.5$ 是否相符。

假设 $\hat{p} = 8/20 = 0.4$ 系 $p = p_0 = 0.5$ 的一个随机样本，即 $H_0 : p = 0.5$ 对 $H_A : p \neq 0.5$，显著水平取 $\alpha = 0.05$，用两尾测验。

测验计算，得

$$\hat{q}=1-\hat{p}=1-0.4=0.6$$

$$np=nq=20\times0.5=10$$

$$n\hat{p}=20\times0.4=8 \text{ 粒（糯）}$$

$$n\hat{q}=20-8=12 \text{ 粒（非糯）}$$

$$s_{n\hat{p}}=\sqrt{20\times0.4\times0.6}=2.19 \text{ 粒}$$

$$t_c=\frac{|8-10|-0.5}{2.19}=0.68$$

查附表 3，$\nu=20-1=19$ 时，$t_{0.05}=2.093$，现实得 $|t|=0.68<t_{0.05}=2.093$，概率 $P(>|t|)=0.504\,7$，故推断认为实得频率 0.4 与理论频率 0.5 没有显著差异。

（二）两个样本百分数相比较的假设测验的连续性矫正

设两个样本百分数中，取较大值的 $\hat{p}_1$ 具有 y_1 和 n_1，取较小值的 $\hat{p}_2$ 具有 y_2 和 n_2，则经矫正的 t_c 公式为

$$t_c=\frac{\dfrac{y_1-0.5}{n_1}-\dfrac{y_2+0.5}{n_2}}{s_{\hat{p}_1-\hat{p}_2}} \tag{5-25}$$

它的自由度为 $\nu=n_1+n_2-2$。其中 $s_{\hat{p}_1-\hat{p}_2}$ 为式（5-22）中 $\sigma_{\hat{p}_1-\hat{p}_2}$ 的估计值。

【例 5-12】用新配方农药处理 25 头棉铃虫，结果死亡 15 头，存活 10 头；用乐果处理 24 头，结果死亡 9 头，存活 15 头。问两种处理的杀虫效果是否有显著差异？

本例不符合表 5-6 条件，故需要进行连续性矫正。假设两种处理的杀虫效果没有差异，即 $H_0:p_1=p_2$；对 $H_A:p_1\neq p_2$。显著水平取 $\alpha=0.05$，做两尾测验。

测验计算，得

$$\bar{p}=\frac{15+9}{25+24}=0.49$$

$$\bar{q}=1-0.49=0.51$$

$$s_{\hat{p}_1-\hat{p}_2}=\sqrt{0.49\times0.51\left(\frac{1}{24}+\frac{1}{25}\right)}=0.143$$

$$t_c=\frac{\dfrac{15-0.5}{25}-\dfrac{9+0.5}{24}}{0.143}=1.29$$

查附表 3，$\nu=24+25-2=47\approx45$ 时，$t_{0.05}=2.014$。现实得 $|t_c|=1.29<t_{0.05}=2.014$，$P(>|t|)=0.203\,6$，故推断：接受 $H_0:p_1=p_2$，否定 $H_A:p_1\neq p_2$，即推断认为两种杀虫剂的杀虫效果没有显著差异。

第四节 参数的区间估计

由样本计算统计数的目的在于对总体参数做出估计，例如以 $\bar{y}$ 估计 μ，这种估计称为点估计。但 $\bar{y}$ 来自样本，由于存在抽样误差，不同样本将有不同的 $\bar{y}$ 值，用哪一个 $\bar{y}$ 值最能代表 μ 呢？这是难以判断的。因此有必要在一定的概率保证之下，估计出一个范围或区间以能够覆盖参数 μ。这个区间称为置信区间（confidence interval），区间的上限和下限称为置信限（confidence limit），区间的长度称为置信距。一般以 L_1 和 L_2 分别表示置信下限和置

信上限。保证该区间能覆盖参数的概率以 $P=1-\alpha$ 表示，称为置信系数或置信度。以上这种参数的估计方法就称为参数的区间估计。例如在 $\bar{y}$ 的分布中，$\mu_{\bar{y}}=\mu$，$\sigma_{\bar{y}}=\sigma/\sqrt{n}$，则按图 5-1 的接受区域，将有 95% （即 $1-\alpha$，$\alpha=0.05$）的样本 $\bar{y}$ 值落在 $(\mu-1.96\sigma_{\bar{y}})$ 至 $(\mu+1.96\sigma_{\bar{y}})$ 的范围内，即

$$P[(\mu-1.96\sigma_{\bar{y}})\leqslant\bar{y}\leqslant(\mu+1.96\sigma_{\bar{y}})]=0.95$$

或称在 $1-\alpha$ 概率下

$$(\mu-u_\alpha\sigma_{\bar{y}})\leqslant\bar{y}\leqslant(\mu+u_\alpha\sigma_{\bar{y}})$$

对上式进行不等式变换，可得

$$(\bar{y}-1.96\sigma_{\bar{y}})\leqslant\mu\leqslant(\bar{y}+1.96\sigma_{\bar{y}})$$

所以有

$$P[(\bar{y}-1.96\sigma_{\bar{y}})\leqslant\mu\leqslant(\bar{y}+1.96\sigma_{\bar{y}})]=0.95$$

于是可得在置信度 $P=1-\alpha$ 时，μ 的置信区间为

$$(\bar{y}-u_\alpha\sigma_{\bar{y}})\leqslant\mu\leqslant(\bar{y}+u_\alpha\sigma_{\bar{y}})$$

并有

$$L_1=(\bar{y}-u_\alpha\sigma_{\bar{y}})$$

$$L_2=(\bar{y}+u_\alpha\sigma_{\bar{y}})$$

置信区间的意义为：如果从总体中抽出容量为 n 的所有样本，并且每个样本都算出其 $[L_1,L_2]$，则在所有的 $[L_1,L_2]$ 区间中，将有 95% 的区间能包含参数 μ。

一、总体平均数（μ）的置信限

（一）在总体方差（σ^2）为已知时

在总体方差（σ^2）为已知时，总体平均数（μ）的置信区间为

$$(\bar{y}-u_\alpha\sigma_{\bar{y}})\leqslant\mu\leqslant(\bar{y}+u_\alpha\sigma_{\bar{y}}) \tag{5-26A}$$

并有

$$L_1=\bar{y}-u_\alpha\sigma_{\bar{y}}$$

$$L_2=\bar{y}+u_\alpha\sigma_{\bar{y}} \tag{5-26B}$$

式中，u_α 为正态分布下置信度 $1-\alpha$ 时的 u 临界值。

【例 5-13】某棉花株行圃 36 个单行的皮棉平均产量为 $\bar{y}=4.1\,\text{kg}$，已知 $\sigma=0.3\,\text{kg}$，求 99% 置信度下该株行圃单行皮棉产量 μ 的置信区间。

在置信度 $P=1-\alpha=99\%$ 下，由附表 2 查得 $u_{0.01}=2.58$；并算得 $\sigma_{\bar{y}}=0.3/\sqrt{36}=0.05$；故 99% 置信区间为 $(4.1-2.58\times0.05)\leqslant\mu\leqslant(4.1+2.58\times0.05)$，即 $3.97\leqslant\mu\leqslant4.23$。推断：估计该株行圃单行皮棉平均产量在 $3.97\sim4.3\,\text{kg}$，此估计值的可靠度有 99%。

（二）在总体方差（σ^2）为未知时

在总体方差为未知时，总体方差（σ^2）需由样本均方（s^2）估计，于是置信区间为

$$(\bar{y}-t_\alpha s_{\bar{y}})\leqslant\mu\leqslant(\bar{y}+t_\alpha s_{\bar{y}}) \tag{5-27A}$$

它的两个置信限是

$$L_1=\bar{y}-t_\alpha s_{\bar{y}}$$

$$L_2=\bar{y}+t_\alpha s_{\bar{y}} \tag{5-27B}$$

式中，t_α 为置信度 $P=1-\alpha$ 时 t 分布的 t 临界值。

【例 5-14】例 5-1 已算得某春小麦良种在 8 个小区的千粒重平均数 $\bar{y}=35.2\,\text{g}$，$s_{\bar{y}}=0.58\,\text{g}$。试估计在置信度为 95% 时该品种的千粒重范围。

由附表 3 查得 $\nu=7$ 时 $t_{0.05}=2.365$，代入式（5-27A）有 $(35.2-2.365\times0.58)\leqslant\mu\leqslant$

（35.2＋2.365×0.58），即 $33.8 \leqslant \mu \leqslant 36.6$，推断：该品种总体千粒重 μ 在 33.8～36.6 g 的置信度为 95%。在表达时亦可写成 $\bar{y} \pm t_\alpha s_{\bar{y}}$ 形式，即该品种总体千粒重 95% 置信度的区间是 $35.2 \pm (2.365 \times 0.58) = 35.2 \pm 1.4$（g），即 33.8～36.6 g。

此分析也可由 SAS 软件 TTEST 程序计算，见附录 1 的 LT5 - 1。

由于对应于 $1-\alpha$ 置信度的临界值 u_α 或 t_α 皆随置信度的增大而增大，因而用上述方法以 $1-\alpha$ 估计总体参数的置信区间时，取大的置信度，必然置信区间较大，而其估计的准确度也就较小。如欲使置信度大，同时也使估计准确度较大，则必须减小试验误差或增大样本容量。

二、两总体平均数差数（$\mu_1 - \mu_2$）的置信限

在一定的置信度下，可估计两总体平均数 μ_1 和 μ_2 至少能差多少。估计方法因两总体方差是否已知或是否相等而有不同。

（一）在两总体方差为已知或两总体方差虽未知但为大样本时

在两总体方差为已知或两总体方差虽未知但为大样本时，对 $\mu_1 - \mu_2$ 的 $1-\alpha$ 置信区间应为

$$[(\bar{y}_1 - \bar{y}_2) - u_\alpha \sigma_{\bar{y}_1 - \bar{y}_2}] \leqslant \mu_1 - \mu_2 \leqslant [(\bar{y}_1 - \bar{y}_2) + u_\alpha \sigma_{\bar{y}_1 - \bar{y}_2}] \quad (5-28A)$$

并且

$$L_1 = (\bar{y}_1 - \bar{y}_2) - u_\alpha \sigma_{\bar{y}_1 - \bar{y}_2}$$
$$L_2 = (\bar{y}_1 - \bar{y}_2) + u_\alpha \sigma_{\bar{y}_1 - \bar{y}_2} \quad (5-28B)$$

式中，$\sigma_{\bar{y}_1 - \bar{y}_2}$ 为平均数差数标准误，u_α 为正态分布下置信度为 $1-\alpha$ 时的 u 临界值。

【例 5 - 15】测得"高农选 1 号"甘薯 332 株的单株平均产量，$\bar{y}_1 = 15 \times 50$（g），$s_1 = 5.3 \times 50$（g）；"白皮白心"甘薯 282 株，$\bar{y}_2 = 12 \times 50$（g），$s_2 = 3.7 \times 50$（g）。试估计两品种单株平均产量的相差在 95% 置信度下的置信区间。

由附表 2 查得置信度为 0.95 时，$u_{0.05} = 1.96$；可算得

$$\sigma_{\bar{y}_1 - \bar{y}_2} = \sqrt{\frac{5.3^2}{332} + \frac{3.7^2}{282}} \times 50 = 0.36 \times 50 = 18 \text{（g）}$$

因而，95% 的置信限为 $L_1 = (750 - 600) - 1.96 \times 18 = 114.7$（g）；$L_2 = (750 - 600) + 1.96 \times 18 = 185.3$（g）。

故"高农选 1 号"甘薯的单株平均产量比"白皮白心"甘薯多 114.7～185.7（g），这个估计有 95% 的把握。

（二）在两总体方差（σ^2）为未知时

在两总体为未知时，有两总体方差相等和两总体方差不等有两种情况。

1. 两总体方差相等 在 $\sigma_1^2 = \sigma_2^2 = \sigma^2$ 时，$\mu_1 - \mu_2$ 的 $1-\alpha$ 置信区间为

$$[(\bar{y}_1 - \bar{y}_2) - t_\alpha s_{\bar{y}_1 - \bar{y}_2}] \leqslant \mu_1 - \mu_2 \leqslant [(\bar{y}_1 - \bar{y}_2) + t_\alpha s_{\bar{y}_1 - \bar{y}_2}] \quad (5-29A)$$

并有

$$L_1 = (\bar{y}_1 - \bar{y}_2) - t_\alpha s_{\bar{y}_1 - \bar{y}_2}$$
$$L_2 = (\bar{y}_1 - \bar{y}_2) + t_\alpha s_{\bar{y}_1 - \bar{y}_2} \quad (5-29B)$$

式中，$s_{\bar{y}_1 - \bar{y}_2}$ 为平均数差数标准误，t_α 是置信度为 $1-\alpha$、自由度为 $n_1 + n_2 - 2$ 时 t 分布的临界值。

【例 5 - 16】试估计表 5 - 2 资料两种水稻株系的株高差数在置信度为 99% 时的置信区间。

在前面已算得：$\bar{y}_1=84.3$ cm，$\bar{y}_2=86.3$ cm，$s_{\bar{y}_1-\bar{y}_2}=1.583\ 7$，并由附表 3 查得 $\nu=18$ 时，$t_{0.01}=2.878$，故有 $L_1=(86.3-84.3)-(2.878\times1.583\ 7)=-2.56$（cm），$L_2=(86.3-84.3)+(2.878\times1.583\ 7)=6.56$（cm）。结果说明，株高差数波动很大，在 $-2.56\sim6.56$ cm 之间。所以这个例子是接受 $H_0:\mu_1=\mu_2$ 的。

当 $H_0:\mu_1=\mu_2$ 被接受时，意味着两总体平均数相等，即 $\mu_1=\mu_2=\mu$。因此可用两样本平均数的加权平均数（$\bar{y}_p$）作为对总体平均数（μ）的估计，

$$\bar{y}_p=\frac{n_1\bar{y}_1+n_2\bar{y}_2}{n_1+n_2}$$

或

$$\bar{y}_p=\frac{\sum y_1+\sum y_2}{n_1+n_2} \tag{5-30}$$

可按式（5-6）计算计算合并均方后再计算 $s_{\bar{y}_p}$，即

$$s_{\bar{y}_p}=\sqrt{\frac{\sum(y_1-\bar{y}_1)^2+\sum(y_2-\bar{y}_2)^2}{(n_1+n_2-2)}}\,[1/(n_1+n_2)]^{1/2}=\sqrt{\frac{\sum(y_1-\bar{y}_1)^2+\sum(y_2-\bar{y}_2)^2}{(n_1+n_2-2)(n_1+n_2)}}$$

因而对 μ 的置信区间为

$$(\bar{y}_p-t_\alpha s_{\bar{y}_p})\leqslant\mu\leqslant(\bar{y}_p+t_\alpha s_{\bar{y}_p}) \tag{5-31}$$

2. 两总体方差不相等 当 $\sigma_1^2\neq\sigma_2^2$ 时，由两样本的 s_1^2 和 s_2^2 作为 σ_1^2 和 σ_2^2 估计而算得的 t，已不是自由度为 $\nu=\nu_1+\nu_2$ 的 t 分布，而是近似于自由度为 ν' 的 t 分布。因而可得，对 $\mu_1-\mu_2$ 的 $1-\alpha$ 的置信区间为

$$[(\bar{y}_1-\bar{y}_2)-t_{\alpha,\nu'}s_{\bar{y}_1-\bar{y}_2}]\leqslant\mu_1-\mu_2\leqslant[(\bar{y}_1-\bar{y}_2)+t_{\alpha,\nu'}s_{\bar{y}_1-\bar{y}_2}] \tag{5-32A}$$

并有

$$L_1=(\bar{y}_1-\bar{y}_2)-t_{\alpha,\nu'}s_{\bar{y}_1-\bar{y}_2}$$

$$L_2=(\bar{y}_1-\bar{y}_2)+t_{\alpha,\nu'}s_{\bar{y}_1-\bar{y}_2} \tag{5-32B}$$

式中，$s_{\bar{y}_1-\bar{y}_2}$ 由式（5-10）求得，$t_{\alpha,\nu'}$ 为置信度 $1-\alpha$ 时自由度 ν' 的 t 分布临界值，ν' 由式（5-12）求得。

【例 5-17】试求例 5-5 资料"东方红 3 号"小麦的蛋白质含量与"农大 139"小麦蛋白质含量的相差的 95% 置信限。

在例 5-5 已得：$\bar{y}_1=14.3$（%），$\bar{y}_2=11.7$（%），$s_{\bar{y}_1-\bar{y}_2}=0.435$，$\nu'=11$。当 $\nu=11$ 时，由附表 3 查得，$t_{0.05,11}=2.201$。故有 $L_1=(14.3-11.7)-(2.201\times0.435)=1.6$（%），$L_2=(14.3-11.7)+(2.201\times0.435)=3.6$（%）。

因此"东方红 3 号"小麦的蛋白质含量可比"农大 139"高 1.6%～3.6%，这种估计的可靠度为 95%。

（三）成对数据总体差数（μ_d）的置信限

由式（5-15）可得成对数据总体差数（μ_d）的 $1-\alpha$ 置信区间，其置信限为

$$\bar{d}-t_\alpha s_{\bar{d}}\leqslant\mu_d\leqslant\bar{d}+t_\alpha s_{\bar{d}} \tag{5-33A}$$

并有

$$L_1=\bar{d}-t_\alpha s_{\bar{d}}$$

$$L_2=\bar{d}+t_\alpha s_{\bar{d}} \tag{5-33B}$$

式中，$s_{\bar{d}}$ 由式（5-14）求得，t_α 为置信度为 $1-\alpha$、$\nu=n-1$ 时 t 分布的临界 t 值。

【例 5-18】试求表 5-4 资料 μ_d 的 99% 置信限。

在例 5-6 已算得：$\bar{d}=-8.3$，$s_{\bar{d}}=1.997$；并由附表 3 查得 $\nu=6$ 时 $t_{0.01}=3.707$。

于是有

$$L_1 = -8.3 - (3.707 \times 1.997) = -15.7$$
$$L_2 = -8.3 + (3.707 \times 1.997) = -0.9$$

或写作
$$-15.7 \leqslant \mu_d \leqslant -0.9$$

以上 L_1 和 L_2 皆为负值，表明 A 法处理病毒在番茄上产生的病痕数要比 B 法减少 $0.9 \sim 15.7$ 个，此估计的置信度为 99%。有关置信限的计算也可由 SAS 软件计算，见附录 1 的 LT5-6。

三、二项总体百分数 (p) 的置信限

二项总体百分数 p 的置信区间，可按二项式分布或正态分布来估计，前者所得结果较为精确，可以根据样本容量 (n) 和某一属性的个体数 (f)，在已经制好的统计表（附表 7）上直接查得对总体的上限和下限的估计，甚为方便。但附表 7 只包括小部分 n，在不敷应用时，可由正态分布来估计。由正态分布所得的结果只是一个近似值，可在资料符合表 5-6 条件时应用；在置信度 $P = 1 - \alpha$ 下，对总体百分数 (p) 置信区间的近似估计为

$$\hat{p} \pm u_a \sigma_{\hat{p}} \tag{5-34A}$$

并有
$$L_1 = \hat{p} - u_a \sigma_{\hat{p}}$$
$$L_2 = \hat{p} + u_a \sigma_{\hat{p}} \tag{5-34B}$$

$$\sigma_{\hat{p}} = \sqrt{\hat{p}(1-\hat{p})/n} \tag{5-35}$$

式（5-35）是式（5-16）$\sigma_{\hat{p}}$ 的估计量。

【例 5-19】调查 100 株玉米，得到受玉米螟危害的为 20 株，即 $\hat{p} = 20/100 = 0.2$ 或 $n\hat{p} = 20$。试计算 95% 置信度的玉米螟危害率置信区间。

由附表 7 在样本容量 $n = 100$ 的列和左边观察次数 $f = 20$ 株的交叉处查得的数为 13 和 29，即真实次数在 $13 \sim 29$ 范围内。如果以 $\hat{p}$ 表示，则 $\hat{p} = \dfrac{13}{100} - \dfrac{29}{100} = 0.13 \sim 0.29$ 的置信度为 95%。

如果按正态近似法计算，则 $\sigma_{\hat{p}} = \sqrt{0.2 \times 0.8/100} = 0.04$，$u_{0.05} = 1.96$，故有
$$L_1 = 0.2 - (1.96 \times 0.04) = 0.121\ 6$$
$$L_2 = 0.2 + (1.96 \times 0.04) = 0.278\ 4$$

四、两个二项总体百分数差数 ($p_1 - p_2$) 的置信限

这是要确定某属性个体的百分数在两个二项总体间的相差范围，只在已经明确两个百分数间有显著差异时才有意义。若资料符合表 5-6 条件，该区间可按正态分布估计。在 $1 - \alpha$ 的置信度下，$p_1 - p_2$ 的置信区间为

$$[(\hat{p}_1 - \hat{p}_2) - u_a \sigma_{\hat{p}_1 - \hat{p}_2}] \leqslant (p_1 - p_2) \leqslant [(\hat{p}_1 - \hat{p}_2) + u_a \sigma_{\hat{p}_1 - \hat{p}_2}] \tag{5-36A}$$

并有
$$L_1 = (\hat{p}_1 - \hat{p}_2) - u_a \sigma_{\hat{p}_1 - \hat{p}_2}$$
$$L_2 = (\hat{p}_1 - \hat{p}_2) + u_a \sigma_{\hat{p}_1 - \hat{p}_2} \tag{5-36B}$$

式中，$\sigma_{\hat{p}_1 - \hat{p}_2}$ 通过式（5-18）求得，因为已知 $p_1 \neq p_2$，故以 $\hat{p}_1$ 代 p_1，以 $\hat{p}_2$ 代 p_2。

【例 5-20】例 5-9 已测知低洼地小麦的锈病率 $\hat{p}_1 = 93.92\%$（$n_1 = 378$），高坡地小麦的锈病率 $\hat{p}_2 = 87.31\%$（$n_2 = 396$），它们有显著差异。试按 95% 置信度估计两地锈病率相差的置信区间。

由附表 2 查得 $u_{0.05} = 1.96$，而

$$\sigma_{\hat{p}_1-\hat{p}_2}=\sqrt{\frac{0.939\,2\times0.060\,8}{378}+\frac{0.873\,1\times0.126\,9}{396}}=0.020\,76$$

故有

$$L_1=(0.939\,2-0.873\,1)-(1.96\times0.020\,76)=0.025\,4$$

$$L_2=(0.939\,2-0.873\,1)+(1.96\times0.020\,76)=0.106\,8$$

即低洼地的锈病率比高坡地高 2.54%～10.68%，此估计的置信度为 95%。

如果已测知两总体百分数无显著差异，即 $p_1=p_2=p$，则只需估计 p 的置信区间。先求得 $\bar{p}$，再以 $\bar{p}=\hat{p}$ 进行计算。

五、区间估计与假设测验

区间估计亦可用于假设测验。因为置信区间是一定置信度下总体参数的所在范围，故对参数所做假设若恰落在该范围内，则这个假设总体与已知总体就没有真实的不同，因而接受 H_0；反之，如果对参数所做的假设落在置信区间之外，则说明假设总体与已知总体不同，所以应否定 H_0，接受 H_A。

【例 5-21】例 5-1 中已算得新引入春小麦品种的千粒重 $\bar{y}=35.2$ g，$s_{\bar{y}}=0.58$，故其 95% 置信区间的两个置信限为

$$L_1=35.2-(2.365\times0.58)=33.8\,(g)$$

$$L_2=35.2+(2.365\times0.58)=36.6\,(g)$$

曾经假设 $H_0:\mu=34$ g，此值落在上述置信区间内，所以不能认为新引入品种与当地原有良种的千粒重有显著差异，即接受 $H_0:\mu=34$ g。这和例 5-1 的结论完全相同。

【例 5-22】在例 5-18 中已求得两种不同处理的病毒，接种在番茄上产生的病痕数的相差，在 $1-\alpha$ 置信度下的区间为 $-15.7\leqslant\mu_d\leqslant0.9$（个）。如果假设 $\mu_d=0$，则该区间内并不包括 0 值，所以，两种处理方法是有显著差异的，显著水平是 0.05。其结论与例 5-6 同。

【例 5-23】在例 5-20 已求得低洼地小麦锈病率与高坡地小麦锈病率的相差的 95% 置信区间为 $2.54\%\leqslant(p_1-p_2)\leqslant10.68\%$。若假设 $H_0:p_1=p_2$，则该假设在上述置信区间外，故在 $\alpha=0.05$ 水平上否定 H_0，接受 $H_A:p_1-p_2\neq0$。

以上各例皆说明：置信区间不仅提供一定概率保证的总体参数范围，而且可以获得假设测验的信息。其间关系可总结为以下几点。

①若在 $1-\alpha$ 的置信度下，两个置信限同为正号或同为负号，则否定无效假设，而接受备择假设。

②若在 $1-\alpha$ 置信度下，两个置信限为异号（一正一负），即其区间包括零值，则无效假设皆被接受，例如例 5-16。

③若两个置信限皆为正号，则有一个参数大于另一个参数的结论成立，例如例 5-15、例 5-17、例 5-20 等。

④若两个置信限皆为负号，则有一个参数小于另一个参数的结论成立，例如例 5-18。

习题

1. 什么是统计假设？统计假设有哪几种？各有何含义？假设测验时直接测验的统计假

设是哪一种？为什么？

2. 什么是显著水平？为什么要有一个显著水平？根据什么确定显著水平？它和统计推断有何关系？

3. 什么称为统计推断？它包括哪些内容？为什么统计推断的结论有可能发生错误？有哪两类错误？如何克服？

4. （1）若 $n=16$，$\sigma=15$，要在 $\alpha=0.01$ 水平上测验 $H_0:\mu=140$，问 $\bar{y}$ 要多大？（2）若 $n=100$，$\sigma=15$，要在 $\alpha=0.05$ 水平上测验 $H_0:\mu=100$，试求其否定区域？

[参考答案：（1）$\bar{y}<132.65$ 或 $\bar{y}>147.35$；（2）$\bar{y}<96.13$ 或 $\bar{y}>103.87$]

5. 对桃树的含氮量测定 10 次，得结果（%）为 2.38、2.38、2.41、2.50、2.47、2.41、2.38、2.26、2.32 和 2.41，试测验 $H_0:\mu=2.50$。

[参考答案：$\bar{y}=2.39\%$，$s_{\bar{y}}=0.02\%$，$t=5.5$]

6. 从前作喷洒过有机砷杀雄剂的麦田中随机取 4 株各测定砷的残留量（mg）得 7.5、9.7、6.8 和 6.4，又测定对照田的 3 株样本，得砷含量（mg）为 4.2、7.0 及 4.6。（1）已知喷有机砷只能使株体的砷含量增高，绝不会降低，试测验其显著性；（2）用两尾测验，将测验结果和（1）相比较，并加解释。

[参考答案：$s_e^2=2.218$，$s_{\bar{y}_1-\bar{y}_2}=1.14$]

7. 从一个方差为 24 的正态分布总体中抽取一个容量为 6 的样本，求得其平均数 $\bar{y}_1=15$；又从一个方差为 80 的正态分布总体中抽取一个容量为 8 的样本，并知 $\bar{y}_2=13$。试取 $\alpha=0.05$ 测验 $H_0:\mu_1=\mu_2$ 和相对应的 $H_A:\mu_1\neq\mu_2$。

[参考答案：$u=0.534$，接受 H_0]

8. 一个容量为 6 的样本来自一个正态分布总体，知其平均数 $\bar{y}_1=30$ 和均方 $s_1^2=40$；一个容量为 11 的样本来自一个正态分布总体，得平均数 $\bar{y}_2=22$，均方 $s_2^2=45$。测验 $H_0:\mu_1-\mu_2=4$ 和相对的 $H_A:\mu_1-\mu_2>4$，取 0.05 的显著水平。

[参考答案：$s_e^2=50$，$t=1.2$，接受 H_0]

9. 历史资料得"岱字棉 15"的纤维长度（mm）为 N（29.8，2.25）的总体。试求：（1）若 $n=10$，用 $\alpha=0.05$ 否定和 $H_0:\mu=29.8\,\text{mm}$ 和 $H_0:\mu\leqslant29.8\,\text{mm}$，其否定区间为何？（2）若 $n=100$ 呢？（3）现以 $n=20$ 测得一株系 $\bar{y}=30.1\,\text{mm}$，可否认为其长度显著比总体的纤维长度（$\mu=29.8\,\text{mm}$）为长？（4）若希望有 95% 置信限发现一个 $\pm0.3\,\text{mm}$ 的差数为显著，则样本容量应多大？

[参考答案：（1）$\bar{y}<28.87\,\text{mm}$ 和 $\bar{y}>30.73\,\text{mm}$；$\bar{y}>30.58\,\text{mm}$；（2）$\bar{y}<29.51\,\text{mm}$ 和 $\bar{y}>30.09\,\text{mm}$；$\bar{y}>30.05\,\text{mm}$；（3）不显著；（4）$n=96$]

10. 选面积为 $50\,\text{m}^2$ 的玉米小区 10 个，各分成两半，一半去雄另一半不去雄，得产量（kg）为

去　雄：28、30、31、35、30、34、30、28、34、32；

未去雄：25、28、29、29、31、25、28、27、32、27。

（1）用成对比较法测验 $H_0:\mu_d=0$ 的假设；

（2）求包括 μ_d 在内置信度为 95% 的区间；

（3）设去雄玉米的平均产量为 μ_1，未去雄玉米的平均产量为 μ_2，试按成组平均数比较

法测验 $H_0 : \mu_1 = \mu_2$ 的假设。

（4）求包括 $\mu_1 - \mu_2$ 在内置信度 95% 的区间。

（5）比较上述第（1）项和第（3）项测验结果并加解释。

｛参考答案：（1）$t = 3.444$，否定 $H_0 : \mu_d = 0$；（2）$[1.1, 5.1]$；（3）$t = 2.905$；（4）$[0.9, 5.3]$｝

11. 检查小麦品种甲 200 穗中有虫穗 42 个，品种乙 150 穗中有虫穗 27 个，试问：（1）两品种的抗虫性是否差异显著；（2）若要有 95% 把握发现 ± 0.03 的真实差数，则每个品种的样本容量应为多大？

［参考答案：（1）$t = 0.698$，接受 $H_0 : P_1 = P_2$；（2）$n_1 = n_2 = 1\ 350$ 穗］

方差分析

第一节　方差分析的基本原理

上章介绍了单个或两个样本平均数的假设测验方法。本章将介绍 k（$k \geqslant 3$）个样本平均数的假设测验方法，即**方差分析**（analysis of variance，ANOVA）。方差分析是将总变异剖分为各个变异来源的相应部分，从而发现各变异原因在总变异中相对重要程度的一种统计分析方法。其中，扣除了各种试验原因所引起的变异后的剩余变异提供了试验误差的无偏估计，作为假设测验的依据。因而方差分析像上章的 t 测验一样也是通过将试验处理的表面效应与其误差的比较来进行统计推断的，不同的是这里采用均方来度量试验处理产生的变异和误差引起的变异。方差分析现已成为科学的试验设计和分析中十分重要的工具。

一、自由度与平方和的分解

将一个试验资料的总变异分解为各个变异来源的相应变异，这需要将总自由度和总平方和分解为各个变异来源的相应部分，从而可分析各类变异。而自由度和平方和的分解是方差分析的第一步。下面先从简单的类型说起。设有 k 组数据，每组皆具 n 个观察值，则该资料共有 nk 个观察值，其数据分组如表 6-1 所示。

表 6-1　每组具 n 个观察值的 k 组数据的符号表

组别	观察值（y_{ij}；$i=1$、2、$\cdots$、k；$j=1$、2、$\cdots$、n）					总和	平均	均方
1	y_{11}	y_{12}	$\cdots$	y_{1j}	y_{1n}	T_1	$\bar{y}_1$	s_1^2
2	y_{21}	y_{22}	$\cdots$	y_{2j}	y_{2n}	T_2	$\bar{y}_2$	s_2^2
$\vdots$	$\vdots$	$\vdots$	$\vdots$	$\vdots$	$\vdots$	$\vdots$	$\vdots$	$\vdots$
i	y_{i1}	y_{i2}	$\cdots$	y_{ij}	y_{in}	T_i	$\bar{y}_i$	s_i^2
$\vdots$	$\vdots$	$\vdots$	$\vdots$	$\vdots$	$\vdots$	$\vdots$	$\vdots$	$\vdots$
k	y_{k1}	y_{k2}	$\cdots$	y_{kj}	y_{kn}	T_k	$\bar{y}_k$	s_k^2
						$T = \sum y_{ij} = \sum y$	$\bar{y}$	

表 6-1 中，y_{ij} 表示第 i 个处理的第 j 个观测值（$i=1$、2、$\cdots$、k；$j=1$、2、$\cdots$、n），$T_i = \sum\limits_{j=1}^{n} y_{ij}$ 表示第 i 个处理 n 个观测值的和；$T = \sum\limits_{i=1}^{k} \sum\limits_{j=1}^{n} y_{ij} = \sum\limits_{i=1}^{k} T_i$ 表示所有观测值的总

和；$\bar{y}_i = T_i/n$ 表示第 i 个处理的平均数；$\bar{y} = T/kn$ 表示所有观测值的总平均数。

这组数据中，总变异是 nk 个观察值的变异，故其自由度 $\nu = nk-1$，而其平方和（SS_T）则为

$$SS_T = \sum_1^{nk}(y_{ij} - \bar{y})^2 = \sum_1^{nk}y_{ij}^2 - C \tag{6-1}$$

式（6-1）中，C 称为矫正数，有

$$C = \frac{(\sum y)^2}{nk} = \frac{T^2}{nk} \tag{6-2}$$

这里，可通过总变异的恒等变换来说明总变异的构成。对于第 i 组的变异，有

$$\begin{aligned}\sum_{j=1}^n(y_{ij} - \bar{y})^2 &= \sum_{j=1}^n(y_{ij} - \bar{y}_i + \bar{y}_i - \bar{y})^2 \\ &= \sum_{j=1}^n(y_{ij} - \bar{y}_i)^2 + \sum_{j=1}^n 2(y_{ij} - \bar{y}_i)(\bar{y}_i - \bar{y}) + \sum_{j=1}^n(\bar{y}_i - \bar{y})^2 \\ &= \sum_{j=1}^n(y_{ij} - \bar{y}_i)^2 + n(\bar{y}_i - \bar{y})^2\end{aligned}$$

因而总变异可以剖分为

$$SS_T = \sum_{i=1}^k\sum_{j=1}^n(y_{ij} - \bar{y})^2 = \sum_{i=1}^k\sum_{j=1}^n(y_{ij} - \bar{y}_i)^2 + n\sum_{i=1}^k(\bar{y}_i - \bar{y})^2 \tag{6-3}$$

即　　　　总平方和（SS_T）＝组内（误差）平方和（SS_e）＋处理平方和（SS_t）

组间变异由 k 个 $\bar{y}_i$ 的变异引起，故其自由度 $\nu = k-1$，组间平方和（即处理平方和，SS_t）为

$$SS_t = n\sum_{i=1}^k(\bar{y}_i - \bar{y})^2 = \sum_{i=1}^k T_i^2 \Big/ n - C \tag{6-4}$$

组内变异为各组内观察值与组平均数的变异，故每组的自由度为 $\nu = n-1$，每组的平方和为 $\sum_{i=1}^n(y_{ij} - \bar{y}_i)^2$；而资料共有 k 组，故组内的自由度为 $\nu = k(n-1)$，组内平方和（即误差平方和，SS_e）为

$$SS_e = \sum_{i=1}^k\sum_{k=1}^n(y_{ij} - \bar{y}_i)^2 = SS_T - SS_t \tag{6-5}$$

因此得到表 6-1 类型资料的自由度分解式为

$$nk-1 = (k-1) + k(n-1) \tag{6-6}$$

即　　　　　　总自由度（DF_T）＝组间自由度（DF_t）＋组内自由度（DF_e）

求得各变异来源的自由度和平方和后，进而可得总的均方（MS_T），组间的均方（即处理均方，MS_t）和组内均方（即误差均方，MS_e），即

$$\left.\begin{aligned}MS_T &= s_T^2 = \frac{\sum\sum(y_{ij} - \bar{y})^2}{nk-1} \\ MS_t &= s_t^2 = \frac{n\sum(\bar{y}_i - \bar{y})^2}{k-1} \\ MS_e &= s_e^2 = \frac{\sum\sum(y_{ij} - \bar{y}_i)^2}{k(n-1)}\end{aligned}\right\} \tag{6-7}$$

若假定组间平均数差异不显著（或处理无效）时，式（6-7）中 MS_t 与 MS_e 是 σ^2 的两

个独立估计值。**均方**（mean square）用 MS 表示，也用 s^2 表示，二者可以互换。其中组内均方（MS_e）也称误差均方，它是由多个总体或处理所提供的组内变异（或误差）的平均值。

【**例 6 - 1**】以 A、B、C、D 4 种药剂对水稻种子进行浸种处理，其中 A 为对照，每处理各得 4 个苗高观察值（cm），其结果如表 6 - 2 所示。试分解其自由度和平方和。

表 6 - 2　水稻不同药剂处理的苗高（cm）

药剂	苗高观察值				总和（T_i）	平均（$\bar{y}_i$）
A	18	21	20	13	72	18
B	20	24	26	22	92	23
C	10	15	17	14	56	14
D	28	27	29	32	116	29
					$T=336$	$\bar{y}=21$

根据式（6 - 6）进行总自由度的剖分，总变异自由度（DF_T）、药剂间自由度（DF_t）和药剂内自由度（DF_e）分别为

$$DF_T = nk - 1 = (4 \times 4) - 1 = 15$$
$$DF_t = k - 1 = 4 - 1 = 3$$
$$DF_e = k(n-1) = 4 \times (4-1) = 12$$

根据式（6 - 3）进行总平方和的剖分，先求得矫正数（C），再计算得总平方和（SS_T），然后剖分成组间平方和（SS_t）和组内平方和（SS_e），组内平方和还可剖分成药剂 A 的组内平方和（SS_{e_1}）、药剂 B 的组内平方和（SS_{e_2}）、药剂 C 的组内平方和（SS_{e_3}）及药剂 D 的组内平方和（SS_{e_4}）。即有

$$C = \frac{T^2}{nk} = \frac{336^2}{4 \times 4} = 7\,056$$

$$SS_T = \sum\sum y_{ij}^2 - C = 18^2 + 21^2 + \cdots + 32^2 - C = 602$$

$$SS_t = n\sum_1^k (\bar{y}_i - \bar{y})^2 = \sum T_i^2 / n - C = (72^2 + 92^2 + 56^2 + 116^2)/4 - C = 504$$

或
$$SS_t = 4 \times [(18-21)^2 + (23-21)^2 + (14-21)^2 + (29-21)^2] = 504$$

$$SS_e = \sum_1^k \sum_1^n (y_{ij} - \bar{y}_i)^2 = \sum_1^{nk} y_{ij}^2 - \sum_1^k T_i^2 / n = SS_T - SS_t = 602 - 504 = 98$$

或
$$SS_{e_1} = 18^2 + 21^2 + 20^2 + 13^2 - 72^2/4 = 38$$
$$SS_{e_2} = 20^2 + 24^2 + 26^2 + 22^2 - 92^2/4 = 20$$
$$SS_{e_3} = 10^2 + 15^2 + 17^2 + 14^2 - 56^2/4 = 26$$
$$SS_{e_4} = 28^2 + 27^2 + 29^2 + 32^2 - 116^2/4 = 14$$

所以
$$SS_e = \sum_1^k \sum_1^n (y_{ij} - \bar{y}_i)^2 = 38 + 20 + 26 + 14 = 98$$

误差平方和也可直接计算。

进而可得均方，
$$MS_T = s_T^2 = 602/15 = 40.13$$

$$MS_t = s_t^2 = 504/3 = 168.00$$
$$MS_e = s_e^2 = 98/12 = 8.17$$

以上药剂内均方 $s_e^2 = 8.17$ 系 4 种药剂内变异的合并均方值，它是表 6-2 资料的试验误差估计；药剂间均方 $s_t^2 = 168.00$，则是不同药剂对苗高效应的变异。

本例计算也可使用 SAS 程序，见附录 1 的 LT6-1。

二、F 分布与 F 测验

在一个平均数为 μ、方差为 σ^2 的正态分布总体中，随机抽取两个独立样本，分别求得其均方 s_1^2 和 s_2^2，将 s_1^2 和 s_2^2 的比值定义为 F，即

$$F_{(\nu_1, \nu_2)} = s_1^2/s_2^2 \qquad (6-8)$$

此 F 值中，s_1^2 的自由度为 ν_1，s_2^2 的自由度为 ν_2。如果在给定的 ν_1 和 ν_2 下按上述方法从正态分布总体中进行一系列抽样，就可得到一系列 F 值而做成一个 F 分布。统计理论的研究证明，F 分布乃具有平均数 $\mu_F = 1$ 和取值区间为 $[0, \infty]$ 的一组曲线；而某特定曲线的形状则取决于参数 ν_1 和 ν_2。在 $\nu_1 = 1$ 或 $\nu_2 = 2$ 时，F 分布曲线是严重倾斜成反向 J 形；当 $\nu_1 \geqslant 3$ 时，曲线转为偏态（图 6-1）。

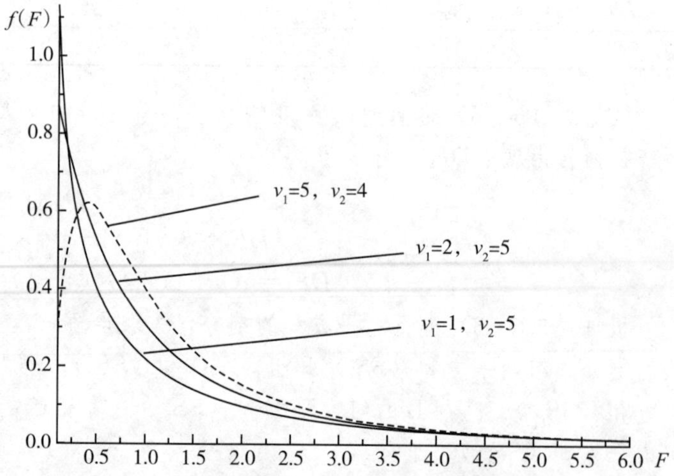

图 6-1 F 分布曲线（随 ν_1 和 ν_2 的不同而不同）

F 分布下一定区间的概率可从已制成的统计表（附表 4）查出。附表 4 系各种 ν_1 和 ν_2 下右尾概率 $\alpha = 0.05$ 和 $\alpha = 0.01$ 时的临界 F 值（一尾概率表）。例如查附表 4，$\nu_1 = 3$，$\nu_2 = 12$ 时，$F_{0.05} = 3.49$，$F_{0.01} = 5.95$，即表示如以 $\nu_1 = 3$（$n_1 = 4$）、$\nu_2 = 12$（$n_2 = 13$）在一正态分布总体中进行连续抽样，则所得 F 值大于 3.49 的概率仅有 5%，而大于 5.95 的仅有 1%。附表 4 的数值设计是专供测验 s_1^2 的总体方差 σ_1^2 是否显著大于 s_2^2 的总体方差 σ_2^2 而设计的（$H_0: \sigma_1^2 \leqslant \sigma_2^2$，对 $H_A: \sigma_1^2 > \sigma_2^2$）。这时，$F = s_1^2/s_2^2$。若所得 $F \geqslant F_{0.05}$ 或 $F \geqslant F_{0.01}$，则 H_0 发生的概率小于等于 0.05 或 0.01，应该在 $\alpha = 0.05$ 或 $\alpha = 0.01$ 水平上否定 H_0，接受 H_A；若所得 $F < F_{0.05}$ 或 $F < F_{0.01}$，则 H_0 发生的概率大于 0.05 或 0.01，应接受 H_0。

在方差分析的体系中，F 测验可用于检测某项变异因素的效应或方差是否真实存在。所以在计算 F 值时，总是将要测验的那一项变异因素的均方作分子，而以另一项变异（例如试验误差项）的均方作分母。这个问题与方差分析的模型和各项变异来源的期望均方有关，详情留待后文介绍。在此测验中，如果作分子的均方小于作分母的均方，则 $F < 1$；此时不必查 F 表即可确定 $P > 0.05$，应接受 H_0。

F 测验需具备两个条件：①变数 y 遵循正态分布 $N(\mu, \sigma^2)$；②s_1^2 和 s_2^2 彼此独立。当资料不符合这些条件时，需做适当转换，本章第六节将介绍转换的具体方法。

【例 6-2】测定"秋绿 75"大白菜中重金属铅的含量 10 次，得均方 $s_1^2 = 0.857$；测定

"秋绿 80"大白菜铅含量 5 次，得均方 $s_2^2 = 0.431$。试测验"秋绿 75"大白菜中铅含量的变异是否比"秋绿 80"大白菜为大。

假设："秋绿 75"大白菜总体铅含量的变异和"秋绿 80"大白菜一样，即 $H_0:\sigma_1^2 = \sigma_2^2$，对 $H_A:\sigma_1^2 > \sigma_2^2$。显著水平取 $\alpha = 0.05$。

测验计算，得 $F = 0.857/0.431 = 1.988$。查附表 4，当 $\nu_1 = 9$，$\nu_2 = 4$ 时，$F_{0.05(9,4)} = 6.00$。故 $F = 1.988 < F_{0.05} = 6.00$，所以 $P > 0.05$。

推断：接受 H_0，否定 H_A，即"秋绿 75"大白菜中铅含量的变异与"秋绿 80"大白菜的铅含量变异之间没有显著差异。

以上这种比较两个变异大小的例子，在农业研究中是常常遇到的。例如比较杂种 F_2 代和 F_1 代的变异大小、比较两种处理的草坪冻害变异程度等，均需用 F 测验，但须以大均方作分子来计算 F 值。

【例 6-3】在例 6-1 算得药剂间均方 $s_t^2 = 168.00$，药剂内均方 $s_e^2 = 8.17$，其自由度为 $\nu_1 = 3$、$\nu_2 = 12$。试测验药剂间变异是否显著大于药剂内变异。

假设：$H_0:\sigma_t^2 = \sigma_e^2$，对 $H_A:\sigma_t^2 > \sigma_e^2$；显著水平取 $\alpha = 0.05$。

测验计算，得 $F = 168.00/8.17 = 20.56$。

查附表 4，$\nu_1 = 3$、$\nu_3 = 12$ 时 $F_{0.05(3,12)} = 3.49$，$F_{0.01(3,12)} = 5.95$，故 $F = 20.56 > F_{0.05(3,12)} = 3.49$，且 $F_{0.05(3,12)} = 20.56 > F_{0.01(3,12)} = 5.95$。

推断：否定 $H_0:\sigma_t^2 = \sigma_e^2$，接受 $H_A:\sigma_t^2 > \sigma_e^2$；即药剂间变异极显著地大于药剂内变异，不同药剂对水稻苗高是具有不同效应的。

例 6-1 和例 6-3 的分析结果可以归纳在一起。通过例 6-1，对一组处理的重复试验数据，经平方和与自由度的分解，估计出处理间均方和处理内均方（误差均方）；通过例 6-3 将处理间均方和处理内均方通过 $F = MS_t/MS_e$ 测验处理间变异的显著性。将二者合在一起可得表 6-3 所示的方差分析表。这里所测验的统计假设是 $H_0:\sigma_t^2 = \sigma_e^2$ 或 $\mu_A = \mu_B = \mu_C = \mu_D$，对 $H_A:\sigma_t^2 > \sigma_e^2$ 或 μ_A、μ_B、μ_C 和 μ_D 间存在差异（不一定 μ_A、μ_B、μ_C 和 μ_D 间均不等，可能部分不等）。对一组处理重复试验数据的这种分析方法称为方差分析法。

表 6-3　水稻药剂处理苗高方差分析表

变异来源	DF	SS	MS	F	P(>F)
药剂处理间	3	504	168	20.56**	<0.000 1
药剂处理内	12	98	8.17		
总变异	15	602			

以上分析也可由 SAS 程序求得，见附录 1 的 LT6-1。

第二节　多重比较

上节对一组试验数据通过平方和与自由度的分解，将所估计的处理均方与误差均方做比较，由 F 测验推论处理间是否有显著差异，对有些试验来说方差分析已算告一段落，但对有些试验来说，其目的不仅在于了解一组处理间总体上有无实质性差异，更在于了解哪些两两处理间存在真实差异，故需进一步做处理平均数间的比较。在一个试验中，有 k 个处理平均数间比较时，其全部可能的相互比较对数有 $k (k-1)/2$ 个，因而这种比较是复式比较，亦称为多重比较（multiple comparisons）。方差分析后，进行平均数间的多重比较，任两个平均数的比较会牵连到其他平均数，这不同于处理间两两单独比较。因为：①误差由多个处理内的变异合并估计，自由度增大了，因而比较的精确度也增大了；②由于 F 测验显著，证实处理间总体上有真实差异后再做两两平均数的比较，不大会像单独比较时那样将个别偶然性的差异误判为真实差异。这种在 F 测验基础上再做的平均数间多重比较称为 F 测验保护下的多重比较（Fisher's protected multiple comparisons）。显然，在无 F 测验保护时，4个处理做两两比较，每个比较的显著水平取 $\alpha=0.05$，4个处理间有 6 个比较，若处理间总体上无差异，每个比较误判为有差异的概率为 0.05，则 6 个比较中至少有 1 个被误判的概率为 $\alpha'=1-(1-\alpha)^6=1-(1-0.05)^6=0.2649$。若处理数 $k=10$，则 $\alpha'=1-(1-0.05)^{45}=0.9006$，因而尽管单个比较的显著水平为 0.05，但从试验总体上 α'（至少有 1 个误判的概率）是很大的，从而降低了显著水平（扩大了 α），提高了犯第一类错误的概率。这说明通过 F 测验作保护是非常必要的。

多重比较方法很多，本节将仅重点介绍最小显著差数法和新复极差法。

一、最小显著差数法

最小显著差数法（least significant difference，简称 LSD 法）的计算程序是：①在处理间的 F 测验为显著的前提下，计算出显著水平为 α 的最小显著差数（LSD_α）；②求两个平均数的差数（$\bar{y}_i-\bar{y}_j$）并与 LSD_α 比较，如果平均数差数的绝对值 $\geq LSD_\alpha$，即为在 α 水平上差异显著；反之，则为在 α 水平上差异不显著。这种方法又称为 F 测验保护下的最小显著差数法（Fisher's protected LSD，FPLSD）。

已知
$$t=\frac{\bar{y}_i-\bar{y}_j}{s_{\bar{y}_i-\bar{y}_j}} \qquad (i, j=1,2,\cdots,k; i\neq j)$$

若 $|t|\geq t_\alpha$，$\bar{y}_i-\bar{y}_j$ 即为在 α 水平上显著。因此最小显著差数为

$$LSD_\alpha=t_\alpha s_{\bar{y}_i-\bar{y}_j} \qquad (6-9)$$

当两样本的容量 n 相等时，$s_{\bar{y}_i-\bar{y}_j}=\sqrt{2s_e^2/n}$。在方差分析中，此式中的 s_e^2 即 MS_e 值，因为由全试验得，自由度大了，精确性也高了，因此式（6-9）中的 $s_{\bar{y}_i-\bar{y}_j}$ 为

$$s_{\bar{y}_i-\bar{y}_j}=\sqrt{2MS_e/n} \qquad (6-10)$$

【例 6-4】试以最小显著差数法测验表 6-2 资料各种药剂处理的苗高平均数间的差异显著性。

由式（例 6-3）计算得 $F=20.56$ 为差异极显著，$MS_e=8.17$，$DF_e=12$。

故 $s_{\bar{y}_i-\bar{y}_j}=\sqrt{2\times8.17/4}=2.02$（cm）。由附表 3，误差项自由度为 12 时，$t_{0.05}=2.179$，$t_{0.01}=3.055$。故 $LSD_{0.05}=2.179\times2.02=4.40$（cm）；$LSD_{0.01}=3.055\times2.02=6.17$（cm）。以此为尺度，然后将各种药剂处理的苗高与对照苗高（A）相比，差数大于 4.40 cm 为差异显著；大于 6.17 cm 为差异极显著。

表 6-4 测验了各药剂对药剂 A（对照）的差异显著性。只有药剂 D 的苗高极显著地（$\alpha=0.01$）高于对照（A），药剂 B 的苗高显著地（$\alpha=0.05$）高于对照（A），药剂处理 C 与对照无显著差异。

表 6-4 表 6-2 资料各药剂与对照相比的差异显著性

药剂	平均苗高（cm）	差异
D	29	11**
B	23	5*
A（对照）	18	—
C	14	−4

注：**表示达 1% 显著水平，*表示达 5% 显著水平。

此分析可由 SAS 程序进行多重比较，结果一致（见附录 1 的 LT6-1）。

二、新复极差法

最小显著差数法（LSD）的 t 测验与固定极差法，都是根据两个样本平均数差数（$k=2$）的抽样分布提出的，但一组处理（$k>2$）是同时抽取 k 个样本的结果。抽样理论指出，$k=2$ 时与 $k>2$（例如 $k=10$）时其随机极差是不同的，随着 k 的增大而增大，因而用 $k=2$ 时的 t 测验有可能夸大了 $k=10$ 时最大与最小两个样本平均数差数的显著性。为了克服最小显著差异法的局限性，不同平均数间需要采用不同的显著差数标准进行比较，最常用的新复极差法就采用这种原则。

Duncan（1955）提出了新复极差法，又称为最短显著极差法（shortest significant range，SSR）。该方法是将一组 k 个平均数由大到小排列后，根据所比较的两个处理平均数的差数是几个平均数间的极差，分别确定最小显著极差（LSR_a）值。

$$LSR_a = s_{\bar{y}} \cdot SSR_{a,p} \qquad (6-11)$$

式中，平均数的标准误 $s_{\bar{y}} = \sqrt{MS_e/n}$；$2 \leqslant p \leqslant k$，$p$ 是所有比较的平均数按从大到小顺序排列所计算出的两极差范围内所包含的平均数个数（称为秩次距），可见在每一显著水平下该法有 $k-1$ 个尺度值。平均数比较时，尺度值随秩次距的不同而异。此时，在不同秩次距 p 下，平均数间比较的显著水平按两两比较是 α，但按 p 个秩次距则为保护水平 $\alpha' = 1 - (1-\alpha)^{p-1}$。

【例 6-5】试对表 6-2 资料的各平均数做新复极差测验。

由表 6-2 资料得

$$s_{\bar{y}} = \sqrt{MS_e/n} = \sqrt{8.17/4} = 1.429\,2 \approx 1.43$$

已知 $\bar{y}_D = 29\,cm$，$\bar{y}_B = 23\,cm$，$\bar{y}_A = 18\,cm$，$\bar{y}_C = 14\,cm$，$MS_e = 8.17$，$s_{\bar{y}} = 1.43\,cm$。

然后由 $DF = 12$，显著水平 α 为 0.05 及 0.01，查附表 6，得 SSR_a 值，由式（6-11）算得在 $p=2$、3、4 时的 LSR_a 值（表 6-5），即为测验不同 p 时的平均数间极差显著性的尺度值（也可以由 SAS 程序直接求得，见附录 1 的 LT6-1）。

表 6-5 表 6-2 资料 *LSR* 值的计算（SSR 测验）

p	$SSR_{0.05}$	$SSR_{0.01}$	$LSR_{0.05}$	$LSR_{0.01}$
2	3.08	4.32	4.40	6.18
3	3.23	4.55	4.62	6.51
4	3.33	4.68	4.76	6.69

当 $p=2$ 时，$\bar{y}_D - \bar{y}_B = 6$（cm），5%水平上差异显著；$\bar{y}_B - \bar{y}_A = 5$（cm），5%水平上差异显著；$\bar{y}_A - \bar{y}_C = 4$（cm），差异不显著。

当 $p=3$ 时，$\bar{y}_D - \bar{y}_A = 11$（cm），1%水平上差异显著；$\bar{y}_B - \bar{y}_C = 9$（cm），1%水平上差异显著。

当 $p=4$ 时，$\bar{y}_D - \bar{y}_C = 15$（cm），1%水平上差异显著。

结论：表 6-2 资料的 4 个处理的苗高，除处理 A 与 C 差异不显著外，其余处理间均差异显著。

三、多重比较结果的表示方法

各平均数经多重比较后，应以简洁明了的形式将结果表示出来。常用表示方法有以下几个。

（一）列梯形表法

将全部平均数从大到小顺次排列，然后算出各平均数间的差数。凡达到 $\alpha=0.05$ 水平的差数在右上角标一个"＊"号，凡达到 $\alpha=0.01$ 水平的差数在右上角标两个"＊"号，凡未达到 $\alpha=0.05$ 水平的差数则不予标记。若以列梯形表法表示，则成表 6-6。

表 6-6　表 6-2 资料的差异显著性（SSR 测验）

处理	平均数（$\bar{y}_i$）	差异		
		$\bar{y}_i - 14$	$\bar{y}_i - 18$	$\bar{y}_i - 23$
D	29	15**	11**	6*
B	23	9**	5*	
A	18	4		
C	14			

该法十分直观，但占篇幅较大。

（二）划线法

将平均数按大小顺序排列，以第 1 个平均数为标准与以后各平均数比较，在平均数下方把差异不显著的平均数用横线连接起来，依次以第 2、…、$k-1$ 个平均数为标准按上述方法进行。这种方法称划线法。下面就是表 6-6 用划线法标出 0.01 水平下平均数差异显著性结果（SSR 法）。

$$\underline{29\,\text{cm（D）}\quad 23\,\text{cm（B）}}\quad 18\,\text{cm（A）}\quad 14\,\text{cm（C）}$$

该法直观、简单方便，所占篇幅也较少。

（三）标记字母法

首先，将全部平均数从大到小依次排列；然后，在最大的平均数上标上字母 a，并将该平均数与以下各平均数相比，凡相差不显著的，都标上字母 a，直至某一个与之相差显著的平均数则标以字母 b（向下过程）。再以该标有 b 的平均数为标准，与上方各个比它大的平均数比，凡不显著的也一律标以字母 b（向上过程）；再以该标有 b 的最大平均数为标准，与以下各未标记的平均数比，凡不显著的继续标以字母 b，直至某一个与之相差显著的平均数则标以字母 c……如此重复进行下去，直至最小的一个平均数有了标记字母且与以上平均数进行了比较为止。这样各平均数间，凡有一个相同标记字母的即为差异不显著，凡没有相同标记字母的即为差异显著。

在实际应用时，往往还需区分 $\alpha=0.05$ 水平上差异显著和 $\alpha=0.01$ 水平上差异显著。这时可以小写字母表示 $\alpha=0.05$ 差异显著水平，大写字母表示 $\alpha=0.01$ 差异显著水平。该法在科技论文中常常出现。

【例 6-6】试对例 6-5 测验结果做出字母标记。

在表 6-7 上先将各平均数按大小顺序排列，并在 $\bar{y}_D$ 行上标 a。由于 $\bar{y}_D$ 与 $\bar{y}_B$ 呈显著差异，故 $\bar{y}_B$ 上标 b。然后以 $\bar{y}_B$ 为标准与 $\bar{y}_A$ 相比呈显著差异，故标 c。以 $\bar{y}_A$ 为标准与 $\bar{y}_C$ 比，无显著差异，仍标 c。同理，可进行 4 个 $\bar{y}$ 在 1‰ 水平上的显著性测验，结果列于表 6-7。SAS 程序运行的多重比较结果就是字母标记法表示的，见附录 1 的 LT6-1。

表 6-7　表 6-2 资料的不同药剂处理的苗高平均数比较（SSR 测验）

处理	平均数（$\bar{y}_i$）	差异显著性	
		0.05	0.01
D	29	a	A
B	23	b	AB
A	18	c	BC
C	14	c	C

由表 6-7 就可清楚地看出，该试验除 A 与 C 处理无显著差异外，D 与 B、A、C 处理间差异显著性达到 $\alpha=0.05$ 水平。处理 B 与 A 间、处理 D 与 B 间、处理 A 与 C 间无极显著差异；处理 D 与 A、C 间，处理 B 与 C 间呈极显著差异。

也可绘出各药剂平均数的柱形图，如图 6-2 所示，在柱形图上直接做出字母标记，这样很直观。图 6-2 中的方柱高为处理平均数，平均数上的线条为误差条（error bar），此处为平均数的标准误，表示 $\bar{y}\pm s_{\bar{y}}$，从标准误的长短可以直观地知道误差的相对大小。

在柱形图上标记误差条的方法，本例应用在方差分析后的平均数比较，因为处理重复数一样，误差条（标准误）的长度一样，若处理重复数不一样，误差条（标准误）的长度就不一样。

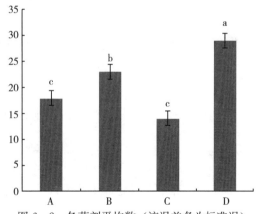

图 6-2　各药剂平均数（该误差条为标准误）

这里要提请读者注意，在柱形图上标记误差条的方法在现代刊物中很常见，不一定用在方差分析以后的平均数比较，也常用于没有严格试验设计的几个平均数间的直接比较。误差条可以是平均数的标准误（SE），也可以是各样本的标准差（SD），还可以是平均数的置信区间（CI），在文章或图注中均会做出说明。读者可根据说明对试验误差的大小和平均数间的差异做出判断。标记误差条的方法也可以用在折线图上。

四、多重比较方法的选择

统计学家提供的多重比较方法有很多，农业和生物学中常用的是：最小显著差数法和新复极差法。选用的原则：①试验事先确定比较的标准，凡与对照相比较，或与预定要比较的对象比较，一般可选用最小显著差数法；②当 $k=2$ 时，最小显著差数（LSD）法与新复极差法（最短显著极差法，SSR）测验的显著尺度都相同；$k \geqslant 3$ 时，最小显著差数的显著尺度低，新复极差法较高；③最小显著差数法在统计推断时犯第一类错误的概率大，新复极差法犯第一类错误的概率较小；④鉴于最小显著差数法要在 F 测验之后进行，许多统计学家认为最小显著差数法已由 F 测验保护，不必采用复杂的极差法测验。

综上所述，方差分析的基本步骤包括：①将资料总变异的自由度与平方和分解为各变异原因的自由度与平方和，并进而算得其均方；②计算均方比，做 F 测验，以明了各变异因素的重要程度；③对各平均数进行多重比较。

第三节　方差分析的线性模型和期望均方

一、线性模型

方差分析的数学模型，就是指试验资料的数据结构，也称为统计模型（statistical model）。方差分析是建立在一定的线性可加模型基础上的。所谓线性可加模型（简称线性模型，linear model）是指总体每个变量可以按其变异的原因分解成若干个线性组成部分，它是方差分析的理论依据。

表 6-1 中，每个观测值 y_{ij} 用线性模型可表示为

$$y_{ij}=\mu+\tau_i+\varepsilon_{ij} \qquad (6-12)$$

式（6-12）说明，像表 6-1 类型的资料，其每个观测值都由总体平均数（μ）、处理效应（τ_i）和随机误差（ε_{ij}）3 个部分相加而成，随机误差（ε_{ij}）具有正态分布 $N(0, \sigma^2)$。

在以样本符号表示时，对于表 6-1 类型资料，样本的线性组成为

$$y_{ij}=\bar{y}+(\bar{y}_i-\bar{y})+(y_{ij}-\bar{y}_i)=\bar{y}+t_i+e_{ij} \qquad (6-13)$$

$\bar{y}$、$(\bar{y}_i-\bar{y})=t_i$ 和 $(y_{ij}-\bar{y}_i)=e_{ij}$ 分别是 μ、$(\mu_i-\mu)=\tau_i$ 和 $(y_{ij}-\mu_i)=\varepsilon_{ij}$ 的无偏估计量。$s_{e_i}^2=MS_{e_i}=\sum_{j=1}^{n}e_{ij}^2/(n-1)$ 为其所属亚总体误差方差（σ_i^2）的无偏估计量。当测验 $H_0:\mu_1=\mu_2=\cdots=\mu_k$ 时，假定 $\sigma_1^2=\sigma_2^2=\cdots=\sigma_k^2=\sigma^2$，$s_{e_i}^2=\sum_{j=1}^{n}e_{ij}^2/(n-1)$ 可看成总体方差（σ^2）的无偏估计量。因而各亚总体 $s_{e_i}^2$ 合并的 $s_e^2=MS_e=\sum_{i=1}^{k}\sum_{j=1}^{n}e_{ij}^2/[k(n-1)]$ 也是总体方差（σ^2）的无偏估计量。

对于 t_i 部分，每个样本的平方和是 $nt_i^2=n(\bar{y}_i-\bar{y})^2$，故 k 个样本的平方和是 $n\sum_{i=1}^{k}t_i^2=n\sum_{i=1}^{k}(\bar{y}_i-\bar{y})^2$，而处理间方差（$s_t^2$）为

$$s_t^2=MS_t=\frac{n\sum t_i^2}{k-1}=\frac{n\sum(\bar{y}_i-\bar{y})^2}{k-1} \qquad (6-14)$$

因为 $t_i = \tau_i + \bar{e}_i$，故 $s_t^2 = MS_t = \dfrac{n\sum t_i^2}{k-1}$ 估计了 $n\left(\dfrac{\sum \tau_i^2}{k-1} + \dfrac{\sigma^2}{n}\right)$，或 $\dfrac{n\sum \tau_i^2}{k-1} + \sigma^2$。或写为

$$s_t^2 = MS_t \rightarrow \sigma^2 + \frac{n\sum \tau_i^2}{k-1} \qquad (6-15)$$

这个部分，因试验模型的不同而有所区别。

二、期望均方

(一) 固定模型和随机模型

在线性可加模型中，关于处理效应（τ_i）部分的假定，由于对处理效应（τ_i）有不同的解释产生了固定模型和随机模型。

1. 固定模型 固定模型（fixed model）是指各个处理的效应值（τ_i）为固定的，它们的平均效应为 $\tau_i = \mu_i - \mu$，是常量，且满足 $\sum \tau_i = 0$（或 $\sum n_i\tau_i = 0$），但该常量未知。固定模型主要研究并估计几个特定的处理效应，这几个效应在实际中常常是根据试验目的，事先进行主观选定而不是随机选定的，试验结论仅在于推断关于特定的处理。例如若要了解几个水稻新品种产量或几种密度、几种肥料、几种农药的效应等，在这些试验中处理的水平是特意选择的，得到的结论也只适合于所研究的这几个水平。处理效应（τ_i）为固定的处理效应，就是固定模型，该模型的目的仅限于供试处理范围内了解处理间的不同效应，一般的比较试验属于这种类型。

2. 随机模型 随机模型（random model）是指各个处理效应（τ_i）是从平均数为零、方差为 σ_τ^2 的正态分布总体中得到的一个随机变量，即 $\tau_i \sim N(0, \sigma_\tau^2)$。随机模型主要研究并估计总体变异即方差，试验结论则在于推断处理的总体。例如研究江淮地区大豆地方品种的遗传变异，从该地区大量地方品种中随机抽取一部分品种作为代表进行试验，以便通过这部分供试品种的试验结果推论该地区大豆地方品种的总体情况，这种处理效应便是随机模型的处理效应。在随机模型中，因为各处理不是特定的，而是从大量的处理中随机抽取的几个，故总体方差（σ_τ^2）是重要的研究对象。

由上可知，固定模型和随机模型在试验设计思想和统计推断的对象上明显不同。

(二) 示例

【例 6-7】 以 5 个水稻品种做大区比较试验，每品种做 3 次取样，测定其产量，所得数据为单向分组资料。本试验需明确各供试品种的效应，要对这个有限总体做出推论，故为固定模型。其方差分析和期望均方的参数估计列于表 6-8。

表 6-8　5 个水稻品种产量的方差分析和期望均方

变异来源	DF	SS	MS	期望均方（EMS）
品种间	4	87.6	21.90	$\sigma^2 + n\kappa_\tau^2$
品种内（误差）	10	24.0	2.40	σ^2

固定模型中，处理效应（τ_i）属于固定效应，其限制条件为 $\sum \tau_i = 0$，$\sum \tau_i^2/(k-1)$ 为固定效应的方差，用 κ_τ^2 表示之，因而表 6-8 的品种间均方估计了品种间期望均方（$\sigma^2 + n\kappa_\tau^2$）。

本例中品种内均方（MS_e）估计了方差（σ^2），因而 $\hat{\sigma}^2 = 2.40$；品种间均方（MS_t）估

计了品种间期望均方 $(\sigma^2+n\kappa^2)$ 因而 $\hat{\sigma}^2+n\hat{\kappa}^2=21.9$，$\hat{\kappa}^2=(21.90-2.40)/3=6.50$。

固定模型下，进行 F 测验，有

$$F=\frac{s_t^2}{s_e^2}=\frac{MS_t}{MS_e}=\frac{\hat{\sigma}^2+n\hat{\kappa}_\tau^2}{\hat{\sigma}^2}$$

若 $\tau_i=0$，则理论上，F 值等于 1。所以固定模型是测验假设 $H_0:\tau_i=0(i=1、2、\cdots、k)$，对 $H_A:\tau_i\neq0$，即测验 $H_0:\mu_1=\mu_2=\cdots=\mu_k$。

【例 6-8】研究籼粳稻杂交 F_5 代系间单株干草质量的遗传变异，随机抽取 76 个家系进行试验，每系随机取 2 个样品测定单株干草质量（g）。因这 76 个株系是随机抽取的样本，要从这个随机样本来估计 F_5 代家系间单株干草质量的遗传变异，要对 F_5 代全部家系这个无限总体做出推论，故这是随机模型。其单向分组分析结果见表 6-9。

表 6-9　籼粳杂种 F_5 代单株干草质量方差分析和期望均方

变异来源	DF	MS	期望均方（EMS）
株系间	75	72.79	$\sigma^2+n\sigma_\tau^2$
株系内（误差）	76	17.77	σ^2

随机模型中，处理效应 (τ_i) 是从总体随机抽出的，服从 $N(0,\sigma_\tau^2)$，式（6-15）中 $\dfrac{\sum\tau_i^2}{k-1}$ 为随机效应的方差，因而表 6-9 的株系间均方估计了 $\sigma^2+n\sigma_\tau^2$。本例中株系内均方（MS_e）估计了 σ^2，因而 $\hat{\sigma}^2=17.77$；株系间均方（MS_t）估计了 $\sigma^2+n\sigma_\tau^2$，因而 $\hat{\sigma}^2+n\hat{\sigma}_\tau^2=72.79$，$\hat{\sigma}_\tau^2=(72.79-17.77)/2=27.51$。

进行随机模型的 F 测验，有

$$F=\frac{s_t^2}{s_e^2}=\frac{MS_t}{MS_e}=\frac{\hat{\sigma}^2+n\hat{\sigma}_\tau^2}{\hat{\sigma}^2}$$

若假设 $\sigma_\tau^2=0$，则理论上 $F=1$。因而随机模型的假设为 $H_0:\sigma_\tau^2=0$，对 $H_A:\sigma_\tau^2\neq0$。显然，这是测验处理效应的变异度（方差），而不是测验处理效应本身。如果 F 测验显著则表示处理间的变异是显著的。本例 $F=72.79/17.77=4.09>F_{0.05}$，说明 σ_τ^2 是存在的。$\hat{\sigma}_\tau^2=27.51$ 测度了家系间变异。本例中，$\hat{\sigma}_\tau^2$（或记为 $\hat{\sigma}_g^2$）代表了家系间遗传型的变异；$\hat{\sigma}^2$ 代表了环境条件所致的变异（记作 $\hat{\sigma}_e^2$）。$\hat{\sigma}_g^2+\hat{\sigma}_e^2$ 代表了家系间的表型变异，因而可求出遗传型变异占表型变异的比例，这就是数量遗传中常用的遗传率 (h^2)，即：$h^2=\hat{\sigma}_g^2/(\hat{\sigma}_g^2+\hat{\sigma}_e^2)$，这是随机模型方差分析在数量遗传学中的应用。在本例可求得：$h^2=27.51/(27.51+17.77)=0.6076$ 或 60.76%。即籼粳杂种 F_5 代家系间的表型变异中有 60.76% 归属于遗传原因的变异。可见，随机模型侧重于效应 (τ_i) 方差的估计和检验。

固定模型也称为模型 I，随机模型也称为模型 II。当试验因素在 2 个或 2 个以上时，一个因素是固定模型，另一个因素是随机模型，称为混合模型或模型 III。这类模型凡随机因素仍用 σ_τ^2 表示，固定模型用 κ_τ^2 表示。混合模型将在第十二章和第十三章介绍。

第四节　单向分组资料的方差分析

单向分组资料是指观察值仅按一个方向分组的资料，例如表 6-1 及表 6-2 所示。所用的试验设计为完全随机试验设计。

一、组内观察值数目相等的单向分组资料的方差分析

这是在 k 组处理中，每处理皆含有 n 个供试单位的资料，如表 6 - 1 所示。在做方差分析时，其观察值的线性模型由式（6 - 12）表示，方差分析如表 6 - 10 所示。

表 6 - 10　组内观察值数目相等的单向分组资料的方差分析

变异来源	自由度 （DF）	平方和 （SS）	均方 （MS）	F	期望均方（EMS）	
					固定模型	随机模型
处理间	$k-1$	$n\sum(\bar{y}_i-\bar{y})^2$	MS_t	MS_t/MS_e	$\sigma^2+n\kappa_\tau^2$	$\sigma^2+n\sigma_\tau^2$
误　差	$k(n-1)$	$\sum\sum(y_{ij}-\bar{y}_i)^2$	MS_e		σ^2	σ^2
总变异	$nk-1$	$\sum(y_{ij}-\bar{y})^2$				

【**例 6 - 9**】一个水稻施肥的盆栽试验，设 5 个处理，A 和 B 分别施用两种不同工艺流程的氨水，C 施碳酸氢铵，D 施尿素，E 不施氮肥。每处理 4 盆（施肥量每盆皆为折合纯氮 1.2 g），共 5×4＝20 盆，随机放置于同一网室中，其稻谷产量（g/盆）列于表 6 - 11，试测验各处理平均数的差异显著性。

表 6 - 11　水稻施肥盆栽试验的产量结果

处理	观察值（y_{ij}）（g/盆）				T_i	$\bar{y}_i$
A（氨水 1）	24	30	28	26	108	27.0
B（氨水 2）	27	24	21	26	98	24.5
C（碳酸氢铵）	31	28	25	30	114	28.5
D（尿素）	32	33	33	28	126	31.5
E（不施肥）	21	22	16	21	80	20.0
合　计					526	26.3

表 6 - 11 中，处理有 5 个，$k=5$；每个处理含有 4 次重复，$n=4$，全试验共有 $kn=5×4=20$ 个观察值。每个观察值受施肥处理影响，而施肥处理都是人为控制的，为固定因素，可依固定模型分析。

1. 自由度与平方和分解

（1）自由度的分解　计算总变异自由度（DF_T），以及处理间自由度（DF_t）和误差自由度（DF_e），即有

$$DF_T=nk-1=5×4-1=19$$
$$DF_t=k-1=5-1=4$$
$$DF_e=k(n-1)=5×(4-1)=15$$

（2）平方和的分解　先计算矫正数（C），再计算总变异平方和（SS_T）、处理间平方和（SS_t）及误差平方和（SS_e），即有

$$C=T^2/nk=526^2/(5×4)=13\ 833.8$$
$$SS_T=\sum y^2-C=24^2+30^2+\cdots+21^2-C=402.2$$
$$SS_t=\sum T_i^2/n-C=(108^2+98^2+\cdots+80^2)/4-C=301.2$$

$$SS_e = 402.2 - 301.2 = 101.0$$

2. 列方差分析表，并进行 F 测验 将上述结果录入表 6-12，假设 $H_0: \mu_A = \mu_B \cdots = \mu_E$，$H_A: \mu_A$、$\mu_B$、$\cdots$、$\mu_E$ 不全相等。为了测验 H_0，计算处理间均方对误差均方的比率，算得 $F = 75.3/6.73 = 11.19$，查 F 表（附表 4），当 $\nu_1 = 4$、$\nu_2 = 15$ 时，$F_{0.01(4,15)} = 4.89$，则 $F = 11.19 > F_{0.01(4,15)} = 4.89$，故否定 H_0，推断这个试验的处理平均数间是有极显著差异的，需进一步进行处理间的多重比较。

表 6-12 表 6-11 资料的方差分析

变异来源	DF	SS	MS	F	$F_{0.05}$	$F_{0.01}$
处理间	4	301.2	75.30	11.19	3.06	4.89
处理内（误差）	15	101.0	6.73			
总变异	19	402.2				

3. 处理间多重比较（用 SSR 检验） 先算单个平均数的标准误，有

$$s_{\bar{y}} = \sqrt{MS_e/n} = \sqrt{6.73/4} = 1.297$$

根据 $DF_e = 15$，查 SSR 表（附表 6）得 $p = 2$、3、4、5 时的 $SSR_{0.05}$ 与 $SSR_{0.01}$ 值，将 SSR_α 值分别乘以 $s_{\bar{y}}$ 值，即得 LSR 值，列于表 6-13。进而进行多重比较，得表 6-14。

表 6-13 多重比较时的 SSR 与 LSR 值

p	$SSR_{0.05}$	$SSR_{0.01}$	$LSR_{0.05}$	$LSR_{0.01}$
2	3.01	4.17	3.90	5.41
3	3.16	4.37	4.10	5.67
4	3.25	4.50	4.22	5.84
5	3.31	4.58	4.29	5.94

表 6-14 不同施肥条件下稻谷平均产量比较

处理	平均产量 (g/盆)	差异显著性 5%	差异显著性 1%
尿素	31.5	a	A
碳酸氢铵	28.5	ab	AB
氨水 1	27.0	bc	AB
氨水 2	24.5	c	BC
不施肥	20.0	d	C

4. 推断 根据表 6-14 多重比较结果可知，施用氮肥（A、B、C 和 D）与不施氮肥对稻谷产量的影响有显著差异，且施用尿素、碳酸氢铵、氨水 1 与不施氮肥的稻谷产量均有极显著差异；施用尿素与碳酸氢铵间、施用碳酸氢铵与氨水 1 间、施氨水 1 与氨水 2 间的稻谷产量均无显著差异。

5. 软件计算 本例题可用 SAS 软件的 ANOVA 方法求算，见附录 1 的 LT6-9。

二、组内观察值数目不等的单向分组资料的方差分析

若 k 个处理中的观察值数目不等，分别为 n_1、n_2、$\cdots$、n_k，在方差分析时有关公式因 n_i

不相同而需做相应改变，主要区别点如下。

1. 自由度与平方和的分解

（1）自由度的分解 总变异自由度（DF_T）、处理间自由度（DF_t）和误差自由度（DF_e）的计算式为

$$
\left. \begin{aligned}
DF_T &= \sum n_i - 1 \\
DF_t &= k - 1 \\
DF_e &= \sum n_i - k
\end{aligned} \right\} \qquad (6-16)
$$

（2）平方和的分解 总变异平方和（SS_T）、处理间平方和（SS_t）和误差平方和（SS_e）的计算式为

$$
\left. \begin{aligned}
SS_T &= \sum (y - \bar{y})^2 = \sum y^2 - C \\
SS_t &= \sum_{i=1}^{k} n_i (\bar{y}_i - \bar{y})^2 = \sum (T_i^2 / n_i) - C \\
SS_e &= \sum_{i=1}^{k} \sum_{j=1}^{n_i} (y_{ij} - \bar{y}_i)^2 = SS_T - SS_t
\end{aligned} \right\} \qquad (6-17)
$$

2. 多重比较 平均数的标准误为

$$
s_{\bar{y}} = \sqrt{\frac{1}{2}(MS_e/n_A + MS_e/n_B)} = \sqrt{\frac{MS_e}{2}\left(\frac{1}{n_A} + \frac{1}{n_B}\right)} \qquad (6-18)
$$

式中，n_A 和 n_B 系两个相比较的平均数的样本容量。但亦可先算得各 n_i 的平均数 n_0，其计算式为

$$
n_0 = \frac{(\sum n_i)^2 - \sum n_i^2}{(\sum n_i)(k-1)} \qquad (6-19)
$$

然后有

$$
s_{\bar{y}} = \sqrt{MS_e/n_0} \qquad (6-20)
$$

或

$$
s_{\bar{y}_i - \bar{y}_j} = \sqrt{2MS_e/n_0} \qquad (6-21)
$$

【例 6-10】某病虫测报站，调查 4 种不同类型的水稻田 28 块，每块田所得稻纵卷叶螟的百丛虫口密度列于表 6-15。试问不同类型稻田的虫口密度是否有显著差异？

表 6-15 中，处理有 4 个，$k = 4$；每个处理具有的重复数不等，整个试验共有 $\sum n_i = 7 + 6 + 8 + 7 = 28$ 个观察值。每个观察值受水稻田类型处理的影响，而水稻田类型是事先进行主观选定的，为固定因素，可依固定模型分析。

表 6-15 不同类型稻田纵卷叶螟的虫口密度

稻田类型	编号								T_i	$\bar{y}_i$	n_i
	1	2	3	4	5	6	7	8			
I	12	13	14	15	15	16	17		102	14.57	7
II	14	10	11	13	14	11			73	12.17	6
III	9	2	10	11	12	13	12	11	80	10	8
IV	12	11	10	9	8	10	12		72	10.29	7
									$T=327$	$\bar{y}=11.68$	$\sum n_i = 28$

1. 自由度的分解 自由度的分解结果为

$$DF_T = \sum n_i - 1 = 28 - 1 = 27$$

$$DF_t = k - 1 = 4 - 1 = 3$$

$$DF_e = \sum n_i - k = 28 - 4 = 24$$

2. 平方和的分解 平方和的分解过程为

$$C = (327)^2/28 = 3\ 818.89$$

$$SS_T = 12^2 + 13^2 + \cdots + 12^2 - C = 4\ 045.00 - 3\ 818.89 = 226.11$$

$$SS_t = \frac{102^2}{7} + \frac{73^2}{6} + \frac{80^2}{8} + \frac{72^2}{7} - C = 96.13$$

$$SS_e = SS_T - SS_t = 129.98$$

3. 方差分析表和 F 测验 依表 6-16 所得 $F = 5.91 > F_{0.01(3,24)} = 4.72$，因而应否定 H_0：$\mu_1 = \mu_2 = \mu_3 = \mu_4$，接受 H_A，即 4 块不同类型稻田间的虫口密度有极显著差异，需进一步进行稻田类型间的多重比较。

表 6-16 表 6-15 资料的方差分析

变异来源	DF	SS	MS	F	P(>F)
稻田类型间	3	96.13	32.04	5.91**	0.0036
误差	24	129.98	5.42		
总变异	27	226.11			

4. 多重比较 需计算样本容量 n_0，并分别用于最小显著极差（LSR）和最小显著差数（LSD）测验的标准误 $s_{\bar{y}}$ 和 $s_{\bar{y}_i - \bar{y}_j}$，即

$$n_0 = \frac{28^2 - (7^2 + 6^2 + 8^2 + 7^2)}{28 \times 3} = 6.98 \approx 7$$

$$s_{\bar{y}} = \sqrt{5.42/7} = 0.880 \text{（头）}$$

$$s_{\bar{y}_i - \bar{y}_j} = \sqrt{2 \times 5.42/7} = 1.244 \text{（头）}$$

5. 软件计算 可用 SAS 中 ANOVA 程序求解，见附录 1 的 LT6-10。

三、组内又分亚组的单向分组资料的方差分析

单向分组资料，如果每组又分若干个亚组，而每个亚组内又有若干个观察值，则为组内分亚组的单向分组资料，或称为系统分组资料。系统分组并不限于组内仅分亚组，亚组内还可分小组，小组内还可分小亚组……如此一环套一环地分下去。这种试验称为**巢式试验**（nested experiment）。在农业试验上，系统分组资料是常见的。例如对数块土地取土样分析，每块地取了若干样点，而每个样点的土样又做了数次分析的资料；又如调查某种果树病害，随机取若干株，每株取不同部位枝条，每枝条取若干叶片查其各叶片病斑数的资料等，皆为系统分组资料。以下讨论二级分组、每组观察值数目相等的系统分组资料的方差分析。

设一个系统分组资料共有 l 组，每组内又分 m 个亚组，每一亚组内有 n 观察值，则该资料共有 lmn 个观察值，其资料类型如表 6-17 所示。每个观察值的线性可加模型为

$$y_{ijk} = \mu + \tau_i + \varepsilon_{ij} + \delta_{ijk} \tag{6-22}$$

式中，μ 为总体平均；τ_i 为组效应或处理效应，可以是固定模型（$\sum \tau_i = 0$）或随机模型 $\tau_i \sim N(0, \sigma_\tau^2)$；$\varepsilon_{ij}$ 为同组中各亚组的效应，固定模型（$\sum \varepsilon_{ij} = 0$）或随机模型 $\varepsilon_{ij} \sim N(0, \sigma_e^2)$；$\delta_{ijk}$ 为同一亚组中各观察值的随机变异，具有 $N(0, \sigma^2)$。$i = 1、2、\cdots、l$；$j = 1、2、\cdots、m$；$k = 1、2、\cdots、n$。

式（6-22）说明，表 6-17 的任一个观察值的总变异可分解为 3 种来源的变异：①组间（或处理间）变异；②同一组内亚组间变异；③同一亚组内各重复观察值间的变异。其自由度和平方和的估计如表 6-17 所示。

表 6-17 二级系统分组资料 lmn 个观察值的数据结构

组别	亚组	观察值					亚组总和（T_{ij}）	亚组均数（$\bar{y}_{ij}$）	组总和（T_i）	组均数（$\bar{y}_i$）
1	⋮			⋯			⋮	⋮	T_1	$\bar{y}_1$
2	⋮			⋯			⋮	⋮	T_2	$\bar{y}_2$
⋮	⋮			⋯			⋮	⋮	⋮	⋮
i	1	y_{i11}	y_{i12}	⋯ y_{i1k} ⋯	y_{i1n}		T_{i1}	$\bar{y}_{i1}$	T_i	$\bar{y}_i$
	2	y_{i21}	y_{i22}	⋯ y_{i2k} ⋯	y_{i2n}		T_{i2}	$\bar{y}_{i2}$		
	⋮	⋮	⋮	⋮	⋮					
	j	y_{ij1}	y_{ij2}	⋯ y_{ijk} ⋯	y_{ijn}		T_{ij}	$\bar{y}_{ij}$		
	⋮	⋮	⋮	⋮	⋮					
	m	y_{im1}	y_{im2}	⋯ y_{imk} ⋯	y_{imn}		T_{im}	$\bar{y}_{im}$		
⋮				⋯			⋮	⋮	⋮	⋮
l				⋯					T_l	$\bar{y}_l$
							$T = \sum_i \sum_j \sum_k y_{ijk}$ $\bar{y} = T/(lmn)$			

1. 总变异 总变异自由度（DF_T）和总平方和（SS_T）的计算公式为

$$DF_T = lmn - 1 \qquad (6-23)$$

$$SS_T = \sum_1^{lmn} (y - \bar{y})^2 = \sum y^2 - C \qquad (6-24)$$

其中

$$C = T^2/(lmn) \qquad (6-25)$$

2. 组间（处理间）变异 组间（处理间）自由度（DF_t）和组间（处理间）平方和（SS_t）计算公式为

$$\left. \begin{aligned} DF_t &= l - 1 \\ SS_t &= mn \sum_1^l (\bar{y}_i - \bar{y})^2 = \sum T_i^2/(mn) - C \end{aligned} \right\} \qquad (6-26)$$

3. 同一组内亚组间变异 同一组内亚组间自由度（DF_{e_1}）和同一组内亚组间平方和（SS_{e_1}）的计算公式为

$$\left. \begin{aligned} DF_{e_1} &= l(m-1) \\ SS_{e_1} &= \sum_1^l \sum_1^m n(\bar{y}_{ij} - \bar{y}_i)^2 = \sum T_{ij}^2/n - \sum T_i^2/(mn) \end{aligned} \right\} \qquad (6-27)$$

4. 亚组内变异 亚组内自由度（DF_{e_2}）和亚组内平方和（SS_{e_2}）的计算公式为

$$DF_{e_2}=lm(n-1)$$

$$SS_{e_2}=\sum_1^l\sum_1^m\sum_1^n(y_{ijk}-\bar{y}_{ij})^2=\sum y_{ijk}^2-\sum T_{ij}^2/n$$

$$(6-28)$$

5. 方差分析和多重比较 由上可得方差分析表 6-18。

表 6-18 二级系统分组资料的方差分析

变异来源	DF	SS	MS	F	期望均方（EMS）	
					混合模型	随机模型
组间	$l-1$	$mn\sum(\bar{y}_i-\bar{y})^2$	MS_t	MS_t/MS_{e_1}	$\sigma^2+n\sigma_\epsilon^2+mn\kappa_\tau^2$	$\sigma^2+n\sigma_\epsilon^2+mn\sigma_\tau^2$
组内亚组间	$l(m-1)$	$\sum\sum n(\bar{y}_{ij}-\bar{y}_i)^2$	MS_{e_1}	MS_{e_1}/MS_{e_2}	$\sigma^2+n\sigma_\epsilon^2$	$\sigma^2+n\sigma_\epsilon^2$
亚组内	$lm(n-1)$	$\sum\sum\sum(y_{ijk}-\bar{y}_{ij})^2$	MS_{e_2}		σ^2	σ^2
总变异	$lmn-1$	$\sum(y-\bar{y})^2$				

在表 6-18 中，为测验组内亚组间有无不同效应，即测验假设 $H_0:\sigma_\epsilon^2=0$，则有

$$F=MS_{e_1}/MS_{e_2}$$

$$(6-29)$$

而为测验各组间有无不同效应，测验假设 $H_0:\kappa_\tau^2=0$，即 $H_0:\mu_1=\mu_2=\cdots=\mu_l$，则有

$$F=MS_t/MS_{e_1}$$

$$(6-30)$$

在进行组间平均数的多重比较时，单个平均数的标准误为

$$SE=\sqrt{MS_{e_1}/mn}$$

$$(6-31)$$

若进行组内亚组间平均数的多重比较，则单个平均数标准误为

$$SE=\sqrt{MS_{e_2}/n}$$

$$(6-32)$$

【例 6-11】 在温室内以 4 种培养液（$l=4$）培养某作物，每种 3 盆（$m=3$），每盆 4 株（$n=4$），1 个月后测定其株高生长量（mm），得结果列于表 6-19。试做方差分析。

表 6-19 4 种培养液下的株高生长量（mm）

培养液	A			B			C			D			总和
盆号	A_1	A_2	A_3	B_1	B_2	B_3	C_1	C_2	C_3	D_1	D_2	D_3	
生长量	50	35	45	50	55	55	85	65	70	60	60	65	
	55	35	40	45	60	45	60	70	70	55	85	65	
	40	30	40	50	50	65	90	80	70	35	45	85	
	35	40	50	45	50	55	85	65	70	70	75	75	
盆总和（T_{ij}）	180	140	175	190	215	220	320	280	280	220	265	290	
培养液总和（T_i）	495			625			880			775			$T=2\,775$
培养液平均（$\bar{y}_i$）	41.3			52.1			73.3			64.6			

表 6-19 中，培养液处理有 4 个，$l=4$；每个处理又分 3 个亚组，$m=3$，每个亚组内又有 4 个重复观察值，$n=4$，整个试验共有 $lmn=4\times3\times4=48$ 个观察值。每个观察值受培养液种类的影响，亚组效应是嵌套在处理效应内的，而培养液类别是事先有意识选定的，为固定因素，可依固定模型分析。

1. 自由度与平方和的分解

（1）自由度的分解 总变异自由度（DF_T）、培养液间自由度（DF_t）、培养液内盆间自

由度（DF_{e_1}）和盆内株间自由度（DF_{e_2}）的计算结果为

$$DF_T = lmn - 1 = 4 \times 3 \times 4 - 1 = 47$$

$$DF_t = l - 1 = 4 - 1 = 3$$

$$DF_{e_1} = l(m-1) = 4 \times (3-1) = 8$$

$$DF_{e_2} = lm(n-1) = 4 \times 3 \times (4-1) = 36$$

（2）平方和的分解　计算矫正数（C），然后计算总变异平方和（SS_T）、培养液间平方和（SS_t）、培养液内盆间平方和（SS_{e_1}）及盆内株间平方和（SS_{e_2}），即得

$$C = 2\,775^2 / (4 \times 3 \times 4) = 160\,429.69$$

$$SS_T = \sum y^2 - C = 50^2 + 55^2 + \cdots + 75^2 - C = 172\,025 - 160\,429.69 = 11\,595.31$$

$$SS_t = \frac{\sum T_i^2}{mn} - C = \frac{495^2 + 625^2 + 880^2 + 775^2}{3 \times 4} - C = 167\,556.25 - 160\,429.69 = 7\,126.56$$

$$SS_{e_1} = \sum T_{ij}^2 / n - \sum T_i^2 / (mn) = (180^2 + 140^2 + \cdots + 290^2) / 4 - 167\,556.25 = 1\,262.50$$

$$SS_{e_2} = \sum y^2 - \sum T_{ij}^2 / n = 172\,025 - 168\,818.75 = 3\,206.25$$

2. F 测验　结果见表 6 - 20。

表 6 - 20　表 6 - 19 资料的方差分析

变异来源	DF	SS	MS	F	P(>F)
培养液间	3	7 126.56	2 375.52	15.05**	0.001 2
培养液内盆间	8	1 262.50	157.81	1.77	0.115 4
盆内株间	36	3 206.25	89.06		
总变异	47	11 595.31			

（1）盆间变异的 F 测验　假设为 $H_0 : \sigma_\varepsilon^2 = 0$。求得：$F = 157.81/89.06 = 1.77 < F_{0.05(8,36)} = 2.22$，则 $P > 0.05$，故接受 $H_0 : \sigma_\varepsilon^2 = 0$。

（2）培养液间差异的 F 测验　假设 $H_0 : \kappa_\tau^2 = 0$，求得：$F = 2\,375.52/157.81 = 15.05 > F_{0.01(3,8)} = 7.59$，则 $P < 0.01$，故否定 $H_0 : \kappa_\tau^2 = 0$，接受 $H_A : \kappa_\tau^2 \neq 0$。

推断：该试验同一培养液内各盆间的生长量无显著差异，而不同培养液间的生长量有极显著差异，需进一步测验各平均数间的差异显著性。

3. 各培养液平均数间的比较　根据期望均方，培养液平均数间的比较应用 MS_{e_1}，求得

$$SE = \sqrt{157.81/(3 \times 4)} = 3.63 \text{（mm）}$$

按 $\nu = 8$，由附表 6 查得 $p = 2$、3、4 时的 $SSR_{0.05}$ 和 $SSR_{0.01}$ 值，并算得各 LSR 值，列于表 6 - 21。由 LSR 值对 4 种培养液植株生长量进行差异显著性测验的结果列于表 6 - 22。可见，4 种培养液对生长量的效应，除 C 与 D、B 与 A 差异不显著外，其余对比均有显著或极显著差异。

表 6 - 21　4 种培养液的 LSR 值

p	$SSR_{0.05}$	$SSR_{0.01}$	$LSR_{0.05}$	$LSR_{0.01}$
2	3.26	4.74	11.83	17.21
3	3.39	5.00	12.31	18.15
4	3.47	5.14	12.60	18.66

表 6-22　4 种培养液植株生长量差异显著性

培养液	平均生长量 (mm)	差异显著性	
		0.05	0.01
C	73.3	a	A
D	64.6	a	AB
B	52.1	b	BC
A	41.3	b	C

4. 软件计算　可用 SAS 中 ANOVA 程序求解, 见附录 1 的 LT6-11。

第五节　两向分组资料的方差分析

　　两因素试验中若因素 A 的每个水平与因素 B 的每个水平均衡相遇 (或称为正交), 则所得试验数据按两个因素交叉分组, 称为两向分组资料。例如选用几种温度和几种培养基培养某种真菌, 研究其生长速度, 其每个观察值都是某个温度和某种培养基组合同时作用的结果, 属两向分组资料。两向分组又称为交叉分组。按完全随机设计的两因素试验数据, 属于两向分组资料, 其方差分析按各组合内有无重复观察值分为两种不同情况, 本节将予讨论。其他设计的两向分组资料, 则留待以后介绍。

一、组合内只有单个观察值的两向分组资料的方差分析

　　设有 A 和 B 两个因素, A 因素有 a 个水平, B 因素有 b 个水平, 每个处理组合仅有 1 个观察值, 则全试验共有 ab 个观察值, 其资料类型如表 6-23 所示, 其线性模型为

$$y_{ij} = \mu + \tau_i + \beta_j + \varepsilon_{ij}$$

(6-33)

　　式中, μ 为总体平均; τ_i 和 β_j 分别为 A 和 B 的效应 ($i=1$、…、a; $j=1$、…、b), 可以是固定模型 ($\sum \tau_i = 0$, $\sum \beta_j = 0$) 或随机模型 [$\tau_i \sim N(0, \sigma_A^2)$, $\beta_j \sim N(0, \sigma_B^2)$]; ε_{ij} 为随机误差, 服从正态分布总体 $N(0, \sigma^2)$。其各项变异来源自由度与平方和分解及方差分析方法见表 6-24。

表 6-23　完全随机设计的二因素试验每处理组合只有 1 个观察值的数据结构

A因素	B因素				总计 ($T_i.$)	平均 ($\bar{y}_i.$)
	B_1	B_2	…	B_b		
A_1	y_{11}	y_{12}	…	y_{1b}	$T_1.$	$\bar{y}_1.$
A_2	y_{21}	y_{22}	…	y_{2b}	$T_2.$	$\bar{y}_2.$
⋮	⋮	⋮	⋮	⋮	⋮	⋮
A_a	y_{a1}	y_{a2}	…	y_{ab}	$T_a.$	$\bar{y}_a.$
总和 ($T._j$)	$T._1$	$T._2$	…	$T._b$	$T..$	
平均 ($\bar{y}._j$)	$\bar{y}._1$	$\bar{y}._2$	…	$\bar{y}._b$		$\bar{y}..$

表 6 - 24　表 6 - 23 类型资料自由度与平方和的分解及方差分析

变异来源	DF	SS	MS	F	混合模型 EMS（A 固定，B 随机）
A 因素	$a-1$	$b\sum(\bar{y}_{i\cdot}-\bar{y}\cdot)^2=\sum T_{i\cdot}^2/b-C$	MS_A	MS_A/MS_e	$\sigma^2+b\kappa_A^2$
B 因素	$b-1$	$a\sum(\bar{y}_{\cdot j}-\bar{y}\cdot)^2=\sum T_{\cdot j}^2/a-C$	MS_B	MS_B/MS_e	$\sigma^2+a\sigma_B^2$
误差	$(a-1)(b-1)$	$\sum(y-\bar{y}_{i\cdot}-\bar{y}_{\cdot j}+\bar{y}\cdot\cdot)^2=SS_T-SS_A-SS_B$	MS_e		σ^2
总变异	$ab-1$	$\sum(y_{ij}-\bar{y}\cdot\cdot)^2=\sum y^2-C$			

表 6 - 24 中，F 测验所做假设为 $H_0:\kappa_A^2=0$；$H_0:\sigma_B^2=0$。上述这种试验资料如果 A 因素与 B 因素存在互作，则与误差混淆，因而无法分析互作，也不能取得合理的试验误差估计。只有 A 因素与 B 因素互作不存在时，才能正确估计误差。表 6 - 23 类型的方差分析在田间试验中经常使用。例如在随机区组试验（见第二章）中，处理可看作 A 因素，区组可看作 B 因素；而区组效应是随机效应，处理和区组的互作一般不存在，可看作误差。这种设计的误差项自由度一般不应小于 12，才能较精确地估计误差，并保证有较好的 F 测验灵敏度。

【例 6 - 12】小麦 $A_1\sim A_8$ 共 8 个品种在用氮量相同的 3 种氮肥种类（B_1、B_2、B_3）条件下进行盆栽试验，测定其籽粒蛋白质含量，将结果列于表 6 - 25。试分析该试验的结果。

表 6 - 25　小麦品种×氮肥种类试验的籽粒蛋白质含量（％）

品种	氮肥种类			$T_{i\cdot}$	$\bar{y}_{i\cdot}$
	B_1	B_2	B_3		
A_1	10.9	9.1	12.2	32.2	10.7
A_2	10.8	12.3	14.0	37.1	12.4
A_3	11.1	12.5	10.5	34.1	11.4
A_4	9.1	10.7	10.1	29.9	10.0
A_5	11.8	13.9	16.8	42.5	14.2
A_6	10.1	10.6	11.8	32.5	10.8
A_7	10.0	11.5	14.1	35.6	11.9
A_8	9.3	10.4	14.4	34.1	11.4
$T_{\cdot j}$	83.1	91.0	103.9	$T\cdot\cdot=278.0$	
$\bar{y}_{\cdot j}$	10.4	11.4	13.0		$\bar{y}\cdot\cdot=11.6$

表 6 - 25 中，因素 A 为品种，有 8 个水平，即 $a=8$；B 因素为氮肥种类，共有 3 个，$b=3$。整个试验共有 $ab=8\times3=24$ 个观察值，每个观察值受品种和氮肥种类两个因子影响，两项效应均独立，品种和氮肥种类均为选定的，均属固定效应，由此可按固定模型分析。

1. 自由度与平方和的分解

（1）自由度的分解

$$DF_T=ab-1=3\times8-1=23$$

$$DF_A=a-1=8-1=7$$

$$DF_B=b-1=3-1=2$$

$$DF_e=(a-1)(b-1)=(8-1)(3-1)=14$$

（2）平方和的分解

$$C = 278.0^2 / (3 \times 8) = 3\,220.17$$

$$SS_T = \sum y^2 - C = 10.9^2 + 9.1^2 + \cdots + 14.4^2 - 3\,220.17 = 84.61$$

$$SS_A = \sum T_{i\cdot}^2 / b - C = (32.2^2 + 37.1^2 + \cdots + 34.1^2)/3 - 3\,220.17 = 34.08$$

$$SS_B = \sum T_{\cdot j}^2 / a - C = (83.1^2 + 91.0^2 + 103.9^2)/8 - 3220.17 = 27.56$$

$$SS_e = SS_T - SS_A - SS_B = 22.97$$

2. 列方差分析表，并做 F 测验　对品种间有无不同效应做 F 测验，假设 $H_0 : \kappa_A^2 = 0$，得：$F = 4.87/1.64 = 2.97 > F_{0.05(7,14)} = 2.76$，即品种间差异显著。对氮肥种类间有无不同效应做 F 测验，假设 $H_0 : \kappa_B^2 = 0$，得：$F = 13.8/1.64 = 8.4 > F_{0.01(2,14)} = 6.51$，即氮肥种类间差异极显著。推断：无论是品种间还是氮肥种类间都存在显著差异，需进一步进行处理间的多重比较。

表 6 - 26　表 6 - 25 资料的方差分析

变异来源	DF	SS	MS	F	P(>F)
品种间	7	34.08	4.87	2.97 *	0.039 5
氮肥种类间	2	27.56	13.8	8.4 **	0.004 0
误差	14	22.97	1.64		
总变异	23	84.61			

3. 品种间多重比较　品种间比较时因试验有预先指定的对照（A_1），故用 LSD 法。先计算

$$s_{\bar{y}_i - \bar{y}_j} = \sqrt{2 \times 1.64/3} = 1.05\ (\%)$$

查附表 3 得，当 $\nu = 14$ 时，$t_{0.05} = 2.145$，$t_{0.01} = 2.977$，故 $LSD_{0.05} = 1.05 \times 2.145 = 2.25(\%)$，$LSD_{0.01} = 1.05 \times 2.977 = 3.13(\%)$。多重比较结果见表 6 - 27。可知，只有 A_5 品种与 A_1 品种间有极显著性差异，而其他品种与 A_1 品种无显著性差异。

表 6 - 27　不同品种与 A_1 品种（对照）的比较

品种	A_5	A_2	A_7	A_8	A_3	A_6	A_1(CK)	A_4
平均数	14.2	12.4	11.9	11.4	11.4	10.8	10.7	10.0
差异	3.5 **	1.7	1.2	0.7	0.7	0.1	—	0.7

4. 氮肥种类间多重比较　用 LSD 法做相互比较。先计算

$$s_{\bar{y}_i - \bar{y}_j} = \sqrt{2 \times 1.64/8} = 0.64\ (\%)$$

查附表 3 得，当 $\nu = 14$ 时，$t_{0.05} = 2.145$，$t_{0.01} = 2.977$，故 $LSD_{0.05} = 0.64 \times 2.145 = 1.37(\%)$，$LSD_{0.01} = 0.64 \times 2.977 = 1.91(\%)$。多重比较结果见表 6 - 28，氮肥种类 B_3 与 B_1 间有极显著性差异，B_3 与 B_2 间有显著差异。

表 6 - 28　不同氮肥种类与 B_1 的多重比较

氮肥种类	B_3	B_2	B_1
平均数（$\bar{y}_i$）	13.0	11.4	10.4
$\bar{y}_i - 10.4$	2.6 **	1.0	—
$\bar{y}_i - 11.4$	1.6 *		

5. 软件计算 可由 SAS 软件 ANOVA（方差分析）方法、GLM（一般线性模型）方法求解，见附录 1 的 LT6—12。

二、组合内有重复观察值的两向分组资料的方差分析

设有 A、B 两个试验因素，A 因素有 a 个水平，B 因素有 b 个水平，共有 ab 个处理组合，每个组合有 n 个观察值，则该资料有 abn 个观察值。如果试验按完全随机设计，则其资料类型如表 6-29 所示。观察值的线性模型为

$$y_{ijk} = \mu + \tau_i + \beta_j + (\tau\beta)_{ij} + \varepsilon_{ijk} \tag{6-34}$$

式中，μ 为总体平均；τ_i 和 β_j 分别为因素 A 和 B 的效应；$(\tau\beta)_{ij}$ 为 A×B 互作；ε_{ijk} 为随机误差，遵循分布 $N(0, \sigma_\varepsilon^2)$；$i=1$、…、$a$；$j=1$、…、$b$；$k=1$、…、$n$。式（6-34）说明表 6-29 类型资料的总变异（$y_{ijk}-\mu$）可分解为 A 因素效应（τ_i）、B 因素效应（β_j）、A×B 互作（$(\tau\beta)_{ij}$）和试验误差（ε_{ijk}）4 个部分。其各变异来源的自由度和平方和估计可见表 6-30。

表 6-29 完全随机设计的二因素试验，每处理组合有重复观察值的数据结构

A 因素	B 因素				总和（$T_i..$）	平均（$\bar{y}_i..$）
	B_1	B_2	…	B_b		
A_1	y_{111} y_{112} $\vdots$ y_{11n}	y_{121} y_{122} $\vdots$ y_{12n}	…	y_{1b1} y_{1b2} $\vdots$ y_{1bn}	$T_1..$	$\bar{y}_1..$
A_2	y_{211} y_{212} $\vdots$ y_{21n}	y_{221} y_{222} $\vdots$ y_{22n}	…	y_{2b1} y_{2b2} $\vdots$ y_{2bn}	$T_2..$	$\bar{y}_2..$
$\vdots$	$\vdots$	$\vdots$		$\vdots$	$\vdots$	$\vdots$
A_a	y_{a11} y_{a12} $\vdots$ y_{a1n}	y_{a21} y_{a22} $\vdots$ y_{a2n}	…	y_{ab1} y_{ab2} $\vdots$ y_{abn}	$T_a..$	$\bar{y}_a..$
总和（$T.j.$）	$T.1.$	$T.2.$	…	$T.b.$	$T…$	
平均（$\bar{y}.j.$）	$\bar{y}.1.$	$\bar{y}.2.$	…	$\bar{y}.b.$		$\bar{y}…$

表 6-30 表 6-29 类型资料自由度和平方和的分解（$C=T^2/abn$）

变异来源	DF	SS	MS
处理组合	$ab-1$	$SS_t = \sum T_{ij}^2./n-C$	
A 因素	$a-1$	$SS_A = \sum T_{i.}^2./bn-C$	$MS_A = s_A^2$
B 因素	$b-1$	$SS_B = \sum T_{.j.}^2/an-C$	$MS_B = s_B^2$
A×B 互作	$(a-1)(b-1)$	$SS_{AB} = \sum T_{ij}^2./n-C-SS_A-SS_B$	$MS_{AB} = s_{AB}^2$
误差	$ab(n-1)$	$SS_e = SS_T - SS_A - SS_B - SS_{AB}$	$MS_e = s_e^2$
总变异	$abn-1$	$SS_T = \sum y^2 - C$	

注：$T_{ij}. = \sum\limits_k y_{ijk}$。

在固定模型时，满足条件：$\sum \tau_i = 0$，$\sum \beta_j = 0$，$\sum (\tau\beta)_{i.} = \sum (\tau\beta)_{.j} = 0$。对于随

机模型，满足条件：τ_i、β_j 和 $(\tau\beta)_{ij}$ 都是相互独立的随机变数，遵循正态分布，具平均数 0 并分别有方差 σ_τ^2、σ_β^2 和 $\sigma_{\tau\beta}^2$。由于有两个试验因素，故在两种模型的基础上可产生第三种模型：混合模型。混合模型的假定是一个因素的效应随机，另一个因素的效应固定。例如若 A 的效应随机，B 的效应固定，则满足条件：$\sum\beta_j=0$，而 τ_i 和 $(\tau\beta)_{ij}$ 皆为相互独立的随机变数，遵循具平均数 0、方差分别为 σ_τ^2 和 $\sigma_{\tau\beta}^2$ 的正态分布。各种模型的期望均方见表 6-31。

表 6-31 表 6-29 类型资料各变异来源的期望均方

变异来源	DF	MS	期望均方（EMS）		
			固定模型	随机模型	混合模型（A 随机，B 固定）
A 因素	$a-1$	MS_A	$\sigma^2+bn\kappa_\tau^2$	$\sigma^2+n\sigma_{\tau\beta}^2+bn\sigma_\tau^2$	$\sigma^2+bn\sigma_\tau^2$
B 因素	$b-1$	MS_B	$\sigma^2+an\kappa_\beta^2$	$\sigma^2+n\sigma_{\tau\beta}^2+an\sigma_\beta^2$	$\sigma^2+n\sigma_{\tau\beta}^2+an\kappa_\beta^2$
A×B 互作	$(a-1)(b-1)$	MS_{AB}	$\sigma^2+n\kappa_{\tau\beta}^2$	$\sigma^2+n\sigma_{\tau\beta}^2$	$\sigma^2+n\sigma_{\tau\beta}^2$
误差	$ab(n-1)$	MS_e	σ^2	σ^2	σ^2

由表 6-31 可见，对效应和互作进行 F 测验的分母需因模型的不同而不同：在固定模型时，测验 $H_0:\tau_i=0$，$H_0:\beta_j=0$ 和 $H_0:(\tau\beta)_{ij}=0$ 皆以 MS_e 为分母；在随机模型时，测验 $H_0:\sigma_{\tau\beta}^2=0$ 以 MS_e 为分母，而测验 $H_0:\sigma_\tau^2=0$ 和 $H_0:\sigma_\beta^2=0$ 需以 MS_{AB} 为分母；在 A 随机 B 固定的混合模型中，测验 $H_0:\sigma_\tau^2=0$ 和 $H_0:\sigma_{\tau\beta}^2=0$ 以 MS_e 为分母，而测验 $H_0:\beta_j=0$ 需以 MS_{AB} 为分母。

在上述测验中，互作的分析非常重要。通常首先应由 $F=MS_{AB}/MS_e$ 测验互作的显著性。如果互作不显著，则必须进而对 A、B 效应的显著性做测验；这时不论何种模型皆可以 MS_e 为 F 测验的分母。如果互作是显著的，则可以不必再测验 A、B 效应的显著性，而直接进入各处理组合的多重比较。因为在互作显著时，因素平均效应的显著性在实际应用中并不重要。

在 A 和 B 的效应都是固定模型时，常常存在 A×B 互作，因此对于二因素试验，如果皆为固定模型而又未能确定因素间有无互作，就必须使各处理组合有重复观察值，如表 6-29 类型资料；否则，互作和试验误差混杂，无法正确估计。而在已知互作不存在或一个因素取随机模型，另一个因素取固定模型时，则可收集表 6-23 类型资料，以节省工作量。

【例 6-13】施用 A_1、A_2 和 A_3 共 3 种肥料于 B_1、B_2 和 B_3 共 3 种土壤，以小麦为指示作物，每处理组合种 3 盆，得产量结果列于表 6-32。试做方差分析。

表 6-32 3 种肥料施于 3 种土壤的小麦产量（g）

肥料种类（A）	盆	土壤种类（B）			总和（$T_{i..}$）	平均（$\bar{y}_{i..}$）
		B_1（油砂）	B_2（二合）	B_3（白僵）		
	1	21.4	19.6	17.6		
	2	21.2	18.8	16.6		
A_1	3	20.1	16.4	17.5	169.2	18.8
	$T_{ij.}$	62.7	54.8	51.7		

（续）

肥料种类（A）	盆	土壤种类（B）			总和（$T_i..$）	平均（$\bar{y}_i..$）
		B_1（油砂）	B_2（二合）	B_3（白僵）		
	1	12.0	13.0	13.3		
	2	14.2	13.7	14.0		
A_2	3	12.1	12.0	13.9	118.2	13.1
	$T_{ij}.$	38.3	38.7	41.2		
	1	12.8	14.2	12.0		
	2	13.8	13.6	14.6		
A_3	3	13.7	13.3	14.0	122.0	13.6
	$T_{ij}.$	40.3	41.1	40.6		
总　和	$T._j.$	141.3	134.6	133.5	$T=409.4$	
平　均	$\bar{y}._j.$	15.7	15.0	14.8		

A 因素为肥料种类，有 3 个水平，$a=3$；B 因素为土壤类，有 3 个水平，$b=3$；共有 $abn=3\times3\times3=27$ 个观察值，则每个观测值是由肥料种类、土壤种类及肥料种类×土壤种类互作 3 个因子影响，各效应均独立，而肥料种类与土壤种类都是预先设定的，为固定因素，由此可以按照固定模型进行分析。

1. 自由度与平方和的分解

（1）自由度的分解　其结果为

$$DF_T=abn-1=3\times3\times3-1=26$$

$$DF_A=a-1=3-1=2$$

$$DF_B=b-1=3-1=2$$

$$DF_{AB}=(a-1)\times(b-1)=(3-1)\times(3-1)=4$$

$$DF_e=ab(n-1)=3\times3\times(3-1)=18$$

（2）平方和的分解　其结果为

$$C=\frac{(409.4)^2}{3\times3\times3}=6\,207.72$$

$$SS_T=21.4^2+21.2^2+\cdots+14.0^2-C=219.28$$

$$SS_t=\frac{62.7^2+54.8^2+\cdots+40.6^2}{3}-C=202.58$$

$$SS_A=\frac{169.2^2+118.2^2+122.0^2}{3\times3}-C=179.38$$

$$SS_B=\frac{141.3^2+134.6^2+133.5^2}{3\times3}-C=3.96$$

$$SS_{AB}=202.58-179.45-3.96=19.24$$

$$SS_e=219.28-202.58=16.70$$

2. 列方差分析表，并做 F 测验　对肥料种类间做 F 测验，假设 $H_0:\tau_i=0$，得 $F=89.69/0.928=96.65>F_{0.01(2,18)}=6.01$，否定 H_0，接受 H_A。对土壤种类间做 F 测验，假设 $H_0:\beta_j=0$，求得：$F=1.98/0.928=2.13<F_{0.05(2,18)}=3.55$，接受 H_0。对肥料种类×土壤种

类的互作间做 F 测验，假设 $H_0：(\tau\beta)_{ij}=0$，得 $F=4.81/0.928=5.18>F_{0.01(4,18)}=4.58$，否定 H_0，接受 H_A。所以该试验肥料种类×土壤种类的互作和肥料种类的效应间差异都是极显著的，须进行多重比较。而土类间无显著差异。

表 6-33　表 6-32 资料的方差分析

变异来源	DF	SS	MS	F	P(>F)
处理组合间	8	202.58	25.32	27.29**	<0.000 1
肥料种类（A）	2	179.38	89.69	96.65**	<0.000 1
土壤种类（B）	2	3.96	1.98	2.13	0.147 3
A×B	4	19.24	4.81	5.18**	0.005 9
误差	18	16.7	0.928		
总变异	26	219.28			

3. 多重比较

（1）各处理组合平均数的比较　肥料种类×土壤种类的互作显著，说明各处理组合的效应不是各单因素效应的简单相加，而是肥料种类效应随土壤种类而不同（或反之）；所以须进一步比较各处理组合的平均数。在此用新复极差测验（SSR 测验），求得：$s_{\bar{y}}=\sqrt{0.928/3}=0.556$（g）。根据 $\nu=18$，查附表 6，得 p 为 2、3、4、5、6、7、8、9 的 $SSR_{0.05}$ 和 $SSR_{0.01}$，并算得各 $LSR_{0.05}$ 和 $LSR_{0.01}$ 值，列于表 6-34。将表 6-32 的各个 T_{ij}. 值除以 $n=3$，即得各处理组合的平均数，以表 6-34 的显著尺度测验各平均数的差异显著性（表 6-35）。可见，A_1B_1 处理组合的产量极显著地高于其他处理组合；其次为 A_1B_2 和 A_1B_3，它们之间并无显著差异，但极显著地高于除 A_1B_1 外的其他处理组合。其余处理组合间皆无显著差异。

表 6-34　表 6-32 资料各处理组合平均数的 SSR 和 LSR

p	2	3	4	5	6	7	8	9
$SSR_{0.05}$	2.97	3.12	3.21	3.27	3.32	3.35	3.37	3.39
$SSR_{0.01}$	4.07	4.27	4.38	4.46	4.53	4.59	4.64	4.68
$LSR_{0.05}$	1.65	1.73	1.78	1.82	1.85	1.86	1.87	1.88
$LSR_{0.01}$	2.26	2.37	2.44	2.48	2.52	2.55	2.58	2.60

表 6-35　各处理组合间的产量平均数比较

处理组合		A_1B_1	A_1B_2	A_1B_3	A_2B_3	A_3B_2	A_3B_3	A_3B_1	A_2B_2	A_2B_1
平均数（g）		20.9	18.3	17.2	13.7	13.7	13.5	13.4	12.9	12.8
差异显著性	0.05	a	b	b	c	c	c	c	c	c
	0.01	A	B	B	C	C	C	C	C	C

（2）各肥料种类平均数的比较　肥料种类间的 F 测验极显著，说明 $\tau_i\neq0$。求得肥料种类平均数的标准误：$s_{\bar{y}}=\sqrt{0.928/(3\times3)}=0.32$（g）。故可算得各肥料种类平均数的 LSR 值，列于表 6-36，显著性测验结果列于表 6-37。可见，肥料 A_1 与 A_3、A_2 均有极显著差异；但 A_3 与 A_2 无显著差异。

表 6 - 36　表 6 - 32 资料肥料种类平均数的 SSR 和 LSR

p	$SSR_{0.05}$	$SSR_{0.01}$	$LSR_{0.05}$	$LSR_{0.01}$
2	2.97	4.07	0.95	1.30
3	3.12	4.27	1.00	1.37

表 6 - 37　不同肥料种类间产量的平均数比较

肥料种类	平均数	差异显著性	
		0.05	0.01
A_1	18.8	a	A
A_3	13.6	b	B
A_2	13.1	b	B

综上所述，肥料 A_1 对小麦的增产效果最好，土壤种类间则无显著差异；但 A_1 施于油砂土（A_1B_1）却比施于其他土壤上更有突出的增产效果。

4. 软件计算　用 SAS 程序中 ANOVA 程序计算，见附录 1 的 LT6 - 13。

第六节　方差分析的基本假定和数据转换

一、方差分析的基本假定

对试验数据进行方差分析是有条件的，即方差分析是建立在线性可加模型的基础上的。如果分析的数据不符合这些基本假定，得出的结论就可能有偏。所有进行方差分析的数据都可以分解成几个分量之和，以例 6 - 13 为例，资料中有 3 类原因或效应：①土壤种类原因或效应；②肥料种类原因或效应；③试验误差（这是其他非可控因素产生的变异）。故其线性模型为

$$y_{ij} = \mu + \tau_i + \beta_j + \varepsilon_{ij}$$

建立这个模型，有如下 3 个基本假定。

1. 各种试验效应及试验误差应该具有可加性（additivity）　以组合内只有单个观察值的两向分组资料的线性可加模型为例予以说明。如对其取离差式，则有

$$y_{ij} - \mu = \tau_i + \beta_j + \varepsilon_{ij}$$

上式两边各取平方求其总和，则得平方和为 $\sum (y - \mu)^2 = \sum \tau_i^2 + \sum \beta_j^2 + \sum \varepsilon_{ij}^2$。因 3 类原因均各自独立，此式右边有 3 个乘积和（$\sum \tau\beta$、$\sum \tau\varepsilon$ 和 $\sum \beta\varepsilon$）皆为零值。因而得到总平方和等于 A 处理效应平方和加 B 处理效应平方和再加上试验误差平方和。这个可加性特性是方差分析的主要特性，是根据线性模型而产生的必然结果。当从样本估计时，则为

$$\sum (y - \bar{y})^2 = b \sum (\bar{y}_{i.} - \bar{y})^2 + a \sum (\bar{y}_{.j} - \bar{y})^2 + \sum (y - \bar{y}_{i.} + \bar{y}_{.j} - \bar{y})^2$$

或　　　　　　　　　　　　$$SS_T = SS_A + SS_B + SS_e$$

这是样本平方和的可加性。

非可加性的一个事例是效应表现为倍加性。例如表 6 - 38 假定的数字，若不考虑误差，则在可加性模型中，不论是处理 A 还是处理 B，从组 1 到组 2 都是增加 10；同样，不论是组 1 还是组 2，从处理 A 到处理 B 都是增加 20。但在倍加性模型中就不是这样，从组 1 到组 2，对于处理 A 是增加 10，对于处理 B 却是增加 30。但是将倍加性数据转换为对数尺度，

则又表现为可加性模型。因此对于非可加性资料，做对数转换或其他转换可使其效应变为可加性，这样能使数据符合方差分析的线性模型。

表 6-38　可加性模型与非可加性模型的比较

处　理	可加性		倍加性		对倍加性取常用对数（lg）	
	1	2	1	2	1	2
A	10	20	10	20	1.00	1.30
B	30	40	30	60	1.48	1.78

2. 试验误差（ε_{ij}）应该是随机的、彼此独立的，具有平均数为零而且呈正态分布，即具正态性（normality）　因为多样本的 F 测验是假定 k 个样本从 k 个正态分布总体中随机抽取的，所以试验误差（ε_{ij}）一定是随机的。在田间试验中，观察值要用随机方法取得而不用顺序方法，处理安排在每个区组中都用独立的随机步骤决定而不用顺序排列，这些措施都是为了保证各个误差的彼此独立性和随机性。第二章介绍的顺序排列设计的主要缺点，在于不能获得无偏的试验误差估计，不能用理论分布做概率计算进行假设测验，以致不能进行方差分析。

试验误差（ε_{ij}）不呈正态分布时，有一种情况是一个处理的误差趋向于与处理平均数有函数关系。例如二项式分布数据，平均数为 p，方差为 $p(1-p)/n$，方差与平均数有函数关系。对于有已知函数关系的数据，则可对观察值进行数据转换，从而使试验误差（ε_{ij}）做成近似的正态分布（见下文）。

3. 所有试验处理必须具有共同的误差方差，即误差同质性（homogeneity）　因为方差分析中的误差项方差是将各处理的误差合并而获得一个共同的误差方差的，因此必须假定资料中有这样一个共同的方差存在，即假定各处理的误差（ε_{ij}）都具有 $N(0, \sigma^2)$。这就是误差同质性假定。如果各处理的误差方差具有异质性（$\sigma_i^2 \neq \sigma^2$），则在假设测验中必然会使某些处理的效应得不到正确的反映。如果发现各处理内的方差相差比较悬殊，一般可用 Bartlett 氏法测验其是否同质（见第七章）。如果不同质（$\sigma_i^2 \neq \sigma^2$），可将方差特别大或变异特殊的处理从全试验中剔除，或者将试验分成几个部分，使每个部分具有比较同质的误差方差，以做出较为准确的假设测验。

二、数据转换

试验工作者所得的各种数据，要全部准确地符合上述 3 个假定，往往是不容易的，因而方差分析所得的结果只能认为是近似的结果。但是在设计试验和收集资料的过程中，如果能够充分考虑这些假定，则在应用方差分析时，可获得更可信的结论。对于不符合基本假定的试验资料来说，通常会连带出现分布的非正态性、效应不可加性和方差的异质性。在进行方差分析之前，主要考虑处理效应与误差的可加性，其次才考虑方差同质性，一般可采用以下补救办法：①剔除某些表现"特殊"的观察值、处理或重复；②将总的试验误差的方差分裂为几个较为同质的试验误差的方差；③针对数据的主要缺陷，采用相应的变数转换，然后用转换后的数据做方差分析。

常用的转换方法有以下几种。

1. 平方根转换　如果样本各处理的平均数与其方差有比例关系（$s_i^2/\bar{y}_i$ 趋于常量），如泊松（Poisson）分布那样，$\mu_i = \sigma_i^2$，则这种资料用平方根转换（square root transformation）

（将原观察值 y 转换成 $\sqrt{y}$）是有效的。采用平方根转换可获得一个同质的方差，同时也可减小非可加性的影响。这种转换常用于存在稀有现象的计数资料，例如 $1\,m^2$ 面积上某种昆虫的头数或某种杂草的株数等资料。如果有些观察值甚小，甚至有零出现，则可用 $\sqrt{y+1}$ 转换。

2. 对数转换　如果数据表现的效应为非可加性，而成倍加性或可乘性，样本各处理的平均数与其极差或标准差呈比例关系（$s_i/\bar{y}_i$ 或 $R_i/\bar{y}_i$ 趋于常量），则采用对数转换（logarithmic transformation）（将 y 转换为 $\lg y$），可获得一个同质的方差。对于改进非可加性的影响，这种转换比平方根转换更为有效。如果观察值中有零而各数值皆不大于 10，则可用 $\lg(y+1)$ 转换。

3. 反正弦转换　如果资料系成数或百分数，则它将做二项式分布，而已知这种分布的方差是决定于其平均数（p）的。所以在理论上如果 $p < 0.3$ 和 $p > 0.7$ 皆需做反正弦转换（arcsine transformation），以获得一个比较一致的方差。反正弦转换是将百分数的平方根值取反正弦值，即将 p 转换成 $\arcsin\sqrt{p}$，从而成为角度。附表 10 为百分数反正弦（$\sin^{-1}\sqrt{y}$）转换表，供查用。

4. 采用几个观察值的平均数做方差分析　因为各处理平均数比单个观察值更易做成正态分布，如果抽取小样本求得其平均数，再以这些平均数做方差分析，可减小各种不符合基本假定的因素的影响。

以上介绍了 4 种数据转换常用方法。对于一般非连续性数据，最好在方差分析前先检查各处理平均数与相应处理内的均方是否存在相关性和各处理均方间的变异是否较大。如果存在相关性，或者变异较大，则应考虑对数据做变换。有时要确定适当的转换方法并不容易，可事先在试验中选取几个其平均数为大、中、小的处理试验做转换。哪种方法能使处理平均数与其均方的相关性最小，哪种方法就是最合适的转换方法。另外，还有一些别的转换方法可以考虑。例如当各处理标准差与其平均数的平方呈比例（即 $s_i/\bar{y}_i^2$ 趋于常数）时，可进行倒数转换，将原观察值 y 转换成 $1/y$。

以下举出一个百分数的反正弦转换例，以说明观察值经转换后的方差分析法。

【例 6-14】 研究"华农 2 号"玉米花粉在不同储藏条件下的生活力：（1）花粉盛于烧杯内，上盖纱布，藏于冰箱内；（2）花粉盛于烧杯内，置于干燥器中，藏于冰箱内；（3）花粉盛于烧杯内，在室温下储藏。经储藏 4 h 后，在显微镜下检查有生活力花粉的百分数，对照为新鲜花粉。每处理检查了 6 个视野，其结果如表 6-39 所示。试做方差分析。

表 6-39　不同处理有生活力花粉的百分数（p）

对照	处　　理		
	1	2	3
97	95	93	70
91	77	78	68
82	72	75	66
85	64	76	49
78	56	63	55
77	68	71	64

1. 数据转换 百分数资料尤其有＜30％和＞70％时，需做反正弦变换，查附表10，得到表6-40。

表6-40 有生活力花粉百分数的反正弦值（$\sin^{-1}\sqrt{p}$）

	对照	处 理		
		1	2	3
	80.0	77.1	74.7	56.8
	72.5	61.3	62.0	55.6
	64.9	58.1	60.0	54.3
	67.2	53.1	60.7	44.4
	62.0	48.5	52.5	47.9
	61.3	55.6	57.4	53.1
T_i	407.9	353.7	367.3	312.1
$\bar{y}_i$	68.0	58.9	61.2	52.0

2. 方差分析 按照单向分组资料，对表6-40数据做方差分析，得到表6-41。

表6-41 表6-40资料的方差分析

变异来源	DF	SS	MS	F	P(>F)
处理间	3	782.88	260.96	4.59*	0.013
误 差	20	1 136.04	56.80		
总变异	23	1 918.92			

3. 多重比较 采用 LSD 法。求得：$LSD_{0.05} = \sqrt{2MS_e/n} \times t_{0.05}\sqrt{2 \times 56.80/6} \times 2.086 = 9.08$（$df=20$），因而有各处理平均数和对照平均数的比较，列于表6-42。测验结果为3个处理的生活力都显著低于对照。将各反正弦平均数转换为百分数（表6-42第4列），可以看出处理1比对照降低12.7％，处理2比对照降低9.2％，处理3比对照降低23.9％。

表6-42 不同处理生活力比较

处理	平均数	与对照差异	反正弦转换回百分数
对照	68.0		86.0
1	58.9	9.1	73.3
2	61.2	6.8	76.8
3	52.0	16.0**	62.1

4. 软件计算 可用 SAS 程序的 ANOVA 程序求算，见附录1的 LT6-14。

习 题

1. 方差分析的含义是什么？方差分析的基本步骤为哪些？如何进行自由度和平方和的

分解？如何进行 F 测验和多重比较？多个处理平均数间的相互比较为什么不宜用 t 测验法？数据的线性模型与方差分析有何关系？

2. 下列资料包含哪些变异因素？各变异因素的自由度与平方和如何计算？期望均方中包含哪些分量？（1）对某作物的两个品种进行含糖量分析，每品种随机抽取 10 株，每株做 3 次含糖量测定；（2）在水浇地和旱地各种 3 个小麦品种，收获后各分析蛋白质含量 5 次。

3. 单因素和二因素试验资料方差分析的数学模型有何区别？方差分析有哪些基本假定？为什么有些数据需经过转换才能做方差分析？有哪几种常用转换方法？各在什么条件下应用？

4. 什么是固定效应？什么是随机效应？处理效应的两种模型有哪些区别？它和期望均方估计及假设测验有何关系？

5. 测定 4 种类型营养液下富贵竹（观叶花卉）的株高各 4 次，得结果如下表。试对 4 种营养液处理的株高数据做出差异显著性结论。

营养液	株高（cm）			
I	20.4	20.1	20.6	20.8
II	23.0	22.0	22.5	22.9
III	21.7	21.3	22.0	21.8
IV	18.7	18.6	19.2	19.0

［参考答案：处理间 $F=90.89^{**}$］

6. 某茶场 3 种不同品种的茶树共 21 株，调查 2 年生冠幅生长量（cm），得结果如下表，试问 3 种茶树冠幅生长量是否有显著差异？

| 茶树品种 | 编号 | | | | | | | |
	1	2	3	4	5	6	7	8
I	42.9	45.4	46.4	42.8	41.5	46.5	47.0	
II	42.5	43.2	41.1	43.1	41.6	42.9		
III	19.9	20.3	21.5	24.4	23.7	21.5	21.8	23.41

［参考答案：处理间 $F=407.36^{**}$］

7. 施用农药治虫后，抽查 3 块稻田排出的水，各取 3 个水样，每个水样分析使用农药后的残留量 2 次，得结果如下：

| 稻 田 | 1 | | | 2 | | | 3 | | |
水 样	1	2	3	1	2	3	1	2	3
残留量	1.1	1.3	1.2	1.3	1.3	1.4	1.8	2.1	2.2
	1.2	1.1	1.0	1.4	1.5	1.2	2.0	2.0	1.9

试测验：（1）同一稻田不同水样的农药残留量有无差别？（2）不同稻田的农药残留量有无差别？

［参考答案：（1）水样间 $F<1$；（2）稻田间 $F=148.7$］

8. 对 5 种果树的单花花药数进行系统测定，每次测定随机取 2 个样点，每样点取 5 株，得到下表。试做方差分析，并以 LSR 法对各品种间差异进行多重比较，算出样点间方差

($\hat{\sigma}_p^2$) 和样点内植株间方差 ($\hat{\sigma}_s^2$) 估计值。

品种	样 点		单花花药数（粒）			
甲	1	36	38	32	34	35
	2	32	30	34	29	31
乙	3	26	28	29	27	25
	4	32	36	33	35	38
丙	5	24	22	21	28	21
	6	15	19	12	18	14
丁	7	46	47	46	44	49
	8	44	48	41	42	42
戊	9	27	25	23	26	24
	10	17	19	16	15	18

[参考答案：$\hat{\sigma}_p^2 = 2.23$，$\hat{\sigma}_s^2 = 5.00$]

9. 对 6 份玉米种质资源材料做发芽试验，统计其在相同条件下储藏 2 年后的种子发芽率，结果如下：

玉米种质资源			发芽率（%）					
L02-1	46	31	37	62	30			
L02-2	70	59						
L02-3	52	44	57	40	67	64	70	
L02-4	47	21	70	46	14			
L02-5	42	64	50	69	77	81	87	
L02-6	35	68	59	35	57	76	57	29	60

试对该资料选择适当的数据转换后，进行方差分析。

[参考答案：原资料品种间 $F = 2.64$；将该资料进行反正弦转换，转换资料品种间 $F = 2.71$]

10. 对 A、B、C 及 D 4 个小麦品种各抽取 5 个样本，统计其黑穗病率得下表结果，试对该资料做方差分析。再将该资料进行反正弦转换，然后做方差分析。比较这两个分析的差别，以明了资料转换的作用。

A	B	C	D
0.8	4.0	9.8	6.0
3.8	1.9	56.2	79.8
0.0	0.7	66.0	7.0
6.0	3.5	10.3	84.6
1.7	3.2	9.2	2.8

[参考答案：原资料品种间 $F = 2.45$；转换资料品种间 $F = 3.34$]

第七章

卡平方（χ^2）测验

第一节 卡平方（χ^2）的定义和分布

以前几章介绍 u、t、F 等统计数的分布，本章引进另一种统计数的抽样分布——卡平方（或 χ^2）分布。χ^2 的定义是相互独立的多个标准正态离差平方值的总和，即

$$\chi^2 = u_1^2 + u_2^2 + \cdots + u_i^2 + \cdots + u_n^2 = \sum_i u_i^2 = \sum_i \left(\frac{y_i - \mu_i}{\sigma_i}\right)^2 \qquad (7-1)$$

式中，y_i 服从正态分布 $N(\mu_i, \sigma_i^2)$，$u_i = (y_i - \mu_i)/\sigma_i$ 为标准正态离差。y_i 不一定来自同一个正态分布总体，即 μ_i 及 σ_i 可以是不同正态分布的参数。若通常所研究的对象属同一个总体，则 $\mu_i = \mu$，$\sigma_i = \sigma$，从而有

$$\chi^2 = \sum_i \left(\frac{y_i - \mu}{\sigma}\right)^2 \qquad (7-2)$$

χ^2 抽样分布的密度函数为

$$f(\chi^2) = \frac{(\chi^2)^{(\nu/2)-1} e^{-\chi^2/2}}{2^{\nu/2} \Gamma(\nu/2)}$$

χ^2 累积分布函数为

$$F(\chi_p^2) = P(\chi^2 \geqslant \chi_p^2) = \int_{\chi_p^2}^{+\infty} f(\chi^2) \mathrm{d}\chi^2$$

这一分布的自由度为独立的正态离差的个数，此处 $\nu = n$，其分布图形为一组具不同自由度（ν）值的曲线（图 7-1）。χ^2 值最小为 0，最大值为 $+\infty$，因而在坐标轴的右面。自由度小时呈偏态，随着自由度增加，偏度降低，至 $+\infty$ 时，呈对称分布。该分布的平均数为 ν，方差为 2ν。附表 5 为 $\chi^2 \geqslant \chi_{\nu,\alpha}^2$ 时的右尾概率表。

若所研究总体平均数（μ）未知，而以样本平均数（$\bar{y}$）代替，则有

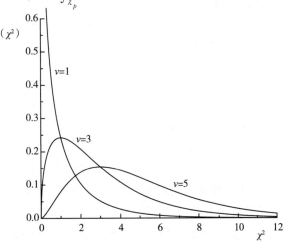

图 7-1 不同自由度的 χ^2 分布曲线

$$\chi^2 = \sum \left(\frac{y_i - \bar{y}}{\sigma}\right)^2 = \frac{1}{\sigma^2} \sum (y_i - \bar{y})^2 = \frac{(n-1)s^2}{\sigma^2} = \frac{\nu s^2}{\sigma^2} \qquad (7-3)$$

此时独立的正态离差个数为 $n-1$ 个，故 $\nu = n-1$。

将 χ^2 与 u、t、F 统计数做比较，按定义 $\sum\limits_i u_i^2 = \chi^2$，当只有 1 个正态离差时，$u^2 = \chi^2$，$u = \sqrt{\chi^2}$。$t = \dfrac{y-\mu}{s}$，当 s 的自由度无限增大时 $t = \dfrac{y-\mu}{\sigma} = u = \sqrt{\chi^2}$，此时 χ^2 的自由度 $\nu = 1$。$F = s_1^2/s_2^2$，当 s_2^2 的自由度无限增大时 $F = s_1^2/\sigma^2 = \chi^2/\nu$，$\nu$ 为 s_1^2 的自由度。

Pearson（1900）根据 χ^2 的上述定义从属性性状的分布推导出用于次数资料（亦称为计数资料）分析的 χ^2 公式，即

$$\chi^2 = \sum_i \frac{(O-E)^2}{E} \qquad (7-4)$$

式中，O 为观察次数，E 为理论次数；$i = 1$、$\cdots$、k 为计数资料的分组数；自由度为 ν，依分组数及其相互独立的程度决定。这种形式的 χ^2 分布图形与图 7-1 相同。

由式（7-1）和式（7-4）可知，χ^2 值是多项 u_i^2 或 $(O-E)^2/E$ 之和，χ^2 具有可加性。

第二节　方差同质性测验

χ^2 测验的应用十分广泛，在连续性变数的分析中常用于方差的比较，并用于估计总体的方差（σ^2）。进行方差的比较时，一个样本方差与总体方差的比较和两个样本间方差的比较也可以应用 F 测验，但多个样本间方差的比较则必须应用 χ^2 测验。

一、一个样本方差与给定总体方差比较的假设测验

式（7-3）可用来测验单个样本方差（s^2）其所代表的总体方差和给定的总体方差值（C）是否有显著差异，简称为一个样本与给定总体方差的比较。在做两尾测验时有 H_0：$\sigma^2 = C$，对 H_A：$\sigma^2 \neq C$。其显著大于和小于 C 的 χ^2 值是 $\chi^2 > \chi^2_{(\alpha/2),\nu}$ 和 $\chi^2 < \chi^2_{(1-\alpha/2),\nu}$。此时，$H_0$ 在 α 显著水平上被否定。

【例 7-1】硫酸铵施于水田表层试验，得 4 个小区的稻谷产量为 517 kg、492 kg、514 kg 和 522 kg，计算得样本方差为 175.6（kg）^{2}。现要测验 H_0：$\sigma^2 = 50$（kg）^{2} 对 H_A：$\sigma^2 \neq 50$（kg）^{2}，采用显著水平 $\alpha = 0.05$。

据式（7-3）可算得：$\chi^2 = \dfrac{(4-1) \times 175.6}{50} = 10.54$。查附表 5，在 $\nu = n-1 = 3$ 时，$\alpha/2$ 和（$1-\alpha/2$）水平的 χ^2 临界值为，$\chi^2_{0.025} = 9.35$，$\chi^2_{0.975} = 0.22$。现 $\chi^2 = 10.54 > \chi^2_{0.025} = 9.35$，$\chi^2$ 在 0.22~9.35 范围外，符合 H_0 的概率小于 0.05，H_0 被否定。结论是：这个样本并非从 $\sigma^2 = 50$（kg）^{2} 的总体中所抽取的。

若测验该样本总体方差是否大于某给定总体方差（C），则做一尾测验，即 H_0：$\sigma^2 \leq C$ 对 H_A：$\sigma^2 > C$；如果算得的 $\chi^2 > \chi^2_{\alpha,\nu}$，则否定 H_0，否则接受 H_0；这里应用 χ^2 分布的右边一尾。如果测验其是否小于 C，则 H_0：$\sigma^2 \geq C$ 对 H_A：$\sigma^2 < C$，若算得的 $\chi^2 < \chi^2_{(1-\alpha),\nu}$，则否定 H_0；这是应用 χ^2 分布的左边一尾。本例也可用 SAS 软件计算，见附录 1 的 LT7-1。

【例 7-2】试审查例 7-1 试验结果的总体方差是否真大于某一定值，如 50（kg）^{2}？

这里试验的表面结果方差 175.6（kg）^{2} 大于 50（kg）^{2}，要问其总体方差是否真正大，抑或并不大，甚至小于 50（kg）^{2}，因而是测验假设 $H_0:\sigma^2 \leqslant 50$ 对 $H_A:\sigma^2 > 50$。取 5% 显著水平。查附表 5，这个测验的 χ^2 临界值为 $\chi^2_{0.05,3}=7.81$，而计算的 $\chi^2 = \dfrac{3 \times 175.6}{50} = 10.54$，因 $\chi^2 = 10.54 > \chi^2_{0.05,3} = 7.81$，所以否定 H_0，即总体方差并不小于 50（kg）^{2}，而是大于 50（kg）^{2}。

根据上述 χ^2 的定义：$\chi^2 = \dfrac{\nu s^2}{\sigma^2}$，因此可应用 χ^2 分布由样本方差（s^2）给出一个总体方差（σ^2）置信区间，在此区间内包括有总体方差（σ^2）的概率为 $1-\alpha$，即

$$P\left\{ \chi^2_{(1-\alpha/2),\nu} \leqslant \frac{\nu s^2}{\sigma^2} \leqslant \chi^2_{(\alpha/2),\nu} \right\} = 1-\alpha \qquad (7-5)$$

从而有

$$\frac{\nu s^2}{\chi^2_{(\alpha/2),\nu}} \leqslant \sigma^2 \leqslant \frac{\nu s^2}{\chi^2_{(1-\alpha/2),\nu}} \qquad (7-6\mathrm{A})$$

已知 $\nu s^2 = \sum (y-\bar{y})^2$，故式（7-6A）又可记为

$$\frac{\sum (y-\bar{y})^2}{\chi^2_{(\alpha/2),\nu}} \leqslant \sigma^2 \leqslant \frac{\sum (y-\bar{y})^2}{\chi^2_{(1-\alpha/2),\nu}} \qquad (7-6\mathrm{B})$$

【例 7-3】求例 7-1 资料总体方差（σ^2）的 95% 置信限。

因为 $\nu = 3$，$\chi^2_{0.975,3} = 0.22$，$\chi^2_{0.025,3} = 9.35$，且已知样本方差（s^2）$= 175.6$，故对总体方差（σ^2）的 95% 置信限的下限（L_1）和上限（L_2）为

$$L_1 = \frac{\nu s^2}{\chi^2_{(\alpha/2),\nu}} = \frac{3 \times 175.6}{9.35} = 56.3$$

$$L_2 = \frac{\nu s^2}{\chi^2_{(1-\alpha/2),\nu}} = \frac{3 \times 175.6}{0.22} = 2\,394.5$$

于是 95% 的置信限为 $56.3 \leqslant \sigma^2 \leqslant 2\,394.5$。

注意，这个置信限并不对称，即从置信下限（L_1）到样本方差（s^2）的距离不等于样本方差（s^2）到置信上限（L_2）的距离。

利用置信限也可做显著性测验，例 7-1 中给定的总体方差 $\sigma^2 = 50$，在 $56.3 \sim 2\,394.5$ 范围外，故亦推断二者非同一总体。标准差的置信限可进而算出为 $\sqrt{56.3} \leqslant \sigma \leqslant \sqrt{2\,394.5}$，即 $7.5 \leqslant \sigma \leqslant 48.9$。

本例因自由度（ν）较小，故方差置信限的区间甚大。一般样本容量 $n \leqslant 30$ 时，单个样本方差用 χ^2 分布来测验和推断置信区间；样本容量 $n > 30$ 时，χ^2 分布近似对称，$\sqrt{2\chi^2} - \sqrt{2\nu-1}$ 近似服从 $N(0,1)$ 分布，因此用 u 测验并进行区间估计。此处有

$$P\left[-u_{\alpha/2} \leqslant \sqrt{2\chi^2} - \sqrt{2\nu-1} \leqslant u_{\alpha/2} \right] = 1-\alpha$$

$$\sqrt{2\nu-1} - u_{\alpha/2} \leqslant \sqrt{\frac{2\nu s^2}{\sigma^2}} \leqslant u_{\alpha/2} + \sqrt{2\nu-1}$$

$$\frac{2\nu s^2}{\left[u_{\alpha/2} + \sqrt{2\nu-1} \right]^2} \leqslant \sigma^2 \leqslant \frac{2\nu s^2}{\left[\sqrt{2\nu-1} - u_{\alpha/2} \right]^2}$$

若假定例 7-3 中样本方差（s^2）由 30 个观察值估计得，则 $\nu = 30-1 = 29$，则 95% 的置

信限为

$$L_1 = \frac{2\nu s^2}{[u_{\alpha/2} + \sqrt{2\nu - 1}]^2} = \frac{2 \times 29 \times 175.6}{[1.96 + \sqrt{57}]^2} = 112.6$$

$$L_2 = \frac{2\nu s^2}{[u_{\alpha/2} - \sqrt{2\nu - 1}]^2} = \frac{2 \times 29 \times 175.6}{[1.96 - \sqrt{57}]^2} = 326.0$$

在样本容量增大的情况下，置信区间的范围比例 7-3 中的狭窄许多，估计精确性大大提高。

两个样本间方差的比较亦可采用 χ^2 测验，方法是对两个样本分别估计出其总体方差的置信区间，若二者不相重叠便有显著差异，反之则无显著差异。当然，一般还是采用 F 测验更方便。

二、几个样本方差的同质性测验

假定有 3 个或 3 个以上样本，每个样本均可估得 1 个方差，则由 χ^2 可测验各样本方差是否为相同总体方差的假设，这种测验称为方差同质性测验（test for homogeneity among variances）。无效假设可写为 $H_0 : \sigma_1^2 = \sigma_2^2 = \cdots = \sigma_k^2$（$k$ 为样本数），备择假设为 $H_A : \sigma_1^2$、σ_2^2、$\cdots$、σ_k^2 不全相等。该测验方法由 Bartlett 氏（1937）提出，故又称为 Bartlett 测验（Bartlett test），是一种近似的 χ^2 测验。

设有 k 个独立方差估值，分别为

$$s_1^2 = \frac{1}{\nu_1} \sum (y_1 - \bar{y}_1)^2 ; s_2^2 = \frac{1}{\nu_2} \sum (y_2 - \bar{y}_2)^2 ; \cdots ; s_k^2 = \frac{1}{\nu_k} \sum (y_k - \bar{y}_k)^2$$

其自由度分别为 ν_1、ν_2、$\cdots$、ν_k，则合并的方差（s_p^2）为

$$s_p^2 = \sum_{i=1}^{k} \nu_i s_i^2 \Big/ \sum_{i=1}^{k} \nu_i \tag{7-7}$$

由此，Bartlett χ^2 值为

$$\chi^2 = \Big[\Big(\sum_{i=1}^{k} \nu_i \Big) \ln s_p^2 - \sum_{i=1}^{k} \nu_i \ln s_i^2 \Big] \tag{7-8}$$

$$\chi_c^2 = \chi^2 / C \tag{7-9}$$

上式的自由度为 $\nu_i = n_i - 1$；n_i 为样本容量；而 C 为矫正数，有

$$C = 1 + \frac{1}{3(k-1)} \Big[\sum_{i=1}^{k} \frac{1}{\nu_i} - \frac{1}{\sum \nu_i} \Big] \tag{7-10}$$

如采用常用对数，则式（7-9）可写为

$$\chi_c^2 = \frac{2.302\,6}{C} \Big[\Big(\sum_{i=1}^{k} \nu_i \Big) \lg s_p^2 - \sum_{i=1}^{k} \nu_i \lg s_i^2 \Big] \tag{7-11}$$

上述式（7-8）的 χ^2 值如不用矫正数（C）进行矫正，亦近似地服从自由度为 $\nu = k-1$ 的 χ^2 分布。若所得值 χ^2 不显著，则不必再做矫正，应接受 H_0；若 χ^2 值与 $\chi_{\alpha,\nu}^2$ 接近，应做矫正。如果算得的 $\chi_c^2 > \chi_{\alpha,\nu}^2$，便否定 H_0，表明样本所属总体方差不是同质的。

【例 7-4】做 3 个品种茶树盆栽试验，总共 15 盆，每盆茶叶所测得的叶酸含量列于表 7-1，试问这 3 个品种方差是否同质？

表7-1 3个品种茶叶的叶酸含量数据

品种	叶酸含量（mg）						n_i	SS_i
A_1	7.8	6.1	6.5	8.7	10.2	9.4	6	13.108
A_2	5.6	7.2	9.6	6.0			4	9.720
A_3	6.2	7.2	7.8	4.5	5.2		5	7.448

无效假设为 $H_0:\sigma_1^2=\sigma_2^2=\sigma_3^2$，备择假设为 H_A：3个方差不全相等。计算得表7-2。

表7-2 3个方差同质性测验的计算

品种	s_i^2	ν_i	$\nu_i s_i^2$	$\ln s_i^2$	$\nu_i \ln s_i^2$
A_1	2.622	5	13.108	0.963 785	4.818 924
A_2	3.240	3	9.720	1.175 573	3.526 720
A_3	1.862	4	7.448	0.621 651	2.486 605
合计		12	30.276	2.761	10.832 250

由表7-2可得

$$s_p^2=30.276/12=2.523$$

$$\sum \nu_i \ln s_p^2 = 12 \times \ln 2.523 = 12 \times 0.925\,4 = 11.105\,4$$

$$C=1+\frac{1}{3(3-1)}\left(\frac{1}{5}+\frac{1}{3}+\frac{1}{4}-\frac{1}{12}\right)=1.116\,7$$

$$\chi_c^2=\frac{1}{1.116\,7}(11.105\,4-10.832\,250)=0.244\,6$$

查附表5，当自由度 $\nu=k-1=3-1=2$ 时，$\chi^2>0.244\,6$ 的概率为 0.750~0.900，说明本例的3个方差估值是同质性的。

注意，Bartlett测验受到分布非正态性的影响明显，因此如遇到非正态分布资料，应对原数据进行转换，使之满足正态分布要求，否则所测验的可能是非正态性，而不一定是方差的异质性。

本例的SAS计算程序可见附录1的LT7-4。

第三节 适合性测验

一、适合性卡方（χ^2）测验的方法

卡方（χ^2）测验用于计数资料，适合性测验（test for goodness-of-fit）是最常见的一种应用。例如玉米花粉的碘染反应，决定于玉米花粉粒中形成的淀粉粒或糊精，是由1对等位基因控制的相对性状。淀粉粒遇碘呈蓝色反应，因而可以用碘试法直接观察花粉粒的分离现象。某项试验观察淀粉质玉米与非淀粉质玉米杂交的 F_1 代花粉粒，经碘处理后有 3 437 粒呈蓝色反应，3 482 粒呈非蓝色反应。如果等位基因的复制是等量的，在配子中的分配又是随机的，那么 F_1 代花粉粒碘反应的理论比例应该是 1:1。实际观察结果是否符合理论假设，须进行统计分析。根据遗传学理论，可假设玉米花粉粒碘反应为 1:1，由此可以计得 3 437+3 482=6 919 粒花粉中，蓝色反应与非蓝色反应的理论次数应各为 3 459.5 粒。设以 O 代表观察次数，E 代表理论次数，可将上列结果列成表7-3。

表 7-3　玉米花粉粒碘反应观察次数与理论次数

碘反应	观察次数 (O)	理论次数 (E)	$O-E$	$(O-E)^2/E$
蓝色	3 437 (O_1)	3 459.5 (E_1)	-22.5	0.146 3
非蓝色	3 482 (O_2)	3 459.5 (E_2)	$+22.5$	0.146 3
总数	6 919	6 919	0	0.292 6

此处要推论是否符合 1：1 分离，只要看观察次数与理论次数是否一致，故可用 χ^2 测验，其原理和第五章所述假设测验原理相同，可分为以下 4 个步骤。

1. 设立无效假设　即假设观察次数与理论次数的差异由抽样误差所引起，即 H_0：花粉粒碘反应比例为 1：1，对 H_A：花粉粒碘反应比例不是 1：1。

2. 确定显著水平　取 $\alpha=0.05$。

3. 计算　在无效假设为正确的假定下，计算超过观察 χ^2 值的概率，这可由式（7-4）计得 χ^2 值后，按自由度查附表 5 得到。试验观察的 χ^2 值愈大，观察次数与理论次数之间相差程度也愈大，二者相符的概率就愈小。

4. 依所得概率值的大小，接受或否定无效假设　在实际应用时，往往并不需要计算具体的概率值。若实得 $\chi^2 \geq \chi^2_{\alpha,\nu}$，则 H_0 发生的概率小于等于 α，属小概率事件，H_0 便被否定；若实得 $\chi^2 < \chi^2_{\alpha,\nu}$，则 H_0 被接受。例如表 7-3 资料，按式（7-4），$\chi^2 = \sum_1^k [(O-E)^2/E] = 0.146\ 3 + 0.146\ 3 = 0.292\ 6$。查附表 5，当 $\nu=2-1=1$ 时，$\chi^2_{0.05,1}=3.84$，而 $\chi^2=0.292\ 6 < \chi^2_{0.05,1}=3.84$，所以接受 H_0。即认为观察次数和理论次数相符，接受该玉米 F_1 代花粉粒碘反应比率为 1：1 的假设，符合 1 对等位基因的理论分离比例的。

然而按式（7-1）的 χ^2 定义，χ^2 分布是连续性的，而次数资料则是间断性的。由间断性资料算得的 χ^2 值有偏大的趋势（尤其在 $\nu=1$ 时），需做连续性矫正。其方法是：在度量观察次数相对于理论次数的偏差时，将各偏差的绝对值都减 1/2，即 $|O-E|-1/2$。矫正后的 χ^2 用 χ^2_c 表示，即

$$\chi^2_c = \sum \frac{(|O-E|-1/2)^2}{E} \tag{7-12}$$

例如表 7-3 资料的 χ^2_c 值为

$$\chi^2_c = \sum \frac{(|O-E|-1/2)^2}{E} = \frac{(|+22.5|-1/2)^2}{3\ 459.5} + \frac{(|-22.5|-1/2)^2}{3\ 459.5}$$
$$= 0.139\ 9 + 0.139\ 9 = 0.279\ 8$$

该 χ^2 值仍小于 $\chi^2_{0.05,1}=3.84$，结论相同。这是因样本较大，故 χ^2 与 χ^2_c 值的相差不大。一般 $\nu=1$ 的样本，尤其是小样本，在计算 χ^2 值时必须做连续性矫正，否则所得 χ^2 值偏大，易达到显著水平。对 $\nu \geq 2$ 的样本，一般都可不做连续性矫正。

χ^2 表只列出比观察 χ^2 值大的一尾概率值。当 $\nu > 30$ 时，χ^2 分布已近于对称，而 $\sqrt{2\chi^2}$ 的分布是正态的，其平均数为 $\sqrt{2\nu-1}$ 且标准差为 1。因而当 $\nu > 30$ 时可采用正态离差 u 测验代替 χ^2 测验，即 $u = \frac{y-\mu}{\sigma} = (\sqrt{2\chi^2} - \sqrt{2\nu-1})/1 = \sqrt{2\chi^2} - \sqrt{2\nu-1}$。如果 $u \geq 1.64$，即表示实得 χ^2 值有显著性。

二、遗传分离比例的适合性测验

遗传学中，常用 χ^2 来测验所得实际结果是否与孟德尔遗传的分离比例相符。

【**例 7 - 5**】进行某植物叶色的遗传试验，在 F_2 代中得到观察结果见表 7 - 4。试测验叶色相对性状分离比是否符合于 3∶1 的理论比率。

表 7 - 4　某植物叶色遗传分离的适合性测验

叶色	F_2 代实际株数（O）	理论株数（E）	$O-E$	$\mid O-E \mid -1/2$	$(\mid O-E \mid -1/2)^2/E$
红色	168	159	9	8.5	0.454 4
绿色	44	53	-9	8.5	1.363 2
总数	212	212	0		1.817 6

1. 建立假设　H_0：植物叶色分离符合 3∶1 比率；H_A：不符合 3∶1 比率。显著水平取 $\alpha=0.05$。

2. 计算理论次数　根据 H_0 计算每一性状对应的理论次数填入表 7 - 3 的第 3 列。

3. 计算卡方（χ^2）统计量　该资料 $k=2$ 组，$\nu=k-1=1$，由式（7 - 12）可得

$$\chi_c^2=\frac{(\mid 9 \mid -0.5)^2}{159.00}+\frac{(\mid -9 \mid -0.5)^2}{53.00}=0.454\ 4+1.363\ 2=1.817\ 6$$

4. 统计推断　查附表 5 得，$\chi_{0.05,1}^2=3.84$。现 $\chi_c^2=1.817\ 6<\chi_{0.05,1}^2=3.84$，故应接受 H_0，说明该植物叶色性状分离符合 3∶1 比率，即符合一对等位基因的表型分离比例。

分离比例一类的适合性测验计算 χ_c^2 时，也可以不经过计算理论次数，而直接由式（7 - 13）得出。

$$\chi_c^2=\frac{(\mid A-3a \mid -2)^2}{3n} \tag{7 - 13}$$

式中，A 和 a 分别为显性组和隐性组的实际观察次数；$n=A+a$，即总次数。本例资料代入式（7 - 13）有

$$\chi_c^2=\frac{(\mid 168-3\times 44 \mid -2)^2}{3\times 212}=\frac{(36-2)^2}{636}=1.817\ 6$$

这与用式（7 - 12）算得的 χ_c^2 值相同。

对于仅划分为两组（如显性与隐性）的资料，如测验其与某种理论比率的适合性，则其 χ_c^2 值皆可用类似式（7 - 13）的简式求出。这些简式列于表 7 - 5。

表 7 - 5　测验两组资料与某种理论比率符合度的 χ_c^2 公式

理论比率（显性∶隐性）	χ_c^2 公式
1∶1	$(\mid A-a \mid -1)^2/n$
2∶1	$(\mid A-2a \mid -1.5)^2/(2n)$
3∶1	$(\mid A-3a \mid -2)^2/(3n)$
15∶1	$(\mid A-15a \mid -8)^2/(15n)$
9∶7	$(\mid 7A-9a \mid -8)^2/(63n)$
13∶3	$(\mid 3A-13a \mid -8)^2/(39n)$
r∶1	$[\mid A-ra \mid -(r+1)/2]^2/(rn)$

本例题的 SAS 程序见附录 1 的 LT7 - 5。

【例 7 - 6】 两对等位基因遗传试验，如基因为独立分配，则 F_2 代的 4 种表型在理论上应有 9∶3∶3∶1 的比率。有一个水稻遗传试验，以稃尖有色非糯品种与稃尖无色糯性品种杂交，由 F_2 世代得表 7 - 6 结果。试测验实际结果是否符合 9∶3∶3∶1 的独立分配理论比率。

1. 单个性状的卡方测验 测验水稻稃尖有色与无色的分离比例是否符合 3∶1 的理论比率。在此，H_0：F_2 代稃尖有色和无色的分离比例符合 3∶1；H_A：不符合 3∶1。显著水平取 $\alpha=0.05$。

计算得

$$\chi_c^2=\frac{(\,(491+76)-3\times(90+86)\,)^2}{3\times(491+76+90+86)}=0.682$$

查附表 5，$k=2$ 组，即自由度为 $k-1=1$ 时，$\chi_{0.05,1}^2=3.84$，应接受 H_0，即该水稻稃尖有色和无色性状在 F_2 的实际结果符合 3∶1 的理论比率。

同理，可以测验非糯稻与糯稻的分离比例也符合 3∶1 的理论比率。有关计算略去。

表 7 - 6 F_2 代表型的观察次数和根据 9∶3∶3∶1 算出的理论次数

表现型	稃尖有色非糯	稃尖有色糯稻	稃尖无色非糯	稃尖无色糯稻	总数
观察次数（O）	491	76	90	86	743
理论次数（E）	417.94	139.31	139.31	46.44	743
$O-E$	73.06	−63.31	−49.31	39.56	0

2. 测验两个性状组合成的 4 种表型是否符合 9∶3∶3∶1 的理论比率 根据独立遗传定理，可以计算算得各表型的理论比例和理论次数 E，例如稃尖有色非糯稻 $E=743\times(9/16)=417.94$，稃尖有色糯稻 $E=743\times(3/16)=139.31$，见表 7 - 6。然后由式（7 - 4）计算 χ^2 值，即

$$\chi^2=\frac{73.06^2}{417.94}+\frac{(-63.31)^2}{139.31}+\frac{(-49.31)^2}{139.31}+\frac{39.56^2}{46.44}=92.696$$

本例 $k=4$ 组，故 $\nu=k-1=3$。查附表 5，$\chi_{0.05,3}^2=7.81$，计算所得的 $\chi^2=92.696>$ $\chi_{0.05,3}^2=7.81$。因此应否定 H_0，接受 H_A，即该水稻稃尖和糯性性状在 F_2 的实际结果不符合 9∶3∶3∶1 的理论比率。表明两对基因并非独立遗传，而可能存在连锁关系。

测验实际结果与 9∶3∶3∶1 理论比率的适合性，也可不经过计算理论次数而直接用以下简式

$$\chi^2=\frac{16(a_1^2+3a_2^2+3a_3^2+9a_4^2)}{9n}-n \tag{7-14}$$

式中，a_1、a_2、a_3 和 a_4 分别为 9∶3∶3∶1 比率中各项表型的实际观察次数，n 为总数。如本例，可由式（7 - 14）算得

$$\chi^2=\frac{16(491^2+3\times76^2+3\times90^2+9\times86^2)}{9\times743}-743=92.706$$

这与前面的 $\chi^2=92.696$ 略有差异，系计算误差所致。

实际资料多于两组的 χ^2 值通式则为

$$\chi^2 = \sum \left(\frac{a_i^2}{m_i n} \right) - n \qquad (7-15)$$

式中，m_i 为各项理论比率，a_i 为其对应的观察次数。例如本例，亦可由式（7-15）算得

$$\chi^2 = \left[\frac{491^2}{(9/16) \times 743} + \frac{76^2}{(3/16) \times 743} + \frac{90^2}{(3/16) \times 743} + \frac{86^2}{(1/16) \times 743} \right] - 743 = 92.706$$

与上述结果一致。

必须注意，应用 χ^2 测验进行分离比例适合性测验只是推论实际分离比与某种理论分离比的相符性，有时一种实际分离比可符合两种理论分离比，所以由表型分离比推测其基因数及基因作用性质，要十分谨慎。一般不仅看一个世代的表型分离比率，还要与相关其他世代的基因型分离比联合，做综合判断。

三、次数分布的适合性测验

适合性测验还经常用来测验连续性变量的试验数据是否符合某种理论分布（例如二项式分布、正态分布等）。数据的次数分布是进行适合性测验的基础，因而需先按设定的组距归组。以下举例说明之。

【例 7-7】在大豆品种"Richland"田间考察单株籽粒质量的变异是否符合正态分布。考查数据归成次数分布表，列于表 7-7，组距为 5 g，该分布的次数 n、平均数 $\bar{y}$、标准差 s 均列于表基部。

表 7-7 大豆单株籽粒质量观察分布与理论正态分布的适合性测验（g）

（摘自 Steel 和 Torrie，1980）

单株产量		次数 (O)	$(y-\bar{y})$	$(y-\bar{y})/s$	P	理论次数 (E)	χ^2
组限（y）	组中点						
0.5～5.5	3	7	−26.43	−2.065	0.019 5	4.5	1.39
5.5～10.5	8	5	−21.43	−1.674	0.027 7	6.3	0.27
10.5～15.5	13	7	−16.43	−1.284	0.052 5	12.0	2.08
15.5～20.5	18	18	−11.43	−0.893	0.086 3	19.8	0.16
20.5～25.5	23	32	−6.43	−0.502	0.121 9	27.9	0.60
25.5～30.5	28	41	−1.43	−0.112	0.147 7	33.8	1.53
30.5～35.5	33	37	3.57	0.279	0.154 5	35.4	0.07
35.5～40.5	38	25	8.57	0.670	0.138 6	31.7	1.42
40.5～45.5	43	22	13.57	1.060	0.106 8	24.5	0.26
45.5～50.5	48	19	18.57	1.451	0.071 2	16.3	0.45
50.5～55.5	53	6	23.57	1.841	0.040 5	9.3	1.17
55.5～60.5	58	6	28.57	2.232	0.020 1	4.6	0.43
60.5～65.5	63	3	33.57	2.623	0.008 4	1.9	0.64
65.5～70.5	68	1	38.57	3.013	0.004 4	1.0	0.00
	$n=229$	$\bar{y}=31.93$	$s=12.80$		$\nu=14-3=11$		$\chi^2=10.47$

要检测观察所得的次数分布（O）是否符合某种理论分布，首先须提出理论分布的可能

类型，此例测验是否符合正态分布。然后对观察分布是否符合理论分布进行测验。

1. 建立假设 H_0：观察分布符合理论分布，H_A：观察分布不符合理论分布。这类比较可用 χ^2 测验。

2. 计算理论次数 这里要按理论分布计算出各组的理论次数（E），此例中正态分布下的理论次数可先计算出各组限的正态离差及其理论频率（P），乘以总观察次数（n）便得到各组的理论次数。例如第 1 组

$$P\ (y<5.5)=P\left(u\leqslant\frac{y-\bar{y}}{s}=\frac{5.5-31.93}{12.80}\right)=P(u<-2.065)=0.019\ 5$$

第 2 组　　$P\ (5.5\leqslant y<10.5)=P\ (-2.065\leqslant u<-1.674)=0.047\ 1-0.019\ 5=0.027\ 6$

相应的理论次数 E，第 1 组为 $0.019\ 5\times229=4.5$；第 2 组为 $0.027\ 6\times229=6.3$。

其他各组按同法计算后均列入表 7-7。

3. 计算卡方统计量 按式（7-4），得

$$\chi^2=\sum_i\frac{(O-E)^2}{E}=1.39+0.27+\cdots+0.64+0.00=10.47$$

4. 统计推断 这里自由度 $\nu=14-1-2=11$，因扣去组数的自由度 1 个，估计 2 个参数 μ 和 σ 的自由度 2 个。查附表 5，ν 为 11 时 $\chi^2=10.47$ 的概率（P）在 $0.25\sim0.50$ 范围内，观察分布与理论分布无显著差异，因而接受 H_0，说明大豆单株籽粒质量的分布符合正态分布。

χ^2 用于进行次数分布的适合性测验时有一定的近似性，为使这类测验更确切，一般应注意以下几点：①总观察次数 n 应较大，一般不少于 50；②分组数最好在 5 组以上；③每组理论次数不宜太少，至少为 5，尤其首尾各组。若组理论次数少于 5，最好将相邻组的次数合并为一组。但 Cochran 认为，头尾两组最小理论次数在 0.5 或 1 时也可不合并。例 7-7 中，尾端 3 组理论次数均较少，若将后 3 组合并，则：$P(55.5\leqslant y<70.5)=P(1.841\leqslant u<3.013)=0.988\ 7-0.967\ 1=0.031\ 6$。该组理论次数为 $0.031\ 6\times229=7.27$，$(O-E)^2/E=(10-7.27)^2/7.27=1.025$。因此可计算卡方，得

$$\chi^2=\sum_i\left[(O-E)^2/E\right]=1.39+0.27+\cdots+1.17+1.025=10.425$$

依 $\nu=12-3=9$ 查附表 5，ν 为 9 时 $\chi^2=10.425$ 的概率 P 在 $0.25\sim0.50$ 范围内，结论同前。

第四节　独立性（关联性）测验

χ^2 应用于独立性测验（test for independence），主要为探求两个变数间是否相互独立。这是次数资料的一种相关研究。例如小麦种子灭菌与否和麦穗发病率两个变数之间，若相互独立，表示种子灭菌和发病率高低无关，灭菌处理对发病无影响；若不相互独立，则表示种子灭菌和发病率高低有关，灭菌处理对发病有影响。应用 χ^2 进行独立性测验的无效假设是：H_0：两个变数相互独立，对 H_A：两个变数彼此相关。在计算 χ^2 时，先将所得次数资料按两个变数做两向分组，排列成相依表；然后，根据两个变数相互独立的假设，算出每一组的理论次数；再由式（7-4）算得 χ^2 值。这个 χ^2 的自由度随两个变数各自的分组数而不同，设横行分 r 组，纵行分 c 组，则 $\nu=(r-1)(c-1)$。当观察的 $\chi^2<\chi^2_{a,\nu}$ 时，便接受 H_0，即两

个变数相互独立；当观察的 $\chi^2 \geqslant \chi^2_{\alpha,\nu}$ 时，便否定 H_0，接受 H_A，即两个变数相关。以下举例说明各种类型的独立性测验方法。

一、2×2 表的独立性（关联性）测验

2×2 相依表是指横行和纵行皆分为两组的资料。在做独立性测验时，其自由度 $\nu=(2-1)(2-1)=1$，故计算 χ^2 值时需做连续性矫正。

【例 7-8】 调查由 SpeightG28/NC2326 杂交获得的烤烟 DH 群体中 RAPD 标记的多态性，其中 2 个标记 OPR10 与 OPR16 表现多态，得相依表 7-8。试分析 OPR10 与 OPR16 这两个多态性位点是否相关（连锁）。

表 7-8 烤烟的 SpeightG28/NC2326 杂交获得的 DH 群体中 2 个 RAPD 标记的观察结果

处理项目		OPR10		总数
		A 标记型	a 标记型	
OPR16	B 标记型	13(17.35)	25(20.65)	38
	b 标记型	92(87.65)	100(104.35)	192
	总　数	105	125	230

1. 建立统计假设 H_0：两变数相互独立，即 OPR10 与 OPR16 这两个多态性位点不相关；H_A：两变数彼此连锁。显著水平取 $\alpha=0.05$。

2. 计算理论次数 AB 组合理论次数 $E_1=105\times38/230=17.35$，即该组的横行总和乘以纵行总和再除以观察总次数（下同）；aB 组合理论次数 $E_2=125\times38/230=20.65$；同样可得 Ab 组合 $E_3=105\times192/230=87.65$；ab 组合 $E_4=(125\times192)/230=104.35$。将理论次数填于表 7-8 括号内。

3. 计算卡方统计量 将表 7-8 中数值代入式（7-12），有

$$\chi^2_c=\frac{(|13-17.35|-0.5)^2}{17.35}+\frac{(|25-20.65|-0.5)^2}{20.65}+\frac{(|92-87.65|-0.5)^2}{87.65}+$$
$$\frac{(|100-104.35|-0.5)^2}{104.35}=1.883\,2$$

4. 统计推断 这里 $\nu=(2-1)(2-1)=1$，查附表 5，$\chi^2_{0.05,1}=3.84$，现实得 $\chi^2_c=1.883\,2<\chi^2_{0.05,1}=3.84$，故 $P>0.05$，接受 H_0。即 OPR10 与 OPR16 这两个多态性位点不相关，相互独立。

2×2 表的独立性测验也可不经过计算理论次数而直接得到 χ^2_c 值。

2×2 表的一般化形式如表 7-9 所示。按表 7-9 中符号，可得

$$\chi^2_c=\frac{(|a_{11}a_{22}-a_{12}a_{21}|-n/2)^2 n}{C_1 C_2 R_1 R_2} \tag{7-16}$$

表 7-9 2×2 表的一般化形式

a_{11}	a_{12}	R_1
a_{21}	a_{22}	R_2
C_1	C_2	n

本例各观察次数代入式（7-9）可得

$$\chi_c^2 = \frac{(\mid 13 \times 100 - 92 \times 25 \mid - 230/2)^2 \times 230}{38 \times 192 \times 105 \times 125} = 1.883\ 2$$

上述结果与应用式（7-12）结果相同。

本例题的 SAS 程序见附录 1 的 LT7-8。

二、$2 \times c$ 表的独立性（关联性）测验

$2 \times c$ 表是指横行分为两组，纵行分为 c（$c \geqslant 3$）组的相依表资料。在做独立性测验时，其自由度 $\nu = (2-1)(c-1) = c-1$。由于 $c \geqslant 3$，故不须做连续性矫正。

【例 7-9】进行大豆等位酶 Aph 的电泳分析，193 份野生大豆、223 份栽培大豆等位基因型的次数列于表 7-10。试分析大豆等位酶 Aph 的等位基因型频率是否因物种而不同。

表 7-10　野生大豆和栽培大豆等位酶 Aph 的等位基因型次数分布

物　种	等位基因型			总　计
	1	2	3	
野生大豆（*Glycine soja*）	29（23.66）	68（123.87）	96（45.47）	193
栽培大豆（*Glycine max*）	22（27.34）	199（143.13）	2（52.53）	223
总　计	51	267	98	416

1. 建立假设　H_0：等位基因型频率与物种无关；H_A：二者有关，不同物种等位基因型频率不同。显著水平取 $\alpha = 0.05$。

2. 计算理论次数　根据 H_0 算得各观察次数的相应理论次数，例如观察次数 29 的理论次数为 $E = (193 \times 51)/416 = 23.66$，观察次数 22 的理论次数为 $E = (223 \times 51)/416 = 27.34$，…；将结果填于表 7-10 的括号内。

3. 计算卡方统计量　将表 7-10 中数据代入式（7-4）可得

$$\chi^2 = \frac{(29-23.66)^2}{23.66} + \frac{(68-123.87)^2}{123.87} + \cdots + \frac{(2-52.53)^2}{52.53} = 154.02$$

4. 统计推断　此处，$\nu = (2-1)(3-1) = 2$。查附表 5 得，$\chi_{0.05,2}^2 = 5.99$；现 $\chi^2 = 154.02 > \chi_{0.05,2}^2 = 5.99$，$P < 0.05$，应否定 H_0，接受 H_A。即大豆物种与等位酶 Aph 的等位基因型频率有显著相关，或者说不同物种 Aph 的等位基因型频率有显著差别。

$2 \times c$ 表的一般化形式见表 7-11（$i = 1$、2、…、c），独立性测验的 χ^2 值也可直接由式（7-17）得到，或者采用 SAS 程序中的 FREQ 过程计算，见附录 1 的 LT7-9。

$$\chi^2 = \frac{n^2}{R_1 R_2} \Big[\sum \frac{a_{1i}^2}{C_i} - \frac{R_1^2}{n} \Big] \tag{7-17}$$

表 7-11　$2 \times c$ 表的一般化形式

横行因素	纵行因素						总　计
	1	2	…	i	…	c	
1	a_{11}	a_{12}	…	a_{1i}	…	a_{1c}	R_1
2	a_{21}	a_{22}	…	a_{2i}	…	a_{2c}	R_2
总计	C_1	C_2	…	C_i	…	C_c	n

将表 7 - 10 资料代入式（7 - 17）可得

$$\chi^2 = \frac{416^2}{193 \times 223}\left[\frac{29^2}{51} + \frac{68^2}{267} + \frac{96^2}{98} - \frac{193^2}{416}\right] = 154.04$$

三、$r \times c$ 表的独立性（关联性）测验

若横行分 r 组，纵行分 c 组，且 $r \geqslant 3$，$c \geqslant 3$，则为 $r \times c$ 相依表。对 $r \times c$ 表做独立性测验时，其自由度 $\nu = (r-1)(c-1)$，计求 χ^2 值不需要连续性矫正。

【例 7 - 10】 表 7 - 12 为不同灌溉方式下水稻叶片衰老情况的调查资料。试测验稻叶衰老情况是否与灌溉方式有关。

表 7 - 12　水稻在不同灌溉方式下叶片的衰老情况

灌溉方式	绿叶数	黄叶数	枯叶数	总　计
深水	146 (140.69)	7 (8.78)	7 (10.53)	160
浅水	183 (180.26)	9 (11.24)	13 (13.49)	205
湿润	152 (160.04)	14 (9.98)	16 (11.98)	182
总计	481	30	36	547

1. 建立假设　H_0：稻叶衰老情况与灌溉方式无关；H_A：稻叶衰老情况与灌溉方式有关。显著水平取 $\alpha = 0.05$。

2. 计算理论次数　根据 H_0 计算各组观察次数的相应理论次数：例如与 146 相应的 $E = (481 \times 160)/547 = 140.69$，与 183 相应的 $E = (481 \times 205)/547 = 180.26$，…；所得结果填于表 7 - 11 括号内。

3. 计算卡方值　根据式（7 - 4）可得

$$\chi^2 = \frac{(146-140.69)^2}{140.69} + \frac{(7-8.78)^2}{8.78} + \cdots + \frac{(16-11.98)^2}{11.98} = 5.62$$

4. 统计推断　本例 $\nu = (3-1)(3-1) = 4$，查附表 5 得，$\chi^2_{0.05,4} = 9.49$，现 $\chi^2 = 5.62 < \chi^2_{0.05,4} = 9.49$，$P > 0.05$，故应接受 H_0，即不同灌溉方式对水稻叶片的衰老情况没有显著影响。

$r \times c$ 表的一般化形式见表 7 - 13，可直接计算 χ^2 值的公式（$i = 1$、…、r；$j = 1$、…、c）为

$$\chi^2 = n\left[\sum \frac{a_{ij}^2}{R_i C_j} - 1\right] \tag{7 - 18}$$

表 7 - 13　$r \times c$ 表的一般化形式

横列因素	纵列因素						总　计
	1	2	…	i	…	c	
1	a_{11}	a_{12}	…	a_{1i}	…	a_{1c}	R_1
2	a_{21}	a_{22}	…	a_{2i}	…	a_{2c}	R_2
⋮	⋮	⋮		⋮		⋮	⋮
j	a_{j1}	a_{j2}	…	a_{ji}	…	a_{jc}	R_j
⋮	⋮	⋮		⋮		⋮	⋮
r	a_{r1}	a_{r2}	…	a_{ri}	…	a_{rc}	R_r
总计	C_1	C_2	…	C_i	…	C_c	n

用表 7-12 资料，得

$$\chi^2 = 547\left[\left(\frac{146^2}{160\times481}+\frac{7^2}{160\times30}+\frac{7^2}{160\times36}+\cdots+\frac{16^2}{182\times36}\right)-1\right]=5.63$$

本例可采用 SAS 软件中 FREQ 程序计算，见附录 1 的 LT7-10。

在应用 χ^2 测验次数资料时，必须注意这些资料不应是数量性状的观察值或以百分数表示的相对数。因为前者可用 u、t、F 等测验处理，后者则应该用比较成数或百分数的方法处理。

第五节　卡方（χ^2）的可加性和联合分析

计数资料的分析中也需要回答多组计数资料是否具有同质性的问题，例如遗传试验中同时分析几个杂交组合的数据，要看各组合是否具有共同的分离比例，或者各组合间具有不同的分离比例。以下通过例题说明这种多组计数数据联合分析的 χ^2 测验方法。

【例 7-11】表 7-14 给出 3 个大豆组合 F_3 家系世代对豆秆黑潜蝇抗性家系与感性家系的分离数据，每个家系由 1 个 F_2 单株衍生，抗性家系中包括有全抗家系及抗感分离的家系。经分别对 3 个组合的 χ^2 测验，均符合 3 抗：1 感理论分离比例。现要求进一步检测 3 个组合综合起来是否符合 3：1 分离比例，3 个组合间是否一致符合 3：1 分离比例，或 3 个组合是否具同质性。

表 7-14　3 个大豆组合 F_3 家系世代对豆秆黑潜蝇抗性的分离数据（理论分离比为 3 抗：1 感）

组合			母本 (P_1)	父本 (P_2)	F_3		χ^2	χ_c^2	P
					O	E			
I	"江宁刺文豆" × "邗江秋稻黄乙"	抗	20	0	73	75			
		感	0	20	27	25	0.21	0.12	0.50～0.75
		合计	20	20	100	100			
II	"无锡长箕光甲" × "邳县天鹅蛋"	抗	20	0	62	68.25			
		感	0	20	29	22.75	2.29	1.94	0.10～0.25
		合计	20	20	91	91			
III	"邳县天鹅蛋" × "南农 1138-2"	抗	0	20	90	95.25			
		感	20	20	37	31.75	1.16	0.96	0.25～0.50
		合计	20	20	127	127			
3 个组合综合		抗			225	238.5			
		感			93	79.5	3.06	2.83	0.05～0.10
		合计			318	318			
3 个组合累计							3.66		

本例中要建立两个假设，回答两个问题：① H_0：3 个组合综合起来符合 3 抗：1 感分离比例，H_A：综合群体不符合 3：1 分离比例；② H_0：3 个组合的分离比表现同质，一致为 3：1，H_A：3 个组合分离比例不同质。显著水平取 $\alpha=0.05$。

要测验上述假设，必须计算出相应的 χ^2 值。表 7-14 中列出有多种 χ^2 值。其中①各组

合分别的 χ^2 及 χ_c^2 已用于测验各组合与理论分离比例 3：1 的相符性。这里不仅列出 χ_c^2 值用于各测验；同时列出 χ^2 值，因为 χ_c^2 不具可加性，只有 χ^2 值具有可加性。②3 个组合综合为一个群体时的 χ^2 值，或称为 $\chi_T^2 = 3.06$，亦具 1 个自由度。这一值可用以测验第一个无效假设，根据其概率为 0.05～0.10，可推论三合一的群体总的分离比例亦符合 3：1，当然由于组合间的波动，符合假设的概率不大，但未达到否定假设的水平因而仍接受无效假设。③3 个组合各 χ^2 的总和 $\sum \chi_i^2 = 3.66$，具有 3 个自由度。若将这 3 个自由度分解，1 个归属于 3 个组合间的共性，2 个归属于 3 个组合间的个性，它们相应的 χ^2 值为 $\chi_T^2 = 3.06$ 和 $\sum \chi_i^2 - \chi_T^2 = 3.66 - 3.06 = 0.60$。$\chi_T^2$ 已在②中进行过测验，剩下 $\sum \chi_i^2 - \chi_T^2$ 具 2 个自由度可用以测验第二个无效假设，3 个组合的同质性。此处 $\sum \chi_i^2 - \chi_T^2 = 0.60$。$\nu = 2$ 时 $P = 0.50～0.75$。说明符合同质性假设的概率甚大，接受此假设，因而 3 个组合表现一致的 3：1 分离比例是确实的。

根据表 7-14 的数据，3 个组合的亲本表现确实的抗、感差异，F_2 衍生的 F_3 家系表现出抗性为显性并一致符合 3 抗（包括抗感混合）：1 感的家系间分离比例，因而可推论大豆对豆秆黑潜蝇的抗性是由 1 对显性基因控制的，组合间表现出一致的结果。

本例中因试验结果很一致，因而引出了共同的结论。若各个 χ_i^2 的结果出入较大，χ_T^2 与个别组合的结果不一致，$\sum \chi_i^2 - \chi_T^2$ 表现出显著性，那么将着重分析各组合间的非同质性及各组合的特异性。本节中，用多个二格表的适合性测验结果说明 χ^2 的可加性及其联合分析，多个三格表、四格表适合性测验结果的分析可照此推广。至于多组独立性测验中 χ^2 的可加性及其联合分析，因较复杂，应用也少，读者如有需要可参考 Steel 和 Torrie（1980）著作（*Principles and Procedures of Statistics：A Biometrical Approach*）。

习题

1. 试用 χ^2 法（需做连续性矫正）测验下表各样本观察次数是否适合各相应的理论比率。

样本号	观察次数		理论比率
	A	a	
(1)	134	36	3：1
(2)	240	120	3：1
(3)	76	56	1：1
(4)	240	13	15：1

［参考答案：(1) $\chi_c^2 = 1.1294$，不显著；(2) $\chi_c^2 = 12.8926$，显著；(3) $\chi_c^2 = 2.7348$，不显著；(4) $\chi_c^2 = 0.3607$，不显著］

2. 有一个大麦杂交组合，F_2 代的芒性状表型有钩芒、长芒和短芒 3 种，观察计得其株数分别为 348、115 和 157。试测验是否符合 9：3：4 的理论比率。

［参考答案：$\chi^2 = 0.0482$，不显著］

3. 200 个稻穗每穗粒数的次数分布表如下。每穗粒数是间断性变数，若用连续性变数做近似估计，试测验该次数分布是否符合正态分布。

每穗粒数	25.5—	30.5—	35.5—	40.5—	45.5—	50.5—	55.5—	60.5—	65.5—	70.5—	75.5—	80.5—
次 数	1	3	10	21	32	41	38	25	16	8	3	2

［参考答案：$\chi^2 = 1.017\,6$，不显著］

4. 某地区连续 64 年的年均降雪量的数据如下（单位：in，1 in＝2.54 cm）。试测验其年均降雪量是否符合正态分布。

125.3	82.2	78.5	50.1	90.3	75.4	102.3	86.5	110.7	23.4	68.7
52.1	36.5	62.4	47.3	72.5	78.7	83.2	80.1	60.4	76.9	72.3
49.3	54.2	71.6	49.6	102.7	51.3	82.3	81.4	77.6	78.4	85.4
84.5	57.7	121.5	113.2	64.6	38.7	41.2	88.5	71.6	82.5	55.8
87.9	87.5	106.5	113.4	123.5	117.5	118.6	107.4	101.5	87.6	76.2
71.4	70.7	98.6	55.4	66.7	78.2	120.5	96.8	115.6	74.5	

5. 某仓库调查不同品种苹果的耐储情况，随机抽取"国光"苹果 150 个，腐烂 14 个；"红星"苹果 168 个，腐烂 26 个。请测试这两种苹果耐储性是否具有显著差异。

［参考答案：$\chi^2 = 2.692$，不显著］

6. 某杂交组合，在 F_2 代得到 4 种表型：B_C_、B_cc、bbC_ 和 bbcc，其实际观察次数分别为 132、42、38 和 14。试测验是否适合 9：3：3：1 的理论比率。根据计算结果，是独立遗传还是连锁遗传？

［参考答案：$\chi^2 = 0.643\,0$，不显著］

7. 某杂交组合的第三代（F_3）共有 810 家系，在温室内鉴别各系幼苗对某种病害的反应，并在田间鉴别植株对此病害的反应，所得结果列于下表。试测验两种反应间是否相关。

田间反应	温室幼苗反应		
	抗病	分离	感染
抗病	142	51	3
分离	13	404	2
感染	2	17	176

［参考答案：$\chi^2 = 1\,127.95$，显著］

8. 某一试验站检测了 4 种不同施肥方式下的马铃薯种苗黑胫病发病情况，所得结果列于下表。试测验种苗的发病情况与施肥方式间是否相关。

田间反应	发病数	未发病数
不施肥	19	75
氮肥	12	76
粪肥	6	108
氮肥与粪肥混施	15	107

［参考答案：$\chi^2 = 10.722$，显著］

9. 假定一个样本容量为 10 的样本方差为 4.5。试问这个样本是否从方差为 3.6 的总体中抽取而来？

［参考答案：$\chi^2=11.25$，不显著］

10. 假定有 6 个样本容量均各为 5 的样本，其方差分别为 33.64、14.27、16.94、1.28、2.56 和 2.04。试测验方差的同质性。

［参考答案：$\chi_c^2=14.324$，显著］

11. 以习题 1 数据为对象，试测验这 4 个样本的分离是否一致符合 3：1 的分离比率，解释这组资料的结果，并说明它对正确使用 χ^2 测验的启示。

［参考答案：综合值 $\chi^2=0.082\,0$，同质性 $\chi^2=89.179\,7$］

第八章

直线回归和相关

前面各章的统计方法只涉及一个变数，而生产实践和科学试验中还会涉及两个或多个变数。例如研究温度和生物发育进度的关系，就有温度和发育进度两个变数；研究穗数、每穗粒数和产量的关系，就有穗数、每穗粒数和产量 3 个变数。这些变数之间关系的性质和密切程度等的描述和评价，有相应的统计分析方法——回归与相关。本章和后面两章将介绍两个或两个以上变数间的回归与相关。

第一节 回归和相关的概念

一、函数关系和统计关系

两个或两个以上变数之间的关系可分为两类，一类是函数关系，另一类是统计关系。

（一）函数关系

函数关系是指两个变数间的数量关系可以用一个函数表达式表示的关系。这是一种确定性的关系，即一个变数的任一个变量必与另一个变数的数值相对应。例如圆面积与半径的关系为 $S = \pi R^2$，对于任意一个半径值（R），必能求得一个唯一的面积值（S），二者之间的关系是完全确定的。函数关系不受误差的干扰，常见于物理学、化学等理论科学。

（二）统计关系

统计关系是一种非确定性的关系，它们之间的数量关系不能用函数表达式确定，二者之间存在关系，即一个变数的取值受另一个变数的影响，但其中一个变数或所有变数又受误差影响，它们之间并不存在完全确定的函数关系。例如作物的产量与施肥量的关系，施肥量不足时产量较低，施肥量适宜时产量较高。但产量并非完全由施肥量确定，施肥量相同的不同样点，产量也不会完全相等。在科学试验中涉及的变数大多受误差的干扰而表现为统计关系，在农学和生物学中更为常见。

二、自变数和依变数

对具有统计关系的两个变数，可分别用变数符号 y 和 x 表示。根据两个变数的作用特点，统计关系又可分为因果关系和相关关系两种，相应地，数据模型分为回归模型和相关模型两类。

（一）回归模型

回归模型常可将两个变数明确区分为自变数与依变数，若这两个变数间存在因果关系，一般将原因变数作为**自变数**（independent variable），以 x 表示；将结果变数作为**依变数**（dependent variable），以 y 表示。理论上，自变数没有试验误差或误差较小，而依变数有试验误差。例如在施肥量和产量的关系中，施肥量是产量变化的原因，是自变数（x）；产量是对施肥量的反应，是依变数（y）。

（二）相关关系

如果两个变数并不是原因和结果的关系，而呈现一种共同变化的特点，则称这两个变数间存在相关关系。相关关系中并没有自变数和依变数之分，它们都有试验误差。例如在玉米穗长与穗质量的关系中，它们是同步增长、互有影响的，既不能说穗长是穗质量的原因，也不能说穗质量决定穗长。在这种情况下，x 和 y 可分别用于表示任一变数。

三、回归分析和相关分析

（一）回归分析

回归分析的任务是由试验数据 x 和 y 求算一个 y 依 x 的回归方程（regression equation of y on x）：$\hat{y} = f(x)$，式中 $\hat{y}$ 表示由该方程估算在给定 x 时的理论 y 值。方程 $\hat{y} = f(x)$ 的形式可以多种多样，最简单的是直线方程，也可为曲线方程或多元线性方程或非线性方程。

（二）相关分析

相关分析的任务是计算 y 和 x 相关的性质及其密切的程度，即相关系数，并测验其显著性。这个统计数在两个变数为直线相关时称为**相关系数**（correlation coefficient），记为 r；在多元相关时称为**复相关系数**（multiple correlation coefficient），记作 $R_{y \cdot 12 \cdots m}$；在两个变数曲线相关时称为**相关指数**（correlation index），记作 R。

原则上，两个变数中 y 含有试验误差而 x 不含试验误差时着重进行回归分析；y 和 x 均含有试验误差时则着重进行相关分析。

四、两个变数资料的散点图

对具有统计关系的两个变数的资料进行初步考察的简便而有效的方法，是将这两个变数的 n 对观察值 (x_1, y_1)、(x_2, y_2)、$\cdots$、(x_n, y_n) 分别以坐标点的形式标记于同一直角坐标平面上，获得散点图（scatter diagram）。根据散点图可初步判定变数 x 和 y 间的关系，包括：①x 和 y 相关的性质（正或负）和密切程度；②x 和 y 的关系是直线型的还是非直线型的；③是否有一些特殊的点表示有其他因素的干扰等。例如图 8-1 是水稻性状间的 3 幅散点图，图 8-1A 是单株生物产量（x）和稻谷产量（y），图 8-1B 是每平方米总颖花数（x）和结实率（y），图 8-1C 是最高叶面积指数（x）和每亩稻谷产量（y）。从中可以看出：①图 8-1A 和图 8-1B 都是直线型的，但方向相反，前者 y 随 x 的增大而增大，表示两个变数的关系是正的；后者 y 随 x 的增大而减小，表示关系是负的。②图 8-1A 的各个点几乎都落在一直线上，图 8-1B 则较为分散；因此，图 8-1A 中 x 和 y 相关的密切程度必高于图 8-1B。③图 8-1C 中 x 和 y 的关系是非直线型的；当 x 在 6 以下时，y 随 x 的增大而增大；而当 x 在 7 以上时，y 随 x 的增大而减小。

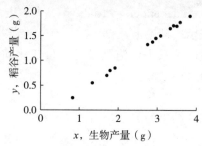

图 8-1A　水稻单株生物产量与稻谷产量的散点图

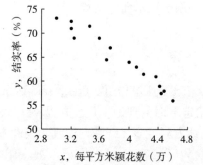

图 8-1B　水稻每平方米颖花数和结实率的散点图

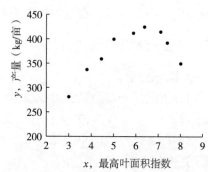

图 8-1C　水稻最高叶面积指数和亩产量的散点图

（1 亩=1/15 hm²）

第二节　直线回归

一、直线回归方程

（一）直线回归方程式

对于在散点图上呈直线趋势的两个变数，如果要概括其在数量上的互变规律，即从 x 的数量变化来预测或估计 y 的数量变化，则首先要采用直线回归方程（linear regression equation）来描述。此方程的通式为

$$\hat{y}=a+bx \tag{8-1}$$

上式读作"y 依 x 的直线回归方程"。其中 x 是自变数；$\hat{y}$ 是和 x 的量相对应的依变数的点估计值；a 是 $x=0$ 时的 $\hat{y}$ 值，即回归直线在 y 轴上的截距，称为回归截距（regression intercept）；b 是 x 每增加 1 个单位数时，$\hat{y}$ 平均地将要增加（$b>0$ 时）或减少（$b<0$ 时）的单位数，称为回归系数（regression coefficient）。

要使 $\hat{y}=a+bx$ 能够最好地代表 y 和 x 在数量上的互变关系，根据最小二乘法，应使离回归平方和（Q）最小，而离回归平方和的计算公式为

$$Q=\sum_1^n(y-\hat{y})^2=\sum_1^n(y-a-bx)^2$$

因此分别求 Q 对 a 和 b 的偏导数，并令其为 0，即可获得 2 个正规方程（normal equation）成方程组，即

$$\begin{cases} an+b\sum x=\sum y \\ a\sum x+b\sum x^2=\sum xy \end{cases}$$

解上述方程组得

$$a = \bar{y} - b\bar{x} \tag{8-2}$$

$$b = \frac{\sum xy - \dfrac{1}{n}\sum x \sum y}{\sum x^2 - \dfrac{1}{n}\left(\sum x\right)^2} = \frac{\sum(x-\bar{x})(y-\bar{y})}{\sum(x-\bar{x})^2} = \frac{SP}{SS_x} \tag{8-3}$$

式（8-3）的分子 $\sum(x-\bar{x})(y-\bar{y})$ 是 x 离均差与 y 离均差的乘积之和，简称乘积和（sum of products），记作 SP；分母是 x 离均差平方和，记作 SS_x。将式（8-2）和式（8-3）算得的 a 和 b 值代入式（8-1），即可保证 $Q = \sum(y-\hat{y})^2$ 最小，同时使 $\sum(y-\hat{y})=0$。

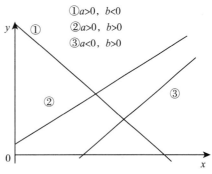

图 8-2　直线回归方程 $\hat{y}=a+bx$ 的图像

a 和 b 值皆可正可负，随具体资料而变化。当 $a>0$ 时，表示回归直线在 I、II 象限交于 y 轴；当 $a<0$ 时，表示回归直线在 III、IV 象限交于 y 轴；当 $b>0$ 时，表示 y 随 x 的增大而增大；当 $b<0$ 时，表示 y 随 x 的增大而减小；参见图 8-2。若 $b=0$ 或和 0 的差异不显著，则表明 y 的变异和 x 的取值大小无关，直线回归关系不能成立。

以上是 a 和 b 值的统计学解释。在具体问题中，a 和 b 值将有专业上的实际意义。

将式（8-2）代入式（8-1）可得

$$\hat{y} = (\bar{y} - b\bar{x}) + bx = \bar{y} + b(x-\bar{x}) \tag{8-4}$$

由式（8-4）可见，当 $x=\bar{x}$ 时，必有 $\hat{y}=\bar{y}$，所以回归直线一定通过 $(\bar{x}, \bar{y})$ 坐标点。记住这个特性，有助于绘制具体资料的回归直线。

由式（8-4）还可看到：①当 x 以离均差 $(x-\bar{x})$ 为单位时，回归直线的位置仅决定于 $\bar{y}$ 和 b；②当将坐标轴平移到以 $(\bar{x}, \bar{y})$ 为原点时，回归直线的走向仅决定于 b，所以一般又称 b 为回归斜率（regression slope）。

（二）直线回归方程的计算

以一个实例说明回归统计数计算的过程。

【例 8-1】一些夏季害虫盛发期的早迟和春季温度高低有关。江苏武进连续 9 年测定 3 月下旬至 4 月中旬旬平均温度累积值（x，旬·℃）和水稻第一代三化螟盛发期（y，以 5 月 10 日为 0）的关系，其结果列于表 8-1。试计算其直线回归方程。

表 8-1　累积温和一代三化螟盛发期的关系

x，累积温度	y，盛发期
35.5	12
34.1	16
31.7	9
40.3	2
36.8	7

（续）

x，累积温度	y，盛发期
40.2	3
31.7	13
39.2	9
44.2	−1

首先由表 8-1 算得回归分析所必需的 6 个一级数据（即由观察值直接算得的数据），即

$$n=9$$

$$\sum x = 35.5+34.1+\cdots+44.2 = 333.7$$

$$\sum x^2 = 35.5^2+34.1^2+\cdots+44.2^2 = 12\,517.49$$

$$\sum y = 12+16+\cdots+(-1) = 70$$

$$\sum y^2 = 12^2+16^2+\cdots+(-1)^2 = 794$$

$$\sum xy = (35.5\times12)+(34.1\times16)+\cdots+[44.2\times(-1)] = 2\,436.4$$

然后，由一级数据算得 5 个二级数据，即

$$SS_x = \sum x^2 - \left(\sum x\right)^2/n = 12\,517.49 - (333.7)^2/9 = 144.635\,6$$

$$SS_y = \sum y^2 - \left(\sum y\right)^2/n = 794 - (70)^2/9 = 249.555\,6$$

$$SP = \sum xy - \sum x \sum y/n = 2\,436.4 - (333.7\times70)/9 = -159.044\,4$$

$$\bar{x} = \sum x/n = 333.7/9 = 37.077\,8$$

$$\bar{y} = \sum y/n = 70/9 = 7.777\,8$$

因而有　$b=SP/SS_x = -159.044\,4/144.635\,6 = -1.099\,6 \; [d/(旬\cdot℃)]$

$$a = \bar{y} - b\bar{x} = 7.777\,8 - (-1.099\,6\times37.077\,8) = 48.548\,5 \; (d)$$

故得表 8-1 资料的回归方程为 $\hat{y}=48.548\,5-1.099\,6x$，或化简成：$\hat{y}=48.5-1.1x$。

上述方程中回归系数和回归截距的意义为：当 3 月下旬至 4 月中旬的积温（x）每提高 1 旬·℃时，第一代三化螟的盛发期平均将提早 1.1d；若积温为 0，则第一代三化螟的盛发期将在 6 月 27—28 日（$x=0$ 时，$\hat{y}=48.5$；因 y 是以 5 月 10 日为 0，故 48.5 为 6 月 27—28日）。由于 x 变数的实测区间为 [31.7，44.2]，所以一般在应用 $\hat{y}=48.5-1.1x$ 于预测时，需限定 x 的区间为 [31.7，44.2]；如要在 $x<31.7$ 或 $x>44.2$ 的区间外延应，则必须慎重。

SAS 中，可用 REG 程序求算回归分析，见附录 1 的 LT8-1。

（三）直线回归方程的图示

直线回归图包括回归直线的图像和散点图，它可以醒目地表示 x 和 y 的数量关系。制作直线回归图时，首先以 x 为横坐标，以 y 为纵坐标构建立直角坐标系（纵坐标和横坐标皆需标明名称和单位）；然后取 x 坐标上的一个小值 x_1 代入回归方程得 $\hat{y}_1$，取一个大值 x_2 代入回归方程得 $\hat{y}_2$，连接坐标点（x_1，$\hat{y}_1$）和（x_2，$\hat{y}_2$）即成一条回归直线。如例 8-1 资料，以 $x_1=31.7$ 代入回归方程 $\hat{y}_1=13.69$；以 $x_2=44.2$ 代入回归方程得 $\hat{y}_2=-0.05$。在

图 8 - 3 上 确 定 （31.7，13.69）和
（44.2，−0.05）这两个点，再连接之，
即为 $\hat{y}=48.548\,5-1.099\,6x$ 的直线图
像。注意，此直线必通过点 $(\bar{x}，\bar{y})$，
它可作为制图是否正确的核对。最后，
将实测的各对数值 $(x_i，y_i)$ 也用坐标
点标于图 8 - 3 上。

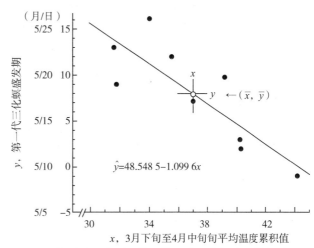

图 8 - 3　旬平均温度累积值和第一代三化螟盛发期的关系

图 8 - 3 的回归直线是 9 个观察坐
标点的代表，它不仅表示了例 8 - 1 资
料的基本趋势，也便于预测。如某年 3
月下旬至 4 月中旬的积温为 40 旬·℃，
则在图 8 - 3 上可查到第一代三化螟盛
发期的点估计值在 5 月 14—15 日，这
和将 $x=40$ 代入原方程得到 $\hat{y}=48.548\,5-(1.099\,6\times40)=4.6$ 是一致的。因为回归直线是
综合 9 年结果而得出的一般趋势，所以其代表性比任何一个实际的坐标点都好。当然，这种
估计仍然有随机误差，下文再做讨论。

（四）直线回归的估计标准误

由图 8 - 3 可见，满足 $Q=\sum(y-\hat{y})^2$ 为最小的直线回归方程和实测的观察点并不重
合，表明该回归方程仍然存在随机误差。Q 就是误差的一种度量，称为离回归平方和（sum
of squares due to deviation from regression）或剩余平方和（residual sum of squares）。由于
在建立回归方程时用了 a 和 b 两个统计数，故 Q 的自由度 $\nu=n-2$。因而直线回归的估计标
准误（$s_{y/x}$）为

$$s_{y/x}=\sqrt{\frac{Q}{n-2}}=\sqrt{\frac{\sum(y-\hat{y})^2}{n-2}} \tag{8-5}$$

各个观察点愈靠近回归线，$s_{y/x}$ 愈小（极端地说，当各观察点都落在回归线上时，$s_{y/x}=$
0）；各观察点在回归线上下分散得愈远，则 $s_{y/x}$ 愈大。故样本的 $s_{y/x}$ 是回归精确度的度量，
$s_{y/x}$ 愈小，由回归方程估计 y 的精确度愈高。

计算 $s_{y/x}$ 需首先求算 Q。直接计算不仅步骤多、工作量大，而且若数字保留位数不够，
会引入较大的计算误差。为简化手续，可从以下恒等式得出 Q。

$$Q=\sum(y-\hat{y})^2=SS_y-\frac{SP^2}{SS_x} \tag{8-6A}$$

$$=SS_y-b(SP) \tag{8-6B}$$

$$=SS_y-b^2(SS_x) \tag{8-6C}$$

$$=\sum y^2-a\sum y-b\sum xy \tag{8-6D}$$

$s_{y/x}$ 作为直线回归误差的估计值称为直线回归的标准误（standard error of the regres-
sion），它同时也是 x 给定点上 y 条件分布的标准差（standard deviation of y for given x）。
所以有些地方以标准误出现，有些地方以标准差出现。

【例 8 - 2】试计算由表 8 - 1 资料获得的回归方程标准误。

为说明计算过程，这里先用繁法。将表 8-1 的 x 和 y 值抄于表 8-2 的第一列和第二列。然后将第一列中的各 x 值代入回归方程 $\hat{y}=48.5485-1.0996x$，算得对应于各 x 的估计值 $\hat{y}$（第三列）。再算出 $(y-\hat{y})$ 的值于第四列，并得 $\sum(y-\hat{y})=0$。最后将各 $(y-\hat{y})^2$ 的值记于第五列，并得 $Q=\sum(y-\hat{y})^2=74.667$。因此据式（8-5）有：$s_{y/x}=\sqrt{74.67/(9-2)}=3.27$（d），系根据模型误差项估计得到的标准误。

表 8-2　表 8-1 资料求 $\sum(y-\hat{y})$ 的繁算程序

x	y	$\hat{y}$	$y-\hat{y}$	$(y-\hat{y})^2$
35.5	12	9.512 7	2.487 3	6.186 7
34.1	16	11.052 1	4.947 9	24.481 7
31.7	9	13.691 2	−4.691 2	22.007 3
40.3	2	4.234 6	−2.234 6	4.993 4
36.8	7	8.083 2	−1.083 2	1.173 3
40.2	3	4.344 6	−1.344 6	1.807 9
31.7	13	13.691 2	−0.691 2	0.477 7
39.2	9	5.444 2	3.555 8	12.643 7
44.2	−1	−0.053 8	−0.946 2	0.895 3
$\sum$	70	70.000 0	0.000 0	$Q=74.667\ 0$

以上计算较为烦琐。如改用式（8-6A），则由例 8-1 算好的有关数据可直接得到

$$Q=249.56-\frac{(-159.04)^2}{144.64}=74.67$$

（五）直线回归的数学模型和基本假定

回归分析的依据是直线回归模型。在这个模型中，y 总体的每个值由以下 3 部分组成：①回归截距（α），②回归系数（β），③ y 变数的随机误差（ε）。因此总体直线回归的数学模型可表示为

$$Y_j=\alpha+\beta X_j+\varepsilon_j \tag{8-7}$$

式中，$\varepsilon_i\sim N(0,\sigma_\varepsilon^2)$。相应的样本线性组成为

$$y_i=a+bx_i+e_i\ (i=1、2、\cdots、n) \tag{8-8}$$

在按上述模型进行回归分析时，假定：

①Y 变数是随机变数；而 X 变数则是没有误差的固定变数，至少和 Y 变数比较起来 X 的误差小到可以忽略。

②在任一个 X 上，都存在着一个 Y 总体（可称为条件总体），它是呈正态分布的，其平均数 $\mu_{Y/X}$ 是 X 的线性函数，即

$$\mu_{Y/X}=\alpha+\beta X \tag{8-9}$$

$\mu_{Y/X}$ 的样本估计值为 $\hat{y}$，$\hat{y}$ 与 X 的关系就是线性回归方程，即式（8-1）。

③所有的 Y 总体都具有共同的方差 σ_ε^2，这个方差不因 x 的不同而不同，而直线回归总体具有 $N(\alpha+\beta X,\sigma_\varepsilon^2)$。试验所得的一组观察值 (x_i,y_i) 只是 $N(\alpha+\beta X,\sigma_\varepsilon^2)$ 中的一个随机样本。

④随机误差（ε）相互独立，并呈正态分布，服从 $N(0, \sigma_\varepsilon^2)$。

因此模型中的参数有：直线的截距（α）、直线斜率（β）、误差的方差（σ_ε^2）。相应地，可得到根据样本资料的估计值为 a、b 和 $s_{y/x}^2$。

理解上述模型和假定，有助于正确地进行回归分析。

二、直线回归的假设测验和区间估计

（一）直线回归的假设测验

1. 回归关系的假设测验　若变数 x 和变数 y 总体并不存在直线回归关系，则随机抽取的一个样本也能用上节方法算得一个直线方程 $\hat{y}=a+bx$。显然，这样的回归是虚假的。所以对于样本的回归方程，必须考察其来自无直线回归关系总体的概率有多大。只有当这种概率小于 0.05 或 0.01 时，才能冒较小的危险确认其所代表的总体存在着直线回归关系。这就是回归关系的假设测验，可由 t 测验或 F 测验给出。

（1）t 测验　若总体不存在直线回归关系，则总体回归系数 $\beta=0$；若总体存在直线回归关系，则 $\beta\neq0$。所以对直线回归的假设测验为 $H_0:\beta=0$ 对 $H_A:\beta\neq0$。

由式（8-3）可推得回归系数（b）的标准误（s_b）为

$$s_b = \sqrt{\frac{s_{y/x}^2}{\sum(x-\bar{x})^2}} = \frac{s_{y/x}}{\sqrt{SS_x}} \tag{8-10}$$

而

$$t = \frac{b-\beta}{s_b} \tag{8-11}$$

遵循 $\nu=n-2$ 的 t 分布，故可对样本回归系数 b 做出假设测验。

【例 8-3】试测验例 8-1 资料回归关系的显著性。

在例 8-1 和 8-2 已算得 $b=-1.0996$，$SS_x=144.6356$，$s_{y/x}=3.27$，故有

$$s_b = \frac{3.27}{\sqrt{144.64}} = 0.272$$

$$t = \frac{-1.0996-0}{0.272} = -4.05$$

查附表 3 得，$t_{0.05,7}=2.365$，$t_{0.01,7}=3.499$。现实得 $|t|=4.05>t_{0.01,7}=3.499$，表明在 $\beta=0$ 的总体中因抽样误差而获得现有样本的概率小于 0.01。所以应否定 $H_0:\beta=0$，接受 $H_A:\beta\neq0$，即认为积温和第一代三化螟盛发期是有真实直线回归关系的，或者说此 $b=-1.0996$ 是极显著的。

（2）F 测验　当仅以 $\bar{y}$ 表示 y 资料时（不考虑 x 的影响），y 变数具有平方和 $SS_y=\sum(y-\bar{y})^2$ 和自由度 $\nu=n-1$。当以 $\hat{y}=a+bx$ 表示 y 资料时（考虑 x 的影响），则 SS_y 将分解成两个部分，即

$$(y-\bar{y}) = (y-\hat{y}+\hat{y}-\bar{y})$$

$$\sum(y-\bar{y})^2 = \sum(y-\hat{y}+\hat{y}-\bar{y})^2 = \sum(y-\hat{y})^2 + \sum(\hat{y}-\bar{y})^2 + 2\sum(y-\hat{y})(\hat{y}-\bar{y})$$

而

$$Q = \sum(y-\hat{y})^2 = SS_y - SP^2/SS_x$$

$$U = \sum(\hat{y}-\bar{y})^2 = \sum(a+bx-\bar{y})^2 = \sum(\bar{y}-b\bar{x}+bx-\bar{y})^2$$

$$= \sum[b(x-\bar{x})]^2 = b^2SS_x = SP^2/SS_x$$

同时也可知：$\sum(y-\hat{y})(\hat{y}-\bar{y})=0$；因而

$$\sum(y-\bar{y})^2 = \sum(y-\hat{y})^2 + \sum(\hat{y}-\bar{y})^2 = Q+U$$

y 变数平方（SS_y）和与自由度（DF_y）可分解为

$$SS_y=Q+U$$

$$DF_y=DF_Q+DF_U=n-2+1=n-1$$

式中，$Q=\sum(y-\hat{y})^2$ 为离回归平方和，其自由度为 $DF_Q=n-2$；$U=\sum(\hat{y}-\bar{y})^2$ 为回归平方和，它是由 x 的不同而引起的，其自由度为 $DF_U=1$。在计算 U 值时可应用的公式为

$$U = \sum(\hat{y}-\bar{y})^2 = SS_y - Q = \frac{(SP)^2}{SS_x} \qquad (8-12)$$

由于回归和离回归的方差比遵循自由度 $\nu_1=1$、$\nu_2=n-2$ 的 F 分布，故有

$$F=\frac{U/1}{Q/(n-2)} \qquad (8-13)$$

依式（8-13）可测验回归关系的显著性。

【例8-4】试用 F 测验法测验例 8-1 资料回归关系的显著性。

在例 8-1 和 8-2 已算得 $SS_y=249.555\,6$，$Q=74.667\,0$，故 $U=249.555\,6-74.667\,0=174.888\,6$，并有方差分析列于表 8-3。

表 8-3　例 8-1 资料回归关系的方差分析

变异来源	DF	SS	MS	F	$F_{0.01}$
回　归	1	174.888 6	174.888 6	16.40	12.25
离回归	7	74.667 0	10.666 7		
总变异	8	249.555 6			

在表 8-3，得到 $F=16.40>F_{0.01}=12.25$，所以同样表明积温和第一代三化螟盛发期是有显著直线回归关系的，即接受 $\beta\neq0$。

上述 t 测验和 F 测验，在任何回归样本上的结果都完全一致。因为在同一概率值下，$\nu_1=1$、$\nu_2=n-2$ 的一尾 F 值正好是 $\nu=n-2$ 的两尾 t 值的平方，即 $F=t^2$。例如本例，$F=16.40$，$t=-4.05$，$t^2=(-4.05)^2=16.40$。事实上，由式（8-13）可做恒等变换，得

$$F=\frac{(SP)^2/SS_x}{s_{y/x}^2}=\frac{(SP/SS_x)^2}{s_{y/x}^2/SS_x}=\frac{b^2}{s_b^2}=t^2$$

所以对直线回归做假设测验，只需选择上述测验方法之一即可。

2. 两个回归系数比较时的假设测验　若有两个直线回归样本，分别具有样本回归系数 b_1、b_2 和总体回归系数 β_1、β_2，则在测验 b_1 和 b_2 的差异显著性时，有 $H_0:\beta_1-\beta_2=0$ 对 $H_A:\beta_1-\beta_2\neq0$。两个样本回归系数的差数标准误（$s_{b_1-b_2}$）为

$$s_{b_1-b_2}=\sqrt{s_{b_1}^2+s_{b_2}^2}=\sqrt{\frac{s_{y/x}^2}{SS_{x_1}}+\frac{s_{y/x}^2}{SS_{x_2}}} \qquad (8-14)$$

式中，SS_{x_1} 和 SS_{x_2} 分别为 X 变数两个样本的平方和；$s_{y/x}^2$ 为两个样本回归估计的合并离回归方差，其值为

$$s_{y/x}^2=\frac{Q_1+Q_2}{(n_1-2)+(n_2-2)} \qquad (8-15)$$

式（8-15）的 Q_1 和 Q_2 分别为两个样本的离回归平方和，n_1 和 n_2 为相应的样本容量。由于 $(b_1-b_2)/s_{b_1-b_2}$ 遵循自由度为 $\nu=(n_1-2)+(n_2-2)$ 的 t 分布，故由

$$t=\frac{b_1-b_2}{s_{b_1-b_2}} \tag{8-16}$$

可测定在 $\beta_1-\beta_2=0$ 的总体中获得现有 $b_1-b_2\neq0$ 样本的概率。

【例 8-5】 测定两玉米品种叶片长宽乘积（x）和实际叶面积（y）的关系，得表 8-4 结果，试测验两回归系数间是否有显著差异。

表 8-4 玉米叶片长宽乘积和叶面积关系的计算结果

品 种	n	SS_x	SS_y	SP	b	Q
"七叶白"	22	1 351 824	658 513	942 483	0.697 18	1 420
"石榴子"	18	1 070 822	516 863	743 652	0.694 47	420

由表 8-4 可得

$$s_{y/x}^2=\frac{1\ 420+420}{(22-2)+(18-2)}=51.11$$

$$s_{b_1-b_2}=\sqrt{\frac{51.11}{1\ 351\ 824}+\frac{51.11}{1\ 070\ 822}}=0.009\ 2$$

$$t=\frac{0.697\ 18-0.694\ 47}{0.009\ 2}=0.3$$

这个结果是不显著的，所以应接受 $H_0:\beta_1=\beta_2$，即认为叶片长宽乘积每增大 $1\ cm^2$，叶面积平均要增大的单位数在"七叶白"和"石榴子"两品种上是一致的，其共同值为

$$b=\frac{SP_1+SP_2}{SS_{x_1}+SS_{x_2}}=\frac{942\ 483+743\ 652}{1\ 351\ 824+1\ 070\ 822}=0.695\ 98\ (cm^2/cm^2)$$

注意，上式的 b 是两个回归系数的加权平均数，它不等于 $(b_1+b_2)/2$。

（二）直线回归的区间估计

1. 直线回归的抽样误差 在直线回归总体 $N(\alpha+\beta x,\ \sigma_\varepsilon^2)$ 中抽取若干个样本时，由于 σ_ε^2 和各样本的 a、b 值都有误差。因此由 $\hat{y}=a+bx$ 给出的点估计的精确性，决定于 $s_{y/x}^2$ 和 a、b 的误差大小。比较科学的方法应是考虑到误差的大小和坐标点的离散程度，给出一个区间估计，即给出对其总体的 α、β、$\mu_{Y/X}$ 等的置信区间。

2. 回归截距的置信区间 由式（8-2），样本回归截距 $a=\bar{y}-b\bar{x}$，而 $\bar{y}$ 和 b 的误差方差分别为 $s_{\bar{y}}^2=s_{y/x}^2/n$，$s_b^2=s_{y/x}^2/SS_x$。故根据误差合成原理，$a$ 的标准误（s_a）为

$$s_a=\sqrt{s_{\bar{y}}^2+s_b^2\bar{x}^2}=\sqrt{\frac{s_{y/x}^2}{n}+\frac{s_{y/x}^2\bar{x}^2}{SS_x}}=s_{y/x}\sqrt{\frac{1}{n}+\frac{\bar{x}^2}{SS_x}} \tag{8-17}$$

而 $(a-\alpha)/s_a$ 是遵循自由度为 $\nu=n-2$ 的 t 分布的。所以对总体回归截距 a 有 95% 置信度的置信区间为

$$L_1=a-t_{0.05}s_a,\quad L_2=a+t_{0.05}s_a \tag{8-18}$$

式（8-18）表示总体回归截距 α 在 $[L_1,\ L_2]$ 区间内的置信度为 95%。s_a 和对 α 的置信区间一般在 α 有专业意义时应用。

【例 8-6】 测定迟熟早籼"广陆矮 4 号"在 5 月 5 日至 8 月 5 日播种时（每隔 10 d 播 1

期），播种至齐穗的时间（x, d）和播种至齐穗的总积温（y, d·℃）的关系列于表 8-5，试计算其回归截距及其 95% 置信度的置信区间。

由表 8-5 可算得：$SS_x = 444.0000$，$SS_y = 55273.4022$，$SP = 4718.2000$，$\bar{x} = 58.0$，$\bar{y} = 1496.04$。

进而得：$b = 4718.2/444 = 10.63$（℃）；$a = 1496.04 - (10.63 \times 58) = 879.50$（d·℃）。

表 8-5 "广陆矮 4 号"播种至齐穗时间（x）和总积温（y）的关系

x (d)	y (d·℃)
70	1 616.3
67	1 610.9
55	1 440.0
52	1 400.7
51	1 423.3
52	1 471.3
51	1 421.8
60	1 547.1
64	1 533.0

故有直线回归方程

$$\hat{y} = 879.50 + 10.63x$$

由于

$$Q = 55273.4022 - \frac{4718.2^2}{444} = 5135.0886$$

$$s_{y/x} = \sqrt{\frac{5135.0886}{9-2}} = 27.08$$

故有

$$s_a = 27.08 \times \sqrt{\frac{1}{9} + \frac{58^2}{444}} = 75.08$$

其置信限为

$$L_1 = 879.50 - (2.36 \times 75.08) = 702.31 \text{（d·℃）}$$
$$L_2 = 879.50 + (2.36 \times 75.08) = 1056.69 \text{（d·℃）}$$

此即"广陆矮 4 号"总体从播种至齐穗所需的有效积温 a（d·℃）在区间 [702.31, 1056.69] 内的置信度为 95%。

本例，可由 SAS 中 REG 程序计算，见附录 1 的 LT8-6。

3. 回归系数的置信区间 由式（8-11）可推得总体回归系数 β 的 95% 置信度的置信区间为

$$L_1 = b - t_{0.05} s_b, \quad L_2 = b + t_{0.05} s_b \tag{8-19}$$

【例 8-7】试计算例 8-6 资料中回归系数 $b = 10.63$ 的有 95% 可靠度的置信区间。

由例 8-6 结果并据式（8-10）可算得：$s_b = 27.08/\sqrt{444} = 1.28$，故 $L_1 = 10.63 - (2.36 \times 1.28) = 7.61$（℃）；$L_2 = 10.63 + (2.36 \times 1.28) = 13.65$（℃）。此即"广陆矮 4 号"从播种至齐穗的生物学起点温度 β 值在 [7.61, 13.65] 区间内的置信度为 95%。

4. 条件总体平均数 $\mu_{Y/X}$ 的置信区间 根据回归模型的定义，每个 X 上都对应一个 Y 变数的条件总体，该条件总体的平均数为 $\mu_{Y/X}$，而其样本估计值为 $\hat{y}$。由于 $\hat{y} = \bar{y} + b(x - \bar{x})$，故 $\hat{y}$ 的标准误 $s_{\hat{y}}$ 为

$$s_{\hat{y}} = \sqrt{s_{\bar{y}}^2 + s_b^2(x-\bar{x})^2} = \sqrt{\frac{s_{y/x}^2}{n} + \frac{s_{y/x}^2}{SS_x}(x-\bar{x})^2} = s_{y/x}\sqrt{\frac{1}{n} + \frac{(x-\bar{x})^2}{SS_x}} \quad (8-20)$$

于是条件总体平均数 $\mu_{Y/X}$ 的 95% 置信区间为

$$L_1 = \hat{y} - t_{0.05}s_{\hat{y}}, \quad L_2 = \hat{y} + t_{0.05}s_{\hat{y}} \quad (8-21)$$

【例 8-8】 试根据例 8-1 资料估计：当 3 月下旬至 4 月中旬的积温为 40 旬·℃ 时，历年的第一代三化螟平均盛发期在何时（取 95% 置信度）。

将 $x=40$ 代入方程得 $\hat{y} = 48.5485 - (1.0996 \times 40) = 4.56$，再将前已算得的有关数据代入式（8-20）得

$$s_{\hat{y}} = 3.266\sqrt{\frac{1}{9} + \frac{(40-37.0778)^2}{144.6356}} = 1.35$$

故 $L_1 = 4.56 - (2.36 \times 1.35) \approx 1.4$（即 5 月 12 日）；$L_2 = 4.56 + (2.36 \times 1.35) \approx 7.7$（即 5 月 18 日），即 3 月下旬至 4 月中旬的积温为 40 旬·℃ 的年份，其第一代三化螟平均盛发期的 95% 可信度的置信区间为 $[1.4, 7.7]$，即 5 月 12—18 日。这个结果若写成 $\hat{y} \pm t_{0.05}s_{\hat{y}}$ 形式，即为当 $x=40$ 时，包括 $\mu_{Y/X}$ 在内的 95% 可信度的置信区间为 $4.56 \pm (2.36 \times 1.35) \approx 4.56 \pm 3.18$（计算过程见表 8-6）。

5. 条件总体 $Y_{(p)}$ 预测值的置信区间 每个 X 上 Y 变数条件总体的平均数 $\mu_{Y/X}$ 可由式（8-21）估计其置信区间；其个体的 $Y_{(p)}$ 的预测值及其置信区间也可由回归线做预测，称为条件总体预测值的置信区间或预测区间。这是以一定的保证概率估计任一 X 上 $Y_{(p)}$ 单个预测值的存在范围。将式（8-4）代入式（8-8），线性数学组成为 $y_i = \bar{y} + b(x - \bar{x}) + e_i$，所以其估计标准误为

$$s_{y(p)} = \sqrt{s_{\hat{y}}^2 + s_b^2(x-\bar{x})^2 + s_{y/x}^2} = \sqrt{\frac{s_{y/x}^2}{n} + \frac{s_{y/x}^2}{SS_x}(x-\bar{x})^2 + s_{y/x}^2} = s_{y/x}\sqrt{1 + \frac{1}{n} + \frac{(x-\bar{x})^2}{SS_x}}$$

$$(8-22)$$

故保证概率为 0.95 的 $Y_{(p)}$ 的预测区间为

$$L_1 = \hat{y} - t_{0.05}s_{y(p)}, \quad L_2 = \hat{y} + t_{0.05}s_{y(p)} \quad (8-23)$$

【例 8-9】 试根据例 8-1 资料，某年 3 月下旬至 4 月中旬的积温为 40 旬·℃，试估计该年的第一代三化螟盛发期在何时（取 95% 可信度）。

由例 8-8，当 $x=40$ 时 $\hat{y} = 4.56$，再由式（8-22）和式（8-23）可得

$$s_{y(p)} = 3.266\sqrt{1 + \frac{1}{9} + \frac{(40-37.0778)^2}{144.6356}} = 3.53$$

因此置信限 $L_1 = 4.56 - (2.36 \times 3.53) \approx -3.8$（即 5 月 6 日）；$L_2 = 4.56 + (2.36 \times 3.53) \approx 12.9$（即 5 月 23 日）。即某年 3 月下旬至 4 月中旬的积温为 40 旬·℃ 时，该年第一代三化螟平均盛发期的 95% 可信度的置信区间为 $[-3.8, 12.9]$，即 5 月 6—23 日。这种预测在 100 次中将有 95 次是对的。如果该虫态是防治对象，则生产上在整个置信区间内都需注意检查和防治。这个结果若写成 $\hat{y} \pm t_{0.05}s_{y(p)}$ 的形式，即为当 $x=40$ 时，包括 y 在内的 95% 可信度的置信区间为 $4.56 \pm (2.36 \times 3.53) = 4.56 \pm 8.33$（计算过程见表 8-6）。

表 8-6　例 8-1 资料 $\mu_{Y/X}$ 的置信区间和 $Y_{(p)}$ 的预测区间的计算

(1) x	(2) $\hat{y}$	$\mu_{Y/X}$ 的 95% 可信度的置信区间计算				$Y_{(p)}$ 的 95% 可信度的置信区间计算			
		(3) $s_{\hat{y}}$	(4) $t_{0.05}s_{\hat{y}}$	(5) $[L_1,$	$L_2]$	(6) $s_{y(p)}$	(7) $t_{0.05}s_{y_{(p)}}$	(8) $[L_1',$	$L_2']$
30	15.6	2.21	5.2	10.4,	20.8	3.95	9.3	6.3,	24.9
32	13.4	1.75	4.1	9.3,	17.5	2.72	8.8	4.6,	22.2
34	11.2	1.37	3.2	8.0,	14.4	3.53	8.3	2.9,	19.5
36	9.0	1.13	2.7	6.3,	11.7	3.46	8.2	0.8,	17.2
37	7.9	1.09	2.6	5.3,	10.5	3.43	8.1	−0.2,	16.0
38	6.8	1.12	2.6	4.2,	9.4	3.46	8.2	−1.4,	15.0
40	4.6	1.35	3.2	1.4,	7.8	3.53	8.3	−3.7,	12.9
42	2.4	1.72	4.1	−1.7,	6.5	3.69	8.7	−6.3,	11.1
44	0.2	2.17	5.1	−4.9,	5.3	3.92	9.3	−9.1,	9.5
46	−2.0	2.66	6.3	−8.3,	4.3	4.21	9.9	−11.9,	7.9

6. 置信区间和预测区间的图示　由于 $s_{\hat{y}}$ 和 $s_{y(p)}$ 的算式中包含有 $(x-\bar{x})^2$ 项，使 $s_{\hat{y}}$ 和 $s_{y_{(p)}}$ 的值随 x 的不同而不同。实践中经常需要由 x 来推断 $\mu_{Y/X}$ 或预测 $Y_{(p)}$，此时最好将相应的置信区间和预测区间作图，以便从图上直接读出所需的值。作图时，首先可取若干个等距的 x 值（x 取值愈密，作图愈准确），算得与其相应的 $\hat{y}$、$s_{\hat{y}}$、$s_{y_{(p)}}$ 和 $t_{0.05}s_{\hat{y}}$、$t_{0.05}s_{y(p)}$ 的值；然后再由 $\hat{y}\pm t_{0.05}s_{\hat{y}}$ 和 $\hat{y}\pm t_{0.05}s_{y_{(p)}}$ 算得各 x 上的 L_1 和 L_2 及 L_1' 和 L_2'，并标于图上；最后将 L_1 和 L_2 及 L_1' 和 L_2' 分别连成曲线即可。

【例 8-10】 试制作例 8-1 资料的 y 估计值包括 $\mu_{Y/X}$ 和 $Y_{(p)}$ 在内有 95% 可靠度置信区间图。

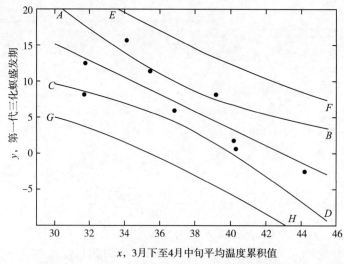

图 8-4　例 8-1 资料的 y 估计值及其 95% 置信带

首先根据测定范围确定若干个间距为 2 的 x 值于表 8-6 列（1）。由于置信区间在 $x=\bar{x}$ 时离回归线最近，故将 $\bar{x}$ 的近似值 37 也取入。然后将各 x 值代入方程 $\hat{y}=48.5485-1.0996x$，得各 $\hat{y}$ 值于列（2）。考虑到预报仅需准确到天，故 $\hat{y}$ 仅在小数点后保留一位数。再根据式（8-20）算出各 x 下的 $s_{\hat{y}}$ 和 $t_{0.05}s_{\hat{y}}$ 的值于列（3）和（4），并由 $\hat{y}\pm t_{0.05}s_{\hat{y}}$ 得 L_1 和 L_2 于列（5）。在图 8-4 中作出 $\hat{y}$ 的图像，依次标出（x，L_1）和（x，L_2）坐标点，再连接各（x，L_1）得 $\overline{CD}$ 线，连接各（x，L_2）得 $\overline{AB}$ 线。$\overline{AB}$ 和 $\overline{CD}$ 所夹的区间即为包括 $\mu_{Y/X}$ 在内有 95% 可靠度的置信区间，简称为 $\mu_{Y/X}$ 的 95% 置信带。用同样的方法可在表 8-6 列（6）、（7）、（8）算得 $s_{y(p)}$、$t_{0.05}s_{y(p)}$ 和 $\hat{y}\pm t_{0.05}s_{y(p)}$ 的值，在图 8-4 上得各（x，L_1'）的连线 $\overline{GH}$，各（x，L_2'）的连线为 $\overline{EF}$。$\overline{EF}$ 和 $\overline{GH}$ 所夹的区间即为 $Y_{(p)}$ 的 95% 的预测区间或预测带。此处 $\overline{AB}$ 与 $\overline{CD}$、$\overline{EF}$ 与 $\overline{GH}$ 都是以回归直线为轴而上下对称的。

据图 8-4，就可做出由旬积温估计第一代三化螟盛发期的各种预报。例如 3 月下旬至 4 月中旬积温为 38 旬·℃，则在图上即可查得第一代三化螟的平均盛发期在 5 月 14—19 日，个别盛发期在 5 月 8—25 日。这些预测的可靠度都是 95%。

三、直线回归的矩阵求解

对一组双变数资料进行回归分析，其计算程序可概括为：①算得 6 个一级数据：n、$\sum x$、$\sum x^2$、$\sum y$、$\sum y^2$ 和 $\sum xy$；②由一级数据算得 5 个二级数据：SS_x、SS_y、SP、$\bar{x}$ 和 $\bar{y}$；③由二级数据计算 U 和 Q 并进行 F 测验，显著后进一步算出 b 和 a，获得直线回归方程。

当将上述程序推广于多变数资料的回归分析时（第九章），计算过程将变得十分复杂。这不仅在于一级数据和二级数据的个数迅速增多，计算工作量加大，还在于一些假设测验的统计量无法用一级数据和二级数据构建。为便于一般化，以下介绍直线回归的矩阵解法。

（一）直线回归方程的矩阵解法

为便于矩阵表达，一个直线回归的样本线性方程式（8-8）可改写为

$$y_i = b_1 + b_2 x_i + e_i \qquad (i = 1、2、\cdots、n) \tag{8-24}$$

式（8-24）中的 b_1 和 b_2 分别相当于式（8-8）中的 a 和 b，即回归截距和回归系数。n 对观察值可按式（8-24）写成 n 个等式，即

$$\left. \begin{aligned} y_1 &= b_1 + b_2 x_1 + e_1 \\ y_2 &= b_1 + b_2 x_2 + e_2 \\ \cdots\ &\ \cdots\ \ \cdots\ \ \cdots \\ y_n &= b_1 + b_2 x_n + e_n \end{aligned} \right\} \tag{8-25}$$

若定义

$$\boldsymbol{Y} = \begin{pmatrix} y_1 \\ y_2 \\ \vdots \\ y_n \end{pmatrix},\ \boldsymbol{X} = \begin{pmatrix} 1 & x_1 \\ 1 & x_2 \\ \vdots & \vdots \\ 1 & x_n \end{pmatrix},\ \boldsymbol{e} = \begin{pmatrix} e_1 \\ e_2 \\ \vdots \\ e_n \end{pmatrix},\ \boldsymbol{b} = \begin{pmatrix} b_1 \\ b_2 \end{pmatrix}$$

式中，$\boldsymbol{X}$ 为系数矩阵或结构矩阵。则式（8-25）可写成矩阵形式

$$\begin{pmatrix} y_1 \\ y_2 \\ \vdots \\ y_n \end{pmatrix} = \begin{pmatrix} 1 & x_1 \\ 1 & x_2 \\ \vdots & \vdots \\ 1 & x_n \end{pmatrix} \begin{pmatrix} b_1 \\ b_2 \end{pmatrix} + \begin{pmatrix} e_1 \\ e_2 \\ \vdots \\ e_n \end{pmatrix}$$

即
$$Y=Xb+e \qquad (8-26)$$

例 8-1 资料用矩阵表示即为

$$\begin{bmatrix} 12 \\ 16 \\ \vdots \\ -1 \end{bmatrix} = \begin{bmatrix} 1 & 35.5 \\ 1 & 34.1 \\ & \vdots \\ 1 & 44.2 \end{bmatrix} \begin{pmatrix} b_1 \\ b_2 \end{pmatrix} + \begin{bmatrix} e_1 \\ e_2 \\ \vdots \\ e_n \end{bmatrix}$$

要使式 (8-26) 中的 b 成为回归统计数，必须满足 $Q=e'e=(Y-Xb)'(Y-Xb)$ 为最小。故由

$$\frac{\partial Q}{\partial b}=\frac{\partial (Y-Xb)'(Y-Xb)}{\partial b}=\frac{\partial (Y'Y-2b'X'Y+b'X'Xb)}{\partial b}=-2X'Y+2X'Xb=0$$

解得
$$X'Y-X'Xb=0$$

因此
$$b=(X'Y)^{-1}(X'Y) \qquad (8-27)$$

式 (8-27) 就是用矩阵方法求解回归统计数的基本公式。式中，$(X'X)^{-1}$ 为 $(X'X)$ 的逆矩阵。$(X'X)^{-1}$ 的元素用 c_{ij} 表示，在统计上又称 c_{ij} 为高斯乘数 (Gauss multiplier)。

例 8-1 资料用矩阵求解的过程为

$$X'X = \begin{bmatrix} n & \sum x \\ \sum x & \sum x^2 \end{bmatrix} = \begin{bmatrix} 9 & 333.7 \\ 333.7 & 12\,517.49 \end{bmatrix}$$

$$X'Y = \begin{bmatrix} \sum y \\ \sum xy \end{bmatrix} = \begin{bmatrix} 70 \\ 2\,436.4 \end{bmatrix}$$

$(X'X)^{-1}$ 可采用求解逆矩阵的行列式法计算。设一矩阵

$$A = \begin{bmatrix} a_{11} & a_{12} \\ a_{21} & a_{22} \end{bmatrix}$$

则

$$A^{-1} = \frac{1}{|A|} \begin{bmatrix} M_{11} & -M_{12} \\ -M_{21} & M_{22} \end{bmatrix}$$

式中，M_{ij} 前的正负号取决于 $i+j$ 的奇偶，偶数时为 "+"，奇数时为 "-"。M_{11} 为 A 中去掉 a_{11} 所在行、列后的子式，此处即为 a_{22}，余类推。

此处
$$A^{-1} = \frac{1}{a_{11}a_{22}-a_{12}a_{21}} \begin{bmatrix} a_{22} & -a_{21} \\ -a_{12} & a_{11} \end{bmatrix}$$

因而

$$(X'X)^{-1} = \begin{bmatrix} n & \sum x \\ \sum x & \sum x^2 \end{bmatrix}^{-1} = \frac{1}{n\sum x^2 - (\sum x)^2} \begin{bmatrix} \sum x^2 & -\sum x \\ -\sum x & n \end{bmatrix}$$

$$= \begin{bmatrix} \dfrac{\sum x^2}{n\sum x^2 - (\sum x)^2} & \dfrac{-\sum x}{n\sum x^2 - (\sum x)^2} \\ \dfrac{-\sum x}{n\sum x^2 - (\sum x)^2} & \dfrac{n}{n\sum x^2 - (\sum x)^2} \end{bmatrix} = \begin{bmatrix} c_{11} & c_{12} \\ c_{21} & c_{22} \end{bmatrix} \qquad (8-28)$$

式（8-28）中各元素对应为相应的 c_{ij} 值。

本例中

$$(\boldsymbol{X'X})^{-1} = \begin{pmatrix} 9 & 333.7 \\ 333.7 & 12\ 517.49 \end{pmatrix}^{-1}$$

$$= \frac{1}{9 \times 12\ 517.49 - 111\ 355.69} \begin{pmatrix} 12\ 517.49 & -333.7 \\ -333.7 & 9 \end{pmatrix}$$

$$= \begin{pmatrix} 9.616\ 12 & -0.256\ 35 \\ -0.256\ 35 & 0.006\ 91 \end{pmatrix}$$

该逆矩阵中的元素写成：$c_{11} = 9.616\ 12$，$c_{12} = c_{21} = -0.256\ 35$，$c_{22} = 0.006\ 91$。

$$\boldsymbol{b} = (\boldsymbol{X'X})^{-1}(\boldsymbol{X'Y}) = \begin{pmatrix} 9.616\ 12 & -0.256\ 35 \\ -0.256\ 35 & 0.006\ 91 \end{pmatrix} \begin{pmatrix} 70 \\ 2\ 436.4 \end{pmatrix} = \begin{pmatrix} 48.548\ 5 \\ -1.099\ 6 \end{pmatrix}$$

与式（8-2）和式（8-3）相比，式（8-27）用矩阵方法求解 $\boldsymbol{b}$ 的过程适合于计算机处理，而且可以直接推广于多变数的回归分析。

（二）直线回归假设测验的矩阵解法

用矩阵方法可以求得 $\boldsymbol{b}$ 向量的方差为

$$\boldsymbol{V}(\boldsymbol{b}) = \begin{pmatrix} \hat{\sigma}_{b_1}^2 & \hat{\sigma}_{b_1 b_2}^2 \\ \hat{\sigma}_{b_2 b_1}^2 & \hat{\sigma}_{b_2}^2 \end{pmatrix} = (\boldsymbol{X'X})^{-1} s_{y/x}^2 \tag{8-29}$$

因而 $\boldsymbol{b}$ 的显著性测验可表示为

$$t = \frac{b_j - \beta_{0j}}{s_{y/x} \sqrt{c_{(j+1)(j+1)}}} \qquad (j = 1、2) \tag{8-30}$$

这个 t 值的自由度为 $\nu = n - 2$。$b_j = b_1$ 时即为回归截距的测验；$b_j = b_2$ 时即为回归系数的测验。

在计算式（8-30）中离回归的标准误（$s_{y/x}$）时要用到 Q，其矩阵计算式为

$$Q = \sum (y - \hat{y})^2 = \boldsymbol{e'e} = \boldsymbol{Y'Y} - \boldsymbol{b'X'Y} \tag{8-31}$$

而总平方和（SS_y）及回归平方和（U）的矩阵计算式为

$$\left. \begin{array}{l} SS_y = \sum y^2 - \left(\sum y\right)^2 / 2 = \boldsymbol{Y'Y} - (\boldsymbol{1'Y})^2 / n \\ U = \boldsymbol{b'X'Y} - (\boldsymbol{1'Y})^2 = SS_y - Q \end{array} \right\} \tag{8-32}$$

式（8-32）中的 $\boldsymbol{1}$ 为由 n 个 1 组成的行向量：$\boldsymbol{1'} = (11\cdots1)'_{(1 \times n)}$。

例8-1 资料用矩阵计算的结果为

$$\boldsymbol{Y'Y} = \sum y^2 = 749$$

$$Q = \boldsymbol{Y'Y} - \boldsymbol{b'X'Y} = 749 - (48.548\ 5 \quad 1.099\ 6) \begin{pmatrix} 70 \\ 2\ 436.4 \end{pmatrix} = 74.667\ 0$$

$$s_{y/x} = \sqrt{\frac{Q}{n-2}} = \sqrt{\frac{74.667\ 0}{9-2}} = 3.266$$

因此对回归系数的测验为

$$t = \frac{b_2 - 0}{s_{y/x} \sqrt{c_{22}}} = \frac{-1.099\ 6}{3.266 \times \sqrt{0.006\ 91}} = -4.05$$

对回归截距的测验为

$$t = \frac{b_1 - 0}{s_{y/x} \sqrt{c_{11}}} = \frac{48.548\ 5}{3.266 \times \sqrt{9.616\ 12}} = 4.80$$

两个测验的结果同前完全一致。

第三节　直线相关

一、相关系数和决定系数

（一）相关系数

对于坐标点呈直线趋势的两个变量，如果并不需要由 x 来估计 y，而仅需了解 x 和 y 是否确有相关以及相关的性质（正相关或负相关），则首先应算出表示 x 和 y 相关密切程度及其性质的统计数——相关系数。一般以 ρ 表示总体相关系数，以 r 表示样本相关系数。

设有一个 x、y 均为随机变量的双变数总体，具有 N 对 (x, y)。若在标有这 N 个 (x, y) 坐标点的直角坐标系上移动坐标轴（图 8-5），将原点分别平移到 μ_x 和 μ_y 上，则各个点的位置不变，而所取坐标变为 $(x - \mu_x, y - \mu_y)$。并且，在象限 I，$(x - \mu_x) > 0$，$(y - \mu_y) > 0$；在象限 II，$(x - \mu_x) < 0$，$(y - \mu_y) > 0$；在象限 III，$(x - \mu_x) < 0$，$(y - \mu_y) < 0$；在象限 IV，$(x - \mu_x) > 0$，$(y - \mu_y) < 0$。因而凡落在象限 I 和象限 III 的点，$(x - \mu_x)(y - \mu_y)$ 皆为正值；凡落在象限 II 和象限 IV 的点，$(x - \mu_x)(y - \mu_y)$ 皆为负值。当 (x, y) 总体呈正相关时，落在象限 I 和象限 III 的点一定比落在象限 II 和象限 IV 的多，故 $\sum_1^N (x - \mu_x)(y - \mu_y)$ 一定为正；同时落在象限 I 和象限 III 的点所占比率愈大，此正值也愈大。当 (x, y) 总体呈负相关时，则落在象限 II 和象限 IV 的点一定比落在象限 I 和象限 III 的为多，故 $\sum_1^N (x - \mu_x)(y - \mu_y)$ 一定为负；且落在象限 II 和象限 IV 的点所占比率愈大，此负值的绝对值也愈大。如果 (x, y) 总体没有相关，则落在象限 I、象限 II、象限 III 和象限 IV 的点是均匀分散的，因而正负相消，$\sum_1^N (x - \mu_x)(y - \mu_y) = 0$。

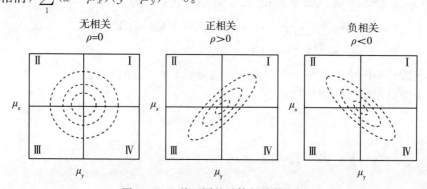

图 8-5　3 种不同的总体相关散点图

以上说明，$\sum_1^N (x - \mu_x)(y - \mu_y)$ 的值可用来度量两个变数直线相关的相关程度和性质。

但是 x 和 y 的变异程度、所取单位及 N 的大小都会影响 $\sum\limits_{1}^{N}(x-\mu_x)(y-\mu_y)$，为便于普遍应用，应消去这些因素的影响。消去的方法就是将离均差转换成以各自的标准差为单位，使成为标准化离差，再以 N 除之。因而可定义双变数总体的相关系数 ρ 为

$$\rho = \frac{1}{N}\sum_{1}^{N}\left[\left(\frac{(x-\mu_x)}{\sigma_x}\right)\left(\frac{(y-\mu_y)}{\sigma_y}\right)\right] = \frac{\sum(x-\mu_x)(y-\mu_y)}{\sqrt{\sum(x-\mu_x)^2\sum(y-\mu_y)^2}}$$

(8-33)

式（8-33）的 ρ 已与两个变数的变异程度、单位和 N 大小都没有关系，是一个不带单位的纯数，因而可用来比较不同双变数总体的相关程度和性质。式（8-33）也说明，相关系数是两个变数标准化离差的乘积之和的平均数。

当计算样本的相关系数 r 时，$\sum(x-\mu_x)(y-\mu_y)$、$\sum(x-\mu_x)^2$ 和 $\sum(y-\mu_y)^2$ 便分别以 $\sum(x-\bar{x})(y-\bar{y})$、$\sum(x-\bar{x})^2$ 和 $\sum(y-\bar{y})^2$ 取代，因而有

$$r = \frac{\sum(x-\bar{x})(y-\bar{y})}{\sqrt{\sum(x-\bar{x})^2\sum(y-\bar{y})^2}} = \frac{SP}{\sqrt{SS_x SS_y}}$$

(8-34)

上述结果是直观地建立起来的。实际上，由回归分析亦可方便地得出同样结果。前已述及，y 的平方和 $SS_y = \sum(y-\bar{y})^2$ 在回归分析时分成了两个部分，一部分是离回归平方和 $Q = \sum(y-\hat{y})^2$，另一部分是回归平方和 $U = \sum(\hat{y}-\bar{y})^2 = (SP)^2/SS_x$，后者是由 x 的不同而引起的。显然，坐标点愈靠近回归线，则 U 对 SS_y 的比率愈大，直线相关就愈密切。因此又可有定义

$$r = \sqrt{\frac{U}{SS_y}} = \sqrt{\frac{\sum(\hat{y}-\bar{y})^2}{\sum(y-\bar{y})^2}} = \sqrt{\frac{(SP)^2/SS_x}{SS_y}} = \frac{SP}{\sqrt{SS_x SS_y}}$$

上式说明，当散点图上的点完全落在回归直线上时，$Q=0$，$U=SS_y$，故 $r=\pm\sqrt{1}=\pm1$；当 y 的变异和 x 完全无关时，$U=0$，$Q=SS_y$，故 $r=\sqrt{0}=0$。所以 r 的取值区间是 $[-1, 1]$。双变数的相关程度决定于 $|r|$，$|r|$ 越接近于 1，相关越密切；越接近于 0，越可能无相关。另一方面，r 的显著与否还和自由度（ν）有关，自由度越大，抽样误差越小，r 达到显著水平 α 的值越小。r 的正或负则表示相关的性质：正的 r 值表示正相关，即 y 随 x 的增大而增大；负的 r 值表示负相关，即 y 随 x 的增大而减小。由于 r 和 b 算式中的分母部分总取正值，而分子部分都是 SP，所以相关系数的正或负，必然和回归系数一致。

（二）决定系数

决定系数（determination coefficient）定义为由 x 变异所致的 y 变异，其平方和 $U = \sum(\hat{y}-\bar{y})^2$ 占 y 总平方和 $SS_y = \sum(y-\bar{y})^2$ 的比率；也可定义为由 y 变异所致的 x 的平方和 $U' = \sum(\hat{x}-\bar{x})^2$ 占 x 总平方和 $SS_x = \sum(x-\bar{x})^2$ 的比率，其值为

$$r^2 = \frac{(SP)^2/SS_x}{SS_y} = \frac{(SP)^2/SS_y}{SS_x} = \frac{(SP)^2}{SS_x SS_y}$$

(8-35)

所以决定系数即相关系数 r 的平方值。决定系数和相关系数的区别在于：① 除了 $|r|=1$

和 $r=0$ 的情况外，r^2 总是小于 $|r|$。这就可以防止对相关系数所表示的相关程度做夸张的解释。例如 $r=0.5$ 时，只是说明由 x 的不同而引起的 y 变异（或由 y 的不同而引起的 x 变异）平方和仅占 y 总变异（或 x 总变异）平方和的 0.25，即 25%，而不是 50%。② r 是可正可负的，而 r^2 则一律无负值，其取值区间为 $[0,1]$。因此在相关分析中将两者结合起来是可取的，即由 r 的正或负表示相关的性质，由 r^2 的大小表示相关的程度。

（三）相关系数和决定系数的计算

【例 8-11】试计算例 8-1 资料 3 月下旬至 4 月中旬积温和第一代三化螟盛发期的相关系数和决定系数。

在例 8-1 已算得该资料的 $SS_x=144.635\,6$，$SS_y=249.555\,6$，$SP=-159.044\,4$，故代入式（8-34）有

$$r=\frac{-159.044\,4}{\sqrt{144.635\,6\times249.555\,6}}=-0.837\,1$$

代入式（8-35）有

$$r^2=\frac{(-159.044\,4)^2}{144.635\,6\times249.555\,6}=0.700\,8$$

以上结果表明，第一代三化螟盛发期与 3 月下旬至 4 月中旬的积温呈负相关，即积温愈高，第一代三化螟盛发期愈早。在第一代三化螟盛发期的变异中有 70.08% 是由 3 月下旬至 4 月中旬的积温不同造成的。

二、相关系数的假设测验

（一）$\rho=0$ 的假设测验

这是测验一个样本相关系数 r 所来自的总体相关系数 ρ 是否为 0，所做的假设为 $H_0:\rho=0$ 对 $H_A:\rho\neq0$。由于抽样误差，从 $\rho=0$ 的总体中抽得的 r 并不一定为 0。所以为了判断 r 所代表的总体是否确有直线相关，必须测定实得 r 值来自 $\rho=0$ 的总体的概率。只有在这个概率小于 0.05 时，才能冒 5% 以下的危险，推断这个样本所属的总体是有线性相关的。

在 $\rho=0$ 的总体中抽样，r 的分布随样本容量（n）的不同而不同。$n=2$ 时 r 的取值只有 (-1) 和 1 两种，其概率各为 0.5；$n=3$ 时 r 的分布呈 U 形，即 $r=0$ 的概率密度最小，r 愈趋向 ±1，概率密度愈大；$n=4$ 时分布成矩形，即 r 在 $[-1,1]$ 范围内具有相同的概率密度；只有当 $n\geqslant5$ 时 r 的抽样分布才逐渐转为钟形，并趋于 t 分布。由于 r 的取值区间只有 $[-1,1]$，已知 r 的抽样误差（s_r）为

$$s_r=\sqrt{(1-r^2)/(n-2)} \qquad (8-36)$$

当 $\rho=0$ 时，有

$$t=r/s_r=r/\sqrt{(1-r^2)/(n-2)}=r\sqrt{(n-2)}/\sqrt{1-r^2} \qquad (8-37)$$

此 t 值遵循自由度为 $\nu=n-2$ 的 t 分布，由之可测验 $H_0:\rho=0$。

【例 8-12】试测验例 8-11 所得 $r=-0.837\,1$ 的显著性。

由式（8-36）可得

$$s_r=\sqrt{[1-(-0.837\,1)^2]/(9-2)}=0.206\,7$$

代入式（8-37）得

$$t=-0.837\,1/0.206\,7=-4.05$$

查附表 3 得，$t_{0.01,7} = 3.50$，现实得 $|t| = 4.05 > t_{0.01} = 3.50$，所以 $H_0 : \rho = 0$ 被否定，$H_A : \rho \neq 0$ 被接受，r 在 $\alpha = 0.01$ 水平上显著。即此 $r = -0.837\,1$ 说明 3 月下旬至 4 月中旬积温和第一代三化螟盛发期是有真实直线相关的，且积温愈高，三化螟的盛发期愈早（y 愈小）。

本例 $t = -4.05$ 和该资料在例 8-3 做回归系数的假设测验时的 $t = -4.05$ 完全相同。这不是偶然巧合，而是必然结果。对于同一资料来说，线性回归的显著性和线性相关的显著性一定等价。

由于自由度（ν）一定时，$t_{0.05}$ 和 $t_{0.01}$ 值都是一定的，因而将式（8-37）移项，即可得到自由度（ν）和显著水平（α）一定时的临界 r 值

$$r_\alpha = \sqrt{t_\alpha^2 / (\nu + t_\alpha^2)} \tag{8-38}$$

附表 8 中，$\alpha = 0.05$ 和 $\alpha = 0.01$ 的临界 r 值，就是根据式（8-38）算出的。例如 $\nu = 7$ 时，$t_{0.05} = 2.365$，$t_{0.01} = 3.449$，故 $\alpha = 0.05$ 的临界 r 值为 $r_{0.05} = \sqrt{2.365^2 / (7 + 2.365^2)} = 0.666$；$\alpha = 0.01$ 的临界 r 值为 $r_{0.01} = \sqrt{3.499^2 / (7 + 3.499^2)} = 0.798$。这就是说，实得 $|r| \geqslant 0.666$ 为 $\alpha = 0.05$ 水平上显著，$|r| \geqslant 0.798$ 为 $\alpha = 0.01$ 水平上显著。因此算得 r 后，只要查一下附表 8，就可确定 $H_0 : \rho = 0$ 被接受还是被否定。

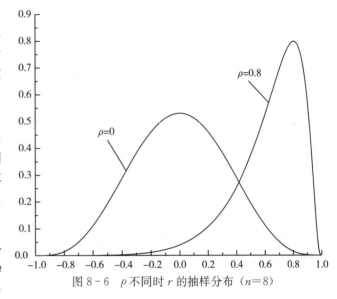

图 8-6　ρ 不同时 r 的抽样分布（$n = 8$）

（二）$\rho = C$ 的假设测验

这是测验一个实得的相关系数（r）与某一指定的或理论的相关系数（C）是否有显著差异，其统计假设为 $H_0 : \rho = C$ 对 $H_A : \rho \neq C$。

在 $\rho \neq 0$ 时，r 的抽样分布具有很大的偏态（图 8-6），且随 n 和 ρ 的取值而异，类似式（8-37）的转换已不再能由 t 分布逼近。但是如将 r 转换为 z 值，即

$$z = \frac{1}{2} \ln \left(\frac{1+r}{1-r} \right) \quad (r > 0)$$

或

$$z = -\frac{1}{2} \ln \left(\frac{1+|r|}{1-|r|} \right) \quad (r < 0) \tag{8-39}$$

则 z 近似于正态分布，其平均数为 μ_z 和标准差为 σ_z，即

$$\mu_z = \frac{1}{2} \ln \left(\frac{1+\rho}{1-\rho} \right) \quad (\rho > 0)$$

或

$$\mu_z = -\frac{1}{2} \ln \left(\frac{1+|\rho|}{1-|\rho|} \right) \quad (\rho < 0) \tag{8-40}$$

且

$$\sigma_z = 1/\sqrt{n-3} \tag{8-41}$$

因此可得

$$u = \frac{z - \mu_z}{\sigma_z} \tag{8-42}$$

由 u 可测验 $H_0: \rho = C$。

附表 9 为 r 和 z 的转换表，可供查用；如若不敷需要，可作插值或直接由式（8-39）和式（8-40）计算。

【例 8-13】 已算得表 8-1 资料的 $r = -0.8371$，试测验其与 $\rho = -0.80$ 的差异显著性。

根据式（8-39）至式（8-42）得

$$z = -\frac{1}{2}\ln\left(\frac{1+0.8371}{1-0.8371}\right) = -1.2114$$

$$\mu_z = -\frac{1}{2}\ln\left(\frac{1+0.80}{1-0.80}\right) = -1.0986$$

$$\sigma_z = \frac{1}{\sqrt{9-3}} = 0.408$$

$$u = \frac{-1.2114 - (-1.0986)}{0.408} = -0.28$$

已知 $u_{0.05} = 1.96$，现 $|u| = 0.28$，所以应接受 $H_0: \rho = -0.80$，即 $r = -0.8371$ 可能取自 $\rho = -0.80$ 的总体。

（三）$\rho_1 = \rho_2$ 的假设测验

这是测验两个样本相关系数 r_1 和 r_2 所分别来自的总体相关系数 ρ_1 和 ρ_2 是否相等，因此有 $H_0: \rho_1 = \rho_2$ 对 $H_A: \rho_1 \neq \rho_2$。由于 r 转换成 z 后才近似正态分布，故这个测验也必须经由式（8-39）和式（8-40）的 z 转换进行。两个 z 值的差数标准误（$\sigma_{z_1-z_2}$）为

$$\sigma_{z_1-z_2} = \sqrt{\frac{1}{n_1-3} + \frac{1}{n_2-3}} \tag{8-43}$$

故得

$$u = \frac{(z_1 - z_2) - (\mu_{z_1} - \mu_{z_2})}{\sigma_{z_1-z_2}} \tag{8-44}$$

由 u 可测验 $H_0: \mu_{z_1} = \mu_{z_2}$，亦即测验 $H_0: \rho_1 = \rho_2$。

【例 8-14】 由表 8-4 资料可算得叶片长宽乘积和叶面积的相关系数，"七叶白"的相关系数（r_1）和"石榴子"的相关系数（r_2）分别为

$$r_1 = 942483/\sqrt{1351824 \times 658513} = 0.9989 \quad (n_1 = 22)$$

$$r_2 = 743652/\sqrt{1070822 \times 516863} = 0.9996 \quad (n_2 = 18)$$

试测验这两个相关系数差数的显著性。

由式（8-39）可得，$r_1 = 0.9989$ 时，有

$$z_1 = \frac{1}{2}\ln\left(\frac{1+0.9989}{1-0.9989}\right) = 3.7525$$

$r_2 = 0.9996$ 时，有

$$z_2 = -\frac{1}{2}\ln\left(\frac{1+0.9996}{1-0.9996}\right) = 4.2585$$

由式（8-43）得

$$\sigma_{z_1-z_2} = \sqrt{\frac{1}{22-3} + \frac{1}{18-3}} = 0.3454$$

因此

$$u = \frac{4.2585 - 3.7525}{0.3454} = 1.465$$

这一 u 值小于临界值，所以 $H_0: \rho_1 = \rho_2$ 应被接受，即认为"七叶白"和"石榴子"两品种的叶片长宽乘积与叶面积的相关程度是一致的。

在 $H_0: \rho_1 = \rho_2$ 被接受时，应将 r_1 和 r_2 合并为一个 r 来表示整个资料的相关情况。合并的方法是将两样本的平方和及乘积和分别相加后再代入式（8-34）。本例中合并的 r 值为

$$
\begin{aligned}
r &= \frac{SP_1 + SP_2}{\sqrt{(SS_{x_1} + SS_{x_2})(SS_{y_1} + SS_{y_2})}} \\
&= \frac{743\ 652 + 942\ 483}{\sqrt{(1\ 070\ 822 + 1\ 351\ 824) \times (516\ 863 + 658\ 513)}} \\
&= 0.999\ 2
\end{aligned}
$$

即"七叶白"和"石榴子"两品种叶片长宽乘积和叶面积的关系，有共同的相关系数 $r = 0.999\ 2$。

第四节　直线回归与相关的内在关系和应用要点

一、直线回归与相关的内在关系

直线回归与相关的性质或方向（正或负）相同，显著性测验等价，说明二者存在着必然的联系。事实上，回归与相关间还有以下一些内在的联系。

1. 相关系数是标准化的回归系数　回归系数 b 是有单位的，但若对 b 做消去单位的标准化处理，即对 b 中 x 和 y 的离均差以各自的标准差 s_x 和 s_y 为单位，则有

$$
\begin{aligned}
\frac{\sum \left(\dfrac{x - \bar{x}}{s_x}\right)\left(\dfrac{y - \bar{y}}{s_y}\right)}{\sum \left(\dfrac{x - \bar{x}}{s_x}\right)^2} &= \frac{\sum (x - \bar{x})(y - \bar{y})}{s_x s_y} \cdot \frac{s_x^2}{\sum (x - \bar{x})^2} \\
&= \frac{\sum (x - \bar{x})(y - \bar{y})}{\sqrt{\sum (y - \bar{y})^2}} \cdot \frac{\sqrt{\sum (x - \bar{x})^2}}{\sum (x - \bar{x})^2} \\
&= \frac{\sum (x - \bar{x})(y - \bar{y})}{\sqrt{\sum (x - \bar{x})^2 \sum (y - \bar{y})^2}} = \frac{SP}{\sqrt{SS_x SS_y}} = r
\end{aligned}
$$

所以，有时把相关系数称为标准回归系数。

2. 相关系数（r）是 y 依 x 的回归系数（$b_{y/x}$）和 x 依 y 的回归系数（$b_{x/y}$）的几何平均数　若对同一资料计算 x 依 y 的回归，则有 $b_{x/y} = SP/SS_y$，则有

$$
\sqrt{b_{y/x} \cdot b_{x/y}} = \sqrt{\frac{SP}{SS_x} \cdot \frac{SP}{SS_y}} = \sqrt{\frac{SP^2}{SS_x \cdot SS_y}} = \sqrt{r^2} = r
$$

3. 线性回归方程也可用相关系数表示　因为

$$
b_{y/x} = \frac{SP}{SS_x} = \frac{SP}{\sqrt{SS_x SS_y}} \cdot \frac{\sqrt{SS_y}}{\sqrt{SS_x}} = r \cdot \frac{s_y}{s_x}
$$

所以由式（8-4）表示的回归方程可改写成

$$
\hat{y} = \bar{y} + r \cdot \frac{s_y}{s_x}(x - \bar{x})
$$

4. 线性回归和离回归的平方和也可用相关系数表示 即有

$$U=\frac{SP^2}{SS_x}=\frac{SP^2}{SS_xSS_y}\cdot SS_y=r^2SS_y$$

$$Q=SS_y-U=(1-r^2)SS_y$$

上述表示方法可帮助我们理解回归的意义和 x 变数对 y 作用的大小。由此可见在回归分析中引入统计数 r 是有意义的。

二、直线回归和相关的应用要点

直线回归和相关分析由于方法简单、结果直观，在科学研究乃至社会生活的各个方面都得到了广泛的应用，是普及和应用最广的统计方法之一。但因为其简单，实践中也出现了不少的误用，或者对结果的不恰当的解释与推断。为了正确应用这一工具，特提出以下应用要点。

1. 回归和相关分析要有学科专业知识作指导 变数间是否存在相关以及在什么条件下会发生什么相关等问题，都必须由各具体学科本身来决定。客观规律要由各具体学科根据自己的理论和实践去发现，回归和相关分析只是作为一种工具，帮助完成有关的认识和解释。如果不以一定的科学依据为前提，把风马牛不相及的资料随意地凑到一起做回归或相关分析，那是根本性的错误。

2. 要严格控制研究对象（x 和 y）以外的有关因素 即要在 x 和 y 的变化过程中尽量使其他因素保持稳定一致。由于自然界各种事物间的相互联系和相互制约，一事物的变化通常都会受到许多其他事物的影响。因此如果仅研究该事物（y）和另一事物（x）的关系，则要求其余事物的均匀性必须得到尽可能严格的控制。否则回归和相关分析有可能导致完全虚假的结果。例如研究种植密度和产量的关系，由于品种、播种期、肥水条件等的不同也影响产量，所以这些条件必须尽可能地控制一致，才能比较真实地反映出密度和产量的关系。

3. 直线回归和相关分析结果不显著，并不意味着 x 和 y 没有关系 这只说明 x 和 y 没有显著的线性关系，它并不能排除两变数间存在曲线关系的可能性（参见第十章）。

4. 一个显著的 r 或 b 并不代表 x 和 y 的关系就一定是线性的 因为它并不排斥能够更好地描述 x 和 y 的各种曲线的存在。一般地说，如 x 和 y 的真实关系是抛物线、双曲线或指数曲线等，当仅仅观察（x，y）的某一区间时，完全有可能给出一个极显著的线性关系。对这个问题的正确认识亦有赖于专业知识的支持。

5. 虽然显著的线性相关和回归并不意味着 x 和 y 的真实关系就是线性，但在农学和生物学研究中要发现 x 和 y 的真实的曲线关系又是相当困难的 因此在 x 和 y 的一定区间内，用线性关系做近似描述是允许的，它的精确度至少要比仅用 $\bar{y}$ 描述 y 变数有显著提高。但是研究结果的适用范围应加以限制，一般应以观察区间为准。例如例 8-1 资料，3 月下旬至 4 月中旬平均温度累积值的观察区间是 [31.7，44.2]，用线性方程 $\hat{y}=48.5-1.1x$ 预测第一代三化螟的盛发期，必须限制 x 的取值区间为 [31.7，44.2]。外推到这一区间之外是危险的，因为该区间外的 x 和 y 的关系是否仍为线性，测验未给出任何信息。

6. 一个显著的相关或回归并不一定具有实践上的预测意义 例如由附表 8 可知，当自由度 $\nu=50$ 时，$|r|=0.273$ 即显著，但这表明 x 和 y 可用线性关系说明的部分仅占总变异的 7.4%，未被说明的部分高达 92.6%，显然由 x 预测 y 并不可靠。一般而言，当需要由

x 预测 y 时，$|r|$ 必须在 0.7 以上，此时 y 的变异将有 49% 以上可以为 x 的变异说明。

7. 样本容量尽可能大，x 变数的取值范围尽可能宽 为了提高回归和相关分析的准确性，两个变数的样本容量 n 要尽可能大一些，至少应在 5 对以上。同时，x 变数的取值范围也应尽可能宽些，这样一方面可降低回归方程的误差〔见式（8-10）〕，另一方面也能及时发现 x 和 y 间可能存在的曲线关系。

习 题

1. 什么称为回归分析？直线回归方程和回归截距、回归系数的统计意义各是什么？如何计算？如何对直线回归进行假设测验和区间估计？

2. s_a、s_b、$s_{y/x}$、$s_{\hat{y}}$、$s_{y(p)}$ 各具什么意义？如何计算（思考各计算式的异同）？

3. 什么称为相关分析？相关系数、决定系数各有什么具体意义？如何计算？如何对相关系数做假设测验？

4. 测得不同浓度的葡萄糖溶液（x，mg/L）在某光电比色计上的消光度（y）如下表，试计算：（1）直线回归方程 $\hat{y}=a+bx$，并作图；（2）对该回归方程做假设测验；（3）测得某样品的消光度为 0.60，试估算该样品的葡萄糖浓度。

x	0	5	10	15	20	25	30
y	0.00	0.11	0.23	0.34	0.46	0.57	0.71

〔参考答案：（1）$\hat{y}=-0.005\,727+0.023\,429x$，（2）$H_0$ 被否定，（3）25.85 mg/L〕

5. 测得广东阳江 $\leqslant 25\,℃$ 的始日（x）与黏虫幼虫暴食高峰期（y）的关系如下表（x 和 y 皆以 8 月 31 日为 0）。试分析：（1）$\leqslant 25\,℃$ 的始日可否用于预测黏虫幼虫的暴食期？（2）回归方程及其估计标准误；（3）若某年 9 月 5 日是 $\leqslant 25\,℃$ 的始日，则有 95% 可靠度的黏虫暴食期在何期间？

年份	54	55	56	57	58	59	60
x	13	25	27	23	26	1	15
y	50	55	50	47	51	29	48

〔参考答案：（1）$r=0.842\,4$；（2）$\hat{y}=33.296\,0+0.745\,6x$，$s_{y/x}=4.96$；（3）9 月 22 日—10 月 23 日〕

6. 研究水稻每个单茎蘖的饱粒质量（y，g）和单茎蘖质量（包括谷粒）（x，g）的关系，测定 52 个早熟"桂花黄"单茎蘖，得：$SS_x=234.418\,3$，$SS_y=65.838\,6$，$SP=123.172\,4$，$b=0.525\,4$，$r=0.99$；测定 49 个"金林引"单茎蘖，得 $SS_x=65.795\,0$，$SS_y=18.633\,4$，$SP=33.590\,5$，$b=0.510\,5$，$r=0.96$。试对两回归系数和相关系数的差异做假设测验，并解释所得结果的意义。

〔参考答案：$s_{b_1-b_2}=0.022\,9$，$t<1$；$s_{z_1-z_2}=0.205\,3$，$u=3.413$〕

多元回归和相关

第一节　多元回归

第八章所讨论的回归是依变数 y 对一个自变数 x 的直线回归，称为一元直线回归，也称为简单回归。本节要讨论的是依变数依两个或两个以上自变数的回归，称为多元回归或复回归（multiple regression），主要内容有：①确定各个自变数对依变数的各自效应和综合效应，即建立由各个自变数描述和预测依变数反应量的多元回归方程；②对上述综合效应和各自效应的显著性进行测验，并在大量自变数中选择仅对依变数有显著效应的自变数，建立最优多元回归方程；③评定各个自变数对依变数的相对重要性，以便研究者抓住关键，能动地调控依变数的响应量。

一、多元线性回归方程

（一）多元回归的线性模型和多元回归方程式

若依变数 y 同时受到 m 个自变数 x_1、x_2、$\cdots$、x_m 的影响，且这 m 个自变数皆与 y 呈线性关系，则这 $m+1$ 个变数的关系就形成 m 元线性回归。因此一个 m 元线性回归总体的线性模型为

$$y_i = \beta_0 + \beta_1 x_{i1} + \beta_2 x_{i2} + \cdots + \beta_m x_{im} + \varepsilon_i \tag{9-1}$$

式中，$\varepsilon_i \sim N(0, \sigma_\varepsilon^2)$。相应地，一个 m 元线性回归的样本观察值组成为

$$y_i = b_0 + b_1 x_{i1} + b_2 x_{i2} + \cdots + b_m x_{im} + e_i \tag{9-2}$$

这里，$i=1$、2、$\cdots$、n，代表第 i 组观察值；$j=1$、2、$\cdots$、m，代表第 j 个自变数。

在一个具有 n 组观察值的样本中，第 i 组观察值（$i=1$、2、$\cdots$、n）可表示为（x_{i1}，x_{i2}，$\cdots$，x_{im}，y_i），便是 $M=m+1$ 维空间中的一个点。

同理，一个 m 元线性回归方程可给定为

$$\hat{y} = b_0 + b_1 x_1 + b_2 x_2 + \cdots + b_m x_m \tag{9-3}$$

式（9-3）中，b_0 是 x_1、x_2、$\cdots$、x_m 都为 0 时 y 的点估计值；b_1 是 $b_{y1 \cdot 23 \cdots m}$ 的简写，它是在 x_2、x_3、$\cdots$、x_m 皆保持一定时，x_1 每增加 1 个单位对 y 的效应，称为 x_2、x_3、$\cdots$、x_m 不变（取常量）时 x_1 对 y 的偏回归系数（partial regression coefficient）；b_2 是 $b_{y2 \cdot 13 \cdots m}$ 的简写，它是在 x_1、x_3、$\cdots$、x_m 皆保持一定时，x_2 每增加 1 个单位对 y 的效应，称为 x_1、x_3、$\cdots$、x_m 不变（取常量）时 x_2 对 y 的偏回归系数；依此类推，b_m 是 x_m 对 y 的偏回归

系数。

在多元回归系统中，b_0 是调节回归响应面的一个参数；$b_j(j=1、2、\cdots、m)$ 表示了各个自变数（x_j）对依变数（y）的各自效应，而 $\hat{y}$ 则是通过所有自变数对依变数的综合效应的估计结果。

（二）多元回归统计数的计算

由 n 组观察值求解 m 元线性回归方程，可按第八章第二节中"直线回归的矩阵求解"所介绍的方法进行。

n 组观察值按式（9-2）形成 n 个等式，用矩阵表示则为

$$\begin{bmatrix} y_1 \\ y_2 \\ \vdots \\ y_n \end{bmatrix} = \begin{bmatrix} 1 & x_{11} & \cdots & x_{1m} \\ 1 & x_{21} & \cdots & x_{2m} \\ \vdots & \vdots & & \vdots \\ 1 & x_{n1} & \cdots & x_{nm} \end{bmatrix} \begin{bmatrix} b_0 \\ b_1 \\ \vdots \\ b_m \end{bmatrix} + \begin{bmatrix} e_1 \\ e_2 \\ \vdots \\ e_n \end{bmatrix}$$

即
$$y = Xb + e \tag{9-4}$$

与式（8-26）相比，式（9-4）中的矩阵 X 为 $n\times(m+1)$ 阶而非简单回归的 $n\times2$ 阶，列向量 b 为 $(m+1)$ 阶而非简单回归的 2 阶。

由最小二乘法求 b 的过程与第八章相同，结果为
$$b = (X'X)^{-1}(X'Y) \tag{9-5}$$

式（9-5）与式（8-27）形式相同，只是这里的 $X'X$ 为 $(m+1)\times(m+1)$ 阶，列向量 $X'Y$ 为 $(m+1)$ 阶。

【例 9-1】 测定 13 块中籼"南京 11"高产田的每亩穗数（x_1，万）、每穗粒数（x_2）和每亩稻谷产量（y，kg），得结果于表 9-1。试建立每亩穗数、每穗粒数对亩产量的二元线性回归方程。

表 9-1 "南京 11"高产田每亩穗数（x_1）、每穗粒数（x_2）和亩产量（y）的关系

x_1	26.7	31.3	30.4	33.9	34.6	33.8	30.4	27.0	33.3	30.4	31.5	33.1	34.0
x_2	73.4	59.0	65.9	58.2	64.6	64.6	62.1	71.4	64.5	64.1	61.1	56.0	59.8
y	504	480	526	511	549	552	496	473	537	515	502	498	523

注：1 亩=1/15 hm^2。

用矩阵方法求解回归方程的过程为

$$X = \begin{bmatrix} 1 & 26.7 & 73.4 \\ 1 & 31.3 & 59.0 \\ \vdots & \vdots & \vdots \\ 1 & 34.0 & 59.8 \end{bmatrix}, \quad Y = \begin{bmatrix} 504 \\ 480 \\ \vdots \\ 523 \end{bmatrix}$$

$$X'X = \begin{bmatrix} n & \sum x_1 & \sum x_2 \\ \sum x_1 & \sum x_1^2 & \sum x_1 x_2 \\ \sum x_2 & \sum x_2 x_1 & \sum x_2^2 \end{bmatrix} = \begin{bmatrix} 13 & 410.4 & 824.7 \\ 410.4 & 13\,035.62 & 25\,925.04 \\ 824.7 & 25\,925.04 & 52\,613.61 \end{bmatrix}$$

$$X'Y = \begin{pmatrix} \sum y \\ \sum x_1 y \\ \sum x_2 y \end{pmatrix} = \begin{pmatrix} 6\ 666 \\ 210\ 913.4 \\ 422\ 899.2 \end{pmatrix}$$

按求解逆矩阵的行列式法*，解得

$$(X'X)^{-1} = \begin{pmatrix} 92.461\ 294\ 42 & -1.427\ 925\ 82 & -0.745\ 696\ 70 \\ -1.427\ 925\ 82 & 0.025\ 880\ 47 & 0.009\ 629\ 79 \\ -0.745\ 696\ 70 & 0.009\ 629\ 79 & 0.006\ 962\ 52 \end{pmatrix}$$

因此由式（9-5）得

$$b = (X'X)^{-1}(X'Y)$$

$$= \begin{pmatrix} 92.461\ 294\ 42 & -1.427\ 925\ 82 & -0.745\ 696\ 70 \\ -1.427\ 925\ 82 & 0.025\ 880\ 47 & 0.009\ 629\ 79 \\ -0.745\ 696\ 70 & 0.009\ 629\ 79 & 0.006\ 962\ 52 \end{pmatrix} \begin{pmatrix} 6\ 666 \\ 210\ 913.4 \\ 422\ 899.2 \end{pmatrix}$$

$$= \begin{pmatrix} -176.240\ 17 \\ 12.416\ 41 \\ 4.682\ 22 \end{pmatrix}$$

故表9-1资料的二元线性回归方程为

$$\hat{y} = -176.240\ 17 + 12.416\ 41x_1 + 4.682\ 22x_2$$

或简写成

$$\hat{y} = -176.24 + 12.42x_1 + 4.68x_2$$

上式的意义为当每穗粒数（x_2）保持同一水平时，每亩穗数（x_1）每增加1（万），亩产量将平均增加12.4 kg；当每亩穗数（x_1）保持同一水平时，每穗粒数每增加1（粒），亩产量将平均增加4.7 kg。如果此回归关系是真实的（见下文），则该方程可用于描述表9-1资料。但是和在两个变数中讨论过的一样，宜限定该方程的自变数范围：x_1 的区间是 $[26.7,\ 34.6]$，x_2 的区间是 $[56.0,\ 73.4]$。外延不一定真实，要十分谨慎；否则，$b_0 = -176.2$ 就成为不可理解的了。

用矩阵方法求解多元回归方程的难点是逆矩阵的计算。本例采用了行列式解法，是为简单地说明求解过程，实际上统计软件（如SAS等）都采用矩阵算法，并已编制软件可供直接选用。这里限于篇幅，不再详细介绍矩阵运算的方法。SAS中，用REG过程可求解本例题，见附录1的LT9-1。

---

* 求解逆矩阵的行列式法：

设 $A = \begin{pmatrix} a_{11} & a_{12} & a_{13} \\ a_{21} & a_{22} & a_{23} \\ a_{31} & a_{32} & a_{33} \end{pmatrix}$，则 $A^{-1} = \dfrac{1}{|A|} \begin{pmatrix} M_{11} & -M_{12} & M_{13} \\ -M_{21} & M_{22} & -M_{23} \\ M_{31} & -M_{32} & M_{33} \end{pmatrix}$

M_{ij} 前的正负号依 $i+j$ 的和的奇偶而定，当 $i+j$ 为偶数时为"+"，奇数时"−"。

M_{11} 为 A 中去掉 a_{11} 所在行、列后剩下的子式 $\begin{vmatrix} a_{22} & a_{23} \\ a_{32} & a_{33} \end{vmatrix} = a_{22}a_{33} - a_{23}a_{32}$

M_{12} 为 A 中去掉 a_{12} 所在行、列后剩下的子式 $\begin{vmatrix} a_{21} & a_{23} \\ a_{31} & a_{33} \end{vmatrix} = a_{21}a_{33} - a_{23}a_{31}$

其余依此类推。此法可推广至求解更高阶的逆矩阵。

（三）多元回归方程的估计标准误

由式（9-5）解得的 **b** 代入式（9-3）后得到的多元回归方程，满足 $Q=\sum(y-\hat{y})^2=$ 最小。Q 是离回归平方和或回归剩余平方和，它反映了回归估计值 $\hat{y}$ 和实测值 y 之间的差异。为与第八章两个变数的离回归平方和 Q 有所区别，这里记作 $Q_{y/12\cdots m}$；由于在计算多元回归方程时用了 b_1、b_2、$\cdots$、b_m 和 b_0 共 $m+1$ 个统计数，其自由度为 $\nu=n-(m+1)$。因此定义多元回归方程的估计标准误（$s_{y/12\cdots m}$）为

$$s_{y/12\cdots m}=\sqrt{\frac{Q_{y/12\cdots m}}{n-(m+1)}} \tag{9-6}$$

多元回归分析中，y 变数的总平方和（SS_y）仍然可分解为回归平方和（记作 $U_{y/12\cdots m}$）和离回归平方和（$Q_{y/12\cdots m}$）两部分，相应的计算公式为

$$\left.\begin{array}{l}SS_y=\boldsymbol{Y'Y}-(\boldsymbol{1'Y})^2/n\\ Q_{y/12\cdots m}=\boldsymbol{Y'Y}-\boldsymbol{b'X'Y}\\ U_{y/12\cdots m}=\boldsymbol{b'X'Y}-(\boldsymbol{1'Y})^2/n=SS_y-Q_{y/12\cdots m}\end{array}\right\} \tag{9-7}$$

【例 9-2】试计算表 9-1 资料二元回归方程 $\hat{y}=-176.2+12.4x_1+4.7x_2$ 的估计标准误。

在例 9-1 已算得 **b** 和 $\boldsymbol{X'Y}$，再由 **Y** 列向量得 $\boldsymbol{Y'Y}=3\,425\,194$，由式（9-7）得

$$Q_{y/12}=3\,425\,194-(-176.240\,165\,59\quad 12.416\,410\,48\quad 4.682\,220\,55)\begin{pmatrix}6\,666\\210\,913.4\\422\,899.2\end{pmatrix}$$

$$=1\,116.266\,8$$

所以有，$s_{y/12}=\sqrt{1\,116.266\,8/(13-3)}=10.565$（kg）。此 10.565 kg 就是用二元回归方程由表 9-1 的每亩穗数、每穗粒数估计其产量的标准误。

二、多元回归的假设测验

（一）多元回归关系的假设测验

多元回归关系的假设测验，就是测验 m 个自变数对 y 共同作用的效应是否显著。若令回归方程中 b_1、b_2、$\cdots$、b_m 的总体回归系数为 β_1、β_2、$\cdots$、β_m，则这个测验所对应的假设为 $H_0:\beta_1=\beta_2=\cdots=\beta_m=0$ 对 $H_A:\beta_i$ 不全为 0。

由于多元回归下 SS_y 可分解为 $U_{y/12\cdots m}$ 和 $Q_{y/12\cdots m}$ 两部分，$U_{y/12\cdots m}$ 由 x_1、x_2、$\cdots$、x_m 的不同所引起，其自由度为 $\nu=m$；$Q_{y/12\cdots m}$ 与 x_1、x_2、$\cdots$、x_m 的不同无关，其自由度为 $\nu=n-(m+1)$，由之得到 F 值为

$$F=\frac{U_{y/12\cdots m}/m}{Q_{y/12\cdots m}/[n-(m+1)]} \tag{9-8}$$

由 F 值即可测验多元回归关系的显著性。

【例 9-3】试对表 9-1 资料做多元回归关系的假设测验。

在例 9-2 中已算得 $Q_{y/12}=1\,116.266\,8$ 和 $\boldsymbol{Y'Y}=3\,425\,194$，再由表 9-1 资料求得 $\boldsymbol{1'Y}=6\,666$，因此由式（9-7）可得

$$SS_y=\boldsymbol{Y'Y}-(\boldsymbol{1'Y})^2/n=3\,425\,194-(6\,666)^2/13=7\,074.307\,7$$

$$U_{y/12}=SS_y-Q_{y/12}=7\,074.307\,7-1\,116.266\,8=5\,958.040\,9$$

将这些结果归成方差分析表（表 9-2）。当 $\nu_1 = 2$、$\nu_2 = 10$ 查附表 4 可得 $F_{0.01} = 7.56$。实得 $F = 26.69 > F_{0.01}$，说明 H_0 应被否定，即表 9-1 的 x_1 和 x_2 与 y 确有真实二元线性回归关系。

表 9-2　表 9-1 资料多元回归的方差分析

变异来源	DF	SS	MS	F	P(>F)
二元回归	2	5 958.04	2 979.02	26.69**	<0.000 1
离回归	10	1 116.27	111.63		
总变异	12	7 074.31			

回归关系的假设测验可由 SAS 中 REG 过程完成，见附录 1 的 LT9-1。

（二）偏回归关系的假设测验

上述多元回归关系的假设测验只是一个综合性的测验，它的显著表明自变数的集合和 y 有回归关系，但这并不排除个别乃至部分自变数和 y 没有回归关系的可能性。因此要准确地评定各个自变数对 y 是否有真实回归关系，还必须对偏回归系数的显著性做假设测验。

偏回归系数的假设测验，就是测验各个偏回归系数 b_j（$j = 1、2、\cdots、m$）来自 $\beta_j = 0$ 总体的无效假设，即 $H_0 : \beta_i = 0$ 对 $H_A : \beta_i \neq 0$。测验方法 t 测验和 F 测验有两种。

1. t 测验　第八章式（8-29）关于 b 向量的方差，同样适用于多元回归的情况，即

$$V(\boldsymbol{b}) = \begin{bmatrix} \hat{\sigma}_{b_0}^2 & \hat{\sigma}_{b_0 b_1} & \hat{\sigma}_{b_0 b_2} \\ \hat{\sigma}_{b_1 b_0} & \hat{\sigma}_{b_1}^2 & \hat{\sigma}_{b_1 b_2} \\ \hat{\sigma}_{b_2 b_0} & \hat{\sigma}_{b_2 b_1} & \hat{\sigma}_{b_2}^2 \end{bmatrix} = (\boldsymbol{X}'\boldsymbol{X})^{-1} s_{y/x}^2 = \begin{bmatrix} c_{11} & c_{12} & c_{13} \\ c_{21} & c_{22} & c_{23} \\ c_{31} & c_{32} & c_{33} \end{bmatrix} s_{y/12}^2 \quad (9-9)$$

因而有

$$s_{b_j} = s_{y/12 \cdots m} \sqrt{c_{(j+1)(j+1)}} \quad (9-10)$$

此时有

$$t_j = \frac{b_j - \beta_j}{s_{b_j}} \quad (9-11)$$

服从自由度为 $\nu = n - (m+1)$ 的 t 分布，因而可测验 b_j 的显著性。

【例 9-4】 试对例 9-1 资料的 $b_1 = 12.416\ 410\ 48$ 和 $b_2 = 4.682\ 220\ 55$ 做 t 测验。

在例 9-1 和 9-2 已算得 $s_{y/12} = 10.565$，$c_{22} = 0.025\ 880\ 47$，$c_{33} = 0.006\ 962\ 52$。故对 b_1 有

$$s_{b_1} = 10.565 \times \sqrt{0.025\ 880\ 47} = 1.700$$
$$t_1 = 12.416\ 410\ 48/1.700 = 7.30$$

对 b_2 有

$$s_{b_2} = 10.565 \times \sqrt{0.006\ 962\ 52} = 0.882$$
$$t_2 = 4.682\ 220\ 55/0.882 = 5.31$$

查附表 3 得，$t_{0.01,10} = 3.169$，现实得的两个 t 值均大于 $t_{0.01,10}$，所以 H_0 应予否定而接受 H_A，即每亩穗数和每穗粒数对产量的偏回归都是极显著的。

2. F 测验　在包含 m 个自变数的多元回归中，由于最小平方法的作用，m 愈大，回归平方和 $U_{y/12\cdots m}$ 亦必然愈大。如果取消一个自变数 x_j，则回归平方和将减少 U_{P_j}，其计算式为

$$U_{P_j} = \frac{b_j^2}{c_{(j+1)(j+1)}} \qquad (9-12)$$

显然，这个 U_{P_j} 就是 y 对 x_j 的偏回归平方和，也就是在 y 的变异中由 x_j 的变异所决定的那部分平方和，它的自由度为 $\nu = 1$。因此可得

$$F_j = \frac{U_{P_j}}{Q_{y/12\cdots m}/[n-(m+1)]} \qquad (9-13)$$

可由 F_j 测验 b_j 来自 $\beta_j = 0$ 的总体的概率。

【例 9-5】 试对例 9-1 资料的 $b_1 = 12.416\ 410\ 48$ 和 $b_2 = 4.682\ 220\ 55$ 做 F 测验。

由例 9-1 和例 9-2 所得结果，可算得 y 对 x_1 的偏回归平方和为

$$U_{P_1} = 12.416\ 4^2/0.025\ 89 = 5\ 956.90$$

y 对 x_2 的偏回归平方和为

$$U_{P_2} = 4.682\ 2^2/0.007\ 0 = 3\ 148.743。$$

将这些结果加上前已算得的 $Q_{y/12} = 1\ 116.266\ 8$ 做成方差分析表，见表 9-3。测验结果和例 9-4 相同，即每亩穗数、每穗粒数对产量的偏回归都是极显著的。

表 9-3　表 9-1 资料偏回归的 F 测验

变异来源	DF	SS	MS	F	$P(>F)$
因 x_1 的回归	1	5 956.90	5 956.90	53.36**	<0.000 1
因 x_2 的回归	1	3 148.74	3 148.74	28.21**	0.000 3
离回归	10	1 116.27	111.63		

注意：这里所得的 F 值开平方后也正好是例 9-3 中相应的 t 值。所以 F 测验和 t 测验完全一样，可任选一种应用。

比较表 9-2 和表 9-3 发现，表 9-2 上 y 依 x_1 和 x_2 的总回归平方和是 $U_{y/12} = 5\ 958.040\ 9$；表 9-3 上 y 依 x_1 的回归平方和 $U_{P_1} = 5\ 956.895\ 2$，依 x_2 的回归平方和 $U_{P_2} = 3\ 148.743\ 5$，二者相加为 9 105.638 7，大大超过了 5 958.040 9。其实，这里的计算是正确的，所出现的矛盾是一种新的试验信息的反映。当多元回归中的各自变数彼此独立时，则 $U_{y/12\cdots m} = \sum_1^m U_{P_j}$ 成立；当各自变数间存在相关（$r_{ij} \neq 0$）时，由于自变数的相关，使其对 y 的效应发生了混杂，因而 $U_{y/12\cdots m} \neq \sum_1^m U_{P_j}$。就两个自变数 x_1 和 x_2 而言，若它们有显著的正相关（$r_{12} > 0$），则在 x_1 增大对于 y 的效应中包含有 x_2 增大的效应，反之亦然（因为 x_1 的大值和 x_2 的大值相连，x_1 的小值和 x_2 的小值相连），因此有：$U_{y/12} > (U_{P_1} + U_{P_2})$。若 x_1 和 x_2 有显著的负相关（$r_{12} < 0$），则 x_1 增大对于 y 的效应中包含有 x_2 减小的效应，x_2 增大对于 y 的效应中也包含有 x_1 减小的效应。现在表 9-1 资料的 $U_{y/12}$ 明显小于（$U_{P_1} + U_{P_2}$），预示着 x_1 和 x_2（每亩穗数和每穗粒数）之间可能有一个极显著的负相关。事实上，由

表 9-1 资料可求得两个自变数的相关系数（r_{12}）为

$$r_{12} = \frac{SP_{12}}{\sqrt{SS_{x_1} SS_{x_2}}} = \frac{-110.104\ 6}{\sqrt{79.607\ 7 \times 295.910\ 8}} = -0.717\ 37$$

说明上述推测是正确的。

三、最优多元线性回归方程的统计选择

一个实际的多变数资料，往往既含有对 y 有显著效应的自变数，又含有没有显著效应的自变数。因此在偏回归关系的假设测验中，通常是一些 b_j 显著，另一些 b_j 并不显著；像例 9-4 那样所有自变数都对 y 有显著作用的情况并不多见。在多元线性回归分析时，必须剔除没有显著效应的自变数，使得回归方程比较简化且能较准确地分析和预测 y 的响应。剔除不显著自变数的过程称为自变数的统计选择；所得的仅包含显著自变数的多元回归方程，称为最优（在被研究的自变数范围内）多元线性回归方程。

由于自变数间可能存在相关，当 m 元线性回归中不显著的自变数有几个时，并不能肯定这些自变数对 y 的线性效应都不显著，而只能肯定偏回归平方和最小的那一个自变数不显著。当剔除了这个不显著且偏回归平方和最小的自变数后，其余原来不显著的自变数可能变为显著，而原来显著的自变数也可能变为不显著。因此为了获得最优方程，回归计算就要一步一步做下去，直至所有不显著的自变数皆被剔除为止。这个统计选择自变数的过程也称为逐步回归（stepwise regression）。

自变数统计选择的步骤一般分以下两步进行。

第一步，先进行全部（m 个）自变数的回归分析，构建结构阵 X，计算 $X'X$、$(X'X)^{-1}$、b、Q 和 U_{P_j} 等，一直进行到偏回归的假设测验。若各自变数的偏回归皆显著，则分析结束，所得方程就是最优多元回归方程；若有 1 个或多个自变数的偏回归不显著，进入第二步分析。

第二步，设偏回归平方和最小（或 F 值最小）且不显著的自变数为 x_p，将结构矩阵 X 中 x_p 所占有的那一列（第 $p+1$ 列）剔除，m 随之减 1，再由新的结构阵 X 计算 $X'X$、$(X'X)^{-1}$ 和 b 等，从而获得新的 Q 和 U_{p_j}，再进行偏回归假设测验。若仍有 1 个或多个自变数的偏回归不显著，则重复本步骤，直至所有的自变数偏回归测验均显著为止，所得方程即为最优多元线性回归方程。

【例 9-6】测定"丰产 3 号"小麦的每株穗数（x_1）、每穗结实小穗数（x_2）、百粒重（x_3，g）、株高（x_4，cm）和每株籽粒产量（y，g）的关系，得结果列于表 9-4。试选择 y 依 x_i 的最优线性回归方程。

表 9-4 x_1、x_2、x_3、x_4 与 y 的资料

x_1	10	9	10	13	10	10	8	10	10	10	10	8	6	8	9
x_2	23	20	22	21	22	23	23	24	20	21	23	21	23	21	22
x_3	3.6	3.6	3.7	3.7	3.6	3.5	3.3	3.4	3.4	3.4	3.9	3.5	3.2	3.7	3.6
x_4	113	106	111	109	110	103	100	110	109	109	109	109	114	113	105
y	15.7	14.5	17.5	22.5	15.5	16.9	8.6	17.0	13.7	13.4	20.3	10.2	7.4	11.6	12.3

第一步，进行四元线性回归分析。由表 9-4 可得

$$X=\begin{pmatrix} 1 & 10 & 23 & 3.6 & 113 \\ 1 & 9 & 20 & 3.6 & 106 \\ \vdots & \vdots & \vdots & \vdots & \vdots \\ 1 & 9 & 22 & 3.6 & 105 \end{pmatrix}, \quad Y=\begin{pmatrix} 15.7 \\ 14.5 \\ \vdots \\ 12.3 \end{pmatrix}$$

并可算得

$$X'X=\begin{pmatrix} 15.0 & 141.0 & 329.0 & 53.10 & 1\,625.0 \\ 141.0 & 1\,359.0 & 3\,089.0 & 501.10 & 15\,266.0 \\ 329.0 & 3\,089.0 & 7\,237.0 & 1\,164.20 & 35\,651.0 \\ 53.1 & 501.1 & 1\,164.2 & 188.43 & 5\,752.1 \\ 1\,625.0 & 15\,266.0 & 35\,651.0 & 5\,752.10 & 176\,315.0 \end{pmatrix}$$

$$X'Y=\begin{pmatrix} 217.10 \\ 2\,121.30 \\ 4\,765.00 \\ 775.74 \\ 23\,517.50 \end{pmatrix}$$

$$(X'X)^{-1}=\begin{pmatrix} 96.794 & 0.054 & -1.080 & -9.410 & -0.371 \\ 0.054 & 0.040 & 0.003 & -0.169 & -0.001 \\ -1.080 & 0.003 & 0.050 & 0.037 & -0.002 \\ -9.410 & -0.169 & 0.037 & 2.955 & -0.003 \\ -0.371 & 0.001 & -0.002 & -0.003 & 0.004 \end{pmatrix}$$

$$b=(X'X)^{-1}X'Y=\begin{pmatrix} -51.90 \\ 2.03 \\ 0.65 \\ 7.80 \\ 0.05 \end{pmatrix}, \quad Y'Y=3\,382.05, \quad 1'Y=217.1$$

因而有

$$SS_y=Y'Y-(1'Y)^2/n=3\,382.05-217.1^2/15=239.89$$
$$Q_{y/1234}=Y'Y-b'X'Y=18.42$$
$$U_{y/1234}=b'X'Y-(1'Y)^2/n=SS_y-Q_{y/1234}=239.889\,3-18.417\,6=221.47$$
$$U_{P_1}=b_1^2/c_{22}=2.026\,2^2/0.040=102.17$$
$$U_{P_2}=b_2^2/c_{33}=0.654^2/0.049\,8=8.60$$
$$U_{P_3}=b_3^2/c_{44}=7.796\,9^2/2.955=20.57$$
$$U_{P_4}=b_4^2/c_{55}=0.049\,7^2/0.003\,74=0.66$$

上述计算结果可做成四元回归和偏回归的假设测验于表 9-5。

表 9-5　表 9-4 资料四元回归和偏回归的假设测验

变异来源	DF	SS	MS	F	P(>F)
四元回归	4	221.471 7	55.367 9	30.06**	<0.000 1
因 x_1 的回归	1	102.168 1	102.168 1	55.47**	<0.000 1
因 x_2 的回归	1	8.597 2	8.597 2	4.67	0.056 1
因 x_3 的回归	1	20.574 1	20.574 1	11.17**	0.007 5
因 x_4 的回归	1	0.660 3	0.660 3	<1	
离回归	10	18.417 6	1.841 8		

在表 9-5 中，虽然四元回归是显著的，但 x_2 和 x_4 的偏回归都不显著，其中以 x_4 的 U_P 为最小。所以应剔除 x_4，再做第二步分析。

第二步，进行三元（剔除了 x_4）线性回归分析。将第一步中 $\boldsymbol{X}$ 的第 5 列剔除后重新计算，可得

$$\boldsymbol{X'X} = \begin{pmatrix} 15.0 & 141.0 & 329.0 & 53.10 \\ 141.0 & 1\,359.0 & 3\,089.0 & 501.10 \\ 329.0 & 3\,089.0 & 7\,237.0 & 1\,164.20 \\ 53.1 & 501.1 & 1\,164.2 & 188.43 \end{pmatrix}$$

$$\boldsymbol{X'Y} = \begin{pmatrix} 217.10 \\ 2\,121.30 \\ 4\,765.00 \\ 775.74 \end{pmatrix}$$

$$(\boldsymbol{X'X})^{-1} = \begin{pmatrix} 59.901 & 0.151 & -1.234 & -9.659 \\ 0.151 & 0.040 & 0.003 & -0.168 \\ -1.234 & 0.003 & 0.049 & 0.036 \\ -9.659 & -0.168 & 0.036 & 2.953 \end{pmatrix}$$

$$\boldsymbol{b} = \begin{pmatrix} -46.97 \\ 2.01 \\ 0.67 \\ 7.83 \end{pmatrix}$$

因而有

$$Q_{y/123} = \boldsymbol{Y'Y} - \boldsymbol{b'X'Y} = 19.078$$
$$U_{y/123} = SS_y - Q_{y/123} = 239.89 - 19.078 = 220.81$$
$$U_{P_1} = b_1^2/c_{22} = 2.013^2/0.04 = 101.51$$
$$U_{P_2} = b_2^2/c_{33} = 0.675^2/0.049 = 9.27$$
$$U_{P_3} = b_3^2/c_{44} = 7.830^2/2.953 = 20.76$$

由上述结果又可获得三元回归和偏回归的假设测验于表 9-6。

表 9 - 6　表 9 - 4 资料三元回归（剔除 x_4）和偏回归的假设测验

变异来源	DF	SS	MS	F	P(>F)
三元回归	3	220.811 4	73.603 8	42.44**	<0.000 1
因 x_1 的回归	1	101.507 8	101.507 8	58.53**	<0.000 1
因 x_2 的回归	1	9.268 9	9.268 9	5.34*	0.041 2
因 x_3 的回归	1	20.761 9	20.761 9	11.97**	0.005 3
离回归	11	19.077 9	1.734 4		

在表 9 - 6 中，三元回归和 3 个自变数的偏回归全部显著，剔除自变数的过程结束。由本步算得的 b，我们可获得表 9 - 4 资料的最优线性回归方程，即

$$\hat{y} = -46.966\ 359\ 07 + 2.013\ 139\ 04x_1 + 0.674\ 643\ 55x_2 + 7.830\ 226\ 99x_3$$

或简写为

$$\hat{y} = -46.97 + 2.01x_1 + 0.67x_2 + 7.83x_3$$

这一方程说明，"丰产 3 号"小麦的单株籽粒产量仅和 x_1（每株穗数）、x_2（每穗结实小穗数）、x_3（百粒重）有显著的线性关系，而和 x_4（株高）无显著关系。当 x_2 和 x_3 固定时，x_1 每增加 1（穗），y 将平均增加 2.01（g）；当 x_1 和 x_3 固定时，x_2 每增加 1（小穗），y 将平均增加 0.67（g）；当 x_1 和 x_2 固定时，x_3 每增加 1（g），y 将平均增加 7.83（g）。

这一方程的离回归标准误为

$$s_{y/123} = \sqrt{\frac{Q_{y/123}}{n-(m+1)}} = \sqrt{\frac{19.077\ 9}{15-(3+1)}} = 1.317\ (\text{g})$$

注意：这里的 m 是 3 而不是一开始的 4，同时也请注意各步中多元回归和离回归自由度的变化。本例可由 SAS 软件中 REG 程序计算，模型选择为向后（backward）逐步回归（见附录 1 的 LT9 - 6）。

四、自变数的相对重要性

最优多元线性回归方程中包含的自变数 x_j 都对依变数 y 有显著作用，偏回归系数 b_j 表示了 x_j 对 y 的具体效应。但实践中还需评定这些显著自变数的相对重要性，以利于抓住关键因素，达到调整和控制依变数响应量的目的。

偏回归系数 b_j 本身并不能反映自变数的相对重要性，其原因有二：①b_j 是带有具体单位的，单位不同则无从比较；②即使单位相同，若 x_j 的变异度不同，也不能比较。但如果对 b_j 进行标准化，即在分子和分母分别除以 y 和 x_j 的标准差，就可消除单位和变异度不同的影响，获得一个表示 x_j 对 y 相对重要性的统计数——通径系数（path coefficient，p_j），其计算式为

$$p_j = b_j \frac{1/\sqrt{SS_y/(n-1)}}{1/\sqrt{SS_{x_j}/(n-1)}} = b_j \frac{\sqrt{SS_{x_j}}}{\sqrt{SS_y}} \tag{9-14}$$

通径系数（p_j）又称为标准偏回归系数，其统计意义是：若 x_j 增加一个标准差单位，y 将增加（$p_j > 0$）或减少（$p_j < 0$）p_j 个标准差单位。

【例 9 - 7】表 9 - 1 资料已在例 9 - 1 中获得了最优二元线性回归方程 $\hat{y} = -176.240\ 165\ 59 + 12.416\ 410\ 48x_1 + 4.682\ 220\ 55x_2$。试计算每亩穗数和每穗粒数对 y 的

通径系数。

由表 9-1 资料可先算得 3 个变数的平方和：$SS_{x_1}=79.61$，$SS_{x_2}=295.91$ 和 $SS_y=7\,074.31$，再由式（9-14）可得

$$p_1=12.416\,4\times\sqrt{\frac{79.61}{7\,074.31}}=1.317\,1$$

$$p_2=4.682\times\sqrt{\frac{295.91}{7\,074.31}}=0.957\,6$$

上述结果的意义为每亩穗数每增加一个标准差单位，产量将平均增加 1.317 1 个标准差单位；每穗粒数每增加一个标准差单位，产量将平均增加 0.957 6 个标准差单位。所以表 9-1 资料是说明，增穗对于增产的效应要比增粒大一些。

第二节　多元相关和偏相关

第八章所讨论的相关是两个变数间的相关，称为简单相关。本节要讨论的是在 $M=m+1$ 个变数中，m 个变数的综合和 1 个变数的相关，称为多元相关或复相关（multiple correlation）；而在其余 $M-2$ 个变数皆固定时，指定的两个变数间的相关，则称为偏相关（partial correlation）。从相关关系的性质看，多元相关和偏相关的 M 个变数都是随机变数，并无自变数和依变数之分。但在实践上，多元相关和偏相关的统计数也常用于有自变数和依变数之分的资料，并作为回归显著性的一个指标。

一、多元相关

多元相关分析的重点是计算多元相关系数并测验其显著性。

（一）多元相关系数

在 m 个自变数和 1 个依变数的多元相关中，多元相关系数记作 $R_{y\cdot12\cdots m}$，读作依变数 y 和 m 个自变数的多元相关系数。由于 m 个自变数对 y 的回归平方和为 $U_{y/12\cdots m}$，$U_{y/12\cdots m}$ 占 y 的总平方和（SS_y）的比率愈大，则表明 y 和 m 个自变数的多元相关愈密切，因此可定义 $R_{y\cdot12\cdots m}$ 为

$$R_{y\cdot12\cdots m}=\sqrt{\frac{U_{y/12\cdots m}}{SS_y}}=\sqrt{1-\frac{Q_{y/12\cdots m}}{SS_y}} \tag{9-15}$$

即多元相关系数为多元回归平方和与总变异平方和之比的平方根。由于 $U_{y/12\cdots m}$ 是 SS_y 的一部分，式（9-15）中根号内的值不大于 1，故 $R_{y\cdot12\cdots m}$ 的存在区间为 $[0,1]$。在一定的自由度下，$R_{y\cdot12\cdots m}$ 的值愈近于 1，多元相关愈密切；愈近于 0，多元相关愈不密切。因为多元回归的平方和一定大于任一个自变数对 y 的回归平方和，故多元相关系数一定比任一个自变数和 y 的简单相关系数［即由式（8-34）算得的相关系数］的绝对值都大。

【例 9-8】试计算例 9-1 资料 y 和 x_1、x_2 的多元相关系数，并与相应的简单相关系数做比较。

在例 9-3 已算得表 9-1 资料的 $SS_y=7\,074.307\,7$，$U_{y/12}=5\,958.040\,9$，且自由度为 $\nu_1=2$、$\nu_2=10$，故根据式（9-15）得

$$R_{y\cdot12}=\sqrt{\frac{5\,958.04}{7\,074.31}}=0.917\,72$$

另由表 9-1 资料，也可算得 y 与 x_1 和 x_2 的简单相关系数 r_{y_1} 和 r_{y_2}，即

$$r_{y_1} = \frac{SP_{y_1}}{\sqrt{SS_{x_1}SS_y}} = \frac{472.91}{\sqrt{79.61 \times 7\ 074.31}} = 0.630\ 17$$

$$r_{y_2} = \frac{SP_{y_2}}{\sqrt{SS_{x_2}SS_y}} = \frac{18.41}{\sqrt{295.91 \times 7\ 074.31}} = 0.012\ 73$$

可见，多元相关系数 $R_{y\cdot 12}$ 比各个简单相关系数 r_{y_1} 和 r_{y_2} 都大。

（二）多元相关系数的假设测验

令总体的多元相关系数为 ρ，则对多元相关系数的假设测验为 $H_0:\rho=0$ 对 $H_A:\rho\neq 0$，可由 F 测验给出，即

$$F = \frac{\nu_2 R^2}{\nu_1(1-R^2)} \tag{9-16}$$

式中，$\nu_1=m$，$\nu_2=n-(m+1)$，R^2 为 $R^2_{y\cdot 12\cdots m}$ 的简写。

【例 9-9】 在例 9-8 中已算得表 9-1 资料的 $R_{y\cdot 12}=0.917\ 72$，试测验这个多元相关系数的显著性。

由式（9-16）可得

$$F = \frac{10 \times 0.917\ 72^2}{2(1-0.917\ 72^2)} = 26.69$$

查附表 4，当 $\nu_1=2$、$\nu_2=10$ 时，$F_{0.01}=7.56$。现 $F=26.69$，所以 $H_0:\rho=0$ 被否定，该 $R_{y\cdot 12}$ 是极显著的。

注意：这里的 F 值和表 9-2 中的 F 值完全一样。由此说明，多元相关系数的假设测验和多元回归方程的假设测验是等价的。

由于在 ν_1、ν_2 一定时，给定显著水平 α 下的 F 值一定，因此将式（9-16）移项，可获得达到显著水平 α 时的临界 R 值（R_α），即

$$R_\alpha = \sqrt{\frac{\nu_1 F_\alpha}{\nu_1 F_\alpha + \nu_2}} \tag{9-17}$$

例如在 $\nu_1=2$、$\nu_2=10$ 时，$F_{0.05}=4.10$，$F_{0.01}=7.56$，故代入式（9-17）可得达 $\alpha=0.05$ 水平的临界值 $R_{0.05}=\sqrt{\dfrac{2\times 4.10}{2\times 4.10+10}}=0.671$；达 $\alpha=0.01$ 水平的临界值 $R_{0.01}=\sqrt{\dfrac{2\times 7.56}{2\times 7.56+10}}=0.776$。

此即在 $M=m+1=3$、$\nu=10$ 时，$R\geqslant 0.671$ 为 $\alpha=0.05$ 水平上显著；$R\geqslant 0.776$ 为 $\alpha=0.01$ 水平上显著。由此算得的各临界 R 值列于附表 8。因此得到 R 后，只要查一下附表 8，就能确定其显著性。

二、偏相关

偏相关分析的重点是计算偏相关系数并测验其显著性。

（一）偏相关系数

偏相关系数（partial correlation coefficient）和偏回归系数的意义相似。偏回归系数是在其他 $m-1$ 个自变数都保持一定时，指定的某个自变数对于依变数 y 的效应；偏相关系数

则表示在其他 $M-2$ 个变数都保持一定时，指定的两个变数间相关的密切程度。

偏相关系数以 r 带右下标表示。例如有 x_1、x_2 和 x_3 3 个变数，则 $r_{12 \cdot 3}$ 表示变数 x_3 保持一定时，变数 x_1 和 x_2 的偏相关系数；$r_{13 \cdot 2}$ 表示变数 x_2 保持一定时，变数 x_1 和 x_3 的偏相关系数；$r_{23 \cdot 1}$ 表示变数 x_1 保持一定时，变数 x_2 和 x_3 的偏相关系数。同理可类推，若有 4 个变数，则 $r_{12 \cdot 34}$ 表示变数 x_3 和 x_4 皆保持一定时，变数 x_1 和 x_2 的偏相关系数；若有 5 个变数，则 $r_{34 \cdot 125}$ 表示变数 x_1、x_2 和 x_5 皆保持一定时，变数 x_3 和 x_4 的偏相关系数。一般而言，若有 M 个变数，则偏相关系数共有 $M(M-1)/2$ 个。在多个变数错综复杂的关系中，偏相关系数可帮助排除假象相关，找到真实联系最为密切的变数。

偏相关系数的取值范围和简单相关系数（参见第八章）一样，也是 $[-1，1]$。偏相关系数的一般解法是，构建简单相关系数 r_{ij}（$i，j=1、2、\cdots、M$）组成的相关矩阵，即

$$\boldsymbol{R}=(r_{ij})_{M \times M}=\begin{bmatrix} r_{11} & r_{12} & \cdots & r_{1M} \\ r_{21} & r_{22} & \cdots & r_{2M} \\ \vdots & \vdots & & \vdots \\ r_{M1} & r_{M2} & \cdots & r_{MM} \end{bmatrix}$$

再求得其逆矩阵，即

$$\boldsymbol{R}^{-1}=(c'_{ij})_{M \times M}=\begin{bmatrix} c'_{11} & c'_{12} & \cdots & c'_{1M} \\ c'_{21} & c'_{22} & \cdots & c'_{2M} \\ \vdots & \vdots & & \vdots \\ c'_{M1} & c'_{M2} & \cdots & c'_{MM} \end{bmatrix}$$

令 x_i 和 x_j 的偏相关系数为 $r_{ij \cdot}$，解得 c'_{ij} 后即有

$$r_{ij \cdot}=\frac{-c'_{ij}}{\sqrt{c'_{ii}c'_{jj}}} \tag{9-18}$$

以上 $\boldsymbol{R}$ 中的主对角线元素 r_{ii} 为各个变数的自身相关系数，都等于 1；该矩阵以主对角线为轴而对称，即 $r_{ij}=r_{ji}$。逆阵 $\boldsymbol{R}^{-1}$ 中的元素也是以主对角线为轴而对称的，即 $c'_{ij}=c'_{ji}$。

【例 9-10】试计算表 9-1 资料的偏相关系数 $r_{y1 \cdot 2}$、$r_{y2 \cdot 1}$ 和 $r_{12 \cdot y}$。

在例 9-8 已算得 $r_{y1}=0.630\ 17$，$r_{y2}=0.012\ 73$；前面在分析多元回归与偏回归的关系时已算得 $r_{12}=-0.717\ 37$；因此若将 y 看作 x_3，可获得相关矩阵（为减少计算误差，已将 r_{ij} 算至小数后 8 位）

$$\boldsymbol{R}=(r_{ij})=\begin{bmatrix} 1 & -0.717\ 377\ 29 & 0.630\ 168\ 79 \\ -0.717\ 377\ 29 & 1 & 0.012\ 727\ 95 \\ 0.630\ 168\ 79 & 0.012\ 727\ 95 & 1 \end{bmatrix}$$

进而有

$$\boldsymbol{R}^{-1}=(c'_{ij})=\begin{bmatrix} 13.054\ 877\ 74 & 9.471\ 517\ 14 & -8.347\ 329\ 46 \\ 9.471\ 517\ 14 & 7.871\ 892\ 54 & -6.068\ 847\ 55 \\ -8.347\ 329\ 46 & -6.068\ 847\ 55 & 6.337\ 470\ 46 \end{bmatrix}$$

将上述 $\boldsymbol{R}^{-1}$ 中的 c'_{ij} 值代入式（9-18）即可得到

$$r_{y1 \cdot 2}=\frac{-(-8.347)}{\sqrt{13.054 \times 6.337}}=0.917\ 7$$

$$r_{y2 \cdot 1} = \frac{-(-6.069)}{\sqrt{7.872 \times 6.337}} = 0.859\ 2$$

$$r_{12 \cdot y} = \frac{-9.472}{\sqrt{13.055 \times 7.872}} = -0.934\ 3$$

上述结果表明：当 x_2（每穗粒数）保持一定时，x_1（每亩穗数）和 y（产量）呈正相关；当 x_1 保持一定时，x_2 和 y 亦呈正相关，但当 y 保持一定时，x_1 和 x_2 呈负相关。当然，这些相关的显著性还待测验。

（二）偏相关系数的假设测验

与相关系数的假设测验一样［见式（8-37）］，偏相关系数 $r_{ij \cdot}$ 也可采用 t 测验。若令总体偏相关系数为 $\rho_{ij \cdot}$，则有

$$t = \frac{r_{ij \cdot}\sqrt{n-M}}{\sqrt{1 - r_{ij \cdot}^2}} \tag{9-19}$$

可由 t 值测验 $H_0: \rho_{ij \cdot} = 0$ 对 $H_A: \rho_{ij \cdot} \neq 0$。该测验的 t 的自由度为 $\nu = n - M$。

【例 9-11】试测验例 9-10 所得偏相关系数的显著性。

在此对 $r_{y1 \cdot 2} = 0.917\ 7$，有

$$t = \frac{0.917\ 7 \times \sqrt{13-3}}{\sqrt{1 - 0.917\ 7^2}} = 7.30$$

对 $r_{y2 \cdot 1} = 0.859\ 2$，有

$$t = \frac{0.859\ 2 \times \sqrt{13-3}}{\sqrt{1 - 0.859\ 2^2}} = 5.31$$

对 $r_{12 \cdot y} = -0.934\ 3$，有

$$t = \frac{-0.934\ 3 \times \sqrt{13-3}}{\sqrt{1 - (-0.934\ 3)^2}} = -8.29$$

查附表 3 得，$t_{0.01,10} = 3.169$，所以上述 3 个偏相关系数都是极显著的。

注意：此处的 $r_{y1 \cdot 2}$ 和 $r_{y2 \cdot 1}$ 的 t 值，和例 9-4 中 b_1 和 b_2 的 t 值也完全一样，故偏相关系数的假设测验和相应的偏回归系数的假设测验是一致的。

将 $\nu = n - M$ 代入（9-19）并移项，也可得到给定自由度（ν）和给定显著水平（α）时的临界 $r_{ij \cdot}$ 值，即

$$r_{ij \cdot} = \sqrt{\frac{t^2}{\nu + t^2}} \tag{9-20}$$

例如 $\nu = 10$ 时，$t_{0.05,10} = 2.228$，$t_{0.01,10} = 3.169$，故当 $|r_{ij \cdot}| \geqslant \sqrt{\dfrac{2.228^2}{10 + 2.228^2}} = 0.576$ 时为 $\alpha \leqslant 0.05$ 水平上显著；当 $|r_{ij \cdot}| \geqslant \sqrt{\dfrac{3.169^2}{10 + 3.169^2}} = 0.708$ 时在 $\alpha \leqslant 0.01$ 水平上显著。这些结果都列于附表 8。所以算得 $r_{ij \cdot}$ 后，只要和附表 8 中变数个数为 2 那一栏的有关临界 $r_{ij \cdot}$ 值对照，即可确定其显著性。

三、偏相关和简单相关的关系

在例 9-8 和例 9-10 中曾算得，对于表 9-1 资料如以第八章的方法求其简单相关系

数，则产量和每亩穗数的 $r_{y_1}=0.630\,2$，仅达到 $\alpha=0.05$ 的显著水平；而产量和每穗粒数的 $r_{y_2}=0.012\,7$，是不显著的。但是如以偏相关系数表示，则 $r_{y1\cdot2}=0.917\,7$，$r_{y2\cdot1}=0.859\,2$，都超过了 $\alpha=0.01$ 的显著水平。

在例 9-1 中也曾算得，对于表 9-1 资料，若每穗粒数保持一定，则每亩穗数每增加 1（万），亩产量将相应地平均增加 12.416\,4 kg（即 $b_1=12.416\,4$）；若每亩穗数保持一定，则每穗粒数每增加 1 粒的平均增产效应是 4.682\,2 kg（即 $b_2=4.682\,2$）；它们都是极显著的（表 9-3）。但是，如用第八章的方法对表 9-1 资料求简单回归系数，则

$$b_{y_1}=\frac{472.907\,7}{79.607\,7}=5.94\ (\text{kg})$$

$$b_{y_2}=\frac{18.415\,4}{295.910\,8}=0.062\,2\ (\text{kg})$$

即穗数和每穗粒数的增产效应都大大减少，并且增粒并无增产效果（b_{y_2} 不显著）。

造成这些不同情况的关键在于自变数之间的相关。上面已算得表 9-1 资料每亩穗数（x_1）和每穗粒数（x_2）的相关系数 $r_{12}=-0.717\,4$，这个负相关是极显著的。这就说明，在表 9-1 资料中，x_1 的大值将使 x_2 取小值，x_1 的小值将使 x_2 取大值。亦即：一块田若每亩穗数多，则每穗粒数减少；若每亩穗数少，则每穗粒数增多。这样，在用简单相关和简单回归法计算时，x_1 中就混淆着 x_2 的负效应，x_2 中也混淆着 x_1 的负效应，因而得到的两个简单相关系数和简单回归系数统统比偏相关系数、偏回归系数小。反之，如果在 x_1 和 x_2 之间有一个显著的正相关，则 x_1 中混淆着 x_2 的正效应，x_2 中也混淆着 x_1 的正效应，因而得到的简单相关系数和简单回归系数，就会比偏相关系数、偏回归系数大。

当应用偏相关和偏回归的方法分析时，由于消除了自变数相关的混淆，因而能够表现出自变数和依变数的单独关系。当然，如果各个自变数是彼此独立、并无相关的，则不会发生上述的矛盾情况。由此可以体会到，偏相关和偏回归与简单相关和简单回归含义不同，说明的问题也不同，后者是包含其他因素作用成分在内的相关与回归，因而研究工作者要根据研究目的正确选用适当的统计指标。当要排除其他变数干扰，研究两个变数间单独的关系时采用偏相关与偏回归；当考虑到变数间实际存在的关系而要研究某个变数为代表的综合效应间的相关与回归时则可采用简单相关和简单回归。

习 题

1. 什么称为多元回归和偏回归？如何建立多元回归方程？

2. 多元回归和偏回归的假设测验有何异同？如何进行？在多元回归中如何剔除不显著的自变数，建立最优多元线性回归方程？

3. 什么称为多元相关和偏相关？如何计算多元相关系数和偏相关系数？如何做假设测验？

4. 偏回归系数和偏相关系数，与简单回归系数和简单相关系数有何异同？为什么当有多个变数（$M\geqslant3$）时，偏回归和偏相关分析才是评定各个变数的效应和相关密切程度的较好方法，而简单回归和简单相关分析却往往会导致错误的结论？

5. 下表为江苏启东高产棉田的部分调查资料，x_1 为每亩（1 亩 =1/15 hm²）株数（千

株），x_2 为每株铃数，y 为每亩皮棉产量（kg）。试计算：（1）多元回归方程；（2）对偏回归系数做假设测验，并解释所得结果；（3）多元相关系数和偏相关系数，并和简单相关系数做比较，分析其不同的原因。

x_1	6.21	6.29	6.38	6.50	6.52	6.55	6.61	6.77	6.82	6.96
x_2	10.2	11.8	9.9	11.7	11.1	9.3	10.3	9.8	8.8	9.6
y	95	111	95	107	110	95	92	100	91	101

　　［参考答案：（1）$\hat{y}=-45.6768+10.5321x_1+7.4415x_2$；（2）$b_1$ 不显著（$t=1.50$），b_2 显著（$t=4.47$），说明增产潜力主要在增加每株铃数；（3）$R_{y\cdot12}=0.8694$，$r_{y1\cdot2}=0.4806$，$r_{y2\cdot1}=0.8615$，$r_{12\cdot y}=-0.6598$，$r_{y_1}=-0.2303$，$r_{y_2}=0.8262$，$r_{12}=-0.5520$］

　　6. 江苏无锡连续12年测定第一代三化螟高峰期（y，以4月30日为0）与1月份降雨量（x_1，mm）、2月份降雨量（x_2，mm）、3月上旬平均温度（x_3，℃）和3月中旬平均温度（x_4，℃）的关系，得结果于下表。试建立 y 依 x_i 的最优线性回归方程并估计该方程的离回归标准误。

x_1	47.5	42.9	20.2	0.2	67	5.5	44.4	8.9	39	74.2	15.9	26.4
x_2	30.6	32.3	37.4	21.5	61.6	83.5	24.1	24.9	10.2	54.9	74.2	50.7
x_3	11.1	8.1	6.7	8.5	6.8	5.0	10.0	6.1	7.1	4.4	4.6	4.1
x_4	9.0	9.5	11.1	8.9	9.4	9.5	11.1	9.5	10.8	6.8	3.8	5.8
y	17	21	26	23	20	30	22	26	27	23	23	27

　　［参考答案：$\hat{y}=27.7594-0.067587x_1-1.493180x_3+0.965539x_4$，$s_{y/134}=1.525$（d）］

第十章

曲 线 回 归

在农学和生物学的研究中，两个变数之间的关系不一定是简单的线性关系，而可能是各种各样的非线性关系。例如生物的生长时间（x）和生长量（y）、施肥量（x）和产量（y）、光照度（x）和光合速率（y）、药剂浓度（x）和害虫死亡率（y）等，虽然在 x 的某一特定区间内，x 和 y 的关系有可能用线性描述，但就 x 可能取值的整个区间而言，其真实关系更多是非线性的。两个变数间呈现曲线关系的回归称为曲线回归（curvilinear regression）或称为非线性回归（non-linear regression）。和直线回归分析一样，曲线回归也采用最小二乘法做分析。从曲线回归的角度看，线性回归仅是其中的一个特例：直线可看成是曲率为 0 的曲线。

两个变数间的曲线关系有多种多样，有指数函数曲线、对数函数曲线、幂函数曲线、双曲函数曲线、S 形曲线、多项式曲线、分式曲线、复式曲线等。限于篇幅和非线性回归的难度，本章仅讨论指数函数曲线、对数函数曲线、幂函数曲线、双曲函数曲线等几个相对简单、参数较少且能用线性化法拟合的曲线回归和一元多项式的曲线回归。对于每类曲线将着重讲解：①确定两个变数间数量变化的某种特定的规则或规律；②估计表示该种曲线关系特点的一些回归参数。

第一节　曲线的类型和特点

一、指数函数曲线

指数函数方程有两种形式，即

$$\hat{y} = a e^{bx} = a\exp(bx)$$

和

$$\hat{y} = ab^x$$

以上两式的 x 都是作为指数出现的，因而称作指数函数。以 $\hat{y}=ae^{bx}$ 为例，若 x 变数是增长时间，y 变数是增长量，则 $\hat{y}=ae^{bx}$ 描述的是增长过程，其中，a 是基础（或初始）增长量，b 为相对增长速率。因 $\mathrm{d}\hat{y}/\mathrm{d}x$ 即为增长速率，增长速率除以生长增长量即为相对生长速率，即

$$\frac{\mathrm{d}\hat{y}/\mathrm{d}x}{\hat{y}} = \frac{ab e^{bx}}{a e^{bx}} = b$$

若相对增长速率（b）维持不变，这样的生长过程可用指数函数描述，此类增长亦称为指数增长。如图 10-1 所示，

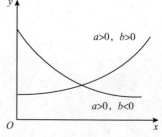

图 10-1　方程 $\hat{y}=ae^{bx}$ 的图像

当 $a>0$、$b>0$ 时，y 随 x 的增大而迅速增大（增殖型增长），曲线上凹，并向上发展；当 $a>0$、$b<0$ 时，y 随 x 的增大而减小（衰减型增长），曲线也是上凹，但向下延伸。当 $b=0$ 时，y 随 x 的增减而维持不变（稳定型生长）。数学上，曲线在切线上面称为上凹，曲线在切线下面称为下凹。

二、对数函数曲线

对数函数方程的一般表达式为

$$\hat{y}=a+b\ln x$$

由于上式中 x 以自然对数的形式出现，故称为对数函数。对数函数表示 x 变数的较大变化可引起 y 变数的较小变化。由图 10 - 2 可见，当 $b>0$ 时，y 随 x 的增大而增大，曲线下凹；当 $b<0$ 时，y 随 x 的增大而减小，曲线上凹。根据对数函数的性质，x 为大于 0 的数。

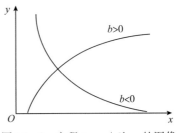

图 10 - 2　方程 $\hat{y}=a+b\ln x$ 的图像

三、幂函数曲线

幂函数曲线指 y 是 x 某次幂的函数曲线，其方程为

$$\hat{y}=ax^{b}$$

图 10 - 3 是幂函数曲线的图像。当 $a>0$、$b>1$ 时，曲线经过原点，y 随 x 的增

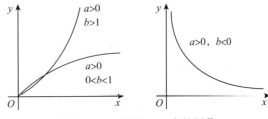

图 10 - 3　方程 $\hat{y}=ax^{b}$ 的图像

大而增大，曲线上凹；当 $a>0$、$0<b<1$ 时，曲线同样经过原点，y 也随 x 的增大而增大，但变化较缓，曲线下凹；当 $a>0$、$b<0$ 时，y 随 x 的增大而减小，曲线上凹，且以 x 轴和 y 轴为渐近线。

四、双曲函数曲线

双曲函数因其属于变形双曲线而得名，其简单的 2 参数双曲线方程一般有以下 3 种形式。

$$\hat{y}=\frac{x}{a+bx}$$

$$\hat{y}=\frac{a+bx}{x}$$

$$\hat{y}=\frac{1}{a+bx}$$

以 $\hat{y}=\dfrac{x}{a+bx}$ 为例，该曲线方程通过原点（0，0），当 $a>0$、$b>0$ 时，y 随 x 的增大而增大，

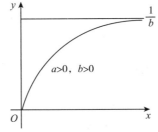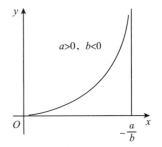

图 10 - 4　方程 $\hat{y}=\dfrac{x}{a+bx}$ 的图像

但速率趋小，曲线下凹，并向 $y=1/b$ 渐近；当 $a>0$、$b<0$ 时，y 随 x 的增大而增大，速率趋大，曲线上凹，并向 $x=-a/b$ 渐近，如图 10 - 4 所示。

$\hat{y}=\dfrac{a+bx}{x}$ 可写成 $\hat{y}=a\dfrac{1}{x}+b$ 的形式，y 与 x 的倒数呈线性关系，当 $a>0$、$b>0$ 时，y 随 x 的增大而减小；当 $a<0$、$b>0$ 时，y 随 x 的增大而增大，当 x 趋于 ∞ 时，y 趋于 b。对于 $\hat{y}=\dfrac{1}{a+bx}$，当 $x=0$ 时，$y=1/a$，当 $b>0$ 时，y 随 x 的增大而减小，当 x 趋于 ∞ 时，y 趋于 0。

五、S形曲线

S形曲线主要用于描述动植物的自然生长过程，故又称为生长曲线。生长过程的基本特点是开始增长较慢，而在以后的某一范围内迅速增长，达到一定的限度后增长又缓慢下来，曲线呈拉长的S形，故称为S形曲线。

最著名的S形曲线是逻辑斯谛（logistic）生长曲线，它最早由比利时数学家 Verhulst 于 1838 年导出，但直至 20 世纪 20 年代才被生物学家及统计学家重新发现，并逐渐被人们所重视。目前它已广泛应用于动物饲养、作物栽培、资源、生态、环保等方面的模拟研究。

逻辑斯谛曲线方程为

$$\hat{y}=\frac{k}{1+ae^{-bx}}$$

式中，a、b 和 k 为大于 0 的参数。

当 $x=0$ 时，$\hat{y}=\dfrac{k}{1+a}$；当 $x\to\infty$，$\hat{y}=k$。所以时间为 0 的起始量为 $k/(1+a)$，时间无限延长的终极量为 k。曲线在 $x=(\ln a)/b$ 时有一个拐点，这时 $\hat{y}=k/2$，恰好是终极量 k 的一半。在拐点左侧，曲线上凹，表示速率由小趋大；在拐点右侧，曲线下凹，速率由大趋小（图 10-5）。

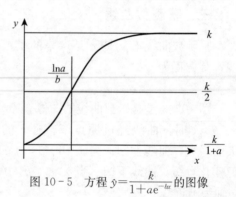

图 10-5 方程 $\hat{y}=\dfrac{k}{1+ae^{-bx}}$ 的图像

第二节 曲线方程的拟合

曲线方程拟合（curve fitting）是指对两个变数资料进行曲线回归分析，获得一个显著的曲线方程的过程。本节首先介绍曲线回归分析的一般程序，然后用 3 个实例分别演示指数曲线方程、幂函数曲线方程和S形曲线方程的拟合过程。

一、曲线回归分析的一般程序

（一）建立曲线回归方程的基本步骤

由试验数据拟合曲线回归方程，一般包括以下 3 个基本步骤。

1. 根据变数 x 与 y 之间的关系，选择适当的曲线类型 确定曲线类型是曲线回归分析的关键。除了应有专业知识的支撑外，统计上通常采用图示法和直线化法辅助选择。

（1）图示法 图示法是将试验数据按自然尺度绘出散点图，然后按照散点趋势画出反映它们之间变化规律的曲线。每种函数关系都有一些基本特点，这些基本要素有零点（初值点）、峰值点（极大、极小）、拐点、渐近点等。将已知的各种曲线图形与之比较，找出最为相似的 1～2 个曲线图形，作为初选的曲线类型。经拟合比较后，选择最合适的方程。

（2）直线化法 直线化法是在散点图的基础上选出一种曲线类型，对该曲线方程进行尺度转换使之直线化，再将原数据进行相同的尺度转换，用转换后的数据绘出新的散点图。若此散点图具有直线趋势，即表明选取的曲线类型是恰当的。若直线化后的散点图仍有曲线趋势，或一些特征点与数据事实不符，应考虑另外的曲线方程。

几种常用曲线回归方程的数据转换方法见表 10-1。

表 10-1 常用曲线回归方程的直线化方法

曲线回归方程	经尺度转换的新变数和新参数				转换后的直线回归方程
	y'	x'	a'	b'	
$\hat{y}=ae^{bx}$ $(a>0)$	$y'=\ln y$		$a'=\ln a$		$\hat{y}'=a'+bx$
$\hat{y}=ab^x$ $(a>0)$	$y'=\ln y$		$a'=\ln a$	$b'=\ln b$	$\hat{y}'=a'+b'x$
$\hat{y}=a+b\ln x$ $(x>0)$		$x'=\ln x$			$\hat{y}=a+bx'$
$\hat{y}=ax^b$ $(a>0,\ x>0)$	$y'=\ln y$	$x'=\ln x$	$a'=\ln a$		$\hat{y}'=a'+bx'$
$\hat{y}=\dfrac{x}{a+bx}$ $(x\neq -a/b)$	$y'=x/y$				$\hat{y}'=a+bx$
$\hat{y}=\dfrac{a+bx}{x}$ $(x\neq 0)$	$y'=yx$				$\hat{y}'=a+bx$
$\hat{y}=\dfrac{1}{a+bx}$ $(x\neq -a/b)$	$y'=1/y$				$\hat{y}'=a+bx$
$\hat{y}=\dfrac{k}{1+ae^{-bx}}$ $(a>0)$	$y'=\ln\left[(k-y)/y\right]$		$a'=\ln a$		$\hat{y}'=a'-bx$

2. 将选定的曲线方程线性化，按最小二乘法原理拟合直线回归方程，并做显著性测验 经过表 10-1 的尺度转换后可得到新的变数 y' 和（或）x'，应用第八章第三节的方法可求得两新变数间的线性相关系数 $r_{y'x'}$。若此 $r_{y'x'}$ 不显著，则分析结束，表明所选曲线方程不适合；若 $r_{y'x'}$ 显著，则表明所选曲线方程在统计上是恰当的，可继续求解回归统计数，获得直线回归方程。

3. 将直线回归方程转换成相应的曲线回归方程，并对有关统计参数做出推断 获得显著的直线回归方程后，可直接反转换成相应的曲线回归方程，并根据曲线方程的特性进一步估计有关参数，包括回归参数、初始值、极小值、极大值、渐近值、拐点等。必要时，也可利用曲线方程进行 x 观察范围内的预测（内插），或在论据充足时进行 x 观察范围外的预测（外推）。

（二）拟合曲线方程的注意事项

在应用上述程序拟合曲线方程时，应注意以下 3 点。

①若同一资料用两种或两种以上不同类型的曲线方程拟合，结果均为显著，则需选择其中最佳的曲线方程。判别的统计标准一方面是不同曲线方程下离回归平方和 $Q=\sum(y-\hat{y})^2$ 的大小，Q 最小者优先考虑；另一方面是由方程计算的特征值点、插值点及其外推值与数据及常识有较好吻合。有时也可根据直线化后 $r_{y'x'}$ 的绝对值大小直接确定。

②表 10-1 的转换仅适用于曲率单调、方程简单以及参数较少的非线性方程，若按

表 10-1 的转换仍无法找到合适的直线化方程，可考虑采用多项式逼近，见本章第三节。

③本书介绍的曲线回归分析均系经变换后的线性化方法，实践证明这是非常有效的方法。但有些方程无法进行线性化转换，此时可直接采用最小二乘法拟合，即使离回归平方和最小化的拟合：$Q = \sum(y - \hat{y})^2 = \min$。事实上，所有曲线和曲面方程均可采用最小二乘法直接拟合，且一般预期可比线性化方法获得更好的拟合度。但由于直接拟合方法较为复杂、计算量大，本书暂不介绍。

二、指数曲线方程 $\hat{y} = ae^{bx}$ 的拟合

上文已述，指数曲线方程为

$$\hat{y} = ae^{bx} \tag{10-1}$$

式中，e 是自然对数的底。若 y 观察值都大于 0，则可对式（10-1）两边取自然对数，即有

$$\ln\hat{y} = \ln a + bx \tag{10-2}$$

令 $y' = \ln y$，可得直线回归方程，即

$$\hat{y}' = \ln a + bx \tag{10-3}$$

y' 与 x 的线性相关系数为

$$r_{y'x} = \frac{SP_{y'x}}{\sqrt{SS_{y'}SS_x}} \tag{10-4}$$

若上述相关系数显著，就可进一步计算回归统计数，即

$$b = SP_{y'x}/SS_x$$
$$\ln a = \bar{y}' - b\bar{x}$$
$$a = e^{\ln a} \tag{10-5}$$

【例 10-1】在光电比色计上测定叶绿素浓度（x，mg/L）和透光度（y）的关系，得结果于表 10-2。试为该资料拟合指数曲线方程。

表 10-2　叶绿素浓度（x）和透光度（y）的关系

x	0	5	10	15	20	25	30	35	40	45	50	55	60	65	70	75	80	85
y	100	82	65	52	44	36	30	25	21	17	14	11	9	7.5	6	5	4	3.3
$y' = \ln y$	4.605	4.407	4.174	3.951	3.784	3.584	3.401	3.219	3.045	2.833	2.639	2.398	2.197	2.015	1.792	1.609	1.386	1.194

这是一个根据 Beer-Lambert 定律制作标准曲线的实验结果。令 $y' = \ln y$，将与 x 作成散点图，可见明显的直线趋势（图 10-6）。因此可算得 y' 与 x 线性回归分析的 5 个二级数据：$SS_x = 12\ 112.5$，$SS_{y'} = 19.227\ 4$，$SP_{y'x} = -482.477\ 9$，$\bar{x} = 42.5$，$\bar{y}' = 2.901\ 86$。

根据式（10-4）得

$$r_{y'x} = \frac{-482.477\ 9}{\sqrt{12\ 112.5 \times 19.227\ 4}} = -0.999\ 8$$

此 $r_{y'x}$ 对于自由度为 $\nu = 16$（$n = 18$）是极显著的，故进而根据式（10-5）得

$$b = -482.477\ 9/12\ 112.5 = -0.039\ 833$$
$$\ln a = 2.902 - (-0.039\ 8) \times 42.5 = 4.594\ 8$$
$$a = e^{4.594\ 8} = 98.965$$

故透光度的自然对数值与叶绿素浓度的线性方程为
$$\hat{y}' = 4.594\ 8 - 0.039\ 833x$$
此方程可改写成曲线形式为
$$\hat{y} = 98.965e^{-0.039\ 833x}$$
以上 2 个方程的图像见图 10-6 和图 10-7。

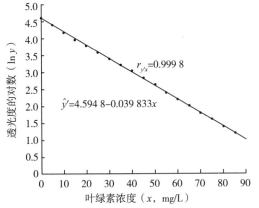

图 10-6　透光度对数与叶绿素浓度的关系

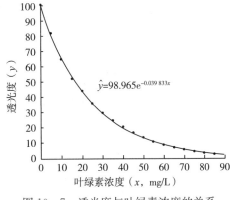

图 10-7　透光度与叶绿素浓度的关系

上述方程中，a 和 b 具有明确的专业意义：$a = 98.965$，是叶绿素含量为 0 时的透光度（无误差时的期望值为 100）；$b = -0.039\ 833$，是叶绿素浓度每增加 1 个单位时，透光度将平均减少的自然对数单位数，又称为消光系数。制作标准曲线的目的在于利用该曲线确定未知叶绿素溶液的浓度或总量。例如某样品叶绿素提取液 25 mL，测得其透光度为 90，则其浓度估计为
$$x = (\ln 90 - \ln 98.965)/(-0.039\ 833) = 2.38\ (\text{mg/L})$$
而叶绿素总量则为
$$2.38 \times 25 \times 10^{-3} = 0.059\ 5\ (\text{mg})$$
本例也可以用 SAS 软件计算，见附录 1 的 LT10-1。

三、幂函数曲线方程 $\hat{y} = ax^b$ 的拟合

前文已述，幂函数曲线方程为
$$\hat{y} = ax^b \tag{10-6}$$
当 y 和 x 都大于 0 时，式（10-6）可线性化为
$$\ln \hat{y} = \ln a + b \ln x \tag{10-7}$$
若令 $y' = \ln y$，$x' = \ln x$，可得线性回归方程，即
$$\hat{y}' = \ln a + bx' \tag{10-8}$$
y' 与 x' 的线性相关系数为
$$r_{y'x'} = \frac{SP_{y'x'}}{\sqrt{SS_{y'}SS_{x'}}} \tag{10-9}$$
若上述线性相关系数显著，可进而计算回归统计数，即
$$b = SP_{y'x'}/SS_{x'}$$

$$\ln a = \bar{y}' - b\bar{x}'$$
$$a = e^{\ln a}$$

(10－10)

【例10-2】研究小麦开花后不同时间30个颖果的平均宽度（x，mm）和干物质量（y，mg）的关系，得表10-3结果。试做回归分析。

表10-3　小麦颖果宽度（x）和颖果干物质量（y）的关系

x	y	$x' = \ln x$	$y' = \ln y$
2.0	0.8	0.693 1	−0.223 1
2.5	2.2	0.916 3	0.788 5
3.0	5.6	1.098 6	1.722 8
3.4	9.3	1.223 8	2.230 0
3.7	14.6	1.308 3	2.681 0
4.1	20.0	1.411 0	2.995 7
4.4	28.0	1.481 6	3.332 2
4.8	33.3	1.568 6	3.505 6
4.9	38.7	1.589 2	3.655 8
5.0	42.7	1.609 4	3.754 2

表10-3数据（x，y）的散点图不呈直线（图10-9），但以（$\ln x$，$\ln y$）作图则线性明显（图10-8），故推测其x和y的关系可能式（10-6）描述。

由表10-3的x'和y'求得回归分析的二级数据为$SS_{x'} = 0.857\ 8$，$SS_{y'} = 15.881\ 5$，$SP_{y'x'} = 3.680\ 9$，$\bar{x}' = 1.290\ 0$，$\bar{y}' = 2.444\ 3$。故根据式（10-9）得

$$r_{y'x'} = \frac{3.680\ 9}{\sqrt{0.857\ 8 \times 15.881\ 5}} = 0.997\ 3$$

这个$r_{y'x'}$的自由度为$\nu = n-2 = 10-2 = 8$，经t测验为极显著，表明小麦颖果干物质量对数和颖果宽度对数有真实的正相关关系。因此，由式（10-10）可得

$$b = 3.680\ 9/0.857\ 8 = 4.291\ 1$$
$$\ln a = 2.444\ 3 - 4.291\ 1 \times 1.29 = -3.091\ 4$$
$$a = e^{-3.091\ 4} = 0.045\ 4$$

所以表10-3资料y'依x'的回归方程为

$$\hat{y}' = -3.091\ 4 + 4.291\ 1x'$$

或y依x的回归方程为

$$\hat{y} = 0.045\ 4x^{4.291\ 1}$$

以上两方程的函数图见图10-8和图10-9。

上述方程的意义为小麦颖果宽度为0 mm时，颖果干物质量为0 mg；小麦颖果宽度为1 mm时，干物质量估计为0.045 4 mg；以后随着宽度的增加，干物质量迅速增加，宽度每增加1个自然对数单位，干物质量平均约增加4.3个自然对数单位。

表10-3资料若配合指数曲线方程，即令$y' = \ln y$，$a' = \ln a$也可算得$r_{y'x} = 0.980\ 7$，亦为极显著，并有线性方程：$\hat{y}' = -2.266\ 2 + 1.246\ 1x$。转换为指数方程为$a = e^{-2.266\ 2} =$

0.103 7，因而有：$\hat{y}=0.103\,7\mathrm{e}^{1.246\,1x}$。比较两个曲线，决定不选用指数方程，因为①该方程的相关系数（或决定系数）没有上述幂函数方程高；②当 x 为 0 时，由这个方程估计的值 $\hat{y}$ 为 0.103 7，这在专业上不能成立。由此可见，统计方法和专业知识的结合是确定最佳方程的依据。

本例也可以用 SAS 软件计算，见附录 1 的 LT10-2。

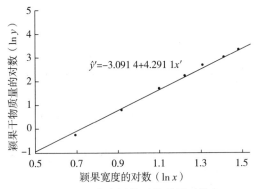

图 10-8　小麦颖果干物质量对数与
颖果宽度对数的关系

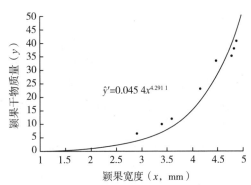

图 10-9　小麦颖果干物质量与颖果宽度的关系

四、逻辑斯谛曲线方程的拟合

上文已述，逻辑斯谛（logistic）曲线方程为

$$y=\frac{k}{1+a\mathrm{e}^{-bx}} \qquad (a、b、k \text{ 均大于 } 0) \tag{10-11}$$

式中，k 为未知常数。要对式（10-11）进行线性化处理，必须首先确定 k 值。

根据 k 是生长过程中的终极量的特点，可由两种方法估计：①如果 y 是累积频率，则显然 $k=100\%$；②如果 y 是生长量或繁殖量，则可取 3 对 x 等距的观察值（x_1，y_1）、（x_2，y_2）和（x_3，y_3），分别代入式（10-11）后得到联立方程

$$y_1=k/(1+a\mathrm{e}^{-bx_1})$$
$$y_2=k/(1+a\mathrm{e}^{-bx_2})$$
$$y_3=k/(1+a\mathrm{e}^{-bx_3})$$

若令 $x_2=(x_1+x_3)/2$，则可解得

$$k=\frac{y_2^2(y_1+y_3)-2y_1y_2y_3}{y_2^2-y_1y_3} \tag{10-12}$$

有了 k 的估值后，可将式（10-11）移项并取自然对数得

$$\ln[(k-\hat{y})/\hat{y}]=\ln a-bx \tag{10-13}$$

若令 $y'=\ln[(k-y)/y]$，可得直线回归方程，即

$$\hat{y}'=\ln a-bx \tag{10-14}$$

因此 y 和 x 对于逻辑斯谛（logistic）方程的符合度可由 y' 和 x 的相关系数给出，即

$$r_{y'x}=\frac{SP_{y'x}}{\sqrt{SS_{y'}SS_x}} \tag{10-15}$$

回归统计数 a 和 b 由下式估计。

$$-b=SP_{y'x}/SS_x$$
$$\ln a=\bar{y}'+b\bar{x}$$
$$a=e^{\ln a}\qquad(10-16)$$

【例 10-3】测定水稻品种"IR72"籽粒开花后不同时间的平均单粒质量（y，mg），得结果于表 10-4。试用逻辑斯谛方程描述籽粒增重依开花天数的关系。

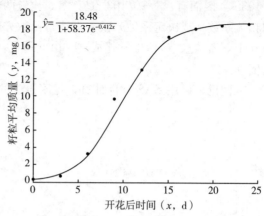

图 10-10　水稻籽粒质量配合逻辑斯谛曲线

这是一个物质积累的动态过程。从散点图（图 10-10）看，y 与 x 的关系似呈 S 形曲线，故可配置逻辑斯谛曲线方程。先估计终极量 k，取开花后 0 d、12 d 和 24 d 的结果代入式（10-12），可解得

$$k=\frac{y_2^2\ (y_1+y_3)-2y_1y_2y_3}{y_2^2-y_1y_3}=\frac{13.09^2\times(0.3+18.43)-2\times0.3\times13.09\times18.43}{13.09^2-0.3\times18.43}=18.481\ 6$$

获得 k 后，可令 $y'=\ln[(k-y)/y]$，并将 $(18.481\ 6-y)/y$ 和 $\ln[(18.481\ 6-y)/y]$ 分别列于表 10-4 的第三列和第四列，再对 y' 和 x 进行线性回归分析，得 5 个二级数据：$SS_x=540$，$SS_{y'}=92.196\ 8$，$SP_{y'x}=-222.507$，$\bar{x}=12$，$\bar{y}'=-0.877\ 73$。

表 10-4　"IR72" 开花后的平均单粒质量

x，开花后时间（d）	y，平均单粒质量（mg）	$(18.481\ 6-y)/y$	$y'=\ln[(18.481\ 6-y)/y]$
0	0.30	60.605 33	4.104 38
3	0.72	24.668 89	3.205 54
6	3.31	4.583 57	1.522 48
9	9.71	0.903 36	-0.101 64
12	13.09	0.411 89	-0.887 01
15	16.85	0.096 83	-2.334 79
18	17.79	0.038 88	-3.247 38
21	18.23	0.013 80	-4.282 98
24	18.43	0.002 80	-5.878 21

由二级数据按式（10-15）算得 y' 与 x 线性相关系数为

$$r_{y'x}=\frac{-222.507}{\sqrt{540\times92.196\ 8}}=-0.997\ 2$$

此 $r_{y'x}$ 极显著，所以表 10-4 资料以逻辑斯谛方程描述是合适的。由式（10-16）可得

$$b=-(-222.51)/540=0.412\ 049$$
$$\ln a=-0.877\ 73+0.412\ 049\times12=4.066\ 85$$
$$a=e^{4.067}=58.373\ 1$$

故拟合表 10-4 资料的逻辑斯谛方程为

$$\hat{y} = \frac{18.48}{1+58.37e^{-0.412x}}$$

这个方程的轨迹示于图 10-10。逻辑斯谛曲线的拐点在 $x=(\ln a)/b$ 处，本例为 $\ln[(58.37)/0.412]=9.87$，即开花后第 10 天，这是将粒质量达到总质量的 50% 的日期，专业上称为质量增加高峰期，是将粒质量增加最快的时期。

本例也可以用 SAS 软件计算，见附录 1 的 LT10-3。

第三节 多项式回归

一、多项式回归方程

当两个变数间的关系呈现多项式关系时，可用多项式回归（polynomial regression）进行分析。有时两变数之间的曲线关系很难确定时，也可以使用多项式去逼近。

最简单的多项式是二次多项式，其方程为

$$\hat{y}_2 = a + b_1 x + b_2 x^2 \tag{10-17}$$

二次多项式的图像是抛物线。当 $b_2 > 0$ 时，曲线上凹，有一个极小值；$b_2 < 0$ 时，曲线下凹，有一个极大值（图 10-11）。

三次多项式的方程式为

$$\hat{y}_3 = a + b_1 x + b_2 x^2 + b_3 x^3 \tag{10-18}$$

三次多项式的图像是具有两个弯曲（一个极大值和一个极小值）和一个拐点的曲线。当 $b_3 > 0$ 时，曲线由下凹转为上凹；当 $b_3 < 0$ 时，曲线由上凹转为下凹（图 10-12）。

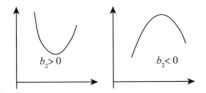

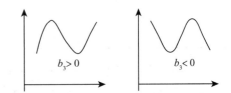

图 10-11 方程 $\hat{y}_2 = a + b_1 x + b_2 x^2$ 的图像　　　图 10-12 方程 $\hat{y}_3 = a + b_1 x + b_2 x^2 + b_3 x^3$ 的图像

多项式方程的一般形式为

$$\hat{y}_k = a + b_1 x + b_2 x^2 + \cdots + b_k x^k \tag{10-19}$$

这是一个具有 $k-1$ 个弯曲（$k-1$ 个极值）和 $k-2$ 个拐点的曲线。

多项式回归方程通常只能用于描述试验范围内 y 依 x 的变化关系，外推一般不可靠。

二、多项式曲线的拟合

（一）多项式方程次数的初步确定

两个变数的 n 对观察值按式（10-19）拟合多项式方程时，最多可配到 $k=n-1$ 次多项式，此时离回归平方和与自由度均为 0。k 越大，包含的统计数越多，计算和解释越复杂。一个多项式回归方程应取多少次为宜，可根据资料的散点图做出初步选择。散点所表现的曲线趋势的峰数+谷数+1，即为多项式回归方程的次数。若散点波动较大或峰谷两侧不对称，可再高一次。

（二）多项式回归统计数的计算

一般采用类似于多元线性回归的方法求解多项式回归的统计数。

对于式（10-19），若令 $x_1=x$，$x_2=x^2$，$\cdots$，$x_k=x^k$，则该式可化为

$$\hat{y}_k=a+b_1x_1+b_2x_2+\cdots+b_kx_k \qquad (10-20)$$

这是一般的多元线性回归方程［参见式（9-3）］。可采用矩阵方法求解，先建立矩阵

$$\boldsymbol{X}=\begin{pmatrix} 1 & x_1 & x_1^2 & \cdots & x_1^k \\ 1 & x_2 & x_2^2 & \cdots & x_2^k \\ \vdots & \vdots & \vdots & & \vdots \\ 1 & x_n & x_n^2 & \cdots & x_n^k \end{pmatrix}=\begin{pmatrix} 1 & x_{11} & x_{12} & \cdots & x_{1k} \\ 1 & x_{21} & x_{22} & \cdots & x_{2k} \\ \vdots & \vdots & \vdots & & \vdots \\ 1 & x_{n1} & x_{n2} & \cdots & x_{nk} \end{pmatrix}, \boldsymbol{Y}=\begin{pmatrix} y_1 \\ y_2 \\ \vdots \\ y_n \end{pmatrix}$$

再由矩阵求得 $\boldsymbol{X}'\boldsymbol{X}$、$\boldsymbol{X}'\boldsymbol{Y}$ 和 $(\boldsymbol{X}'\boldsymbol{X})^{-1}$，并由 $\boldsymbol{b}=(\boldsymbol{X}'\boldsymbol{X})^{-1}(\boldsymbol{X}'\boldsymbol{Y})$ 获得相应的多项式回归统计数。

【例10-4】测定小麦田孕穗期的叶面积指数（x）和每亩（1 亩=1/15 hm^2）籽粒产量（y，kg）的关系，得结果于表10-5，试建立多项式回归方程。

表10-5　小麦孕穗期叶面积指数（x）和产量（y）的关系

x	y
3.37	349
4.12	374
4.87	388
5.62	395
6.37	401
7.12	397
7.87	384

该组数据 $n=7$，最多只能配 6 次，6 次多项式曲线将穿过这 7 个点，但这并不一定合理，也无法估计误差进行统计测验。根据该（x，y）的散点图（图10-13）呈单峰趋势，没有明显的凹凸变化，故预期可用 2 次式拟合。由表10-5数据得

$$\boldsymbol{X}=\begin{pmatrix} 1 & 3.37 & 11.356\,9 \\ 1 & 4.12 & 16.974\,4 \\ \vdots & \vdots & \vdots \\ 1 & 7.87 & 61.936\,9 \end{pmatrix}, \boldsymbol{Y}=\begin{pmatrix} 349 \\ 374 \\ \vdots \\ 384 \end{pmatrix}$$

并得

$$\boldsymbol{X}'\boldsymbol{X}=\begin{pmatrix} 7 & 39.34 & 236.840\,8 \\ 39.34 & 236.840\,8 & 1\,508.075\,3 \\ 236.840\,8 & 1\,508.075\,3 & 10\,029.762 \end{pmatrix}$$

$$\boldsymbol{X}'\boldsymbol{Y}=\begin{pmatrix} 2\,688 \\ 15\,229.56 \\ 92\,170.76 \end{pmatrix}, (\boldsymbol{X}'\boldsymbol{X})^{-1}=\begin{pmatrix} 34.524\,7 & -12.762\,5 & 1.103\,70 \\ -12.762\,5 & 4.816\,94 & -0.422\,90 \\ 1.103\,70 & -0.422\,90 & 0.037\,625 \end{pmatrix}$$

因此

$$\boldsymbol{b}=(\boldsymbol{X}'\boldsymbol{X})^{-1}(\boldsymbol{X}'\boldsymbol{Y})=\begin{pmatrix} 165.035 \\ 74.892\,7 \\ -5.968\,3 \end{pmatrix}$$

即得二元线性回归方程，即
$$\hat{y}_2 = 165.035 + 74.892\ 7x_1 - 5.968\ 3x_2$$
简写成
$$\hat{y}_2 = 165.04 + 74.89x_1 - 5.97x_2$$
写成多项式的形式即为
$$\hat{y}_2 = 165.04 + 74.89x - 5.97x^2$$
数据及方程的图形表示见图 10-13。

本例也可以用 SAS 软件计算，见附录 1 的 LT10-4。

（三）多项式回归方程的估计标准误

多项式回归分析中，变数 y 的总平方和（SS_y）亦可分解为回归平方和与离回归平方和两部分，即
$$SS_y = U_k + Q_k \quad (10-21)$$

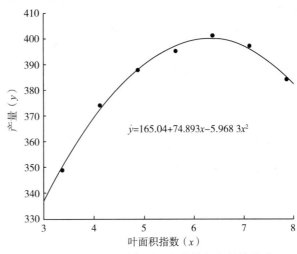

图 10-13　小麦孕穗期叶面积指数与产量的关系

式中，U_k 为 k 次多项式的回归平方和，即 y 变数总变异中能为 x 的 k 次多项式所说明的部分；Q_k 为 k 次多项式的离回归平方和。其中
$$\left.\begin{array}{l} SS_y = \mathbf{Y'Y} - (\mathbf{1'Y})^2/n \\ Q_k = \mathbf{Y'Y} - \mathbf{b'X'Y} \\ U_k = \mathbf{b'X'Y} - (\mathbf{1'Y})^2/n = SS_y - Q_k \end{array}\right\} \quad (10-22)$$

k 次多项式的离回归标准误（$s_{y/x,x^2,\cdots,x^k}$）可定义为
$$s_{y/x,x^2,\cdots,x^k} = \sqrt{\frac{Q_k}{n-k-1}} \quad (10-23)$$

这也是多项式回归方程的估计标准误。

【例 10-5】试计算表 10-5 资料在使用二次多项式时的离回归标准误。

由表 10-5 资料可算得 $\mathbf{Y'Y} = 1\ 034\ 112.00$，$\mathbf{1'Y} = 2\ 688$；再由例 10-4 的 $\mathbf{b}$ 和 $\mathbf{X'Y}$，据式（10-22）可得
$$SS_y = 1\ 034\ 112.00 - 2\ 688^2/7 = 1\ 920.00$$

$$Q_2 = 1\ 034\ 112.00 - (165.035\ 326\ 98 \quad 74.892\ 698\ 41 \quad -5.968\ 253\ 97)\begin{pmatrix} 2\ 688 \\ 15\ 229.56 \\ 92\ 170.76 \end{pmatrix}$$

$$= 12.714\ 3$$

$$U_2 = 1\ 920.00 - 12.714\ 3 = 1\ 907.285\ 7$$

因此由式（10-23）得二次多项式的离回归标准误，即
$$s_{y/x,x^2} = \sqrt{\frac{12.714\ 3}{7-2-1}} = 1.782\ 9\ \text{（kg）}$$

三、多项式回归的假设测验

多项式回归的假设测验包括 3 项内容：①总的多项式回归关系是否成立？②能否以 $k-1$ 次多项式代替 k 次多项式，即是否有必要配到 k 次式？③在一个 k 次多项式中，x 的一次

分量项、二次分量项、…、$k-1$ 次分量项能否被略去（相应的自由度和平方和并入误差）？

(一) 多项式回归关系的假设测验

式（10-21）将 y 变数的总平方和（SS_y）分解成多项式回归平方和（U_k）和离回归平方和（Q_k）两部分。前者由 x 的各次分量项的不同所引起，其自由度为 $\nu=k$；后者与 x 的不同无关，其自由度为 $\nu=n-k-1$。因此得 F 值，即

$$F=\frac{U_k/k}{Q_k/(n-k-1)} \tag{10-24}$$

可由 F 值测验多项式回归关系的真实性。

【**例 10-6**】试对例 10-4 资料做二次多项式回归关系的假设测验。

根据例 10-4 和例 10-5 已算得的结果，可做成方差分析表，见表 10-6。其中三次多项式的结果是按上面介绍的同样方法计算获得的，列在此处是为通过比较解释选择最佳方程的过程。表 10-6 的 F 测验表明，用一个二次或三次多项式来描述表 10-5 的资料均可以，当然此处二次多项式的更显著。

表 10-6 例 10-4 资料二次多项式回归关系的 F 测验

k	变异来源	DF	SS	MS	F	$F_{0.01}$
$k=2$	多项式回归	2	1 907.285 7	953.642 9	300.02**	18.00
	离回归	4	12.714 3	3.178 6		
$k=3$	多项式回归	3	1 907.452 4	635.82	152.02**	29.46
	离回归	3	12.547 6	4.182 5		
	总变异	6	1 920.00			

同多元相关系数 $R_{y \cdot 12 \cdots m}$ 相类似，k 次多项式的回归平方和占 y 总平方和的比率的平方根值（记作 $R_{y \cdot x, x^2, \cdots, x^k}$），可用来表示 y 与 x 的多项式的相关密切程度，即有

$$R_{y \cdot x, x^2, \cdots, x^k}=\sqrt{U_k/SS_y} \tag{10-25}$$

式中，$R_{y \cdot x, x^2, \cdots, x^k}$ 称为相关指数。和线性相关时的情况一样，有

$$R_{y \cdot x, x^2, \cdots, x^k}^2=U_k/SS_y \tag{10-26}$$

上式表示 k 次多项式的决定系数，即在 y 的总变异中，可由 x 的 k 次多项式说明的部分所占的比率。

$R_{y \cdot x, x^2, \cdots, x^k}$ 的显著性可通过查附表 8 直接获知。例如在例 10-4 中，可求得

$$R_{y \cdot x, x^2}=\sqrt{1\ 907.285\ 7/1\ 920.00}=0.996\ 7$$

$$R_{y \cdot x, x^2, x^3}=\sqrt{1\ 907.452\ 4/1\ 920.00}=0.996\ 7$$

查附表 9，当 $\nu=4$、$k=2$（即附表 8 中的 $M=k+1=3$）时，$R_{0.01}=0.949$（后者的 $R_{0.01}=0.983$），故 y 与 x 的二次和三次多项式的相关极显著，二者并无明显相差。

对于 $R_{y \cdot x, x^2, \cdots, x^k}$ 的测验和式（10-24）的 F 测验完全一致，择一即可。

(二) k 次多项式必要性的假设测验

式（10-24）的 F 测验是一个综合性测验，它的显著并不能排除多项式方程中个别乃至若干分量项不显著的可能性。如果一个 k 次多项式中的 k 次项并不显著，就可化繁为简，由 $(k-1)$ 次方程描述 y 与 x 的曲线关系。

k 次多项式的回归平方和是 U_k，其自由度为 $\nu=k$；$k-1$ 次多项式的回归平方和是 U_{k-1}。而 $R_k=U_k-U_{k-1}$ 称为多项式的 k 次响应（或 $R_k=Q_{k-1}-Q_k$），其自由度为 $\nu=k-1$。一般而言，对于获取多项式 k 次响应 R_k 可由式（10-27）直接计算，即

$$R_k=\frac{b_k^2}{c_{k+1,k+1}} \tag{10-27}$$

从回归误差的角度看，多项式增加一个 k 次幂效应项所用去的 1 个自由度，对于离回归平方和的减少（或回归平方和的增加）是否"合算"？可通过 F 测验来测验 k 次幂效应项的适合性，即

$$F=\frac{U_k-U_{k-1}}{Q_k/(n-k-1)}=\frac{R_k}{Q_k/(n-k-1)} \tag{10-28}$$

【例 10-7】试测验例 10-4 资料用三次式多项式回归是否比用二次式更适宜。

表 10-6 已算得 $U_3=1\,907.452\,4$，$U_2=1\,907.285\,7$，因而 $R_3=1\,907.452\,4-1\,907.285\,7=0.166\,7$。该值也可由 $Q_2-Q_3=12.714\,3-12.547\,6=0.166\,7$ 算得，也可由式（10-27）算得。可求得 F 值，即

$$F=\frac{1\,907.452\,4-1\,907.285\,7}{12.547\,6/(7-3-1)}=\frac{0.166\,7}{4.182\,5}=0.04$$

F 测验不显著，表明该 三次响应（cubic response）很小，应将三次幂效应项从多项式模型中剔除。

在计算二次多项式回归的基础上，其中的二次幂效应项是否保留，应计算 二次响应（quadratic response）R_2，即有

$$R_2=\frac{b_2^2}{c_{33}}=\frac{(-5.968\,254)^2}{0.037\,624\,93}=946.71$$

$$F=\frac{946.71}{12.714\,3/(7-2-1)}=297.84$$

当 $\nu_1=1$、$\nu_2=4$ 时此 F 极显著，即完全有必要采用二次多项式描述表 10-5 中产量与叶面积指数的关系。

（三）各次分量项的假设测验

当由式（10-28）证实需要一个 k 次多项式时，仍有必要了解 k 次式中的其他各次分量项是否显著。与多元线性回归中偏回归关系的假设测验相类似，各次分量项的测验亦需先计算偏回归平方和 U_{P_i}，即

$$U_{P_i}=\frac{b_i^2}{c_{i+1,i+1}} \tag{10-29}$$

此 U_{P_i} 的自由度为 $\nu=1$，故有

$$F=\frac{U_{P_i}}{Q_k/(n-k-1)} \tag{10-30}$$

可由 F 值测验 i 次分量是否显著。

【例 10-8】试测验例 10-4 资料用二次多项式描述时各次分量项的显著性。

由例 10-4 和例 10-5 所得结果，可得 y 对各次分量项的偏回归平方和为

$$U_{P_1}=74.892\,698\,41^2/4.816\,934\,98=1\,164.416\,0$$

$$U_{P_2}=(-5.968\,253\,97)^2/0.037\,624\,93=946.714\,2$$

显然，其中的 $U_{P_2}=R_2$。对各分量项是否保留，可做方差分析表，见表 10-7。表 10-7 表明，在用二次多项式描述例 10-4 资料时，二次分量和一次分量均应保留。该二次多项式方程 $\hat{y}_2=165.035+74.892\,7x_1-5.968\,3x_2$ 即为描述该组数据合适的多项式方程。

表 10-7　例 10-4 资料各次分量项的 F 测验

变异来源	DF	SS	MS	F	$F_{0.01}$
一次分量	1	1 164.416 0	1 164.416 0	366.33**	21.2
二次分量	1	946.714 2	946.714 2	297.84**	
离回归	4	12.714 3	3.178 6		

 习题

1. 什么称为曲线回归？曲线回归的主要任务是什么？农学和生物学中涉及的曲线有哪几类？各有什么特点？

2. 曲线回归分析的一般程序是什么？选择恰当的曲线方程的依据有哪些？

3. 多项式回归分析的一般程序是什么？多项式回归的假设测验包括哪些内容？如何进行？

4. 为测定玉米自交系叶片中的 B 族生长物质，在 12.5 mL Reader 培养基中加入 0.5 mL B 族生长物质提取液，再加入 *Saccharomyces cerevisiae* Rass Ⅱ 酵母菌株，其起始量为 73 （y，$\times 10^5$ 个/mL），置于 30℃ 下培养。其中一个样本的实验结果如下表。试计算：（1）y 依 x 的回归方程，并解释回归统计数的意义；（2）该回归方程的离回归标准误。

x（培养时数）	0	1	2	3	4
y（酵母数）	73	91	112	131	162

［参考答案：（1）$y'=\ln y$ 时，$r_{y'x}=0.998\,6^{**}$，$\hat{y}=74.05e^{0.196x}$；（2）$s_{y'/x}=0.019\,05$］

5. 测定甘薯薯块在生长过程中的鲜物质量（x，g）和呼吸强度［y，CO_2 mg/（100 g 鲜物质量·h）］的关系，得结果于下表。试以 $\hat{y}=ax^b$ 做回归分析。

x（薯块鲜物质量）	10	38	80	125	200	310	445	480
y（呼吸强度）	92	32	21	12	10	7	7	6

［参考答案：$y'=\ln y$、$x'=\ln x$ 时，$r_{y'x'}=-0.993\,0^{**}$，$\hat{y}=424.91x^{-0.699\,78}$，$s_{y'/x'}=0.120\,378$。］

6. 测定越冬代棉红铃虫在 6—7 月的化蛹进度（y，%）如下表，试将化蛹进度依日期的关系用逻辑斯谛方程拟合。

x（日期）	6 月 5 日	6 月 10 日	6 月 15 日	6 月 20 日	6 月 25 日	6 月 30 日	7 月 5 日	7 月 10 日	7 月 15 日	7 月 20 日
y（化蛹进度）	3.5	6.4	14.6	31.4	45.6	60.4	75.2	90.2	95.4	97.5

［参考答案：首先以 5 月 31 日为 0 将日期数值化，并取 $k=100$，令 $y'=\ln[(100-y)/y]$，可得 $r_{y'x}=-0.998\,4^{**}$，$\hat{y}=100/[1+62.091\,6e^{-0.156\,397x}]$

7. 以光呼吸抑制剂亚硫酸氢钠的不同浓度溶液（x，$\times 100\,\text{mg/L}$）喷洒"沪选 19"水稻，$2\,\text{h}$ 后测定剑叶的光合强度 $[y，CO_2\,\text{mg/(dm}^2 \cdot \text{h)}]$，得结果于下表。试计算：（1）光合强度依亚硫酸氢钠浓度的多项式回归方程及离回归标准差。（2）光合强度最高时的亚硫酸氢钠浓度。

x（亚硫酸氢钠浓度）	0	1	2	3	4	5
y（光合强度）	19.10	23.05	23.33	21.33	20.05	19.35

［参考答案：（1）$\hat{y}_3 = 19.14 + 6.191\,7x - 2.627\,3x^2 + 0.280\,093x^3$，$s_{y/x,x^2,x^3} = 0.29$；（2）$x = 157.5\,\text{mg/L}$］

第十一章

单因素试验的统计分析

第一节 顺序排列试验的统计分析

顺序排列试验设计最常用的是对比法和间比法设计，此处仅介绍该两设计的分析方法。对比法试验或间比法试验的统计分析，一般采用百分比法，即设对照（CK）的产量（或其他性状）为100%，然后将各处理产量和对照相比较，求出其百分数，从比较中获得效应增加或减少的信息。此类试验设计一般只做直观的平均数比较，因处理在各小区做顺序排列，无随机的小区间试验误差估计，不能做统计假设测验。

一、对比法试验结果的统计分析

【例11-1】有A、B、C、D、E和F共6个玉米品种的比较试验，设标准品种作对照（CK），采用3次重复的对比设计，田间排列在表11-1第1列基础上做阶梯式更替（此处图形从略）。小区计产面积为40 m²，所得产量结果列于表11-1，试做分析。

表11-1 玉米品比试验（对比法）的产量结果分析

品种名称	各重复小区产量（kg）			总和 (T_t)	平均 $(\bar{y})$	对邻近对照的百分数（%）
	Ⅰ	Ⅱ	Ⅲ			
CK	37.0	36.5	35.5	109.0	36.3	100.0
A	36.4	36.8	34.0	107.2	35.7	98.3
B	38.0	37.0	34.5	109.5	36.5	119.3
CK	31.5	30.8	29.5	91.8	30.6	100.0
C	36.5	35.0	31.0	102.5	34.2	111.7
D	35.2	32.0	30.1	97.3	32.4	106.7
CK	30.6	32.9	27.7	91.8	30.4	100.0
E	28.4	25.8	23.6	77.8	25.9	85.3
F	30.6	29.7	28.3	88.6	29.5	90.4
CK	35.2	32.3	30.5	98.0	32.7	100.0

1. 计算各品种对相邻对照（CK）的百分数 在表11-1中，首先将各品种在各重复中的小区产量相加，得 $40 \times 3 = 120$ m² 面积上的产量总和 (T_t)。然后，将各个产量总和 (T_t)

除以重复次数得各小区平均产量（$\bar{y}$）（以上步骤可省略）。再计算各品种产量对邻近对照产量的百分数，即

$$对邻近对照的百分数 = \frac{某品种总产量}{邻近对照总产量} \times 100\%$$

或

$$对邻近对照的百分数 = \frac{某品种平均产量}{邻近对照平均产量} \times 100\%$$

例如 A 品种对邻近对照的百分数 $= \frac{107.2}{109.0} \times 100\% = 98.3\%$（或 $= \frac{35.7}{36.3} \times 100\% = 98.3\%$）。其余品种类推。

2. 试验结论　相对生产力〔即各品种对邻近对照产量（CK）的百分数〕高于 100% 的品种，其相对生产力愈高，就愈可能显著地优于对照品种。但是绝不能认为相对生产力高于 100% 的所有品种都是显著地优于对照的。由于误差的存在，一般田间试验很难察觉处理间差异在 5% 以下的显著性。对于对比法（以及后面的间比法）的试验结果，要判断某品种的生产力的确优于对照，其相对生产力一般至少应超过对照 10% 以上；相对生产力仅超过对照 5% 左右的品种，宜继续试验，再做结论。当然，由于不同试验的误差大小不同，上述标准仅具有参考意义。

在本例，B 品种产量最高，超过对照 19.3%；C 品种占第二位，超过对照 11.7%；大体上可以认为它们的确优于对照。D 品种占第三位，仅超过对照 6.7%；再查看各重复的产量，有两个重复（Ⅰ和Ⅲ）D 超过对照，一个重复（Ⅱ）D 低于对照；因而显然不能做出 D 品种的确优于对照的结论。

作物产量习惯于用单位面积产量表示，可由小区产量和小区面积折算成单位面积产量（例如 kg/hm^2）。

本例题的田间排列方法也可以按第二章第五节所提排列，即 A CK B C CK D E CK F，这样可以减少 1 个对照小区，分析方法相同。

二、间比法试验结果的统计分析

【例 11-2】12 个小麦新品系的鉴定试验，另加一推广品种作为对照（CK），采用 5 次重复间比法设计，田间排列在表 11-2 第 1 列基础上按阶梯式更替，小区计产面积为 $70\,m^2$，每隔 4 个品系设 1 个对照（CK），所得产量结果列于表 11-2。试做分析。

表 11-2　小麦品系鉴定试验（间比法）的产量结果与分析

品系	各重复小区产量（kg）					总和 (T_t)	平均 ($\bar{y}$)	对照平均产量	对对照平均产量的百分数（%）
	Ⅰ	Ⅱ	Ⅲ	Ⅳ	Ⅴ				
CK₁	35.9	40.5	28.2	31.9	29.0	165.5	33.1		
A	37.1	39.4	34.0	36.9	35.8	183.1	36.6	33.3	109.9
B	39.8	42.0	36.8	41.4	28.9	188.9	37.8	33.3	113.5
C	38.2	39.9	25.4	33.1	28.9	165.5	33.1	33.3	99.4
D	37.3	43.2	39.1	34.9	34.0	188.5	37.7	33.3	113.2
CK₂	33.0	42.1	29.0	34.6	28.8	167.5	33.5		
E	38.0	40.2	34.5	39.8	37.5	190.0	38.0	34.2	111.1

（续）

品系	各重复小区产量（kg）					总和 (T_t)	平均 $(\bar{y})$	对照平均产量	对对照平均产量的百分数（%）
	I	II	III	IV	V				
F	36.1	34.3	32.8	27.1	29.7	160.0	32.0	34.2	93.6
G	37.8	36.3	41.3	34.2	39.9	189.0	37.8	34.2	110.5
H	34.0	39.1	27.3	34.7	28.9	164.0	32.8	34.2	95.9
CK₃	36.0	40.1	31.5	37.8	29.6	175.0	35.0		
I	29.0	38.1	40.0	34.3	31.1	172.5	34.5	33.7	102.4
J	36.3	36.0	38.2	39.1	37.4	187.0	37.4	33.7	111.0
K	43.0	34.2	41.2	39.9	36.2	194.5	38.9	33.7	115.4
L	29.4	23.0	30.8	34.1	32.9	150.5	30.1	33.7	89.3
CK₄	35.2	38.7	27.4	32.5	28.2	162.0	32.4		

1. 计算各品系对相邻对照产量的百分数　在表 11 - 2 中，先计算前后两个对照产量的平均数产量，例如 A、B、C 和 D 4 品系的对照平均产量＝（33.1＋33.5）/2＝33.3。然后，计算各品系产量相对应对照平均产量的百分数，即得各品系的相对生产力。例如品系 A 的相对生产力＝36.6/33.3×100%＝109.9%等。

2. 试验结论　选取相对生产力高于 100% 的品系，则相对生产力超过对照 10% 以上的品系有 K、B、D、E、J 和 G 共计 6 个，其中 K 品系增产幅度最大，达 15.4%。

间比法试验设计中，采用推广良种作为对照计算肥力指数调整供试家系产量，所以在参试家系数目较多时一般常用两个或两个以上的对照品种。

第二节　完全随机试验和随机区组试验的统计分析

一、完全随机试验结果的统计分析

完全随机试验设计是指每个供试单位都有同等机会（同等概率）接受任一个处理的试验设计方法，没有局部控制，但要求在尽可能一致的环境中进行试验。如例 6 - 9 的水稻施肥盆栽试验，施加于每盆中的处理是随机的，即先把 20 个盆采用随机方法分为 5 组，然后每组施加何种处理也是随机安排的。这里要求这 20 个盆内条件尽可能一致，以减少误差。这种设计广泛应用于盆栽试验或实验室试验，以及田间试验中材料（尤指土壤）系统性变异不大的情况。这种试验设计的统计分析参见第六章第四节"单向分组资料的方差分析"等有关内容，其线性模型为式（6 - 12），统计分析与期望均方见表 6 - 10，这里从略。这种设计的优点是简单易行，在试验环境严格控制一致的条件下，可用估算试验误差的自由度较多，统计显著性要求的 F 值较小，测验的灵敏度较高。

二、随机区组试验结果的统计分析

随机区组试验结果的统计分析，可应用第六章所述两向分组单个观察值资料的方差分析法。这里，可将处理看作 A 因素，区组看作 B 因素，其剩余部分则为试验误差（假定处理与区组间无交互作用）。

设一个随机区组试验有 k 个处理、n 个区组，则其自由度（DF_T）和总平方和（SS_T）的分解式为

$$DF_T = nk - 1 = (k-1) + (n-1) + (k-1)(n-1) \qquad (11-1)$$

即　　　　　　　　总自由度＝处理自由度＋区组自由度＋误差自由度

$$SS_T = \sum_1^k \sum_1^n (y - \bar{y})^2 = n \sum_1^k (\bar{y}_t - \bar{y})^2 + k \sum_1^n (\bar{y}_r - \bar{y})^2 + \sum_1^k \sum_1^n (y - \bar{y}_r - \bar{y}_t + \bar{y})^2$$

$$(11-2)$$

即　　　　　　　　总平方和＝处理平方和＋区组平方和＋试验误差平方和

式中，y 为各小区产量（或其他性状），$\bar{y}_t$ 为处理平均数，$\bar{y}_r$ 为区组平均数，$\bar{y}$ 为全试验平均数。

随机区组设计由于采用了局部控制，k 个区组内有较好的环境同质性，误差控制效果较好。

【例 11-3】 有一个番茄品种比较试验，露地种植，共有 A、B、C、D、E、F、G 和 H 共 8 个品种，其中 H 是对照品种，采用随机区组设计，重复 3 次，小区面积为 $10\,m^2$，其单果质量（g）结果列于表 11-3。试做分析。

1. 数据初步整理　表 11-3 中，区组有 3 个，即 $n=3$；品种有 8 个，即 $k=8$；全试验共有 $nk=3\times8=24$ 个观察值。将数据按品种与区组类别分别累加，获得其相应总和与均值。

表 11-3　番茄品种比较试验（随机区组）的单果质量（g）

品种	区组 I	区组 II	区组 III	T_t	$\bar{y}_t$
A	92.2	73.8	105.1	271.1	90.4
B	129.8	145.1	161.6	436.5	145.5
C	187.6	201.9	181.6	571.1	190.4
D	201.5	217.8	211.5	630.8	210.3
E	196.4	205.6	206.2	608.2	202.7
F	87.3	92.4	104.2	283.9	94.6
G	233.1	248.4	273.9	755.4	251.8
H	163.2	174.4	193.9	531.5	177.2
T_r	1 291.1	1 359.4	1 438.0	$T=4\,088.5$	$\bar{y}=170.4$
$\bar{y}_r$	161.4	169.9	179.8		

2. 自由度与平方和的分解

（1）自由度的分解　总自由度（DF_T）、品种自由度（DF_t）、区组自由度（DF_r）和误差自由度（DF_e）分别为

$$DF_T = nk - 1 = 3 \times 8 - 1 = 23$$
$$DF_t = k - 1 = 8 - 1 = 7$$
$$DF_r = n - 1 = 3 - 1 = 2$$
$$DF_e = (n-1)(k-1) = (3-1) \times (8-1) = 14$$

（2）平方和的分解　先计算矫正数（C），然后计算各平方和：总平方和（SS_T）、品种

间平方和（SS_t）、区组间平方和（SS_r）及误差平方和（SS_e）。

$$C = T^2/(nk) = 4\,088.5^2/(3 \times 8) = 696\,493.01$$

$$SS_T = \sum_1^{nk} y^2 - C = 92.2^2 + 73.8^2 + \cdots + 193.9^2 - C = 70\,309.79$$

$$SS_t = n\sum_1^k (\bar{y}_t - \bar{y})^2 = \frac{\sum T_t^2}{n} - C = \frac{271.1^2 + 436.5^2 + \cdots + 531.5^2}{3} - C = 67\,413.38$$

$$SS_r = k\sum_1^n (\bar{y}_r - \bar{y})^2 = \frac{\sum T_r^2}{k} - C = \frac{1\,291.1^2 + 1\,359.4^2 + 1\,438.0^2}{8} - C = 1\,350.94$$

$$SS_e = \sum_1^k \sum_1^n (y - \bar{y}_r - \bar{y}_t + \bar{y})^2 = SS_T - SS_t - SS_r$$
$$= 70\,309.79 - 67\,413.38 - 1\,350.94 = 1\,545.47$$

3. 列方差分析表，并做 F 测验　将上述计算结果列入表 11-4，进一步可计算各变异均方（MS）。

表 11-4　表 11-3 资料的方差分析

变异	DF	SS	MS	F	P(>F)
区组间	2	1 350.94	675.47	6.12	0.012 3
品种间	7	67 413.38	9 630.48	87.24	<0.000 1
误差	14	1 545.47	110.39		
总变异	23	70 309.79			

对品种间变异，做 F 测验。无效假设是"各品种的总体平均数相等"；备择假设为"各品种的总体平均数不全等"。得

$$F = 9\,630.48/110.39 = 87.24 > F_{0.05(7,14)}$$

因此否定 H_0，说明 8 个供试品种的平均数有显著差异，需进一步做多重比较。

4. 品种（处理）间多重比较

（1）最小显著差数法（LSD 法）　本试验的目的是要测验各供试品种是否与对照品种 H（CK）有显著差异，采用 LSD 法。各品种平均数的差数标准误为

$$s_{\bar{y}_1 - \bar{y}_2} = \sqrt{2MS_e/n} \tag{11-3}$$

从而 $LSD_{0.05} = s_{\bar{y}_1 - \bar{y}_2} t_{0.05}$，$LSD_{0.01} = s_{\bar{y}_1 - \bar{y}_2} t_{0.01}$。误差方差是方差分析表中误差项均方 MS_e；自由度则是误差项自由度 $\nu = (n-1)(k-1) = 2 \times 7 = 14$。据此，可以对各品种的平均单果质量（即表 11-3 的 $\bar{y}_t$）进行比较，则有

$$s_{\bar{y}_1 - \bar{y}_2} = \sqrt{2 \times 110.39/3} = 8.58 \text{（g）}$$

当 $\nu = 14$ 时，$t_{0.05} = 2.145$，$t_{0.01} = 2.977$，故有

$$LSD_{0.05} = 8.58 \times 2.145 = 18.40 \text{（g）}$$
$$LSD_{0.01} = 8.58 \times 2.977 = 25.54 \text{（g）}$$

应用此 LSD 临界值，将各品种平均数与对照（H）比较（表 11-5），说明：仅 C 品种与对照品种没有显著差异，其余品种都和对照品种具有显著的差异。

表 11 - 5　各品种平均单果质量和对照相比的差异显著性

品　　种	$\bar{y}_t$ 的比较	
	$\bar{y}_t$	差异显著性
G	251.8	74.6 **
D	210.3	33.1 **
E	202.7	25.5 **
C	190.4	13.2
H(CK)	177.2	
B	145.5	−31.7 **
F	94.6	−82.6 **
A	90.4	−86.8 **

（2）新复极差测验（SSR 法）　若还要测验各品种相互间的差异显著性，则可应用 SSR 法。先算得品种平均数标准误（$s_{\bar{y}}$）即

$$s_{\bar{y}} = \sqrt{MS_e/n} \tag{11-4}$$

然后，根据自由度 $\nu=(n-1)(k-1)$，查附表 6，得到 $SSR_{0.05}$ 和 $SSR_{0.01}$ 值。进而，可算得 $LSR_{0.05}$ 和 $LSR_{0.01}$ 值。

本例中，各个品种平均数标准误为 $s_{\bar{y}} = \sqrt{110.39/3} = 6.07$（kg）。自由度 $\nu=14$，查附表 6，得到不同显著水平 α 和秩次距 p 下的 SSR 值；进而，算得 LSR 值（表 11-6）。用 LSR 值测验品种间差异显著性的结果见表 11-7。G 品种与其他 7 个品种，D 品种与 H、B、F 和 A 4 个品种，H 品种与 B、F 和 A 3 个品种，B 品种与 F 和 A 2 个品种有 1% 水平上的差异显著性，D 品种与 C 品种有 5% 水平上的差异显著性，其余各品种之间都没有显著差异。

表 11 - 6　表 11 - 3 资料新复极差测验最小显著极差

p	$SSR_{0.05,14}$	$SSR_{0.01,14}$	$LSR_{0.05,14}$	$LSR_{0.01,14}$
2	3.03	4.21	18.39	25.55
3	3.18	4.42	19.30	26.83
4	3.27	4.55	19.85	27.62
5	3.33	4.63	20.21	28.10
6	3.37	4.70	20.46	28.53
7	3.39	4.78	20.58	29.01
8	3.41	4.83	20.70	29.32

表 11 - 7　表 11 - 3 资料新复极差测验

品种	单果质量（$\bar{y}_t$）	差异显著性	
		5%	1%
G	251.8	a	A
D	210.3	b	B
E	202.7	bc	BC
C	190.4	cd	BC

（续）

品种	单果质量（$\bar{y}_t$）	差异显著性	
		5%	1%
H	177.2	d	C
B	145.5	e	D
F	94.6	f	E
A	90.4	f	E

本例 SAS 程序求解方法见附录 1 的 LT11 - 3。

三、随机区组设计的线性模型和期望均方

随机区组设计的线性模型可表示为

$$y_{ij} = \mu + \tau_i + \beta_j + \varepsilon_{ij} \tag{11-5}$$

式中，μ 为总平均数；τ_i 为处理效应，β_j 为区组效应。该模型可为固定模型（约束条件为 $\sum \tau_i = 0, \sum \beta_j = 0$），也可为随机模型 $[\tau_i \sim N(0, \sigma_\tau^2), \beta_j \sim N(0, \sigma_\beta^2)]$；随机误差（$\varepsilon_{ij}$）服从正态分布总体 $N(0, \sigma_\varepsilon^2)$。

随机区组试验中，若试验的对象和推论的对象都是处理本身，则将处理效应视为固定模型；若试验的对象是从总体中随机抽取的部分对象，而推论的对象是其总体，则将处理效应视为随机模型。例如待研究的品种是几个新品种本身，欲评估它们的增产潜力，这是固定模型；若待研究的品种是从某个群体（例如长江流域大豆品种）随机抽取的代表，要从供试品种对总体做推论，这是随机模型。同理，区组效应也可以视为固定的，或者随机的。试验涉及区组和处理两个因子时，区组效应和处理效应组合可以形成 3 种线性模型（参见第六章）：固定模型（处理效应和区组效应均为固定效应）、随机模型（处理效应和区组效应均为随机效应）和混合模型（处理效应和区组效应中的一个是随机效应），这 3 种模型的期望均方（EMS）列于表 11 - 8。

表 11 - 8 随机区组设计的期望均方

变异来源	DF	MS	固定模型（区组、处理均固定）	随机模型（区组、处理均随机）	混合模型	
					区组随机，处理固定	区组固定，处理随机
区组间	$n-1$	MS_r	$\sigma^2 + k\kappa_\beta^2$	$\sigma^2 + k\sigma_\beta^2$	$\sigma^2 + k\sigma_\beta^2$	$\sigma^2 + k\kappa_\beta^2$
处理或品种	$k-1$	MS_t	$\sigma^2 + n\kappa_\tau^2$	$\sigma^2 + n\sigma_\tau^2$	$\sigma^2 + n\kappa_\tau^2$	$\sigma^2 + n\sigma_\tau^2$
试验误差	$(n-1)(k-1)$	MS_e	σ^2	σ^2	σ^2	σ^2

从表 11 - 8 中的均方构成，可构建 F 测验的均方比（与第六章 F 统计量的构建原理相同）。一般田间的随机区组试验（例如品种比较试验），往往假定品种效应是固定的，而区组效应是随机的。因为所试验的品种不仅是适用于该地区，而且也可以推广到其他地区。这样的随机区组试验就属于混合模型。凡采用这种模型的随机区组试验，必须注意所用地区区组的代表性，包括土壤、气候、耕作制度等方面都要有一定的代表性，使所得的试验结果有实际意义。

四、随机区组试验的缺区估计及其分析

(一) 缺区估计的方法

在试验过程中，由于某些难以控制的因素影响（例如病虫害或其他意外事件的发生）造成植物生长不正常，甚至缺株或缺区。在这种情况下，处理和区组的正交性遭到破坏，方差分析不能按原定步骤进行。为解决这个问题，可根据全试验的信息将缺区值用统计方法估计出来，填进估计值后，再做分析。缺区估计并不能提供任何新的信息，只是为了能继续分析有残缺数据而提供的一种不得已的补救办法。在一个试验中，缺失个别小区，缺区估计尚可行；如缺区较多，则缺区估计并不可靠。试验应尽量避免缺区。若缺区过多，应作试验失败处理，或者除去缺区过多的处理或区组再做分析。

缺区估计的基本原则是：补上缺失数据后，剩余平方和最小，通常可采用最小二乘法。得到缺区估计方法（参见第十四章的例14-5）。其缺区估计公式为

$$y_e - \frac{T'_t + y_e}{n} - \frac{T'_r + y_e}{k} + \frac{T' + y_e}{nk} = 0 \qquad (11-6)$$

式中，y_e 为缺区值，n 为区组数，k 为处理数，T'_t 为不包括缺区的缺区处理总和，T'_r 为不包括缺区的缺区区组总和，T' 为不包括缺区的全试验总和。将上式移项可得缺区估计值（y_e）为

$$y_e = \frac{nT'_r + kT'_t - T'}{(n-1)(k-1)} \qquad (11-7)$$

式（11-6）和式（11-7）皆可用于估计缺区值。当有多个缺区时，则可由式（11-6）建立一个多元一次联立方程组，解出各个缺区值。

(二) 缺区估计的分析示例

1. 缺失 1 个数据的估计方法

【例11-4】有一个玉米栽培试验，缺失 1 区产量 y_e（kg），其结果见表11-9。试做分析。

表11-9 玉米随机区组试验缺 1 区产量（kg）结果

处理	区 组				T_t
	I	II	III	IV	
A	27.8	27.3	28.5	38.5	122.1
B	30.6	28.8	y_e	39.5	$98.9 + y_e$
C	27.7	22.7	34.9	36.8	122.1
D	16.2	15.0	14.1	19.6	64.9
E	16.2	17.0	17.7	15.4	66.3
F	24.9	22.5	22.7	26.3	96.4
T_r	143.4	133.3	$117.9 + y_e$	176.1	$570.7 + y_e$

首先，估计出缺区值 y_e。根据式（11-6）可得

$$y_e - \frac{98.9 + y_e}{4} - \frac{117.9 + y_e}{6} + \frac{570.7 + y_e}{24} = 0$$

即

$$15 y_e = 494.3$$

所以，有

$$y_e = 32.95 \approx 33.0 \ (kg)$$

如将表 11-9 中有关数值代入（11-7），也同样可得

$$y_e = \frac{4 \times 117.9 + 6 \times 98.9 - 570.7}{(4-1)(6-1)} = 32.95 \approx 33.0 \ (kg)$$

然后，将该 $y_e = 33.0$ 置入表 11-9 中，y_e 的位置，得表 11-10。该表的形式和表 11-3 完全一样，因此可同样进行平方和的分解；但在分解自由度时需注意：因为 $y_e = 33.0$ 是一个没有误差的理论值，它不占有自由度，所以误差项和总变异项的自由度都要比常规的少 1 个。由此得到的方差分析表如表 11-11 所示。

表 11-10 玉米随机区组试验结果

处理	区　组				T_t
	Ⅰ	Ⅱ	Ⅲ	Ⅳ	
A	27.8	27.3	28.5	38.5	122.1
B	30.6	28.8	**33.0**	39.5	131.9
C	27.7	22.7	34.9	36.8	122.1
D	16.2	15.0	14.1	19.6	64.9
E	16.2	17.0	17.7	15.4	66.3
F	24.9	22.5	22.7	26.3	96.4
T_r	143.4	133.3	150.9	176.1	603.7

表 11-11 玉米栽培试验（缺 1 区）方差分析

变异来源	DF	SS	MS	F	$F_{0.05}$
区组	3	166.84			
处理	5	1 093.20	218.64	21.50	2.66
误差	14	142.44	10.17		
总变异	22	1 402.48			

在进行处理间的比较时，一般用 t 测验。对于非缺区处理间的比较，其 $s_{\bar{y}_1 - \bar{y}_2}$ 仍由式（11-3）算出，对于缺区处理和非缺区处理间的比较，则有

$$s_{\bar{y}_1 - \bar{y}_2} = \sqrt{\frac{MS_e}{n}\left[2 + \frac{k}{(n-1)(k-1)}\right]} \tag{11-8}$$

式中，MS_e 为误差项均方，n 为区组数，k 为处理数。在本例可求得

$$s_{\bar{y}_1 - \bar{y}_2} = \sqrt{\frac{10.17}{4}\left[2 + \frac{6}{(4-1)(6-1)}\right]} = 2.47 \ (kg)$$

2. 缺失 2 个数据的估计方法

【例 11-5】有一个水稻栽培试验，假定缺失两区产量（y_c 和 y_a），其结果见表 11-12。试做分析。

表 11－12　水稻随机区组试验缺两区产量（kg/小区）的试验结果

| 处理 | 区　　　　组 | | | | | | T_t |
	I	II	III	IV	V	VI	
A	8	14	12	8	16	y_a	$58+y_a$
B	9	11	10	7	11	9	57
C	16	17	14	12	y_c	13	$72+y_c$
T_r	33	42	36	27	$27+y_c$	$22+y_a$	$187+y_c+y_a$

首先，应估计出缺区值 y_c 和 y_a。采用解方程法，根据式（11－6），得

$$y_c - \frac{72+y_c}{6} - \frac{27+y_c}{3} + \frac{187+y_c+y_a}{18} = 0$$

$$y_a - \frac{58+y_a}{6} - \frac{22+y_a}{3} + \frac{187+y_c+y_a}{18} = 0$$

整理得二元一次联立方程，即

$$\begin{cases} 10y_c + y_a = 191 \\ y_c + 10y_a = 191 \end{cases}$$

解上述联立方程得：$y_c = 18.09$（kg），$y_a = 10.09$（kg）。将 $y_c \approx 18 \, \text{kg}$，$y_a \approx 10 \, \text{kg}$ 置入表 11－12 中，然后进行方差分析。此时，因有两个缺区估计值，它们不占有自由度，故方差分析表中误差项和总变异项的自由度均应比通常的少 2 个自由度。

在进行处理间比较时，非缺区处理间比较的差数标准误仍由式（11－3）给出；若相互比较的处理中有缺区的，则其平均数差数的标准误为

$$s_{\bar{y}_1 - \bar{y}_2} = \sqrt{MS_e\left(\frac{1}{n_1} + \frac{1}{n_2}\right)} \tag{11-9}$$

式中，MS_e 为误差项均方，n_1 和 n_2 分别表示两个相比较处理的有效重复数，其计算方法是：在同一区组内，若两处理都不缺区，则各记为 1；在同一区组内，若一个处理缺区，另一个处理不缺区，则缺区处理记 0，不缺区处理记为 $(k-2)/(k-1)$，其中 k 为试验的处理数目。

例如本试验在 A 和 B 比较时，A 的有效重复数（n_1）和 B 的有效重复数（n_2）分别为

$$n_1 = 1+1+1+1+1+0 = 5$$

$$n_2 = 1+1+1+1+1+\frac{3-2}{3-1} = 5.5$$

故

$$s_{\bar{y}_A - \bar{y}_B} = \sqrt{2.32\left(\frac{1}{5} + \frac{1}{5.5}\right)} = 0.94(\text{kg})$$

在 A 和 C 比较时，A 的有效重复数（n_1）和 C 的有效重复数（n_2）分别为

$$n_1 = 1+1+1+1+\frac{3-2}{3-1}+0 = 4.5$$

$$n_2 = 1+1+1+1+0+\frac{3-2}{3-1} = 4.5$$

故

$$s_{\bar{y}_A - \bar{y}_C} = \sqrt{2.32\left(\frac{1}{4.5} + \frac{1}{4.5}\right)} = 1.02 \, (\text{kg})$$

第三节　拉丁方试验的统计分析

一、拉丁方试验结果的统计分析

拉丁方试验在纵横两个方向都应用了局部控制，使得纵横两向皆成区组（设计图见第二章第五节）。因此试验结果的统计分析要比随机区组多一项区组间变异，即总变异可分解为处理间、横行区组间、纵列区组间和剩余部分，假定处理与横行区组间、处理与纵列区组间无交互作用，这剩余部分便是试验误差。设有 k 个处理（或品种）做拉丁方试验，则必有横行区组和纵列区组各 k 个，其总自由度（DF_T）和总平方和（SS_T）的分解式为

$$DF_T = k^2 - 1 = (k-1) + (k-1) + (k-1) + (k-1)(k-2) \qquad (11-10)$$

即　　　　总自由度＝横行自由度＋纵列自由度＋处理自由度＋误差自由度

$$SS_T = \sum_1^{k^2} (y - \bar{y})^2$$
$$= k\sum_1^k (\bar{y}_r - \bar{y})^2 + k\sum_1^k (\bar{y}_c - \bar{y})^2 + k\sum_1^k (\bar{y}_t - \bar{y})^2 + \sum_1^{k^2} (y - \bar{y}_r - \bar{y}_c - \bar{y}_t + 2\bar{y})^2$$

$$(11-11)$$

即　　　　总平方和＝横行平方和＋纵列平方和＋处理平方和＋误差平方和

式中，y 为各观察值，$\bar{y}_r$ 为横行区组平均数，$\bar{y}_c$ 为纵列区组平均数，$\bar{y}_t$ 为处理平均数，$\bar{y}$ 为全试验平均数。

【例 11-6】 有 A、B、C、D 和 E 5 个水稻品种进行比较试验，其中 E 为标准品种，采用 5×5 拉丁方设计，其田间排列和产量结果见表 11-13。试做分析。

1. 数据初步整理　在表 11-13 中，处理为 5 个水稻品种，即 $k=5$；5 个横行和 5 个纵列。整个试验共有 $k^2=5\times5=25$ 个观察值，每个观察值受处理、横行和纵列 3 个因子影响，3 项效应均独立，处理因子水稻品种为预先选定的比较对象，属固定效应，而横行和纵列也为固定效应，由此可依固定模型分析。从表 11-13 中，算得各横行区组总和（T_r）和各纵列区组总和（T_c），并得全试验总和 $T=882$。再在表 11-14 算得各品种的总和（T_t）和小区平均产量（$\bar{y}_t$）。

表 11-13　水稻品种比较 5×5 拉丁方试验的产量（kg）

横行区组	纵列区组					T_r
	I	II	III	IV	V	
I	D（37）	A（38）	C（38）	B（44）	E（38）	195
II	B（48）	E（40）	D（36）	C（32）	A（35）	191
III	C（27）	B（32）	A（32）	E（30）	D（26）	147
IV	E（28）	D（37）	B（43）	A（38）	C（41）	187
V	A（34）	C（30）	E（27）	D（30）	B（41）	162
T_c	174	177	176	174	181	$T=882$

表 11 - 14　品种总和（T_t）和平均数（$\bar{y}_t$）

品种	T_t	$\bar{y}_t$
A	38＋35＋32＋38＋34＝177	35.4
B	44＋48＋32＋43＋41＝208	41.6
C	38＋32＋27＋41＋30＝168	33.6
D	37＋36＋26＋37＋30＝166	33.2
E	38＋40＋30＋28＋27＝163	33.6

2. 自由度与平方和的分解

（1）自由度的分解　由式（11-10）可得总自由度（DF_T）、横行自由度（DF_r）、纵列自由度（DF_c）、品种自由度（DF_t）及误差自由度（DF_e），即

$$DF_T = k^2 - 1 = 5^2 - 1 = 24$$
$$DF_r = k - 1 = 5 - 1 = 4$$
$$DF_c = k - 1 = 5 - 1 = 4$$
$$DF_t = k - 1 = 5 - 1 = 4$$
$$DF_e = (k-1)(k-2) = (5-1)(5-2) = 12$$

（2）平方和的分解　先算得矫正数（C），然后由式（11-11）算得总平方和（SS_T）、横行区组平方和（SS_r）、纵列区组平方和（SS_c）、品种平方和（SS_t）及误差平方和（SS_e），即

$$C = \frac{T^2}{k^2} = \frac{882^2}{5^2} = 31\ 116.96$$

$$SS_T = \sum_1^{k^2} (y - \bar{y})^2 = \sum_1^{k^2} y^2 - C = 37^2 + 38^2 + \cdots + 41^2 - 31\ 116.96 = 815.04$$

$$SS_r = k\sum_1^k (\bar{y}_r - \bar{y})^2 = \frac{\sum T_r^2}{k} - C = \frac{195^2 + 191^2 + \cdots + 162^2}{5} - C = 348.64$$

$$SS_c = k\sum_1^k (\bar{y}_c - \bar{y})^2 = \frac{\sum T_c^2}{k} - C = \frac{174^2 + 177^2 + \cdots + 181^2}{5} - C = 6.64$$

$$SS_t = k\sum_1^k (\bar{y}_t - \bar{y})^2 = \frac{\sum T_t^2}{k} - C = \frac{177^2 + 208^2 + \cdots + 163^2}{5} - C = 271.44$$

$$SS_e = \sum_1^{k^2} (y - \bar{y}_r - \bar{y}_c - \bar{y}_t + 2\bar{y})^2 = SS_T - SS_r - SS_c - SS_t$$
$$= 815.04 - 348.64 - 6.64 - 271.44 = 188.32$$

3. 列方差分析表，并做 F 测验　将上述结果列入表 11-15，算得各变异来源的均方（MS）。对品种间做 F 测验，假设 H_0：$\mu_A = \mu_B = \cdots = \mu_E$，对 H_A：μ_A、μ_B、$\cdots$、μ_E 不全相等（μ_A、μ_B、$\cdots$、μ_E 分别代表 A、B、$\cdots$、E 品种的总体平均数），算得 $F = 67.86/15.69 = 4.33 > F_{0.05(4,12)} = 3.26$，所以 H_0 应被否定，即各供试品种的产量有显著差异，需进一步进行品种间的多重比较。

表 11 - 15 　表 11 - 13 资料的方差分析

变异来源	DF	SS	MS	F	$F_{0.05}$
横行区组	4	348.64	87.16		
纵列区组	4	6.64	1.66		
品种	4	271.44	67.86	4.33*	3.26
误差	12	188.32	15.69		
总变异	24	815.04			

4. 固定模型下处理（品种）间多重比较

（1）最小显著差数法（LSD 法）　应用式（11-3），得

$$s_{\bar{y}_1 - \bar{y}_2} = \sqrt{2 \times 15.69/5} = 2.5 \text{（kg）}$$

当 $\nu = 12$ 时，$t_{0.05} = 2.179$，$t_{0.01} = 3.055$，$LSD_{0.05} = 2.5 \times 2.179 = 5.45$（kg），$LSD_{0.01} = 2.5 \times 3.055 = 7.64$（kg）。以之为尺度，在表 11-16 测验各品种对标准品种（E）的差异显著性。结果只有 B 品种的产量极显著地高于对照，其余品种皆与对照无显著差异。

表 11 - 16 　表 11 - 13 资料各品种与标准品种相比的差异显著性

品种	小区平均产量（kg）	差异
B	41.6	9.0**
A	35.4	2.8
C	33.6	1
D	33.2	0.6
E（CK）	32.6	

** 表示达 1% 显著水平。

（2）新复极差测验（SSR 法）　依式（11-4）求得

$$s_{\bar{y}} = \sqrt{15.69/5} = 1.77 \text{(kg)}$$

再根据 $\nu = 12$ 时的 $SSR_{0.05}$ 和 $SSR_{0.01}$ 的值算得 $p = 2$、3、4、5 时的 $LSR_{0.05}$ 和 $LSR_{0.01}$ 的值于表 11-17。根据表 11-17 的 $LSR_{0.05}$ 和 $LSR_{0.01}$ 的尺度，测验各品种小区平均产量的差异显著性于表 11-18。由表 11-18 可见，B 品种与其他各品种的差异显著性都达到 $\alpha = 0.05$ 水平，而 B 品种与 D、E 品种的差异显著性达到 $\alpha = 0.01$ 水平，A、C、D 和 E 4 品种之间则无显著差异。

表 11 - 17 　表 11 - 13 资料各品种小区平均产量（$\bar{y}_t$）互比时的 LSR 值

p	2	3	4	5
$SSR_{0.05,12}$	3.08	3.23	3.33	3.36
$SSR_{0.01,12}$	4.32	4.55	4.68	4.76
$LSR_{0.05,12}$	5.45	5.72	5.89	5.95
$LSR_{0.01,12}$	7.65	8.05	8.28	8.43

表 11-18 水稻品种比试验的新复极差测验

品种	小区平均产量 ($\bar{y}_t$)	差异显著性	
		5%	1%
B	41.6	a	A
A	35.4	b	AB
C	33.6	b	AB
D	33.2	b	B
E	32.6	b	B

拉丁方设计统计分析的 SAS 程序解法见附录 1 的 LT11-6。

二、拉丁方的线性模型和期望均方

假定以 y_{ij} 代表拉丁方的 i 横行 j 纵列的交叉观察值，再以 t 代表处理，则拉丁方试验的线性模型为

$$y_{ij(t)} = \mu + \beta_i + \kappa_j + \tau_{(t)} + \varepsilon_{ij(t)} \tag{11-12}$$

式中，μ 为总体平均数。β_i 为横行效应，κ_j 为纵列效应，若二者为固定模型，则有 $\sum \beta_i = 0, \sum \kappa_j = 0$；若二者均为随机模型，有 $\beta_i \sim N(0, \sigma_\beta^2)$，$\kappa_j \sim N(0, \sigma_\kappa^2)$。$\tau_{(t)}$ 为处理效应，固定模型时有 $\sum \tau_{(t)} = 0$，随机模型时 $\tau_{(t)} \sim N(0, \sigma_\tau^2)$。相互独立的随机误差 $\varepsilon_{ij(t)} \sim N(0, \sigma^2)$。如果处理与纵列或横行区组有交互作用存在，则交互作用与误差相混杂，不能得到正确的误差估计，难以进行正确的测验。不过，只要试验材料（土壤差异）不太大，一般假定不存在交互作用。

拉丁方设计的固定模型和随机模型的期望均方如表 11-19 所示。

表 11-19 拉丁方设计的期望均方

变异来源	DF	固定模型	随机模型
横行间	$k-1$	$\sigma^2 + k\kappa_\beta^2$	$\sigma^2 + k\sigma_\beta^2$
纵列间	$k-1$	$\sigma^2 + k\kappa_\alpha^2$	$\sigma^2 + k\sigma_\alpha^2$
处理间	$k-1$	$\sigma^2 + k\kappa_\tau^2$	$\sigma^2 + k\sigma_\tau^2$
试验误差	$(k-1)(k-2)$	σ^2	σ^2

表 11-19 中没有写出混合模型，因为知道了固定模型和随机模型后，混合模型是可以方便地写出的。例如要将横行由固定模型改为随机模型，则只要将 κ_β^2 改为 σ_β^2 即可。

三、拉丁方试验的缺区估计及其分析

拉丁方试验的缺区估计原理和随机区组试验一样。缺区值（y_e）的估计公式为

$$y_e - \frac{T_r' + y_e}{k} - \frac{T_c' + y_e}{k} - \frac{T_t' + y_e}{k} + \frac{2(T' + y_e)}{k^2} = 0 \tag{11-13}$$

式中，T_r'、T_c'、T_t' 和 T' 依次为缺区所在的横行区组、纵列区组、处理和全试验的总和，它们都未包括缺区值在内。将式（11-13）移项可得

$$y_e = \frac{k(T'_r + T'_c + T'_t) - 2T'}{(k-1)(k-2)} \qquad (11-14)$$

当仅有 1 个缺区时，可由式（11-13）或式（11-14）直接解得 y_e 值；当有多个缺区时，可由式（11-13）建立联立方程组，解出各个缺区估计值。

【例 11-7】有一个甘蔗品种比较试验，采用 5×5 拉丁方设计，缺失 1 区产量，其结果见表 11-20。试求该缺区估计值 y_e 并做分析。

表 11-20 5×5 甘蔗试验缺失 1 区产量的试验结果（$\times 100\,kg/$区）

横行区组	纵列区组										T_r
	I		II		III		IV		V		
I	A	14	E	22	D	20	C	18	B	25	99
II	D	19	B	21	A	16	E	23	C	18	97
III	B	23	A	15	C	20	D	18	E	23	99
IV	C	21	D	y_e	E	24	B	21	A	17	$83 + y_e$
V	E	23	C	16	B	23	A	17	D	20	99
T_c	100		$74 + y_e$		103		97		103		$477 + y_e$

首先求缺区估计值 y_e。将表 11-20 的有关数值代入式（11-13）可得

$$y_e - \frac{83 + y_e}{5} - \frac{74 + y_e}{5} - \frac{77 + y_e}{5} + \frac{2(477 + y_e)}{25} = 0$$

则

$$y_e = 18 \ (\times 100\,kg)$$

同样，代入式（11-14）得

$$y_e = \frac{5 \times (83 + 74 + 77) - 2 \times 477}{(5-1)(5-2)} = 18 \ (\times 100\,kg)$$

将 $y_e = 18$ 置入表 11-20 的 y_e 位置，得表 11-21。

表 11-21 5×5 甘蔗试验具有 1 个估计值的试验结果（$\times 100\,kg/$区）

横行区组	纵列区组										T_r
	I		II		III		IV		V		
I	A	14	E	22	D	20	C	18	B	25	99
II	D	19	B	21	A	16	E	23	C	18	97
III	B	23	A	15	C	20	D	18	E	23	99
IV	C	21	D	**18**	E	24	B	21	A	17	101
V	E	23	C	16	B	23	A	17	D	20	99
T_c	100		92		103		97		103		$T = 495$
T_t	A=79		B=113		C=93		D=95		E=115		
$\bar{y}_t$	15.8		22.6		18.6		19.0		23.0		

表 11-21 可按没有缺区的拉丁方资料做方差分析，仅误差项和总变异项的自由度比没有缺区的拉丁方资料少 1 个，因为有 1 个缺区估计值，它不占有自由度。由此所得的结果列于表 11-22。

表 11-22 甘蔗 5×5 拉丁方试验（缺 1 区）的方差分析

变异来源	DF	SS	MS	F	$F_{0.05}$
横行	4	1.6	0.4		
纵列	4	17.2	4.3		
品种	4	180.8	45.2	24.43*	3.36
误差	11	20.4	1.85		
总变异	23	220			

在对各品种的小区平均数做 t 测验时，没有缺区品种间的比较仍用式（11-3）；但当缺区品种与非缺区品种比较时，其差数标准误应为

$$s_{\bar{y}_1 - \bar{y}_2} = \sqrt{\frac{MS_e}{k}\left[2 + \frac{k}{(k-1)(k-2)}\right]} \qquad (11-15)$$

在本例中

$$s_{\bar{y}_1 - \bar{y}_2} = \sqrt{\frac{1.85}{5}\left(2 + \frac{5}{12}\right)} = 0.95 \;(\times 100\,\text{kg})$$

以上是有 1 个缺区的拉丁方试验的分析。如果拉丁方试验有几个缺区，则首先应算得各个缺区的估计值。这些估计值可由式（11-13）建立联立方程解出。算得各缺区估计值后，可按正常（没有缺区的）拉丁方资料计算各变异来源的平方和，但误差项和总变异项的自由度要比正常的少 l 个（l 为缺区数目）。在对各处理小区平均数做 t 测验时，没有缺区的处理间比较的差数标准误仍由式（11-3）给出；若相互比较的处理中有缺区存在，则其平均数差数的标准误为

$$s_{\bar{y}_1 - \bar{y}_2} = \sqrt{MS_e\left(\frac{1}{n_1} + \frac{1}{n_2}\right)} \qquad (11-16)$$

式（11-16）中的 MS_e 为误差项均方，n_1 和 n_2 分别为两个相互比较的处理的有效重复数，其计算方法是：①若相互比较的甲、乙二处理在横行和纵列皆不缺区，则分别记为 1；②若甲处理不缺区，而其所在的横行或纵列的乙处理缺 1 区，则甲记为 2/3；③若甲处理不缺区，而其所在的横行和纵列的乙处理皆缺区，则甲记为 1/3；④若甲处理本身为缺区，则记为 0。例如，有一个 5×5 拉丁方试验为

$$
\begin{array}{ccccc}
A & E & D & C & B \\
D & B & A & E & C \\
B & A & C & D & E \\
C & (D) & E & B & (A) \\
E & C & B & A & (D)
\end{array}
$$

以上有括号者表示缺区。则在 B、C、E 处理间比较时，其 $s_{\bar{y}_1 - \bar{y}_2}$ 用式（11-3），其余各处理相互比较都要先计算有效重复数，再代入式（11-16）计算 $s_{\bar{y}_1 - \bar{y}_2}$。

例如 A 与 E 比较时，A 的有效重复数（n_1）和 E 的有效重复数（n_2）分别为

$$n_1 = 1 + 1 + 1 + 0 + 1 = 4$$

$$n_2 = 1 + 1 + \frac{2}{3} + \frac{2}{3} + 1 = 4.33$$

故
$$s_{\bar{y}_1-\bar{y}_2}=\sqrt{MS_e\left(\frac{1}{4}+\frac{1}{4.33}\right)}$$

而 A 与 D 比较时，A 的有效重复数（n_1）和 D 的有效重复数（n_2）分别为

$$n_1=1+1+\frac{2}{3}+0+\frac{2}{3}=3.33$$

$$n_2=1+1+1+0+0=3$$

故
$$s_{\bar{y}_1-\bar{y}_2}=\sqrt{MS_e\left(\frac{1}{3.33}+\frac{1}{3}\right)}$$

其余类推。

本例计算也可由 SAS 软件完成，见附录 1 的 LT11-7。

第四节　试验处理的联合比较

一、试验处理联合比较的示例

有些试验在设计时就预先安排若干特定的比较。例如例 6-9 中处理为氨水 1（A）、氨水 2（B）、碳酸氢铵（C）、尿素（D）和不施肥（E）。按完全随机设计进行的试验就预先安排了一些特定的比较（表 11-23）。

表 11-23　例 6-9 的水稻施肥盆栽试验的产量结果

处　　理	观察值（y_{ij}，g/盆）					$\bar{y}_i$
A（氨水 1）	24	30	28	26	108	27.0
B（氨水 2）	27	24	21	26	98	24.5
C（碳酸氢铵）	31	28	25	30	114	28.5
D（尿素）	32	33	33	28	126	31.5
E（不施肥）	21	22	16	21	80	20.0
合　计					526	26.3

这个试验包含有以下几个特定的比较：① 施肥与不施肥，即 A+B+C+D 与 E；② 液态氮与固态氮，即 A+B 与 C+D；③ 液态氮之间的比较，即 A 与 B；④ 固态氮之间的比较，即 C 与 D。

可以看出，比较①和②是将处理合并后进行比较的，因此这种比较称为试验处理的合并比较。在比较②、③、④中，相比较的处理个数是相同的，这时在同一比较的所有处理都占相同比例，其系数均为 1，但是，在比较①中，用 A+B+C+D 4 个处理与 E 1 个处理比较，其处理数是不同的，显然不是均衡比较，缺乏可比性，应该将 4 个处理的合并值与 E 处理的 4 倍进行比较，即 A、B、C、D 各用 1 份而 E 用 4 份才有可比性，换句话说，前者的系数为 1，后者的系数为 4。同时，在同一比较（或对比）中，一方系数为正，另一方系数为负，例如比较②，若 A 与 B 的系数为正，则 C 与 D 的系数为负。按此方法将 4 种比较的系数填于表 11-24。

可以发现，该比较①～④中，任两比较间的系数乘积之和为 0，例如①与②对比时，有
$$1\times1+1\times1+1\times(-1)+1\times(-1)+(-4)\times0=0$$

这称为**正交性**（orthogonality）。若在所有对比（比较）中，两两比较间的比较系数（C_i）乘积之和都为0，则称这种对比为**正交对比**或**正交比较**（orthogonal comparison），这种比较系数称为**正交系数**（orthogonal coefficient）。在这4个比较中，每个比较都同单因子试验，在这个意义上说，该试验为多因素试验，但这种多因素试验与第二章和十二章的多因素试验不同，为分枝式的多因素试验。

表11-24 例6-9资料单一自由度比较的正交系数（C_i）和计算

处理 （T_i）	A 108	B 98	C 114	D 126	E 80	Q_i	$n\sum C_i^2$	$SS_Q(MS)$
比较			C_i					
①A+B+C+D 对 E	1	1	1	1	−4	126	80	198.45
②A+B 对 C+D	1	1	−1	−1	0	−34	16	72.25
③A 对 B	1	−1	0	0	0	10	8	12.50
④C 对 D	0	0	1	−1	0	−12	8	18.00
总　和								301.20

【**例11-8**】在采用完全随机设计的表11-23资料中，已事先确定要研究以下4种比较的差异显著性：①施肥对不施肥；②施液体肥与施固体肥；③施氨水1对施氨水2；④施碳酸氢铵对施尿素。试做比较。

分析比较步骤如下。

①将资料各处理的总产量列于表11-24（为便于计算，不用平均产量，但后面所得结果仍是关于平均产量的）。

②写出各个预定比较的正交系数 C_i（见表11-24）。

按上述方法获得正交系数 C_i 后，可以计算每个比较的差数，其计算式为

$$Q_i = \sum C_i T_i \tag{11-17}$$

即有

$$Q_1 = 1 \times 108 + 1 \times 98 + 1 \times 114 + 1 \times 126 - 4 \times 80 = 126$$

$$Q_2 = 1 \times 108 + 1 \times 98 + (-1) \times 114 + (-1) \times 126 + 0 \times 80 = -34$$

$$Q_3 = 1 \times 108 + (-1) \times 98 + 0 \times 114 + 0 \times 126 + 0 \times 80 = 10$$

$$Q_4 = 0 \times 108 + 0 \times 98 + 1 \times 114 + (-1) \times 126 + 0 \times 80 = -12$$

由 Q_i 进一步计算每一比较的 SS（即 MS，因为每个比较的自由度都是1），其计算式为

$$SS_Q = MS_Q = \frac{Q_i^2}{n\sum C_i^2} \tag{11-18}$$

例如比较①的 $\quad SS_{Q_1} = \dfrac{126^2}{4[1^2 + 1^2 + 1^2 + 1^2 + (-4)^2]} = \dfrac{126^2}{80} = 198.45$

同理 $\quad SS_{Q_2} = \dfrac{(-34)^2}{4[(-1)^2 + (-1)^2 + 1^2 + 1^2]} = \dfrac{34^2}{16} = 72.25$

$$SS_{Q_3} = \frac{10^2}{4[(-1)^2 + 1^2]} = \frac{10^2}{8} = 12.50$$

$$SS_{Q_4} = \frac{(-12)^2}{4[1^2 + (-1)^2]} = \frac{(-12)^2}{8} = 18.00$$

这里可注意 $SS_{Q_1}+SS_{Q_2}+SS_{Q_3}+SS_{Q_4}=301.20$，正是表 6-12 中的 SS_t。也就是我们已将表 6-12 处理间具 4 个自由度的平方和再分解为属于 4 个独立比较的平方和，各自的自由度均为 1。因此将这种比较也称为**单一自由度的独立比较**（independent comparison of single degree of freedom），其方差分析列于表 11-25（可与表 6-12 对照）。

表 11-25　表 6-11 资料单一自由度的方差分析

变异来源	DF_Q	SS_Q	MS_Q	F
施肥对不施肥	1	198.45	198.45	29.49**
施固体肥对施液体肥	1	72.25	72.25	10.74**
施氨水 1 对施氨水 2	1	12.5	12.5	1.86
施尿素对施碳酸氢铵	1	18	18	2.67
试验误差	15	101	6.73	

将表中各个 MS_Q 与 MS_e 比，得到 F 值，查 F 表（附表 4）当 $\nu_1=1$、$\nu_2=15$ 时，$F_{0.05}=4.54$，$F_{0.01}=8.68$，结果表明该试验预定的 4 个比较中，施肥对不施肥、施固体肥对施液体肥的差异极显著，其余两种比较的差异不显著。

如果要计算平均数 $\bar{Q}$，可由下式求得。

$$\bar{Q}=\frac{Q}{n\sum C_+} \tag{11-19}$$

式中，C_+ 为比较中取正值的正交系数，例如

$$\bar{Q}_1=\frac{126}{4\times(1+1+1+1)}=7.875\text{（g）}$$

$$\bar{Q}_2=\frac{-34}{4\times(1+1)}=-4.250\text{（g）}$$

即表示施肥比不施肥平均每盆增产 7.875 g，施固体肥比液体肥平均每盆增产 4.250 g，皆为极显著。由上分析表明，处理的合并比较十分简便。

二、试验处理联合比较中正交系数的确定方法

（一）确定正交系数的条件

正确进行处理合并比较的关键是正确确定比较的内容和正确写出比较的正交系数。为此，须满足下列 3 个条件。

①比较的数目必须为 $k-1$，以使每个比较占有而且仅占有 1 个自由度。

②每个独立比较的正交系数之和须为 0，即 $\sum C_i=0$，以使每个比较都是均衡的。

③任何两个独立比较的相应正交系数乘积之和必须为 0，即 $\sum C_iC_j=0$，以保证 SS_t 恰好分解为 $k-1$ 个 SS_Q。例如表 11-24 比较①和②的 $\sum C_iC_j=1\times1+1\times1+1\times(-1)+1\times(-1)+(-4)\times0=0$，比较①和③的 $\sum C_iC_j=1\times1+1\times(-1)+1\times0+1\times0+(-4)\times0=0$。如果出现 $\sum C_iC_j\neq0$，则比较就不再是独立的，其后果是各个比较的 SS_Q 之和必不等于 SS_t。这一点在试验设计时需特别注意。如有重复数 n 相等的 3 个处理，其总和数分

别为 T_A、T_B、T_C，则

T_A	T_B	T_C		T_A	T_B	T_C
2	−1	−1	或	1	1	−2
0	1	−1		−1	1	0

等皆为两个独立的比较。而

T_A	T_B	T_C		T_A	T_B	T_C
1	−1	0	或	0	1	−1
1	0	−1		1	−1	0

等则为不独立的，因为前者的 $\sum C_i C_j = 0$，后者的 $\sum C_i C_j \neq 0$。

（二）确定正交系数的方法

在具体写出各个独立比较的正交系数时，可按下列规则进行。

①若被比较的两个组的处理数目相等，则给一个组的各处理以系数 +1，另一个组的各处理都是系数 −1。到底哪个组取 +1，哪个组取 −1，可以随便，一般以"在前"的组（如施肥对不施肥的比较，施肥在前）取"+"号。

②若被比较的两个组的处理数目不相等，则第一组的系数为第二组的处理数，第二组的系数为第一组的处理数，例如 2 个处理（第一组）与 3 个处理的一个比较，其 C_i 写作 3、3、−2、−2、−2。

③如果写出的 C_i 有公约数，则应将其约为最小的整数，例如 4 个处理与 2 个处理的一个比较，按规则②其 C_i 为 2、2、2、2、−4、−4，应简化成 1、1、1、1、−2、−2。

④如果某个处理已经和所有其余处理做过 1 次比较（例如表 11-24 的处理 E），则该处理不能再参加其余比较，否则一定破坏了 $\sum C_i C_j = 0$。

因子式试验在供试因子增加时，处理组合数迅速增加，这给试验带来了巨大的工作量和试验误差的增大。若试验目的并不在于研究各因子间的交互作用而是主要了解各因子的主效，那么，有些试验可以删去一些次要的处理组合。这时，因子间不是正交的关系，而是一种分枝式关系，如例 11-8 所示。

第五节 试验的协方差分析

一、协方差分析的意义和功用

以上单因素试验结果的分析只涉及 1 个变数，实际在同一个试验中往往测度多个性状或多个变数，这些性状间还可能存在相关。对这些相关性状在分别进行方差分析解析处理因素的显著性基础上，还可以对两个性状间的协同变异通过协方差分析解析处理因素是否导致了协同变异的显著性。

（一）协方差分析的意义

协方差（covariance）是两个变数的互变异数。对于一个具有 N 对（x，y）的有限总体，其定义为

$$cov = \frac{1}{N} \sum_1^N (x_i - \mu_x)(y_i - \mu_y) \tag{11-20}$$

而对于由 n 对 (x, y) 组成的样本，则可定义为

$$\hat{cov} = \frac{1}{n-1} \sum_{1}^{n} (x_i - \bar{x})(y_i - \bar{y}) \tag{11-21}$$

由上可知，样本协方差（$\hat{cov}$）是乘积和与自由度的商，即平均的乘积和。一般又称 $\hat{cov}$ 为均积（mean product）或协方，记作 MP，它是总体协方差（cov）的估值。

协方差分析（analysis of covariance）是将回归分析和方差分析综合起来的一种统计方法。方差分析可按变异来源将自由度与平方和分解；协方差分析也可以按照变异来源，将自由度和乘积和分解。

（二）协方差分析的功用

协方差分析的主要功用有以下两个。

①当 (x, y) 为因果关系时，可利用 y 依 x 的回归系数矫正 y 变数的处理平均数，提高精确度。为提高试验的精确度和灵敏度，必须严格控制试验条件的均匀性，这称为试验控制。但有时试验控制不能完全实现，例如小区的群体出苗密度不一致，这时可以利用回归，将各个 y 都矫正到 x 在同样水平（$x = \bar{x}$）时的结果，这称为统计控制。统计控制作为试验控制的一种辅助手段，对于降低误差，往往可得到很好的效果。

②当 (x, y) 为相关关系时，可通过协方差分析在试验的总协方差中扣除环境的干扰从而将试验处理的协方差分离出来，以便做更精确的相关和回归分析。

二、完全随机试验结果的协方差分析

（一）资料模式与线性组成

完全随机设计的数据属于单向分组的数据。设有 k 组处理，每组各有 n 对观察值，则该资料共有 kn 对数据，其模式如表 11-26 所示。

表 11-26 k 组两个变数资料的符号

组别	观察值					总和	平均
1	x_{11}	x_{12}	x_{13}	…	x_{1n}	T_{x_1}	$\bar{x}_1$
	y_{11}	y_{12}	y_{13}	…	y_{1n}	T_{y_1}	$\bar{y}_1$
2	x_{21}	x_{22}	x_{23}	…	x_{2n}	T_{x_2}	$\bar{x}_2$
	y_{21}	y_{22}	y_{23}	…	y_{2n}	T_{y_2}	$\bar{y}_2$
⋮	⋮	⋮	⋮		⋮	⋮	⋮
k	x_{k1}	x_{k2}	x_{k3}	…	x_{kn}	T_{x_k}	$\bar{x}_k$
	y_{k1}	y_{k2}	y_{k3}	…	y_{kn}	T_{y_k}	$\bar{y}_k$
						T_x	$\bar{x}$
						T_y	$\bar{y}$

表 11-26 中，每个 y 观察值不仅具有组效应和随机误差，还受 x 变数的影响。因此单向分组资料协方差分析的样本线性组成为

$$y_{ij} = \bar{y} + t_i + b(x_{ij} - \bar{x}) + e_{ij} \tag{11-22A}$$

式中，$i = 1、2、\cdots、k$，代表组别；$j = 1、2、\cdots、n$，代表观察值；$\bar{y} = T_y/kn$，$\bar{x} =$

T_x/kn，分别是 y 和 x 的平均数；$t_i=[\bar{y}_{i(x=\bar{x})}-\bar{y}]$ 为第 i 个处理的效应，其中 $\bar{y}_{i(x=\bar{x})}$ 为经回归矫正的处理平均数（后面详述）；b 为 y 依 x 的回归系数；e_{ij} 为随机误差。每个组内都可能有各自的回归系数，这里为使问题简化，假定各组均服从同一回归，因而 b 代表了各组的回归系数，或者就是各组回归系数的加权值。将式（11－22A）移项得

$$y_{ij}-t_i=\bar{y}+b(x_{ij}-\bar{x})+e_{ij} \tag{11－22B}$$

和
$$y_{ij}-b(x_{ij}-\bar{x})=\bar{y}+t_i+e_{ij} \tag{11－22C}$$

式（11－22B）说明，若令 $y_{ij}'=y_{ij}-t_i$，即在观察值中剔除处理效应，则协方差分析就是 y_{ij}' 与 x 的线性回归分析〔请对照式（8－8）〕。式（11－22C）则说明，若令 $y_{ij}'=y_{ij}-b_e(x_{ij}-\bar{x})$，即对观察值进行回归矫正，除去 x 不同的影响，则协方差分析就是 y_{ij}' 的方差分析〔请对照式（6－12）〕。

（二）乘积和与自由度的分解

表 11－26 中 x 和 y 的总自由度与平方和，皆可按第六章第四节的方法分解为组间和组内两个部分，此处省略。总乘积和（SP_T）也有组间（SP_t）和组内（SP_e）两部分，其分解式为

$$\left.\begin{array}{c}\sum_1^{kn}(x-\bar{x})(y-\bar{y})=n\sum_1^k(\bar{x}_i-\bar{x})(\bar{y}_i-\bar{y})+\sum_1^k\sum_1^n(x-\bar{x}_i)(y-\bar{y}_i)\\ SP_T \qquad = \qquad SP_t \qquad + \qquad SP_e\end{array}\right\} \tag{11－23}$$

它们分别具有自由度 $(nk-1)=(k-1)+k(n-1)$。

在计算式（11－23）各值时可应用

$$\left.\begin{array}{l}SP_T=\sum_1^{kn}xy-\dfrac{1}{nk}(T_xT_y)\\[2mm] SP_t=\dfrac{1}{n}\sum_1^k(T_{x_i}T_{y_i})-\dfrac{1}{nk}(T_xT_y)\\[2mm] SP_e=\sum_1^{kn}xy-\dfrac{1}{n}\sum_1^k(T_{x_i}T_{y_i})=SP_T-SP_t\end{array}\right\} \tag{11－24}$$

如果各组的 n 不等，分别为 n_1、n_2、$\cdots$、n_k，其和为 $\sum n_i$，则有

$$\left.\begin{array}{l}SP_T=\sum_1^{\sum n_i}xy-\dfrac{1}{\sum n_i}(T_xT_y)\\[2mm] SP_t=\left(\dfrac{T_{x_1}T_{y_1}}{n_1}+\dfrac{T_{x_2}T_{y_2}}{n_2}+\cdots+\dfrac{T_{x_k}T_{y_k}}{n_k}\right)-\dfrac{1}{\sum n_i}(T_xT_y)\\[2mm] SP_e=\sum_1^{\sum n_i}xy-\left(\dfrac{T_{x_1}T_{y_1}}{n_1}+\dfrac{T_{x_2}T_{y_2}}{n_2}+\cdots+\dfrac{T_{x_k}T_{y_k}}{n_k}\right)\end{array}\right\} \tag{11－25}$$

其相应自由度分别为 $\sum n_i-1$、$k-1$ 和 $\sum n_i-k$。

【例 11－9】为研究 A、B 和 C 3 种肥料对于苹果的增产效果，选了 24 株同龄苹果树，第一年记下各树的产量（x，kg），第二年将每种肥料随机施于 8 株苹果树上，再记下其产量（y，kg）。得结果于表 11－27。试分解其乘积和及自由度。

表 11-27 施用 3 种肥料的苹果产量（kg/株）

肥料		观察值								总和	平均
A	x	47	58	53	46	49	56	54	44	407	50.875
	y	54	66	63	51	56	66	61	50	467	58.375
B	x	52	53	64	58	59	61	63	66	476	59.500
	y	54	53	67	62	62	63	64	69	494	61.750
C	x	44	48	46	50	59	57	58	53	415	51.875
	y	52	58	54	61	70	64	69	66	494	61.750
									x	1 298	54.083
									y	1 455	60.625

根据式（11-24），由表 11-27 可得

$$SP_T=(47\times54)+(58\times66)+\cdots+(53\times66)-\frac{(1\,298\times1\,455)}{24}=765.750$$

$$DF_T=3\times8-1=23$$

$$SP_t=\frac{(407\times467)+(476\times494)+(415\times494)}{8}-\frac{(1\,298\times1\,455)}{24}=86.625$$

$$DF_t=3-1=2$$

$$SP_e=765.750-86.625=679.125$$

$$DF_e=3\times(8-1)=21$$

（三）回归关系的协方差分析

表 11-27 资料的 x 和 y 是同一株苹果树上相邻两年的产量，第一年产量是基础，第二年产量是在原基础上的发展，可认为具有因果关系。分别对 x 和 y 各进行方差分析，其结果列于表 11-28。

表 11-28 表 11-27 资料 x 和 y 的方差分析

变异来源	DF	x 变数			y 变数		
		SS	MS	F	SS	MS	F
肥料种类间	2	356.083	178.042	6.34**	60.750	30.375	<1
肥料种类内	21	589.750	28.083		830.875	39.565	
总变异	23	945.833			891.625		

注：x 变数为未施肥时的产量，此处变异来源借用"肥料种类间""肥料种类内"是针对 y 变数作为本底的。

表 11-28 说明，供试苹果树的"基础生产力"（x）在未施肥料时是有极显著差异的；而施用不同肥料后，表现出来的却是肥料间差异不显著（$F<1$）。显然这个推断未必可靠，因为还没有弄清基础生产力（x）是否与产量（y）有回归关系。如果 x 和 y 无关，那当然只有上述推断；但若 x 和 y 有关，那就必须进一步追究：将 x 的不同对于 y 的影响消去后［即通过 y 依 x 的回归，将 $\bar{y}_i$ 矫正为 $x=\bar{x}$ 时的值 $\bar{y}_{i(x=\bar{x})}$，这里的 $\bar{y}_{i(x=\bar{x})}$ 称为矫正平均数］，$\bar{y}_{i(x=\bar{x})}$ 间是否有显著差异？协方差分析就可解决这些问题。

1. 协方差分析的一般步骤

①列出处理间、处理内和总变异的 DF、SS_x、SS_y 和 SP。

②测验 x 和 y 是否存在直线回归关系。即对处理内项（误差）做回归分析，求得其离回归平方和（Q_e）和自由度 $\nu_e = k(n-1) - 1$，测验 $H_0: \beta = 0$ 对 $H_A: \beta \neq 0$。若接受 $H_0: \beta = 0$，则表明该资料只能用 y 变数值做方差分析，x 变数值不能提供新的信息。若否定 $H_0: \beta = 0$，则表明 x 和 y 有着显著的直线回归关系，因而要进行以下步骤。

③测验矫正平均数（$\bar{y}_{i(x=\bar{x})}$）间的差异显著性。对总变异项做回归分析，求得其离回归平方和（Q_T）和自由度 $[\nu_T = (kn-2)]$；再由式（$Q_T - Q_e$）和（$\nu_T - \nu_e$）$= (k-1)$ 即得到矫正平均数（$\bar{y}_{i(x=\bar{x})}$）间的平方和及自由度，因而就能对 $\bar{y}_{i(x=\bar{x})}$ 间的显著性做 F 测验（注意，这时尚未算出各个 $\bar{y}_{i(x=\bar{x})}$ 的值）。

④如果所得 F 为不显著，表明 $\bar{y}_{i(x=\bar{x})}$ 间无显著差异；如果 F 为显著，则必须算出各个 $\bar{y}_{i(x=\bar{x})}$，进行多重比较，做出相应推断。

2. 协方差分析示例　现以表 11-27 资料为例，将上述步骤具体化。

（1）计算自由度、平方和及乘积和　首先将前已算出的各变异来源的 DF、SS、SP 抄于表 11-29 的左侧。

表 11-29　表 11-27 资料的协方差分析

变异来源	DF	SS_x	SS_y	SP	b	离回归分析			
						DF	Q	MS	F
总变异	23	945.833	891.625	765.750		22	271.67		
肥料种类间	2	356.083	60.750	86.625					
肥料种类内	21	589.750	830.875	679.125	1.151 5	20	48.83	2.442	
矫正平均数间的差异						2	222.84	111.420	45.63**

（2）测验 x 和 y 是否有直线回归关系　由表 11-29 "肥料种类内"项求得

$$Q_e = SS_{e(y)} - \frac{SP_e^2}{SS_{e(x)}} = 830.875 - \frac{679.125^2}{589.750} = 48.83$$

$$DF_e = k(n-1) - 1 = 21 - 1 = 20$$

$$s_{y/x} = \sqrt{\frac{Q_e}{DF_e}} = \sqrt{\frac{48.83}{20}} = 1.562\ 5$$

$$b = SP_e/SS_{e(x)} = 679.125/589.750 = 1.151\ 5$$

$$s_b = \frac{s_{y/x}}{\sqrt{SS_{e(x)}}} = \frac{1.562\ 5}{\sqrt{589.750}} = 0.064\ 3$$

$$t = b/s_b = 1.151\ 5/0.064\ 3 = 17.91$$

此 t 值在自由度为 20 时，极显著，所以否定 $H_0: \beta = 0$，推断 y 依 x 有极显著的直线回归关系。

（3）测验矫正平均数间的差异显著性　由表 11-29 的"总变异"项求得

$$Q_T = SS_{T(y)} - \frac{SP_T^2}{SS_{T(x)}} = 891.625 - \frac{765.750^2}{945.833} = 271.67$$

$$DF_T = (kn-1) - 1 = 23 - 1 = 22$$

故矫正平均数间的：自由度 $= 22 - 20 = 2$；平方和 $= 271.67 - 48.83 = 222.84$；均方 $= 222.84/2 = 111.42$；$F = 111.42/2.442 = 45.63$。此 F 值在 $\nu_1 = 2$、$\nu_2 = 20$ 时极显著，表明

$\bar{y}_{i(x=\bar{x})}$ 间是存在极显著差异的。将以上结果列于表 11-29 右侧"离回归分析"栏下。

（4）处理平均数的矫正及矫正平均数的多重比较　在表 11-29 的"肥料种类内"项已算得 y 依 x 的 $b=1.151\,5$。这说明不论哪个处理，若基础生产力 x（第一年单株产量）增加一个单位（这里是 1 kg/株），则 y（第二年单株产量）平均将增加 $b=1.151\,5$ 个单位（kg/株）。

根据式（11-22C），$\bar{y}_i-b(x_i-\bar{x})=\bar{y}+t_i$，这里包含"处理效应＋总平均数"的矫正平均数 $\bar{y}_{i(x=\bar{x})}=\bar{y}+t_i$，即

$$\bar{y}_{i(x=\bar{x})}=\bar{y}_i-b(\bar{x}_i-\bar{x}) \tag{11-26}$$

该矫正平均数剔除了自变数 x 的影响，可以用于比较处理效应。据表 11-27，可得

肥料 A　　$\bar{y}_{1(x=\bar{x})}=58.375-1.151\,5\times(50.875-54.083)=62.06$（kg）

肥料 B　　$\bar{y}_{2(x=\bar{x})}=61.750-1.151\,5\times(59.500-54.083)=55.51$（kg）

肥料 C　　$\bar{y}_{3(x=\bar{x})}=61.750-1.151\,5\times(51.875-54.083)=64.29$（kg）

这里请注意，$\bar{y}_i$ 和 $\bar{y}_{i(x=\bar{x})}$ 不仅数值不同，而且次序也发生了改变。对于 $\bar{y}_i$ 是：肥料 B＝肥料 C＞肥料 A；对于 $\bar{y}_{i(x=\bar{x})}$ 是：肥料 C＞肥料 A＞肥料 B。肥料 B 的产量已由并列第一名降至末名。这是因为肥料 B 效果不好，但恰巧施在平均基础生产力较高（$\bar{x}_2=59.5$）的一些果树上；而肥料 A 和 C 的实际效果是较好的，但却施在平均基础生产力较低（$\bar{x}_1=50.875$，$\bar{x}_3=51.875$）的一些果树上。$\bar{y}_{i(x=\bar{x})}$ 消去了各株基础生产力不同的影响，因而恢复了肥料效应的本来面目。

在矫正平均数比较时，假设 $H_0:\mu_{i(x=\bar{x})}=\mu_{j(x=\bar{x})}$ 对 $H_A:\mu_{i(x=\bar{x})}\neq\mu_{j(x=\bar{x})}$（$i$ 和 j 代表 1、2、…、k；$i\neq j$），由式（11-26）可以推出矫正平均数的差数标准误，即

$$s_D=\sqrt{s_{y/x}^2\left(\frac{1}{n_1}+\frac{1}{n_2}+\frac{(\bar{x}_i-\bar{x}_j)^2}{SS_{e(x)}}\right)} \tag{11-27}$$

式中，$s_{y/x}^2$ 为协方差分析表中组内的离回归均方 $MS_{y/x}$，n_1 和 n_2 为两个相比较的样本各自的观察值数，$\bar{x}_i$ 和 $\bar{x}_j$ 是两个样本的 x 变数的平均数。

有了 s_D 后，即可求得 t，即

$$t=\frac{\bar{y}_{i(x=\bar{x})}-\bar{y}_{j(x=\bar{x})}}{s_D} \tag{11-28}$$

可由 t 值对两个矫正平均数的差异显著性做测验，其自由度为 $\nu=k(n-1)-1$。

在本例，在测验肥料 A 的 $\bar{y}_{1(x=\bar{x})}=62.06$ 和肥料 B 的 $\bar{y}_{2(x=\bar{x})}=55.51$ 的差异显著性时，由表 11-27 已知 $n_1=n_2=8$，$\bar{x}_1=50.875$，$\bar{x}_2=59.500$；由表 11-29 已知 $SS_{e(x)}=589.750$，$s_{y/x}^2=2.442$；故根据式（11-27）和式（11-28）有

$$s_D=\sqrt{2.442\left(\frac{1}{8}+\frac{1}{8}+\frac{(50.875-59.5)^2}{589.75}\right)}=0.958\text{（kg）}$$

$$t=\frac{62.06-55.51}{0.958}=6.84$$

此 $t=6.84$ 对于 $\nu=20$ 为极显著，故否定 H_0，推断肥料 A 比肥料 B 有极显著的增产效果。同理，在肥料 A 与肥料 C 比较时，有

$$s_D=\sqrt{2.442\left(\frac{1}{8}+\frac{1}{8}+\frac{(50.875-51.875)^2}{589.75}\right)}=0.784\text{（kg）}$$

$$t = \frac{62.06 - 64.29}{0.784} = -2.844$$

此 t 为显著。

肥料 B 与 C 比较时

$$s_D = \sqrt{2.442 \left(\frac{1}{8} + \frac{1}{8} + \frac{(59.5 - 51.875)^2}{589.75} \right)} = 0.923 \text{ (kg)}$$

$$t = \frac{55.51 - 64.29}{0.923} = -9.512$$

此 t 为极显著。

以上结果可汇总于表 11 - 30。

表 11 - 30　3 种肥料效应的差异显著性

肥料	矫正后的苹果产量 （kg/株）	显著性	
		5%	1%
C	64.29	a	A
A	62.06	b	A
B	55.51	c	B

在本例中，当以 y 分析时，$MS_e = 39.565$，y_i 间的 $F < 1$（表 11 - 28），结论是接受 H_0，即 3 种不同肥料对于苹果产量并无不同效果。当以 y 的矫正平均数分析时，MS_e 减小至 2.442，$\bar{y}_{i(x = \bar{x})}$ 间的 $F = 45.63$，结论是否定 H_0，即 3 种不同肥料对于苹果产量的效应是有极显著差异的。所以，这个肥料试验，如果没有第一年各树基础生产力（x）的记录和借助于协方差分析，等于报废。如今正是依赖于 x 和相应的统计方法，才获得了正确的结论。由此可以说明，正确的试验设计、严格的试验控制和相应的统计方法，对于获得正确的试验结论是十分重要的。

本例中有关计算也可使用 SAS 软件完成，见附录 1 的 LT11 - 9。

（四）相关关系资料的协方差分析

与回归关系资料的协方差分析不同，相关关系资料的协方差分析主要讨论两个互有联系的总体的相关问题。这方面的统计处理并不复杂，但对所估参数的解释，则须以专业知识为依据。以下举例做简要说明。

【例 11 - 10】为研究小麦品种经济性状的数量遗传，随机抽取 90 个品种，在田间每品种皆种成 4 个小区（每小区 1 行），共 90×4＝360 个小区，完全随机排列。得到小穗数（x）和百粒重（y）的方差和协方差分析结果于表 11 - 31。

表 11 - 31 中，x 和 y 两者的方差分析按第六章第三节的方法做出；(x, y) 的乘积和（SP）则由式（11 - 24）求出。将各 SP 除以相应的自由度（DF），即得平均乘积和（MP）。期望协方（EMP）的分量和随机模型的期望均方（EMS）相同，仅是以协方差符号 cov 代替 σ^2。这是处理（品种）效应 τ_i 为随机模型的资料，目的不是研究特定的品种，而是研究抽出这些品种的小麦总体，因而需估计有关总体参数。

表 11-31　90 个小麦品种的小穗数（x）和百粒重（y）的方差分析与协方差分析

变异来源	DF	x 的方差分析			y 的方差分析			(x, y) 的协方差分析		
		SS	MS	EMS	SS	MS	EMS	SP	MP	EMP
品种间	89	597.99	6.719 0	$\sigma^2_{e(x)}+4\sigma^2_{\tau(x)}$	87.825 1	0.986 8	$\sigma^2_{e(y)}+4\sigma^2_{\tau(y)}$	−127.426	−1.432 2	cov_e+4cov_τ
品种内	270	108.81	0.403 0	$\sigma^2_{e(x)}$	8.316 1	0.030 8	$\sigma^2_{e(y)}$	9.961	0.036 9	cov_e
总变异	359	706.80			96.141 2			−117.501		

由表 11-31 中的 MS 和 EMS 的关系可得：$\hat{\sigma}^2_{e(x)}=0.403\,0$，$\hat{\sigma}^2_{\tau(x)}=(6.719\,0-0.403\,0)/4=1.579\,0$；$\hat{\sigma}^2_{e(y)}=0.030\,8$，$\hat{\sigma}^2_{\tau(y)}=(0.986\,8-0.030\,8)/4=0.239\,0$。

由表 11-31 中 MP 和 EMP 的关系得：$c\hat{o}v_e=0.036\,9$，$c\hat{o}v_\tau=(-1.432\,2-0.036\,9)/4=-0.367\,3$。

因此小穗数和百粒重的环境相关系数（r_e）为

$$r_e=\frac{c\hat{o}v_e}{\sqrt{\hat{\sigma}^2_{e(x)}\cdot\hat{\sigma}^2_{e(y)}}}=\frac{0.036\,9}{\sqrt{0.403\,0\times0.030\,8}}=0.331\,2$$

品种（基因型）相关系数（r_g）为

$$r_g=\frac{c\hat{o}v_\tau}{\sqrt{\hat{\sigma}^2_{\tau(x)}\cdot\hat{\sigma}^2_{\tau(y)}}}=\frac{-0.367\,3}{\sqrt{1.579\,0\times0.239\,0}}=-0.597\,9$$

以上 r_e 所对应的自由度是 $k(n-1)-1=269$，为极显著；r_g 的假设测验比较复杂，其简单近似方法是具自由度为 $k-2=88$ 处理，亦为极显著。

根据以上方差和协方差分量，还能估计出小穗数和百粒重的表型相关（r_p），可估计为

$$r_p=\frac{c\hat{o}v_e+c\hat{o}v_\tau}{\sqrt{[\hat{\sigma}^2_{e(x)}+\hat{\sigma}^2_{\tau(x)}][\hat{\sigma}^2_{e(y)}+\hat{\sigma}^2_{\tau(y)}]}}$$

$$=\frac{0.036\,9-0.367\,3}{\sqrt{(0.403\,0+1.579\,0)(0.030\,8+0.239\,0)}}$$

$$=-0.451\,8$$

三、随机区组试验结果的协方差分析

（一）资料模式和线性组成

随机区组试验的数据属于两向分组的数据。若资料有 m 类（处理）k 组（区组），则 mk 对观察值按两向分类，其模式如表 11-32 所示。

与单向分组资料相比，表 11-32 的观察值 y 多受到一个方向的影响，样本线性组成为

$$y_{ij}=\bar{y}+t_i+r_j+b(x_{ij}-\bar{x})+e_{ij} \qquad (11-29A)$$

式（11-29A）中，$\bar{y}$、$\bar{x}$、b 和 t_i 的定义同式（11-22A），$r_j=[\bar{y}_{j(x=\bar{x})}-\bar{y}]$ 为区组效应。将式（11-29A）移项后可得

$$y_{ij}-t_i-r_j=\bar{y}+b(x_{ij}-\bar{x})+e_{ij}=a+bx_{ij}+e_{ij},(a=\bar{y}-b\bar{x}) \qquad (11-29B)$$

$$y_{ij}-b(x_{ij}-\bar{x})=\bar{y}+t_i+r_j+e_{ij} \qquad (11-29C)$$

式（11-29B）和式（11-29C）说明，两向分组资料的协方差分析可看成在观察值中剔除了处理和区组效应的回归分析，或是对观察值进行回归矫正后的方差分析。

表 11 - 32 两向分组的两个变数的符号

类 (处理)	组（区组）								总　和		平　均	
	1		2		⋯		k		$T_{x_{i.}}$	$T_{y_{i.}}$	$\bar{x}_{i.}$	$\bar{y}_{i.}$
1	x_{11}	y_{11}	x_{12}	y_{12}	⋯		x_{1k}	y_{1k}	$T_{x_{1.}}$	$T_{y_{1.}}$	$\bar{x}_{1.}$	$\bar{y}_{1.}$
2	x_{21}	y_{21}	x_{22}	y_{22}	⋯		x_{2k}	y_{2k}	$T_{x_{2.}}$	$T_{y_{2.}}$	$\bar{x}_{2.}$	$\bar{y}_{2.}$
⋮	⋮	⋮	⋮	⋮		⋮	⋮	⋮	⋮	⋮	⋮	⋮
m	x_{m1}	y_{m1}	x_{m2}	y_{m2}	⋯		x_{mk}	y_{mk}	$T_{x_{m.}}$	$T_{y_{m.}}$	$\bar{x}_{m.}$	$\bar{y}_{m.}$
总和	$T_{x_{.1}}$	$T_{y_{.1}}$	$T_{x_{.2}}$	$T_{y_{.2}}$	⋯		$T_{x_{.s}}$	$T_{y_{.s}}$	T_x	T_y		
平均	$\bar{x}_{.1}$	$\bar{y}_{.1}$	$\bar{x}_{.2}$	$\bar{y}_{.2}$	⋯		$\bar{x}_{.k}$	$\bar{y}_{.k}$			$\bar{x}$	$\bar{y}$

（二）乘积和及自由度的分解

表 11 - 32 的总乘积和（SP_{T}）可分解为类间乘积和（SP_{r}）、组间乘积和（SP_{t}）和误差乘积和（SP_{e}）3 部分，即

$$\left.\begin{aligned}
SP_{\mathrm{T}} &= \sum_1^{mk}(x-\bar{x})(y-\bar{y}) = \sum_1^{km} xy - \frac{T_x T_y}{mk} \\
SP_{\mathrm{r}} &= k\sum_1^m (\bar{x}_{i.}-\bar{x})(\bar{y}_{i.}-\bar{y}) = \frac{1}{k}\sum_1^m (T_{x_{i.}} T_{y_{i.}}) - \frac{T_x T_y}{mk} \\
SP_{\mathrm{t}} &= m\sum_1^k (\bar{x}_{.j}-\bar{x})(\bar{y}_{.j}-\bar{y}) = \frac{1}{m}\sum_1^k (T_{x_{.j}} T_{y_{.j}}) - \frac{T_x T_y}{mk} \\
SP_{\mathrm{e}} &= SP_{\mathrm{T}} - SP_{\mathrm{r}} - SP_{\mathrm{t}}
\end{aligned}\right\} \quad (11-30)$$

式中，$i=1$、2、⋯、m；$j=1$、2、⋯、k。式（11 - 30）各乘积和（SP）的相应自由度依次为 $mk-1$、$m-1$、$k-1$ 和 $(m-1)(k-1)$。这里的误差乘积和（SP）是类内和组内的乘积和（SP），和表 11 - 27 资料的"肥料种类内"乘积和（SP）同义。

（三）协方差分析

两向分组资料的协方差分析和单向分组资料并无原则上的不同，只是多了一个方向的变异来源。现以实例说明。

【例 11 - 11】表 11 - 33 是研究施肥期和施肥量对杂交水稻"南优 3 号"结实率影响的部分结果，共 14 个处理，2 个区组，随机区组设计。由于在试验过程中发现单位面积上的颖花数对结实率似有明显的回归关系，因此将颖花数（x，万/m²）和结实率（y，%）一起测定。该试验的处理效应为固定型，故按因果关系资料回归模型做协方差分析。

首先用两向分组资料的通常方法算得表 11 - 33 资料的各项平方和于表 11 - 34，乘积和则由以下各式算出。

$$SP_{\mathrm{T}} = (4.59\times58)+(4.09\times65)+\cdots+(3.01\times71) - \frac{1}{28}(105.6\times1\,847) = -73.60$$

$$SP_{\mathrm{r}} = \frac{(52.39\times937)+(53.21\times910)}{14} - \frac{1}{28}(105.6\times1\,847) = -0.79$$

$$SP_{\mathrm{t}} = \frac{(8.91\times119)+(8.20\times127)+\cdots+(6.04\times146)}{2} - \frac{1}{28}(105.6\times1\,847) = -66.37$$

$$SP_{\mathrm{e}} = -73.60-(-0.79)-(-66.37) = -6.44$$

表 11-33 "南优 3 号"的颖花数（x）和结实率（y）资料

| 处理 | 区组 | | | | T_i | | $\bar{x}_i$ | $\bar{y}_i$ | $\bar{y}_{i(x=x)}$ |
| | I | | II | | | | | | |
	x	y	x	y	x	y			
1	4.59	58	4.32	61	8.91	119	4.455	59.5	64.76
2	4.09	65	4.11	62	8.20	127	4.100	63.5	66.03
3	3.94	64	4.11	64	8.05	128	4.025	64.0	65.95
4	3.90	66	3.57	69	7.47	135	3.735	67.5	67.22
5	3.45	71	3.79	67	7.24	138	3.620	69.0	67.84
6	3.48	71	3.38	72	6.86	143	3.430	71.5	68.87
7	3.39	71	3.03	74	6.42	145	3.210	72.5	68.18
8	3.14	72	3.24	69	6.38	141	3.190	70.5	66.02
9	3.34	69	3.04	69	6.38	138	3.190	69.0	64.53
10	4.12	61	4.76	54	8.88	115	4.440	57.5	62.64
11	4.12	63	4.75	56	8.87	119	4.435	59.5	64.60
12	3.84	67	3.60	62	7.44	129	3.720	64.5	64.10
13	3.96	64	4.50	60	8.46	124	4.230	62.0	65.53
14	3.03	75	3.01	71	6.04	146	3.020	73.0	67.22
T_r	52.39	937	53.21	910	105.60	1 847			

表 11-34 表 11-33 资料的平方和及乘积和

变异来源	SS_x	SS_y	SP
总变异	7.734 4	802.96	−73.60
区组间	0.024 0	26.03	−0.79
处理间	6.873 2	694.46	−66.37
误差	0.837 2	82.47	−6.44

有了上述结果，就可先对 x 和 y 变数各做一个方差分析，见表 11-35。

表 11-35 表 11-33 资料的方差分析

| 变异来源 | DF | x 变数 | | | y 变数 | | | $F_{0.01}$ |
		SS	MS	F	SS	MS	F	
区组间	1	0.024 0	0.024 0	<1	26.03	26.03	4.10	
处理间	13	6.873 2	0.528 8	8.20**	694.46	53.42	8.42**	3.90
误差	13	0.837 2	0.064 5		82.47	6.34		

表 11-35 的 F 测验说明：不同处理的颖花数和结实率都有极显著的差异。所以更需要进行协方差分析，以明了各处理结实率的不同到底是处理的直接效应，还是通过颖花数的变化而产生的间接效应。

由表 11-34 和表 11-35 结果，可做成协方差分析表于表 11-36。

表 11-36　表 11-33 资料的协方差分析

变异来源	DF	SS_x	SS_y	SP	b	离回归的分析 DF	Q	MS	F	$F_{0.05}$
处理+误差	26	7.710 4	776.93	−72.81		25	89.38			
处理	13	6.873 2	694.46	−66.37						
误差	13	0.837 2	82.47	−6.44	−7.692 3	12	32.93	2.74		
矫正平均数间的差异						13	56.45	4.34	1.58	2.66

在表 11-36 的变异来源栏中，没有写上区组和总变异。这是由于在田间试验中，区组只是局部控制的一种手段，在分析结果时只需剔除它的影响，而不需研究其效应。又由于总变异中是包括区组变异的，所以也予剔除，而以"处理+误差"代替。这里的"处理+误差"和单向分组资料的总变异同义（参见表 11-29）。

表 11-36 中误差项的回归极显著，$F=(82.47-32.93)/2.74=18.08$。由于误差项的回归系数和各处理的特点无关，故以 $b=-7.692\ 3$ 对各处理的 $\bar{y}_i$ 进行矫正。$-7.692\ 3$ 的意义为颖花数 x 每增加 1（万/m²），结实率 y 将下降 7.692 3%。本试验的 $\bar{x}=105.60/28=3.771\ 4$（万/m²），一并代入式（11-26），即有方程

$$\bar{y}_{i(x=\bar{x})}=\bar{y}_i+7.692\ 3(\bar{x}_i-3.771\ 4)$$

上式可用来将各处理的结实率都矫正到颖花数为每平方米 3.771 4 万个时的结实率。例如处理 1 为

$$\bar{y}_{1(x=\bar{x})}=59.5+7.692\ 3\times(4.455-3.771\ 4)=64.76\ (\%)$$

处理 2 为

$$\bar{y}_{2(x=\bar{x})}=63.5+7.692\ 3\times(4.100-3.771\ 4)=66.03\ (\%)$$

$$\cdots\cdots$$

处理 14 为

$$\bar{y}_{14(x=\bar{x})}=73.0+7.692\ 3\times(3.020-3.771\ 4)=67.22\ (\%)$$

这样算得的 $\bar{y}_{i(x=\bar{x})}$ 值列于表 11-33 末列。它们已和单位面积上的颖花数多少无关，故在相互比较时就更为真实。

但是，在未算出这些 $\bar{y}_{i(x=\bar{x})}$ 值之前，已可从表 11-36 上获得有关它们的重要信息。

将表 11-36 离回归分析部分"处理+误差"项的自由度及平方和，分别减去误差项的自由度及平方和，即为这些 $\bar{y}_{i(x=\bar{x})}$ 值的自由度及平方和，其 $F=1.58$，是不显著的。由此说明各处理的矫正平均数 $\bar{y}_{i(x=\bar{x})}$ 之间并无显著差异，因而不需要再对各矫正平均数间的差数做假设测验 [如果 $\bar{y}_{i(x=\bar{x})}$ 间的 F 测验是显著的，则需应用式（11-27）计算差数标准误 s_D，进行矫正平均数间的比较]。

综上所述，这个肥料试验的基本信息是：①不同的施肥期和施肥量对"南优 3 号"单位面积上的颖花数和结实率都有极显著的影响。②结实率的高低主要是由颖花数的不同造成的，即不同的施肥期和施肥量造成了单位面积上颖花数的差异，进而引起结实率的差异。如果将各处理的颖花数都矫正到同一水平，则不同处理的结实率没有显著差异。③在本试验中，不同的施肥期和施肥量对"南优 3 号"的结实率只有间接的效应，没有直接效应。

另外，本例计算也可由 SAS 软件完成，见附录 1 的 LT11-11。

第六节 方差分析和协方差分析的矩阵运算

在第八章至第十章回归分析中，借助于矩阵方法，简化了计算过程和解释。方差分析中，也可以利用数据线性组成的特点（或称为线性模型），借助多元回归的矩阵算法，简化并拓展方差分析的知识和运算。本节将从方差分析的矩阵模型开始，简要介绍方差分析的矩阵方法。

一、试验数据的矩阵形式

完全随机设计数据的线性组成 [式（6-12）] 为

$$y_{ij} = \bar{y} + t_i + e_{ij} \qquad (i=1、2、\cdots、k，j=1、2、\cdots、n)$$

若试验有 k 个处理效应 t_1、t_2、$\cdots$、t_k，每处理有 n 次重复，则各观察值的线性组成为

$$y_{11} = \bar{y} + 1t_1 + 0t_2 + \cdots + 0t_k + e_{11}$$
$$y_{12} = \bar{y} + 1t_1 + 0t_2 + \cdots + 0t_k + e_{12}$$
$$\cdots \cdots \cdots \cdots \cdots \cdots \cdots \cdots$$
$$y_{1n} = \bar{y} + 1t_1 + 0t_2 + \cdots + 0t_k + e_{1n}$$
$$y_{21} = \bar{y} + 0t_1 + 1t_2 + \cdots + 0t_k + e_{21}$$
$$y_{22} = \bar{y} + 0t_1 + 1t_2 + \cdots + 0t_k + e_{22}$$
$$\cdots \cdots \cdots \cdots \cdots \cdots \cdots \cdots$$
$$y_{2n} = \bar{y} + 0t_1 + 1t_2 + \cdots + 0t_k + e_{2n}$$
$$\cdots \cdots \cdots \cdots \cdots \cdots \cdots \cdots$$
$$y_{k1} = \bar{y} + 0t_1 + 0t_2 + \cdots + 1t_k + e_{k1}$$
$$y_{k2} = \bar{y} + 0t_1 + 0t_2 + \cdots + 1t_k + e_{k2}$$
$$\cdots \cdots \cdots \cdots \cdots \cdots \cdots \cdots$$
$$y_{kn} = \bar{y} + 0t_1 + 0t_2 + \cdots + 1t_k + e_{kn}$$

上列线性组成相当于一个多元回归方程组。若定义

$$
\boldsymbol{Y} = \begin{pmatrix} y_{11} \\ y_{12} \\ \vdots \\ y_{1n} \\ y_{21} \\ y_{22} \\ \vdots \\ y_{2n} \\ \vdots \\ y_{k1} \\ y_{k2} \\ \vdots \\ y_{kn} \end{pmatrix},
\boldsymbol{X} = \begin{pmatrix}
1 & 1 & 0 & \cdots & 0 \\
1 & 1 & 0 & \cdots & 0 \\
\vdots & \vdots & \vdots & & \vdots \\
1 & 1 & 0 & \cdots & 0 \\
1 & 0 & 1 & \cdots & 0 \\
1 & 0 & 1 & \cdots & 0 \\
\vdots & \vdots & \vdots & & \vdots \\
1 & 0 & 1 & \cdots & 0 \\
\vdots & \vdots & \vdots & & \vdots \\
1 & 0 & 0 & \cdots & 1 \\
1 & 0 & 0 & \cdots & 1 \\
\vdots & \vdots & \vdots & & \vdots \\
1 & 0 & 0 & \cdots & 1
\end{pmatrix}_{\bar{y}\ t_1\ t_2\ \cdots\ t_k},
\boldsymbol{b} = \begin{pmatrix} \bar{y} \\ t_1 \\ t_2 \\ \vdots \\ t_k \end{pmatrix},
\boldsymbol{e} = \begin{pmatrix} e_{11} \\ e_{12} \\ \vdots \\ e_{1n} \\ e_{21} \\ e_{22} \\ \vdots \\ e_{2n} \\ \vdots \\ e_{k1} \\ e_{k2} \\ \vdots \\ e_{kn} \end{pmatrix}
$$

其中，回归系数 b 相当于要估计的处理效应 t_i；X 是数据的结构矩阵，此处决定于试验的设计类型，也称为设计矩阵。按多元回归的方法，完全随机试验的数据可写成矩阵形式的回归方程，$Y=Xb+e$，其中处理效应可由解 b 获得：$b=(X'X)^- X'Y$。与多元回归不同，这里回归系数不能够求得唯一解。

同理，随机区组设计数据的线性组成为

$$y_{ij}=\bar{y}+t_i+m_j+e_{ij}$$

式中 $t_i=t_1$、t_2、$\cdots$、t_k，$m_j=m_1$、m_2、$\cdots$、m_n。

$$
Y=\begin{pmatrix} y_{11} \\ y_{12} \\ \vdots \\ y_{1n} \\ y_{21} \\ y_{22} \\ \vdots \\ y_{2n} \\ \vdots \\ y_{k1} \\ y_{k2} \\ \vdots \\ y_{kn} \end{pmatrix},\
X=\begin{pmatrix}
1 & 1 & 0 & \cdots & 0 & 1 & 0 & \cdots & 0 \\
1 & 1 & 0 & \cdots & 0 & 0 & 1 & \cdots & 0 \\
\vdots & \vdots & \vdots & & \vdots & \vdots & \vdots & & \vdots \\
1 & 1 & 0 & \cdots & 0 & 0 & 0 & \cdots & 1 \\
1 & 0 & 1 & \cdots & 0 & 1 & 0 & \cdots & 0 \\
1 & 0 & 1 & \cdots & 0 & 0 & 1 & \cdots & 0 \\
\vdots & \vdots & \vdots & & \vdots & \vdots & \vdots & & \vdots \\
1 & 0 & 1 & \cdots & 0 & 0 & 0 & \cdots & 1 \\
\vdots & \vdots & \vdots & & \vdots & \vdots & \vdots & & \vdots \\
1 & 0 & 0 & \cdots & 1 & 1 & 0 & \cdots & 0 \\
1 & 0 & 0 & \cdots & 1 & 0 & 1 & \cdots & 0 \\
\vdots & \vdots & \vdots & & \vdots & \vdots & \vdots & & \vdots \\
1 & 0 & 0 & \cdots & 1 & 0 & 0 & \cdots & 1
\end{pmatrix},\
b=\begin{pmatrix} \bar{y} \\ t_1 \\ t_2 \\ \vdots \\ t_k \\ m_1 \\ m_2 \\ \vdots \\ m_n \end{pmatrix},\
e=\begin{pmatrix} e_{11} \\ e_{12} \\ \vdots \\ e_{1n} \\ e_{21} \\ e_{22} \\ \vdots \\ e_{2n} \\ \vdots \\ e_{k1} \\ e_{k2} \\ \vdots \\ e_{kn} \end{pmatrix}
$$

矩阵形式回归方程亦为

$$Y=Xb+e$$
$$b=(X'X)^- X'Y \tag{11-31}$$

随机区组设计和完全随机设计的矩阵模型形式回归方程是相同的，也都需要对效应施加约束才能够求解出唯一的效应估计值。

在随机区组设计中，设计矩阵的元素 t 和 m 是两个试验因子，这两个试验因子（处理和区组）是正交的，从该设计矩阵中可以看出它们的正交特点。

二、一般线性模型

式（11-31）中，矩阵模型具有两个特点：①模型中，包含了固定效应项，而没有包含随机处理效应项；②设计矩阵 X 中的元素分别按属性取 0 或 1，代表有或无某个处理。这种变数，在统计上称为虚拟变数或哑变数（dummy variable）。若设计矩阵中元素不是哑变量，则式（11-31）就是回归分析模型，它一般要求回归设计矩阵 X 是满秩的，而方差分析模型中，设计矩阵 X 是不满秩的。

设计矩阵可以只包含固定效应项，或只包含随机效应项，还可以既含固定效应项又含随机效应项，分别称为固定模型、随机模型和混合模型。这样式（11-31）的模型进一步发展为一般线性模型（或通用线性模型，general linear model，GLM），其形式为

$$Y = Xb + \sum_{i=1}^{k} Z_i b_i + \varepsilon \qquad (11-32)$$

式中，X 是固定效应的设计矩阵；Z_1、$\cdots$、Z_k 分别是第 1、$\cdots$、k 个随机效应的设计矩阵，维数为 $n \times m_i$（其中 n 是观察值个数，m_i 是第 i 个随机因子的水平数）；Y 是观察值向量，b 为一组固定效应向量（包括回归系数），b_i 是第 i 项随机因子向量。

式（11-32）中，随机效应之间相互独立，且一般都假定服从多元正态分布，即：$b_i \sim MVN(0, \sigma_i^2 I_{m_i})$。误差项一般也假定服从多元正态分布，即：$\varepsilon \sim MVN(0, \sigma_e^2 I)$。

式（11-32）中，两类设计矩阵都可包含定性（属性）设计信息（哑变量，dummy variable），也都可包含定量（连续性变异）设计信息，因此该模型普适性非常强，涵盖了本教材中所有线性模型的内容。例如回归分析、方差分析、协方差分析等许多内容都包括在该模型分析中；固定模型、随机模型、混合模型也都包括在该模型中；平衡数据和有缺区的数据都可以用该模型分析。尽管如此，本节还是主要讨论方差分析的线性模型。

式（11-32）所示的模型中，观察值的期望方差可写成

$$V = \mathrm{Var}(Y) = \sum_{i=1}^{k} Z_i Z_i' \sigma_i^2 + \sigma_e^2 I \qquad (11-33)$$

随机变量 Y 服从多元正态分布：$Y \sim MVN(Xb, V)$，其中 $V = \sum_{i=1}^{k} \sigma_i^2 Z_i Z_i' + \sigma_e^2 I_n$。

式（11-32）所示模型的估计值 $\hat{Y}$，可以通过加权最小二乘法（weighted least square），或者广义最小二乘法估计。先需要估计回归系数向量，公式为

$$\hat{b} = (X'V^{-1}X)^- X'V^{-1}Y \qquad (11-34)$$

然后估计 $\hat{Y}$，即 $\qquad\qquad \hat{Y} = X\hat{b} \qquad\qquad (11-35)$

根据式（11-35），$\hat{Y}$ 是可估计的，其数值是处理平均数（包括处理组合平均数），包括固定效应和回归截距的估计值。

这里，随机效应均线性可加，相互独立，可通过最小二乘法计算方差协方差矩阵，估计 $\hat{V}$，进一步可计算处理平均数，用于假设测验。SAS 软件中，式（11-32）多采用一般线性模型（GLM）程序分析。

三、平衡数据与非平衡数据

试验实施过程中，可能出现缺区，也可能是试验数据收集不够完整等原因，导致出现不同类型的数据。其统计分析方法也有所差异，因此需要说明平衡数据和非平衡数据类型的概念。

（一）平衡数据

平衡数据（balanced data）是指每个处理（或者组合）的观察值个数相同，且没有缺失的情况。平衡数据分析的特点是：①相同性质的处理（或者处理组合）平均数、区组平均数具有相同的抽样方差，便于进行多重比较；②由于各个效应之间的正交性，平方和、期望均方、平均数的方差都比较容易求算；③由于相同性质的平均数的方差相同，平均数差数的方差及其估计公式都有简单的计算公式；④平衡数据计算直观、简单，比较也更加可靠。本教材中，方差分析基本上都是采用平衡数据的方差分析。

（二）非平衡数据

非平衡数据（unbalanced data）的情况与平衡数据的情况相反。以 A、B 两因素完全随机试验为例说明：图 11 - 1 中，A 为平衡数据，各个处理组合的观察值数量相等；B 为非平衡数据，各个组合观察值个数不等；C 图中观察值个数不等而且有缺失。

非平衡数据的分析方法与平衡数据的分析方法不同。

	B_1	B_2	B_3
A_1	n	n	n
A_2	n	n	n

A

	B_1	B_2	B_3
A_1	n_1	n_2	n_3
A_2	n_4	n_5	n_6

B

	B_1	B_2	B_3
A_1	n_1	.	.
A_2	.	n_5	n_6

C

图 11 - 1　平衡和非平衡（缺失）数据类型

四、平方和计算

平方和计算是计算均方和测验变异的前提，计算方法有多种，这里介绍 SAS 软件的 4 种平方和计算方法。

（一）Ⅲ型平方和

Ⅲ型平方和（type Ⅲ SS）是一般线性模型（GLM）程序的默认平方和。该法通过从全模型减掉 1 个变异向量项，得到缩减模型，进而通过比较全模型和缩减模型剩余平方和的办法，计算被减项对应的平方和。Ⅲ型平方和的分析原理与回归分析平方和分解方法是相同的，因此平方和与回归分析中偏回归平方和等价，计算上不受非平衡性、缺失等因素的影响。Ⅲ型平方和计算方法上，不能保证各个变异项的平方和的总和等于模型的总平方和，仅在平衡数据情况下模型总平方和等于各个变异项平方和的总和。以随机区组试验分析方法中的平方和计算为例作说明。

1. 设计模型　随机区组试验的模型 $Y=Xb+e$ 中，可将设计矩阵 X 拆分为常数向量 X_0、处理设计矩阵 X_t、以及区组设计矩阵 X_m；将向量 b 拆分为 b_0、b_t 和 b_m，则模型为 $Y=X_0b_0+X_tb_t+X_mb_m+\varepsilon$，其剩余平方和可用 $R(b_t, b_m)$ 代表，意味着该模型中不仅考虑区组效应，而且考虑处理效应。

2. 计算处理间平方和　以 $R(b_m)$ 表示模型 $Y=X_0b_0+X_mb_m+\varepsilon$ 的剩余平方和，则处理间平方和就是 $R(b_t, b_m)$ 与 $R(b_m)$ 的差异：$SS_t=R(b_m)-R(b_t, b_m)$。

3. 计算区组间平方和　以 $R(b_t)$ 表示包括了区组效应的模型 $Y=X_0b_0+X_tb_t+\varepsilon$ 剩余平方和，则区组间平方和为 $SS_b=R(b_t)-R(b_t, b_m)$。

这样，就得到了区组间平方和、处理间平方和及误差平方和。

（二）Ⅰ型平方和

Ⅰ型平方和（type Ⅰ SS）是 SAS 软件中方差分析（ANOVA）程序的默认平方和计算方法。计算过程中，逐步增加模型向量参数项，通过比较不同剩余平方计算平方和。Ⅰ型平方和计算上，保证了模型总平方和等于各个变异项平方和的总和，适用于平衡数据（各处理样本容量相同、无缺失），不适合于非平衡数据的分析。计算上，平方和计算结果与模型中各个因素的写入顺序有关，例如 A、B 两因素方差分析中，SAS 语言"Model y＝a b"与"Model y＝b a"所定义模型的计算结果可能是不相同的。仍以随机区组试验为例说明。

1. 计算剩余平方和　首先由仅包含回归截距的模型 $Y=X_0b_0+\varepsilon$，计算剩余平方和 $R(b_0)$〔或表示为 $R(1)$，指回归模型 $Y=X_0b_0+\varepsilon$ 的剩余平方和〕。

2. 计算区组平方和 再在模型中，增加区组项，得到模型 $Y = X_0 b_0 + X_m b_m + \varepsilon$ 的剩余平方和 $R(b_m)$，则区组间平方和为 $SS_b = R(b_m) - R(b_0)$。

3. 计算处理间平方和 进一步，增加处理项，得到模型 $Y = X_0 b_0 + X_m b_m + \varepsilon$ 的剩余平方和 $R(b_m, b_t)$，因而处理间平方和为 $SS_t = R(b_m) - R(b_m, b_t)$。

（三）Ⅱ型平方和

Ⅱ型平方和（type Ⅱ SS）是在Ⅰ型平方和基础上提出的，仍然是通过"比较模型剩余"的方法计算平方和。与Ⅰ型平方和相同，Ⅱ型平方和更适合平衡数据分析，但是在平方和计算上与模型中各个因素的写作顺序无关，这样就容易保证嵌套设计平方和计算上不容易出错。按照随机区组试验设计，不能说明Ⅰ型平方和、Ⅱ型平方和、Ⅲ型平方和计算上的区别，因此改用二因素完全随机试验设计来说明（表 11-37）。

设二因素完全随机试验的线性模型为 $y_{ijk} = \mu + \tau_i + \beta_j + (\tau\beta)_{ij} + \varepsilon_{ijk}$。其中 A 因素的效应为 τ_i，B 因素的效应为 β_j，而 A、B 两因素互作的效应为 $(\tau\beta)_{ij}$，ε_{ijk} 是误差项。Ⅱ型平方和计算步骤为①两因素完全随机试验模型 $Y = X_0 b_0 + X_A b_A + X_B b_B + X_{AB} b_{AB} + \varepsilon$ 的剩余平方和表示为 $R(A, B, AB)$；②缩减掉 A、B 两因素互作后，模型 $Y = X_0 b_0 + X_A b_A + X_B b_B + \varepsilon$ 的剩余平方和为 $R(A, B)$，那么 A、B 互作的平方和为 $SS_{AB} = R(A,B) - R(A, B, AB)$；③类似地，A 因素平方和为 $SS_A = R(B) - R(A, B)$；B 因素平方和为 $SS_B = R(A) - R(A, B)$。

表 11-37 3 种平方和计算过程

平方和	Ⅰ型平方和	Ⅱ型平方和	Ⅲ型平方和
SS_A	$R(1) - R(A)$	$R(B) - R(A,B)$	$R(B,AB) - R(A,B,AB)$
SS_B	$R(A) - R(A,B)$	$R(A) - R(A,B)$	$R(A,AB) - R(A,B,AB)$
SS_{AB}	$R(A,B) - R(A,B,AB)$	$R(A,B) - R(A,B,AB)$	$R(A,B) - R(A,B,AB)$

（四）Ⅳ型平方和

Ⅳ型平方和（type Ⅳ SS）是Ⅲ型平方和的变形，主要适用于不平衡试验设计或缺失较多的试验数据。

在采用平衡数据的情况下，4 种平方和计算结果可能相同。根据各型平方计算和的特点，本节前面列出的一些平衡设计的非平衡数据分析，一般都采用Ⅲ型平方和计算方法。协方差分析也采用Ⅲ型平方和。

五、假设测验

以上介绍了平方和计算的类型和原理，但相应于不同假设测验的需要，关于平方和的矩阵计算技术在上述原理基础上有许多发展。以下根据本书需用的做简单介绍，需要时可参看 SAS 软件的指南。

1. 平方和的计算 一般线性方程可写成通用形式：$Y = Xb + e$。该模型把固定效应和随机效应都列入回归系数 b 中。由于 $X'X$ 矩阵往往不满秩，会造成 b 向量解不唯一，说明 b 不可估。计算平方和时，可通过构建可估函数来计算平方和（包括固定和随机变异项的平方和），统计上，可找到矩阵 L，使得函数 Lb 是可估计的（estimable）。基于无效假设 H_0：$Lb = 0$，可推导出平方和的计算公式，即

$$SS(\boldsymbol{Lb}=0)=(\boldsymbol{L\hat{b}})'(\boldsymbol{L}(\boldsymbol{X'X})^{-}\boldsymbol{L'})^{-1}(\boldsymbol{L\hat{b}}) \tag{11-36}$$

该平方和对应自由度为 $\boldsymbol{L}$ 矩阵的秩。

前述 4 种类型平方和，所构建 $\boldsymbol{L}$ 矩阵是不同的。在 SAS 软件中，还可利用 $\boldsymbol{L}$ 矩阵以及式 (11-36) 平方和的计算公式，计算期望均方表达式，从而可方便构建假设测验的 F 统计量。

2. 固定效应变异项的假设测验　若构建的 $\boldsymbol{L}$ 矩阵及其可估函数 $\boldsymbol{Lb}$ 应用于计算固定变异项的平方和，那么可以基于分布来讨论假设测验问题。

$\boldsymbol{L\hat{b}}$ 的分布为　　　　　　　　　　$\boldsymbol{L\hat{b}}\sim N(\boldsymbol{Lb},\boldsymbol{L}(\boldsymbol{X'V^{-1}X})^{-}\boldsymbol{L'})$。

若无效假设为：$H_0:\boldsymbol{Lb}=0$，可以得到卡方统计量，即

$$\chi^2=(\boldsymbol{L\hat{b}})'(\boldsymbol{L}(\boldsymbol{X'V^{-1}X})^{-}\boldsymbol{L'})^{-1}(\boldsymbol{L\hat{b}})$$

其中　　　　　　　　　　　　　　$\nu=\mathrm{rank}(\boldsymbol{L}) \tag{11-37}$

这里，方差和协方差矩阵估计 $\boldsymbol{V}$ 视为已知。$\boldsymbol{V}$ 是由随机效应的方差和协方差组分构成的矩阵。

然而，多数情况下，方差-协方差矩阵 $\boldsymbol{V}$ 是需要估计得到的。在此情况下，可用 F 统计量（近似 F 分布）来实现假设测验。计算公式为

$$F=(\boldsymbol{L\hat{b}})'(\boldsymbol{L}(\boldsymbol{X'\hat{V}^{-1}X})^{-}\boldsymbol{L'})^{-1}(\boldsymbol{L\hat{b}})/\nu$$

其中　　　　　　　　　　　　　　$\nu=\mathrm{rank}(\boldsymbol{L}) \tag{11-38}$

3. 方差与协方差矩阵 $\boldsymbol{V}$ 的估计　对于一般线性模型公式 (11-32)，可按照第六章计算方差组分的办法计算方差组分（随机效应的方差估计值），进一步可按照式 (11-33) 估算方差和协方差矩阵。

SAS 软件中，通过一般线性模型（GLM）程序等，可计算方差组分。

4. 自由度与 F 统计量　式 (11-38) 中，F 统计量的第一自由度为 $\nu=\mathrm{rank}(\boldsymbol{L})$；第二自由度可比照本教材第六章以及本章前述方差分析方法中，根据 F 统计量的构建方法确定。某些情况下，F 统计量构建时，有时需要使用 Satterthwaite 方法计算近似自由度。SAS 软件中，F 统计量分母的均方以及近似自由度，可自动完成。

六、应用矩阵运算进行方差分析和协方差分析示例

以下给出 SAS 利用矩阵运算方法分析随机区组一般试验、随机区组有缺失数据试验、单一自由度比较、协方差分析等方面的例题。

【例 11-12】有一个番茄品比试验，露地种植，有 A、B、C 和 D 共 4 个品种，随机区组设计，重复 3 次，小区面积为 $10\,\mathrm{m}^2$，其单果质量（g）结果列于表 11-38，有一个缺失小区。试做分析。

表 11-38　番茄品比试验单果质量（g）

品种	区组		
	I	II	III
A	196.4	205.6	206.2
B	87.3	—	104.2
C	233.1	248.4	273.9
D	163.2	174.4	193.9

为说明有关计算方法，此例题中，简要描述计算过程。在第十二章的例题中，将直接采用附录中程序的计算，不再列出计算过程。

1. 写出数据矩阵和设计 根据前述的矩阵模型写作方法，可以写出设计矩阵，包括区组设计矩阵和处理设计矩阵；还可写出观察值向量，误差向量，用于求解矩阵模型的方差分析。

$$
Y = \begin{pmatrix} y_{11} \\ y_{12} \\ \vdots \\ y_{34} \end{pmatrix} = \begin{bmatrix} 196.4 \\ 87.3 \\ 233.1 \\ 163.2 \\ 205.6 \\ 248.4 \\ 174.4 \\ 206.2 \\ 104.2 \\ 273.9 \\ 193.9 \end{bmatrix} ; \quad X_0 = \begin{bmatrix} 1 \\ 1 \\ 1 \\ 1 \\ 1 \\ 1 \\ 1 \\ 1 \\ 1 \\ 1 \\ 1 \end{bmatrix} ; \quad X_t = \begin{bmatrix} 1 & 0 & 0 & 0 \\ 0 & 1 & 0 & 0 \\ 0 & 0 & 1 & 0 \\ 0 & 0 & 0 & 1 \\ 1 & 0 & 0 & 0 \\ 0 & 0 & 1 & 0 \\ 0 & 0 & 0 & 1 \\ 1 & 0 & 0 & 0 \\ 0 & 1 & 0 & 0 \\ 0 & 0 & 1 & 0 \\ 0 & 0 & 0 & 1 \end{bmatrix} ; \quad X_m = \begin{bmatrix} 1 & 0 & 0 \\ 1 & 0 & 0 \\ 1 & 0 & 0 \\ 1 & 0 & 0 \\ 0 & 1 & 0 \\ 0 & 1 & 0 \\ 0 & 1 & 0 \\ 0 & 0 & 1 \\ 0 & 0 & 1 \\ 0 & 0 & 1 \\ 0 & 0 & 1 \end{bmatrix}
$$

式中，Y 为观察值向量（单果重），X_0 为总体均值系数向量，X_t 为品种处理效应设计矩阵，X_m 为区组效应设计矩阵。

矩阵模型为 $Y = X_0 b_0 + X_t b_t + X_m b_m + e$。其中 b_0 为总体均值，b_t 为品种处理效应，b_m 为区组效应，e 为误差向量。

2. 平方和计算 当数据完整、不存在缺区时，随机区组试验采用 4 种类型求算平方和的结果一致，无差别。但这里是有缺区的非平衡数据，应该采用Ⅲ型平方和计算方法（表 11-39）。因此在计算平方和时，多数情况下，采用Ⅲ型平方和对于无论是平衡数据还是非平衡数据，都是可行的。Ⅰ型平方和及Ⅲ型平方和计算结果都不同于前述的缺区估计方差分析方法。本例为了说明Ⅰ型平方和、Ⅲ型平方和计算方法，特做计算示例。

（1）Ⅰ型平方和计算 按照前述Ⅰ型平方和计算方法，计算过程如下。

①计算总平方和：由仅包含总平均数的模型 $Y = X_0 b_0 + e$，计算得到该模型剩余平方和 $R(b_0)$，即 $R(b_0) = 31\,738.83$。这就是数据变异的总平方和。

②计算处理间平方和：在模型中增加处理项，模型变为 $Y = X_0 b_0 + X_t b_t + e$，其剩余平方和 $R(b_t) = 1\,535.54$。由此，比较包含和不包含处理变异的剩余平方和，可得到处理间平方和，即 $SS_b = R(b_0) - R(b_t) = 31\,738.83 - 1\,535.54 = 30\,203.29$。计算模型平方和以及剩余平方和可采用线性回归方法（参见第八章、第九章等）。只是对于方差分析模型，计算逆矩阵时需采用广义逆矩阵计算方法。有关计算可采用简单易学的 MATLAB 软件（以下同）。

③计算区组间平方和：进一步，增加区组项，得到模型 $Y = X_0 b_0 + X_t b_t + X_m b_m + e$ 的剩余平方和 $R(b_m, b_t)$。通过比较模型剩余平方和，可得到区组间平方和，即 $SS_m = R(b_t) - R(b_m, b_t) = 1\,535.54 - 324.69 = 1\,210.85$。

（2）Ⅲ型平方和计算

①计算误差平方和：从全模型开始计算，包含区组和处理效应的全模型为 $Y = X_0 b_0 +$

$X_t b_t + X_m b_m + e$。其剩余平方和为 $R(b_m, b_t) = 324.69$。

②计算处理间平方和：在全模型中去掉处理项，得到模型 $Y = X_0 b_0 + X_m b_m + e$，其剩余平方和为 $R(b_m) = 28\,920.22$。由此，得到处理间平方和为 $SS_t = R(b_m) - R(b_m, b_t) = 28\,920.22 - 324.69 = 28\,595.53$；

③计算区组间平方和：在全模型中去掉区组项，得到模型 $Y = X_0 b_0 + X_t b_t + e$，其剩余平方和为 $R(b_t) = 1\,535.54$。由此，得到区组间平方和，即 $SS_b = R(b_t) - R(b_m, b_t) = 1\,535.54 - 324.69 = 1\,210.85$。

将以上结果列于表 11-39 中。由表 11-39 可以看出，Ⅰ型平方和是 11 个观察值总平方和的分解；而Ⅲ型平方和，在数据非平衡的情况下，实际上是调整的总平方和（相当于估计缺区后的总平方和），并不是观察值总平方和的直接分解。计算方法不同所获结果的含义不同。对于本例非平衡数据来说，需用调整的总平方和做分析，因而应采用Ⅲ型平方和，不宜采用Ⅰ型平方和，否则从表 11-39 看，高估了品种间的平方和。

表 11-39　Ⅰ型平方和及Ⅲ型平方和计算结果

变异来源	DF	type Ⅰ SS	type Ⅲ SS
模型	5	31 414.14	29 806.38
区组间	2	1 210.85	1 210.85
品种间	3	30 203.29	28 595.53
误差	5	324.69	324.69
总平方和	10	31 738.83	30 131.07

3. 方差分析表和期望均方估计　应采用Ⅲ型平方和（表 11-40）。令期望均方等于均方，可估计各方差组分为 $\hat{\sigma}_e^2 = 64.94$，$\hat{\sigma}_m^2 = 154.43$。

表 11-40　方差分析表

变异来源	DF	SS	MS	F	P(>F)	EMS
区组间	2	1 210.85	605.43	9.32	0.021	$\hat{\sigma}_e^2 + 3.5\hat{\sigma}_m^2$
品种间	3	28 595.53	9 531.84	146.78	<0.001	$\hat{\sigma}_e^2 + 2.666\,7\kappa_\tau^2$
误差	5	324.69	64.94			σ_e^2
总变异	10	30 131.07				

4. F 测验　根据期望均方，可做 F 测验。这与前述第六章方差分析方法相同。不同的只是这里期望均方由软件计算出来。

5. 单一自由度比较　由于存在缺区，一定程度上破坏了数据的平衡性，造成不同处理平均数的误差方差不同。需要构建可估计函数进行处理间差异显著性测验。进一步用本节方法做假设测验。此方法是一般线性模型的普适性方法，故在此例示。

（1）构建可估函数　要比较第 2 处理和第 3 处理间的平均数，可写出一个向量 $L = [0\ 0\ 1\ -1\ 0]$，得到可估函数为 $L\hat{b}$，即第 2 品种和第 3 品种的效应差异值。其中，$\hat{b} = (X'\hat{V}^{-1}X)^{-}X'\hat{V}^{-1}Y$，$X$ 为固定效应的设计矩阵，即 $X = [X_0 X_t]$。该矩阵与未缺区的设计矩阵不同的是，去掉了缺失观察值对应的行。

（2）方差-协方差矩阵估计　估计方差-协方差矩阵为 $\hat{V}=X_m X_m' \hat{\sigma}_m^2 + \hat{\sigma}_e^2 I$。如下计算结果中，对角线元素为观察值方差，由"区组间方差组分＋误差方差组分"得到，即 $\hat{\sigma}_e^2 + \hat{\sigma}_m^2 = 64.94 + 154.43 = 219.37$。矩阵元素为 0 者，表示观察值之间具有独立关系，例如第 1 区组的第 1 品种与第 2 区组第 1 品种观察值之间，具有随机效应项的独立关系；154.43 是区组方差组分，相同区组的观察值之间具有 154.43 的共同变异方差项，或称为相同区组观察值间的协方差。

$$\hat{V}=X_m X_m' \hat{\sigma}_m^2 + \hat{\sigma}_e^2 I = \begin{bmatrix} 219.37 & 154.43 & 154.43 & 154.43 \\ 154.43 & 219.37 & 154.43 & 154.43 \\ 154.43 & 154.43 & 219.37 & 154.43 \\ 154.43 & 154.43 & 154.43 & 219.37 \\ & & & & 219.37 & 154.43 & 154.43 \\ & & & & 154.43 & 219.37 & 154.43 \\ & & & & 154.43 & 154.43 & 219.37 \\ & & & & & & & 219.37 & 154.43 & 154.43 & 154.43 \\ & & & & & & & 154.43 & 219.37 & 154.43 & 154.43 \\ & & & & & & & 154.43 & 154.43 & 219.37 & 154.43 \\ & & & & & & & 154.43 & 154.43 & 154.43 & 219.37 \end{bmatrix}$$

回归系数为 $\hat{b} = (X' \hat{V}^{-1} X)^- X' \hat{V}^{-1} Y = \begin{bmatrix} 145.39 & 57.34 & -50.13 & 106.41 & 31.77 \end{bmatrix}'$。

（3）F 测验　$F = (L\hat{b})'(L(X'\hat{V}^{-1}X)^- L')(L\hat{b}) = 427.76$。该 F 值的自由度为 1（分子）和 11（分母）。说明，第 2 处理和第 3 处理（品种间）的效应差异极显著。同理，还可得到其他单一自由度比较的测验结果。

本例题的计算程序见附录 1 的 LT11-12。

【例 11-13】　例 11-8 的水稻施肥的盆栽试验（表 11-23），通过矩阵运算法做单一自由度的比较。

计算方法与例 11-12 相同。这里，对计算过程简化，仅仅做简要说明。本例题 SAS 计算过程见附录 1 的 LT11-13。

1. 写出固定效应的设计矩阵　令固定效应设计矩阵为 X，则 $X = [X_0 X_t]$，其中 X_0 为总体均值系数向量，X_t 为处理效应的设计矩阵，即

$$X_0' = \begin{bmatrix} 1 & 1 & 1 & 1 & 1 & 1 & 1 & 1 & 1 & 1 & 1 & 1 & 1 & 1 & 1 & 1 & 1 & 1 & 1 & 1 & 1 & 1 & 1 & 1 \end{bmatrix}$$

$$X_t' = \begin{bmatrix} 1 & 0 & 0 & 0 & 0 & 1 & 0 & 0 & 0 & 0 & 1 & 0 & 0 & 0 & 0 & 1 & 0 & 0 & 0 & 0 & 1 & 0 & 0 & 0 & 0 \\ 0 & 1 & 0 & 0 & 0 & 0 & 1 & 0 & 0 & 0 & 0 & 1 & 0 & 0 & 0 & 0 & 1 & 0 & 0 & 0 & 0 & 1 & 0 & 0 & 0 \\ 0 & 0 & 1 & 0 & 0 & 0 & 0 & 1 & 0 & 0 & 0 & 0 & 1 & 0 & 0 & 0 & 0 & 1 & 0 & 0 & 0 & 0 & 1 & 0 & 0 \\ 0 & 0 & 0 & 1 & 0 & 0 & 0 & 0 & 1 & 0 & 0 & 0 & 0 & 1 & 0 & 0 & 0 & 0 & 1 & 0 & 0 & 0 & 0 & 1 & 0 \\ 0 & 0 & 0 & 0 & 1 & 0 & 0 & 0 & 0 & 1 & 0 & 0 & 0 & 0 & 1 & 0 & 0 & 0 & 0 & 1 & 0 & 0 & 0 & 0 & 1 \end{bmatrix}$$

2. 设置待比较的组合　有些试验在设计时，为达到研究目的，就预先安排若干特定比较。例如，这里希望知道几个特定的比较情况：①施肥与不施肥，即 A＋B＋C＋D 与 E；②液态氮与固态氮，即 A＋B 与 C＋D；③液态氮之间的比较，即 A 与 B；④固态氮之间的

比较，即 C 与 D。

3. 构建可估函数 上述这些效应比较的测验，可通过构建可估函数，计算平方和，然后进行 F 测验。

（1）计算误差方差组分估计 根据表 11-23 的数据，线性模型为 $y_{ij}=\mu+\tau_i+\varepsilon_{ij}$。其中 τ_i 是第 i 个处理效应；ε_{ij} 为相互独立的随机误差，服从 $N(0, \sigma_e^2)$，其矩阵模型为 $Y=Xb+e$，其中 $b=[\mu \quad \tau_1 \quad \tau_2 \quad \tau_3 \quad \tau_4]'$，$X=[X_0X_t]$。据此完全随机设计的模型，可以计算III型平方和，得到误差平方和，进一步可计算误差均方为 $\hat{\sigma}_e^2=6.73$，即误差方差组分估计，这与例 6-9 计算结果是相同的。若各处理样本容量相等，也可计算 I 型平方和。本例处理样本容量相等，所以 I 型平方和与III型平方和计算结果是相同的（从略）。

（2）构建可估计函数 据式（11-37），可得方差-协方差矩阵 $\hat{V}=\hat{\sigma}_e^2 I$，那么效应回归系数估计结果如下：$\hat{b}=(X'\hat{V}^{-1}X)^-X'\hat{V}^{-1}Y=[21.92 \quad 5.08 \quad 2.58 \quad 6.58 \quad 9.58 \quad -1.92]'$。对于不同的效应比较，$L$ 矩阵（向量）如下：

A 对 B 比较：$L_1=[0 \quad 1 \quad -1 \quad 0 \quad 0 \quad 0]$；

C 对 D 比较：$L_2=[0 \quad 0 \quad 0 \quad 1 \quad -1 \quad 0]$；

A+B+C+D 对 E 比较：$L_3=[0 \quad 1 \quad 1 \quad 1 \quad 1 \quad -4]$；

A+B 对 C+D 比较：$L_4=[0 \quad 1 \quad 1 \quad -1 \quad -1 \quad 0]$。

这些 L_k 向量之间具有关系正交关系，即：$L_kL_m'=0$，其中 $k=1、2、3、4$，$m=1、2、3、4$，$k \neq m$。说明这些比较之间具有独立性。每个比较的自由度均为 1，且不同比较间是独立的，统计上称这种比较为独立单一自由度比较。

进一步，可估函数为 $L_k b$。

（3）平方和计算及 F 测验

①平方和计算：利用可估函数及无效假设，根据式（11-36）可计算平方和，即

$$SS_1=(L_1\hat{b})'(L_1(X'X)^-L_1')(L_1\hat{b})=12.5$$
$$SS_2=(L_2\hat{b})'(L_2(X'X)^-L_2')(L_2\hat{b})=18.00$$
$$SS_3=(L_3\hat{b})'(L_3(X'X)^-L_3')(L_3\hat{b})=198.45$$
$$SS_4=(L_4\hat{b})'(L_4(X'X)^-L_4')(L_4\hat{b})=72.25$$

这与例 11-8 计算结果完全相同。可见，尽管公式不同，计算结果相同，说明一般线性模型（GLM）原理与第六章方差分析方法并不矛盾，只是一般线性模型原理更具普适性。

若将上述 4 个 L_k 向量聚合起来，可得到 L 矩阵，用于计算各处理间平方和。

$$L=\begin{bmatrix} 0 & 1 & -1 & 0 & 0 & 0 \\ 0 & 0 & 0 & 1 & -1 & 0 \\ 0 & 1 & 1 & 1 & 1 & -4 \\ 0 & 1 & 1 & -1 & -1 & 0 \end{bmatrix}$$

因此，处理间平方和为 $SS_t=(L\hat{b})'(L(X'X)^-L')(L\hat{b})=301.2$。

结果填入表 11-41。可见，处理间平方和可分解为 4 个单一自由度平方和 $SS_t=SS_1+SS_2+SS_3+SS_4=301.2$。

②F 测验：据式（11-38），可计算 F 统计量，即

$$F_1=(L_1\hat{b})'(L_1(X'\hat{V}^{-1}X)^-L_1')(L_1\hat{b})/\nu_1=1.86$$

$$F_2 = (\boldsymbol{L}_2 \hat{\boldsymbol{b}})' (\boldsymbol{L}_2 (\boldsymbol{X}' \hat{\boldsymbol{V}}^{-1} \boldsymbol{X})^- \boldsymbol{L}_2')(\boldsymbol{L}_2 \hat{\boldsymbol{b}})/\nu_2 = 2.67$$

$$F_3 = (\boldsymbol{L}_3 \hat{\boldsymbol{b}})' (\boldsymbol{L}_3 (\boldsymbol{X}' \hat{\boldsymbol{V}}^{-1} \boldsymbol{X})^- \boldsymbol{L}_3')(\boldsymbol{L}_3 \hat{\boldsymbol{b}})/\nu_3 = 29.47$$

$$F_4 = (\boldsymbol{L}_4 \hat{\boldsymbol{b}})' (\boldsymbol{L}_4 (\boldsymbol{X}' \hat{\boldsymbol{V}}^{-1} \boldsymbol{X})^- \boldsymbol{L}_4')(\boldsymbol{L}_4 \hat{\boldsymbol{b}})/\nu_4 = 10.73$$

式中，自由度 $\nu_k = \text{rank}(\boldsymbol{L}_k) = 1$，$k = 1$、2、3、4。还可计算处理间 F 值，即

$$F = (\boldsymbol{L} \hat{\boldsymbol{b}})' (\boldsymbol{L} (\boldsymbol{X}' \hat{\boldsymbol{V}}^{-1} \boldsymbol{X})^- \boldsymbol{L}')(\boldsymbol{L} \hat{\boldsymbol{b}})/\nu = 11.18$$

式中，$\nu = \text{rank}(\boldsymbol{L}) = 4$。

将计算结果列入表 11-41。可见，这与例 11-8 结果完全相同。

4. 数据分析结论 从表 11-41 可看出，处理间差异极显著；施肥与不施肥差异极显著；施用固体肥料显著优于施用液体肥料；施用氨水的两个处理差别不显著；施用两种固体肥料处理的差异也不显著。所获结果和例 11-8 一样，列出本例矩阵计算过程是希望加深一般线性模型（GLM）原理的理解。

表 11-41 资料单一自由度的方差分析

变异来源	DF_Q	SS_Q	MS_Q	F	$P(>F)$
处理间	4	301.2	75.3	11.18**	0.000 2
施肥对不施肥	1	198.45	198.45	29.49**	<0.000 1
施固体肥对施液体肥	1	72.25	72.25	10.74**	0.005 1
施氨水 1 对施氨水 2	1	12.50	12.5	1.86	0.193 1
施尿素对施碳酸氢铵	1	18.00	18.00	2.67	0.122 9
试验误差	15	101.00	6.73		
总变异	19	402.20			

【例 11-14】 为了加强线性模型知识的学习，特将按一般线性模型（GLM）方法，分析固定模型情况下协方差数据的有关知识做一个介绍。以例 11-9 数据进行矩阵求解协方差分析。

1. 全模型 在处理效应不同、各个处理的回归系数也不相同（回归的异质性存在）情况下，根据表 11-27 数据，可写出全模型，即

$$y_{ij} = \bar{y} + t_i + x_{ij} b_i + e_{ij} \tag{11-39}$$

该模型与式（11-22A）不同的是增加了 b_i，这是第 i 个处理的回归系数。

按照此模型，可写出均值的系数向量 $\boldsymbol{X}_0$，为一列向量，其元素均为 1；还可写出处理的设计矩阵 $\boldsymbol{X}_t$（写法同上例），以及回归系数的设计矩阵 $\boldsymbol{X} = [x_{ij}]$。令 $\boldsymbol{B}$ 表示各个处理回归系数的构成的向量，即 $\boldsymbol{B} = [b_i]$。那么，则模型可写成：$\boldsymbol{Y} = \boldsymbol{X}_0 \boldsymbol{b}_0 + \boldsymbol{X}_t \boldsymbol{b}_t + \boldsymbol{X} \boldsymbol{B} + \boldsymbol{\varepsilon}$。要按此模型计算Ⅲ型平方和，方法同上例（过程略去）。

2. 回归系数相同情况下的约减模型 若各个处理回归系数相同，则模型可变为

$$y_{ij} = \bar{y} + t_i + x_{ij} b + e_{ij} \tag{11-40}$$

与式（11-39）不同，这里回归系数不因处理而有差异，即各个处理回归系数相同。比较式（11-39）和式（11-40）模型所得差异，可得到回归异质性的平方和。这是按Ⅲ型平方和计算的。

在不存在异质性的情况下，仍要用Ⅲ型平方和计算方法，由式（11-40）计算各项平方和，得到表11-42。

表11-42 考虑回归异质性的方差分析

变异来源	DF	SS	MS	F	P(>F)
模型	5	845.45	169.09	65.91*	<0.000 1
肥料间	2	3.56	1.78	0.69	0.512 5
回归系数	1	775.01	775.01	302.1**	<0.000 1
回归异质性	2	2.65	1.33	0.52	0.604 8
误差	21	830.88	39.57		
总变异	23	891.63			

3. 处理间效应差异的检验 回归异质性效应不显著，所以需要将异质性变异项去掉，按照式（11-38）模型分析，得到方差分析表（表11-42）。表明：肥料间存在显著差异，同时自变数与依变数（x 和 y）间的回归关系也极显著（表11-43）。说明产量既与施肥措施关系密切，也与上年度生产力的回归关系显著。

表11-43 协方差分析表

变异来源	DF	SS	MS	F	P(>F)
模型	3	842.79	280.93	115.06**	<0.000 1
肥料间	2	222.84	111.42	45.64**	<0.000 1
回归系数	1	782.04	782.04	320.31**	<0.000 1
误差	20	48.83	2.44		
总变异	23	891.63			

4. 处理效应的比较 协方差分析中，需要计算调整平均数，公式为 $\bar{y}_i = \bar{y} + t_i$。在该式中，不同调整处理平均数间差别仅在效应上；它已将 x 调整到相同的水平，x 的平均作用（$\bar{x}$）包含在总平均数 $\bar{y}$ 中，因此是科学合理的。

SAS软件中采用LSMEANS程序，比较处理效应，得到表11-44。可见，3个处理间存在显著差异，C肥料处理的效用最好，B处理最差。这与前述分析完全相同。

表11-44 不同肥料间平均数显著性测验

肥料	调整平均数	标准误	显著性（5%）
B	55.51	0.65	a
A	62.07	0.59	b
C	64.29	0.57	c

习题

1. 常用的试验设计有哪几种？各在什么情况下使用？

2. 为什么对比法试验和间比法试验不能正确地估计试验误差？

3. 完全随机设计、随机区组设计和拉丁方设计的试验结果如何分析？有何异同？在处理间相互比较时，以小区平均数、处理总和数或单位面积产量的比较的标准误有何关系？*LSD* 法与 *SSR* 法有何异同？完全随机试验、随机区组试验和拉丁方试验的线性模型及期望均方包括哪些分量？

4. 下表为玉米品种比较试验的产量结果（kg），对比法设计，小区计产面积为 $60\,m^2$，试做分析。最后结果用单位面积产量（kg）表示。

品种		CK	A	B	CK	C	D	CK	E	F	CK
重复	I	40.6	40.1	38	31.4	41.4	43.2	35.5	41.3	34.6	38.2
	II	39.9	36.8	39.9	33.6	35.5	36.2	32.8	29.8	29.7	32.3
	III	33.5	34.6	33.9	29.4	33.7	31.2	27.7	25.6	37.2	29.6

［参考答案：各品种产量对邻近对照产量的比例（%）分别为 100.0、97.8、118.4、100.0、117.2、115.2、100.0、100.7、101.4、100.0］

5. 下表为不同丰产剂对茄子生长影响的比较试验的产量结果（kg），5×5 拉丁方设计，小区计产面积为 $15\,m^2$。试做分析。

B	24.2	E	21.4	A	26.4	C	26.4	D	20.4
D	21.0	A	26.9	E	19.6	B	26.8	C	25.8
E	17.7	B	24.7	C	26.7	D	23.5	A	25
A	25.8	C	25.5	D	21.8	E	20.7	B	23.6
C	22.4	D	22.5	B	25.6	A	29.3	E	24.4

［参考答案：处理间的 $F=13.51$］

6. 下表为小麦栽培试验的产量结果（kg），随机区组设计，小区计产面积为 $12\,m^2$，假定该试验为完全随机设计，试做分析。在表示最后结果时需化为单位面积产量（kg）。然后将其试验误差与随机区组时的误差做比较，看看划分区组的效果如何。

处理		A	B	C	D	E	F
区组	I	6.2	5.8	7.2	5.6	6.9	7.5
	II	6.6	6.7	6.6	5.8	7.2	7.8
	III	6.9	6.0	6.8	5.4	7.0	7.3
	IV	6.1	6.3	7.0	6.0	7.4	7.6

［参考答案：$F=21.0$，$MS_e=0.085$（kg/区）^{2}；$F=20.8$，$MS_e=0.086$（kg/区）^{2}］

7. 调查某农户小麦及小麦和蚕豆混种、间种田块的产量（混种、间种者为小麦和大豆产量合计），得结果（$kg/66.7\,m^2$）列于下表。(1) 设以小麦单种为对照，试以 *LSD* 法做多重比较；(2) 设预定要做的比较是单种对混种、间种，混种对间种，2 麦 1 豆间种对 3 麦 2 豆间种，试做单一自由度的独立比较。

小麦单种	麦豆混种	2麦1豆间种	3麦2豆间种
20	24	30	30
24	23	28	33
22	28	34	31
18	21	32	36
21	24	31	35

[参考答案：$MS_e=5.75$，作单一自由度比较时的 F 值依次为 45.29^{**}、37.10^{**} 和 1.74]

8. 下表为3种酸类处理某牧草种子幼苗干物质量，试分析其对牧草幼苗生长的影响：(1) 进行方差分析。(2) 试做单一自由度的独立比较，并给以回答：①酸液处理是否能降低牧草幼苗生长？②有机酸的作用是否不同于无机酸？③两种有机酸的作用是否有差异？

处理	幼苗干物质量（mg）				
对照	5.24	5.38	5.10	4.99	5.25
盐酸	4.85	4.78	4.91	4.94	4.86
丙酸	4.75	4.65	4.82	4.69	4.73
丁酸	4.66	4.67	4.62	4.54	4.71

[参考答案：$F=33.92$，处理间差异显著]

9. 下表为玉米品种比较试验的每区株数（x）和产量（y）的资料，试做协方差分析，并计算各品种在小区株数相同时的矫正平均产量。

品种	区 组								总和		平均	
	I		II		III		IV					
	x	y	x	y	x	y	x	y	x	y	x	y
A	10	18	8	17	6	14	8	15	32	64	8	16
B	12	36	13	38	8	28	11	30	44	132	11	33
C	17	40	15	36	13	35	11	29	56	140	14	35
D	14	21	14	23	17	24	15	20	60	88	15	22
E	12	42	10	36	10	38	16	52	48	168	12	42
总和	65	157	60	150	54	139	61	146	240	592	12	29.6

[参考答案：误差项回归的 $F=50.89$，矫正平均数间 $F=90.15$，各品种的矫正平均数依次为 $\bar{y}_{A(x=\bar{x})}=23.7$，$\bar{y}_{B(x=\bar{x})}=34.9$，$\bar{y}_{C(x=\bar{x})}=31.2$，$\bar{y}_{D(x=\bar{x})}=16.2$，$\bar{y}_{E(x=\bar{x})}=42.0$]

第十二章

多因素试验的统计分析

在农业和生命科学的研究中，研究因子间的互作、筛选主要因子常须进行多因素试验。随着试验因子的增加，多因素试验数据手动分析工作量既大又繁还易错，现在已有条件利用计算软件代劳，快捷而准确。本章多因素试验的统计分析，在第十一章方差分析矩阵解法基础上，采用 SAS 软件解法，从而简化了有关计算过程的说明，并在附录里给出了相应的 SAS 程序。考虑到与常规方法的衔接，同时还给出了平方和与自由度的公式，以便于理解和验证。

第一节　多因素完全随机试验和随机区组试验的统计分析

多因素完全随机设计是温室、网室和实验室常用的设计，因为在小环境下容易控制试验环境（试验误差），不需对环境进行区组控制。当然，若温室、网室或实验室中发现有环境因素影响试验时，也是要考虑进行区组控制的，例如温室的向阳面出现系统的温度和阳光梯度差异时便要考虑按梯度做区组控制。二因素完全随机设计试验的统计分析方法就是第六章第五节"两向分组资料的方差分析"方法，请参见该节内容。这种设计是常用的、重要的，但为节省篇幅，此处不再重复叙述，因而本节将主要介绍多因素随机区组试验设计的统计分析方法。

一、二因素试验的随机区组试验结果的统计分析

设有 A 和 B 两个试验因素，分别具 a 和 b 个水平，共有 ab 个处理组合，做随机区组设计，有 r 个区组（重复），则该试验共得 rab 个观察值。二因素随机区组试验的线性模型为

$$y_{jkl} = \mu + \beta_j + A_k + B_l + (AB)_{kl} + \varepsilon_{jkl} \tag{12-1}$$

式中，μ 为总体平均数；β_j 为区组效应，一般为随机模型，有 $\beta_j \sim N(0,\ \sigma_\beta^2)$；$A_k$、$B_l$ 和 $(AB)_{kl}$ 分别为 A 因素主效、B 因素主效及 A×B 交互作用效应，当它们为固定模型时，有 $\sum A_k = 0, \sum B_l = 0, \sum_k (AB)_{kl} = \sum_l (AB)_{kl} = \sum_{kl} (AB)_{kl} = 0$；当它们为随机模型时，有 $A_k \sim N(0,\ \sigma_A^2)$，$B_l \sim N(0,\ \sigma_B^2)$，$(AB)_{kl} \sim N(0,\ \sigma_{AB}^2)$；相互独立的随机误差 $\varepsilon_{jkl} \sim N(0,\ \sigma^2)$。

二因素随机区组试验从变异来源上可分解为 A 因素水平间（简记为 A）、B 因素水平间（简记为 B）、和 AB 互作间（简记为 AB）3 个部分。总自由度（DF_T）与各自由度的关系及总平方和（SS_T）与各平方和的关系为

总自由度$(DF_T)=$区组自由度$(DF_r)+$处理组合自由度$(DF_t)+$误差自由度(DF_e)

总平方和$(SS_T)=$区组平方和$(SS_r)+$处理组合平方和$(SS_t)+$误差平方和(SS_e)

$$DF_T=abr-1=(r-1)+(ab-1)+(r-1)(ab-1)$$

$$\left. SS_T=\sum_1^{abr}(y_{jkl}-\bar{y})^2=ab\sum_1^r(\bar{y}_j-\bar{y})^2+r\sum_1^{ab}(\bar{y}_{kl}-\bar{y})^2+\sum_1^{abr}(y_{jkl}-\bar{y}_j-\bar{y}_{kl}+\bar{y})^2 \right\}$$

$$(12-2)$$

其中，

处理组合自由度$(DF_t)=$A 的自由度$(DF_A)+$B 的自由度$(DF_B)+$A×B 自由度(DF_{AB})

处理组合平方和$(SS_t)=$A 的平方和$(SS_A)+$B 的平方和$(SS_B)+$A×B 平方和(SS_{AB})

$$DF_t=ab-1=(a-1)+(b-1)+(a-1)(b-1)$$

$$\left. SS_t=r\sum_1^{ab}(\bar{y}_{kl}-\bar{y})^2=rb\sum_1^a(\bar{y}_k-\bar{y})^2+ra\sum_1^b(\bar{y}_l-\bar{y})^2+r\sum_1^{ab}(\bar{y}_{kl}-\bar{y}_k-\bar{y}_l+\bar{y})^2 \right\}$$

$$(12-3)$$

式中，$j=1、2、\cdots、r$，$k=1、2、\cdots、a$，$l=1、2、\cdots、b$，$\bar{y}_j$、$\bar{y}_k$、$\bar{y}_l$、$\bar{y}_{kl}$ 和 $\bar{y}$ 分别为第 j 个区组平均数、A 因素第 k 个水平平均数、B 因素第 l 个水平平均数、处理组合 A_kB_l 平均数和总平均数。将平方和与自由度的计算公式列于表 12-1，还列出了 3 种模型的期望均方。

模型不同，以后的 F 测验和统计推断也不同。由表 12-1 可见，当选用固定模型时，测验 $H_0:\kappa_\beta^2=0$，$H_0:\kappa_A^2=0$，$H_0:\kappa_B^2=0$，$H_0:\kappa_{AB}^2=0$，其 F 值均是以误差均方为分母。当选用随机模型时，则测验 $H_0:\sigma_\beta^2=0$ 和 $H_0:\sigma_{AB}^2=0$，应以误差项均方为分母；而测验 $H_0:\sigma_A^2=0$ 和 $H_0:\sigma_B^2=0$ 时需以 A×B 互作项均方为分母。混合模型可以类推。

二因素随机区组试验的分析步骤和第十一章一样，包括：①将所得结果按处理和区组整理成两向分组表；②进行自由度和平方和的分解；③列出方差分析表，进行 **F** 测验；④进行处理间的差异显著性测验；⑤做出试验结论。其中处理间比较（固定模型）的平均数标准误有以下 3 类：处理 A 平均数标准误 (SE_A)、处理 B 平均数标准误 (SE_B)、处理 A×B 平均数标准误 (SE_{AB})，即

$$SE_A=\sqrt{MS_e/(rb)}$$

$$SE_B=\sqrt{MS_e/(ra)}$$

$$SE_{AB}=\sqrt{MS_e/r} \qquad (12-4)$$

表 12-1 二因素随机区组设计的自由度、平方和分解及期望均方

变异来源	DF	SS	固定模型	随机模型	混合模型（A随机，B固定）
区组间	$r-1$	$SS_r=\sum T_r^2/(ab)-C$	$\sigma^2+ab\kappa_\beta^2$	$\sigma^2+ab\sigma_\beta^2$	$\sigma^2+ab\kappa_\beta^2$ 或 $\sigma^2+ab\sigma_\beta^2$
处理组合	$ab-1$	$SS_t=\sum T_{AB}^2/r-C$			
处理 A	$a-1$	$SS_A=\sum T_A^2/(rb)-C$	$\sigma^2+rb\kappa_A^2$	$\sigma^2+r\sigma_{AB}^2+rb\sigma_A^2$	$\sigma^2+rb\sigma_A^2$
处理 B	$b-1$	$SS_B=\sum T_B^2/(ra)-C$	$\sigma^2+ra\kappa_B^2$	$\sigma^2+r\sigma_{AB}^2+ra\sigma_B^2$	$\sigma^2+r\sigma_{AB}^2+ra\kappa_B^2$
A×B	$(a-1)(b-1)$	$SS_{AB}=SS_t-SS_A-SS_B$	$\sigma^2+r\kappa_{AB}^2$	$\sigma^2+r\sigma_{AB}^2$	$\sigma^2+r\sigma_{AB}^2$
误差	$(r-1)(ab-1)$	$SS_e=SS_T-SS_r-SS_t$	σ^2	σ^2	σ^2
总变异	$rab-1$	$SS_T=\sum y^2-C$			

平方和与自由度的分解公式已列在表 12-1 中，读者可参照前文的方法计算，这里不再详细说明。简易的方法是直接用 SAS 软件中的 ANOVA（方差分析）或 GLM（一般线性模型）在计算机上运算。

【例 12-1】有一个早稻二因素试验，因素 A 为品种，分 A_1（早熟）、A_2（中熟）和 A_3（迟熟）3 个水平（$a=3$）；因素 B 为密度，分 B_1（16.5 cm×6.6 cm）、B_2（16.5 cm×9.9 cm）和 B_3（16.5 cm×13.2 cm）3 个水平（$b=3$）；共 $ab=3×3=9$ 个处理，重复 3 次（$r=3$），小区计产面积为 20 m²。其田间排列和小区产量（kg）列于图 12-1。试做分析。

区组 I	A_1B_1 8	A_2B_2 7	A_3B_3 10	A_2B_3 8	A_3B_2 8	A_1B_3 6	A_3B_1 7	A_1B_2 7	A_2B_1 9
区组 II	A_2B_3 7	A_3B_2 7	A_1B_2 7	A_3B_1 7	A_1B_3 5	A_2B_1 9	A_2B_2 9	A_3B_3 9	A_1B_1 8
区组 III	A_3B_1 6	A_1B_3 6	A_2B_1 8	A_1B_2 6	A_2B_2 6	A_3B_3 9	A_1B_1 8	A_2B_3 6	A_3B_2 8

图 12-1　早稻品种和密度两因素随机区组试验的田间排列和产量（kg/20 m²）

1. 方差分析和 F 测验　先将图 12-1 数据整理成表 12-2 和表 12-3。按式（12-2）和式（12-3）及表 12-1 可计算平方和与自由度。这里采用 SAS 中 ANOVA 程序分析，见附录 1 的 LT12-1。将方差分析结果列于表 12-4。

表 12-2　图 12-1 资料区组和处理产量的两向表

处理	区组 I	区组 II	区组 III	总和（T_{AB}）
A_1B_1	8	8	8	24
A_1B_2	7	7	6	20
A_1B_3	6	5	6	17
A_2B_1	9	9*	8	26
A_2B_2	7	9	6	22
A_2B_3	8	7	6	21
A_3B_1	7	7	6	20
A_3B_2	8	7	8	23
A_3B_3	10	9	9*	28
总和（T_r）	70	68	63	$T=201$

表 12-3　表 12-2 资料品种（A）和密度（B）的两向表

	B_1	B_2	B_3	T_A
A_1	24	20	17	61
A_2	26	22	21	69
A_3	20	23	28	71
T_B	70	65	66	$T=201$

表 12-4 水稻品种与密度二因素试验的方差分析

变异来源	DF	SS	MS	F	P(>F)
区组间	2	2.89	1.45	2.96	0.079 9
处理（组合）间	8	30	3.75	7.65**	0.000 3
品种	2	6.23	3.12	6.37**	0.009 1
密度	2	1.56	0.78	1.59	0.232 6
品种×密度	4	22.21	5.55	11.33**	0.000 1
误差	16	7.78	0.49		
总变异	26	40.67			

这里对 A 和 B 两因素皆取固定模型，区组则取随机模型，因此各项变异来源的均方（MS）均可用对误差项均方（MS）的比进行 F 测验。取显著水平 $\alpha=0.05$。表 12-4 的 F 测验说明：区组间、密度间差异不显著，而品种间与品种×密度间的差异都极显著。由此说明，不同品种有不同的生产力，而不同品种又要求有相应不同的密度。所以需进一步测验品种间（表 12-5）与品种×密度间的差异显著性（表 12-6）。

表 12-5 新复极差法多重比较

品种	平均值	差异显著性	
		5%	1%
3	7.9	a	A
2	7.7	a	AB
1	6.8	b	B

表 12-6 各品种在不同密度下的小区平均平均产量及其差异显著性

A₁ 品种		差异显著性		A₂ 品种		差异显著性		A₃ 品种		差异显著性	
密度	产量	5%	1%	密度	产量	5%	1%	密度	产量	5%	1%
B₁	8.0	a	A	B₁	8.7	a	A	B₃	9.3	a	A
B₂	6.7	b	AB	B₂	7.3	b	AB	B₂	7.7	b	AB
B₃	5.7	b	B	B₃	7.0	b	B	B₁	6.7	b	B

本例中，系采用固定模型。那么，从 F 统计量及其含义（表 12-4）上，可以看出品种×密度间的互作项 F 值最大，说明这两个因素互作在处理变异中起到了很大的作用；同时，这个因子试验中，品种主效的作用不及互作项，密度主效变异不显著，因此本例考察重点是互作项的变异及最佳处理组合，其次是品种主效。需指出，因子试验中重点考察主效还是互作项，须根据具体情况做出判断。

2. 品种间比较的显著性测验 $SE=\sqrt{MS_e/rb}=\sqrt{0.49/(3\times3)}=0.233$。A₃ 和 A₂ 无显

著差异，但 A_3 和 A_1 的差异达 $\alpha=0.01$ 水平，A_2 和 A_1 的差异达 $\alpha=0.05$ 水平。因此就品种的平均效应而言，A_3 和 A_2 都是比较好的。

3. 品种×密度的互作 由于品种×密度的互作极显著，说明各品种所要求的最适密度可能不相同。对各个处理组合平均数的差数作新复极差测验，标准误为 $SE=\sqrt{MS_e/r}=\sqrt{0.49/3}=0.404$（kg）。测验结果（表 12-6）：品种 A_1 和 A_2 都以 B_1 为优，并与 B_2、B_3 有显著差异；而品种 A_3 则以 B_3 为优，并与 B_2 和 B_1 有显著差异。所以品种 A_3 应选密度 B_3，而品种 A_2 和 A_1 则应选密度 B_1。这反映了 A、B 两因素互作的具体情况。也可把 9 个处理组合间差异的显著性合并在一张表上，寻找最优处理组合（计算过程从略）。

4. 结论 本试验品种主效有显著差异，以 A_3 产量最高，与 A_1 有显著差异，而与 A_2 无显著差异。密度主效无显著差异。但品种和密度的互作差异极显著，品种 A_3 需用密度 B_3，品种 A_2 需用密度 B_1，才能取得最高产量。

以上是间接地测验互作。对互作值也可进行直接测验。例如若要测定两个产量较高品种 A_3 和 A_2 与密度的互作，则可将这两个品种在 3 种密度下各 3 个小区的总产量（kg）列成表 12-7。然后，计算各密度下 A_2-A_3 的差数。如果 A 和 B 没有互作，则 A 的简单效应不因 B 的不同水平而异，这些差数应无显著差异。所以差数的差即为互作值。这些互作值的计算也可写成以下形式。

表 12-7 品种密度互作值的计算

	A_2	A_3	差数（A_2-A_3）	差数的差
B_1	26	20	6	
B_2	22	23	-1	7
B_3	21	28	-7	13

$$(A_3B_2+A_2B_1)-(A_3B_1+A_2B_2)=23+26-20-22=7 \text{（kg）}$$
$$(A_3B_3+A_2B_1)-(A_3B_1+A_2B_3)=28+26-20-21=13 \text{（kg）}$$
$$(A_3B_3+A_2B_2)-(A_3B_2+A_2B_3)=28+22-23-21=6 \text{（kg）}$$

由此，以上的各个互作值是 6 个小区总和为基础的差数，故在测验互作的显著性时 $SE=\sqrt{nMS_e}=\sqrt{6\times0.49}=1.7$（kg）。此处 $n=2b$，并有：$p=2$ 时，$LSR_{0.05,16}=5.1$，$LSR_{0.01,16}=7.0$（kg）；$p=3$ 时，$LSR_{0.05,16}=5.4$，$LSR_{0.01,16}=7.4$（kg）。因而上述互作值都达到了 $\alpha=0.05$ 或 $\alpha=0.01$ 的显著水平。故品种 A_3 需采用 B_3 才能充分利用其互作，取得最好产量。

【例 12-2】 采用图 12-1 数据，表 12-2 中若有区组 II 的 A_2B_1、区组 III A_3B_3 组合（带＊号的两个小区）缺失，对二因素随机区组试验存在缺区情况下的统计分析。

采用 SAS 软件 GLM 程序方法分析，见附录 1 的 LT12-2。此例计算不能采用 ANOVA 方法的 I 型平方和，应采用 III 型平方和，得到方差分析表 12-8。此处用 GLM 程序时，计算机进行自动运算，包括进行平均数比较的测验，并不需给出缺区估计值，读者需要缺区估计值时可参见第十一章的方法。

表 12-8　方差分析表

变异来源	DF	SS	MS	F	P(>F)
区组间	2	2.65	1.33	2.42	0.125 1
处理（组合）间	8	24.61	3.08	5.61**	0.002 6
品种	2	5.56	2.78	5.07*	0.022 1
密度	2	1.19	0.60	1.09	0.364 2
品种×密度	4	17.86	4.47	8.14**	0.001 3
误差	14	7.68	0.55		
总变异	24	35.44			

比较表 12-4 和表 12-8 的结果，相差不大，F 测验均表明：区组间、密度间差异不显著，而品种间与品种×密度间的差异都显著。处理间比较结果可以自动生成（此处从略）。

二、三因素完全随机试验结果的统计分析

在三因素试验中，可供选择的一种试验设计为三因素完全随机试验设计，它不设置区组，每个处理组合均有若干个（n 个）重复观察值，以重复观察值间的变异作为环境误差的度量，这样也可以获得各因素及其交互作用的信息。三因素完全随机试验观察值（y_{ijkl}）的线性模型为

$$y_{ijkl}=\mu+A_i+B_j+C_k+(AB)_{ij}+(AC)_{ik}+(BC)_{jk}+(ABC)_{ijk}+\varepsilon_{ijkl} \quad (12-5)$$

式中，A_i、B_j 和 C_k 分别为因素 A、B 和 C 的主效，$(AB)_{ij}$、$(AC)_{ik}$ 和 $(BC)_{jk}$ 分别为 A 和 B、A 和 C 以及 B 和 C 的互作效应，$(ABC)_{ijk}$ 为因素 A、B 和 C 三因素互作效应。当它们为固定模型时，$\sum A_i=0, \sum B_j=0, \sum C_k=0, \sum_i (AB)_{ij}=\sum_j (AB)_{ij}=0, \sum_i (AC)_{ik}=\sum_k (AC)_{ik}=0, \sum_j (BC)_{jk}=\sum_k (BC)_{jk}=0, \sum_i (ABC)_{ijk}=\sum_j (ABC)_{ijk}=\sum_k (ABC)_{ijk}=0$；当它们为随机模型时，有 $A_i\sim N(0, \sigma_A^2)$，$B_j\sim N(0, \sigma_B^2)$，$C_k\sim N(0, \sigma_C^2)$，$(AB)_{ij}\sim N(0, \sigma_{AB}^2)$，$(AC)_{ik}\sim N(0, \sigma_{AC}^2)$，$(BC)_{jk}\sim N(0, \sigma_{BC}^2)$，$(ABC)_{ijk}\sim N(0, \sigma_{ABC}^2)$，$\varepsilon_{ijkl}\sim N(0, \sigma^2)$。

完全随机试验设计的自由度和平方和的分解，总变异可以分解为处理组合变异加上误差变异。处理组合变异又可分解，即

$$DF=DF_A+DF_B+DF_C+DF_{AB}+DF_{AC}+DF_{BC}+DF_{ABC}$$
$$SS=SS_A+SS_B+SS_C+SS_{AB}+SS_{AC}+SS_{BC}+SS_{ABC}$$

式中，下标为因素，例如 DF_A 为 A 因素自由度，DF_B 为 B 因素自由度，SS_{ABC} 为 A×B×C 的平方和。关于自由度和平方和的计算公式列于表 12-9。也列出三因素完全随机试验的线性模型和期望均方于表 12-10。F 测验可依据第六章介绍的原理自行给出。

采用表 12-9 中的公式，可以得到平衡数据的平方和及自由度计算结果。

在进行多重比较时，需要计算平均数标准误，处理 A 平均数标准误（SE_A）、处理 B 平均数标准误（SE_B）、处理 C 平均数标准误（SE_C）、处理组合 A×B 平均数标准误（SE_{AB}）、处理组合 A×C 平均数标准误（SE_{AC}）、处理组合 B×C 平均数标准误（SE_{BC}）

及处理组合 $A \times B \times C$ 平均数标准误（SE_{ABC}）分别为

$$SE_A = \sqrt{MS_e/(bcn)}$$
$$SE_B = \sqrt{MS_e/(acn)}$$
$$SE_C = \sqrt{MS_e/(abn)}$$
$$SE_{AB} = \sqrt{MS_e/(cn)}$$
$$SE_{AC} = \sqrt{MS_e/(bn)}$$
$$SE_{BC} = \sqrt{MS_e/(an)}$$
$$SE_{ABC} = \sqrt{MS_e/n} \tag{12-6}$$

这里要指出，上列公式是固定模型下的标准误公式，用于处理间比较。

表 12-9　三因素完全随机试验的平方和及自由度分解

变异来源	DF	SS
处理组合	$abc-1$	$SS_t = \sum T_{ABC}^2/n - C$
A	$a-1$	$SS_A = \sum T_A^2/(bcn) - C$
B	$b-1$	$SS_B = \sum T_B^2/(acn) - C$
C	$c-1$	$SS_C = \sum T_C^2/(abn) - C$
A×B	$(a-1)(b-1)$	$SS_{AB} = \sum T_{AB}^2/(cn) - C - SS_A - SS_B$
A×C	$(a-1)(c-1)$	$SS_{AC} = \sum T_{AC}^2/(bn) - C - SS_A - SS_C$
B×C	$(b-1)(c-1)$	$SS_{BC} = \sum T_{BC}^2/(an) - C - SS_B - SS_C$
A×B×C	$(a-1)(b-1)(c-1)$	$SS_{ABC} = SS_t - SS_A - SS_B - SS_C - SS_{AB} - SS_{AC} - SS_{BC}$
误差	$abc(n-1)$	$SS_e = SS_T - SS_t$
总变异	$abcn-1$	$SS_T = \sum\sum\sum\sum y_{ijkl}^2 - C$

表 12-10　三因素随机试验设计的期望均方（自由度同表 12-9）

变异来源	MS	期望均方（EMS）		
		固定模型	随机模型	混合模型 A、B固定，C随机
A	MS_A	$\sigma^2 + nbc\kappa_A^2$	$\sigma^2 + n\sigma_{ABC}^2 + nc\sigma_{AB}^2 + nb\sigma_{AC}^2 + nbc\sigma_A^2$	$\sigma^2 + nb\sigma_{AC}^2 + nbc\kappa_A^2$
B	MS_B	$\sigma^2 + nac\kappa_B^2$	$\sigma^2 + n\sigma_{ABC}^2 + nc\sigma_{AB}^2 + na\sigma_{BC}^2 + nac\sigma_B^2$	$\sigma^2 + na\sigma_{BC}^2 + nac\kappa_B^2$
C	MS_C	$\sigma^2 + nab\kappa_C^2$	$\sigma^2 + n\sigma_{ABC}^2 + nb\sigma_{AC}^2 + na\sigma_{BC}^2 + nab\sigma_C^2$	$\sigma^2 + nab\sigma_C^2$
A×B	MS_{AB}	$\sigma^2 + nc\kappa_{AB}^2$	$\sigma^2 + n\sigma_{ABC}^2 + nc\sigma_{AB}^2$	$\sigma^2 + n\sigma_{ABC}^2 + nc\kappa_{AB}^2$
A×C	MS_{AC}	$\sigma^2 + nb\kappa_{AC}^2$	$\sigma^2 + n\sigma_{ABC}^2 + nb\sigma_{AC}^2$	$\sigma^2 + nb\sigma_{AC}^2$
B×C	MS_{BC}	$\sigma^2 + na\kappa_{BC}^2$	$\sigma^2 + n\sigma_{ABC}^2 + na\sigma_{BC}^2$	$\sigma^2 + na\sigma_{BC}^2$
A×B×C	MS_{ABC}	$\sigma^2 + n\kappa_{ABC}^2$	$\sigma^2 + n\sigma_{ABC}^2$	$\sigma^2 + n\sigma_{ABC}^2$
误差	MS_e	σ^2	σ^2	σ^2

【例 12-3】进行水稻品种、赤霉素处理、光照处理的三因素完全随机试验数据的分析。试验中有 3 个品种（A 因素）、2 个水平的激素处理［喷水处理（对照）和施用 20 mg/kg

的赤霉素]、2 水平的光照处理（增加光照 C_1 和自然光 C_2），共计 $3 \times 2 \times 2 = 12$ 个处理组合。将水稻种子盆播，完全随机排列，其他环境条件基本一致。试验的目的是考察 3 个因素及其交互作用对于苗高的影响。将试验结果列于表 12-11。

本例属于平衡数据，采用 ANOVA 程序分析，见附录 1 的 LT12-3。也可以采用表 12-9 公式计算。得到方差分析表 12-12。结果表明，品种间、激素处理间、光照处理间差异均显著；两因素间的互作均显著，三因素间互作不显著。SAS 软件可方便列出多重比较结果。

表 12-11 品种、激素、光照三因素的水稻苗高试验结果

A 因素	B 因素	C 因素	观察值（cm）					T_{ABC}
A_1	B_1	C_1（加光）	16.3	19.6	20.4	18.3	19.6	94.2
	（0 mg/kg）	C_2（自然光）	15.5	17.6	17.3	18.7	19.1	88.2
	B_2	C_1（加光）	30.9	35.6	33.2	32.6	36.6	168.9
	（20 mg/kg）	C_2（自然光）	28.4	23.9	26.0	24.0	29.2	131.5
A_2	B_1	C_1（加光）	18.7	18.4	15.1	17.9	17.4	87.5
	（0 mg/kg）	C_2（自然光）	15.6	15.6	17.8	17.7	16.7	83.4
	B_2	C_1（加光）	28.2	34.3	32.1	26.2	29.0	149.8
	（20 mg/kg）	C_2（自然光）	27.7	27.2	22.3	18.0	20.3	115.5
A_3	B_1	C_1（加光）	18.9	17.7	18.0	15.9	15.6	86.1
	（0 mg/kg）	C_2（自然光）	16.1	10.8	14.7	15.2	12.6	69.4
	B_2	C_1（加光）	40.8	38.7	35.1	41.0	42.9	198.5
	（20 mg/kg）	C_2（自然光）	27.2	31.3	27.1	29.1	25.0	139.7

表 12-12 三因素完全随机试验的方差分析表

变异来源	DF	SS	MS	F	P(>F)
A	2	93.28	46.64	8.15**	0.000 9
B	1	2 601.73	2 601.73	454.62**	<0.000 1
C	1	412.39	412.39	72.10**	<0.000 1
A×B	2	208.99	104.50	18.27**	<0.000 1
A×C	2	40.53	20.27	3.54*	0.036 8
B×C	1	179.22	179.22	31.33**	<0.000 1
A×B×C	2	4.30	2.15	<1	
误差	48	274.70	5.72		

三、三因素随机区组试验结果的统计分析

设有 A、B 和 C 3 个试验因素，分别具 a、b 和 c 个水平，做随机区组设计，设有 r 个区组，则该试验共有 $rabc$ 个观察值。这个三因素随机区组试验每个观察值 y_{jklm} 的线性模型为

$$y_{jklm} = \mu + \beta_j + A_k + B_l + C_m + (AB)_{kl} + (AC)_{km} + (BC)_{lm} + (ABC)_{klm} + \varepsilon_{jklm}$$

$$(12 - 7)$$

式中，β_j 为区组效应，固定模型时有 $\sum \beta_j = 0$，随机模型时有 $\beta_j \sim N(0, \sigma_\beta^2)$，其余参数参见上文"三因素完全随机试验结果的统计分析"。各项变异来源及自由度的分解见表 12-13。

表 12-13　三因素随机区组试验的平方和及自由度分解

变异来源	DF	SS
区组	$r-1$	$SS_r = \sum T_r^2/(abc) - C$
处理	$abc-1$	$SS_t = \sum T_{ABC}^2/r - C$
A	$a-1$	$SS_A = \sum T_A^2/(rbc) - C$
B	$b-1$	$SS_B = \sum T_B^2/(rac) - C$
C	$c-1$	$SS_C = \sum T_C^2/(rab) - C$
A×B	$(a-1)(b-1)$	$SS_{AB} = \sum T_{AB}^2/(rc) - C - SS_A - SS_B$
A×C	$(a-1)(c-1)$	$SS_{AC} = \sum T_{AC}^2/(rb) - C - SS_A - SS_C$
B×C	$(b-1)(c-1)$	$SS_{BC} = \sum T_{BC}^2/(ra) - C - SS_B - SS_C$
A×B×C	$(a-1)(b-1)(c-1)$	$SS_{ABC} = SS_t - SS_A - SS_B - SS_C - SS_{AB} - SS_{AC} - SS_{BC}$
误差	$(r-1)(abc-1)$	$SS_e = SS_T - SS_t - SS_r$
总变异	$rabc-1$	$SS_T = \sum y^2 - C$

三因素随机区组试验中，处理间变异被再分解为 7 项，其中主效 3 项，一级互作 3 项，二级互作 1 项。各项都有其相应的自由度及平方和，也可以分解，即

$$DF_t = DF_A + DF_B + DF_C + DF_{AB} + DF_{AC} + DF_{BC} + DF_{ABC}$$

$$SS_t = SS_A + SS_B + SS_C + SS_{AB} + SS_{AC} + SS_{BC} + SS_{ABC}$$

根据期望均方（表 12-14）可以确定不同模型的 F 测验方法。

表 12-14　三因素随机区组设计的期望均方

变异来源	MS	期望均方（EMS）		
		固定模型	随机模型	混合模型（A、B 固定，C 随机）
区组间		$\sigma^2 + abc\kappa_\beta^2$	$\sigma^2 + abc\sigma_\beta^2$	$\sigma^2 + abc\kappa_\beta^2$ 或 $\sigma^2 + abc\sigma_\beta^2$
A	MS_A	$\sigma^2 + rbc\kappa_A^2$	$\sigma^2 + r\sigma_{ABC}^2 + rc\sigma_{AB}^2 + rb\sigma_{AC}^2 + rbc\sigma_A^2$	$\sigma^2 + br\sigma_{AC}^2 + rbc\kappa_A^2$
B	MS_B	$\sigma^2 + rac\kappa_B^2$	$\sigma^2 + r\sigma_{ABC}^2 + rc\sigma_{AB}^2 + ra\sigma_{BC}^2 + rac\sigma_B^2$	$\sigma^2 + ra\sigma_{BC}^2 + rac\kappa_B^2$
C	MS_C	$\sigma^2 + rab\kappa_C^2$	$\sigma^2 + r\sigma_{ABC}^2 + rb\sigma_{AC}^2 + ra\sigma_{BC}^2 + rab\sigma_C^2$	$\sigma^2 + rab\sigma_C^2$
A×B	MS_{AB}	$\sigma^2 + rc\kappa_{AB}^2$	$\sigma^2 + r\sigma_{ABC}^2 + rc\sigma_{AB}^2$	$\sigma^2 + r\sigma_{ABC}^2 + rc\sigma_{AB}^2$
A×C	MS_{AC}	$\sigma^2 + rb\kappa_{AC}^2$	$\sigma^2 + r\sigma_{ABC}^2 + rb\sigma_{AC}^2$	$\sigma^2 + rb\sigma_{AC}^2$
B×C	MS_{BC}	$\sigma^2 + ra\kappa_{BC}^2$	$\sigma^2 + r\sigma_{ABC}^2 + ra\sigma_{BC}^2$	$\sigma^2 + ra\sigma_{BC}^2$
A×B×C	MS_{ABC}	$\sigma^2 + r\kappa_{ABC}^2$	$\sigma^2 + r\sigma_{ABC}^2$	$\sigma^2 + r\sigma_{ABC}^2$
误差	MS_e	σ^2	σ^2	σ^2

表 12-14 中，混合模型中仅列出了 A 和 B 固定、C 随机的混合模型，还可以有 A 固定、B 和 C 随机的混合模型。例如在固定模型中，测验 $H_0: \kappa_A^2 = 0$ 或 $H_0: \kappa_B^2 = 0$ 等，都可以由该项均方对误差项均方之比得出 F。在 A 和 B 固定、C 随机的混合型中亦可类推，例如测验 $H_0: \kappa_A^2 = 0$，可借 A 的均方对 A×C 均方之比得 F；测验 $H_0: \kappa_B^2 = 0$，可借 B 的均方对

B×C 均方之比得 F；测验 $H_0:\sigma_C^2=0$，可借 C 的均方对误差均方之比得 F……但是在随机模型中，测验 $H_0:\sigma_A^2=0$，$H_0:\sigma_B^2=0$，$H_0:\sigma_C^2=0$ 缺乏适当的被比量。一般可通过有关项均方的相加做近似测验。例如测验 $H_0:\sigma_A^2=0$ 对 $H_A:\sigma_A^2\neq0$，可以先将 A 和 A×B×C 项的均方相加，得

$$MS_1=2\sigma^2+2r\sigma_{ABC}^2+rc\sigma_{AB}^2+rb\sigma_{AC}^2+rbc\sigma_A^2$$

再将 A×B 和 A×C 项的均方相加，得

$$MS_2=2\sigma^2+2r\sigma_{ABC}^2+rc\sigma_{AB}^2+rb\sigma_{AC}^2$$

于是，由 $F=MS_1/MS_2$ 可测验 $H_0:\sigma_A^2=0$ 对 $H_A:\sigma_A^2\neq0$。其有效自由度为

$$\nu_1=\dfrac{MS_1^2}{\underset{\nu_A}{\underbrace{MS_A^2}}+\underset{\nu_{ABC}}{\underbrace{MS_{ABC}^2}}}$$

$$\nu_2=\dfrac{MS_2^2}{\underset{\nu_{AB}}{\underbrace{MS_{AB}^2}}+\underset{\nu_{AC}}{\underbrace{MS_{AC}^2}}} \tag{12-8}$$

式中 MS_A^2、MS_{ABC}^2、MS_{AB}^2 和 MS_{AC}^2 分别为 A、A×B×C、A×B 和 A×C 项均方的平方，ν_A、ν_{ABC}、ν_{AB} 和 ν_{AC} 为上述相应项的自由度。

固定模型下，测验固定效应差异显著性的多重比较时，需要计算平均数标准误，可采用式（12-6）。

【例 12-4】有一个随机区组设计的棉花栽培试验，有 A（品种）、B（播种期）和 C（密度）3 个试验因素，分别具 $a=2$、$b=2$ 和 $c=3$ 个水平，重复 3 次，小区计产面积为 25 m^2。其处理内容、代号和皮棉产量（kg）见表 12-15（随机区组田间排列图从略）。试做分析。

此例可采用 SAS 软件的 ANOVA 方法，见附录 1 的 LT12-4，也可采用表 12-13 平方和与自由度计算公式。整理得两向表（表 12-16）。分析表 12-15 的平衡数据，得方差分析表 12-17。这是按照固定模型分析的结果，各项均方都可与误差项均方相比而得出 F 值。

1. F 测验　结果表明，品种（A）、播种期（B）和一级互作品种×播种期（A×B）、品种×密度（A×C）变异显著，其余皆不显著。这里顺便说明，因子试验中若有互作项不显著，可以将这些不显著互作项的平方和、自由度分别与误差项的平方和、自由度合并，合并后的误差项自由度增加了，从而可以提高平均数比较的测验灵敏度。本例中，将 B×C、A×B×C 和误差项合并可得 MS_e 为 0.55，具 26 个自由度。这种合并在试验规模小、误差自由度小时是很有用的，误差自由度较大时，可不进行。

表 12-15　棉花三因素试验的处理和试验结果（kg/25 m^2）

A 品种			A_1						A_2			
B 播种期		B_1（谷雨前）			B_2（立夏）			B_1（谷雨前）			B_2（立夏）		
C 密度		C_1 (3 500)	C_2 (5 000)	C_3 (6 500)	C_1 (3 500)	C_2 (5 000)	C_3 (6 500)	C_1 (3 500)	C_2 (5 000)	C_3 (6 500)	C_1 (3 500)	C_2 (5 000)	C_3 (6 500)
处理组合代号		T_1	T_2	T_3	T_4	T_5	T_6	T_7	T_8	T_9	T_{10}	T_{11}	T_{12}
重复	I	12	12	10	10	9	6	3	4	7	2	3	5
	II	14	11	9	9	9	6	2	3	6	2	4	7
	III	13	11	9	9	8	7	4	4	7	3	5	7
总和 T_{ABC}		39	34	28	28	26	19	9	11	20	7	12	19

表 12 - 16　二因素两向表

(1) AB 两向表				(2) AC 两向表					(3) BC 两向表			
	B_1	B_2	T_A		C_1	C_2	C_3	T_A		C_1	C_2	C_3	T_B
A_1	101	73	174	A_1	67	60	47	174	B_1	48	45	48	141
A_2	40	38	78	A_2	16	23	39	78	B_2	35	38	38	111
T_B	141	111	$T=252$	T_C	83	83	86	$T=252$	T_C	83	83	86	$T=252$

表 12 - 17　棉花三因素随机区组试验方差分析

变异来源	DF	SS	MS	F	P($>$F)
区组间	2	1.16	0.58	1	0.384
处理间	11	382.00	34.72	59.86	<0.000 1
品种 A	1	256.00	256.00	438.86**	<0.000 1
播种期 B	1	25.00	25.00	42.86**	<0.000 1
密度 C	2	0.50	0.25	0.43	0.656 8
A×B	1	18.78	18.78	32.19**	<0.000 1
A×C	2	80.17	40.09	68.71**	<0.000 1
B×C	2	1.50	0.75	1.29	0.296 4
A×B×C	2	0.05	0.03	0.05	0.953 6
误差	22	12.83	0.58		
总变异	35	396.00			

2. 多重比较　SAS 软件可以给出处理平均数、各类处理组合平均数的多重比较。这里就本例多重比较结果说明如下。

（1）品种效应　本例说明将小区产量换算为单位面积产量的测验方法。表 12 - 16（1）的每个 T_A 是 $rbc=3×2×3=18$ 个小区的总产量，即为 $18×25=450\ m^2=0.045\ hm^2$ 的产量，故小区总产量除以 0.045 得每公顷产量，那么品种 A_1 的每公顷产量 $=174/0.045=3\ 866.7$（kg）；品种 A_2 的每公顷产量 $=78/0.045=1\ 733.3$（kg），二者相差 2 133.4 kg。$H_0:\mu_{A_1}-\mu_{A_2}=0$ 对 $H_A:\mu_{A_1}-\mu_{A_2}\neq0$。显著水平取 $\alpha=0.05$。算得每公顷产量的标准误 $SE=\sqrt{18×0.58}/0.045=71.80$（kg），而 $LSR_{0.05,22}=71.80×2.93=210.4$（kg）。所以应接受 H_A，即 A_1 品种的产量显著高于 A_2。

实际上，当因素或互作的自由度 $\nu=1$ 时，t 测验、SSR 测验的假设和结果都完全相同，而且也和 F 测验的假设和结果完全相同。所以以后遇到这种情况，都可以根据 F 测验结果直接做出判断，而不必再做其他测验。

（2）播种期效应　表 12 - 16（1）的每个 T_B 值是 $rac=3×2×3=18$ 个小区的产量，故换算成每公顷产量时，除以 0.045。因此有谷雨前播种的每公顷产量 $=141/0.045=3\ 133.3\ kg$，立夏播种的每公顷产量 $=111/0.045=2\ 466.7\ kg$，二者相差 666.6 kg，由表 12 - 17 的 F 测验已知，此 666.6 kg 亦为显著，故播种期应选用谷雨前播种。

（3）品种×播种期的互作 表 12-16（1）在 B_1 下品种 A_1 与 A_2 的差异 $d_{A_1-A_2}=61$，在 B_2 下 $d_{A_1-A_2}=35$，其差异即为 A×B 互作值=61-35=26（kg），用处理组合表示为 A×B 互作值=（$A_1B_1-A_2B_1$）-（$A_1B_2-A_2B_2$）=$A_1B_1+A_2B_2-A_2B_1-A_1B_2$。这里的 A×B 互作值=26 kg，系 18 个小区总产量的差数。故 A×B 互作值的每公顷产量：26/0.045=577.8（kg）。因各具二水平的两个因素间互作效应的自由度 $\nu=1$，故其显著性可由表 12-17 的 F 测验代表，不必另行测验。本例 A 与 B 间互作显著，以 A_1 与 B_1 搭配为最佳。

这里从品种和播种期的主效看 A_1 和 B_1 分别最佳，最佳处理组合可能为 A_1B_1，但因 A×B 显著，A_1B_1 不一定最佳，然而本例中实际上还是 A_1B_1 产量最高，说明虽然互作显著，其程度可能并不足以影响主效的结论，具体问题要具体分析。

（4）品种×密度的互作 表 12-16（2）中各个 $d_{A_1-A_2}$ 系 $rb=3\times2=6$ 区产量的差数，故这些差数的差数系 $rab=3\times2\times3=12$ 个小区（0.03 hm^2）产量的差数。由此可得 A×C 的各个互作值于表 12-18（括号内为每公顷产量的互作值）。求得每公顷产量标准误：$SE=\sqrt{12\times0.58}/0.03=87.9$（kg）。故 $p=2$ 时，$LSR_{0.05,22}=87.9\times2.95=259.3$（kg），$LSR_{0.05,22}=87.9\times4.02=353.4$（kg）；$p=3$ 时，$LSR_{0.05,22}=87.9\times3.08=270.7$（kg），$LSR_{0.01,22}=87.9\times4.17=366.5$（kg）。按此尺度测验表 12-18 的各个互作值的每公顷产量，都达到 $\alpha=0.01$ 的水平，即品种 A_1 比 A_2 在 C_1 下比在 C_2 下多增产 525 kg/hm^2，在 C_1 下比 C_3 下多增产 1 612.5 kg/hm^2，在 C_2 下比 C_3 下多增产 1 087.5 kg/hm^2。A_1C_1 表现为最优组合。

表 12-18 品种（A）×密度（C）的互作值

C 水平	A_1-A_2	差数的差	
同 C_1	51		
同 C_2	37	14（525.0）	
同 C_3	3	43（1 612.5）	29（1 087.5）

注：表中所列数字为总和值，括号内为折算成每公顷产量。

本例中 B×C 和 A×B×C 互作不显著，无须再做进一步的测验。

3. 试验结论 本试验品种和播种期皆有显著效应，品种应选 A_1，播种期应选 B_1（谷雨前播种）。但 A×B 互作显著，选用 A_1B_1 不仅具有 A_1 和 B_1 的平均效应，而且具有正向的互作值；A×C 的互作也显著，选用 A_1C_1 也可取得正向互作值。因此本试验的最优组合是 $A_1B_1C_1$，即表 12-15 的处理 T_1，它可以同时取得有益的 A、B 主效应和 A×B、A×C 的互作效应。

【例 12-5】 若例 12-4 中，区组 I $A_1B_2C_3$ 处理组合及区组Ⅲ $A_2B_1C_1$ 处理组合缺失。试做统计分析。

采用 SAS 软件中的 GLM（一般线性模型）方法，具体 SAS 过程参见附录 1 的 LT12-5。可以得到方差分析表 12-19，表中的平方和为Ⅲ型平方和，采用的是固定模型。可以看出，试验分析的结果与例 12-4 基本相同（进一步的平均数比较测验从略）。此处用 GLM（一般线性模型）程序计算机方差分析和平均数多重比较，无须缺区估计值（需要缺区估计值时可参见第十一章的方法）。

表 12 - 19　表 12 - 15 资料的方差分析表

变异来源	DF	SS	MS	F	P(>F)
区组间	2	0.55	0.28	0.47	0.632 2
处理间	11	373.20	33.93	57.60**	<0.000 1
A	1	242.16	242.16	411.12**	<0.000 1
B	1	20.29	20.29	34.45**	<0.000 1
A×B	1	18.33	18.33	31.12**	<0.000 1
C	2	0.88	0.44	0.74	0.488 2
A×C	2	73.00	36.50	61.96**	<0.000 1
B×C	2	0.88	0.44	0.75	0.484 6
A×B×C	2	0.27	0.13	0.23	0.797 7
误差	20	11.78	0.59		
总变异	33	385.53			

第二节　裂区类试验的统计分析

一、裂区设计的统计分析

设有 A 和 B 两个试验因素，A 因素为主处理，具 a 个水平；B 因素为副处理，具 b 个水平；设有 r 个区组，则该试验共得 rab 个观察值。在裂区试验中，对于 j（$j=1$、2、…、r）区组、k（$k=1$、2、…、a）主处理和 l（$l=1$、2、…、b）副处理观察值 y_{jkl} 的线性模型为

$$y_{jkl} = \mu + \beta_j + A_k + \delta_{jk} + B_l + (AB)_{kl} + \varepsilon_{jkl} \tag{12-9}$$

式中，δ_{jk} 和 ε_{jkl} 分别为主区误差和副区误差，分别具有 $N(0, \sigma_\delta^2)$ 和 $N(0, \sigma_\varepsilon^2)$；$\beta_j$ 为区组效应，随机模型时 $\beta_j \sim N(0, \sigma_\beta^2)$；$A_k$、$B_l$ 和 $(AB)_{kl}$ 分别为主处理、副处理和主处理×副处理互作效应，固定模型时有 $\sum A_k = 0$、$\sum B_l = 0$、$\sum_k (AB)_{kl} = \sum_l (AB)_{kl} = 0$，随机模型时有 $A_k \sim N(0, \sigma_A^2)$、$B_l \sim N(0, \sigma_B^2)$、$(AB)_{kl} \sim N(0, \sigma_{AB}^2)$。

裂区试验设计各项变异来源和相应的自由度见表 12 - 20。二裂式裂区试验和二因素随机区组试验在分析上的不同，在于前者有主区部分和副区部分，因而有主区部分误差（误差 a，简记作 E_a）和副区部分误差（误差 b，简记作 E_b），分别用于测验主（区）处理以及副（区）处理和主处理与副处理互作的显著性。如果对同一个二因素试验资料做自由度和平方和的分解，则可发现随机区组误差项的自由度与平方和分别为 DF_e 和 SS_e；而裂区设计有两个误差项，其自由度分别为 DF_{E_a} 和 DF_{E_b} 而平方和分别为 SS_{E_a} 和 SS_{E_b}。而区组效应、处理效应等各个变异项目的自由度和平方和皆相同。由此说明，裂区试验和多因素随机区组试验在变异来源上的区别为前者有误差项的再分解。这是由裂区设计时每个主（区）处理都包括一套副处理的特点决定的。

三种模型的期望均方列于表 12 - 21，是 F 测验的依据。由表 12 - 21 可见，固定模型的测验比较简单，用 E_a 测验主处理 A，用 E_b 测验副处理 B 和 A×B 互作；在随机模型和 A

固定、B随机的混合模型中，如果交互项显著，则 $H_0 : \sigma_A^2 = 0$ 和 $H_0 : \kappa_A^2 = 0$ 难以做出直接测验。这时仍需像表 12-14 那样，对有关项的均方相加以做近似测验。例如在随机模型中，为测验 $H_0 : \sigma_A^2 = 0$ 对 $H_A : \sigma_A^2 \neq 0$。可先将 A 和 E_b 项相加得：$MS_1 = 2\sigma_\varepsilon^2 + b\sigma_\delta^2 + r\sigma_{AB}^2 + rb\sigma_A^2$，再将 A×B 和 E_a 项相加得：$MS_2 = 2\sigma_\varepsilon^2 + b\sigma_\delta^2 + r\sigma_{AB}^2$。于是，由 $F = MS_1 / MS_2$ 可测验 $H_0 : \sigma_A^2 = 0$ 对 $H_A : \sigma_A^2 \neq 0$。

其标准误的公式为

$$
\left.
\begin{aligned}
&\text{主处理 } SE = \sqrt{MS_{E_a}/(rb)} \\
&\text{副处理 } SE = \sqrt{MS_{E_b}/(ra)} \\
&\text{A 相同 B 不同时 } SE = \sqrt{MS_{E_b}/r} \\
&\text{任何两个处理组合或 B 相同 A 不同时 } SE = \sqrt{[(b-1)MS_{E_b} + MS_{E_a}]/(rb)}
\end{aligned}
\right\}
\quad (12-10)
$$

表 12-20　二裂式裂区试验自由度与平方和的分解

变异来源		DF	SS
主区部分	区组	$r-1$	$SS_r = \sum T_r^2/(ab) - C$
	A	$a-1$	$SS_A = \sum T_A^2/(rb) - C$
	误差 a（E_a）	$(r-1)(a-1)$	$SS_{E_a} = $ 主区 $SS - SS_r - SS_A$
	主区总变异	$ra-1$	主区 SS
副区部分	B	$b-1$	$SS_B = \sum T_B^2/(ra) - C$
	A×B	$(a-1)(b-1)$	$SS_{AB} = $ 处理 $SS - SS_A - SS_B$
	误差 b（E_b）	$a(r-1)(b-1)$	$SS_{E_b} = SS_T - $ 主区 $SS - SS_B - SS_{AB}$
总变异		$rab-1$	$SS_T = \sum y^2 - C$

表 12-21　裂区试验的期望均方（自由度同表 12-20）

变异来源	MS	固定模型	随机模型	混合模型 A 固定、B 随机
区组	MS_r	$\sigma_\varepsilon^2 + b\sigma_\delta^2 + ab\sigma_\beta^2$	$\sigma_\varepsilon^2 + b\sigma_\delta^2 + ab\sigma_\beta^2$	$\sigma_\varepsilon^2 + b\sigma_\delta^2 + ab\sigma_\beta^2$
主处理 A	MS_A	$\sigma_\varepsilon^2 + b\sigma_\delta^2 + rb\kappa_A^2$	$\sigma_\varepsilon^2 + b\sigma_\delta^2 + r\sigma_{AB}^2 + rb\sigma_A^2$	$\sigma_\varepsilon^2 + b\sigma_\delta^2 + r\sigma_{AB}^2 + rb\kappa_A^2$
E_a	MS_{E_a}	$\sigma_\varepsilon^2 + b\sigma_\delta^2$	$\sigma_\varepsilon^2 + b\sigma_\delta^2$	$\sigma_\varepsilon^2 + b\sigma_\delta^2$
副处理 B	MS_B	$\sigma_\varepsilon^2 + ra\kappa_B^2$	$\sigma_\varepsilon^2 + r\sigma_{AB}^2 + ra\sigma_B^2$	$\sigma_\varepsilon^2 + ra\sigma_B^2$
A×B 互作	MS_{AB}	$\sigma_\varepsilon^2 + r\kappa_{AB}^2$	$\sigma_\varepsilon^2 + r\sigma_{AB}^2$	$\sigma_\varepsilon^2 + r\sigma_{AB}^2$
E_b	MS_{E_b}	σ_ε^2	σ_ε^2	σ_ε^2

【例 12-6】 设有一个小麦中耕次数（A）和施肥量（B）试验，主处理为 A，分 A_1、A_2 和 A_3 共 3 个水平，副处理为 B，分 B_1、B_2、B_3 和 B_4 共 4 个水平，裂区设计，重复 3 次（$r=3$），副区计产面积为 33m^2，其田间排列和产量（kg）见图 12-2。试做分析。

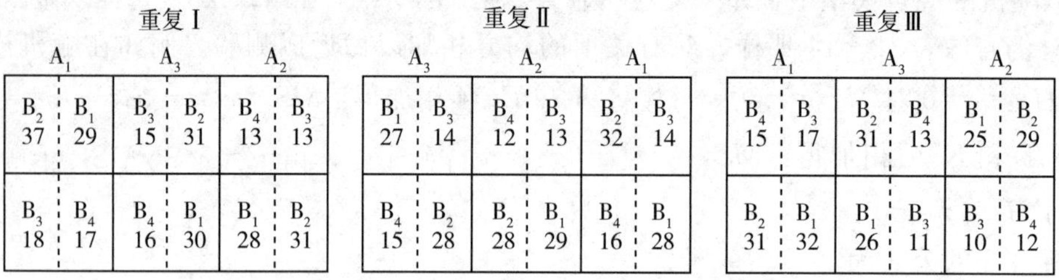

图 12-2 小麦中耕次数和施肥量裂区试验的田间排列和产量（kg/33 m²）

1. F 测验 将图 12-2 资料按区组和处理做两向分组整理成表 12-22。此数据为平衡数据，按照表 12-20 公式，可以计算平方和及自由度，这里略去计算的计算过程，将结果填入表 12-23。也可以采用 SAS 软件中的 ANOVA 方法，见附录 1 的 LT12-6。

表 12-22 图 12-2 资料区组和处理两向表

主处理 A	副处理 B	区 组 Ⅰ	Ⅱ	Ⅲ	T_{AB}	T_A
A_1	B_1	29	28	32	89	
	B_2	37	32	31	100	
	B_3	18	14	17	49	
	B_4	17	16	15	48	
	T_m	101	90	95		286
A_2	B_1	28	29	25	82	
	B_2	31	28	29	88	
	B_3	13	13	10	36	
	B_4	13	12	12	37	
	T_m	85	82	76		243
A_3	B_1	30	27	26	83	
	B_2	31	28	31	90	
	B_3	15	14	11	40	
	B_4	16	15	13	44	
	T_m	92	84	81		257
T_r		278	256	252		$T = 786$

表 12-23 小麦裂区试验的方差分析

变异来源		DF	SS	MS	F	P(>F)
主区部分	区组	2	32.67	16.34	7.14*	0.047 9
	A	2	80.17	40.09	17.51*	0.010 5
	E_a	4	9.16	2.29		
	总变异	8	122.00			
副区部分	B	3	2 179.67	726.56	282.71**	<0.000 1
	A×B	6	7.16	1.19	<1	
	E_b	18	46.17	2.57		
总变异		35	2 355			

表 12-23 中，E_a 是主（区）处理误差，E_b 为副（区）处理误差。当选用固定模型时，E_a 可用于测验区组间和主处理（A）水平间均方的显著性；E_b 可用于测验副处理（B）水平间和 A×B 互作均方的显著性。

由表 12-23 得到：区组间、A 因素水平间、B 因素水平间均有显著或极显著差异，但 A×B 互作不显著。说明：①区组在控制土壤肥力上有显著效果，从而显著地减小了误差；②不同的中耕次数间有显著差异；③不同的施肥量间有极显著差异；④中耕的效应不因施肥量多少而异，施肥量的效应也不因中耕次数多少而异。进一步，需要测验效应和互作的显著性。

2. 多重比较

（1）中耕次数间　表 12-24 中依 A 因素各水平的差数，A_1 与 A_3 间的差异达 $\alpha=0.05$ 水平，A_1 与 A_2 间的差异达 $\alpha=0.01$ 水平，以 A_1 为最优。

表 12-24　3 种中耕处理每公顷产量新复极差测验

中耕次数	每公顷产量	差异显著性	
		5%	1%
A_1	7 230	a	A
A_3	6 495	b	AB
A_2	6 135	b	B

（2）施肥量间　表 12-25 依各施肥量间的差数，以 B_2 最好，它与 B_1、B_4 及 B_5 都有极显著的差异。比较本例中副处理（施肥量）与主处理（中耕次数）的相应 LSR 值，前者小，因而鉴别差数的显著性将更灵敏。究其原因，在于 E_b 具有较大的自由度而较小的 SSR 值。如果试验能进一步降低 E_b，则灵敏性将更高，这里说明裂区设计对副处理具有较高精确性。

表 12-25　施肥量处理每公顷产量的新复极差测验

施肥量	每公顷产量	差异显著性	
		5%	1%
B_2	9 362	a	A
B_1	8 553	b	B
B_4	4 344	c	C
B_3	4 200	c	C

（3）中耕次数×施肥量的互作　经 F 测验为不显著，说明中耕次数和施肥量的作用是彼此独立的，最佳 A 处理与最佳 B 处理的组合将为最优处理组合，如本例中的 A_1B_2，所以不需再测验互作效应。

3. 结论　总之，本试验中耕次数的 A_1 显著优于 A_2、A_3，施肥量的 B_2 极显著优于 B_1、B_3 和 B_4。由于 A×B 互作不存在，故 A、B 效应可直接相加，最优组合必为 A_1B_2。

裂区试验的每个主（区）处理都可看成一个具有 b 个副（区）处理的独立试验，各具 r 次重复；因而每个主（区）处理内的误差（E_b）也是独立的。故在裂区试验中，如有副区缺失，可采用与随机区组相同的原理估计之。

【例 12 - 7】 设表 12 - 22 资料 A_1B_1 在区组Ⅰ缺失。试做分析。

1. 采用软件计算 采用 SAS 软件中的 GLM（一般线性模型）方法，具体计算程序参见附录 1 的 LT12 - 7。可以得到方差分析表 12 - 26 以及多重比较（表 12 - 27 和表 12 - 28）。此处用 GLM（一般线性模型）程序进行方差分析、平均数比较的测验等，并不需给出缺区估计值及各项平均数比较的标准误。

表 12 - 26　小麦裂区试验的方差分析

变异来源		DF	SS	MS	F	P(>F)
主区部分	区组	2	40.33	20.17	7.14*	0.047 9
	A	2	88.83	44.42	15.72*	0.012 7
	E_a	4	11.30	2.83	1.28	0.316 1
	总变异	8	140.47			
副区部分	B	3	2 156.57	718.86	326**	<0.000 1
	A×B	6	5.40	0.90	0.41	0.863 4
	E_b	17	37.49	2.21		
总变异		34	2 302.17			

表 12 - 27　中耕次数间的新复极差法比较

中耕次数	平均产量	差异显著性	
		5%	1%
A_1	23.4	a	A
A_3	21.4	b	B
A_2	20.3	b	B

表 12 - 28　施肥量间新复极差法多重比较

施肥量	平均产量	差异显著性	
		5%	1%
B_2	30.9	a	A
B_1	28.1	b	B
B_4	14.3	c	C
B_3	13.9	c	C

2. 缺区估计 为方便读者自己核算，以下给出有关计算方法。裂区试验的每个主（区）处理都可看成一个具有 b 个副（区）处理的独立试验，各具 r 次重复；因而每个主（区）处理内的误差（E_b）也是独立的。故在裂区试验中，如有副区缺失，可采用与随机区组相同的原理估计之。此处若缺失区组Ⅰ的 A_1B_1,则可将表 12 - 22 的 A_1 栏看作一个随机区组，由式（11 - 6）估计缺区产量。此处估计值为

$$y_e - \frac{T_t' + y_e}{r} - \frac{T_r' + y_e}{b} + \frac{T' + y_e}{rb} = y_e - \frac{60 + y_e}{3} - \frac{72 + y_e}{4} + \frac{257 + y_e}{12} = 0$$

解此方程，可得：$y_e = 33.3$。如果另一缺区在其他主区处理内出现，可同样估计。如果在同一主区处理内出现两个以上缺区，则仍可应用采用解方程法。

3. 缺区估计后的标准误计算 具缺区的处理与其他处理小区平均数比较时各种平均数

标准误 SE 的公式为

主处理间的比较 $\qquad\qquad SE=\sqrt{(fMS_{E_b}+MS_{E_a})/(rb)}$

副处理间的比较 $\qquad\qquad SE=\sqrt{MS_{E_b}(1+fb/a)/(ra)}$

同一主处理不同副处理间的比较 $\quad SE=\sqrt{MS_{E_b}[1+fb/a]/r}$

同一或不同副处理时主处理间的比较 $\quad SE=\sqrt{\{MS_{E_a}+MS_{E_b}[(b-1)+fb^2]\}/(rb)}$

$$(12-11)$$

式中，在缺 1 个副区时，$f=1/[2(r-1)(b-1)]$；若缺失副区在 2 或 2 个以上，$f=k/[2(r-d)(b-k+c-1)]$（其中 k 为缺失副区数，c 为有缺区的重复数，d 为缺区最多的处理组合中缺失的副区数）。

二、再裂区设计的统计分析

若参加试验的因素有 3 个，可以在裂区中再划分小区称为再裂区试验。设 A、B 和 C 三因素分别具有 a、b 和 c 个水平，重复 r 次，主区、裂区、再裂区均为随机区组式排列，则再裂区试验观察值的线性模型为

$$y_{jklm}=\mu+\beta_j+A_k+\phi_{jk}+B_l+(AB)_{kl}+\delta_{jkl}+C_m+(AC)_{kn}+(BC)_{ln}+(ABC)_{klm}+\varepsilon_{jklm}$$

$$(12-12)$$

式中，$\phi_{jk}\sim N(0,\ \sigma_\phi^2)$；$\delta_{jkl}\sim N(0,\ \sigma_\delta^2)$；$\varepsilon_{jklm}\sim N(0,\ \sigma_\varepsilon^2)$；A、B、C、(AB)、(AC)、(BC) 和 (ABC) 通常为固定模型，其限制条件为 $\sum_k A_k=0,\ \sum_l B_l=0,\ \sum_m C_m=0,$
$\sum_k (AB)_{kl}=\sum_l (AB)_{kl}=0,\ \sum_k (AC)_{kn}=\sum_m (AC)_{kn}=0,\ \sum_l (BC)_{lm}=\sum_m (BC)_{ln}=0,$
$\sum_k (ABC)_{klm}=\sum_l (ABC)_{klm}=\sum_m (ABC)_{klm}=0$。

再裂区设计的自由度分解列于表 12-29。

表 12-29 各处理均为随机区组式的再裂区设计自由度分解

变异来源		DF
主区部分	区组	$r-1$
	A	$a-1$
	误差 A（E_a）	$(a-1)(r-1)$
	主区总变异	$ra-1$
裂区部分	B	$b-1$
	A×B	$(a-1)(b-1)$
	误差 B（E_b）	$a(b-1)(r-1)$
	副区总变异	$rab-1$
再裂区部分	副副处理 C	$c-1$
	主处理×副副处理 A×C	$(a-1)(c-1)$
	副处理×副副处理 B×C	$(b-1)(c-1)$
	主处理×副处理×副副处理 A×B×C	$(a-1)(b-1)(c-1)$
	误差 C（E_c）	$ab(c-1)(r-1)$
总变异		$abcr-1$

再裂区试验中各项比较的平均数标准误 SE 公式为

A 处理间 $\qquad SE=\sqrt{MS_{E_a}/(rbc)}$

B 处理间 $\qquad SE=\sqrt{MS_{E_b}/(rac)}$

C 处理间 $\qquad SE=\sqrt{MS_{E_c}/(rab)}$

同 A 同 B 的 C 处理间 $\qquad SE=\sqrt{MS_{E_c}/r}$

同 A 的 B 处理间 $\qquad SE=\sqrt{MS_{E_b}/(rc)}$

同 A 的 C 处理间 $\qquad SE=\sqrt{MS_{E_c}/(rb)}$

同 B 的 C 处理间 $\qquad SE=\sqrt{MS_{E_c}/(ra)}$

同 A 同 C 的 B 处理间 $\qquad SE=\sqrt{[(c-1)MS_{E_c}+MS_{E_b}]/(rc)}$

同 B 或异 B 的 A 处理间 $\qquad SE=\sqrt{[(b-1)MS_{E_b}+MS_{E_a}]/(rbc)}$

同 C 或异 C 的 A 处理间 $\qquad SE=\sqrt{[(c-1)MS_{E_c}+MS_{E_a}]/(rbc)}$

同 C 或异 C 的 B 处理间 $\qquad SE=\sqrt{[(c-1)MS_{E_c}+MS_{E_b}]/(rac)}$

同 B 同 C 的 A 处理间 $\qquad SE=\sqrt{[b(c-1)MS_{E_c}+(b-1)MS_{E_b}+MS_{E_a}]/(rbc)}$

$$(12-13)$$

以上比较是以小区（再裂区）平均数为对象的。

再裂区试验设计看起来复杂，但只要因子间的关系和模型正确，在 SAS 软件上的运算并不困难的。

三、条区设计的统计分析

在多因素试验中由于实施试验处理的需要，希望每个因素的各水平都有较大的面积，因而在裂区设计的基础上将同一副处理也连成一片。这样，A、B 两个因素互为主处理和副处理，二者的交叉处理为各该水平的处理组合。这种设计称为条区设计。条区设计的排列方法参见第二章。若 A、B 两个因素分别具 a 和 b 个水平，重复 r 次，则 A、B 两个因素均为随机区组式的条区设计。

条区试验观察值的线性模型为

$$y_{jkl}=\mu+\beta_j+A_k+\phi_{jk}+B_l+\delta_{jl}+(AB)_{kl}+\varepsilon_{jkl} \qquad (12-14)$$

式中，$\phi_{jk}\sim N(0,\sigma_\phi^2)$；$\delta_{jl}\sim N(0,\sigma_\delta^2)$；$\varepsilon_{jkl}\sim N(0,\sigma_\varepsilon^2)$；A、B 和（AB）通常为固定因素，其限制条件为 $\sum A_k=0,\sum B_l=0,\sum_k(AB)_{kl}=\sum_l(AB)_{kl}=0$。

A、B 两个因素均为随机区组式的条区设计自由度与平方和分解列于表 12-30。

表 12-30　A、B 两个因素均为随机区组式的条区设计自由度与平方和的分解

变异来源	DF	MS	SS
区　组	$r-1$	MS_r	$SS_r=\sum T_r^2/(ab)-C$
A 处理	$a-1$	MS_A	$SS_A=\sum T_A^2/(rb)-C$

（续）

变异来源	DF	MS	SS
E_a	$(a-1)(r-1)$	MS_{E_a}	$SS_{E_a}=\sum T_i^2/b-C-SS_r-SS_A$
B 处理	$b-1$	MS_B	$SS_B=\sum T_B^2/(ra)-C$
E_b	$(b-1)(r-1)$	MS_{E_b}	$SS_{E_b}=\sum T_j^2/a-C-SS_r-SS_B$
A×B	$(a-1)(b-1)$	MS_{AB}	$SS_{AB}=\sum T_{AB}^2/r-C-SS_A-SS_B$
E_c	$(a-1)(b-1)(r-1)$	MS_{E_c}	$SS_{E_c}=SS_T-SS_r-(\sum T_{AB}^2/r-C)$
总变异	$abr-1$		$SS_T=\sum y^2-C$

小区平均数间比较时，平均数标准误 SE 的公式为

$$
\left.\begin{aligned}
&\text{A 的比较} && SE=\sqrt{MS_{E_a}/(rb)}\\
&\text{B 的比较} && SE=\sqrt{MS_{E_b}/(ra)}\\
&\text{同 B 异 A 的比较} && SE=\sqrt{[(b-1)MS_{E_c}+MS_{E_a}]/(rb)}\\
&\text{同 A 异 B 的比较} && SE=\sqrt{[(a-1)MS_{E_c}+MS_{E_b}]/ra}
\end{aligned}\right\}\qquad(12-15)
$$

【例 12-8】 设一个甘薯垄宽和栽插期的二因素试验，垄宽（A）具 3 水平：$A_1=50$ cm，$A_2=60$ cm，$A_3=70$ cm；栽插期（B）具 3 水平：$B_1=5$ 月 16 日，$B_2=6$ 月 6 日，$B_3=6$ 月 26 日。A、B 均为随机区组式排列，6 个重复的田间排列与试验结果列于图 12-3。

区组Ⅰ

	A_1	A_3	A_2
B_2	376	455	480
B_1	386	476	496
B_3	355	433	446

区组Ⅱ

	A_2	A_1	A_3
B_1	549	396	492
B_3	533	388	482
B_2	540	406	512

区组Ⅲ

	A_2	A_1	A_3
B_2	500	347	468
B_3	582	337	435
B_1	513	387	476

区组Ⅳ

	A_2	A_3	A_1
B_3	413	334	201
B_1	469	436	298
B_2	436	398	280

区组Ⅴ

	A_3	A_1	A_2
B_1	458	366	474
B_3	413	333	425
B_2	434	356	465

区组Ⅵ

	A_2	A_3	A_1
B_3	490	447	348
B_2	509	473	356
B_1	520	487	397

图 12-3　甘薯垄宽、栽插期条区试验的田间排列和产量结果（kg/80 m^2）

对各种变异做 F 测验，说明显著性。用区组×垄宽（E_a）测验垄宽变异；用区组×栽插期（E_b）测验栽插期变异；用（E_c）测验垄宽×栽插期变异。

采用 SAS 的 GLM 程序见附录 1 的 LT12-8 计算，也可以按表 12-31 计算平方和。两个因素的主效均极显著，而互作并不显著。因此只需比较各因素主效间的差异、最佳的垄宽及最佳的栽插期为预期将为最佳的处理组合。将多重比较结果列于表 12-32 和表 12-33。该试验结果为垄宽 60 cm 最佳，6 月 6 日栽插最好，因而二者的组合 A_2B_1 为试验中最佳处理组合。

表 12 - 31 甘薯条区试验方差分析表

变异来源	DF	SS	MS	F	
区组	5	66 814.14	13 362.83		
垄宽（A）	2	176 187.14	88 093.57	133.80 **	$F_{0.05,(2,10)}=4.10$
E_a	10	6 583.75	658.38		
栽插期（B）	2	17 355.59	8 677.8	18.99 **	$F_{0.01,(2,10)}=7.56$
E_b	10	4 569.3	456.93		
垄宽×栽插期	4	176.3	44.08	<1	
E_c	20	2 053.48	102.67		
总变异	53	273 739.7			

表 12 - 32 垄宽间的比较

垄宽（cm）	$\bar{y}_A$	差异显著性	
		0.05	0.01
A_2	485.55	a	A
A_3	450.5	b	B
A_1	350.72	c	C

表 12 - 33 栽插期间的比较

栽插期	$\bar{y}_B$	差异显著性	
		0.05	0.01
B_1	448.66	a	A
B_2	432.83	b	B
B_3	405.27	c	C

第三节 共同试验方案数据的联合分析

　　农业研究往往需要在多个地点、多个年份甚至多个批次进行试验，各地点、各年份均按相同的试验方案实施，以研究作物对环境的反应。例如育种试验的后期阶段，包括区域试验，一般对品种应经过多年多点的考察以确定品种的平均表现、对环境变化的稳定性及其适应区域。对于这种进行多个共同方案的试验，应该联合起来分析，因此本节以品种区域试验为例介绍共同方案多个试验的联合分析。

　　品种区域试验常采用随机区组试验设计，在多个地点、多个年份进行，每个地点、每个年份均采取相同的田间管理措施，这属于随机区组试验方案多个试验的联合分析。同理，也可以有裂区试验方案多个试验的联合分析，以及其他试验方案多个试验的联合分析。

　　品种区域试验的目的是：①测试品种在某个区域内的平均表现，以确定品种在该区域的生产潜力。②测试品种在某地点的表现相对于该地点内各品种总平均的回归系数大小，以观察品种的稳产性和适应地区。回归系数若等于1，则该品种通常被归类为稳产型品种；回归系数若大于1，并且平均产量高则该品种通常被归类为高产但不稳产类型；回归系数若小于

1，且平均产量低，则该品种被归类为低产不稳产类型。从分析中明确每个品种各自的适应地区。本节主要介绍随机区组品种试验结果的联合分析方法，至于稳产性分析可依据第八章的回归分析方法自行给出。

设一个品种区域试验中，将 v、s、t 和 r 等符号分别代表品种、地点、年份和区组的效应值（以及处理水平数），则多年多点试验（随机区组设计）的线性模型为

$$y_{ijkl} = \mu + v_i + s_j + t_k + (vs)_{ij} + (vt)_{ik} + (st)_{jk} + (vst)_{ijk} + r_{jkl} + \varepsilon_{ijkl} \quad (12-16)$$

其固定模型及随机模型、混合模型的期望均方列于表 12-34。

分析步骤上，一组共同试验方案的数据联合分析时，首先要对不同地点、不同批次、不同年份的试验结果进行单独分析，考察各次试验误差的同质性，若不同质则不适于进行联合方差分析；在误差方差同质的情况下，进行联合分析时，事先要设定正确的统计模型，选用适当的统计软件进行方差分析和多重比较。

表 12-34　多年多点试验的期望均方

变异来源	自由度	固定模型	随机模型	混合模型（年份随机、其他固定）
各次试验间	$st-1$			
试点间	$s-1$	$\sigma^2 + rvt\kappa_s^2$	$\sigma^2 + r\sigma_{vst}^2 + rt\sigma_{vs}^2 + rv\sigma_{st}^2 + rvt\sigma_s^2$	$\sigma^2 + r\sigma_{vst}^2 + rv\sigma_{st}^2 + rvt\kappa_s^2$
年份间	$t-1$	$\sigma^2 + rvs\kappa_t^2$	$\sigma^2 + r\sigma_{vst}^2 + rs\sigma_{vt}^2 + rv\sigma_{st}^2 + rvs\sigma_t^2$	$\sigma^2 + r\sigma_{vst}^2 + rs\sigma_{vt}^2 + rv\sigma_{st}^2 + rvs\sigma_t^2$
试点×年份间	$(s-1)(t-1)$	$\sigma^2 + rv\kappa_{st}^2$	$\sigma^2 + r\sigma_{vst}^2 + rv\sigma_{st}^2$	$\sigma^2 + r\sigma_{vst}^2 + rv\sigma_{st}^2$
试验内区组间	$st(r-1)$			
品种	$v-1$	$\sigma^2 + rst\kappa_v^2$	$\sigma^2 + r\sigma_{vst}^2 + rs\sigma_{vt}^2 + rt\sigma_{vs}^2 + rst\sigma_v^2$	$\sigma^2 + r\sigma_{vst}^2 + rs\sigma_{vt}^2 + rst\kappa_v^2$
品种×试点	$(v-1)(s-1)$	$\sigma^2 + rt\kappa_{vs}^2$	$\sigma^2 + r\sigma_{vst}^2 + rt\sigma_{vs}^2$	$\sigma^2 + r\kappa_{vst}^2 + rt\kappa_{vs}^2$
品种×年份	$(v-1)(t-1)$	$\sigma^2 + rs\kappa_{vt}^2$	$\sigma^2 + r\sigma_{vst}^2 + rs\sigma_{vt}^2$	$\sigma^2 + r\sigma_{vst}^2 + rs\sigma_{vt}^2$
品种×试点×年份	$(v-1)(s-1)(t-1)$	$\sigma^2 + r\kappa_{vst}^2$	$\sigma^2 + r\sigma_{vst}^2$	$\sigma^2 + r\sigma_{vst}^2$
试验误差（合并）	$st(v-1)(r-1)$	σ^2	σ^2	σ^2
总变异	$stvr-1$			

【例 12-9】设一个水稻品种区域试验，包括对照种在内共有 5 个供试品种，在 4 个地点进行 2 年试验，每点每次试验均统一采用相同小区面积重复 3 次的随机区组设计，其结果列于表 12-35。现以此为例说明其分析方法。

表 12-35　水稻品种区域试验产量（kg/33 m²）

试点	品种	第一年				第二年				二年总和 (T_{vs})
		区组			合计（T_{vst}）	区组			合计（T_{vst}）	
		I	II	III		I	II	III		
甲	A	19.7	31.4	29.6	80.7	45.5	50.3	60.0	155.8	236.5
	B	28.6	38.3	43.5	110.4	47.5	41.1	49.4	138.0	248.4
	C	20.3	27.5	32.6	80.4	54.2	52.3	64.5	171.0	251.4
	D	27.9	40.0	46.1	114.0	62.2	53.1	74.7	190.0	304.0
	E	22.3	30.8	31.1	84.2	47.4	57.8	50.5	155.7	239.9
	合计（T_{rst}）	118.8	168.0	182.9	469.7 (T_{st})	256.8	254.6	299.1	810.5 (T_{st})	1 280.2 (T_s)

（续）

试点	品种	第一年				第二年				二年总和 (T_{vs})
		区组			合计 (T_{vst})	区组			合计 (T_{vst})	
		I	II	III		I	II	III		
乙	A	40.8	29.4	30.2	100.4	53.9	58.8	47.7	160.4	260.8
	B	44.4	34.9	33.9	113.2	63.7	61.1	52.2	177.0	290.2
	C	44.6	41.4	26.2	112.2	53.9	59.1	56.4	169.4	281.6
	D	39.8	39.2	29.1	108.1	74.2	75.6	67.0	216.8	324.9
	E	71.5	47.6	55.4	174.5	51.1	47.3	45.0	143.4	317.9
	合计 (T_{rst})	241.1	192.5	174.8	608.4 (T_{st})	296.8	301.9	268.3	867.0 (T_{st})	1 475.4 (T_s)
丙	A	34.7	29.1	35.1	98.9	42.1	47.1	30.8	120.0	218.9
	B	28.8	28.7	21.0	78.5	38.8	29.4	30.5	98.7	177.2
	C	29.8	38.4	28.0	96.2	42.1	40.0	39.8	121.9	218.1
	D	27.7	27.6	20.4	75.7	44.3	43.5	47.7	135.5	211.2
	E	43.0	32.7	32.0	107.7	53.9	51.8	50.3	156.0	263.7
	合计 (T_{rst})	164.0	156.6	136.5	457.0 (T_{st})	221.2	211.8	199.1	632.1 (T_{st})	1 089.1 (T_s)
丁	A	20.2	30.2	16.0	66.4	26.6	26.5	32.7	85.8	152.2
	B	13.2	20.5	9.6	43.3	21.4	18.7	24.1	64.2	107.5
	C	24.5	41.6	30.6	96.7	20.7	26.8	30.4	77.9	174.6
	D	19.0	18.4	24.6	62.0	20.7	23.6	30.9	75.2	137.2
	E	27.6	30.0	22.7	80.3	32.6	40.0	34.2	106.8	187.1
	合计 (T_{rst})	104.5	140.7	103.5	348.7 (T_{st})	122.0	135.6	152.3	409.9 (T_{st})	758.6 (T_s)
					1 883.8 (T_t)				2 719.5 (T_t)	4 603.3 (T)

1. 试验误差的同质性测验　在综合分析前，先用 SAS 的 ANOVA（方差分析）或 GLM（一般线性模型）（或用随机区组有关公式）对各次试验按随机区组设计逐个分析，计算出各次试验单独的误差。然后测验其误差是否同质，以便确定是否可将误差合并进行统一的比较分析，这可采用 Bartlett 方差同质性测验法。该法采用统计数 χ^2 进行测验（参见第七章）。表 12-36 为各试验分别的平方和计算。表 12-37 为误差方差同质性测验的计算过程。本例中，有

$$C = 1 + \frac{1}{3(k-1)}\left\{\sum\left[\frac{1}{n_i-1}\right] - \frac{1}{\sum(n_i-1)}\right\} = 1 + \frac{1}{3(8-1)}\left\{8 \times \frac{1}{8} - \frac{1}{64}\right\} = 1.046\ 9$$

$$s_p^2 = \frac{\sum\left[(n_i-1)s_i^2\right]}{\sum(n_i-1)} = \frac{1\ 221.5}{64} = 19.087$$

$$\lg s_p^2 = 1.280\ 7$$

$$\chi^2 = \frac{2.302\ 6}{C}\left\{\lg s_p^2 \sum(n_i-1) - \sum(n_i-1)\lg s_i^2\right\}$$

$$= \frac{2.302\ 6}{1.046\ 9}\left\{1.280\ 7 \times 64 - 77.556\ 0\right\} = 9.697$$

自由度 $DF=8-1=7$，查附表 5 得 $\chi^2_{7,0.05}=14.07$，实得 $\chi^2=9.697$，故无显著差异，可以认为方差同质。上式中，k 为被测验方差个数；n_i-1 为每个方差的自由度；$s_p^2=19.087$ 为各次试验合并的误差均方。

表 12-36 各次试验的平方和计算结果

试点及年份	总变异	区组	品种	误差
甲点第一年	867.30	450.10	375.61	41.59
甲点第二年	1 031.71	251.62	506.36	273.73
乙点第一年	1 907.14	471.40	1 196.33	239.41
乙点第二年	1 203.56	131.15	993.84	78.57
丙点第一年	487.87	80.83	252.62	154.42
丙点第二年	807.84	49.21	595.82	162.81
丁点第一年	905.56	179.69	536.17	189.70
丁点第二年	509.91	92.13	336.46	81.32
合　计	7 720.89	1 706.13	4 793.21	1 221.55

表 12-37 误差方差同质性测验计算表

试点及年份	n_i-1	s^2	$\lg s^2$	$(n_i-1)\lg s^2$
甲点第一年	8	5.20	0.716 0	5.728 0
甲点第二年	8	34.22	1.534 3	12.274 4
乙点第一年	8	29.93	1.476 1	11.808 8
乙点第二年	8	9.82	0.992 1	9.936 8
丙点第一年	8	19.30	1.285 6	10.284 8
丙点第二年	8	20.35	1.308 6	10.468 8
丁点第一年	8	23.71	1.374 9	10.999 2
丁点第二年	8	10.16	1.006 9	8.055 2
合　计	64		9.694 5	77.556 0

2. 方差分析　按照固定模型分析，用 SAS 的 ANOVA（方差分析）或 GLM（一般线性模型）程序，参见附录 1 的 LT12-9。若用公式计算，可使用表 12-35 的符号和表 12-38 中平方和公式。结果列于表 12-39。F 测验结果说明，品种之间平均效应有极显著差异；品种与年份、地点的一级和二级互作均极显著，因而品种在不同试点、不同年份具有差异反应，需对各品种的地区适应性及稳产性进行具体分析，品种×试点×年份的差异显著性说明品种与试点互作在年份间反应不一致。

表 12-38 主效及处理组合平方和计算表

平方和名称及公式		各变异平方和的总值 (A)	变量个数 (N)	每变量包含的小区数	A/N	平方和 (A/N−C)
总变异	$\sum y^2-C$	200 879.35	120	1	200 879.35	24 242.93
试点	$\sum T_s^2/(vtr)-C$	5 577 329.97	4	30	185 911.00	9 324.58

(续)

平方和名称及公式		各变异平方的总值（A）	变量个数（N）	每变量包含的小区数	A/N	平方和（A/N−C）
年份	$\sum T_t^2/(vsr)-C$	10 944 382.69	2	60	182 406.38	5 819.96
品种	$\sum T_v^2/(str)-C$	4 261 251.19	5	24	177 552.13	965.71
品种与地点组合	$\sum T_{vs}^2/(tr)-C$	1 129 020.73	20	6	188 170.12	11 583.70
品种与年份组合	$\sum T_{vt}^2/(rs)-C$	2 206 627.61	10	12	183 885.63	7 299.21
地点与年份组合	$\sum T_{st}^2/(vr)-C$	2 897 377.01	8	15	193 158.47	16 572.05
区组、地点、年份组合	$\sum T_{rst}^2/v-C$	974 322.93	24	5	194 864.59	18 278.17
品种、地点、年份组合	$\sum T_{vst}^2/r-C$	593 855.03	40	3	197 951.68	21 365.26

$$C=T^2/vsrt=176\ 586.42$$

表 12 - 39 水稻品种区域试验方差分析表

变异来源	DF	SS	MS	F	P(>F)
各次试验间	$st-1=7$	16 572.05			
试点间	$s-1=3$	9 324.58	3 108.19	162.82**	<0.000 1
年份间	$t-1=1$	5 819.96	5 819.96	304.92**	<0.000 1
试点×年份间	$(s-1)(t-1)=3$	1 427.51	475.84	24.93**	<0.000 1
试点内区组间	$st(r-1)=16$	1 706.13			
试点内品种间	$st(v-1)=32$	4 793.21			
品种	$v-1=4$	965.71	241.43	12.65**	<0.000 1
品种×试点	$(v-1)(s-1)=12$	1 293.41	107.78	5.65**	<0.000 1
品种×年份	$(v-1)(t-1)=4$	513.54	128.39	6.73**	0.000 1
品种×试点×年份	$(v-1)(t-1)(s-1)=12$	2 020.55	168.38	8.82**	<0.000 1
试点内误差（合并误差）	$st(v-1)(r-1)=64$	1 221.55	19.09		
总变异	$stvr-1=119$	24 242.93			

3. 品种间的比较 因品种与试点及年份均有极显著互作，此处主要比较在不同环境下的品种表现，列出品种与试点组合、品种与年份组合平均产量表（表 12 - 40 和表 12 - 41）。

按照固定模型分析，误差均方为 $MS_e=19.09$（kg）^{2}。

品种平均数标准误为 $SE=\sqrt{MS_e/(str)}=\sqrt{19.09/24}=0.89$（kg）。

品种与试点组合平均数标准误为 $SE=\sqrt{MS_e/(tr)}=\sqrt{19.09/6}=1.78$（kg）。

品种与年份组合标准误为 $SE=\sqrt{MS_e/(sr)}=\sqrt{19.09/12}=1.26$（kg）。

表 12 - 40 各品种在各试点的平均产量（kg）

品种	试 点				平 均
	甲	乙	丙	丁	
E	40.0	53.0	44.0	31.2	42.0
D	50.7	54.2	35.2	22.9	40.7
C	41.9	46.9	36.4	29.1	38.6
A	39.4	43.5	36.5	25.4	36.2
B	41.4	48.4	29.5	17.9	34.3

表 12 - 41 各品种在各年份的平均产量表（kg）

品种	年 份		平 均	差异显著性	
	第一年	第二年		0.05	0.01
E	37.2	46.8	42.0	a	A
D	30.0	51.4	40.7	ab	A
C	32.1	45.0	38.6	bc	AB
A	28.9	43.5	36.2	cd	BC
B	28.8	39.8	34.3	d	C

4. 结论 据此，用 SSR 法做一系列假设测验，结果列于表 12-41 的右半部分。若以品种 A 为对照，则品种 E 增产达 0.01 差异显著水平，D 也达 0.01 差异显著水平，品种 E 与 D 之间差异不显著。进一步看 E、D 两品种在各试点的表现（表 12-40），在乙试点二者表现相近，而在甲试点 D 优于 E，在丙丁两试点则 E 优于 D。故 E 的地区适应性广于 D，在试点间表现较稳定。再看 E、D 两品种在不同年份的表现（表 12-41 左半边），第一年 D 低于 E，第二年 D 高于 E。故 D 在年份间的波动大，而 E 在年份间较稳定。

需要指出的是，区域试验结果除以上分析内容为主要内容外，还要结合其他一系列鉴定指标的分析后，做出综合判断。限于篇幅，不再详述。

【例 12 - 10】 上述例题中，采用了固定模型的分析方法。但是对多年多点试验，由于试验规模比较大，有可能在个别试点出现缺区，也可能由于试验设计思想的差别，考虑将年份、区组效应设为随机效应，那么期望均方的组成就不同，推论出的结论也会有所不同。这里以表 12-35 数据为例说明存在缺区和年份效应随机时的分析方法。假定缺失了乙地点 C 品种第一年区组Ⅰ数据，同时缺失了丁地点 B 品种第二年区组Ⅱ的数据；采用的模型为混合模型，年份和区组效应随机。试做分析。

1. 平方和计算 采用混合模型分析，将品种和地点视为固定效应，年份、年份和地点内区组、地点×年份互作、品种×年份互作视为随机效应，年份、地点、品种的二级互作也应为随机效应。采用 SAS 软件的 GLM（一般线性模型）程序计算，SAS 程序见附录 1 的 LT12-10，得到表 12-42。

表 12 - 42　多年多点试验有缺区时混合模型Ⅲ型平方和与期望均方

变异来源	DF	SS	MS	EMS
品种	4	901.84	225.46	$\sigma^2+2.91\sigma_{vst}^2+11.65\sigma_{vt}^2+rst\kappa_v^2$
地点	3	8 718.86	2 906.29	$\sigma^2+4.85\sigma_{rst}^2+2.91\sigma_{vst}^2+14.55\sigma_{st}^2+rvt\kappa_s^2$
品种×地点	12	1 239.49	103.29	$\sigma^2+2.92\sigma_{vst}^2+rt\kappa_{vs}^2$
年份	1	5 695.20	5 695.20	$\sigma^2+4.85\sigma_{rst}^2+2.91\sigma_{vst}^2+14.55\sigma_{st}^2+11.64\sigma_{vt}^2+58.18\sigma_t^2$
品种×年份	4	498.23	124.56	$\sigma^2+2.91\sigma_{vst}^2+11.65\sigma_{vt}^2$
地点×年份	3	1 333.82	444.61	$\sigma^2+4.85\sigma_{rst}^2+2.91\sigma_{vst}^2+14.55\sigma_{st}^2$
地点×年份×品种	12	2 026.73	168.89	$\sigma^2+2.92\sigma_{vst}^2$
地点内区组	16	1 629.48	101.84	$\sigma^2+4.88\sigma_{rst}^2$
误差	62	1 209.50	19.51	σ^2
总变异	117	23 253.14		

2. 方差组分估计　据Ⅲ型平方和，可得到期望均方表达式（表 12 - 42），从而得方差组分的估计为：年份间方差组分 $\hat{\sigma}_t^2=90.24$，地点×年份方差组分 $\hat{\sigma}_{ts}^2=13.35$，品种×年份方差组分 $\hat{\sigma}_{vt}^2=0$，地点×年份×品种方差组分 $\hat{\sigma}_{tvs}^2=51.14$；区组方差组分 $\hat{\sigma}_r^2=16.89$，误差方差估计为 $MS_e=\hat{\sigma}_e^2=19.51$。这些年份及涉及年份的互作项都是影响观察值的随机变异组分。从这些随机效应方差组分的大小看，其影响程度次序为年份＞地点×年份×品种＞误差＞区组。这里，随机效应不做假设测验，但是可以比较组分变异大小。

3. F 测验　根据期望均方，可构建 F 统计量，做假设测验。

（1）品种间的显著性　$F=225.46/124.56=1.81$。自由度为 4（分子）和 4（分母）。差异不显著。

（2）试点间的显著性　$F=2\ 906.29/444.61=6.54$。自由度为 3（分子）和 3（分母）。差异不显著。

（3）品种×地点间的显著性　$F=103.29/168.89=0.61$。差异不显著。

将结果列于表 12 - 43。

表 12 - 43　固定效应变异项的 F 测验

变异来源	DF	F	P(>F)
品种	4	1.81	0.289 8
地点	3	6.54	0.078 7
品种×地点互作	12	0.61	0.796 8

4. 结果分析和讨论　通过这里分析可知，与固定模型的期望均方相比（表 12 - 34），混合模型期望均方多若干方差组分，使得 F 值的分母较大，导致品种间差异不显著。例 12 - 9 中，最高产品种（E）比最低产品种（B）增产幅度相当高，但此处却差异不显著（$F=1.81$，$P=0.289\ 8$）。试验中，年份间平均数差异高达 44%，说明年份间气候条件差异很大，所以可能应该将年份按照固定效应分析，而按照随机效应分析对品种的差异显著性影响太大。

多年多点试验中，若将气候、地点设置为随机效应，则可能大幅度提高了显著性测验的标准，致使新选育品种难以通过区域试验，因此在采用混合模型时，需要慎重论证年份（气候）、地点的模型归属（固定模型还是随机模型）。此外，本试验中品种是固定的研究对象，采用了固定模型。若试验中品种是随机从遗传群体中抽取的，也可以采用随机模型，这要根据试验设计来确定。

第四节　多因素部分重复试验的设计和分析

多因素试验中，因素间的关系有 3 类，一类是嵌套式（分枝式）的，一类是正交式的，还有一类是混合式的。正交式的多因素试验，在因子数及各因子级别数增多时，处理组合数将迅速增加。一个区组要容纳全部处理组合往往导致地区控制失效，增大试验误差。为解决这个矛盾，提出了混杂设计（confounding design）。即将处理组合分为两组或几组，每组安排为 1 个区组，这样的区组称为不完全区组。此时，试验中的某些效应和区组混杂在一起而不能区分出来。这种用牺牲某些效应来缩小区组，减少误差的设计方法称为混杂设计，混杂设计中常将实际意义不大的某些高级交互作用效应与区组效应相混杂。后文还将述及混杂原理的推广，通过不同试验效应间的混杂，采用部分处理组合的部分实施试验。混杂设计也称为部分重复（fractional replication）设计，借助正交表可以使部分实施处理组合的选取变得十分简易。以下介绍正交表的性质及其在部分重复试验设计中的应用。

一、正交表的性质和应用

（一）正交表及其类型

表 12 - 44 引用几个常用的正交表及其附表。以 $L_9(3^4)$ [或 $L_k(m^j)$] 为例，字母 L 为正交表的符号，$k=9$ 表示有 9 个横行设置 9 个处理组合，$m=3$ 表示每个因子的水平数为 3，$j=4$ 表示这个正交表的列数最多可安排 4 个因子或考察 4 个效应，其他各种 $L_k(m^j)$ 正交表意义同此。正交表中，如 $L_4(2^3)$ 第一列的 1、1、2、2 数字代表安排在该列试验因子的水平代号，若 $L_4(2^3)$ 中的 1、2、3 列分别安排 A、B 和 C 3 个因子，则供试的处理组合将为 4 个：$a_1b_1c_1$、$a_1b_2c_2$、$a_2b_1c_2$ 和 $a_2b_2c_1$，这是 $2\times2\times2=8$ 个处理组合的 1/2。以上介绍的是水平数相同的一类正交表，其他如 $L_{16}(4^5)$、$L_{25}(5^6)$ 等，参见附表 11。

另有一类正交表称为混合水平正交表，以 $L_k(m_1^{j_1}\times m_2^{j_2})$ 表示，它具有 m_1 水平的试验因素 j_1 列和 m_2 水平的试验因素 j_2 列，故每个表由 k 行 j_1+j_2 列构成。例如 $L_8(4\times2^4)$ 表示该正交表共有 4 水平的 1 列和 2 水平的 4 列，该正交表的设计共 8 个处理，可以安排 4 水平的试验因素 1 个、2 水平的试验因素最多 4 个，最多可以估计 $j_1+j_2=1+4=5$ 种效应（或互作）。在附表 11 中，$L_{16}(4^4\times2^3)$、$L_{16}(4\times2^{12})$、$L_{16}(8\times2^8)$ 等皆为混合水平的正交表。

（二）正交表的主要性质

1. 均衡分散和综合可比　正交表中：①任意 1 列内不同数字出现的次数相同；②任意 2 列间，同横行的数字对 [例如 $L_4(2^3)$ 中的 (1, 1)、(1, 2)、(2, 1)、(2, 2)]，其次数也相同 [$L_4(2^3)$ 中均为 1 对，$L_8(2^7)$ 中均为 2 对]。这种性质称为正交性，也即均衡性，它决定了尽管供试处理组合比全面实施时按比例减少，但各因子水平数始终保持平衡、分散、具有代表性，正由于这种性质，使整个试验综合起来可以相互比较。例如 $L_4(2^3)$ 中即便安排 A、B 和 C 共 3 个因子后处理组合只有 $2\times2\times2=8$ 个的一半，但将 ①＋④＝$a_1b_1c_1$＋$a_2b_2c_1$、②＋③＝$a_1b_2c_2$＋$a_2b_1c_2$ 就可比较 c 处理的效应。因 c_1 和 c_2 本身各重复 2 次；且作为 c_1 和 c_2 的条件的 a_1、a_2、b_1 和 b_2 都重复了 1 次，基础是一样的。同样，A 的效应可从 ①＋②、③＋④ 间估计，B 的效应可从 ①＋③、②＋④ 间估计。不仅如此，由于各个处理组合所包含的因子水平具有良好的代表性，因而即便试验处理组合只有 4 个，也可能由 4 个推论到 8 个处理组合的大致情况，有时最佳组合未包括在供试处理组合中，但是可由供试组合的结果推算出来。

2. 可伸可缩，效应明确　正交表中 j 代表最多可以考察的效应数，若各因子只要考察主效，则可以安排 j 个因子，以 $L_9(3^4)$ 为例，最多可安排 4 个因子，这时供试处理组合仅为全面实施的 $9/81=1/9$。$L_9(3^4)$ 中任 2 列的交互作用为另外 2 列，若要考察交互作用就只能安排 A 和 B 两个因子，其余 2 列留作在分析时估计 A×B 互作，这时实际上就是一个全面试验。所以利用正交表安排试验可伸可缩，可以全面实施，也可以像 $L_9(3^4)$ 中减少到 1/9 的供试处理组合，这完全根据试验所要求考察的效应来确定。当然这种所需效应的确定应该是有实际根据的，不是任意的。

表 12-44　几个常用的正交表及其附表

[1] $L_4(2^3)$

处理组合号	列　号		
	1	2	3
1	1	1	1
2	1	2	2
3	2	1	2
4	2	2	1

注：任 2 列的交互作用为另 1 列。

[2] $L_9(3^4)$

处理组合号	列　号			
	1	2	3	4
1	1	1	1	1
2	1	2	2	2
3	1	3	3	3
4	2	1	2	3
5	2	2	3	1
6	2	3	1	2
7	3	1	3	2
8	3	2	1	3
9	3	3	2	1

注：任 2 列的互作为另外 2 列。

[3] $L_8(2^7)$

处理组合号	列　号						
	1	2	3	4	5	6	7
1	1	1	1	1	1	1	1
2	1	1	1	2	2	2	2
3	1	2	2	1	1	2	2
4	1	2	2	2	2	1	1
5	2	1	2	1	2	1	2
6	2	1	2	2	1	2	1
7	2	2	1	1	2	2	1
8	2	2	1	2	1	1	2

注：任 2 列的互作为另 3 列。

[4] $L_8(2^7)$ 的交互作用列

1	2	3	4	5	6	7	列号
(1)	3	2	5	4	7	6	1
	(2)	1	6	7	4	5	2
		(3)	7	6	5	4	3
			(4)	1	2	3	4
				(5)	3	2	5
					(6)	1	6
						(7)	7

[5] $L_8(2^7)$ 的表头设计

因子数	列　　号							实施比例
	1	2	3	4	5	6	7	
3	A	B	A×B	C	A×C	B×C	A×B×C	1
4	A	B	A×B	C	A×C	B×C	D	1/2
			C×D		B×D	A×D		
4	A	B	A×B	C	A×C	D	A×D	1/2
		C×D		B×D		B×C		
5	A	B	A×B	C	A×C	D	E	1/4
	D×E	C×D	C×E	B×D	B×E	A×E	A×D	
						B×C		

（三）选用正交表设计试验方案的步骤

应用正交表设计正交试验，一般有以下 4 个步骤。

1. 确定试验因素和每个试验因素的变化水平　一般对研究的问题了解较少时应多取一些试验因素，而对研究的问题比较了解时可少取一些试验因素。各个试验因素的水平数可以相等或不相等。如果事先对各试验因素的重要程度并无了解，而对另一些试验因素的了解可相对粗放一些，则前者应有较多个水平，后者可用较少水平。

2. 根据试验因素和水平数的多少以及是否需要估计互作等，选择合适的正交表　一般说，试验因素较多或试验因素虽不太多但需估计互作的，宜选较大的（即处理数 k 较大的）正交表；试验因素较少或试验因素虽较多但仅需估计主效的，可选较小的正交表；各因素水平相同时选相同水平正交表；各因素水平不同时选混合水平正交表。常用的正交表可查附表11，更全面的可查《常用数理统计表》一书。不是任何因子、任何水平数都有正交表可查的，更不是任何正交表中都有交互作用列的，所以应用正交表进行设计时要掌握各正交表的性质。附表 11 中凡有交互作用列的均在附注中说明，或附交互列表及可资参考的表头设计。也有些表没有交互列，但可由处理组合效应扣除主效后求得。由于正交表有上述限制，所以设计时要确当地选择好正交表，在确定供试因子及水平时也要考虑到有无适用的正交表。田间试验中难以严格控制的因素较多（例如处理太多、区组太大），必将严重影响局部控制的效果。故一般设计田间试验时，还必须考虑每个区组的处理数目 k 最应在 15～20 或以下。

3. 在所选正交表上进行表头设计，写出试验的各个处理组合，形成试验方案　所谓表头设计，就是将试验因素和需要估计的互作，排入正交表的表头各列（必须注意，各列下的水平数必须和该列试验因素的水平数相同）；然后，根据各试验因素列下的水平，写出该试验的各个处理组合，即做成了试验方案。

表头上未写试验因素或互作的列称为空列。空列的变异一般都是许多交互作用的混杂，在方差分析时可归入试验误差中。

表 12 - 44 中，$L_4(2^3)$ 和 $L_9(3^4)$ 均可安排两个因子的全面实施，$L_8(2^7)$ 则可安排 3 个因子的全面实施。3 个因子的交互作用包括 A×B、B×C、A×C 及 A×B×C 4 个。如表 12 - 44 [5] 所示，若 L_8 (2^7) 1、2、4 列分别设置 A、B、C 因子，则交互作用可由 12 - 44 表中查得 1、2 列的互作为第 3 列，1、4 列的互作为第 5 列，2、4 列的互作为第 6 列，3、4 列的互作为第 2 列。因为各列间的交互作用列是固定的，所以在做表头设计时事先要明确所需考察的效应。例如若 3 个因子时将 C 放在第 3 列，则将来 C 的效应必然和 A×B 的效应混

杂。再如若供试因子为 4 个，则实施比例为 1/2，工作量节省一半，一般假定二级以上的交互作用不存在，只存在一级互作；若将 A、B、C、D 分别放在 1、2、4、7 列则这 4 个主效没有混杂，而一级互作都有混杂现象，例如第 3 列同有 A×B 与 C×D 混杂，假使 A×B 确实存在，事前知道 C×D 实际上没有，这时 A×B 的效应将可从第 3 列估计出来；若 A、B、C、D 放在 1、2、4、6 列，则如表 12 - 44 [5] 所示，B 将与 C×D，C 将与 B×D，D 将与 B×C 混杂，这时只有 C×D、B×D、B×C 没有显著互作，B、C、D 的主效应才能考察出来。总之，在应用正交表设计试验方案时，要注意到混杂。因子间可以略不计的效应（主要是交互作用）愈多，正交表的使用效率就愈高，它所能安排的因子数也就愈多，所以表头设计的原则是：所必须考察的各因子主效及交互作用不能被混杂，对暂时还弄不清楚能否被忽略不计的效应（主要是交互作用）也尽量争取不被混杂。表头设计的具体方法是灵活的，但其基本步骤应该首先安排交互作用不可忽略的那些因子，将这些交互作用所占的列同时标出来；然后再在剩下的列上安排其余因子，此时还须检查它与已标记各列的交互列在何处，是否混杂，有无影响。

【例 12 - 11】 有一个小麦栽培试验，A 因素为施碳酸氢铵方式，4 水平；B 因素为追肥时期，2 水平；C 因素为基肥多少，2 水平；D 因素为镇压次数，2 水平；E 因素为种子处理，2 水平。据以往经验，不存在互作。现要求明确各因素主效，试予设计。

在附表 11 中选 $m_1=4$、$m_2=2$ 的混合水平正交表，得到 $L_8(4×2^4)$ 共有 5 列，第 1 列 4 水平，其余 4 列 2 水平，可满足设计要求。因而在第 1 列写 A，第 2 列至第 5 列依次写 B、C、D、E，其 8 个处理组合为：$A_1B_1C_1D_1E_1$、$A_1B_2C_2D_2E_2$、$A_2B_1C_1D_2E_2$、$A_2B_2C_2D_1E_1$、$A_3B_1C_2D_1E_2$、$A_3B_2C_1D_2E_1$、$A_4B_1C_2D_2E_1$ 和 $A_4B_2C_1D_1E_2$。$L_8(4×2^4)$ 正交表的"第 1 列和另外任意一列的交互作用为其余 3 列"，故上述设计只有在 10 个一级互作皆不存在时，才能较精确地估计各因素的主效。本例中从 $4×2^4=64$ 个处理组合中选出 8 个进行试验，实施比率为 1/8。

4. 如果由于要估计的主效和互作较多而使处理组合数过多，则可应用正交表将全部处理组合分成几个不完全区组，以减少区组的土壤差异，提高试验的精确度 应用正交表划分不完全区组的方法，乃将区组作为一个因素排入正交表的一列，然后按该列下的水平号，将全部处理组合分成几个组，每组为 1 个不完全区组。

【例 12 - 12】 有一个棉花试验，包括品种（A）、施肥量（B）和打顶期（C）3 个因素，每个因素皆取 3 个水平。现要求通过试验明确各因素的主效和一级互作。试予设计。

在 $m=3$ 的正交表中，只有 $L_{27}(3^{13})$ 可以估计 3 个因素的主效（占有 3 列）和 3 个一级互作（占有 6 列），其表头设计为

列号	1	2	3	4	5	6	7	8	9	10	11	12	13
	A	B	(A×B)₁	(A×B)₂	C	(A×C)₁	(A×C)₂	(B×C)₁			(B×C)₂		

由于 1 个区组中包含 27 个处理组合，小区数目太多。如果分成 3 个不完全区组，使每个不完全区组仅包含 9 个处理组合，则试验可以更为精确。在划分不完全区组时，可将上述表头设计的任一空列（9、10、12、13），例如第 9 列，排入"区组"，然后依其中 1、2、3 的水平符号，将同一水平符号的处理组合归为一个不完全区组，即得如下的 3 个不完全区组（在田间布置时各不完全区组及其处理都要随机排列）的各个处理号为

不完全区组Ⅰa：1、6、8、12、14、16、20、22，27；

不完全区组Ⅰb：2、4、9、10、15、17、21、23、25；

不完全区组Ⅰc：3、5、7、11、13、18、19、24、26。

如果本试验设置4次重复，则4个重复也可分别用$L_{27}(3^{13})$的第9列、第10列、第12列、第13列各划分成3个不完全区组。

二、部分重复试验的分析

（一）无交互作用的试验

部分重复试验一般可采用随机区组设计，供试处理组合少时也可考虑用拉丁方设计。其分析方法仍同原各种设计，但试验处理平方和进一步分解可以借助正交表而简化并便于校核。

【例12-13】设为了解温度（高、中、低）、菌系（甲、乙、丙）、培养时间（长、中、短）对根瘤菌生长的影响，进行培养试验。据以往经验，三因素间无明显交互作用，目的在考察3个因子的主效并筛选最佳组合，选用$L_9(3^4)$表，将A、B、C分别放在第1列、第2列、第4列，重复试验2次，随机区组设计。每10视野根瘤菌计数结果及其分析列在表12-45。

表12-45 根瘤菌培养温度、菌系和时间3个因子部分重复试验每10视野细菌数结果

处理号	A 1	B 2	3	C 4	Ⅰ	Ⅱ	T_t	$\bar{y}_t$
1	1	1	1	1	980	935	1 915	957.5
2	1	2	2	2	900	860	1 760	880.0
3	1	3	3	3	1 135	1 125	2 260	1 130.0
4	2	1	2	3	905	920	1 825	912.5
5	2	2	3	1	880	920	1 800	900.0
6	2	3	1	2	1 110	1 100	2 210	1 105.0
7	3	1	3	2	905	720	1 625	812.5
8	3	2	1	3	775	680	1 455	727.5
9	3	3	2	1	1 035	990	2 025	1 012.5
T_1	5 935	5 365	5 580	5 740	$T_r=8\ 625$	8 250	$T=16\ 875$	$\bar{y}=937.5$
T_2	5 835	5 015	5 610	5 595				
T_3	5 105	6 495	5 685	5 540				
SS	68 433.33	199 433.33	975.00	3 558.33				

随机区组分析：$C=T^2/(rk)=15\ 820\ 312.50$

总 $SS_T=\sum y^2-C=297\ 862.50$

区组 $SS_r=\sum T_r^2/k-C=7\ 812.50$

处理组合 $SS_t=\sum T_t^2/r-C=272\ 400.00$

误差 $SS_e=SS_T-SS_r-SS_t=17\ 650.00$

采用ANOVA程序，见附录1的LT12-13。需要指出，正交试验设计中，尽管存在效应的混杂，但是资料的分析仍然属于平衡数据的分析，因此仍然可以采用ANOVA程序方法。尽管可以采用SAS软件，但表12-45还是列出了平方和计算的公式与步骤，可供手算，包括①按随机区组设计计算各部分平方和，见表12-45右下角；②计算正交表中每列的平方和。

正交表中第 3 列为（A×B）、（B×C）和（A×C）各互作效应一部分数量的混杂，既然预先估计因子间无互作，这一列便可作误差看待。因而表 12-45 的误差项为随机区组的误差与第 3 列误差的合并，以增加自由度。

将 SAS 或公式计算结果列成方差分析表 12-46。F 测验结果，各因子的主次为 B、A、C，其中 C 的效应无显著性。

表 12-46　根瘤菌 3 个因子试验方差分析表

变异来源	DF	SS	MS	F	P(>F)
区　组	1	7 812.5	7 812.5	4.19	0.067 7
温度（A）	2	68 433.33	34 216.67	18.37 **	0.000 4
菌系（B）	2	199 433.33	99 716.67	53.54 **	<0.000 1
时间（C）	2	3 558.33	1 779.17	0.96	0.417 2
误　差	10	18 625	1 862.5		
总	17	297 862.5			

各效应显著性测验：温度（A 因素）3 个水平中，差异极显著，以 A_1 水平培养效果最佳，其次为 A_2（表 12-47）。B 因素 3 个水平处理的差异极显著，以 B_3 处理的培养效果最佳，其次是 B_2 处理（表 12-48）。

表 12-47　新复极差法多重比较

温度	平均值	差异显著性（5%）
A_1	989.17	a
A_2	972.50	a
A_3	850.83	b

表 12-48　新复极差法多重比较

菌系	平均值	差异显著性（5%）
B_3	1 082.50	a
B_2	894.17	b
B_1	835.83	c

（二）有交互作用的试验

【例 12-14】赤霉菌培养方法试验，供试因素及水平如表 12-49。

表 12-49　供试因素和水平

水平	因　子						
	硼砂（A）	玉米粉（B）	白糖（C）	时间（D）	尿素（E）	磷酸二氢钾（F）	碳酸钙（G）
1	0.05%	20%	2%	20 d	0.05%	0.1%	0.05%
2	0.10%	17%	3%	25 d	0.10%	0.2%	0.10%
3	0.20%	13%	4%	30 d	0.20%	0.3%	0.20%

根据经验，有些因子间有交互作用，重点拟考察 A、B、C 之间的交互作用。因此按正交表 $L_{27}(3^{13})$ 设计，共 27 个处理组合（实施比例为 $1/(3^4)=1/81$），重复 2 次，每次做 1 个重复，考察指标为赤霉素效价单位数，其表头设计及结果列在表 12-50 中，SAS 程序见附录 1 的 LT12-14。此外，表 12-50 中还列出了平方和计算的公式与步骤，可供手算，见表 12-50 右下角。

表 12-50　按正交表 $L_{27}(3^{13})$ 的设计和试验结果计算表

处理组合	列号及效应													指标（千单位）			
	1 A	2 B	3 A×B	4 A×B	5 C	6 A×C	7 A×C	8 B×C	11 B×C	9 D	10 E	12 F	13 G	重复I	重复II	T_t	$\bar{y}_t$
1	1	1	1	1	1	1	1	1	1	1	1	1	1	8.0	8.0	16.0	8.0
2	1	1	1	1	2	2	2	2	2	2	2	2	2	22.4	22.4	44.8	22.4
3	1	1	1	1	3	3	3	3	3	3	3	3	3	14.0	14.0	28.0	14.0
4	1	2	2	2	1	1	1	2	3	2	2	3	3	20.0	20.0	40.0	20.0
5	1	2	2	2	2	2	2	3	1	3	3	1	1	21.0	21.0	42.0	21.0
6	1	2	2	2	3	3	3	1	2	1	1	2	2	14.5	14.0	28.5	14.3
7	1	3	3	3	1	1	1	3	2	3	3	2	2	16.0	16.0	32.0	16.0
8	1	3	3	3	2	2	2	1	3	1	1	3	3	20.0	20.5	40.5	20.3
9	1	3	3	3	3	3	3	2	1	2	2	1	1	12.0	10.0	22.0	11.0
10	2	1	2	3	1	2	3	1	1	2	3	2	3	28.0	14.8	42.8	21.4
11	2	1	2	3	2	3	1	2	2	3	1	3	1	24.0	14.8	38.8	19.4
12	2	1	2	3	3	1	2	3	3	1	2	1	2	8.0	8.0	16.0	8.0
13	2	2	3	1	1	2	3	2	3	3	1	1	2	14.0	15.4	29.4	14.7
14	2	2	3	1	2	3	1	3	1	1	2	2	3	10.0	10.0	20.0	10.0
15	2	2	3	1	3	1	2	1	2	2	3	3	1	19.6	19.6	39.2	19.6
16	2	3	1	2	1	2	3	3	2	1	2	3	1	20.0	21.0	41.0	20.5
17	2	3	1	2	2	3	1	1	3	2	3	1	2	14.0	14.0	28.0	14.0
18	2	3	1	2	3	1	2	2	1	3	1	2	3	21.0	20.0	41.0	20.5
19	3	1	3	2	1	3	2	1	1	3	2	3	2	22.4	28.0	50.4	25.2
20	3	1	3	2	2	1	3	2	2	1	3	1	3	12.0	12.0	24.0	12.0
21	3	1	3	2	3	2	1	3	3	2	1	2	1	12.6	12.6	25.2	12.6
22	3	2	1	3	1	3	2	2	3	1	3	2	1	14.0	14.5	28.5	14.3
23	3	2	1	3	2	1	3	3	1	2	1	3	2	24.0	29.0	53.0	26.5
24	3	2	1	3	3	2	1	1	2	3	2	1	3	22.4	16.0	38.4	19.2
25	3	3	2	1	1	3	2	3	2	2	1	1	3	22.4	24.4	46.8	23.4
26	3	3	2	1	2	1	3	1	3	3	2	2	1	22.4	22.4	44.8	22.4
27	3	3	2	1	3	2	1	2	1	1	3	3	2	8.0	8.0	16.0	8.0
T_1	293.8	286.0	318.7	285.0	326.9	306.0	254.4	328.6	303.2	230.5	319.2	362.6	297.5	$T_r=466.7$	450.4	$T=917.1$	$\bar{y}=17.0$
T_2	296.2	319.0	315.7	320.1	335.9	320.1	349.2	284.5	333.5	341.8	317.4	307.6	298.1				
T_3	327.1	312.1	282.7	312.0	254.3	291.0	313.5	304.0	280.4	344.8	280.5	346.9	321.5				
SS	38.31	33.67	44.45	38.77	220.82	24.77	253.12	55.50	77.27	469.89	54.25	196.12	22.05				

随机区组分析：$C=T^2/nk=155\,575.42$
总 $SS_T=\sum y^2-C=1\,715.09$
区组 $SS_r=4.92$
处理组合 $SS_t=1\,530.64$
误差 $SS_e=179.53$

表 12-51 中，方差分析结果主效的主次顺序为 D、C、F、E，其中 D、E 和 F 3 个因子均有显著性，因它们间无交互作用，故最佳水平即为最佳组合，最佳水平可用以下 LSD 值测验 T_1、T_2、T_3 间的差异。$LSD_{0.05} = t_{0.05} \times s_d = 2.056 \times \sqrt{6.91 \times 2 \times 18} = 32.42$（千单位）。

测验结果：D_2、D_3、E_1、E_2、F_3 较佳，G 因子无显著性，各水平都可采用。A、B 和 C 3 个因子相互间的一级交互作用均显著；主次顺序为 A×C、B×C、A×B，说明该各最佳的主效水平不一定是最佳组合，要具体分析，故用以下 $LSD_{0.05}$ 值对表 12-52 中各 2 个因子处理组合总和间进行 t 测验：$LSD_{0.05} = t \times s_d = 2.056 \times \sqrt{6.91 / (2 \times 3) \times 2 \times 3} = 18.71$（千单位）。

表 12-51 赤霉菌培养配方试验方差分析表

变异来源	DF	SS	MS	F	P(>F)
区组（重复）	1	4.92	4.92	0.71	0.406 3
处理组合	26	1 530.64			
A	2	38.31	19.16	2.77	0.080 8
B	2	33.67	16.84	2.44	0.107 1
C	2	220.82	110.41	15.98**	<0.000 1
D	2	469.89	234.95	34.00**	<0.000 1
E	2	54.25	27.13	3.93*	0.034 6
F	2	196.12	98.06	14.19**	<0.000 1
G	2	22.05	11.03	1.6	0.240 3
A×B	4	83.22	20.81	3.01*	0.038 4
A×C	4	277.89	69.47	10.05**	<0.000 1
B×C	4	132.77	33.19	4.80**	0.004 8
误差	26	179.53	0.91		
总变异	53	1 715.09			

表 12-52 的各组合表内凡有横线的，组合间无显著差异，是该二因子最佳的组合，即（按主次顺序）AC 表中的 $a_1 c_2$、$a_3 c_1$、$a_3 c_2$ 和 $a_2 c_1$，BC 表中的 $b_3 c_1$、$b_2 c_2$、$b_3 c_2$、$b_1 c_1$、$b_1 c_2$ 和 $b_2 c_3$，AB 表中的 $a_3 b_2$、$a_1 b_2$、$a_2 b_3$ 和 $a_3 b_3$。

以 AC 表中最佳二因子组合为基础，综合 A、B、C 3 个因子的最佳组合将为 $a_1 b_2 c_2$、$a_3 b_3 c_1$、$a_3 b_2 c_2$、$a_2 b_3 c_1$ 等。若从节约成本方面考虑 $a_3 b_3 c_1$ 及 $a_2 b_3 c_1$ 较好。

再加上 D、E、F 因子一起考虑，选用 d_2、e_1、f_3 较省时省料，故全部因子的最佳组合将为 $a_3 b_3 c_1 d_2 e_1 f_3$ 或 $a_2 b_3 c_1 d_2 e_1 f_3$，这两个组合是由试验分析出来而供试组合中所没有的。由表 12-50 及表 12-52 可以计算出显著效应的 c_1、d_2、e_1、f_3、$a_3 b_3$、$a_3 c_1$、$b_3 c_1$ 或 c_1、d_2、e_1、f_3、$a_2 b_3$、$a_2 e_1$、$b_3 a_1$ 的效应值从而估计出这两个最佳处理组合的理论效价单位分别为 30.7 及 29.0，具体过程不须赘述。

表 12-52　A、B、C 各 2 个因子水平组合总和表

水平	a_1	a_2	a_3		水平	b_1	b_2	b_3		水平	a_1	a_2	a_3	
c_1	88.0	<u>113.2</u>	<u>125.7</u>	326.9	c_1	<u>109.2</u>	97.9	<u>119.8</u>	326.9	b_1	88.8	97.6	99.6	286.0
c_2	<u>127.3</u>	86.8	<u>121.8</u>	335.9	c_2	107.6	<u>115.0</u>	113.3	335.9	b_2	<u>110.5</u>	88.6	<u>119.9</u>	296.2
c_3	78.5	96.2	79.6	254.3	c_3	69.2	<u>106.1</u>	79.0	254.3	b_3	94.5	<u>110.0</u>	107.6	327.1
	293.8	296.2	327.1	917.1		286.0	296.0	327.1	917.1		293.8	296.2	327.1	917.1

采用正交设计，减少实施比例，由于伴随着要混杂掉部分效应，需要对各种效应事先有所估计，以便使混杂的这部分效应在实际中是不存在的。这种估计一般只能凭经验，也可能会有出入，所以有些正交试验中往往出现分析所得的最佳组合在实际供试组合中的表现并不是最好的。这时不能说全部试验报废，供试处理组合间的比较仍是有效的，不过在推论各种效应及未经试验比较的处理组合时，需要慎重推敲。本试验如果不分析各种效应而直接比较供试处理组合的优劣，则：$LSD_{0.05} = t \times s_d = 2.056 \times \sqrt{6.91 \times 2/2} = 5.40$（千单位）。得下面几个处理组合较佳：① 23 号 $a_3 b_2 c_2 d_2 e_1 f_3 g_2$ 26.5（千单位），② 19 号 $a_3 b_1 c_1 d_3 e_2 f_3 g_2$ 25.2（千单位），③ 25 号 $a_3 b_3 c_1 d_2 e_1 f_1 g_3$ 23.4（千单位），④ 26 号 $a_3 b_3 c_2 d_3 e_2 f_2 g_1$ 22.4（千单位），⑤ 2 号 $a_1 b_1 c_2 d_2 e_2 f_2 g_2$ 22.4（千单位），⑥ 10 号 $a_2 b_1 c_1 d_2 e_3 f_2 g_3$ 21.4（千单位）。

比较本例中推论的最佳处理组合与实际试验的最佳处理组合，二者结果是相对相符的。

三、正交试验方案设计的要点

正交试验的最大优点是可以用较少的处理组合数研究较多的试验因素，因而可以大量节约人、物力。同时，在设计和分析时，由于有现成的正交表可供查用，操作亦较简便。但是处理组合数的减少就必然要同时带来因素的主效和互作的混杂，而这种混杂有可能严重地妨碍对因素的主效和互作做出精确的估计。为了充分利用其优点，克服或限制其缺点，在进行正交试验时，应着重注意以下要点。

1. 表头的设计　表头设计是正交试验的关键，必须根据试验的目的和要求确定。如果对各种试验因素的作用都不甚明了，希望初步筛选出一些较主要的因素，以便进一步研究，则应用正交试验是十分合适的。这时可暂不管主效和互作的混杂，在各列上排满试验因素。例如 $L_{16}(4^5)$ 正交表，只有 16 个处理，却可排进各具 4 水平的 5 个试验因素。4^5 试验若全面实施就需要有 1 024 个处理组合。这时实施比例为 1/64。当然这时各个主效都与许多互作混杂（例如 A 与 B×C、B×D、B×E、C×D、C×E、D×E 等都混杂），是难以做出全面推论的，但仍可以精确地比较供试的 16 个处理组合。仍有把握选出 1 024 种搭配中的较优组合（不一定是最优）。

当试验因素和水平收缩后，可以进一步考察一级互作。在表头设计上，除掉那些可以肯定不存在的主效或一级互作外，不可以让主效和一级互作或两个及两个以上一级互作在同列出现。

当试验因素进一步减少，研究重点越来越明确后，试验应转入全面实施。全面实施试验也可以应用正交表设计和分析，这时处理组合数为各试验因素水平数的乘积。

2. 重复区的设置　有些实验室试验常采用一次重复的全面试验，这时常将高阶（二阶

以上）互作作为误差的估计。例如 3^3 试验全面实施共 27 个处理组合，可将二级互作 A×B×C 的 8 个自由度作为误差自由度。这和一般的试验不同，常用于进行筛选配方的预备试验。但是田间试验受到许多难以控制的随机因素干扰，试验误差较大，正交试验必须设置重复区。此时用处理组合内的变异或处理与区组交互作用所估计的试验误差，与由试验因素间的高级交互作用所估计的试验误差可能产生层次上和性质上的差异。因而田间试验强调设置重复或区组以更好地控制误差。这样既可保证误差项有较大的自由度，又可提供真实误差以测验主效和各处理组合的差数等。例如 3^4 试验的 1/9 实施设计，共 9 个处理组合，若重复 1 次，就无从估计误差；如重复 3 次，就可有 16 个自由度用来估计真实误差。

3. 处理数目的限制　试验误差的减小在相当程度上依赖于区组的局部控制作用。区组愈大，局部控制的效果愈差，因此必须限制每个区组内的处理数目。每个区组内适宜的处理数依试验类型而不同，田间试验中一般不宜超过 15～20 个。在试验因素较多，主效与互作皆需同时研究时，处理组合必然过多，这时可采用不完全区组设计。例如例 12-12 采用 $L_{27}(3^{13})$ 做 3^3 试验，如重复 I 按第 9 列、重复 II 按第 10 列、重复 III 按第 12 列、重复 IV 按第 13 列，各划分成 3 个不完全区组，则每个不完全区组只有 9 个处理组合，全试验共有 12 个不完全区组，108 个小区。这时 3 个因子间二级互作效应完全混杂，即为完全混杂设计。若每重复变换表头设计，可形成部分混杂设计，这时不仅主效和一级互作可以估计，二级互作也可估计（其信息仅为 3/4）。所以，当处理数目过多而与区组大小发生矛盾时，正交表可方便地用来进行混杂设计。

4. 结果的分析　部分实施的正交试验，由于发生了主效和互作的混杂，其主效或互作的分析一般仅能作为进一步试验的依据，统计分析的重点应放在各处理组合的比较上，推广应用亦应以各供试处理组合的差异为准。特别在实施比率很小时，主效或互作的分析仅具有参考价值。而当试验逐步达到全面实施时，则分析的重点可放到主效或互作的估计上。

第五节　响应面分析

在多因素试验中，供试处理因子可能都是定量的，对这种多个数量处理的试验，可以分析试验指标（依变量）与多个试验因素（自变量）间的回归关系，这种回归可能是曲线或曲面的关系，因而称为响应面分析。例如农作物产量与氮、磷、钾的施用量有关，可以通过回归分析建立产量与施肥要素间的回归关系，从而求得最佳施肥配方。

在回归分析中，观察值 y 可以表述为

$$y = f(x_1, x_2, \cdots, x_l) + \varepsilon \tag{12-17}$$

式中 $f(x_1, x_2, \cdots, x_l)$ 是自变量 x_1、x_2、$\cdots$、x_l 的函数，ε 是误差项。

在响应面分析中，首先要得到回归方程 $\hat{y} = f(x_1, x_2, \cdots, x_l)$，然后通过对自变量 x_1、x_2、$\cdots$、x_l 的合理取值，求得使 $\hat{y} = f(x_1, x_2, \cdots, x_l)$ 最优的值，这就是响应面分析的目的。

【例 12-15】有一个大麦氮磷肥配比试验，施氮肥量为每亩（1 亩＝1/15 hm²）尿素 0 kg、3 kg、6 kg、9 kg、12 kg、15 kg 和 18 kg 共 7 个水平，施磷肥量为每亩过磷酸钙 0 kg、7 kg、14 kg、21 kg、28 kg、35 kg 和 42 kg 共 7 个水平，共 49 个处理组合，试验结果列于表 12-53。试做产量对于氮、磷施肥量的响应面分析。

表 12 - 53　大麦氮磷肥配比试验结果

磷肥（P）	氮肥（N）						
	0	3	6	9	12	15	18
0	86.9	162.5	216.4	274.7	274.3	301.4	270.3
7	110.4	204.4	276.7	342.8	343.4	368.4	335.1
14	134.3	238.9	295.9	363.3	361.7	345.4	351.5
21	162.5	275.1	325.3	336.3	381.0	362.4	382.2
28	158.2	237.9	320.5	353.7	369.5	388.2	355.3
35	144.3	204.5	286.9	322.5	345.9	344.6	353.5
42	88.7	192.5	219.9	278.0	319.1	290.5	281.2

对于表 12-53 的数据可以采用二元二次多项式拟合，产量可表示为

$$y_{ij} = b_0 + b_1 N_i + b_2 P_j + b_3 N_i P_j + b_4 N_i^2 + b_5 P_j^2 + \varepsilon_{ij}$$

式中 N_i、P_j、ε_{ij} 分别表示氮、磷施用量和误差，按此模型的方差分析见表 12-54。结果表明，b_2 和 b_3 这两个偏回归系数不显著，应该将模型缩减，逐步去掉不显著的回归系数，先去掉最不显著的 b_3，得到的模型为

$$y_{ij} = b_0 + b_1 N_i + b_2 P_j + b_4 N_i^2 + b_5 P_j^2 + \varepsilon_{ij}$$

表 12 - 54　二元二次多项式回归分析的方差分析（全模型）

变异来源	DF	SS	MS	F	P(>F)
回归	5	332 061.25	66 412.25	352.08**	<0.000 1
b_1	1	219 217.93	219 217.9	1 162.16**	<0.000 1
b_2	1	754.29	754.29	4	0.051 9
b_3	1	69.31	69.31	0.37	0.547 6
b_4	1	61 688.63	61 688.63	327.04**	<0.000 1
b_5	1	50 331.1	50 331.1	266.83**	<0.000 1
误差	43	8 111.07	188.63		
总变异	48	340 172.32			

使用该模型分析的结果为表 12-55，从中可以看出 b_1、b_4、b_5 是极显著的，b_2 未达到显著水平，该模型的回归变异占总变异的 98%，因此可以较好地说明施用氮、磷对产量的影响。对此资料做多项式回归分析的方法见第十章和附录 1 的 LT12-15。

表 12 - 55　二元二次多项式回归的方差分析（缩减模型）

变异来源	DF	SS	MS	F	P(>F)
回归平方和	4	331 991.95	82 998	446.42**	<0.000 1
b_1	1	219 217.93	219 218	1179.11**	<0.000 1
b_2	1	754.29	754.29	4.06	0.050 1
b_4	1	61 688.63	61 688.6	331.81**	<0.000 1
b_5	1	50 331.1	50 331.1	270.72**	<0.000 1
误差	44	8 180.37	185.92		
总变异	48	340 172.32			

由表 12-56，可以列出产量对氮、磷施用量的回归方程为

$$\hat{y}=76.70+31.63N+8.21P-1.14N^2-0.19P^2$$

表 12-56 二元二次多项式的回归系数测验

参数	估计值	标准误	t
b_0	76.70	6.06	12.66 **
b_1	31.63	1.17	27.02 **
b_2	8.21	0.50	16.37 **
b_4	-1.14	0.06	-18.22 **
b_5	-0.19	0.01	-16.45 **

由回归方程，可以作出产量对氮、磷施用量的响应曲面图，见图 12-4。

分别对回归方程求对 N 和 P 的偏导数，并令偏导数等于 0，可以求得极值，即

$$\frac{\partial \hat{y}}{\partial N}=31.63-2.28N=0, \quad N=13.87 \text{（kg）}$$

$$\frac{\partial \hat{y}}{\partial P}=8.21-0.38P=0, \quad P=21.61 \text{（kg）}$$

因而由回归方程估计得，当尿素亩施用量为 13.87 kg（208.05 kg/hm²）、过磷酸钙亩施用量为 21.61 kg（324.15 kg/hm²）时产量最高。

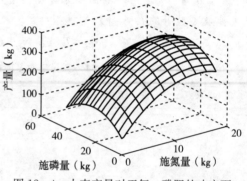

图 12-4 大麦产量对于氮、磷肥的响应面

响应面分析中通过回归方程进行预测时一般不能超过自变量的取值范围，例如氮肥的取值范围为 0~18 kg/亩（0~270 kg/hm²），而磷肥的取值范围为 0~42 kg/亩（0~630 kg/hm²）。推论合理的处理组合时，也应这样。

习题

1. 多因素随机区组试验和单因素随机区组试验的分析方法有何异同？多因素随机区组试验处理项的自由度和平方和如何分解？怎样计算和测验因素效应和互作的显著性，并正确地进行水平选优和组合选优？

2. 裂区试验和多因素随机区组试验的统计分析方法有何异同？在裂区试验中误差 E_a 和 E_b 是如何计算的？各具什么意义？裂区试验的线性模型是什么？

3. 有一个大豆试验，A 因素为品种，有 A_1、A_2、A_3 和 A_4 共 4 个水平；B 因素为播种期，有 B_1、B_2 和 B_3 共 3 个水平；随机区组设计，重复 3 次，小区计产面积为 25 m²。其田间排列和产量（kg）如下图，试做分析。

区组 I

A_1B_1	A_2B_2	A_3B_3	A_4B_2	A_2B_1	A_4B_3	A_3B_2	A_1B_3	A_4B_1	A_1B_2	A_3B_1	A_2B_3
12	13	14	15	13	16	14	13	16	12	14	14

区组 II

A_4B_2	A_1B_3	A_2B_1	A_3B_3	A_1B_1	A_2B_3	A_4B_1	A_3B_2	A_2B_2	A_3B_1	A_1B_2	A_4B_3
16	14	14	15	12	13	16	13	13	15	13	17

区组 III

A_2B_3	A_3B_1	A_1B_2	A_2B_1	A_4B_3	A_3B_2	A_2B_2	A_4B_1	A_3B_3	A_1B_1	A_4B_2	A_1B_3
13	15	11	14	17	14	12	15	15	13	15	13

［参考答案：$MS_e = 0.31$；F 测验：品种、播种期极显著，品种×播种期不显著］

4. 有一个小麦裂区试验，主区因素为 A，分 A_1（深耕）和 A_2（浅耕）2 水平；副区因素为 B，分 B_1（多肥）和 B_2（少肥）2 水平；重复 3 次，小区计产面积为 $15\,m^2$。其田间排列和产量（假设数字）如下图，试做分析。

	A_1	A_2
B_1	9	7
B_2	6	2

区组 I

	A_2	A_1
B_2	3	11
B_1	5	4

区组 II

	A_2	A_1
B_2	1	4
B_1	6	12

区组 III

［参考答案：$MS_{E_a} = 0.58$，$MS_{E_b} = 2.50$；F 测验：A 和 B 皆显著，A×B 不显著］

5. 设上题小麦耕深与施肥量试验为条区设计，田间排列和产量（括号内数据）相应如下图。试做分析，并与裂区设计结果相比较。

	A_1	A_2
B_1(9)	B_1(7)	

实际排布：

A_1	A_2
B_1(9)	B_1(7)
B_2(6)	B_2(2)

A_2	A_1
B_1(5)	B_1(11)
B_2(3)	B_2(4)

A_2	A_1
B_2(1)	B_2(4)
B_1(6)	B_1(12)

［参考答案：$MS_{E_a} = 0.58$，$MS_{E_b} = 1.75$，$MS_{E_c} = 3.25$；F 测验 A、B 均显著，A×B 不显著］

6. 江苏省淮南地区夏大豆品种区域试验部分资料摘录于下表。各年各点均为随机区组设计，试分析此试验结果。

试点	年份	区组	CK	19-15	31-15	4-1	21-16
试点 1	1977	I	134	160	168	226	196
		II	146	180	156	170	190
		III	148	206	188	216	200
	1978	I	220	264	280	212	168
		II	228	260	276	208	156
		III	208	220	300	260	148
试点 2	1977	I	137	236	197	196	155
		II	173	207	178	192	179
		III	110	171	223	208	125
	1978	I	179	201	150	195	186
		II	182	224	189	203	191
		III	207	262	187	210	183

[参考答案：$\chi^2 = 3.67$，$MS_e = 406.06$，$F_v = 12.89$，$F_{vs} = 1.88$，$F_{vy} = 5.18$，$F_{vsy} = 10.35$]

7. 在药物处理大豆种子试验中，使用了大中小 3 种类型种子，分别用 5 种浓度、2 种处理时间进行试验处理，播种后 45 d 对每处理组合两个重复，分别取 10 株测定其干物质量，求其平均数，结果如下表。试进行方差分析。

处理时间 A	种子类型 C	浓度 B				
		B_1 (0×10^{-6})	B_2 (10×10^{-6})	B_3 (20×10^{-6})	B_4 (30×10^{-6})	B_5 (40×10^{-6})
	C_1 （小粒）	7	12.8	22	21.3	24.4
		6.5	11.4	21.8	20.3	23.2
A_1 （12 h）	C_2 （中粒）	13.5	13.2	20.4	19	24.6
		13.8	14.2	21.4	19.6	23.8
	C_3 （大粒）	10.7	12.4	22.6	21.3	24.5
		10.3	13.2	21.8	22.4	24.2
	C_1 （小粒）	3.6	10.7	4.7	12.6	13.6
		1.5	8.8	3.4	10.5	13.7
A_2 （24 h）	C_2 （中粒）	4.7	9.8	2.7	12.4	14
		4.9	10.5	4.2	13.2	14.2
	C_3 （大粒）	8.7	9.6	3.4	13	14.8
		3.5	9.7	4.2	12.7	12.6

[参考答案：B 因素显著]

8. 有一施肥试验，氮素 4 个水平 $N_0 \sim N_3$，磷肥和钾肥均为施肥与不施肥 (0) 两种水平，采用正交表为 $L_8 (4 \times 2^4)$ 的正交设计，小区面积为 20 m^2，重复 3 次，随机区组排列。试验结果见下表，试做分析。

处理号	列 号			各区组产量（kg/区）		
	1	2	5	I	II	III
1	1 (N_0)	1 (0)	1 (0)	3.6	3.9	3.2
2	1 (N_0)	2 (P)	2 (K)	5.1	4.8	5.1
3	2 (N_1)	1 (0)	1 (0)	5.6	5.3	5.6
4	2 (N_1)	2 (P)	2 (K)	5.9	6.0	6.7
5	3 (N_2)	1 (0)	1 (0)	6.4	6.5	7.0
6	3 (N_2)	2 (P)	2 (K)	7.4	7.1	7.3
7	4 (N_3)	1 (0)	1 (0)	7.5	7.7	7.8
8	4 (N_3)	2 (P)	2 (K)	8.1	8.4	8.6

[参考答案：区组不显著，氮肥和磷肥显著，钾肥不显著，误差均方为 0.108]

9. 为了研究湿度和温度对黏虫卵发育历期的影响，用 3 种湿度、4 种温度处理黏虫卵，采用随机区组设计，重复 4 次。结果见下表，试进行方差分析。

相对湿度（%）	温度（℃）	历　期			
		1	2	3	4
100	26	93.2	91.2	90.7	92.2
	28	87.6	85.7	84.2	82.4
	30	79.2	74.5	79.3	70.4
	32	67.7	69.3	67.6	68.1
70	26	89.4	88.7	86.3	88.5
	28	86.4	85.3	86.7	84.2
	30	77.2	76.3	74.5	75.7
	32	70.1	72.1	70.3	69.5
40	26	99.9	99.2	93.3	94.5
	28	91.3	94.6	92.3	91.4
	30	82.7	81.3	84.5	86.8
	32	75.3	74.1	72.3	71.4

［参考答案：湿度、温度间差异显著，湿度与温度互作显著，误差均方为 3.86］

第十三章

不完全区组设计及其统计分析

第一节 不完全区组设计的主要类型

一、田间试验常用设计的归类

随着研究工作的开展并进入了大数据时代，不论单因素试验还是多因素试验，供试处理数趋向于增多，尤其是多因素试验。当然由于作物育种工作的开展，特别是育种试验机械和计算技术的发展，供试品种（系）数量迅速增加，因而单因素试验也需要扩展其容量。但增加处理数意味着要扩大区组，这在田间与实施局部控制原则是有矛盾的。区组变大意味着局部控制失效。因而在以往完全区组（complete block），每个区组包含全套处理的基础上，发展出了不完全区组（incomplete block）的概念，即每套处理分成几个区组，或 1 个区组并不包含全部处理，但同样要通过区组实施地区控制。例如第十二章所介绍的多因素试验首先通过将一些次要效应与区组混杂的方法发展了不完全区组的混杂设计。后来混杂的概念也被应用于单因素试验，从而发展出了一系列的不完全区组设计。概括以前各章已介绍的和本章将介绍的田间试验常用的随机排列的试验设计可进一步归类如下：

A. 不实行局部控制 ·· 1. 完全随机设计

AA. 实行局部控制

    B. 完全区组　即每个区组内包含整套试验处理

      C. 一个方向的局部控制 ·· 2. 随机区组设计

      CC. 两个方向的局部控制 ··· 3. 拉丁方设计

    BB. 不完全区组　处理数增多时，完全区组的局部控制效能降低，通过缩小区组，即每个区组内只包含一部分处理来提高局部控制的功效。

      C. 用于多因素试验

        D. 将试验效应和区组混杂

          E. 混杂主效 ·· 4. 裂区设计、条区设计

          EE. 混杂交互作用 ·· 5. 混杂设计

        DD. 将试验处理组合精简或精简后再采用混杂方法 ············ 6. 部分重复设计

      CC. 主要用于单因素试验

        D. 试验处理数甚多，区组数为处理数的平方根或处理数为区组数的整倍数。

          E. 供试处理固定分组 ················ 7. 重复内分组设计、分组内重复设计

EE. 供试处理变动分组 ………………………………………………… 8. 格子设计

DD. 试验处理数非区组数的整倍数 …………………… 9. 平衡不完全区组设计

试验设计的种类远多于此，以上归类只是在农业科学试验中用到的一些类型，其中每类还会有多种具体的设计方法。以上 1、2、3、4、5、6 类设计和分析的方法已在第十一章和第十二章说明，其中 5 和 6 两类是适用于多因素试验的不完全区组设计，可以通过正交设计方法进行。因而本章将侧重介绍单因子但具有大量处理时的不完全区组试验设计方面。农学类专业中这尤其与育种试验有关，因为育种过程的早中期产量试验阶段有大量参试品种（系）。尤其种业发展到现代化、规模化、机械化、信息化育种的今天，大批量品种（系）比较试验正在兴起。

二、重复内分组设计和分组内重复设计

当供试品种数量较多时，最简单的一种不完全区组设计方法是仿照裂区设计的方法，将供试品种分为几个组，看作主区，每个组内包含的各个品种看作副区，重复若干次，主区和副区都按随机区组布置，这种设计称为重复内分组设计（block in replication）。该设计一般供试材料数量较大，以下为简便起见，举例中的供试材料数均较小。例如 20 个品种，分为 4 组，每组包含 5 个品种，若重复 3 次，则田间布置可设计如图 13－1 所示。

	重复Ⅰ				重复Ⅱ				重复Ⅲ			
区组	(1)	(2)	(3)	(4)	(5)	(6)	(7)	(8)	(9)	(10)	(11)	(12)
	4	20	11	10	17	7	5	15	9	19	12	3
	3	18	15	8	16	6	2	13	8	17	13	1
	2	19	13	9	18	8	1	12	7	16	15	2
	5	16	12	6	20	10	3	14	6	20	14	4
	1	17	14	7	19	9	4	11	10	18	11	5

图 13－1 重复内分组设计的田间布置

该例中重复内分组设计的自由度分析如下：

变异来源	*DF*
重　复	2
组　间	3
误差（E_a）	6
组内品种间	16
误差（E_b）	32
总	59

这时，组内品种间比较的误差将为 $2E_b/3$，各组平均数间比较的误差将为 $(2/3)(E_a/5)$，不同组品种间比较的误差（仿照裂区的情况）将为 $(2/3)(4E_b/5+E_a/5)$。

由于 E_a 与 E_b 常取不同数值，E_a 往往大于 E_b，例如 $E_a/E_b=3$。若如此，则：组内品种间比较的误差将为 $2E_b/3$，不同组品种间比较的误差将为 $\frac{2}{3}\left(\frac{4}{5}E_b+\frac{1}{5}E_a\right)=\frac{2}{3}\left(\frac{4}{5}E_b+\frac{3}{5}E_b\right)=14E_b/15$。二者比值为 $(14E_b/15)/(2E_b/3)=7/5=1.4$。即不同组品种

间比较的方差将比组内品种间比较的方差大 40%，因而像这种不完全区组设计的方法，并不能保证任何两个品种间比较具有相近的精确度。

和重复内分组相近的一种设计是图 13-2 所示的**分组内重复设计**（replication in block），这种设计相当于将供试材料分组后放在连片土地上的几组随机区组试验，通过土地连片而进行联合分析与比较。

区组	分组1 (1) (2) (3)			分组2 (4) (5) (6)			分组3 (7) (8) (9)			分组4 (10)(11)(12)		
	19	16	18	13	15	11	5	4	1	8	9	8
	18	19	17	12	11	14	3	5	2	7	10	7
	16	20	19	15	12	13	1	3	5	10	6	9
	20	17	16	11	14	15	2	1	3	9	7	10
	17	18	20	14	13	12	4	2	3	6	8	6

图 13-2 分组内重复设计

重复内分组和分组内重复两种设计常用于育种工作产量试验的早期，此时供试材料多而每份材料的种子不多，小区较小，选择强度较大。这两种设计，尤其前者也常用于进行群体遗传参数估计的试验，将供试材料随机分为若干组，每组作为 1 个样本，全试验包括有多个随机样本以提高遗传参数估计的精确度。

三、格子设计

为了克服重复内分组设计中组间品种比较和组内品种比较精确度悬殊的问题，对品种分组的方法可考虑从固定的分组改进为不固定的分组，使每个品种有机会和许多其他品种，甚至其他各个品种都在同一区组中相遇过。这就是**格子设计**（lattice design）的基本出发点。

（一）格子设计的类别

供试品种数为区组内品种数的平方，称为**平方格子设计**（squared lattice，区组内品种数为 p，供试品种数为 p^2）；供试品种数为区组内品种数的立方，称为**立方格子设计**（cubic lattice，区组内品种数为 p，供试品种数为 p^3）；区组内品种数为 p，供试品种数为 $p(p+1)$，称为矩形格子设计。植物育种工作中比较常用的是平方格子设计。

（二）平方格子设计

按照同一重复内各区组在田间排列的方法，平方格子设计可以分为仿照随机区组式的（整个重复不必成方形）和仿照拉丁方的（整个重复内各区组连成方形）。这二者又各因每个品种是否在不同区组中都相遇过而分为平衡与部分平衡两种情况。

1. 仿照随机区组式的平方格子设计 按品种分组方法的变换次数，仿照随机区组式的平方格子设计有以下几种。

（1）简单格子设计 **简单格子设计**（simple lattice）的品种分组方法为 2 种：试验重复次数为 2 或 2 的倍数。以 9 个品种为例，分组法如图 13-3 中重复Ⅰ和重复Ⅱ所示，即为简单格子设计。

（2）三重格子设计 **三重格子设计**（triple lattice）的品种分组方法为 3 种，即在简单格子设计的 2 种分组方法的基础上再增加对角线分组一种，如图 13-3 中前面 3 个重复所

	重复 I		重复 II		重复 III		重复 IV	
	(1)	1 4 7	(4)	1 2 3	(7)	1 5 9	(10)	1 6 8
区组	(2)	2 5 8	(5)	4 5 6	(8)	2 6 7	(11)	2 4 9
	(3)	3 6 9	(6)	7 8 9	(9)	3 4 8	(12)	3 5 7

图 13-3　3×3 格子设计的分组方法

示。其重复次数为 3 或 3 的倍数。

（3）四重格子设计和其他部分平衡格子设计　以 5×5 格子设计为例，介绍四重格子设计（quadruple lattice）及其他部分平衡格子设计（partially balanced lattice）。在三重格子设计的基础上，再增加对角线一组，称为四重格子设计，如图 13-4 所示。供试品种数再增加，还可以继续增加分组方法的种数，一般除 6×6 和 10×10 不能超过 3 种分组，12×12 不能超过 4 种分组外，p 为 2～11 的其他数值都可以用任何分组方法获得部分平衡的格子设计。这里"平衡"指任何两个品种相遇的次数相等，"部分平衡"指均能两两相遇，但不一定具有相同的相遇次数。

		分组法 X		分组法 Y		分组法 Z		分组法 L
区组	(1)	1 2 3 4 5	(6)	1 6 11 16 21	(11)	1 7 13 19 25	(16)	1 8 15 17 24
	(2)	6 7 8 9 10	(7)	2 7 12 17 22	(12)	2 8 14 20 21	(17)	2 9 11 18 25
	(3)	11 12 13 14 15	(8)	3 8 13 18 23	(13)	3 9 15 16 22	(18)	3 10 12 19 21
	(4)	16 17 18 19 20	(9)	4 9 14 19 24	(14)	4 10 11 17 23	(19)	4 6 13 20 22
	(5)	21 22 23 24 25	(10)	5 10 15 20 25	(15)	5 6 12 18 24	(20)	5 7 14 16 23

图 13-4　5×5 四重格子设计方法

（4）平衡格子设计　平衡格子设计（balanced lattice）的品种分组方法增加到使每对品种都能在同一区组中相遇 1 次。图 13-3 的 4 个重复就是 3×3 平衡格子设计。若 p 为一个质数或质数的指数函数，则平衡时的分组方法必为 $p+1$ 个。当 p 为质数时，可以用简单对角线法写出其平衡分组。当 $p=4$、8、9 等时，可以参考 Cochran 和 Cox（1957）所著 *Experimental Designs*。平衡格子设计的最小重复次数为 $p+1$。这种设计的优点是各对品种间比较的精确性相对一致，分析方法也比部分平衡格子设计简单，但所需重复数太多，使用上受到限制。

2. 仿照拉丁方的平衡格子方设计

（1）平衡格子方设计　平衡格子方设计（balanced lattice square design）包括两种类型：①重复数 $r=(p+1)/2$，每对品种在行或列区组中共相遇 1 次；②重复数 $r=(p+1)$，每对品种在行及列区组中均相遇 1 次，亦即共相遇 2 次。这两种情况分别见图 13-5 和图 13-6。

```
          I          II
        1 2 3      1 6 8
        4 5 6      9 2 4
        7 8 9      5 7 3
```

图 13-5　3×3 平衡格子方设计〔在行或列中相遇 1 次，$r=(p+1)/2$〕

Ⅰ

1	5	9	13
2	6	10	14
3	7	11	15
4	8	12	16

Ⅱ

1	2	3	4
6	5	8	7
11	12	9	10
16	15	14	13

Ⅲ

1	11	16	6
12	2	5	15
14	8	3	9
7	13	10	4

Ⅳ

1	7	12	14
8	2	13	11
10	16	3	5
15	9	6	4

Ⅴ

1	10	15	8
9	2	7	16
13	6	3	12
5	14	11	4

图 13-6　4×4 平衡格子方设计［在行及列中共相遇 2 次，$r=(p+1)$］

（2）部分平衡格子方设计　部分平衡格子方设计（partially balanced lattice square）重复次数少于最小平衡重复数。与三重格子设计、四重格子设计类似，不一定每对品种都在行或列区组中相遇。

以上着重介绍了平方格子设计的各种类型。至于立方格子设计和矩形格子设计，这里不再一一列述，有兴趣的读者可参考 Cochran 和 Cox（1957）所著 *Experimental Designs*。在平方格子设计方面，为了克服供试品种数受 p^2 的限制，有人发展了与矩形格子设计相近似的广义格子设计和简化广义格子设计等。

格子设计与重复内分组设计相比的优点是：考虑了供试品种间平衡比较的问题。但由于供试品种数多，通常只能实施部分平衡，而事实上很难实施完全平衡，因为完全平衡所需的重复次数导致试验规模过大。育种工作中产量比较在早中期进行，因供试材料多需要考虑适合大量处理的设计，但这时每份材料的种子数少，一般不可能进行小区较大的精确试验，因而实际应用中部分平衡的格子设计已可满足要求。

四、平衡不完全区组设计

关于平衡设计，除上述平衡格子设计外，还有一类称为平衡不完全区组设计（balanced incomplete block design）。严格地说，平衡格子设计亦是平衡不完全区组设计的一种，后者应是所有平衡的不完全区组设计的总称。但习惯上，将如图 13-7 所示的一类设计专称为平衡不完全区组设计。这种设计的供试处理数不多，不须按格子设计那样每个重复包含有区组大小为 k 的 k 个区组，而可将各重复寓于全部区组之中，区组数与区组大小不一定相等，即全试验包括大小为 k 的区组共 t（处理数）或 t 倍个。这种设计又可进一步分为 5 种类型，有的可以安排成重复的形式，有的存在重复但并不存在重复的形式。

区组	（1）	（2）	（3）	（4）	（5）	（6）	（7）
	1	2	3	4	5	6	7
	2	3	4	5	6	7	1
	4	5	6	7	1	2	3

图 13-7　一种平衡不完全区组设计

图 13-7 便重复 3 次，但看不出成形的重复。图 13-7 中处理数为 $t=7$，区组大小为

$k=3$，重复数为 $r=3$，每对处理平衡相遇次数为 1 次。平衡不完全区组设计要求区组内的条件相对很一致，在一些特殊的试验中常可采用这种设计。例如品尝试验，对于一个人的味觉来说，品尝的对象增加太多时鉴别差异的灵敏度便下降，因而每个人只能品尝一部分。图 13-7 的情况，若有 7 个水果品种供鉴评，每人品尝 3 个，请 7 位品尝家做鉴评，共品尝 21 次，每个品种品尝 3 次。此处每位专家便是一个区组，每区组包含 3 个品种。这时尽管每人并未将 7 个品种全部鉴评过，但因是均衡的，每个品种至少和其他 6 个品种比较过 1 次。这个试验增加至 14 位专家时，则每对品种相遇 2 次，21 位专家则相遇 3 次。因而可以请许多专家做出综合评判。

平衡不完全区组设计的处理数、区组大小、区组数、重复数不是任意的。有许多是特定的，所以需要逐个地加以研究。Cochran 和 Cox（1957）所著 *Experimental Designs* 列出了每区组所含处理少于 10 时的 5 类不同的平衡不完全区组设计的方案，可供使用时参考。

第二节 重复内分组和分组内重复设计的统计分析

一、重复内分组设计的统计分析

重复内分组用于品种（系）试验时有两种情况。一是大量品种（系）间的比较，目的在于选拔高产优系，这是一种固定模型试验；另一是从一个群体内随机抽出大量家系进行试验，通过供试的样本推论总体的情况，属随机模型试验。假定重复内分组设计的供试品种（系）为 $m=a \times b$ 个，分 a 组，每组有 b 个品种（系），重复 r 次，则重复内分组设计的线性模型为

$$y_{jkl} = \mu + \beta_j + A_k + \delta_{jk} + B_{kl} + \varepsilon_{jkl} \tag{13-1}$$

式中，β_j 为重复的效应，A_k 为参试材料分组的效应，δ_{jk} 为重复×分组（即分组）误差，B_{kl} 为 k 分组内参试材料间的效应，ε_{jkl} 为参试材料的误差。固定模型时，$\sum\limits_k A_k = 0$，$\sum\limits_k \sum\limits_l B_{kl} = 0$，$\delta_{jk} \sim N(0, \sigma_e^2)$，$\varepsilon_{jkl} \sim N(0, \sigma^2)$。随机模型时 $A_k \sim N(0, \sigma_A^2)$，$B_{kl} \sim N(0, \sigma_B^2)$，$\delta_{jk} \sim N(0, \sigma_e^2)$，$\varepsilon_{jkl} \sim N(0, \sigma^2)$。其方差分析的自由度分解及期望均方（EMS）列于表 13-1。

表 13-1 重复内分组设计的自由度及期望均方

变异来源	DF	MS	EMS 固定模型	EMS 随机模型
重复	$r-1$	MS_1	$\sigma^2 + b\sigma_e^2 + ab\kappa_\beta^2$	$\sigma^2 + b\sigma_e^2 + ab\sigma_\beta^2$
分组（区组，主区）	$a-1$	MS_2	$\sigma^2 + b\sigma_e^2 + rb\kappa_A^2$	$\sigma^2 + b\sigma_e^2 + r\sigma_B^2 + rb\sigma_A^2$
重复×分组（E_a）	$(r-1)(a-1)$	MS_3	$\sigma^2 + b\sigma_e^2$	$\sigma^2 + b\sigma_e^2$
分组内品种（系）	$a(b-1)$	MS_4	$\sigma^2 + r\kappa_B^2$	$\sigma^2 + r\sigma_B^2$
重复×分组内品种（系）（E_b）	$a(b-1)(r-1)$	MS_5	σ^2	σ^2
总变异	$abr-1$			

固定模型时分组间差异的测验，$F = MS_2/MS_3$；分组内品种（系）间差异的测验 $F = MS_4/MS_5$。此时重复内分组设计着重在分组内品种间的比较，其平均数标准误为

$$SE = \sqrt{E_b/r} \tag{13-2}$$

分组间可以比较，其平均数标准误为

$$SE = \sqrt{E_a/(rb)} \tag{13-3}$$

不同组品种间也可比较，但如前所述误差包括 E_a 及 E_b 两部分，其平均数标准误为

$$SE = \sqrt{[(a-1)E_b + E_a]/(ra)} \tag{13-4}$$

在固定模型时品种（系）的平均数通常不做调整，因无严格依据。

随机模型时分组间变异的测验，其 F 的计算式为

$$F = (MS_2 + MS_5)/(MS_3 + MS_4) \tag{13-5}$$

分组内变异的测验，其 F 的计算式为

$$F = MS_4/MS_5 \tag{13-6}$$

$F = (MS_2 + MS_5)/(MS_3 + MS_4)$ 时，其有效自由度可用 Satterthwaite 公式计算，即

$$\begin{cases} \nu_1 = (MS_2 + MS_5)^2/(MS_2^2/f_2 + MS_5^2/f_5) \\ \nu_2 = (MS_3 + MS_4)^2/(MS_3^2/f_3 + MS_4^2/f_4) \end{cases} \tag{13-7}$$

式中，f_i 为各均方对应的自由度。由式（13-5）及式（13-6）的关系可分别估计出 σ_A^2 及 σ_B^2。

在随机模型时由于分组是随机的，每个分组都是总体的 1 个样本，因而可假定各样本平均数相等，从而可以估计出各重复内各区组的效应，由之可对全试验各品种（系）的平均数做统一调整。

二、分组内重复设计的统计分析

分组内重复的设计的线性模型为

$$y_{jkl} = \mu + A_k + B_{kl} + \beta_{kj} + \varepsilon_{jkl} \tag{13-8}$$

式中，β_{kj} 为分组内重复间的效应。其他效应的符号同重复内分组设计。固定模型时，$\sum_k A_k = 0$，$\sum_k \sum_l B_{kl} = 0$，$\sum_k \sum_j \beta_{kj} = 0$，$\varepsilon_{jkl} \sim N(0, \sigma^2)$。随机模型时，$A_k \sim N(0, \sigma_A^2)$，$B_{kl} \sim N(0, \sigma_B^2)$，$\varepsilon_{jkl} \sim N(0, \sigma^2)$。其方差分析的自由度分解及期望均方（EMS）列于表 13-2。

表 13-2　分组内重复设计的自由度及期望均方

变异来源	DF	MS	EMS 固定模型	EMS 随机模型
分组	$a-1$	MS_1	$\sigma^2 + rb\kappa_A^2$	$\sigma^2 + b\sigma_r^2 + r\sigma_B^2 + rb\sigma_A^2$
分组内品种	$a(b-1)$	MS_2	$\sigma^2 + r\kappa_B^2$	$\sigma^2 + r\sigma_B^2$
分组内重复（区组）	$a(r-1)$	MS_3	$\sigma^2 + b\sigma_\beta^2$	$\sigma^2 + b\sigma_\beta^2$
重复×组内品种（E）	$a(b-1)(r-1)$	MS_4	σ^2	σ^2
总变异	$abr-1$			

固定模型时分组间差异的测验，$F = MS_1/MS_4$；分组内品种（系）间差异的测验 $F = MS_2/MS_4$。此时分组内重复设计着重在分组内品种间的比较，其平均数标准误为

$$SE = \sqrt{E/r} \tag{13-9}$$

分组间可以比较，其平均数标准误为

$$SE = \sqrt{E/(rb)} \tag{13-10}$$

不同组品种间的比较，其平均数标准误为

$$SE=\sqrt{(ab-b+1)E/(rb)} \qquad (13-11)$$

同样，固定模型时品种（系）的平均数通常不做调整，因无严格依据。

随机模型时分组间差异的测验，其 F 的计算式为

$$F=(MS_1+MS_4)/(MS_2+MS_3) \qquad (13-12)$$

其有效自由度以 Satterthwaite 公式计算。

分组内品种间差异测验，其 F 的计算式为

$$F=MS_2/MS_4 \qquad (13-13)$$

可由式（13-12）及式（13-13）测验 σ_A^2 及 σ_B^2。

同样，在各分组品种（系）均为总体的 1 个随机样本的前提下，可假定分组平均数相等，从而对品种（系）平均数做统一调整。

重复内分组设计和分组内重复设计是目前品种（系）产量早期比较试验较常用的设计，并常用于遗传参数的估计，尤其前者更为常用。

关于这两种试验设计方差分析中平方和的计算方法，可参考第十一章和第十二章的原则。此处不再一一详细说明。

第三节　简单格子设计的统计分析

第一节介绍了多种格子设计，本节将介绍简单格子设计的统计分析方法，作为一个入门。读者如需要采用更复杂的格子设计，可参考 Cochran 和 Cox（1957）所著的 *Experimental Designs*。以下将先介绍简单格子设计分析的基本原理，然后举出两个例题。读者可将其对照阅读，或者先看例题再读基本原理。

一、简单格子设计的统计分析

（一）数据结构

简单格子设计（simple lattice design）在设计时按两种方法处理进行分组，也称为二重格子设计，试验重复次数为 2 或 2 的倍数，此种设计最为简单，可直接采用横行与直行分组方法得出，例如图 13-3 中重复 I 以及重复 II 可得 3×3 的简单格子设计（表 13-3）。

表 13-3　3×3 平衡的简单格子设计的基本分组

区组	重复 I			区组	重复 II		
1	1（y_{111}）	2（y_{121}）	3（y_{131}）	4	1（y_{214}）	4（y_{244}）	7（y_{274}）
2	4（y_{142}）	5（y_{152}）	6（y_{162}）	5	2（y_{225}）	5（y_{255}）	8（y_{285}）
3	7（y_{173}）	8（y_{183}）	9（y_{193}）	6	3（y_{236}）	6（y_{266}）	9（y_{296}）

在表 13-3 数据中，其第 i 重复的第 j 处理在第 k 区组的观察值 y_{ijk} 的线性模型可以用下式表示。

$$y_{ijk}=\mu+R_i+T_j+B_{ik}+e_{ijk} \qquad (13-14)$$

式中，μ 为总平均数，R_i 为第 i 重复效应，T_j 为第 j 处理效应，B_{ik} 为第 i 重复内第 k 区

组效应，相互独立的随机误差 $e_{ijk} \sim N(0, \sigma^2)$。

（二）矩阵模型

仍按照表 13-3 数据，给出矩阵模型，即

$$
\begin{bmatrix} y_{111} \\ y_{121} \\ y_{131} \\ y_{142} \\ y_{152} \\ y_{162} \\ y_{173} \\ y_{183} \\ y_{193} \\ y_{214} \\ y_{244} \\ y_{274} \\ y_{225} \\ y_{255} \\ y_{285} \\ y_{236} \\ y_{266} \\ y_{296} \end{bmatrix}
=
\begin{bmatrix}
1&1&0&1&0&0&0&0&0&0&0&0&1&0&0&0&0&0 \\
1&1&0&0&1&0&0&0&0&0&0&0&1&0&0&0&0&0 \\
1&1&0&0&0&1&0&0&0&0&0&0&1&0&0&0&0&0 \\
1&1&0&0&0&0&1&0&0&0&0&0&0&1&0&0&0&0 \\
1&1&0&0&0&0&0&1&0&0&0&0&0&1&0&0&0&0 \\
1&1&0&0&0&0&0&0&1&0&0&0&0&1&0&0&0&0 \\
1&1&0&0&0&0&0&0&0&1&0&0&0&0&1&0&0&0 \\
1&1&0&0&0&0&0&0&0&0&1&0&0&0&1&0&0&0 \\
1&1&0&0&0&0&0&0&0&0&0&1&0&0&1&0&0&0 \\
1&0&1&1&0&0&0&0&0&0&0&0&0&0&0&1&0&0 \\
1&0&1&0&0&0&1&0&0&0&0&0&0&0&0&1&0&0 \\
1&0&1&0&0&0&0&0&0&1&0&0&0&0&0&1&0&0 \\
1&0&1&0&1&0&0&0&0&0&0&0&0&0&0&0&1&0 \\
1&0&1&0&0&0&0&1&0&0&0&0&0&0&0&0&1&0 \\
1&0&1&0&0&0&0&0&0&0&1&0&0&0&0&0&1&0 \\
1&0&1&0&0&1&0&0&0&0&0&0&0&0&0&0&0&1 \\
1&0&1&0&0&0&0&0&1&0&0&0&0&0&0&0&0&1 \\
1&0&1&0&0&0&0&0&0&0&0&1&0&0&0&0&0&1
\end{bmatrix}
\begin{bmatrix} \mu \\ R_1 \\ R_2 \\ T_1 \\ T_2 \\ T_3 \\ T_4 \\ T_5 \\ T_6 \\ T_7 \\ T_8 \\ T_9 \\ B_{11} \\ B_{12} \\ B_{13} \\ B_{24} \\ B_{25} \\ B_{26} \end{bmatrix}
+
\begin{bmatrix} e_{111} \\ e_{121} \\ e_{131} \\ e_{142} \\ e_{152} \\ e_{162} \\ e_{173} \\ e_{183} \\ e_{193} \\ e_{214} \\ e_{244} \\ e_{274} \\ e_{225} \\ e_{255} \\ e_{285} \\ e_{236} \\ e_{266} \\ e_{296} \end{bmatrix}
$$

按照矩阵模型，可看出各个观察的效应贡献。例如重复 II 第 9 个观察值 y_{296} 是在第 6 区组里的，该观察值由总均值、重复效应 R_2、处理效应 T_9、重复内区组效应 B_{26} 以及随机误差组成。

若设计矩阵写成 $\boldsymbol{X}_{\mathrm{ORTB}}$，观察值写成矩阵 $\boldsymbol{Y}$，效应向量写成 $\boldsymbol{b}$，误差向量写成 $\boldsymbol{e}$，此矩阵模型可写成格子设计的一般形式，即

$$\boldsymbol{Y} = \boldsymbol{X}_{\mathrm{ORTB}} \boldsymbol{b} + \boldsymbol{e} \tag{13-15}$$

该模型还可写成

$$\boldsymbol{Y} = \boldsymbol{X}_0 \boldsymbol{b}_0 + \boldsymbol{X}_{\mathrm{R}} \boldsymbol{b}_{\mathrm{R}} + \boldsymbol{X}_{\mathrm{T}} \boldsymbol{b}_{\mathrm{T}} + \boldsymbol{X}_{\mathrm{B}} \boldsymbol{b}_{\mathrm{B}} + \boldsymbol{e} \tag{13-16}$$

以表 13-3 数据为例，$\boldsymbol{X}_{\mathrm{R}}$ 是 $\boldsymbol{X}_{\mathrm{ORTB}}$ 矩阵的第 2 列和第 3 列；$\boldsymbol{X}_{\mathrm{T}}$ 是 $\boldsymbol{X}_{\mathrm{ORTB}}$ 矩阵的第 4~6 列；$\boldsymbol{X}_{\mathrm{B}}$ 是 $\boldsymbol{X}_{\mathrm{ORTB}}$ 矩阵的第 7~12 列。$\boldsymbol{b}_0$ 是模型总均值，其系数为 1，写出列向量 $\boldsymbol{X}_0$，其元素均为 1；$\boldsymbol{b}_{\mathrm{R}}$、$\boldsymbol{b}_{\mathrm{T}}$、$\boldsymbol{b}_{\mathrm{B}}$ 分别为重复效应向量、处理效应向量和重复内区组效应向量。模型（13-15）和模型（13-16）都属于格子设计的全模型，后者更清楚表示了观察值的效应贡献项以及观察值变异的贡献项。

（三）平方和计算与方差分析

格子设计模型（13-16）中，除重复效应可由重复平均数减去总平均数的差值估计外，处理效应、区组效应均不能按照此方法估计。因为"处理平均数减总平均数"和"区组平均数减总平均数"所得效应皆是一种混杂的效应，例如前者依过去的思路可称为处理效应，但

是它混杂有区组效应，后者也混杂有品种分组效应。因此各项变异的平方和计算与第六章中的方差分析的办法不同。

可采用约减模型与全模型比较的方法计算，这种方法就是第十一章介绍的Ⅲ型平方和计算方法，计算方法如下。

1. 全模型剩余平方和计算 先计算回归系数 b，即

$$\hat{\boldsymbol{b}} = (\boldsymbol{X}'_{\text{ORTB}} \hat{\boldsymbol{V}}^{-1} \boldsymbol{X}_{\text{ORTB}})^{-} \boldsymbol{X}'_{\text{ORTB}} \hat{\boldsymbol{V}}^{-1} Y$$

该估计值不唯一，但是使用特定广义逆矩阵的计算方法情况下，不影响平方和的计算结果。再计算全模型的剩余平方和，即

$$\boldsymbol{R}(\boldsymbol{b}_0, \boldsymbol{b}_{\text{R}}, \boldsymbol{b}_{\text{T}}, \boldsymbol{b}_{\text{B}}) = \boldsymbol{Y}'\boldsymbol{Y} - (\boldsymbol{X}_{\text{ORTB}}\hat{\boldsymbol{b}})'(\boldsymbol{X}_{\text{ORTB}}\hat{\boldsymbol{b}})$$

2. 处理平方和计算 在全模型中，减去处理变异项，可得到约减模型，即

$$\boldsymbol{Y} = \boldsymbol{X}_0\boldsymbol{b}_0 + \boldsymbol{X}_{\text{R}}\boldsymbol{b}_{\text{R}} + \boldsymbol{X}_{\text{B}}\boldsymbol{b}_{\text{B}} + e$$

按照此模型，可以得到剩余平方和为 $\boldsymbol{R}(\boldsymbol{b}_0, \boldsymbol{b}_{\text{R}}, \boldsymbol{b}_{\text{B}})$，计算方法同上。那么，处理间变异的平方和可计算为

$$SS_{\text{t}} = \boldsymbol{R}(\boldsymbol{b}_0, \boldsymbol{b}_{\text{R}}, \boldsymbol{b}_{\text{B}}) - \boldsymbol{R}(\boldsymbol{b}_0, \boldsymbol{b}_{\text{R}}, \boldsymbol{b}_{\text{T}}, \boldsymbol{b}_{\text{B}})$$

3. 重复内区组平方和计算 在全模型（13 - 16）基础上，减去区组变异项，得到模型，即

$$\boldsymbol{Y} = \boldsymbol{X}_0\boldsymbol{b}_0 + \boldsymbol{X}_{\text{R}}\boldsymbol{b}_{\text{R}} + \boldsymbol{X}_{\text{T}}\boldsymbol{b}_{\text{T}} + e$$

此模型剩余平方和为 $\boldsymbol{R}(\boldsymbol{b}_0, \boldsymbol{b}_{\text{R}}, \boldsymbol{b}_{\text{T}})$，因此区组间平方和为

$$SS_{\text{B}} = \boldsymbol{R}(\boldsymbol{b}_0, \boldsymbol{b}_{\text{R}}, \boldsymbol{b}_{\text{T}}) - \boldsymbol{R}(\boldsymbol{b}_0, \boldsymbol{b}_{\text{R}}, \boldsymbol{b}_{\text{T}}, \boldsymbol{b}_{\text{B}})$$

4. 计算重复间平方和 进而，可得到表 13 - 4。

表 13 - 4 简单格子设计方差分析表

变异来源	DF	SS	MS	EMS
重复	$r-1$	SS_{R}		
区组	$r(p-1)$	SS_{B}	E_{b}	$\sigma^2 + \sigma_{\text{b}}^2 p/r$
品种	p^2-1	SS_{T}	MS_{T}	$\sigma^2 + r\sigma_{\text{v}}^2$
区组内误差	$(p-1)(rp-p-1)$	SS_{e}	E_i	σ^2
总	rp^2-1			

SAS 软件中，采用混合模型方法计算和分析（见第十一章的一般线性模型方法），区组和误差平方和都可以从一般线性模型（GLM）等方法中得到。

（四）期望均方

简单格子设计用于单因素试验，其期望均方和随机区组的情况一样，区组内误差估计了 σ^2，调整的处理均方估计了 $\sigma^2 + r\sigma_{\text{v}}^2$（随机模型）或 $\sigma^2 + r\kappa_{\text{v}}^2$（固定模型）。区组间均方的期望为

$$E_{\text{b}} = \sigma^2 + \sigma_{\text{b}}^2 p/r$$

式中，p 是每个区组中品种的个数，r 是重复数，σ^2 是随机误差期望方差，由 E_i 直接估计。

二、简单格子设计的例题

【例 13 - 1】 表 13 - 5 为一个 5×5 大豆品种重复 2 次简单格子设计的试验结果。其田间排列是随机的。随机的步骤：在每个重复内分别独立地随机安排区组；在每个区组内分别独立地随机安排品种代号；将各品种随机决定品种代号。

表 13 - 5 5×5 大豆品种简单格子设计的产量试验结果（$r=2$，kg/区）

区组										重复 Ⅰ
1	(1)	6	(2)	7	(3)	5	(4)	8	(5)	6
2	(6)	16	(7)	12	(8)	12	(9)	13	(10)	8
3	(11)	17	(12)	7	(13)	7	(14)	9	(15)	14
4	(16)	18	(17)	16	(18)	13	(19)	13	(20)	14
5	(21)	14	(22)	15	(23)	11	(24)	14	(25)	14

区组										重复 Ⅱ
6	(1)	24	(6)	13	(11)	24	(16)	11	(21)	8
7	(2)	21	(7)	11	(12)	14	(17)	11	(22)	23
8	(3)	16	(8)	4	(13)	12	(18)	12	(23)	12
9	(4)	17	(9)	10	(14)	30	(19)	9	(24)	23
10	(5)	15	(10)	15	(15)	22	(20)	16	(25)	19

1. 按照随机区组试验分析   为说明格子设计的控制误差效应，首先按照随机区组试验分析，得到表 13 - 6。该结果表明品种间变异的 F 值小于 1。

表 13 - 6   表 13 - 5 数据按照随机区组设计分析的方差分析表

变异来源	DF	SS	MS	F
重复	1	212.18		
品种（未调整）	24	559.28	23.30	<1
误差	24	720.32	30.01	
总和	49	1 491.78		

2. 按照格子设计分析   从表 13 - 5 整理各系数矩阵，即总均值系数向量（X_0）、重复效应设计矩阵（X_R）、品种效应的设计矩阵（X_T）、区组效应的设计矩阵（X_B）、响应变量向量 Y（产量结果），即得

$$X_0 = \begin{bmatrix} 1 \\ 1 \\ 1 \\ \vdots \\ 1 \\ 1 \end{bmatrix}_{50 \times 1} \quad X_R = \begin{bmatrix} 1 & 0 \\ \vdots & \vdots \\ 1 & 0 \\ 0 & 1 \\ \vdots & \vdots \\ 0 & 1 \end{bmatrix}_{50 \times 2} \quad X_T = \begin{bmatrix} 1 & 0 & 0 & 0 & 0 & 0 & \cdots & 0 & 0 \\ 0 & 0 & 0 & 0 & 0 & 1 & \cdots & 0 & 0 \\ 0 & 0 & 0 & 0 & 0 & 0 & \cdots & 0 & 0 \\ \vdots & \vdots & \vdots & \vdots & \vdots & \vdots & & \vdots & \vdots \\ 0 & 0 & 0 & 0 & 0 & 0 & \cdots & 1 & 0 \\ 0 & 0 & 0 & 0 & 0 & 0 & \cdots & 0 & 1 \end{bmatrix}_{50 \times 25}$$

$$
\boldsymbol{X}_{\mathrm{B}}=\begin{bmatrix} 1 & 0 & 0 & \cdots & 0 & 0 \\ 0 & 1 & 0 & \cdots & 0 & 0 \\ 0 & 0 & 1 & \cdots & 0 & 0 \\ \vdots & \vdots & \vdots & & \vdots & \vdots \\ 0 & 0 & 0 & 0 & 1 & 0 \\ 0 & 0 & 0 & 0 & 0 & 1 \end{bmatrix}_{50\times10} \qquad \boldsymbol{Y}=\begin{bmatrix} 6 \\ 16 \\ 17 \\ \vdots \\ 23 \\ 19 \end{bmatrix}_{50\times1}
$$

各个设计矩阵 $\boldsymbol{X}$ 中，仅包含 0 和 1 两个数字，这与第十一章中的写作方法是相同的。例如在品种效应的设计矩阵 $\boldsymbol{X}_{\mathrm{T}}$ 中，第 2 行第 6 列元素为 1，说明第 2 个观察值中含有第 6 个品种的效应；第 2 行其他数值为 0，说明不含有其他品种效应。又如，在区组效应的设计矩阵 $\boldsymbol{X}_{\mathrm{B}}$ 中，第 2 行第 2 列元素为 1，说明第 2 个观察值中含有第 2 个区组的效应；第 2 行其他数值为 0，说明不含有其他区组效应。同理，可以根据线性模型，写出各个设计矩阵。观察值编号后，依据重复、品种、区组编号，可写出设计矩阵的元素，从而完全说明设计信息。进一步，用设计信息做统计模型分析。

3. 计算平方和　计算格子设计的各项变异平方和（属Ⅲ型平方和），得到表 13-7。

考虑所有效应项（重复效应、品种效应及区组效应）的全模型为 $\boldsymbol{Y}=\boldsymbol{X}_{\mathrm{ORTB}}\boldsymbol{b}+\boldsymbol{e}$，计算剩余平方和为 218.48，此即是区组内误差平方和。从全模型中去掉品种项，得到剩余平方和为 929.60，因此品种间平方和为 929.60−218.48＝711.12。从全模型中去掉区组后，剩余平方和为 720.32，因此重复内区组平方和为 720.32−218.48＝501.84。

表 13-7 中，误差变异进一步分解为区组内误差和重复内区组间变异；而通过区组控制误差，品种间变异平方和也大于表 13-6 中的品种平方和，为试验设计实现的调整平方和。这样，考虑区组后，品种均方比调整前增大了，误差比随机区组设计降低了，因而提高了试验的精确性。依据期望均方，构建 F 统计量 $F=29.63/13.66=2.17$。

表 13-7　5×5 简单格子设计（$r=2$）的方差分析表

变异来源	DF	SS	MS	F	P	EMS
模型	33	1 273.30	38.58			
重复	1	212.18	212.18			$\sigma^2+5\sigma_{\mathrm{B}}^2+25\kappa_{\mathrm{r}}^2$
品种（调整的）	24	711.12	29.63	2.17	0.056	$\sigma^2+2\kappa_{\mathrm{T}}^2$
重复内区组	8	501.84	62.73	4.59	0.005	$\sigma^2+2.5\sigma_{\mathrm{B}}^2$
区组内误差	16	218.48	13.66			σ^2
总计	49	1 491.78				
调整的总平方和		1 643.62				

4. 估计方差组分和方差协方差矩阵　根据期望均方，可估计方差组分（表 13-7），即

$$
\begin{cases} \hat{\sigma}^2=E_i=13.66 \\ \hat{\sigma}_{\mathrm{b}}^2=\dfrac{E_{\mathrm{b}}-E_i}{p/2}=\dfrac{62.73-13.66}{5/2}=19.63 \end{cases}
$$

格子设计中，重复效应和品种效应若视为固定的，而区组效应视为随机的。据混合模型原理（参见第十一章），观察值向量 $\boldsymbol{Y}$ 服从多元正态分布：$\boldsymbol{Y}\sim\mathrm{MVN}(\boldsymbol{X}_{\mathrm{ORT}}\boldsymbol{b},\boldsymbol{V})$，其中方差协方差矩阵估计公式为 $\hat{\boldsymbol{V}}=\boldsymbol{X}_{\mathrm{B}}\boldsymbol{X}_{\mathrm{B}}'\hat{\sigma}_{\mathrm{B}}^2+\hat{\sigma}^2\boldsymbol{I}$。因此，可得到 $\hat{\boldsymbol{V}}$ 的估计如下。

$$\hat{\boldsymbol{V}} = \boldsymbol{X}_{\mathrm{B}}\boldsymbol{X}_{\mathrm{B}}'\hat{\sigma}_{\mathrm{b}}^2 + \hat{\sigma}\boldsymbol{I} =$$

$$
\begin{bmatrix}
33.29 & 0 & 0 & 0 & 0 & 19.63 & \cdots & 0 & 0 & 0 & 0 & 0 & 0 \\
0 & 33.29 & 0 & 0 & 0 & 0 & \cdots & 0 & 0 & 0 & 0 & 0 & 0 \\
0 & 0 & 33.29 & 0 & 0 & 0 & \cdots & 0 & 0 & 0 & 0 & 0 & 0 \\
0 & 0 & 0 & 33.29 & 0 & 0 & \cdots & 0 & 0 & 0 & 0 & 0 & 0 \\
0 & 0 & 0 & 0 & 33.29 & 0 & \cdots & 0 & 0 & 0 & 0 & 0 & 0 \\
19.63 & 0 & 0 & 0 & 0 & 33.29 & \cdots & 0 & 0 & 0 & 0 & 0 & 0 \\
\vdots & \vdots & \vdots & \vdots & \vdots & \vdots & & \vdots & \vdots & \vdots & \vdots & \vdots & \vdots \\
0 & 0 & 0 & 0 & 0 & 0 & \cdots & 33.29 & 0 & 0 & 0 & 0 & 19.63 \\
0 & 0 & 0 & 0 & 0 & 0 & \cdots & 0 & 33.29 & 0 & 0 & 0 & 0 \\
0 & 0 & 0 & 0 & 0 & 0 & \cdots & 0 & 0 & 33.29 & 0 & 0 & 0 \\
0 & 0 & 0 & 0 & 0 & 0 & \cdots & 0 & 0 & 0 & 33.29 & 0 & 0 \\
0 & 0 & 0 & 0 & 0 & 0 & \cdots & 0 & 0 & 0 & 0 & 33.29 & 0 \\
0 & 0 & 0 & 0 & 0 & 0 & \cdots & 19.63 & 0 & 0 & 0 & 0 & 33.29
\end{bmatrix}
$$

此方差-协方差矩阵是一个 50×50 的矩阵，0 说明了观察值间的独立性。例如此矩阵中的第 2 行第 1 列元素为 0，说明 $\boldsymbol{Y}$ 向量中第 2 个观察值与第 1 个观察值之间是独立关系。$\hat{\boldsymbol{V}}$ 矩阵中，第 3 行第 3 列元素为 33.29，说明 $\boldsymbol{Y}$ 矩阵中的第 3 个观察值的大小受随机的区组效应和随机误差效应影响，其估计为 $\hat{\sigma}^2 + \hat{\sigma}_{\mathrm{b}}^2 = 13.66 + 19.63 = 33.29$。

5. 估计品种观察值和调整的品种平均数 将总均值、重复效应、品种效应视为固定效应。这些效应可以估计为（参见第十一章第六节）

$$\hat{\boldsymbol{b}} = (\boldsymbol{X}_{\mathrm{ORT}}'\hat{\boldsymbol{V}}^{-1}\boldsymbol{X}_{\mathrm{ORT}})^{-}\boldsymbol{X}_{\mathrm{ORT}}'\hat{\boldsymbol{V}}^{-1}\boldsymbol{Y} = [8.84\ 2.36\ 6.4\ 5.80\ \cdots\ 2.14]'$$

由于 $\boldsymbol{X}_{\mathrm{ORT}}$ 矩阵不满秩，导致效应估计结果不唯一。这里的效应估计是通过求解广义逆矩阵的特定算法得到的。需要保持一致性的广义逆矩阵计算方法，才可计算准确、唯一的平方和以及后述的调整平均数。

需要估计剔除区组效应后的各固定处理组（品种与重复的组合）的估计值，采用的方法是加权最小二乘法。

可通过构建 $\boldsymbol{L}$ 向量，求解 $\boldsymbol{Lb}$ 估计值办法得到。以品种 1 在重复 Ⅰ 和重复 Ⅱ 的品种估计值计算为例说明。可以写出

$$\boldsymbol{L}_1 = [1\ 1\ 0\ 1\ 0\ 0\ 0\ 0\ 0\ 0\ 0\ 0\ 0\ 0\ 0\ 0\ 0\ 0\ 0\ 0\ 0\ 0\ 0\ 0\ 0\ 0\ 0\ 0\ 0\ 0\ 0]$$

$$\boldsymbol{L}_2 = [1\ 0\ 1\ 1\ 0\ 0\ 0\ 0\ 0\ 0\ 0\ 0\ 0\ 0\ 0\ 0\ 0\ 0\ 0\ 0\ 0\ 0\ 0\ 0\ 0\ 0\ 0\ 0\ 0\ 0\ 0]$$

这样就可以通过计算 $\boldsymbol{Lb}$ 来计算总均值、重复效应、品种效应的总和，从而得到该估计值。该估计结果是唯一的。理论分布为（参见第十一章第六节）：$\boldsymbol{L}\hat{\boldsymbol{b}} \sim MVN(\boldsymbol{Lb},\ \boldsymbol{L}(\boldsymbol{X}'\boldsymbol{V}^{-1}\boldsymbol{X})^{-}\boldsymbol{L}')$。这样品种 1 在两个重复的估计值分别为 $\boldsymbol{L}_1\hat{\boldsymbol{b}} = 17.008\ 1$；$\boldsymbol{L}_2\hat{\boldsymbol{b}} = 21.128\ 1$。那么，剔除区组效应后的调整品种平均数为 $(\boldsymbol{L}_1\hat{\boldsymbol{b}} + \boldsymbol{L}_2\hat{\boldsymbol{b}})/2 = 19.07$。

同理，可计算出所有品种的调整平均数，即

(1)	19.07	(2)	16.97	(3)	14.65	(4)	14.77	(5)	12.85
(6)	13.17	(7)	9.07	(8)	6.75	(9)	8.37	(10)	8.45
(11)	23.55	(12)	12.46	(13)	12.63	(14)	20.75	(15)	19.33
(16)	12.62	(17)	10.53	(18)	10.70	(19)	7.32	(20)	11.40
(21)	11.63	(22)	18.53	(23)	12.20	(24)	17.33	(25)	15.40

6. 计算品种平均数间差数的标准误 为比较处理平均数，仍可借助上述的 **Lb** 理论分布。例如比较品种 1 和品种 2 的调整数间的差异，可写出一个 L 向量，计算调整品种平均数差数的标准误为

$$SE=\sqrt{L(X'\hat{V}^{-1}X)^-L'} \tag{13-17}$$

以品种 1 和品种 2 的比较为例，写出 L 向量 $L=[0\ 0\ 0\ 1\ -1\ 0\ 0\ 0\ 0\ 0\ 0\ 0\ 0\ 0\ 0\ 0\ 0\ 0\ 0\ 0\ 0\ 0\ 0\ 0\ 0\ 0\ 0\ 0\ 0\ 0\ 0]$，则 $L\hat{b}=2.095\ 2$，可以计算得到：$SE=\sqrt{L(X'\hat{V}^{-1}X)^-L'}=3.973\ 9$。

若无效假设为 $H_0:Lb=0$。可通过 t 测验检验调整平均数的差异显著性，计算公式为 $t=L\hat{b}/SE$。该式的分子 $L\hat{b}$ 是品种调整平均数的差数，分母 SE 是平均数差数的标准误。仍以品种 1 和品种 2 的比较为例，则

$$t=L\hat{b}/SE=2.095\ 2/3.973\ 9=0.527\ 2<1$$

显然在显著性差异 0.05 水平下，这两个品种间无显著性差异。

需要指出的是，调整平均数比较可分为异区组的调整平均数比较和同区组的调整平均数比较两种。平均数差数标准误对这两类而言，是不同的。例如品种 1 和 2 属于同区组，而品种 1 和 8 的平均数比较属于异区组调整平均数比较。这两类比较的差数标准误可通过相同的公式计算出来，但是 L 向量元素因待比较的处理不同而有所不同。

7. F 测验 若同时比较多平均数的变异，可以通过构建 L 矩阵，采用 F 测验的方法，做显著性测验。L 矩阵的写作方法与第十一章中线性对比矩阵 L 方法相同。若无效假设为 $H_0:Lb=0$，则 F 统计量的计算公式为

$$F=(L\hat{b})'(L(X'\hat{V}^{-1}X)^-L')^{-1}(L\hat{b})/\nu$$

式中，$\nu=\mathrm{rank}(L)$，该 F 分布的第 1 自由度为 $\nu=\mathrm{rank}(L)$；第 2 自由度为区组内误差自由度。以品种 1 和 25 比较为例说明，这两个调整平均数属于异区组，即有

$$F=(L\hat{b})'(L(X'\hat{V}^{-1}X)^-L')^{-1}(L\hat{b})/\nu=0.278\ 0<1$$

其中，$L=[0\ 0\ 0\ 1\ 0\ 0\ 0\ 0\ 0\ 0\ 0\ 0\ 0\ 0\ 0\ 0\ 0\ 0\ 0\ 0\ 0\ 0\ 0\ 0\ 0\ 0\ 0\ 0\ -1]$

显然这两个品种间也无显著性差异。该测验与 t 测验等价。

【例 13-2】 表 13-8 为在例 13-1 表 13-5 的基础上增加了 2 个重复的数据，为 5×5 大豆品种重复 4 次简单格子设计的试验结果。其田间排列是随机的。随机的步骤：在每个重复内分别独立地随机安排区组；在每个区组内分别独立地随机安排品种代号。

表 13-8 5×5 大豆品种简单格子设计的产量试验结果 （r=4，kg/区）

区组											区组										
			重复Ⅲ											重复Ⅳ							
11	(1)	13	(2)	26	(3)	9	(4)	13	(5)	11	16	(1)	16	(6)	7	(11)	20	(16)	13	(21)	21
12	(6)	15	(7)	18	(8)	22	(9)	11	(10)	15	17	(2)	15	(7)	10	(12)	11	(17)	7	(22)	14
13	(11)	19	(12)	10	(13)	10	(14)	10	(15)	16	18	(3)	7	(8)	11	(13)	15	(18)	15	(23)	16
14	(16)	21	(17)	16	(18)	17	(19)	4	(20)	17	19	(4)	9	(9)	14	(14)	22	(19)	6	(24)	16
15	(21)	15	(22)	12	(23)	13	(24)	20	(25)	8	20	(5)	10	(10)	18	(15)	20	(20)	15	(25)	14

该试验可以采用例 13-1 方法进行计算，也采用 SAS 软件中的 LATTICE、GLM（一般线性模型）程序分析，见附录 1 的 LT13-2。从设计角度看，Ⅲ、Ⅳ两个重复与Ⅰ、Ⅱ两

个重复的试验设计相同。因此本试验是在 2 个固定分组下的 2 次重复。

1. 方差分析表 方差分析表见表 13-9。按照例 13-1 相同的方法，可计算调整后的品种间平方和，并做方差分析。

表 13-9 5×5 简单格子设计的方差分析表 ($r=4$)

变异来源	DF	SS	MS	F	P	EMS
模型	43	1 803.43	41.94			
重复	3	226.19	75.40			$\sigma^2+5\sigma_B^2+25\kappa_r^2$
品种（调整）	24	1 103.24	45.97	3.38	<0.000 1	$\sigma^2+4\kappa_T^2$
重复内区组	16	786.00	49.13	3.61	0.000 2	$\sigma^2+3.75\sigma_B^2$
区组内误差	56	761.56	13.60			σ^2
总计	99	2 564.99				
调整总平方和		2 876.99				

可以看出，品种间差异是极显著的，说明增加格子设计重复可以比较好地控制试验误差。此外，需指出，格子设计在有缺区情况下也可以分析，但是一定要注意使用Ⅲ型平方和。

2. 计算得到品种调整平均数 结果见表 13-10。

表 13-10 各个品种的调整平均产量

品种编号	1	2	3	4	5	6	7	8	9	10	11	12	13
调整平均数	16.66	19.31	11.22	14.69	12.73	11.73	11.89	11.30	9.52	11.55	22.10	12.76	13.16

品种编号	14	15	16	17	18	19	20	21	22	23	24	25
调整平均数	17.89	18.67	14.57	11.48	13.14	5.36	12.90	15.36	17.02	13.92	17.65	13.18

调整品种平均数差数标准误因不同类型的比较而不同（LSD 法）。用于比较同区组品种平均数的方差为 7.66，用于比较异区组品种平均数的方差为 8.53。0.01 水平的 LSD 临界值为 7.65，0.05 水平的 LSD 临界值为 5.75。本例题是根据 SAS 软件计算的结果给出的。有关平均数比较的假设测验可由读者自己完成。

第四节 平衡不完全区组设计的统计分析

平衡不完全区组设计包括 5 种不同的情况，本章第一节中介绍了其中常用的一种（图 13-7）。这类设计的统计分析原理是相同的，读者如要了解更全面的情况，可参考 Cochran 和 Cox（1957）所著的 *Experimental Designs*，此处以图 13-7 的设计说明其统计分析方法。

【例 13-3】设要对某种水果 7 个品种进行风味品尝，请 7 位专家评分，每位专家按图 13-7 的计划鉴评 3 个品种，其第 1 号为对照品种，评分范围为最低 0 分，最高 5 分，结果列于表 13-11。该试验具有处理数 $t=7$，区组数 $k=3$，重复数 $r=k=3$，品种在同一区组两两相遇 1 次。

表 13 - 11　7 个品种风味的专家评分结果（平衡不完全区组设计）

区组（专家）	品种与评分（y_{ij}）			区组总和（B）
(1)	① 3.5	② 3.8	④ 4.1	11.4
(2)	② 3.4	③ 4.0	⑤ 3.3	10.7
(3)	③ 4.1	④ 4.3	⑥ 4.6	13.0
(4)	④ 4.3	⑤ 4.2	⑦ 4.6	13.1
(5)	⑤ 3.7	⑥ 4.6	① 3.9	12.2
(6)	⑥ 4.0	⑦ 4.8	② 3.7	12.5
(7)	⑦ 4.9	① 4.0	③ 4.5	13.4
				$G=86.3$

这个设计的线性模型为

$$y_{ij} = \mu + t_i + b_j + \varepsilon_{ij} \tag{13-18}$$

式中，t_i 为处理（品种效应），$\sum_i t_i = 0$；b_j 为区组效应，$\sum_j b_j = 0$；$\varepsilon_{ij} \sim N(0, \sigma^2)$。

按照此模型，采用一般线性模型（GLM）方法，计算 Ⅲ 型平方和，进行方差分析（表 13-12）。计算程序见附录 1 的 LT13-3。

表 13 - 12　表 13 - 11 数据的方差分析

变异来源	DF	SS	MS	F	$P(>F)$
模型	12	3.381	0.282	3.15	0.056 1
区组	6	0.370	0.062	0.69	0.666 2
品种	6	1.343	0.224	2.5	0.115 2
误差	8	0.717	0.090		
总计	20	4.098			

由于区组不完全，品种平均数间不能直接比较，区组平均数间也不能直接比较，品种变异包含有区组的成分在内，区组的变异包含有品种的成分在内。为解决此问题，可采用 SAS 软件 LSMEANS 程序调整平均数，以便使品种平均数不受区组影响；与例 13-1 和例 13-2 类似，也可采用第十章介绍的一般线性模型方法编写程序解决，这里不予详细描述。

品种平均数采用 LSD 方法测验，不能采用 SSR 方法做多重比较，因为不同比较的标准误是不同的。以品种 2 为对照得到的比较结果见表 13-13。品种 4 和 7 的风味显著优于 2 号品种，其他品种与品种 2 的差异不显著。

表 13 - 13　表 13 - 11 中各个品种调整平均数的假设测验

品种	1	2	3	4	5	6	7
调整的平均数	4.117	3.367	3.967	4.517*	3.817	4.067	4.917*
概率	0.125	—	0.208	0.043	0.222	0.073	0.012

习题

1. 拟对小麦育种试验中获得的 98 个家系进行第 1 年产量比较试验，当地设 2 个对照种（CK_1 和 CK_2），试将此试验设计为：（1）重复内分组设计；（2）分组内重复设计；（3）简单格子设计；（4）三重格子设计的试验，并图示它们在试验地上的布置。

2. 按上题的设计，试列出其相应方差分析的自由度分解表。

3. 下表为一个水稻品种试验的数据（kg/区），供试品种 9 个，简单格子设计，重复 2 次，试分析其结果。

重 复 Ⅰ			重 复 Ⅱ		
区组 1	① 2.20	② 1.84	③ 2.18	区组 4	① 1.19	④ 1.20	⑦ 1.15
区组 2	④ 2.05	⑤ 0.85	⑥ 1.86	区组 5	② 2.26	⑤ 1.07	⑧ 1.45
区组 3	⑦ 0.73	⑧ 1.60	⑨ 1.76	区组 6	③ 2.12	⑥ 2.03	⑨ 1.63

[参考答案：$F=8.37$，品种间差异显著]

4. 上述题 3 试验中，两种分组各增加 1 次重复，共 4 次重复，试进一步分析其结果。

重 复 Ⅲ			重 复 Ⅳ		
区组 7	① 1.81	② 1.76	③ 1.71	区组 10	① 1.77	④ 1.60	⑦ 1.78
区组 8	④ 1.57	⑤ 1.16	⑥ 2.16	区组 11	② 1.50	⑤ 0.93	⑧ 1.43
区组 9	⑦ 1.80	⑧ 1.13	⑨ 1.11	区组 12	③ 2.04	⑥ 1.57	⑨ 1.42

[参考答案：$F=3.55$，品种间差异显著]

5. 对菜用大豆的食味进行品尝鉴定，聘请 13 位专家对 13 个品种做鉴定，采用平衡不完全区组设计，品种（13）为对照（CK），评分分成 0～9 共 10 级，分值越高品质越好，其结果见下表。试分析此试验结果。

区组（专家）	1	2	3	4	5	6	7	8	9	10	11	12	13
	(1)	(2)	(3)	(4)	(5)	(6)	(7)	(8)	(9)	(10)	(11)	(12)	(13)
	6.3	5.0	7.8	4.5	9.0	4.0	8.5	3.0	8.4	7.4	6.6	3.2	6.0
	(2)	(3)	(4)	(5)	(6)	(7)	(8)	(9)	(10)	(11)	(12)	(13)	(1)
	4.7	7.5	4.2	8.7	4.1	8.1	7.8	8.3	7.2	6.0	3.5	5.8	6.0
	(4)	(5)	(6)	(7)	(8)	(9)	(10)	(11)	(12)	(13)	(1)	(2)	(3)
	4.8	9.0	4.3	8.2	3.3	8.7	7.5	6.9	3.5	6.2	6.5	5.3	8.1
	(10)	(11)	(12)	(13)	(1)	(2)	(3)	(4)	(5)	(6)	(7)	(8)	(9)
	7.0	6.9	3.0	5.8	6.5	4.8	8.0	4.3	9.1	3.9	8.7	7.0	8.9

[参考答案：$F=26.80$，品种间差异显著]

6. 做营养试验，分别以 6 种饲料（A～F）喂养小鼠。小鼠有 12 窝，每窝 3 只（不够 6 只），按平衡不完全配伍组设计安排了试验，并收集到试验数据如下，试进行分析。

窝别	饲　料					
	A	B	C	D	E	F
1	7.0		3.3			4.6
2				4.0	3.6	2.4
3		3.9		4.1	6.4	
4		3.6	3.3			6.1
5	5.5	4.7				2.6
6	3.0			2.8	5.2	
7	4.4		7.5		2.5	
8	5.2	2.4	3.7			
9	4.7				2.4	5.9
10		6.0	3.3	4.5		
11			9.4	8.6	10.3	
12	9.7			10.1		5.7

[参考答案：$F=0.42$，品种间差异不显著]。

第十四章

简单分布和混合分布的参数估计方法

研究工作的目的在于了解总体特征的有关信息，因而用样本统计数估计相应总体参数，并由之进行统计推断。总体特征的各种参数，在本教材开头的前几章主要涉及平均数、标准差等，并只从直观上介绍其定义和公式，未就其估计方法，即参数估计（parameter estimation）的方法做讨论。本章将简要介绍几种常用参数估计方法，包括矩法、最小二乘法、极大似然法。第五章述及参数的点估计（point estimation）和区间估计（interval estimation），本章讨论点估计方法。区间估计是在点估计的基础上结合统计数的抽样分布而进一步做出的推论，有关内容散见在其他各章。

第一节　总体分布的主要参数及其估计量的评选标准

一、总体分布的主要参数

农业科学研究都是从样本开始的，其目的不是就样本论样本，而是要对所代表的理论总体做出推论，估计总体的参数。农业科学研究中需要估计的参数是多种多样的，主要包括总体数量特征值参数，例如：①用平均数来估计品种的产量，用平均数差数来估计施肥等处理的效应；②用百分数（或比例）来估计遗传分离比例、群体基因频率或基因型频率、2个连锁主基因间的重组率；③通过变异来源的剖分，用方差来估计环境方差、遗传方差和表型方差，在此基础上估计性状的遗传力等遗传参数；④用标准误来估计有关统计数的抽样误差，例如重组率的标准误、遗传抽样误差、遗传多样性误差、频率误差等。另一类参数是关于揭示变数间相互关系的，例如：①用相关系数来描述2个变数间的线性关系；②用回归系数、偏回归系数等来描述原因变数变化所引起的结果变数的平均变化的数量，用通径系数来描述成分性状对目标性状的贡献程度等。有关变数间数量关系及其变化方面的内容在第八章至第十章介绍中介绍过。

二、参数估计量的评选标准

讨论参数估计方法前，先要了解数学期望（expectation）概念和评价估计方法优劣的标准。

（一）数学期望

在抽样分布中，已经讲述了从总体中抽出所有可能样本的样本平均数的平均数等于总体平均数，这里，样本平均数的平均数就是一种数学期望。例如一个大豆品种的含油量为

20%，测定一次可能是大于 20%，再测定可能小于 20%，大量反复测定后平均结果为 20%，这时 20%便可看作该大豆品种含油量的数学期望，而每单独测定 1 次所获的值只是 1 个随机变量。抽象地说，随机变量的数字特征是指随机变量的数学期望值，本书以前各章常见的数学期望有平均数和方差等。求数学期望往往是求总体的特征参数表达式。

对于离散型（间断性）随机变量（y）的分布列为 $P\{y=y_i\}=p_i$，其中，$i=1$、2、$\cdots$，那么随机变量（y）的数学期望 $[E(y)]$ 为

$$E(y) = \sum_{i=1}^{\infty} y_i p_i \tag{14-1}$$

这样可以求得总体平均值。

对于连续型随机变数（y）的数学期望 $[E(y)]$ 为

$$E(y) = \int_{-\infty}^{+\infty} y f(y) \mathrm{d}y \tag{14-2}$$

式中，$f(y)$ 为随机变量 y 的概率密度函数，这样可以求得总体均值。

方差在前面已有大量应用，这里用 $D(y)$ 表示，有

$$D(y) = E[y - E(y)]^2 \tag{14-3}$$

这就是随机变量函数的数学期望。同理，离散型随机变量方差的数学期望为

$$D(y) = \sum_{i=1}^{+\infty} [y_i - E(y)]^2 p_i \tag{14-4}$$

连续型随机变量方差的数学期望为

$$D(y) = \int_{-\infty}^{+\infty} [y - E(y)]^2 f(y) \mathrm{d}y \tag{14-5}$$

数学期望有这样一些常用的性质：①常数的数学期望为常数本身；②随机变量与常数的乘积的数学期望是常数与随机变量的数学期望的乘积；③多个随机变量分别与常数的乘积的求和函数的数学期望是常数与多个随机变量的数学期望的乘积的和；④多个相互独立的随机变量的乘积的数学期望是多个随机变量的数学期望的乘积。

（二）参数估计量的评选标准

参数估计可用不同的方法，后文将介绍矩法、最小二乘法、极大似然法等，使用不同的方法会得到不同的**参数估计量（parameter estimator）**，各种估计量均有其优点，评价估计量优劣的标准主要有无偏性、有效性、相合性等。

1. 无偏性 参数估计量的期望值与参数真值是相等的，这种性质称为无偏性，具有无偏性的估计量称为无偏估计量。例如在抽样分布中已经介绍了离均差平方和除以自由度得到的均方的平均数等于总体方差，即该均方的数学期望等于相应总体方差，这就是说该均方估计量是无偏的。估计量的数学期望值在样本容量趋近于无穷大时与参数的真值相等的性质称为渐进无偏性，具有渐进无偏性的估计量称为渐进无偏估计量。

2. 有效性 无偏性表示估计值是在真值周围波动的一个数值，即无偏性表示估计值与真值间平均差异为 0，近似可以用估计值作为真值的一个代表。同一个参数可以有许多无偏估计量，但不同估计量的期望方差不同，也就是估计量在真值周围的波动大小不同。估计量的期望方差越大说明用其估计值代表相应真值的有效性越差；否则越好，越有效。不同的估计量具有不同的方差，方差最小说明最有效。如果一个无偏估计量相对于其他所有可能无偏估计量，其期望方差最小，那么称这种估计量为一致最小方差无偏估计量。

3. 相合性　用估计量估计参数涉及样本容量大小问题，如果样本容量越大估计值越接近真值，那么这种估计量是相合估计量。

除以上 3 方面标准外，还有充分性与完备性也是常考虑的。充分性指估计量应充分利用样本中每个变量的信息；完备性指该估计量是充分的唯一的无偏估计量。

本教材开头前几章介绍了平均数与方差的计算公式，实际上估计总体平均数与方差有多种统计数或公式，例如平均数有算术平均数、中数、众数等，方差有以 $(n-1)$ 为除数或 n 为除数的方法等。经比较，算术平均数和由自由度 $(n-1)$ 计算的方差最符合上述各项标准的综合要求，因而得到广泛的应用。

第二节　矩　　法

一、矩的概念

矩（moment）分为原点矩和中心矩两种。对于样本 y_1、y_2、$\cdots$、y_n，各观测值的 k 次方的平均值，称为样本的 k 阶原点矩，记为 $\overline{y^k}$，有 $\overline{y^k}=\dfrac{1}{n}\sum\limits_{i=1}^{n}y_i^k$，例如算术平均数就是一阶原点矩；用观测值减去平均数得到的离均差的 k 次方的平均数称为样本的 k 阶中心矩，记为 $\overline{(y-\overline{y})^k}$ 或 $\hat{\mu}_k$，有 $\overline{(y-\overline{y})^k}=\dfrac{1}{n}\sum\limits_{i=1}^{n}(y_i-\overline{y})^k$，例如样本方差 $\dfrac{1}{n}\sum\limits_{i=1}^{n}(y_i-\overline{y})^2$ 就是二阶中心矩。

对于总体 y_1、y_2、$\cdots$、y_N，各观测值的 k 次方的平均值，称为总体的 k 阶原点矩，记为 $E(y^k)$，有 $E(y^k)=\dfrac{1}{N}\sum\limits_{i=1}^{N}y_i^k$；用观测值减去平均数得到的离均差的 k 次方的平均数称为总体的 k 阶中心矩，记为 $E\left[(y-\mu)^k\right]$ 或 μ_k，有 $E[(y-\mu)^k]=\dfrac{1}{N}\sum\limits_{i=1}^{N}(y_i-\mu)^k$。

二、矩法及矩估计量

所谓矩法就是利用样本各阶原点矩来估计总体相应各阶原点矩的方法，即

$$\overline{y^k}=\frac{1}{n}\sum_{i=1}^{n}y_i^k \rightarrow E(y^k) \tag{14-6}$$

并且也可以用样本各阶原点矩的函数来估计总体各阶原点矩同一函数，即若

$$Q=f(E(y),E(y^2),\cdots,E(y^k))$$

则

$$\hat{Q}=f(\overline{y},\overline{y^2},\cdots,\overline{y^k})$$

由此得到的估计量称为矩估计量。

【例 14-1】 现获得正态分布 $N(\mu,\sigma^2)$ 随机样本 y_1、y_2、$\cdots$、y_n，要求正态分布 $N(\mu,\sigma^2)$ 参数 μ 和 σ^2 的矩估计量。

1. 求正态分布总体的 1 阶原点矩和 2 阶中心矩

（1）求正态总体的 1 阶原点矩　正态总体的 1 阶原点矩为

$$E(y)=\int_{-\infty}^{+\infty}yf(y)\mathrm{d}y=\int_{-\infty}^{+\infty}y\cdot\frac{1}{\sqrt{2\pi}\sigma}\exp\left[-\frac{(y-\mu)^2}{2\sigma^2}\right]\mathrm{d}y=\mu$$

式中，$\exp\left[-\dfrac{(y-\mu)^2}{2\sigma^2}\right]$ 为自然对数底数 e 的 $\left[-\dfrac{(y-\mu)^2}{2\sigma^2}\right]$ 的指数式，即 $e^{\left[-\frac{(y-\mu)^2}{2\sigma^2}\right]}$。

（2）求正态总体的 2 阶中心矩　正态总体的 2 阶中心矩为

$$E\left[(y-\mu)\right]^2 = \int_{-\infty}^{+\infty}(y-\mu)^2 f(y)\mathrm{d}y = \int_{-\infty}^{+\infty}(y-\mu)^2 \cdot \frac{1}{\sqrt{2\pi}\sigma}\exp\left[-\frac{(y-\mu)^2}{2\sigma^2}\right]\mathrm{d}y = \sigma^2$$

2. 求样本的 1 阶原点矩和 2 阶中心矩

（1）求样本的 1 阶原点矩　样本的 1 阶原点距为

$$\hat{\mu} = \bar{y} = \frac{1}{n}\sum_{i=1}^{n} y_i$$

（2）求样本的 2 阶中心矩　样本的 2 阶中心矩为

$$\hat{\mu}_2 = s^2 = \frac{1}{n}\sum_{i=1}^{n}(y_i - \bar{y})^2$$

3. 利用矩法获得总体平均数和方差的矩估计

（1）求总体平均数的矩估计　总体平均数的矩估计为

$$\hat{\mu} = \bar{y} = \frac{1}{n}\sum_{i=1}^{n} y_i$$

（2）求总体方差的矩估计　总体方差的矩估计为

$$\hat{\sigma}^2 = s^2 = \frac{1}{n}\sum_{i=1}^{n}(y_i - \bar{y})^2$$

故总体平均数和方差的矩估计值分别为样本平均数和样本方差，方差的分母为 n。

单峰分布曲线还有两个特征数：偏度（skewness）与峰度（kurtosis），可分别用三阶中心矩（μ_3）和四阶中心矩（μ_4）来度量。但 μ_3 和 μ_4 是有单位的，为转化成相对数以便不同分布之间的比较，可分别用偏度系数和峰度系数作测度。偏度系数（coefficient of skewness）简称为偏度，是指 3 阶中心矩与标准差的 3 次方之比；峰度系数（coefficient of kurtosis）简称为峰度，是指 4 阶中心矩与标准差的 4 次方之比。当偏度为正值时，分布向大于平均数方向偏斜；当偏度为负值时，分布向小于平均数方向偏斜；当偏度的绝对值大于 2 时，分布的偏斜程度严重。当峰度大于 3 时，分布比较陡峭，峰态明显，即总体变数的分布比较集中。

由样本计算的偏度系数（c_s）和峰度系数（c_k）的计算式为

$$c_s = \hat{\mu}_3/\hat{\sigma}^3 = \frac{1}{n}\sum_{i=1}^{n}(y_i - \bar{y})^3 \Big/ \left[\frac{1}{n}\sum_{i=1}^{n}(y_i - \bar{y})^2\right]^{\frac{3}{2}} \tag{14-7}$$

$$c_k = \hat{\mu}_4/\hat{\sigma}^4 = \frac{1}{n}\sum_{i=1}^{n}(y_i - \bar{y})^4 \Big/ \left[\frac{1}{n}\sum_{i=1}^{n}(y_i - \bar{y})^2\right]^{\frac{4}{2}} \tag{14-8}$$

【例 14-2】计算表 3-4 数据资料（140 行水稻产量）所属分布曲线的偏度和峰度。

首先，计算样本的 2 阶中心矩（$\hat{\mu}_2$）、3 阶中心矩（$\hat{\mu}_3$）和 4 阶中心矩（$\hat{\mu}_4$），以及标准差估计值（σ），即有

$$\hat{\mu}_2 = \frac{1}{n}\sum_{i=1}^{n}(y_i - \bar{y})^2 = 1\,303.735$$

$$\hat{\mu}_3 = \frac{1}{n}\sum_{i=1}^{n}(y_i - \bar{y})^3 = 3\,953.891$$

$$\hat{\mu}_4 = \frac{1}{n} \sum_{i=1}^{n} (y_i - \bar{y})^4 = 4.677\ 29 \times 10^6$$

$$\hat{\sigma} = \sqrt{\hat{\mu}_2} = \sqrt{\frac{1}{n} \sum_{1}^{n} (y_i - \bar{y})^2} = 36.107$$

然后，根据矩法原理，该分布的偏度（c_s）与峰度（c_k）估计值分别为

$$c_s = \hat{\mu}_3 / \hat{\sigma}^3 = 0.084\ 9$$

$$c_k = \hat{\mu}_4 / \hat{\sigma}^4 = 2.752$$

因此说明资料比较集中在平均数左右，分布曲线并不是特别陡峭。

【例 14 - 3】例 6 - 8 为研究籼粳稻杂交 F_5 代系间单株干草质量的遗传变异，随机抽取 76 个系进行试验，每系随机取 2 个样品测定干草质量（g/株）。按单向分组方差分析进行分析，结果见表 6 - 9。此处用来说明由矩法估计误差（σ^2）、遗传方差（σ_τ^2）和干草的遗传力（h^2）。

因为 76 个株系是随机抽取的，为随机模型。方差结果说明株系间差异显著，因而株系间效应存在。根据矩法，首先应求出株系间和误差的样本均方和总体期望均方（表 6 - 9）。然后，利用矩估计原理，令样本的均方与总体相应变异的期望均方相等，从而求出 σ^2 和 σ_τ^2 的矩估计值。

此处 $EMS_{株系间} = E[T_t - E(T_t)]^2$（$T_t$ 为各个系统的总和数 $= \sigma^2 + n\sigma_\tau^2$），$EMS_{误差} = E(e^2) = \sigma^2$（其中 e 为误差）。

因而有

$$\hat{\sigma}^2 = 17.77$$

$$\hat{\sigma}^2 + 2\hat{\sigma}_\tau^2 = 72.79$$

$$\hat{\sigma}_\tau^2 = (72.79 - 17.77)/2 = 27.51$$

$$h^2 = \frac{\hat{\sigma}_g^2}{\hat{\sigma}_p^2} = \frac{\hat{\sigma}_g^2}{\hat{\sigma}_g^2 + \hat{\sigma}_e^2} = \frac{\hat{\sigma}_\tau^2}{\hat{\sigma}_\tau^2 + \hat{\sigma}^2} = \frac{27.51}{27.51 + 17.77} = 60.76\%$$

第三节　最小二乘法

从总体中抽出的样本观察值与总体平均数是有差异的，这种差异属于抽样误差。因而在总体平均数估计时要尽可能地降低这种误差，使总体平均数估计值尽可能好。参数估计的最小二乘法就是基于这种考虑提出的。其基本思想是使误差平方和最小，达到在误差之间建立一种平衡，以防止某一极端误差对决定参数的估计值起支配地位。具体方法是为使误差平方和 Q 为最小，可通过求 Q 对待估参数的偏导数，并令其等于 0，以求得参数估计量。

【例 14 - 4】用最小二乘法求总体平均数 μ 的估计量。

若从平均数为 μ 的总体中抽得样本为 y_1、y_2、y_3、$\cdots$、y_n，则观察值（y_i）可剖分为总体平均数（μ）与误差（e_i）之和，即

$$y_i = \mu + e_i$$

总体平均数（μ）的最小二乘估计量就是使观察值（y_i）与总体平均数（μ）间的误差平方和（Q）为最小，即

$$Q = \sum e_i^2 = \sum_{i=1}^{n} (y_i - \mu)^2$$

为获得 Q 的最小值，求 Q 对 μ 的导数，并令导数等于 0，可得

$$\frac{\partial Q}{\partial \mu} = -2\sum_{i=1}^{n}(y_i - \mu) = 0$$

即总体平均数的估计量为

$$\hat{\mu} = \frac{1}{n}\sum_{i=1}^{n}y_i$$

因此，算术平均数为总体平均数的最小二乘估计。这与矩法估计是一致的。此处顺便介绍估计离均差平方和 $Q' = \sum(y_i - \bar{y})^2$ 的数学期望，即

$$E(Q') = E\left[\sum(y_i - \bar{y})^2\right] = E\left[\sum(y_i - \mu - \bar{y} + \mu)^2\right]$$

$$= E\left[\sum(y_i - \mu)^2 - 2\sum(y_i - \mu)(\bar{y} - \mu) + \sum(\bar{y} - \mu)^2\right]$$

$$= E\left[\sum(y_i - \mu)^2 - \sum(\bar{y} - \mu)^2\right] = n\sigma^2 - n\sigma^2/n$$

$$= (n-1)\sigma^2$$

因而，σ^2 估计为

$$\hat{\sigma}^2 = Q'/(n-1) = \sum(y_i - \bar{y})^2/(n-1)$$

上述计算结果与矩法所得不同，而与常规以自由度为除数法一致。

【例 14-5】求表 14-1 所示的两向分组方差分析资料缺 1 个小区最小二乘估计量和估计值。

从第六章可知，这种资料模式的线性模型为 $y_{ij} = \mu + \tau_i + \beta_j + \varepsilon_{ij}$。该模型的约束条件为 $\sum_{i=1}^{a}\tau_i = 0$，$\sum_{j=1}^{r}\beta_j = 0$，且误差项服从正态分布。按照最小二乘法的估计原理，使 $Q = \sum_{i=1}^{a}\sum_{j=1}^{r}\varepsilon_{ij}^2 = \sum\sum(y_{ij} - \mu - \tau_i - \beta_j)^2$ 为最小时可以求出效应和缺失小区（y_e）的估计量，即

$$\frac{\partial Q}{\partial \mu} = \sum_{i=1}^{a}\sum_{j=1}^{r}2(y_{ij} - \mu - \tau_i - \beta_j)(-1) = 0$$

$$\frac{\partial Q}{\partial \tau_i} = \sum_{j=1}^{r}2(y_{ij} - \mu - \tau_i - \beta_j)(-1) = 0$$

$$\frac{\partial Q}{\partial \beta_j} = \sum_{i=1}^{a}2(y_{ij} - \mu - \tau_i - \beta_j)(-1) = 0$$

$$\frac{\partial Q}{\partial y_e} = \sum_{i=1}^{a}\sum_{j=1}^{r}2(y_{ij} - \mu - \tau_i - \beta_j) = 0$$

从而，最小二乘估计量分别为

$$\hat{\mu} = \bar{y} = \frac{1}{ar}\sum_{i=1}^{a}\sum_{j=1}^{r}y_{ij}$$

$$\hat{\tau}_i = \bar{y}_i - \bar{y} = \frac{1}{r}\sum_{j=1}^{r}y_{ij} - \frac{1}{ar}\sum_{i=1}^{a}\sum_{j=1}^{r}y_{ij}$$

$$\hat{\beta}_j = \bar{y}_j - \bar{y} = \frac{1}{a}\sum_{i=1}^{a}y_{ij} - \frac{1}{ar}\sum_{i=1}^{a}\sum_{j=1}^{r}y_{ij}$$

$$\hat{y}_e = \hat{\mu} + \hat{\tau}_i + \hat{\beta}_j = \frac{1}{r}\sum_{j=1}^{r} y_{ij} + \frac{1}{a}\sum_{i=1}^{a} y_{ij} - \frac{1}{ar}\sum_{i=1}^{a}\sum_{j=1}^{r} y_{ij}$$

表 14-1 玉米随机区组试验缺 1 区产量（kg）的试验结果

处理（A）	区组（B）				T_t
	I	II	III	IV	
A_1	27.8	27.3	28.5	38.5	122.1
A_2	30.6	28.8	y_e	39.5	$98.9 + y_e$
A_3	27.7	22.7	34.9	36.8	122.1
A_4	16.2	15.0	14.1	19.6	64.9
A_5	16.2	17.0	17.7	15.4	66.3
A_6	24.9	22.5	22.7	26.3	96.4
T_r	143.4	133.3	$117.9 + y_e$	176.1	$570.7 + y_e$

因而表 14-1 中，缺失小区的估计值可由下式求出。

$$y_e - \frac{98.9 + y_e}{4} - \frac{117.9 + y_e}{6} + \frac{570.7 + y_e}{24} = 0$$

解上述方程，最小二乘估计值为 $y_e = 32.95 \approx 33.0$。

缺区估计是根据线性模型，以及最小二乘法原理得到的。不过，试验中尽可能不要缺区，因为缺区估计尽管可以估计缺区的值，但是误差的自由度将减少，本试验误差自由度将减少 1。

一般地，若 m 个自变数 x_1、x_2、x_3、$\cdots$、x_m 与依变数 y 存在统计模型关系，即有

$$y = f(x_1, x_2, \cdots, x_m;\ \theta_1, \theta_2, \cdots, \theta_k) + \varepsilon \tag{14-9}$$

式中，θ_1、θ_2、$\cdots$、θ_k 为待估参数。通过 n 次观测（$n > k$）得到 n 组含有 x_{1i}、x_{2i}、$\cdots$、x_{mi}，y_i（$i = 1, 2, \cdots, n$）的数据以估计 θ_1、θ_2、$\cdots$、θ_k。其最小二乘估计值为使下式 Q 为最小的 $\hat{\theta}_1$、$\hat{\theta}_2$、$\cdots$、$\hat{\theta}_k$。

$$Q = \sum_{i=1}^{n} \hat{\varepsilon}^2 = \sum_{i=1}^{n} [y_i - f(x_{1i}, x_{2i}, \cdots, x_{mi};\ \theta_1, \theta_2, \cdots, \theta_k)]^2 \tag{14-10}$$

这种估计方法称为参数估计的<u>最小二乘法</u>（least squares），又称为最小平方法。第八章已介绍应用最小二乘法估计线性回归中有关参数的估计量，此处不须赘述。

第四节 极大似然法

<u>极大似然法</u>（maximum likelihood method）是参数估计的重要方法。首先，通过举例来说明其思路。例如有 1 个射手射击 3 次，命中 0 次。试问该射手的命中概率最有可能为 3 个命中概率：1/5、8/15 和 4/5 中的哪一个？回答该问题可以从两方面来看，一方面，该射手的命中率为 0，与此最接近的命中概率为 1/5，即 1/5 最有可能；另一方面，分别假定该射手的命中率为 1/5、8/15 和 4/5，根据二项式分布原理分别计算出该射手射击 3 次命中 0 次的概率分别为

$$C_3^0 \left(\frac{1}{5}\right)^0 \left(1 - \frac{1}{5}\right)^3 = \frac{1\ 728}{3\ 375}$$

$$C_3^0\left(\frac{8}{15}\right)^0\left(1-\frac{8}{15}\right)^3=\frac{343}{3\ 375}$$

$$C_3^0\left(\frac{4}{5}\right)^0\left(1-\frac{4}{5}\right)^3=\frac{27}{3\ 375}$$

因此选择使事件发生概率最大（1 728/3 375）的可能命中概率为 1/5，从而认为该射手的命中概率最有可能为 1/5。这种参数估计方法称为极大似然法。极大似然法包括两个步骤：首先建立包括有该参数估计量的**似然函数**（likelihood function），然后根据试验数据求出似然函数达极值时的参数估计量或估计值。上面根据二项式分布计算概率，因而包含有待估概率的二项式分布函数便是似然函数，它是关于待估参数的函数。由于试验结果是由总体参数决定的，那么参数估计值就应该使参数真值与试验结果尽可能一致，似然函数正是沟通参数与试验结果一致性的函数。

一、似然函数

对于离散型随机变量，似然函数是多个独立事件的概率函数的乘积，该乘积是概率函数值，它是关于总体参数的函数。例如一只口袋里有红、白、黑 3 种球，采用复置抽样 50 次，得到红、白、黑 3 种球的个数分别为 12、24、14，那么根据多项式的理论，可以建立似然函数为

$$\frac{50!}{12!\ 24!\ 14!}(p_1)^{12}(p_2)^{24}(p_3)^{14}$$

式中，p_1、p_2、p_3 分别为口袋中红、白、黑 3 种球的概率（$p_3=1-p_1-p_2$），它们是需要估计的。

对于连续型随机变量，似然函数是每个独立随机观测值的概率密度函数的乘积，则似然函数为

$$L(\theta)=L(y_1,y_2,\cdots,y_n;\theta)=f(y_1;\theta)f(y_2;\theta)\cdots f(y_n;\theta) \qquad (14-11)$$

若 y_i 服从正态分布 $N(\mu,\sigma^2)$，则 $\theta=(\mu,\sigma)$，上式可变为

$$L(\mu,\sigma)=\frac{1}{\sqrt{2\pi}\sigma}e^{-\frac{(y_1-\mu)^2}{2\sigma^2}}\cdots\frac{1}{\sqrt{2\pi}\sigma}e^{-\frac{(y_n-\mu)^2}{2\sigma^2}}=(\frac{1}{\sqrt{2\pi}\sigma})^ne^{-\frac{1}{2\sigma^2}[(y_1-\mu)^2+\cdots+(y_n-\mu)^2]}$$

$$(14-12)$$

二、极大似然估计

所谓极大似然估计，是指使似然函数为最大以获得总体参数估计的方法。其中，所获得的估计总体参数的表达式称为极大似然估计量，由该估计量获得的总体参数的估计值称为总体参数的极大似然估计值。为了计算方便，一般将似然函数取对数，称为对数似然函数，因为取对数后似然函数由乘积变为加式，其表达式为

$$\ln L(\theta)=\ln L(y_1,y_2,\cdots,y_n;\ \theta)=\sum_{i=1}^{n}\ln f(y_i;\theta) \qquad (14-13)$$

通过对数似然函数和似然函数的极大化以估计总体参数的结果是一致的。一般说来，前者在计算上更容易处理。因此往往利用对数似然函数极大化的方法来获得极大似然估计。求极大似然估计量可以通过令对数似然函数对总体参数的偏导数等于 0 来获得，即当 $\theta=(\theta_1,\theta_2,\cdots,\theta_l)$，有

$$\frac{\partial}{\partial \theta_k} \ln L(y_1, y_2, \cdots, y_n; \theta_1, \theta_2, \cdots, \theta_l) = \sum_{i=1}^{n} \frac{\partial}{\partial \theta_k} f(y_i; \theta_1, \theta_2, \cdots, \theta_l) = 0 \quad (k = 1, 2, \cdots, l)$$

$$(14-14)$$

由此获得总体参数的极大似然估计量。

【例 14-6】设 y_1、y_2、$\cdots$、y_n 是正态分布总体 $N(\mu, \sigma^2)$ 的随机样本,求正态分布 $N(\mu, \sigma^2)$ 参数的极大似然估计量。

似然函数为

$$L(\mu, \sigma^2) = \prod_{i=1}^{n} \frac{1}{\sqrt{2\pi}\sigma} \exp\left[-\frac{(y_i - \mu)^2}{2\sigma^2}\right] = \left(\frac{1}{2\pi\sigma^2}\right)^{\frac{n}{2}} \exp\left[-\frac{1}{2\sigma^2} \sum_{i=1}^{n} (y_i - \mu)^2\right]$$

取对数得

$$\ln L(\mu, \sigma^2) = -\frac{n}{2}\ln(2\pi) - \frac{n}{2}\ln\sigma^2 - \frac{1}{2\sigma^2} \sum_{i=1}^{n} (y_i - \mu)^2$$

求偏导数后获得似然方程组为

$$\begin{cases} \dfrac{\partial}{\partial \mu} \ln L(\mu, \sigma^2) = \dfrac{1}{\sigma^2} \sum_{1}^{n} (y_i - \mu) = 0 \\ \dfrac{\partial}{\partial \sigma^2} \ln L(\mu, \sigma^2) = -\dfrac{n}{2\sigma^2} + \dfrac{1}{2\sigma^4} \sum_{1}^{n} (y_i - \mu)^2 = 0 \end{cases}$$

解得

$$\mu = \frac{1}{n} \sum_{i=1}^{n} y_i = \bar{y}$$

$$\sigma^2 = \frac{1}{n} \sum_{i=1}^{n} (y_i - \mu)^2$$

因此正态分布总体平均数的极大似然估计量为

$$\hat{\mu} = \frac{1}{n} \sum_{i=1}^{n} y_i = \bar{y}$$

当总体平均值为未知时,方差估计量为

$$\hat{\sigma}^2 = \frac{1}{n} \sum_{i=1}^{n} (y_i - \bar{y})^2$$

当总体平均值为已知时,方差估计量为

$$\hat{\sigma}^2 = \frac{1}{n} \sum_{i=1}^{n} (y_i - \mu)^2$$

【例 14-7】求红、白、黑球事例中 p_1、p_2、p_3 的极大似然估计值。

由 $\dfrac{50!}{12! \ 24! \ 14!} (p_1)^{12} (p_2)^{24} (p_3)^{14}$ 可获得对数似然函数,即

$$\ln L(p_1, p_2, p_3) = C + 12\ln p_1 + 24\ln p_2 + 14\ln p_3 = C + 12\ln p_1 + 24\ln p_2 + 14\ln(1 - p_1 - p_2)$$

式中,C 为常数。分别求 $\ln L(p_1, p_2, 1 - p_1 - p_2)$ 对 p_1、p_2 的偏导数,并令为 0,得似然方程组,即

$$\begin{cases} \dfrac{\partial}{\partial p_1} \ln L(p_1, p_2, 1 - p_1 - p_2) = \dfrac{12}{p_1} + \dfrac{14}{1 - p_1 - p_2} \cdot (-1) = 0 \\ \dfrac{\partial}{\partial p_2} \ln L(p_1, p_2, 1 - p_1 - p_2) = \dfrac{24}{p_2} + \dfrac{14}{1 - p_1 - p_2} \cdot (-1) = 0 \end{cases}$$

联立求解，得：$\hat{p}_1 = 6/25$，$\hat{p}_2 = 12/25$，$\hat{p}_3 = 7/25$。

显然，极大似然估计值 $\hat{p}_1$、$\hat{p}_2$、$\hat{p}_3$ 等于其观测频率。

【例14-8】两个亲本的基因型分别为 AABB 和 aabb，这两个亲本杂交后 F_2 代出现了 4 类基因型，分别为 A_B_、A_bb、aaB_ 和 aabb，得到 4 类基因型的个数分别为 c、d、e 和 f，已知 AA 和 BB 两对基因间存在连锁关系。现欲估计重组率。

设重组率为 r，根据遗传学推导，可以得到 4 类基因型的概率，见表 14-2。

表14-2 F_2 代群体基因型的分离情况

基 因 型	A_B_	A_bb	aaB_	aabb	总数
观察得到基因型个数	c (289)	d (26)	e (31)	f (76)	n (422)
概　率	$\dfrac{2+(1-r)^2}{4}$	$\dfrac{1-(1-r)^2}{4}$	$\dfrac{1-(1-r)^2}{4}$	$\dfrac{(1-r)^2}{4}$	1

首先，通过表 14-3 介绍由两对连锁主基因控制的 F_2 代群体 16 种基因型的概率计算出 4 类基因型（对应于 4 种表型）的概率（表 14-2）。

表14-3 F_2 代群体的基因型及其概率

配子及概率	AB $r/2$	Ab $(1-r)/2$	aB $(1-r)/2$	ab $r/2$
AB $r/2$	AABB $r^2/4$	AABb $r(1-r)/4$	AaBB $r(1-r)/4$	AaBb $r^2/4$
Ab $(1-r)/2$	AABb $r(1-r)/4$	AAbb $(1-r)^2/4$	AaBb $(1-r)^2/4$	Aabb $r(1-r)/4$
aB $(1-r)/2$	AaBB $r(1-r)/4$	AaBb $(1-r)^2/4$	aaBB $(1-r)^2/4$	aaBb $r(1-r)/4$
ab $r/2$	AaBb $r^2/4$	Aabb $r(1-r)/4$	aaBb $r(1-r)/4$	aabb $r^2/4$

按多项式分布，可以根据概率函数得到似然函数，即

$$L(r) = \frac{n!}{c!\ d!\ e!\ f!} \left(\frac{2+(1-r)^2}{4}\right)^c \left(\frac{1-(1-r)^2}{4}\right)^d \left(\frac{1-(1-r)^2}{4}\right)^e \left(\frac{(1-r)^2}{4}\right)^f$$

$$(14-15)$$

若以 $\theta = (1-r)^2$ 代入上式，则似然函数和对数似然函数分别为

$$L(\theta) = \frac{n!}{c!\ d!\ e!\ f!} \left(\frac{2+\theta}{4}\right)^c \left(\frac{1-\theta}{4}\right)^d \left(\frac{1-\theta}{4}\right)^e \left(\frac{\theta}{4}\right)^f \qquad (14-16)$$

$$\ln L(\theta) = k + c\ln\frac{2+\theta}{4} + (d+e)\ln\frac{1-\theta}{4} + f\ln\frac{\theta}{4} \quad (k \text{ 是常数项}) \qquad (14-17)$$

对上式求导数，并令导数为 0，可得方程

$$\frac{c}{2+\theta} - \frac{d+e}{1-\theta} + \frac{f}{\theta} = 0$$

上式化解为一元二次方程，即

$$n\theta^2 - (c-2d-2e-f)\,\theta - 2f = 0$$

解方程得

$$\hat{\theta} = \frac{(c-2d-2e-f) \pm \sqrt{(c-2d-2e-f)^2 + 8fn}}{2n} \qquad (14-18)$$

在 $\hat{\theta}$ 两个解中取一个符合遗传规律的解，那么，重组率的解为 $\hat{r} = 1 - \sqrt{\hat{\theta}}$。

对于本例，有

$$\hat{\theta}=\frac{(289-2\times26-2\times31-76)\pm\sqrt{(289-2\times26-2\times31-76)^2+8\times76\times422}}{2\times422}$$

$$=0.117\,3\pm0.611\,5$$

取正根，$\hat{\theta}=0.728\,8$，$\hat{r}=1-\sqrt{0.728\,8}=0.146\,3$

统计理论已证明，重组率方差估计量 $[D(\hat{r})]$ 为

$$D(\hat{r})=\frac{(1-\hat{\theta})(2+\hat{\theta})}{2n(1+2\hat{\theta})} \tag{14-19}$$

对于本例，有

$$s(\hat{r})=\sqrt{D(\hat{r})}=\sqrt{\frac{(1-0.728\,8)(2+0.728\,8)}{2\times422\times(1+2\times0.728\,8)}}=0.015$$

三、似然比测验

极大似然估计中，经常存在两种乃至多种可能的假设。但哪一种假设更好，更切合数据蕴涵的规律性，需要用适当的测验方法去做决定。似然比测验（likelihood ratio test）正是多种假设合理性问题的一种检验方法。

（一）似然比测验的基本步骤

1. 设立假设 似然比测验中，首先要设立假设，才能根据可能合理假设建立似然函数。无效假设形式可以写成：$H_0:\theta=\theta_i$。备择假设可以写成：$H_A:\theta\neq\theta_i$。假设中包含有若干个参数，可写成向量 $\boldsymbol{\theta}_i$ 形式。当然，每种假设的自由参数个数可能不同，导致参数向量的维数不同。无效假设的参数个数一般比较少。

2. 建立似然函数并求得极大似然函数值 先建立似然函数 $L(\theta_i)$，然后采用极大似然法估算参数的估计值，得到极大似然函数值 $\max L(\theta_i)$。

3. 根据两个极大似然函数建立和计算似然比统计量（LR） 即有

$$LR=\frac{\max L(\theta_i)}{\max L(\theta_j)} \tag{14-20}$$

这里，以参数约束较多的无效假设似然函数作分子。

4. 用似然比统计量构建假设测验统计量 数理统计上已经证明在大样本情况下，在无效假设正确的情况下，$-2\ln(LR)$ 近似服从自由度为 ν 的卡方分布 χ_ν^2，此处 ν 为两种假设似然函数（模型）中所含自由参数个数的差值绝对值。若卡方值小且不显著，则接受无效假设；若卡方值大且显著，则拒绝无效假设，接受备择假设，选择与备择假设相应的数据模型。

似然比统计量有广泛的应用，例如在次数资料的卡方测验中，其有关计算公式就是由似然比统计数导出的。例如某多项总体中，包含有 k 类个体，从该总体中抽取大样本，各类个体数为 $n_i(i=1、2、\cdots、k;\ \sum n_i=n)$。这些个体频率 $f_i(n_i/n)$ 可能是某种理论频率 p_i 的表现，也可能不是。这样就产生了两种假设，即无效假设 $H_0:\theta=[p_i]$ 和备择假设 $H_A:\theta=[f_i]$。这里，理论频率 p_i 是由理论决定的。例如人群中男女的比例理论上均为 $1/2$；又如一对基因的遗传分离 F_2 代应该出现 $1/4、2/4、1/4$ 理论频率；再如例 14-8 中，理论频率是由重组率（r）决定的。针对无效假设，可以建立似然函数为

$$L([p_i])=\frac{n!}{n_1!\ n_2!\ \cdots n_k!}\,(p_1)^{n_1}\,(p_2)^{n_2}\cdots(p_k)^{n_k}$$

式中，$n = n_1 + \cdots + n_k$。

针对备择假设可以建立似然函数为

$$L([f_i]) = \frac{n!}{n_1!\ n_2!\ \cdots n_k!}\ (f_1)^{n_1}\ (f_2)^{n_2}\cdots\ (f_k)^{n_k}$$

求解此似然函数，可得：$f_i = O_i/n = n_i/n$，即为频率。或者写为 $O_i = n_i = nf_i$，为观察各类的实际观察得到的个数。

那么，有

$$\chi^2 = -2\ln(LR) = 2n\sum_{i=1}^{k} f_i\ln(f_i/p_i) = 2\sum_{i=1}^{k} O_i\ln(O_i/E_i) \qquad (14-21)$$

式中，$E_i = np_i$，为各类个体的理论数。

根据泰勒级数公式 $f(x) = x\ln(x/x_0) = (x-x_0) + \frac{1}{2}(x-x_0)^2\frac{1}{x_0}+\cdots$，可以近似表示为

$$\chi^2 = 2n\sum_{i=1}^{k} f_i\ln(f_i/p_i) \approx 2n\sum_{i=1}^{k}(f_i-p_i) + n\sum_{i=1}^{k}\frac{(f_i-p_i)^2}{p_i}$$

$$= n\sum_{i=1}^{k}\frac{(f_i-p_i)^2}{p_i} = \sum_{i=1}^{k}\frac{(O_i-E_i)^2}{E_i} \qquad (14-22)$$

这是保留泰勒级数公式前两项，得到了次数资料卡方测验的近似公式，可应用在独立性测验、适合性测验等方面。用此公式，可测度理论模型与观察结果之间的匹配情况，从而说明适合性。该数值越大，则匹配越差。具体地，要根据卡方分布测验显著性。

（二）似然比测验在连锁遗传重组率估计中的应用

以例 14-8 资料做进一步分析。在建立似然函数时，参数包括 A 基因的频率 p_A、B 基因的频率 p_B，以及是否存在连锁的参数 r。写成参数向量为 $\boldsymbol{\theta} = [p_A,\ p_B,\ r]$。若假设不存在遗传异常分离，且 A、B 基因不存在连锁，则理论基因频率均为 0.5，可对参数做出约束假定，写成：$H_0:\theta = [0.5, 0.5, 0.5]$。似然函数可利用式（14-15），取 $r = 0.5$，似然函数为

$$L(0.5) = \frac{422!}{289!\ 26!\ 31!\ 79!}\left(\frac{2+(1-0.5)^2}{4}\right)^{289}\left(\frac{1-(1-0.5)^2}{4}\right)^{26}$$

$$\left(\frac{1-(1-0.5)^2}{4}\right)^{31}\left(\frac{(1-0.5)^2}{4}\right)^{76} \qquad (14-23)$$

该似然模型没有自由参数。

若假定不存在遗传异常分离，但是 A、B 基因存在连锁，则需要对参数做出 2 个约束假定，写成：$H_1:\theta = [0.5, 0.5, r]$。按照上述同理，可以计算 $L(\hat{r})$。该似然模型有 1 个自由参数。

若不能假设遗传分离是规则的，也不能假设连锁是否存在，则相关的假设应该为 $H_2:\theta = [f_i]$，即每个基因型都有一个独自的频率，那么似然函数应该为

$$L = \frac{n!}{c!\ d!\ e!\ f!}f_1^c f_2^d f_3^e f_4^f$$

该似然模型有 3 个自由参数。f 为频率，例如 A_B_ 基因型频率为 $f_1 = 289/422$。

表 14-4 F₂ 代群体基因型的分离情况

基因型	A_B_	A_bb	aaB_	aabb	总数
观察得到基因型个数（O_i）	c (289)	d (31)	e (29)	f (76)	n (422)
概　率	$\dfrac{2+(1-r)^2}{4}$	$\dfrac{1-(1-r)^2}{4}$	$\dfrac{1-(1-r)^2}{4}$	$\dfrac{(1-r)^2}{4}$	
$H_0:\theta=[0.5,0.5,0.5]$ 下的理论个体数	237.38	79.12	79.12	26.38	n (422)
$H_1:\theta=[0.5,0.5,r]$ 下的理论个体数	287.89	28.61	28.61	76.89	n (422)
$H_2:\theta=[p_A,\ p_B,r]$ 下的实际个体数	289	26	31	76	422

表 14-4 中有 3 个假设，其中 H_2 假设下，没有假定基因连锁与否，也没有假定有无基因偏分离情况，这种假设最符合实际数据。由此，基因型频率 f_i 由基因频率和抽样误差决定，可以表述为模型关系，$f_i=f_i(p_A,p_B,r)+\varepsilon_i$，即基因型频率与 p_A、p_B 以及重组率 r 有模型关系，ε_i 是抽样误差。表 14-3 中的不同基因型理论频率，就是按照基因频率为 0.5、重组率为 r（0.5 或者非 0.5）情形，计算得到的。不同假设，可得到不同理论次数。

根据 H_0，基于似然比统计量，可得到卡方统计量为

$$\chi^2_{r=0.5}=\frac{(289-237.38)^2}{237.38}+\frac{(26-79.12)^2}{79.12}+\frac{(31-79.12)^2}{79.12}+\frac{(76-26.38)^2}{26.38}=169.54$$

该卡方值是通过比较 H_0 和 H_2 这两个假设的似然模型得到的似然比统计量，独立参数的个数相差 3 个，因此自由度为 3，而临界值 $\chi^2_{3,0.05}=7.81$，因此是极显著的。说明 H_0（"基因独立及无偏分离"的假设）与实际数据匹配程度差，H_0 假设是不适合的。

究其原因，可能是因为①A 或者 B 位点存在偏分离；②A 与 B 存在连锁。为探明原因，可按照第七章的方法，分别对"A、B 两个位点的基因频率是否为 0.5 的假设"做卡方测验，得到卡方值，分别为 $\chi^2_A=0.0284$ 和 $\chi^2_B=0.1548$。因此这两个位点都不存在偏分离。进一步，根据卡方可加性原理，可测验是否存在连锁（H_0：不连锁），计算为

$$\chi^2_r=\chi^2_{r=0.5}-\chi^2_A-\chi^2_B=169.54-0.0284-0.1548=169.36$$

自由度为 1，是显著的，应该否定无效假设，认为 A 和 B 位点连锁。

利用前述极大似然估计的重组率（基于 H_1），再根据式（14-21），可计算似然比的卡方，即

$$\chi^2_{r=0.146}=2\times\left[289\times\ln\left(\frac{289}{287.89}\right)+26\times\ln\left(\frac{26}{28.61}\right)+31\times\ln\left(\frac{31}{28.61}\right)+76\times\ln\left(\frac{76}{76.89}\right)\right]$$
$$=0.2273 \tag{14-24}$$

自由度为 2，不显著，说明 A 和 B 位点连锁。与上述测验方法虽然不同，但结论一致。

若使用式（14-22），可得到卡方值为

$$\chi^2_{r=0.146}=\frac{(289-287.89)^2}{287.89}+\frac{(26-28.61)^2}{28.61}+\frac{(31-28.61)^2}{28.61}+\frac{(76-76.89)^2}{76.89}=0.4523$$

不显著，说明连锁模型适合。与式（14-24）结论相同，但因计算方法不同而致数值略有不同。

统计基因组学中，测验两对基因是否连锁，还常采用似然比统计量的等价统计量 LOD 值，用于搜寻重组率的最佳值。根据式（14-15）和式（14-23），定义为

$$LOD=-\lg(LR)=\lg[L(r)/L(0.5)]$$

LOD 值是数量性状基因位点（QTL）连锁定位中常用的似然比类统计数，它与似然比统计数呈比例关系。

四、3种估计方法的特点

通过上述 3 种参数估计方法已获得总体平均数、方差等估计量。对于总体平均数的估计量，3 种估计方法都具有无偏性、有效性和相合性；对于总体方差的估计量，由离均差平方和期望值所得的估计量是无偏的，但由矩法和极大似然法所得两种估计量是有偏的，但都是相合的；最小二乘法无直接的总体方差估计量。

本章介绍了点估计的 3 种常用方法，但其要求不同。极大似然法要求已知总体的分布，才能获得估计量，另外两种方法对分布没有严格的要求。一般地，极大似然法估计结果大多具有无偏性、有效性和相合性等优良的估计量性质，因此被广泛采用，但也并不是一定最好，例如极大似然法估计平均数尽管是无偏估计，但其估计的方差是有偏的，在样本容量小时不能很好地反映总体变异。最小二乘法在估计线性回归模型参数时具有灵活方便的特点，因此被广泛采用。矩估计法由于不需要知道总体分布也是经常采用的方法，但该方法估计结果有时不具备优良的估计量性质，而且局限在与矩有关的估计量。

在实际应用中，往往将上述 3 种方法联合起来应用，有时它们估计结果是一样的，例如在固定模型情况下，如果误差是正态的，那么应用上述 3 种方法估计处理的效应是一致的。

本章例题中给出的估计量多数在前面已经用到，这里只是简要说明估计原理，学习时可对照前面的例题以加深理解。估计方法在应用中常较复杂，本章只举出了几个简单例子，详细学习可参阅数理统计专业书籍。

第五节　混合分布

一、混合分布和成分分布

上述的参数估计均指简单分布或单一分布的参数估计。当按一定概率从多个简单分布进行随机抽样时，样本的分布则表现为多个简单分布的混合，称为混合分布（mixture distribution），混合分布涉及的多个简单分布则称为成分分布（component distribution）。假定成分分布为同一类型分布，则由 c 个成分分布构成的混合分布概率密度函数 $f(y)$ 可表示为

$$f(y) = \sum_{j=1}^{c} p_j g_j(y \mid \theta_j) \tag{14-25}$$

式中，p_j 为第 j 个成分分布的混合概率，且有 $0 < p_j < 1$，$\sum_{j=1}^{c} p_j = 1$。$g_j(y \mid \theta_j)$ 为第 j 个成分分布的概率密度函数，其分布参数为 θ_j。

二、混合分布的极大似然估计

根据极大似然估计法，用每个观测值的概率密度函数乘积可建立混合分布的似然函数，即

$$L = \prod_{i=1}^{n} f(y_i) = \prod_{i=1}^{n} \left(\sum_{j=1}^{c} p_j g_j(y_i \mid \theta_j) \right) \tag{14-26}$$

为了计算方便，将似然函数取对数得到对数似然函数，并利用拉格朗日（Lagrange）乘子法引入混合概率总和为 1 的限制条件，即

$$\ln L = \sum_{i=1}^{n} \ln f(y_i) - \lambda \left(\sum_{j=1}^{c} p_j - 1 \right) = \sum_{i=1}^{n} \ln \left(\sum_{j=1}^{c} p_j g_j(y_i \mid \theta_j) \right) - \lambda \left(\sum_{j=1}^{c} p_j - 1 \right)$$

$$(14-27)$$

令对数似然函数对待估参数的偏导数等于 0 可获得似然方程。首先对第 k 个混合概率 p_k 进行估计，对数似然函数偏导数似然方程为

$$\frac{\partial \ln L}{\partial p_k} = \sum_{i=1}^{n} \frac{g_k(y_i \mid \theta_k)}{f(y_i)} - \lambda = 0 \qquad (14-28)$$

方程两边同乘以 p_k 并将 k 个方程两边相加可得拉格朗日乘子 λ 的估计，即 $n - \lambda = 0$。

根据贝叶斯理论，观测值 y_i 属于第 k 个成分分布的概率为

$$p(k \mid y_i) = \frac{p_k g_k(y_i \mid \theta_k)}{f(y_i)} \qquad (14-29)$$

根据式（14-28）可得成分分布混合概率的估计，即

$$\left(\sum_{i=1}^{n} \frac{g_k(y_i \mid \theta_k)}{f(y_i)} - \lambda \right) p_k = 0 \qquad (14-30)$$

$$\hat{p}_k = \frac{1}{\lambda} \sum_{i=1}^{n} \frac{p_k g_k(y_i \mid \theta_k)}{f(y_i)} = \frac{1}{n} \sum_{i=1}^{n} p(k \mid y_i) \qquad (14-31)$$

同样，利用式（14-27）和式（14-29）再对第 k 个成分分布参数进行估计，对数似然函数偏导数似然方程为

$$\frac{\partial \ln L}{\partial \theta_k} = \sum_{i=1}^{n} \left[p_k \frac{\partial g_k(y_i \mid \theta_k) / \partial \theta_k}{f(y_i)} \right] = \sum_{i=1}^{n} \left[\frac{p_k g_k(y_i \mid \theta_k)}{f(y_i)} \times \frac{\partial g_k(y_i \mid \theta_k) / \partial \theta_k}{g_k(y_i \mid \theta_k)} \right] = 0$$

$$(14-32)$$

$$\sum_{i=1}^{n} \left[p(k \mid y_i) \frac{\partial \ln g_k(y_i \mid \theta_k)}{\partial \theta_k} \right] = 0 \qquad (14-33)$$

可以看出，似然方程为成分分布对数似然方程 $\partial \ln g_k(y_i \mid \theta_k) / \partial \theta_k = 0$ 的加权平均。

式（14-31）和式（14-33）并不能给出参数的显式解，通常只能采用迭代算法进行求解，例如 EM（expectation-maximization）算法（期望最大化）。

三、混合分布的 EM 算法

当观测数据隐含有不可直接观测的缺失数据时，不能直接利用似然方程获得极大似然估计。例如混合分布中样本观测值分配到各成分分布的概率［式（14-29）］即为隐含的缺失数据，模型参数的极大似然估计中似然方程式（14-31）和式（14-33）均依赖此概率。此时，可利用 EM 算法获得参数的极大似然估计。EM 算法通过迭代运算对构建的完整数据似然函数 $L_c(\theta)$ 交替进行期望（expectation，E）和最大化（maximization，M）求解步骤。设 $\theta^{(0)}$ 为分布参数初始值，则第一次迭代中 E 步骤需要构建完整数据对数似然函数的期望函数，即

$$Q(\theta; \theta^{(0)}) = E_{\theta^{(0)}} \left[\ln L_c(\theta \mid y) \right]$$

式中，L_c 为完整数据似然函数。EM 算法中，M 步骤则需要对该期望函数求极大值获得参数估计值 $\theta^{(1)}$。然后基于 $\theta^{(1)}$ 再一次进行 E 步骤和 M 步骤，反复迭代直至算法收敛。第 $k+1$ 次迭代中，E 步骤和 M 步骤如下：

E 步骤：基于 $\theta^{(k)}$ 构建完整数据似然函数的期望函数，即

$$Q(\theta;\theta^{(k)}) = E_{\theta^{(k)}}\left[\ln L_c(\theta \mid y)\right]$$

M 步骤：对期望函数求极值，获得参数估计值，即

$$\theta^{(k+1)} = \arg\max_{\theta} Q(\theta;\theta^{(k)})$$

循环进行 E 步骤和 M 步骤，直至迭代达到收敛准则，例如似然函数差异 $L(\theta^{(k+1)}) - L(\theta^{(k)})$ 极小或两次迭代参数估计值差异极小等。

EM 算法的优点是其 M 步骤仅涉及完整数据似然函数的极大似然估计，因此计算较为简单。然而，当完整数据似然函数比较复杂时，M 步骤则需要的计算量较大。为此，Meng 和 Rubin（1993）提出了一种广义 EM 算法，称为 ECM 算法（expectation and conditional maximization）。ECM 算法的核心思想就是将 EM 算法中 M 步骤替换为一系列计算更简洁的条件最大化（conditional maximization，CM）步骤。因此，ECM 算法需要更多的迭代次数，但由于提高了计算效率，其总运算时间较 EM 算法更短。

四、混合正态分布

混合正态分布概率密度函数可表示为

$$f(y) = \sum_{j=1}^{c} p_j N_j(y \mid \mu_j, \sigma_j^2) \tag{14-34}$$

式中，$N_j(y \mid \mu_j, \sigma_j^2)$ 为正态分布概率密度函数，分布参数为平均数和方差。似然函数和对数似然函数分别为

$$L = \prod_{i=1}^{n}\left(\sum_{j=1}^{c} p_j N_j(y_i \mid \mu_j, \sigma_j^2)\right) \tag{14-35}$$

$$\ln L = \sum_{i=1}^{n}\ln\left(\sum_{j=1}^{c} p_j N_j(y_i \mid \mu_j, \sigma_j^2)\right) \tag{14-36}$$

根据式（14-29）和式（14-31）可计算混合正态分布混合概率的极大似然估计，即

$$\hat{p}_k = = \frac{1}{n}\sum_{i=1}^{n}\hat{p}(k \mid y_i) \tag{14-37}$$

根据式（14-32）和式（14-33）可计算混合正态分布成分平均数的极大似然估计，即

$$\frac{\partial \ln L}{\partial \mu_k} = \sum_{i=1}^{n} p(k \mid y_i)\frac{\partial \ln N_k(y_i \mid \mu_k)}{\partial \mu_k} = \sum_{i=1}^{n} p(k \mid y_i)\frac{y_i - \mu_k}{\sigma_k^2} = 0 \tag{14-38}$$

$$\hat{\mu}_k = \frac{1}{n\hat{p}_k}\sum_{i=1}^{n}\hat{p}(k \mid y_i)y_k \tag{14-39}$$

同理，可计算混合正态分布成分方差的极大似然估计，即

$$\frac{\partial \ln L}{\partial \sigma_k^2} = \sum_{i=1}^{n} p(k \mid y_i)\frac{\partial \ln N_k(y_i \mid \mu_k, \sigma_k^2)}{\partial \sigma_k^2} = \sum_{i=1}^{n} p(k \mid y_i)\left[-\frac{1}{2\sigma_k^2} + \frac{(y_i - \mu_k)^2}{2\sigma_k^4}\right] = 0 \tag{14-40}$$

$$\sigma_k^2 = \frac{1}{n\hat{p}_k}\sum_{i=1}^{n}\hat{p}(k \mid y_i)(y_i - \hat{\mu}_k)^2 \tag{14-41}$$

利用 EM 算法对参数进行求解，其步骤为

①初始化待估参数 p_k、μ_k 和 σ_k^2，并根据式（14-36）计算对数似然函数值。

②E 步：基于现有参数估计值，根据式（14-29）计算观测值 i 属于第 k 个成分分布的后验概率 $p(k \mid y_i)$。

③M 步：根据式（14-37）、式（14-39）和式（14-41）重新估计参数 p_k、μ_k 和 σ_k^2。

④根据式（14-36）计算对数似然函数值，检查待估参数或似然函数的收敛性，如果没有达到收敛标准，则重复步骤②、③和④，直到算法收敛。

【例 14-9】两个水稻亲本杂交后代 F_2 代群体 200 个单株的株高（单位：cm）数据如表 14-5 所示。试分析其分布参数。

表 14-5　水稻 F_2 代群体株高资料（cm）

180	123	109	165	137	150	169	166	100	129
158	173	179	162	167	129	155	161	112	137
150	166	140	143	140	113	153	147	144	167
143	144	170	124	120	190	187	175	124	120
159	115	142	153	147	149	195	161	116	136
144	131	124	165	160	156	178	161	177	158
153	141	157	136	127	190	146	159	160	163
176	120	125	149	124	138	155	152	169	119
183	160	166	114	171	154	121	155	174	163
152	162	160	139	171	177	169	162	118	116
154	125	168	111	149	121	107	111	163	166
149	162	115	160	163	164	172	147	173	187
153	105	161	152	138	122	152	147	158	137
160	157	166	159	137	160	142	150	146	145
145	166	121	149	161	157	165	158	152	175
170	102	154	99	116	148	165	128	129	172
168	117	124	155	112	168	153	155	181	159
156	131	158	151	167	110	172	128	118	144
135	168	151	170	173	166	156	162	135	130
165	159	154	176	160	176	112	117	161	169

首先绘制水稻 F_2 代群体株高资料的次数分布图，如图 14-1 所示，从中可以看出该群体株高呈双峰态，第一个峰在株高 110～130 cm 处，第二个峰在株高 150～170 cm 处。推断

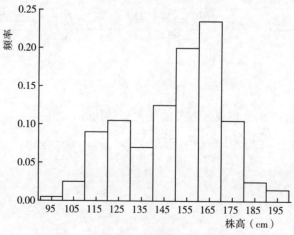

图 14-1　水稻 F_2 代群体株高资料次数分布

该群体株高分布属于含有两个成分分布的混合正态分布。

采用 EM 算法对混合正态分布参数进行估计，参数初始值与每次迭代估计结果列于表 14-6。EM 算法迭代 35 次后对数似然函数值两次迭代差值小于设定收敛精度 10^{-5}，此时对数似然函数值为 -873.229 47。两个成分分布混合概率的估计值分别为 0.239 1 和 0.760 9，平均数参数估计值分别为 119.032 7 和 158.825 9，标准差参数估计值分别为 9.068 1 和 13.049 9，图 14-2 显示了成分分布与混合正态分布的拟合曲线。

表 14-6　混合正态分布最大似然估计

迭代	p_1	p_2	μ_1	μ_2	σ_1	σ_2	$\ln L$
0	0.200 0	0.800 0	100.000 0	150.000 0	10.000 0	10.000 0	-990.119 10
1	0.152 9	0.847 1	114.154 3	155.657 0	6.661 8	15.648 8	-877.984 64
2	0.165 0	0.835 0	115.308 6	156.027 1	7.167 3	15.495 0	-876.475 18
3	0.177 6	0.822 4	116.000 6	156.504 1	7.473 7	15.111 7	-875.494 34
4	0.188 9	0.811 1	116.512 7	156.950 1	7.694 4	14.713 8	-874.767 31
5	0.198 5	0.801 5	116.930 8	157.328 2	7.875 9	14.366 0	-874.250 16
6	0.206 3	0.793 7	117.280 9	157.633 7	8.035 8	14.083 6	-873.899 70
7	0.212 5	0.787 5	117.573 0	157.874 3	8.179 6	13.862 8	-873.669 55
8	0.217 5	0.782 5	117.817 7	158.062 0	8.308 1	13.693 0	-873.520 40
9	0.221 4	0.778 6	118.020 1	158.208 3	8.421 4	13.563 0	-873.423 70
10	0.224 6	0.775 4	118.187 9	158.323 1	8.520 1	13.462 9	-873.360 51
11	0.227 1	0.772 9	118.327 1	158.414 0	8.604 9	13.384 9	-873.318 75
12	0.229 2	0.770 8	118.442 7	158.486 8	8.677 3	13.323 6	-873.290 83
13	0.230 9	0.769 1	118.539 0	158.545 5	8.738 9	13.274 7	-873.271 95
14	0.232 2	0.767 8	118.619 2	158.593 4	8.791 0	13.235 3	-873.259 07
15	0.233 4	0.766 6	118.686 4	158.632 7	8.835 1	13.203 3	-873.250 20
16	0.234 3	0.765 7	118.742 6	158.665 1	8.872 3	13.177 1	-873.244 05
17	0.235 1	0.764 9	118.789 8	158.691 9	8.903 7	13.155 6	-873.239 76
18	0.235 8	0.764 2	118.829 5	158.714 3	8.930 3	13.137 7	-873.236 76
19	0.236 3	0.763 7	118.862 9	158.732 9	8.952 8	13.122 9	-873.234 64
20	0.236 8	0.763 2	118.891 0	158.748 6	8.971 8	13.110 5	-873.233 14
21	0.237 2	0.762 8	118.914 8	158.761 7	8.987 8	13.100 1	-873.232 08
22	0.237 5	0.762 5	118.934 8	158.772 7	9.001 4	13.091 5	-873.231 33
23	0.237 8	0.762 2	118.951 8	158.782 0	9.012 9	13.084 2	-873.230 80
24	0.238 0	0.762 0	118.966 1	158.789 8	9.022 7	13.078 0	-873.230 41
25	0.238 2	0.761 8	118.978 3	158.796 4	9.031 0	13.072 9	-873.230 14
26	0.238 4	0.761 6	118.988 5	158.802 0	9.038 0	13.068 5	-873.229 94
27	0.238 6	0.761 4	118.997 2	158.806 7	9.043 9	13.064 8	-873.229 80
28	0.238 7	0.761 3	119.004 6	158.810 7	9.048 9	13.061 7	-873.229 70
29	0.238 8	0.761 2	119.010 8	158.814 1	9.053 2	13.059 1	-873.229 63
30	0.238 9	0.761 1	119.016 1	158.816 9	9.056 8	13.056 8	-873.229 58

（续）

迭代	p_1	p_2	μ_1	μ_2	σ_1	σ_2	$\ln L$
31	0.238 9	0.761 1	119.020 6	158.819 4	9.059 9	13.054 9	−873.229 54
32	0.239 0	0.761 0	119.024 4	158.821 4	9.062 5	13.053 4	−873.229 52
33	0.239 1	0.760 9	119.027 7	158.823 1	9.064 7	13.052 0	−873.229 50
34	0.239 1	0.760 9	119.030 4	158.824 6	9.066 5	13.050 8	−873.229 48
35	0.239 1	0.760 9	119.032 7	158.825 9	9.068 1	13.049 9	−873.229 47

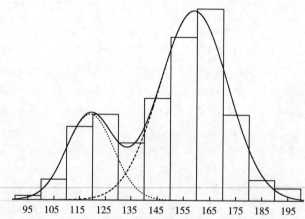

图 14-2　水稻 F_2 代群体株高资料次数分布图与拟合理论分布曲线（cm）

习 题

1. 用矩法估计原理解释均方与期望均方间的关系。

2. 何谓矩法、最小二乘法和极大似然法？何谓估计量、估计值？

3. 某正态分布总体的随机样本观察值为 9.56、8.33、10.12、10.28、8.85、11.19、11.18、9.96、10.32、10.17、9.81 和 10.72。试求算平均数和方差的极大似然估计值。

［参考答案：平均数为 10.04，方差为 0.787]。

4. 从二项式总体（包含 0、1 两个数值的总体）随机抽样得到 10 组每组 15 次，计算每组的总和数，得到 10 个观察值 3、2、0、4、2、4、2、0、1 和 3。试用极大似然法求总体平均数和方差估计值。

［参考答案：平均数为 0.2，方差为 1.89]

5. 为检验某种自来水消毒设备的效果，现从消毒后的水中随机抽取 50 L，化验每升水中大肠杆菌的个数（每升水中大肠杆菌个数服从泊松分布），化验结果如下表。试问平均每升水中大肠杆菌个数为多少时才能使上述情况的概率为最大？

每升大肠杆菌数	0	1	2	3	4	5	6
体积（L）	17	20	10	2	1	0	0

［参考答案：1]

6. 在一个回交群体中出现的基因型的个数与其期望数列于下表，试求出重组率 r_{AB} 的极大似然估计量。并且给出似然比统计量检验和卡方统计量应用的公式。

基因型	AaBb	Aabb	aaBb	aabb	总　计
观测数	a	b	c	d	n
期望数	$\frac{n}{2}(1-r_{AB})$	$\frac{n}{2}r_{AB}$	$\frac{n}{2}r_{AB}$	$\frac{n}{2}(1-r_{AB})$	n

［参考答案：$\hat{r}_{AB}=(b+c)/n$］。

7. 下表数据可用模型 $y=a+bx+cx^2+e$ 进行分析，模型中 e 是正态性误差。试用最小二乘法求参数 a，b，c 的估计值。

x	8	7	5	9	7	9	7	5	6	8
x^2	64	49	25	81	49	81	49	25	36	64
y	29.19	25.35	14.44	38.51	24.29	37.62	25.31	14.57	17.82	30.74

［参考答案：4.978 3、−0.335 1、0.443 3］

8. 设总体 y 的分布密度为

$$p(y;a)=\begin{cases}(a+1)y^2, & 0<y<1 \\ 0, & 其他\end{cases}$$

y_1，y_2，$\cdots$，y_n 为其样本，求参数 a 的矩估计量和极大似然估计量。若样本值为 0.1，0.2，0.9，0.8，0.7，0.7，求参数 a 的估计值。

［参考答案：0.3，0.2］

9. 某大豆试验中得到 F_2 代群体 450 个单株的开花期（d）数据，列于下表。试利用该数据，计算平均数、方差和次数分布，并且利用混合正态分布统计方法，分析该数据。

44	30	42	30	40	42	34	32	33	43	32	40	31	28	40	37	43	38
37	38	36	39	31	39	43	41	40	41	34	34	36	40	41	30	42	38
39	30	40	40	32	42	43	34	41	31	36	33	42	40	42	41	30	31
40	38	44	41	39	32	41	32	40	42	40	30	39	36	33	41	39
42	40	32	35	41	42	38	41	37	38	41	29	41	37	44	39	37	39
37	34	42	39	38	31	30	30	40	40	38	44	36	31	42	38	42
42	39	28	41	39	43	39	42	46	34	35	40	39	40	35	39	29	31
38	34	41	36	31	44	31	38	38	39	29	39	33	43	41	41	30
37	40	40	30	38	43	39	32	40	44	41	41	45	42	27	45	40	30
41	39	35	39	41	37	35	43	41	43	39	40	39	43	38	40	37	38
41	27	40	37	32	38	35	40	42	33	38	31	42	40	34	38	41	39
39	30	41	34	40	37	29	36	42	40	42	37	37	44	42	38	28	42
42	37	40	32	32	41	39	30	44	41	28	36	46	42	42	34	41
39	41	33	41	36	39	32	43	39	38	39	38	44	30	37	41	31
38	39	39	42	42	33	29	31	32	32	40	41	39	34	39	38	33	40
41	35	41	40	40	40	41	41	29	40	40	41	42	42	38	42	32	34
40	40	37	43	40	39	44	28	42	38	40	31	30	40	43	43
37	42	44	36	29	40	38	36	38	31	39	40	38	43	41	42

（续）

43	43	29	41	39	40	41	39	41	31	41	40	39	43	41	36	36	39
40	39	43	39	40	44	38	39	40	40	40	42	42	35	35	40	36	41
32	33	34	34	43	42	41	37	39	37	44	32	42	41	40	34	42	40
40	42	40	31	40	36	40	40	41	37	38	41	38	41	42	27	38	34
38	32	37	41	41	38	40	41	38	34	43	39	41	40	32	37	40	43
39	37	43	42	40	44	40	31	38	43	35	37	31	37	36	42	40	31
32	38	42	45	41	46	39	34	39	30	39	38	41	40	41	39	41	32

[参考答案：2种基因型的混合分布，基因型成分的概率为 0.244 和 0.756；平均数为 31.7 和 40.1，方差为 4.86 和 4.90]

第十五章

聚 类 分 析

农业和生物学的试验数据常常有归组的问题，第三章介绍了最简单的归组方法，将杂乱无章的数据归成次数分布表，便显示出了变化的规律。比较试验的数据是按预定的处理归组的，方差分析是对归组的数据做统计比较分析。相关和回归分析是对按一定属性归组的数据分析两个或多个属性间数量上的相互关系。但许多数据并不能按某种属性做简单的归类，其内部蕴含着个体间相互关系的丰富信息。对于这些个体需要进行归类以揭示其类群的特征和关系。聚类分析（cluster analysis）是对这种数据做数值分类的一种常用方法。将不同的分类单位（个体、群体、品系、序列、物种等，下文通常用个体指代）按相似程度进行归类，将相似的个体分在同一类群，不相似的个体分到不同类群中去，形成组内相似、组间有别的类群。聚类分析在众多领域应用广泛，尤其在生物的遗传和进化、作物的育种和栽培等领域应用普遍。聚类分析方法很多，常用的可归结为系统聚类和动态聚类两种类型。本章主要介绍系统聚类方法，为读者提供入门知识。较复杂的动态聚类方法暂不纳入本书内容。

第一节　相似系数和距离

对个体进行归类或者聚类，首先需要建立测度个体归组和聚类关系的指标。常用相似系数（similarity coefficient）或者距离（distance）来测度个体间的相互关系。

设有 n 个体，每个个体 p 个性状观察值可用一个 p 维向量表示，两个个体的向量可表示为 $X_i' = (x_{1i}, x_{2i}, \cdots, x_{ki}, \cdots, x_{pi})$ 和 $X_j' = (x_{1j}, x_{2j}, \cdots, x_{kj}, \cdots, x_{pj})$，其中，$k = 1、2、\cdots、p$，$p \geq 1$，代表第 k 个性状（指标，变数），i 和 $j = 1、2、\cdots、n$，分别代表第 i 和 j 个体。基于此符号，下面介绍 X_i 与 X_j（第 i 个体和第 j 个体）之间相似系数（s_{ij}）和距离（d_{ij}）的计算方法。

一、相似系数

统计上，有多种相似系数的计算方法。不同方法适用于不同类型的数据。这里，介绍两种常用的计算方法。

1. 相似系数　相似系数 $s_{ij(1)}$ 的表达式为

$$s_{ij(1)} = \frac{\sum\limits_{k=1}^{p}(x_{ki}-\overline{x}_i)(x_{kj}-\overline{x}_j)}{\sqrt{\sum\limits_{k=1}^{p}(x_{ki}-\overline{x}_i)^2 \sum\limits_{k=1}^{p}(x_{kj}-\overline{x}_j)^2}} = \frac{\boldsymbol{X}_i'\boldsymbol{X}_j - \boldsymbol{1}'\boldsymbol{X}_i\boldsymbol{1}'\boldsymbol{X}_j/p}{\sqrt{(\boldsymbol{X}_i'\boldsymbol{X}_i - (\boldsymbol{1}'\boldsymbol{X}_i)^2/p)(\boldsymbol{X}_j'\boldsymbol{X}_j - (\boldsymbol{1}'\boldsymbol{X}_j)^2/p)}}$$

$$(15-1)$$

式中，$p>1$，$\boldsymbol{1}$ 为 p 行 1 列全是 1 的列向量（下同）。

相似系数适用于比例类型数据（ratio）、属区间类型数据（interval）的记载结果类型以及等级类型数据（ordinal）。

2. 夹角余弦 夹角余弦 $s_{ij(2)}$ 的表达式为

$$s_{ij(2)} = \frac{\sum\limits_{k=1}^{p}x_{ki}x_{kj}}{\sqrt{\left(\sum\limits_{k=1}^{p}x_{ki}^2\right)\left(\sum\limits_{k=1}^{p}x_{ki}^2\right)}} = \frac{\boldsymbol{X}_i'\boldsymbol{X}_j}{\sqrt{\boldsymbol{X}_i'\boldsymbol{X}_i\boldsymbol{X}_j'\boldsymbol{X}_j}} \qquad (15-2)$$

夹角余弦仅适用于比例类型数据（ratio）。

相似系数一般取值在 $-1\sim1$（$-1\leqslant s_{ij}\leqslant 1$），有时还需将其转化到：$0\leqslant s_{ij}\leqslant 1$。转化的方式有：$s_{ij}=(s_{ij}+1)/2$。除以上两种相似系数方法外，还有许多其他方法，例如在 SAS 软件中列出的适用于比例类型数据（ratio）、区间类型数据（interval）、等级类型数据（ordinal）的相似系数皆有多种。使用时，需要认真分析相似系数计算方法是否适用于所获试验数据。

二、距离

距离由空间距离的概念直观演变而来，根据位置距离相近者聚为一类。由此朴素思想，发展出计算多维空间的个体相近程度的测度指标和方法——距离。

距离计算中，n 个个体可看成是 p 维空间中的 n 个点。从而可以计算它们之间的距离。计算方法有多种。

1. 欧氏距离 欧氏距离 $d_{ij(E)}$ 和欧式平方距离 $d^2_{ij(E)}$ 的表达式分别为

$$d_{ij(E)} = \sqrt{\sum\limits_{k=1}^{p}(x_{ki}-x_{kj})^2} = \sqrt{(\boldsymbol{X}_i-\boldsymbol{X}_j)'(\boldsymbol{X}_i-\boldsymbol{X}_j)} \qquad (15-3)$$

$$d^2_{ij(E)} = \sum\limits_{k=1}^{p}(x_{ki}-x_{kj})^2 = (\boldsymbol{X}_i-\boldsymbol{X}_j)'(\boldsymbol{X}_i-\boldsymbol{X}_j) \qquad (15-4)$$

若先将原 $\boldsymbol{X}_i$（或 $\boldsymbol{X}_j$）变数标准化，即

$$x_{ki} = \frac{(x_{ki}-\overline{x}_k)}{s_k} \qquad (k=1、2、\cdots、p)$$

再计算 x_i 与 x_j 之间的距离，则为标准化的欧氏距离（Euclidean distance）。标准化与否对欧氏距离（或其他距离）有时有较大影响。

欧氏距离使用很广泛，适用于比例尺度、间隔尺度以及有序尺度类型的数据的聚类分析。它将一个向量的 n 个分量视为独立平等的关系。因此 p 个指标就是 p 维空间。

该距离与各指标的数据单位（量纲）有关，数据单位导致各坐标对欧氏距离的贡献不是同等的。为解决该问题，可以采用坐标加权的方法，若每个分量的权重为 w_k，总的权重之

和为 w，则有

$$d_{ij(1)} = \sqrt{\left(\sum_{k=1}^{p} w_k (x_{ki} - x_{kj})^2\right) / \left(\sum_{k=1}^{p} w_k\right)}$$

权重计算中，可剔除数据量级、单位的影响。一般，可采用各指标的 n 个观测样本方差的倒数作为权重。

此外，欧氏距离没有考虑不同指标数据间的相关性，而相关性可能使 p 维空间的实际维度较小，在此情况下，可以采用下面将介绍的马氏距离。

2. 马氏距离 马氏距离 $d_{ij(M)}$ 的表达式为

$$d_{ij(M)} = \sqrt{(\boldsymbol{X}_i - \boldsymbol{X}_j)' \sum{}^{-1} (\boldsymbol{X}_i - \boldsymbol{X}_j)} \qquad (15-5)$$

式中，$\sum$ 为 $\boldsymbol{X}$ 变数的方差协方差阵。

马氏距离还包括其平方距离，即

$$d_{ij(M)}^2 = (\boldsymbol{X}_i - \boldsymbol{X}_j)' \sum{}^{-1} (\boldsymbol{X}_i - \boldsymbol{X}_j) \qquad (15-6)$$

马氏距离（Mahalanobis distance）是一种能较好地描述异量纲多变数个体间相异程度的距离。该距离实现了性状的标准化处理，排除了各性状观察单位（量纲）和变异度以及相关所造成的影响，因此在多变数数值性状的聚类分析中较为常用。但马氏距离描述个体间相异程度的优劣还取决于合理的方差协方差阵 $\sum$。原则上，在聚类分析中所用马氏距离最适的 $\sum$ 应为 $\boldsymbol{X}$ 变数的组内方差协方差阵，但此时分类尚未开始，不存在组内方差协方差阵。先用全部数据的方差协方差阵（总方差协方差阵）替代，是一种必然但不完全合适的选择。这可在分类过程中算得组内方差协方差阵，并与聚类过程反复交替迭代进行，获得合理的组内方差-协方差阵及其距离，进而获得合理的聚类。

3. Nei 氏距离 Nei 氏距离 $D_{N_{ij}}$ 的表达式为

$$D_{N_{ij}} = 1 - 2N_{11} / (2N_{11} + N_{01} + N_{10}) \qquad (15-7)$$

Nei 氏距离（Nei's distance）是计算二项分类（0，1）数据个体间距离的。目前，Nei 氏距离常用于分子标记数据的距离计算，该类数据可以用"0"和"1"表示样本间多态性的条带信息，有带的记为"1"，无带的记为"0"，这样就得到了一个包含 0 和 1 的观测数据表。基于该数据表就可以采用 Nei 氏距离法计算个体间距离矩阵。其中，N_{11} 为两个个体都有"带"的位点数；N_{10} 为个体 i 有"带"而个体 j 无"带"的位点数；N_{01} 为个体 i 无"带"而个体 j 有"带"的位点数。

其实，相似性和距离是研究个体间关系的两个侧面，相似性的反面就是距离，以式（15-7）为例，有

$$1 - D_{N_{ij}} = 1 - 1 - 2N_{11}/(2N_{11} + N_{01} + N_{10}) = 2N_{11}/(2N_{11} + N_{01} + N_{10}) = s_{N_{ij}}$$

式中，$s_{N_{ij}}$ 就是两个体间的相似系数。

此外，计算分子标记数据间的遗传距离方法还有很多，例如 Sneath 和 Sokal 法、Russell 和 Rao 法等方法。

SAS 软件中，还列出了许多计算距离的方法，分别适用于不同类型的数据。例如适用于比例类型数据（ratio）、间隔类型数据（interval）以及等级类型数据（ordinal）的距离，除欧氏距离外，还有明氏距离（Minkowski distance）、切氏距离（Chebychev distance）等

多种。要仔细查阅说明后选用。需要指出的是，在系统聚类分析中，采用不同的距离（或相似系数）方法，可能会导致聚类结果不同。因此应根据实际数据类型，采用适当的距离计算方法。

距离计算中，若有 n 个个体，相互间的距离（或相似系数）组成了一个 n 行 n 列的距离（或相似系数）矩阵 D。由于平方距离的计算相对简单，系统聚类过程更多地使用平方距离阵 D^2，即将距离平方作为距离。

第二节　系统聚类方法

一、系统聚类过程

系统聚类又称为分枝式聚类（hierarchical clustering），有分解法和聚合法两种不同的算法过程。

1. 分解法　分解法（dividing method）聚类过程有下列 3 步。

①将 n 个体当作一类，根据某种规则一分为二；最常见的规则是 Cavalli-Sforza 和 Edwards（1965）提出的组内平方和最小、组间平方和最大规则。

②将最大（组内平方和最大）的组再次一分为二。

③重复第②步，直至每一个个体自成一类。这种方法不大常用，主要有两大问题。一是运算量很大。例如在第一次一分为二时，所有可能的分法有 $2^{n-1}-1$ 个，一般只有一个（或数个）分法具有最小组内平方和，这往往只能对所有可能的分类比较之后才能确知哪种分法具有最小组内平方和。当 n 较大时，难于实施。这还是第一次分，接下来还得对余下具有最大组内平方和的组一分为二（此时的运算量已有所减少），但总的运算量太大，一般难于实施。二是所得结果一般不是优化的分类，更难于得到全局最优分类。对某个大组进行一分为二时（从 2 组到 3 组时，$g-1$ 到 g 组时），每一步都遵循了最优分类的原则。而人们的目的是将 n 个个体分成 g 组，此时的组内平方和能否达到最小、组间平方和能否达到最大，在 n 较大时，回答是否定的，一般是不可能的。它在每一步上是最优的，但不能保证最终的结果也是最优的（其他系统聚类也存在类似的问题）。因此该法只有在个体数较少情况下使用。

2. 聚合法　聚合法（agglomerative clustering）系统聚类是最常用的系统聚类方法，一般所称的系统聚类即为聚合法聚类。它的聚类过程有下列 5 步。

①将 n 个体当作 n 类，计算类间距离（最初即为点间距离）。

②将类间距离最小（或相似系数最大）的两类合并成一个新类。

③据某种规则计算新类与其他类的类间距离。

④重复②和③两步，直至 n 个个体聚成一类。

⑤将聚类（合并）过程列出，画成聚类分枝图（dendrogram）。

二、聚合法系统聚类方法

不同的类间平方距离定义，产生了不同的聚类方法。系统聚类有下列 6 种基本方法。

（一）最短距离法

该方法采用类之间的最短距离作为类间距离，故称为最短距离法（single linkage，minimal distance，nearest neighbor）。若 G_p 和 G_q 代表类（组），该法定义 G_p 和 G_q 两类间的距

离（D_{pq}）为

$$D_{pq} = \min_{i \in G_p, j \in G_q} d_{ij} \qquad (15-8)$$

式中，d_{ij} 为点 X_i 与点 X_j 间的距离（下同），即以两组内个体之间最小距离代表组间距离。

若 G_p 和 G_q 距离最小，则 $I_{pq} = D_{pq} = \min(D_{kl})$，（$k$、$l=1$、$2$、$\cdots$、$g$），称 I_{pq} 为并类距离，将 G_p 和 G_q 合并成 G_r，该新类 G_r 与 G_k 的类间距离 $[D_{rk}(k \neq p、q、r)]$ 为

$$D_{rk} = \min_{i \in G_r, j \in G_k} d_{ij} = \min(\min_{i \in G_p, j \in G_k} d_{ij}, \min_{i \in G_q, j \in G_k} d_{ij}) = \min(D_{pk}, D_{qk}) \quad (15-9)$$

寻找最近的两类合并，每次减少一类，直至所有个体均聚成一类。

【例 15-1】有 7 个小麦品系抽穗期（x_1，以 5 月 10 日为 0）与单株籽粒质量（x_2，g）试验结果（数据经缩减）见表 15-1 和图 15-1。拟进行最近距离法聚类，其过程和结果如下。

表 15-1 例 15-1 数据

样点	X_1	X_2
1	1	6
2	9	1
3	6	2
4	6	7
5	10	3
6	2	4
7	9	6

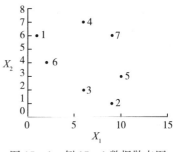

图 15-1 例 15-1 数据散点图

先将 7 个个体（样点）视作 7 类，计算各类（点）间的距离，此处用欧氏距离。由于最小距离与最小平方距离等价，计算平方距离相对简便，各点（类）间平方距离矩阵见表 15-2。

表 15-2 类（点）间平方距离

类	2	3	4	5	6	7
1	89	41	26	90	5	64
2		10	45	5	58	25
3			25	17	20	25
4				32	25	10
5					65	10
6						53

从表 15-2 可知，类 1 与类 6（或类 2 与类 5）距离最近，先将类 1（样点 1）与类 6（样点 6）合并，将这一新类记为类 1，并消去类 6（排在此后的类自动递进 1 位，如原来的类 7 自动成为类 6，下同），记录并类距离 $I_{1,6} = \sqrt{5} = 2.2361$。重新计算类间（平方）距离得表 15-3。

表 15 - 3　新的类间平方距离（1）

类间	2	3	4	5	6
1	58	20	25	65	53
2		10	45	5	25
3			25	17	25
4				32	10
5					10

从表 15 - 3 可知，类 2（样点 2）与类 5（样点 5）最近，将类 2 与类 5 合并，将这一新类记为类 2 并消去类 5。记录并类距离 $I_{2,5} = \sqrt{5} = 2.236\,1$。重新计算类间（平方）距离得表 15 - 4。

表 15 - 4　新的类间平方距离（2）

类	2	3	4	5
1	58	20	25	65
2		10	32	10
3			25	25
4				10

从表 15 - 4 可知，类 2（样点 2 和样点 5）与类 3（样点 3）最近，将类 2 与类 3 合并，将这一新类记为类 2（样点 2、3、5）并消去类 3。记录并类距离 $I_{2,3} = \sqrt{10} = 3.162\,3$。重新计算类间（平方）距离得表 15 - 5。

表 15 - 5　新的类间平方距离（3）

类	2	3	4
1	20	25	53
2		25	10
3			10

从表 15 - 5 可知，类 2（样点 2、3、5）与类 4（样点 7）最近，将类 2 与类 4 合并，将这一新类记为类 2 并消去类 4。记录并类距离 $I_{2,4} = \sqrt{10} = 3.162\,3$。重新计算类间（平方）距离得表 15 - 6。

表 15 - 6　新的类间平方距离（4）

类	2	3
1	20	25
2		10

从表 15 - 6 可知，类 2（样点 2、3、5、7）与类 3（样点 4）最近，将类 2 与类 3 合并，

将这一新类记为类 2 并消去类 3。记录并类距离 $I_{2,3} = \sqrt{10} = 3.162\ 3$。重新计算类间（平方）距离得表 15 - 7。

表 15 - 7 新的类间平方距离（5）

类	2
1	20

从表 15-7 可知，类 1（样点 1、6）与类 2（样点 2、3、4、5、7）合并，将这一新类记为类 1，并消去类 2。记录并类距离 $I_{1,2} = \sqrt{20} = 4.472\ 1$。此时所有个体并成一类，聚类完成。将上述并类过程依并类距离 I_{pq} 画出系统聚类图（dendrogram，图 15 - 2）。

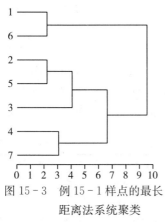

（二）最长距离法

该方法采用类之间的最长距离作为类间距离，故称为最长距离法（maximum distance，furthest neighbor）。若 G_p 和 G_q 代表类（组），该法定义类间距离，即以两组内个体之间最大距离代表组间距离：

$$D_{pq} = \max_{i \in G_p, j \in G_q} d_{ij} \qquad (15 - 10)$$

若 G_p 和 G_q 距离最小，$I_{pq} = D_{pq} = \min(D_{kl})$，$(k、l = 1、2、\cdots、g)$，称 I_{pq} 为并类距离，将 G_p 和 G_q 合并成 G_r，该新类 G_r 与 G_k 的类间距离 $[D_{rk}(k \neq p、q、r)]$ 为

$$D_{rk} = \max_{i \in G_r, j \in G_k} d_{ij} = \max(\max_{i \in G_p, j \in G_k} d_{ij}, \max_{i \in G_q, j \in G_k} d_{ij}) = \max(D_{pk}, D_{qk})$$

$$(15 - 11)$$

限于篇幅，例 15 - 1 数据点的最远距离法系统聚类过程从略，聚类图如图 15 - 3 所示。

图 15 - 2 例 15 - 1 样点的最近
距离法系统聚类

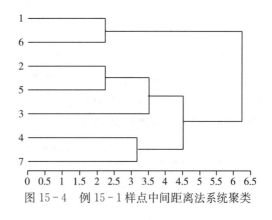

图 15 - 3 例 15 - 1 样点的最长
距离法系统聚类

图 15 - 4 例 15 - 1 样点中间距离法系统聚类

（三）中间距离法

该方法在定义类间距离时，既不用两类之间的最近距离，也不用两类之间的最远距离，而是用中间距离代表组间距离，故称为中间距离法（median distance）。

若 G_p 和 G_q 距离最小，$I_{pq} = D_{pq} = \min(D_{kl})$，$(k、l = 1、2、\cdots、g)$，称 I_{pq} 为并类距离，

将 G_p 和 G_q 合并成 G_r，该新类 G_r 与 G_k 的类间平方距离的递推公式 $[D_{rk}^2(k\neq p，q，r)]$ 为

$$D_{rk}^2=\frac{1}{2}D_{pk}^2+\frac{1}{2}D_{qk}^2-\frac{1}{4}D_{pq}^2 \tag{15-12}$$

限于篇幅，例 15-1 数据点的中间距离法系统聚类过程从略，聚类图如图 15-4 所示。

（四）类平均法

该法定义两类间的距离是两类元素两两之间距离的平均距离，称为类平均法（group average）。若 G_p 和 G_q 代表类（组），n_p 和 n_q 分别为两类中的个体数。该法定义类间距离（D_{pq}）为

$$D_{pq}=\frac{1}{n_p n_q}\sum_{i\in Gp,j\in G_q}d_{ij} \tag{15-13}$$

更常用

$$D_{pq}^2=\frac{1}{n_p n_q}\sum_{i\in Gp,j\in G_q}d_{ij}^2 \tag{15-14}$$

即以两组内个体之间距离平均为组间距离。若 G_p 和 G_q 距离最小，$I_{pq}=D_{pq}=\min(D_{kl})$，$(k，l=1、2、\cdots、g)$，称 I_{pq} 为并类距离，将 G_p 和 G_q 合并成 G_r，该新类 G_r 与 G_k 的类间距离的递推公式（据式 15-14）$[D_{rk}^2 (k\neq p、q、r)]$ 为

$$D_{rk}^2=\frac{n_p}{n_p+n_q}D_{pk}^2+\frac{n_q}{n_p+n_q}D_{qk}^2 \tag{15-15}$$

类平均法定义类间平方距离相对合理，聚类的效果较好。用例 15-1 数据说明类平均法聚类过程。先将 7 个个体（样点）视作 7 类，计算各类（点）间的平方距离矩阵（此处用欧氏距离），得表 15-8。

表 15-8　类（点）间距离

类	2	3	4	5	6	7
1	89	41	26	90	5	64
2		10	45	5	58	25
3			25	17	20	25
4				32	25	10
5					65	10
6						53

从表 15-8 可知，类 1 与类 6（或类 2 与类 5）距离最近，先将类 1（样点 1）与类 6（样点 6）合并，将这一新类记为类 1，并消去类 6，记录并类距离 $I_{1,6}=\sqrt{5}=2.236\ 1$。重新计算类间（平方）距离得表 15-9。

表 15-9　新的类间平方距离（1）

类间	2	3	4	5	6
1	73.5	30.5	25.5	77.5	58.5
2		10	45	5	25
3			25	17	25
4				32	10
5					10

从表 15-9 可知，类 2（样点 2）与类 5（样点 5）最近，将类 2 与类 5 合并，将这一新

类记为类 2 并消去类 5。记录并类距离 $I_{2,5} = \sqrt{5} = 2.236\ 1$。重新计算类间（平方）距离得表 15 - 10。

表 15 - 10 新的类间平方距离（2）

类	2	3	4	5
1	75.5	30.5	25.5	58.5
2		13.5	38.5	17.5
3			25	25
4				10

从表 15 - 10 可知，类 4（样点 4）与类 5（样点 7）最近，将类 4 与类 5 合并，将这一新类记为类 4 并消去类 5。记录并类距离 $I_{4,5} = \sqrt{10} = 3.162\ 3$。重新计算类间（平方）距离得表 15 - 11。

表 15 - 11 新的类间平方距离（3）

类	2	3	4
1	75.5	30.5	42
2		13.5	28
3			25

从表 15 - 11 可知，类 2（样点 2、5）与类 3（样点 3）最近，将类 2 与类 3 合并，将这一新类记为类 2 并消去类 3。记录并类距离 $I_{2,3} = \sqrt{13.5} = 3.674\ 2$。重新计算类间（平方）距离得表 15 - 12。

表 15 - 12 新的类间平方距离（4）

类	2	3
1	60.5	42
2		27

从表 15 - 12 可知，类 2（样点 2、3、5）与类 3（样点 4、7）最近，将类 2 与类 3 合并，将这一新类记为类 2 并消去类 3。记录并类距离 $I_{2,3} = \sqrt{27} = 5.196\ 2$。重新计算类间（平方）距离得表 15 - 13。

表 15 - 13 新的类间平方距离（5）

类	2
1	53.1

从表 15 - 13 可知，类 1（样点 1、6）与类 2（样点 2、3、4、5、7）合并，将这一新类记为类 1，并消去类 2。记录并类距离 $I_{1,2} = \sqrt{53.1} = 7.287$。此时所有个体并成一类，聚类完成，依并类距离 I_{pq} 画出系统聚类图。

例 15-1 数据点的类平均法系统聚类过程略，聚类图如图 15-5 所示。

（五）重心法

该法定义两类间的距离是两类重心（平均数）间距离，故称为**重心法**（centroid）。若 G_p 和 G_q 代表类（组），n_p 和 n_q 分别为两类中的个体数。该法定义类间距离（D_{pq}）和平方距离（D_{pq}^2）为

$$D_{pq} = \sqrt{(\bar{x}_p - \bar{x}_q)'(\bar{x}_p - \bar{x}_q)}$$

$$(15-16)$$

$$D_{pq}^2 = (\bar{x}_p - \bar{x}_q)'(\bar{x}_p - \bar{x}_q)$$

$$(15-17)$$

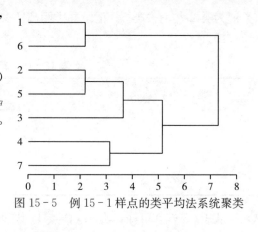

图 15-5 例 15-1 样点的类平均法系统聚类

若 G_p 和 G_q 合并成 G_r，该新类 G_r 与 G_k 的类间平方距离的递推公式 $[D_{rk}^2 \ (k \neq p、q、r)]$ 为

$$D_{rk}^2 = \frac{n_p}{n_p + n_q} D_{pk}^2 + \frac{n_q}{n_p + n_q} D_{qk}^2 - \frac{n_p n_q}{n_r^2} D_{pq}^2 \qquad (15-18)$$

例 15-1 数据的重心法聚类过程如下。

先将 7 个个体（样点）视作 7 类，计算各类（点）间的平方距离矩阵，得表 15-14。

表 15-14 类（点）类间平方距离

类	2	3	4	5	6	7
1	89	41	26	90	5	64
2		10	45	5	58	25
3			25	17	20	25
4				32	25	10
5					65	10
6						53

从表 15-14 可知，类 1 与类 6（或类 2 与类 5）距离最近，先将类 1（样点 1）与类 6（样点 6）合并，将这一新类记为类 1（并消去类 6），记录并类距离 $I_{1,6} = 2.2361$。重新计算类间（平方）距离得表 15-15。

表 15-15 新的类间平方距离（1）

类间	2	3	4	5	6
1	72.25	29.25	24.25	75.25	57.25
2		10	45	5	25
3			25	17	25
4				32	10
5					10

从表 15-15 可知，类 2（样点 2）与类 5（样点 5）最近，将类 2 与类 5 合并，将这一新类记为类 2 并消去类 5。记录并类距离 $I_{2,5}=2.2361$。重新计算类间（平方）距离得表 15-16。

表 15-16　新的类间平方距离（2）

类	2	3	4	5
1	73	29.25	24.25	57.25
2		12.25	37.25	16.25
3			25	25
4				10

从表 15-16 可知，类 4（样点 4）与类 5（样点 7）最近，将类 4 与类 5 合并，将这一新类记为类 4（样点 4、7）并消去类 5。记录并类距离 $I_{4,5}=3.1623$。重新计算类间（平方）距离得表 15-17。

表 15-17　新的类间平方距离（3）

类	2	3	4
1	73	29.25	38.25
2		12.25	24.25
3			22.5

由表 15-17 可知，类 2（样点 2、5）与类 3（样点 3）最近，将类 2 与类 3 合并，将这一新类记为类 2 并消去类 3。记录并类距离 $I_{2,3}=3.5$。重新计算类间（平方）距离得表 15-18。

表 15-18　新的类间平方距离（4）

类	2	3
1	55.694	38.25
2		20.944

从表 15-18 可知，类 2（样点 2、3、5）与类 3（样点 4、7）最近，将类 2 与类 3 合并，将这一新类记为类 2 并消去类 3。记录并类距离 $I_{2,3}=4.5765$。重新计算类间（平方）距离得表 15-19。

表 15-19　新的类间平方距离（5）

类	2
1	43.69

从表 15-19 可知，类 1（样点 1、6）与类 2（样点 2、3、4、5、7）合并，将这一新类记为类 1，并消去类 2。记录并类距离 $I_{1,2}=6.6098$。此时所有个体并成一类，聚类完成，

依并类距离 I_{pq} 画出系统聚类图（图 15-6）。

（六）最小组内平方和法

该分类方法的思想来源于方差分析。如果类分得正确，类内的平方和应当较小，类间的平方和应当较大。当存在 G_1、G_2、……、G_k、……、G_g 时，G_k 组（$1 \leqslant k \leqslant g$）的组内平方和为

$$SS_k = \sum_{l \in G_k} (x_l - \overline{x}_k)'(x_l - \overline{x}_k)$$

$$\tag{15-19}$$

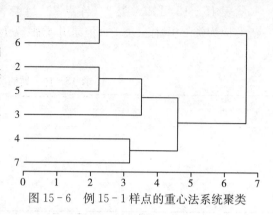

图 15-6　例 15-1 样点的重心法系统聚类

总的组内平方和（SS_w）为

$$SS_w = \sum_{k=1}^{g} SS_k = \sum_{k=1}^{g} \sum_{l \in G_k} (x_l - \overline{x}_k)'(x_l - \overline{x}_k) \tag{15-20}$$

寻找能使组内平方和的增加为最小的两类 G_p 和 G_q，并将其合并成为 G_r，组内平方和的增量为 $I_{pq} = SS_r - SS_p - SS_q$，使两组合并所增组内平方和最小，$\min(I_{pq})$，这也必然是最近的两类合并。若 G_p 和 G_q 合并成 G_r，该新类 G_r 与 G_k 的类间平方距离（平方）为 D_{rk}^2（$k \neq p$、q、r），此时的平方距离已变换成该两类（G_r 和 G_k）合并时组内平方和增量 I_{rk} 的两倍。

$$D_{rk}^2 = \frac{n_p + n_k}{n_r + n_k} D_{pk}^2 + \frac{n_q + n_k}{n_r + n_k} D_{qk}^2 - \frac{n_k}{n_r + n_k} D_{pq}^2 \tag{15-21}$$

继续寻找最小的平方距离（组内平方和增量的两倍）的两组合并。该法最早由 Ward (1963) 提出，因而**组内最小平方和法**（least within-group sum of squares）又称为 Ward 法。

用例 15-1 数据说明组内最小平方和法的聚类过程。先将 7 个个体（样点）视作 7 类，计算各类（点）间的距离［由于最小距离与最小平方距离等价，计算平方距离相对简便，各点（类）间距离采用平方距离］矩阵（表 15-20）。

表 15-20　类（点）间距离

类	2	3	4	5	6	7
1	89	41	26	90	5	64
2		10	45	5	58	25
3			25	17	20	25
4				32	25	10
5					65	10
6						53

当 7 个个体自成一类时，总的组内平方和 $SS_w = 0$。从表 15-20 可知，类 1 与类 6（或类 2 与类 5）距离最近，先将类 1（样点 1）与类 6（样点 6）合并，将这一新类记为类 1，并消去类 6，记录并类距离 $I_{1,6} = 2.5$（组内平方和 SS_w 的增量）。重新计算类间平方距离（组内平方和增量的两倍，下同）得表 15-21。

表 15 - 21 新的类间平方距离（1）

类间	2	3	4	5	6
1	96.333	39	32.333	101.67	76.333
2		10	45	5	25
3			25	17	25
4				32	10
5					10

从表 15 - 21 可知，类 2（样点 2）与类 5（样点 5）最近，将类 2 与类 5 合并，将这一新类记为类 2 并消去类 5。记录并类距离 $I_{2,5}=2.5$（组内平方和 SS_w 的增量）。重新计算类间平方距离得表 15 - 22。

表 15 - 22 新的类间平方距离（2）

类	2	3	4	5
1	146	39	32.333	76.333
2		16.333	49.667	21.667
3			25	25
4				10

从表 15 - 22 可知，类 4（样点 4）与类 5（样点 7）最近，将类 4 与类 5 合并，将这一新类记为类 4 并消去类 5。记录并类距离 $I_{4,5}=5$。重新计算类间平方距离得表 15 - 23。

表 15 - 23 新的类间平方距离（3）

类	2	3	4
1	146	39	76.5
2		16.333	48.5
3			30

从表 15 - 23 可知，类 2（样点 2、5）与类 3（样点 3）最近，将类 2 与类 3 合并，将这一新类记为类 2 并消去类 3。记录并类距离 $I_{2,3}=8.1667$。重新计算类间（平方）距离得表 15 - 24。

表 15 - 24 新的类间平方距离（4）

类	2	3
1	133.67	76.5
2		50.267

从表 15 - 24 可知，类 2（样点 2、3、5）与类 3（样点 4、7）最近，将类 2 与类 3 合并，将这一新类记为类 2（样点 2、3、4、5、7）并消去类 3。记录并类距离 $I_{2,3}=25.133$。重新计算类间（平方）距离得表 15 - 25。

表 15-25 新的类间平方距离（5）

类	2
1	124.83

从表 15-25 可知，类 1（样点 1、6）与类 2（样点 2、3、4、5、7）合并，将这一新类记为类 1，并消去类 2。记录并类距离 $I_{1,2}=62.4143$。此时所有个体并成一类，聚类完成，依并类距离 I_{pq} 画出系统聚类图（图 15-7）。

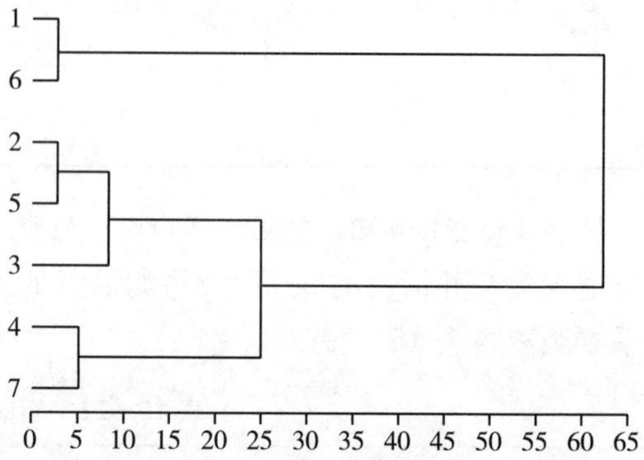

上述 6 种基本方法可以添加或改变某些参数，形成一些派生的方法如可变法、可变类平均法等。

以上 6 类聚类方法都可通过 SAS 软件计算，见附录 1 的 LT15-1。

图 15-7 例 15-1 样点的最小组内平方和法系统聚类

三、系统聚类的性质

（一）组数的确定

系统聚类可得到了一个树状分枝图（dendrogram），该图好像放倒的一棵树，每个被分类的个体就像是树上的一个分枝。但聚类分析的目的并非如此，而是分成若干个（g，$g<n$）类群，也即是在树枝的适当位置截断，成为 g 个类群。如何截取？有以下几种方法。

①以并类距离 I_{pq} 依分类数（g）作图，这是一个单调降的曲线，寻找 I_{pq} 的陡增（降）点，曲线随 g 的增加（减少）陡然减少（增加）作为合理分组的标志。

②采用多元方差分析方法，在可能分组的范围内，计算组内平方乘积和阵（$\boldsymbol{W}$）和组间平方乘积和阵（$\boldsymbol{B}$），再计算 $\Lambda=|\boldsymbol{W}|/|\boldsymbol{W}+\boldsymbol{B}|$，使其在这一可能的分组范围内最小化。最小的 Λ 对应的 g（或将 Λ 转换成 χ^2 计算对应的概率值，以其最小的概率值对应的 g），即是可能合适的分组。

③采用 $g^2|\boldsymbol{W}|$ 作标准，使其在可能的分组范围内最小化。

④以专业知识确定。分类数目大多数情况下有专业上的合理范围，可由专业知识确定；或听取专业人士的建议，使分类更加合理。

（二）并类距离的单调性与聚类图

若在并类过程中，并类距离（I_{pq}）随着并类过程逐渐增加，称并类距离具有单调性，相近的类先合并，相距远的后合并，画出的聚类图符合系统聚类的思想。在以上 6 种聚类方法中，最短距离法、最长距离法、类平均法和最小组内平方和法具有并类距离的单调性，因此聚类也较合理。重心法和中间距离法的并类距离不能确保具有单调性，有时画出的聚类图不太合理。尤以重心法的问题更为明显，这是这种方法的严重缺陷。

（三）系统聚类的几点说明

①系统聚类能以图形显示个体间、组间的相互关系，比较直观。但是图形聚类树的表现能力有限，不适合用于个体数太多的情形。

②系统聚类在选定聚类方法后，聚类结果是唯一的，不受个体初始顺序的影响。

③采用不同聚类方法，其聚类结果可能不同。一般而言，最小组内平方和法（较适合用于每组个体数大致相等的情形）和类平均法效果较好，其他方法效果较差或只适用于某些场合。

④系统聚类的分类结果有时并不合理。例如将例 15-1 数据分成两类时，上列系统聚类方法都会得到第一类 $G_1=(1,6)$，第二类 $G_2=(2,3,4,5,7)$ 的结果。所有方法一致得到的结果并不一定是全局最优分类。若将其分成 $G_1=(1,4,6)$ 和 $G_2=(2,3,5,7)$ 两类，用多种标准度量，均比前一种分类要好，这实则为全局最优分类。系统聚类方法在有些情况下难于实现全局最优分类，当个体较多时，这样的缺陷更加明显。

第三节　系统聚类的应用举例

前文对聚类分析的原理给出了说明，为进一步说明系统聚类方法的应用，这里选取 3 类较为典型的数据，作为应用举例。

【例 15-2】在不同样品点的类别研究中，经常需要评估数量性状多元差异的分析方法。这里利用 15 个油菜种质资源的多性状资料，进行聚类分析，评估种质资源的类别（表 15-26）。

表 15-26　油菜株高、茎粗等性状

材料编号	株高 (cm)	茎粗 (mm)	分枝高 (cm)	主轴长 (cm)	一次 分枝数	主轴 角果数	全株 角果数	角长 (cm)
1	115	10.62	34	53	4	40	100	5
2	163	14.03	64	62	7	56	255	8
3	137	13.18	42	70	6	100	580	6
4	160	19.05	64	53	8	80	480	6
5	165	17.10	101	34	7	80	360	7
6	160	13.02	101	45	3	46	70	7
7	175	23.00	70	45	9	40	400	8
8	165	23.90	60	60	8	80	480	6
9	125	16.30	49	50	8	53	341	8
10	136	13.40	32	62	8	50	370	6
11	156	16.20	48	67	8	63	367	9
12	155	15.13	80	58	4	60	220	8
13	130	15.80	22	55	9	80	560	5
14	138	19.30	42	45	8	90	230	7
15	125	10.25	60	40	3	50	110	7

1. 距离计算方法的选用　本例的资料属于数量性状资料。考虑到性状之间的相关性，宜采用马氏距离测度不同品种资源的多元差异（距离），进一步可采用类平均法对资源做聚类分析，明确资源的归类。

2. 聚类 本例题计算采用 SAS 软件 CLUSTER 过程，完成聚类分析计算（附录 1 的 LT15-2），并绘制系统聚类图（图 15-8）。采用的聚类方法是类平均法。

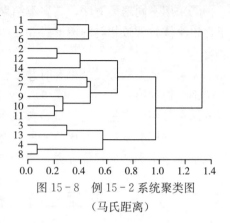

图 15-8　例 15-2 系统聚类图
（马氏距离）

3. 聚类结果 本例数据涉及的种质资源可聚为 4 类。编号为 1、15 和 6 的资源可聚为一类，该类各材料全株角果数均在 70～110，差异很小；而且茎秆较细，均小于 13.1 mm；一次分枝数也很少。编号为 2、12 和 14 的品种资源可聚为一类，该材料角果数中等，在 220～255。编号为 5、7、9、10 和 11 的材料聚为一类，茎秆稍粗，角果数（341～400）比上一类多，分枝数也比上一类多。编号为 3、4、8 和 13 的材料聚为一类，其角果数（480～580）比其他类都多。各类之间在种质特点上有差别，为这些种质的利用提供了一定的依据。

【**例 15-3**】为评估某作物 10 个品系的遗传差异，开展了分子标记试验。表 15-27 列出了 12 个标记的数据。以此说明通过聚类分析，评估品系遗传差异的程度。

表 15-27　标记数据

品系	M1	M2	M3	M4	M5	M6	M7	M8	M9	M10	M11	M12
1	0	0	0	0	0	0	1	1	1	1	1	1
2	0	0	0	0	0	1	1	1	1	1	0	0
3	1	1	1	1	1	1	1	1	1	0	0	0
4	1	1	1	1	0	0	0	0	0	0	0	0
5	1	1	1	0	0	0	0	0	0	0	0	1
6	1	1	0	0	0	0	0	0	0	0	0	0
7	1	1	1	1	1	0	0	1	1	1	1	1
8	1	1	1	1	1	1	0	0	0	0	0	1
9	1	1	1	1	1	1	1	1	1	1	1	1
10	1	1	1	1	1	1	0	0	1	1	1	1

1. 数据 分子标记数据中，多态性条带信息可根据带的有无（有带记为"1"，无带的记为"0"）形成包括 0 和 1 数据的表格。表 15-27 中的标记数据可用于对资源聚类，从遗传上区分资源的类别。

2. 距离计算 可计算 Nei 氏距离，见表 15-28。

3. 聚类 此类数据聚类分析可采用类平均法，即非加权组平均法（UPGMA）聚类（见附录 1 的 LT15-3），得聚类图 15-9。

表 15-28　某作物不同品系间的 Nei 氏距离

品系	1	2	3	4	5	6	7	8	9
2	0.333	0							
3	0.600	0.333	0						

（续）

品系	1	2	3	4	5	6	7	8	9
4	1	0.818	0.286	0					
5	0.412	0.412	0.200	0.375	0				
6	1	1	0.800	0.667	0.833	0			
7	0.333	0.667	0.600	0.636	0.294	0.714	0		
8	0.143	0.143	0.412	0.846	0.263	1	0.429	0	
9	0.333	0.333	0.143	0.412	0.043	0.846	0.333	0.200	0
10	0.500	0.500	0.263	0.333	0.048	0.818	0.250	0.333	0.091

4. 聚类结果　将 0.44 作为阈值，则可将这 10 个品系划分为 5 个类群，其中品系 1、8 和 2 归为一类；品系 3、5、9 和 10 归为一类；4、7 和 6 分别各为一类。从其分子标记数据来看，这样分类比较合理。

实际工作中，分子标记数据的聚类，可以用在物种和品种的鉴定、亲缘关系远近分析、数值分类学等方面。而数据分析工作中，还要结合相关专业知识对分析结果做深入分析。这里不详细论述。

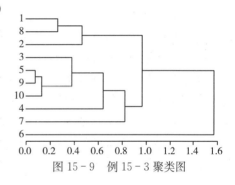

图 15-9　例 15-3 聚类图

【例 15-4】 对于生物序列，例如 DNA 序列、氨基酸序列，常需分析序列之间的关系，包括相似性、进化或者系统发生（phylogenesis）关系等，这些都要用到聚类分析。所得到的聚类图，称为系统发生树（phylogenetic tree）。以下有 5 个 DNA 序列，每个序列由 78 个核苷酸组成，现要对这 5 个序列进行聚类，根据它们之间的相似性，推测其系统发生关系。现将它们按序列排在一起做比对，结果见图 15-10。

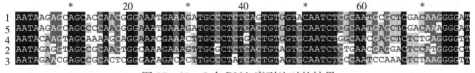

图 15-10　5 个 DNA 序列比对的结果

（A、T、G、C 为碱基代号。标示黑色的碱基在序列间相同；灰色者部分相同；无底色者保守性差）

1. 序列同一性（相似性）的计算　通过图 15-10，可得到不同序列间的同一性（identity，I_{ij}，%）。同一性指两个序列之间完全相同的匹配碱基数占序列总长度的比例，属于相似系数的一种。5 个序列的差异核苷酸的个数和同一性 I_{ij} 见表 15-29。利用同一性 I_{ij}，可以计算距离 $1-I_{ij}$，从而做聚类分析。

表 15－29　5 个 DNA 序列相互间的差异碱基个数及距离（括号内）
（上三角）和序列同一性 I_{ij}（下三角％）

	1	2	3	4	5
1		24 (30.8)	27 (34.6)	21 (26.9)	5 (6.4)
2	69.2		21 (26.9)	22 (28.2)	21 (26.9)
3	65.4	73.1		24 (30.8)	26 (33.3)
4	73.1	71.8	69.2		20 (25.6)
5	93.6	73.1	66.7	74.4	

2. 聚类分析　据式（15－13）的类平均法，对这 5 个序列聚类。此方法对距离计算平均数，作为类间距离，也可称为非加权类平均法（UPGMA）。距离结果见图 15－11。由图 15－11 可看出序列的相似关系。相似性高者，可以聚

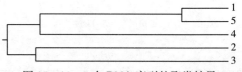

图 15－11　5 个 DNA 序列的聚类结果

为一类。这里序列 1 和 5 距离较近，说明序列进化关系近。其他距离较远，说明进化关系较远。此聚类未考虑进化上的先后顺序（进化方向），仅考虑进化距离的远近，因此属于进化生物学中的无根树（unrooted tree）。

这里以一个较短序列的聚类分析为例，简要说明方法。实际上待分析的生物序列长度可能比本例的序列长得多，计算同一性凭肉眼比对很费事，需要使用生物信息工具，例如 NCBI 网站的 BLAST 程序、CLUASTAL 软件等（http：//blast. ncbi. nlm. nih. gov/Blast. cgi；ftp：//ftp. ebi. ac. uk /pub/software/dos/clustalx/）。详细方法可以参阅软件说明和生物信息学相关书籍。

习 题

1. 有哪几种常用的系统聚类方法？各有何特点？

2. 测定了鸢尾属（*Iris*）10 种的花冠（x_1）、花瓣（x_2）和柱头（x_3）3 个性状的长度（cm）数据见表 15－30，请按类平均法、重心法和最小组内平方和法进行系统分类，给出分类过程并画出系统聚类图。

表 15－30　鸢尾属 10 种的花冠、花瓣和柱头长度（cm）的 3 个性状数据

物种	1	2	3	4	5	6	7	8	9	10
x_1	5.3	5	4.7	4.6	5	5.4	4.6	5	4.4	4.7
x_2	3.5	3.7	3.2	3.1	3.6	3.9	3.4	3.4	2.9	2.8
x_3	1.6	1.5	1.3	1.1	1.4	1.7	1.4	1.5	1.4	1.4

［参考答案见下图，横轴为并类距离，纵轴为个体（种）编号］

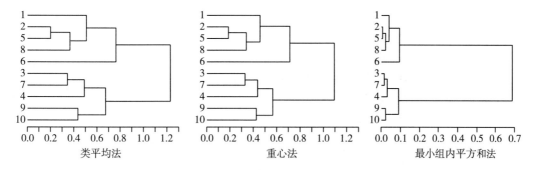

类平均法 重心法 最小组内平方和法

3. 对 25 个油菜材料，测得每个材料的千粒重、亚油酸等的含量（%），结果列于下表。试对这 25 个材料进行系统聚类。

品种编号	千粒重	亚油酸	棕榈酸	硬脂酸	胡萝卜	叶绿素	无机磷	水分	蛋白质
1	3.7	19.1	1.7	0.5	15.9	0.4	2.5	4.6	23.3
2	4.3	18.2	1.8	0.6	17.7	0.3	2.5	4.6	23.1
3	4.0	18.9	1.8	0.7	17.1	0.4	2.6	4.9	23.5
4	4.8	21.9	1.8	0.7	15.8	0.2	2.7	5.0	23.2
5	3.4	17.0	1.8	0.5	12.6	0.2	2.4	4.6	22.4
6	3.6	17.8	1.7	0.5	14.4	0.7	2.8	4.6	24.0
7	4.5	17.1	1.8	0.7	16.1	0.4	2.4	4.5	22.1
8	3.4	17.8	1.7	0.6	16.8	0.5	2.7	4.6	23.8
9	4.1	17.9	1.9	0.6	7.0	0.3	2.6	4.5	22.2
10	3.3	15.7	1.8	0.6	15.5	0.5	2.4	4.6	21.7
11	3.1	18.6	1.9	0.8	11.6	0.2	2.7	4.6	21.5
12	4.0	16.6	1.8	0.7	7.8	0.4	2.5	4.8	21.5
13	5.9	18.8	1.8	0.6	13.0	0.3	2.6	4.8	23.8
14	4.3	18.6	1.7	0.5	14.5	0.3	2.6	4.7	25.3
15	4.3	20.2	1.7	0.5	23.0	0.6	2.8	4.8	24.6
16	4.7	18.0	1.8	0.5	11.0	0.5	2.8	4.4	23.7
17	4.7	19.3	1.7	0.5	22.7	0.6	2.7	4.2	25.3
18	4.6	19.1	1.7	0.6	25.5	0.6	2.8	4.6	25.4
19	4.6	18.7	1.7	0.6	20.9	0.4	2.6	4.7	24.1
20	4.0	18.7	1.7	0.8	26.3	0.7	2.7	4.4	23.5
21	4.2	19.3	1.8	0.5	27.6	0.7	2.8	4.2	23.5
22	5.0	19.2	1.8	0.6	22.9	0.5	2.6	4.4	22.5
23	5.0	18.7	1.8	0.6	15.5	0.4	2.7	4.5	23.6
24	4.1	19.7	1.8	0.6	22.7	0.4	2.6	4.5	22.0
25	4.4	16.7	1.8	0.6	20.2	0.3	2.5	4.8	22.8

[参考答案见下图]。

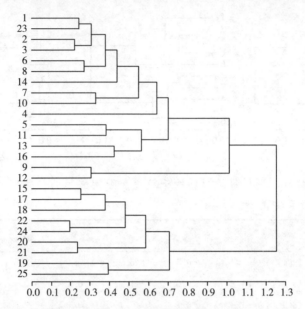

4. 以下是 6 个 DNA 序列比对结果。试做聚类分析。

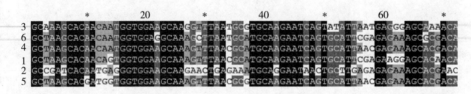

[参考答案见下图]

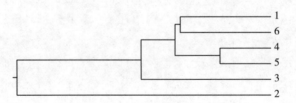

第十六章

抽 样 调 查

　　农业和生物学的研究中有两种工具是十分重要的，一是试验研究，二是调查研究。对于农业科学工作者来说，由于所研究的对象是生长在大田中的生物体，不论是作物还是病、虫、草等，与控制试验条件下相比，大田条件变化无穷，可供研究的内容更为丰富。因而在一定意义上，抽样调查这个工具更为常用。通过调查研究可以掌握作物的生长发育动态，了解病、虫害发生及分布的情况，掌握田块土壤肥力水平及变化情况，这些为确定田间措施，做好动态管理提供了事实依据。尤其通过对比性调查研究，可以检查农业措施（诸如群体密度、施肥种类与水平、病虫害防治措施等）的效果。调查研究和试验研究是互为补充的。通过调查研究获得初步信息，在控制条件下进行试验以验证和发展调查研究的结果；由试验研究所获得的结论，再在大田中广泛使用，并通过调查研究进一步明确其实际效果。田间试验发展了一系列设计和统计分析方法；田间调查研究也发展了一系列抽样调查设计和统计分析方法。

　　和试验研究一样，调查研究的目的是对所调查的总体做出估计和推论。但是所调查的总体往往很大，不可能穷尽，因而通常仅从总体中进行抽样，由样本的结果对总体的情况做估计和推论。这里用样本的统计数估计总体的参数，便存在所获统计数的准确性及精确性的问题。以平均数为例，用样本平均数（$\bar{y}$）去估计总体平均数（μ），其准确性（$\bar{y}-\mu$）如何？其精确性（$s_{\bar{y}}$，即 $\bar{y}$ 的抽样误差）又如何？科学的调查研究应该有严密的抽样设计以便对所获调查研究的结果做出准确性和精确性的估计。

第一节　抽样调查方案

　　进行调查研究，首先应制订好抽样调查计划，计划中应明确调查研究的总体或推论的总体。调查研究的总体有时包含有大量的个体，这时可以把该总体看作无限总体，例如一块大田中有数以万计的植株，如果以 1 个植株为单位，这个总体中便有数以万计的单位。有时调查研究的总体本身包含的个体并不太多，例如 1 个小区有 200 个单株，若以 1 株为单位，而将这小区看作总体，则这个总体为有限总体。抽样调查计划中关键的问题是确定抽样调查方案，而对总体性质的了解是直接与抽样调查方案有关的。一个调查计划中，一般应包括目的要求、关于调查研究材料或对象的说明、抽样调查方案、所观察的性状及其标准、统计分析的方法、日程、人力安排等。

　　抽样调查方案有着各种各样的专业内容，难以全面概括。简单的抽样调查方案，其主要内容是由样本对总体做出估计；复杂的抽样调查方案则涉及不同情况、不同处理间的比较，甚至涉及多个不同因素、不同水平间的比较。对于这类具有比较性质的抽样研究，凡比较试验所应遵循的原则（例如处理间唯一差异原则等）也均适用。当然，自然条件下尤其田间条件下，环境条件难以得到全面控制，设计抽样调查方案时必须注意力求相对一致，以保证不同处理间的可比性，并通过抽样调查技术进行调节和弥补。鉴于抽样比较的设计原则可参考试验设计方面的有关要求，本章对此将不做进一步讨论，而主要集中在抽样方案的 3 个基本要素的设计方面，即抽样单位、抽样方法以及样本容量（也称为样本含量）的设计方面；在有限总体的情况下还包括与样本容量密切相关的抽样分数的安排。此处的抽样分数（sampling fraction）指一个样本所包含的抽样单位数占其总体单位数的成数。有时对正规试验的观察测定须通过抽样调查完成，这种情况下每个小区便为 1 个总体，往往是对有限总体的抽样，而对全试验的整个抽样调查便成为试验的一个部分或组成了一个复杂的抽样调查方案。

一、抽样单位

田间抽样调查的抽样单位（sampling unit）是随调查研究目的、作物种类、病虫害种类、生育时期、播种方法等因素的不同而不同的，可以是一种自然的单位，也可以是若干个自然单位归并成的单位，还可以用人为确定的大小、范围或数量作为一个抽样单位。常用的抽样单位举例如下。

1. 面积　例如 $0.5\,m^2$ 或每 $1\,m^2$ 内的产量、株数、害虫头数等。为便于田间操作，常用铁丝或木料制成测框供调查时套用，撒播或小株密植的作物常用测框为抽样单位。

2. 长度　例如 1～2 行若干长度内的产量、株数，若干长度内植株上的害虫头数等。为便于田间操作，常用一定长度的木尺或绳子作工具。条播作物常采用一定长度为抽样单位。

3. 株穴　例如棉花连续 10 株的结铃数，水稻连续 20 穴的苗数、分蘖数、结实粒数等。穴播或大株作物常以一定株、穴数为抽样单位。

4. 器官　例如水稻和小麦的千粒重、大豆的百粒重、每 100 个棉铃中的红铃虫头数、每张叶片的病斑数等，以一定数量的器官作为一个抽样单位。

5. 时间　例如单位时间内见到的虫子头数、每天开始开花的株数等。

6. 器械　例如 1 捕虫网的虫数、1 盏诱蛾灯下的虫数，以及每个显微镜视野内的细菌数、孢子数、花粉发芽粒数等。

7. 容量或质量　例如每升或每千克种子内的混杂种子数、每升或每千克种子内的害虫头数等。

8. 其他　例如 1 个田块、1 个农场等概念性的单位。

抽样单位的确定与调查结果的准确度和精确度有密切关系。不同类型及大小的抽样单位效果并不一样。例如条播作物行距的变异小，株距的变异大，长度法常比测框或株穴法好；撒播作物植株交错，同样面积下方形测框比狭长形的测框边界小，计数株数的误差将小些；$1\,m^2$ 的测框比 $0.5\,m^2$ 的测框效果好，等等。

二、抽样方法

基本的抽样方法（sampling method）有以下 3 类。

（一）顺序抽样

顺序抽样（systematic sampling）也称机械抽样或系统抽样，按照某种既定的顺序抽取一定数量的抽样单位组成样本。例如按总体各单位编号中逢 1 或逢 5 或一定数量间隔依次抽取；按田间行次每隔一定行数抽取 1 个抽样单位，等等。田间常用的对角线式、棋盘式、分行式、平行线式、Z 字形式（图 16-1）等抽样方法都属顺序抽样。顺序抽样在操作上较方便易行。

以农作物田间测产的抽样调查为例，通常采用实收产量的抽样调查或产量因素的抽样调查，视测产的时间及要求而定。例如小麦成熟前的测产，在面积不大的田块上常采用棋盘式五点抽样，每样点 $0.5 \, \mathrm{m}^2$ 或 $1 \, \mathrm{m}^2$（抽样单位为 $0.5 \, \mathrm{m}^2$ 或 $1 \, \mathrm{m}^2$ 的测框），计数样点中有效穗数，并从中连续数取 20～50 个穗的每穗粒数，根据品种常年千粒重及土地利用系数估计单位面积产量。

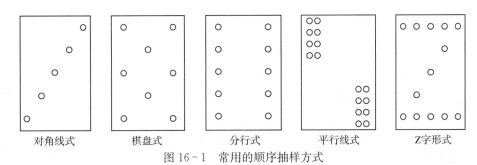

对角线式　　棋盘式　　分行式　　平行线式　　Z 字形式

图 16-1　常用的顺序抽样方式

（二）典型抽样

典型抽样（typical sampling）也称为代表性抽样，按调查研究目的从总体内有意识地选取一定数量有代表性的抽样单位，至少要求所选取的单位能代表总体的大多数。例如小麦田间测产的抽样调查，如果全田块生长起伏较大，可以在目测有代表性的几个地段上取点调查。在样本容量较小时，相对效果常较好，但另一方面则可能因调查人员的主观片面性而有偏差。

（三）随机抽样

随机抽样（random sampling）也称为等概率抽样，在抽取抽样单位时，总体内各单位应均有同等机会被抽取。随机抽样要遵循一定的随机方法。一般先要对总体内各抽样单位编号，然后用抽签法或随机数字法（随机数字表或计算器上的随机数字）抽取所需数量的抽样单位，组成样本。

以小麦田间测产为例，随机决定测框位置时，可先步测田块的长度和宽度，然后由随机数字法决定各点的方位。设田块长为 300 m、宽为 170 m，取 5 点，各点的长、宽位置分别随机决定为（125，88）、（240，9）、（26，53）、（80，71）、（231，129）等，然后逐点步测设测框调查。田间随机抽样在大株作物有固定株行距的情况下比较方便。

随机抽样法除上述称为简单随机抽样法的以外，还有一系列衍生的随机抽样法，例如下面将要详细介绍的分层随机抽样法、整群随机抽样法、巢式随机抽样法、双重随机抽样法、序贯抽样法等。简单随机抽样时，总体各单位被抽取的概率相同，一些复杂的随机抽样可以预先确定总体不同部分被抽取的概率。

以上 3 类方法仅随机抽样法符合统计方法中估计随机误差并由所估误差进行统计推断的

原理。在一个抽样调查计划中可以综合地应用以上 3 种方法。例如从总体内先用典型抽样法选取典型田块或典型单位群，然后再从中进行随机抽样或顺序抽样。

三、样本容量

样本容量（又称为样本含量 sample size）指样本所包括的抽样单位数。样本容量的大小与所获抽样调查结果的准确度和精确度密切有关。抽样单位的大小和样本容量的大小决定了总调查工作量。总工作量一定时，常宁可样本容量适当大些而抽样单位适当小些，因 $s_{\bar{y}} = s/\sqrt{n}$ 之故。当然并不是容量越大越好，因为抽样单位太小也将导入大量误差。样本容量和抽样单位大小的最佳配置一般可由试验综合权衡后确定。样本容量（n）与抽样分数（$\phi = n/N$，N 为总体单位数）是绝对值和相对值的关系。在总体属有限性时，抽样分数（ϕ）将有实际意义，由样本估计总体时常须将抽样分数考虑在内。

四、确定抽样方案的一些因素

设计抽样方案时须考虑以下几方面。

1. 所要求的准确度和精确度　准确度和精确度要求高时样本容量应大。一定工作量条件下以增大抽样单位为好还是增大样本容量为好，一般先着重考虑针对误差大的环节做出反应。

2. 是否需估计置信限并做统计推论　一般随机抽样有合理的试验误差估计，可以做统计推论。而其他抽样方法往往缺乏合理的误差估计，统计分析有局限性。但是田间调查采用随机抽样手续又较麻烦，不甚方便，常常会做某些变通。例如综合抽样方法中将随机抽样放在比较方便的场合或阶段。也有时使顺序抽样法带有某些随机性，例如棋盘式五点抽样，在大体确定 5 个点的方位后，由抛掷测框或其他物件下落的偶然性决定各点的位置，从而减小主观偏向和系统误差的影响。这种情况下，有人借用随机抽样的统计分析方法作为近似的估计。

3. 与人力、物力、时间等条件相适应　抽样单位大、样本容量大、进行总体编号等都是较费事的，必须权衡需要与可能，在保证一定精确度的情况下，尽量减少消耗。

4. 注意调查研究对象的特点　例如某些害虫发生量的调查方案，尤其抽样方法，应适合于该昆虫田间分布类型的特点，一般均匀分布的害虫采用对角线式、棋盘式、分行式均可，稀密分布的害虫则常采用平行线式、Z 字形式等。

第二节　常用抽样方法的统计分析

一、简单顺序抽样法和简单典型抽样法的统计分析

1. 简单顺序抽样法的统计分析　简单顺序抽样（simple systematic sampling）法通常只计算平均数作为总体的估计值。

【例 16 - 1】设成熟期对水稻"汕优 2 号"大田测产，该田块约 1/3 hm²（5 亩），生长较均匀。采用棋盘式抽样，10 个点，每点由 12 行间距计算平均行距。其中任选二行测查 2 m 长度内的穴数及有效穗数。再在其中拔连续 5 穴，将稻穗分成大、中、小 3 级，按比例选取 20 穗，结合考查其他性状计数每穗总粒数及空瘪粒数，从而算出结实粒数。每点其余稻穗

脱粒，称取千粒重。将 10 点数据汇总后求得每公顷平均穴数为 63 万（每亩平均穴数 4.2 万），每穴平均有效穗数 9.2 个，每穗平均结实粒数为 53.7 粒，平均千粒重 25.2 g。计算平均数的公式为 $\bar{y}=\sum y/n$。本例中土地利用系数定为 98%，则估计每公顷产量为

$$产量=\frac{每公顷穴数\times 每穴有效穗数\times 每穗结实粒数\times 千粒重\times 土地利用系数}{1\,000\times 1\,000}$$

$$=\frac{630\,000\times 9.2\times 53.7\times 25.2\times 98\%}{1\,000\times 1\,000}=7\,686.51\ (\text{kg/hm}^2)$$

2. 简单典型抽样法的统计分析 简单典型抽样法的分析同样只计算平均数作为总体平均数的估计值，即 $\bar{y}=\sum y/n$。

二、简单随机抽样法及其统计分析

简单随机抽样（simple random sampling）时，每个抽样单位具有相同概率被抽入样本。总体编号方法及随机抽取方法依调查对象而定。

【例 16-2】设在一块休闲地上调查小地蚕虫口密度，每测框为 1 m²，随机取 30 点，调查结果列于表 16-1。

表 16-1 30 个单位的小地蚕幼虫头数

1 m² 内幼虫头数（y）	0	1	2	3	4	5	6	7	8	9	10	11	12	$\sum$
单位数（f）	1	2	3	8	4	4	2	2	2	1	0	0	1	30
fy	0	2	6	24	16	20	12	14	16	9	0	0	12	131
fy^2	0	2	12	72	64	100	72	98	128	81	0	0	144	773

$$\bar{y}=\frac{\sum fy}{\sum f}=\frac{131}{30}=4.37(\text{头}/\text{m}^2)$$

$$s=\sqrt{\frac{\sum fy^2-\left(\sum fy\right)^2/n}{n-1}}=\sqrt{\frac{773-(131)^2/30}{30-1}}=2.63\,(\text{头}/\text{m}^2)$$

$$s_{\bar{y}}=s/\sqrt{n}=2.63/\sqrt{30}=0.48\,(\text{头}/\text{m}^2)$$

95% 置信限为

$$L_\mu=\bar{y}\pm t_{0.05}s_{\bar{y}}=4.37\pm 2.045\times 0.48=4.37\pm 0.98\ (\text{头}/\text{m}^2)$$

即该田块小地蚕幼虫为 3.39~5.35（头/m²），折合每公顷 33 900~53 500 头，这个估计的可靠性为 95%。

以上将所调查研究的总体看为面积甚大的一个无限总体进行分析，设若该 30 个单位从 336 m² 的一块田中抽出，这时调查研究的总体实为一个有限总体，有限总体的两个参数平均数（$\bar{Y}$）和标准差（σ）为

$$\bar{Y}=\sum Y/N \tag{16-1}$$

$$\sigma=\sqrt{\frac{\sum\limits_{i}^{N}(Y-\bar{Y})^2}{N-1}} \tag{16-2}$$

式中，N 为总体内单位数，即总体容量。

样本估计值仍为 $\bar{y} = \dfrac{\sum y}{n}$ 及 $s = \sqrt{\dfrac{\sum (y - \bar{y})^2}{n-1}}$，但估计抽样误差时应考虑到抽样分数的影响，即有

$$s_{\bar{y}} = \frac{s}{\sqrt{n}} \sqrt{(1-\phi)} \qquad (16-3)$$

本例中

$$s_{\bar{y}} = \frac{s}{\sqrt{n}} \sqrt{(1-\phi)} = \frac{2.63}{\sqrt{30}} \sqrt{\left(1 - \frac{30}{336}\right)} = 0.46 \,(\text{头}/\text{m}^2)$$

该有限总体平均数的 95% 置信限为

$$L_Y = \bar{y} \pm t_{0.05} s_{\bar{y}} = 4.37 \pm 2.045 \times 0.46 = 4.37 \pm 0.94 \,(\text{头}/\text{m}^2)$$

即 $3.43 \sim 5.31$（头/m²），折合每公顷 34 300～53 100 头。

在抽样分数不大时，总体平均数的置信范围与不考虑抽样分数时相差并不太大。

SAS 计算程序见附录 1 的 LT16-2。

三、分层随机抽样法及其统计分析

当所调查的总体有明显的系统变异，能够区分出不同的层次或段落时，可以采用分层抽样法，即从各个层次或段落分别进行随机抽样或顺序抽样。这里着重介绍分层随机抽样法（stratified random sampling）。

分层随机抽样有以下 3 个步骤。

1. 划分区层　将所调查的总体按变异情况分为相对同质的若干部分、地段等，称为区层，各区层可以相等，也可以不等。区层数依所调查总体的异质性情况确定，一般同一区层同质程度愈高，抽样调查结果的准确性和精确性愈好。

2. 独立地从每个区层按所定样本容量进行随机抽样　各区层所抽单位数可以相同，也可以不同。抽样单位总数在各区层的分配有比例配置法和最优配置法两种。

（1）比例配置法　此法在各区层大小不同时按区层在总体中的比例确定抽样单位数，若各区层大小相同，比例配置结果实际即为相等配置。

（2）最优配置法　此法根据各区层的大小、变异程度以及抽取一个单位的费用综合权衡，确定出抽样误差小、费用低的配置方案。这种方法事先须有对区层变异程度的了解。根据所定抽样计划获得数据后，分别计算各区层样本的平均数（或百分数、总和数）及标准差。

3. 估计总体参数　根据各区层的估计值，采用加权法估计总体参数。总平均数（$\bar{y}$）和总标准误（$s_{\bar{y}}$）分别为

$$\bar{y} = p_1 \bar{y}_1 + p_2 \bar{y}_2 \cdots + p_i \bar{y}_i + \cdots + p_k \bar{y}_k = \sum p_i \bar{y}_i \qquad (16-4)$$

$$s_{\bar{y}} = \left(p_1^2 \frac{s_1^2}{n_1} + p_2^2 \frac{s_2^2}{n_2} + \cdots + p_i^2 \frac{s_i^2}{n_i} + \cdots + p_k^2 \frac{s_k^2}{n_k} \right)^{1/2} = \sqrt{\sum \left(p_i^2 \frac{s_i^2}{n_i} \right)}$$

$$(16-5)$$

式中，$\bar{y}_i$、s_i、n_i 和 p_i 分别为各区层的平均数、标准差、抽样单位数（样本容量）以及

区层占总体的成数。若各区层总体方差相同，则有

$$s_{\bar{y}} = s\sqrt{\sum\left(\frac{p_i^2}{n_i}\right)} \tag{16-6}$$

进而，若各区层抽样单位数按区层比例配置，则有

$$s_{\bar{y}} = \frac{s}{\sqrt{\sum n_i}} \tag{16-7}$$

式中
$$s = \sqrt{\frac{\sum\limits_{i=1}^{k}\sum\limits_{j=1}^{n_i}(y_{ij}-\bar{y}_{i.})^2}{\sum(n_i-1)}} = \sqrt{\frac{\sum\limits_{i}(n_i-1)s_i^2}{\sum(n_i-1)}} \tag{16-8}$$

【例16-3】设某农场调查棉田伏桃数，将棉田按茬口分类，冬闲占40%，调查40个点，每点查10株伏桃数，再由密度折算为每公顷伏桃数，得 $\bar{y}_1=52.5$ 万，$s_1=12.15$ 万；元麦套棉占40%，调查50个点，得 $\bar{y}_2=45.0$ 万，$s_2=11.25$ 万；元麦后棉占20%，30点，$\bar{y}_3=30.0$ 万，$s_3=10.05$ 万。

全场总平均伏桃数

$$\bar{y}=\sum p_i\bar{y}_i=0.4\times52.5+0.4\times45.0+0.2\times30.0=45.0\ (\text{万}/\text{hm}^2)$$

假定各区层总体方差相同，则有

$$s_{\bar{y}} = \sqrt{\frac{\sum(n_i-1)s_i^2}{\sum(n_i-1)}\cdot\sum\left(\frac{p_i^2}{n_i}\right)} \tag{16-9}$$

$$=\left\{\left[\frac{39(12.15)^2+49(11.25)^2+29(10.05)^2}{39+49+29}\right]\left[\frac{(0.4)^2}{40}+\frac{(0.4)^2}{50}+\frac{(0.2)^2}{30}\right]\right\}^{1/2}$$

$$=1.042\ (\text{万}/\text{hm}^2)$$

95%置信限为

$$L_\mu=\bar{y}\pm t_{0.05}s_{\bar{y}}=45.0\pm1.98\times1.042=45.0\pm2.063(\text{万}/\text{hm}^2)$$

$$DF=\sum(n_i-1)=117$$

若各区层总体方差不能假定相同，利用式（16-5）估计 $s_{\bar{y}}$，其有效自由度为

$$\nu_e=\left(\sum g_is_i^2\right)^2\Big/\sum\left(\frac{g_i^2s_i^4}{n_i-1}\right) \tag{16-10}$$

式中，$g_i=\sum\left(\dfrac{p_i^2}{n_i}\right)$，由 ν_e 查出 t 值，大样本时可用正态离差 u 值进行估计。

抽样调查结果间可以按非对比设计做两两平均数间的比较，如比较不同茬口伏桃数的差异显著性。这里有3种茬口，也可按单向分组次数不等的方法做方差分析。全场平均结果也可和往年或其他农场做比较，如果该农场去年100点调查结果，3种茬口单位面积伏桃数总平均为40.5（万/hm²），$s_{\bar{y}}=1.320$（万/hm²），则可按非对比设计做 t 测验。有时为避免做两个总体方差相等的假定，可做 t' 测验

$$s_d=\sqrt{s_{\bar{y}_A}^2+s_{\bar{y}_B}^2}=\sqrt{(1.042^2+1.320)^2}=1.682\ (\text{万}/\text{hm}^2)$$

$$t'=\frac{45.0-40.5}{1.682}=2.68$$

其有效自由度为

$$\nu_e = \frac{\nu_A \nu_B (s_{\bar{y}_A}^2 + s_{\bar{y}_B}^2)^2}{\nu_B s_{\bar{y}_A}^4 + \nu_A s_{\bar{y}_B}^4} = \frac{117 \times 97 \times [(1.042)^2 + (1.320)^2]}{97 (1.042)^4 + 117 (1.320)^4} = 192.6 \approx 193$$

式中，ν_A 为样本 A 的自由度，ν_B 为样本 B 的自由度。

$t_{0.05,193} \approx 1.98$，比较结果 2.68＞1.98 说明该年该农场由于植棉技术的改进，伏桃数比去年显著上升。

实际上，在两个样本容量均甚大时可不必计算有效自由度而可用正态离差 u 值。

若在有限总体中进行分层抽样，则有

$$s_{\bar{y}} = \sqrt{\sum p_i^2 \frac{s_i^2}{n_i}(1 - \phi_i)} \tag{16-11}$$

各区层总体方差相等，抽样分数相等，即按比例配置，则有

$$s_{\bar{y}} = \frac{s}{\sqrt{\sum n_i}} \sqrt{(1 - \phi)} \tag{16-12}$$

四、整群抽样法及其统计分析

当所调查的对象或总体可以区分为许多包含若干抽样单位的群时，可采用随机抽取整群的方法，即整群随机抽样法（random group sampling）。被抽取的整群中各抽样单位都进行调查，按群计算平均数及标准差，并估计其置信限。

整群抽样的"群"相当于扩大了的抽样单位。如果将顺序抽样的五点棋盘式、三点对角线式等看作一个群，而在群间进行随机抽样，则可以克服顺序抽样缺乏合理的误差估计值不能计算置信限的不足。当然要记住"群"与"点"是不同级别的抽样单位，此处"点"不随机，而"群"随机。

【例 16-4】设某农场调查水稻螟害发生情况，在全场 100 个条田中随机抽取 9 条做调查，每田块采用平行线式取 10 点，每点连续查 20 穴，经初步整理后将结果列于表 16-2。

表 16-2 某农场螟害率抽样调查结果

田 块	1	2	3	4	5	6	7	8	9
调查茎秆数	1 980	2 062	2 154	2 512	2 315	2 098	2 421	1 867	2 248
螟害茎秆数	178	211	335	345	212	238	460	119	298
螟害率（%）	8.99	10.23	15.55	13.73	9.16	11.34	19.00	6.37	13.26

这资料以条田为抽样单位进行分析，有

$$\bar{y} = \sum y/n = (8.99 + 10.23 + \cdots + 13.25)/9 = 11.96(\%)$$

$$s = \sqrt{\frac{\sum y^2 - (\sum y)^2/n}{n-1}} = 3.85(\%)$$

$$s_{\bar{y}} = \frac{3.85}{\sqrt{9}} = 1.28(\%)$$

95% 置信限为

$$L_\mu = \bar{y} \pm t_{0.05} s_{\bar{y}} = 11.96 \pm 2.306 \times 1.28 = 11.96 \pm 2.95(\%)$$

$$DF = 9 - 1 = 8$$

全场 100 条田平均螟害率 95% 的可能在 9.01%～14.91% 范围内。

本例的总体实际上是一个 $N=100$ 的有限总体，故更确切地应为

$$s_{\bar{y}} = \frac{s}{\sqrt{n}} \sqrt{1-\phi} = \frac{3.85}{\sqrt{9}} \sqrt{1 - \frac{9}{100}} = 1.22(\%)$$

95% 置信限为

$$L_Y = \bar{y} \pm t_{0.05} s_{\bar{y}} = 11.96 \pm 2.306 \times 1.22 = 11.96 \pm 2.81\,(\%)，即\ 9.15\%～14.77\%$$

此外，本例是百分数资料，如果田块间的差异不大，可以采用百分数资料的分析方法，即由总调查茎秆数和总螟害茎秆数求出总螟害率 $p = 2\ 396/19\ 657 = 12.19\%$，得

$$s_p = \sqrt{\frac{p(1-p)}{n}} = \sqrt{\frac{0.121\ 9(1 - 0.121\ 9)}{19\ 657}} = 0.002\ 3 = 0.23\%$$

这样，95% 置信限为

$$L_p = 12.19 \pm 1.96 \times 0.23 = 12.19 \pm 0.45\,(\%)，即\ 11.74\%～12.64\%$$

这个区间比前面所估小得多，这是因为前面以田块为抽样单位，而不是以茎秆为单位，除了有茎秆受害与否的随机误差外，还包含有田块间的差异，所以此处不宜采用百分数的误差估计方法。SAS 计算程序见附录 1 的 LT16-4。

五、分级随机抽样法及其统计分析

分级随机抽样法又称为**巢式随机抽样法**（nested random sampling），最简单的是二级随机抽样。例如全区的棉花结铃数，可以在区内随机抽取几个乡，乡内随机抽取若干户进行调查。这时，乡为初级抽样单位，户为次级抽样单位。又例如研究农药在叶面上的残留量，第一步随机抽取单株，第二步在单株上随机抽取叶片，分别作为初级抽样单位和次数抽样单位。以此为例，摘取部分数据列于表 16-3。

表 16-3　某农药残留量分析结果及其方差分析

植　株	各叶片内的残留量（单位数）				合计	平均
1	3.28	3.09	3.03	3.03	12.43	3.11
2	3.52	3.48	3.38	3.38	13.76	3.44
3	2.88	2.80	2.81	2.76	11.25	2.81
4	3.34	3.38	3.23	3.26	13.21	3.30

变异来源	DF	MS	EMS	F	
植株间	3	$MS_B = 0.296\ 1^*$	$\sigma_A^2 + n\sigma_B^2$	44.9	$F_{0.05(3.12)} = 3.49$
株内叶片间	12	$MS_A = 0.006\ 6$	σ_A^2		
		$\hat{\sigma}_A^2 = 0.006\ 6$	$\hat{\sigma}_B^2 = \dfrac{0.296\ 1 - 0.006\ 6}{4} = 0.072\ 4$		

巢式随机抽样数据可以应用方差分析法算出各阶段的抽样误差，从而估计平均数标准误。

二级抽样的平均数 $(\bar{y})$ 为

$$\bar{y} = \sum_1^k \sum_1^n y / kn \qquad (16-13)$$

式中，k 为初级抽样单位数，n 为次级抽样单位数。

二级抽样的平均数标准误（$s_{\bar{y}}^2$）为

$$s_{\bar{y}}^2 = \frac{\hat{\sigma}_A^2}{nk} + \frac{\hat{\sigma}_B^2}{k} \qquad (16-14)$$

式中，$\hat{\sigma}_A^2$、$\hat{\sigma}_B^2$ 分别为次级抽样误差和初级抽样误差的估计值。

二级抽样的数据按单向分组的组次数相等（也可能不相等）的随机模型进行方差分析。上例中 $k=4$，$n=4$，方差分析结果 $F=0.296\,1/0.006\,6=44.9 > F_{0.05(3,12)}=3.49$，说明植株间的误差显著大于株内叶片间的误差。这两个阶段的抽样误差是不同的，应该分别估计。但此处若将 $kn=4\times4=16$ 张叶片直接计算其方差则为 0.064 5，比扣除株间误差后剩余的株内叶片间误差 0.006 6 大得多。

【例 16-5】对表 16-3 数据进行二级抽样方案的统计分析

$$\bar{y} = \sum_1^k \sum_1^n y / kn = 50.65/16 = 3.166 \,(单位)$$

$$s_{\bar{y}}^2 = \frac{\hat{\sigma}_A^2}{nk} + \frac{\hat{\sigma}_B^2}{k} = \frac{1}{nk}(\hat{\sigma}_A^2 + n\hat{\sigma}_B^2) = \frac{0.296\,1}{16} = 0.018\,506 \,(单位)^2$$

$$s_{\bar{y}} = 0.136 \,(单位)$$

95% 置信限为

$$L_\mu = \bar{y} \pm t_{0.05} s_{\bar{y}} = 3.166 \pm 3.182 \times 0.136 = 3.166 \pm 0.433 \,(单位)$$

此处 $DF=3$，因 $s_{\bar{y}}^2$ 由均方 MS_B 计算。本例 SAS 计算程序见附录 1 的 LT16-5。

若只从 1 个初级单位估计置信限，例如以株为单位做估计，则有

$$s_{\bar{y}}^2 = \frac{\hat{\sigma}_A^2}{4} + \hat{\sigma}_B^2 = \frac{1}{4}(\hat{\sigma}_A^2 + 4\hat{\sigma}_B^2) = \frac{0.296\,1}{4} = 0.074\,03 \,(单位)^2$$

$$s_{\bar{y}} = 0.272 \,(单位)$$

95% 置信限为

$$L_\mu = \bar{y} \pm t_{0.05} s_{\bar{y}} = 3.166 \pm 3.182 \times 0.272 = 3.166 \pm 0.866 \,(单位)$$

由 1 株 4 张叶片估计，比 4 株 16 张叶片估计的误差要大得多。

若每株只取 1 张叶片，4 株共取 4 张叶片，则有

$$s_{\bar{y}}^2 = \frac{\hat{\sigma}_A^2}{4} + \frac{\hat{\sigma}_B^2}{4} = \frac{1}{4}(\hat{\sigma}_A^2 + \hat{\sigma}_B^2) = \frac{1}{4}(0.006\,6 + 0.072\,4) = 0.019\,75$$

$$s_{\bar{y}} = 0.141 \,(单位)$$

所以，同样测定 4 张叶片，从 1 株上取与从 4 株上取，抽样误差是不同的，今后对此材料抽样测定时，应多取植株，每株上可以少取一些叶片。

上述二级抽样从 2 阶段误差估计样本平均数标准误的方法适用于许多化学分析抽样的情况。例如进行土壤有机磷含量测定，在一块田中抽取 k 份土样，每份土样做 n 次测定，这里存在土壤取样的误差和化学测定的误差。这是两种不同性质的误差，但都包含在样本平均数的抽样误差内，因而须根据 2 阶段误差的大小按式（16-14）确定抽样的重点在多抽土样还是多做测定。一般的情况往往和例 16-5 一样，土样间的误差是更主要的来源。

从以上二级巢式随机抽样可以推广到三级或多级巢式随机抽样的情况。这时获得的数据

可整理成三级或多级分类表，采用多级分类数据方差分析方法可以估计出各级抽样误差，以三级抽样为例，$\hat{\sigma}_A^2$、$\hat{\sigma}_B^2$ 和 $\hat{\sigma}_C^2$ 依次为三级抽样单位、二级抽样单位及一级抽样单位的抽样误差，分别抽取 n、k 和 l 个不同级别的抽样单位，则所获样本平均数的抽样误差为

$$s_{\bar{y}}^2 = \frac{\sigma_A^2}{nkl} + \frac{\sigma_B^2}{kl} + \frac{\sigma_C^2}{l} \qquad (16-15)$$

获得 $s_{\bar{y}}$ 后，其总体平均数的置信区间的计算方法与前相同。

六、双重抽样法及其统计分析

双重抽样法（double sampling）亦称为相关抽样法。若所要调查的性状（y）是不易观察测定，甚至对观察材料要破坏后方能测定的，而试验又不容许将材料破坏，这时可以利用和所要调查的性状有密切相关关系的另一个便于测定的性状（x）进行间接的抽样调查，按确定的相关关系，从 x 的调查结果推算 y 的结果。

双重抽样法第一步要先做一次随机抽样，调查 y 和 x 两种性状，从中求出 y 依 x 的回归方程。这个样本容量 n 不一定很大，但希望 x 和 y 有较大的幅度。

$$\hat{y} = a + bx$$

$$s_{y/x}^2 = s_e^2 = \frac{\sum (y - \hat{y})^2}{n - 2}$$

若 y 与 x 确有显著相关，且相关程度相当高，x 便可用于相关抽样。

第二步对总体进行 x 的抽样调查，设样本容量为 m，按以上建立的回归关系从 $\overline{x'}$ 推算 $\hat{y}$，即有

$$\overline{x'} = \frac{\sum x'}{m}$$

$$\hat{y} = a + b\overline{x'}$$

$\hat{y}$ 的标准误的近似式为

$$s_{\hat{y}}^2 = s_{\bar{y}}^2 + b^2 \frac{s_{x'}^2}{m} = \frac{s_{y/x}^2}{n} + b^2 \frac{s_{x'}^2}{m} \qquad (16-16)$$

式中，$s_{y/x}^2$、n 和 b^2 由第一个样本计算，$s_{x'}^2$、m 和 $\overline{x'}$ 由第二个样本计算。

从 $\hat{y}$ 及 $s_{\hat{y}}$ 可以估计 Y 的置信限。

采用双重抽样法，必须注意 y 和 x 两性状间不但要有显著相关，而且须有高程度显著相关，才能获得比较准确的结果，所以在建立回归方程时要检验其相关系数的大小及显著性。

【例 16-6】设在玉米地里随机取 20 点，每点选 5 株调查蛀孔数（x）和玉米幼虫数（y），从这 20 对数据计算得 $r_{y/x} = 0.924^{**}$，相关既极显著又密切，计算其回归方程为

$$\hat{y} = 0.56x - 0.38$$

$$s_{y/x}^2 = 3.06$$

然后在大面积玉米地里调查 100 点，每点选 5 株，茎上蛀孔总数为 1 986 个，则有

$$\overline{x'} = \frac{1\,986}{100} = 19.86 \text{（孔）}$$

代入回归方程式得

$$\hat{y}=0.56\,\overline{x'}-0.38=0.56\times19.86-0.38=10.74\text{（头）}$$

由 100 点调查所得

$$s_{\overline{x}'}^2=55.37$$

因而有

$$s_{\hat{\overline{y}}}^2=\frac{s_{y/x}^2}{n}+b^2\frac{s_{\overline{x}'}^2}{m}=\frac{3.06}{20}+(0.56)^2\times\frac{55.37}{100}=0.327$$

$$s_{\hat{\overline{y}}}=0.57\text{（头）}$$

95% 置信限为

$$L_Y=\hat{\overline{y}}\pm t_{0.05}s_{\hat{\overline{y}}}=10.74\pm2.101\times0.57=10.74\pm1.20\text{（头）}$$

$$DF=n-2=20-2=18$$

该地大面积玉米螟每 5 株的幼虫数 95% 可能为 9.54～11.94（头），或每株 1.91～2.39（头）。本例 SAS 计算程序见附录 1 的 LT16-6。

七、序贯抽样法及其统计分析

上述几种抽样方法都先确定好样本容量，然后通过实际抽样调查对总体参数做出估计。序贯抽样法（sequential sampling）与上述几种不同，它并不事先确定样本容量，而是根据逐个抽样单位调查累积的信息，在抽样过程中当机确定样本容量的。因其方法不同，应用的场合及所解决的问题也有其特殊性。以测查受玉米螟危害后的完好穗率为例，设某地区若不防治，完好穗率不超过 5%，通过防治，如能将完好穗率控制在 75% 以上就算符合要求，若低于 50% 则需再次防治。为测定田间完好穗率以确定是否再治，需做抽样调查。若用简单随机抽样法，则样本可能需 $n=100$ 个或更多个幼穗，这时可以得到总体完好穗率的具体估计值，但幼穗因剥查而有损失。如果调查的目的并不在于明确总体完好穗率的确切数据，而在于推断总体完好穗率是在 50% 以下还是 75% 以上，或者在 50%～75%，以确定防治措施，这时可以应用序贯抽样法。

序贯抽样法的基本步骤如下。

1. 确定标准 确定作为"推断"所依据的两个标准，P_0 与 P_1，此处 $P_0=0.50$（即 50%）和 $P_1=0.75$（即 75%）分别代表不符控制要求（必须治虫）及符合控制要求（不必打药）的两个界限。

2. 确定概率 确定"推断"的可靠程度的两个概率标准 α 与 β，α 表示总体百分数 $P<P_0$ 而误以为 $P<P_1$ 的风险，β 表示总体 $P>P_1$ 而误以为 $P<P_0$ 的风险。

3. 确定控制线 估计总体分布类型，计算出两条平行的控制线。当总体为二项式分布时。这两条控制线的下线（h_r）和上线（h_a）的表达式为

$$\left.\begin{array}{l}h_a=\dfrac{\lg\left(\dfrac{\beta}{1-\alpha}\right)}{\lg\left(\dfrac{P_1}{P_0}\right)-\lg\left(\dfrac{1-P_1}{1-P_0}\right)}+m\left[\dfrac{\lg\left(\dfrac{1-P_0}{1-P_1}\right)}{\lg\left(\dfrac{P_1}{P_0}\right)-\lg\left(\dfrac{1-P_1}{1-P_0}\right)}\right]\\[3em]h_r=\dfrac{\lg\left(\dfrac{1-\beta}{\alpha}\right)}{\lg\left(\dfrac{P_1}{P_0}\right)-\lg\left(\dfrac{1-P_1}{1-P_0}\right)}+m\left[\dfrac{\lg\left(\dfrac{1-P_0}{1-P_1}\right)}{\lg\left(\dfrac{P_1}{P_0}\right)-\lg\left(\dfrac{1-P_1}{1-P_0}\right)}\right]\end{array}\right\} \quad (16-17)$$

式中，m 为逐个抽取的累计抽样单位数，h 为 m 个单位中具备某种性状（完好穗数）的累计数，此处代表 m 个玉米穗中有 h 个完好穗数。h_a 代表符合 $P < P_0$ 的控制线，h_r 代表符合 $P > P_1$ 的控制线。

4. 作图 将式（16-17）的计算结果画成序贯抽样控制图。横坐标为 m，纵坐标为 h。

5. 抽样调查并标记 进行实际抽样调查，将逐个抽样单位测定的累计数 m 及 h（完好穗数）在坐标图上标记。通常开始时 $h_a < h < h_r$，点子在两平行线之间，这时抽样继续进行，一旦出现 $h < h_a$ 或 $h > h_r$，点子在两平行线以外，抽样便可停止。若 $h < h_a$，则推断为所调查总体的 P（完好穗数）小于 P_0（如 50%），若 $h > h_r$，则推断为所调查总体的 P 大于 P_1（如 75%）。

6. 确定最大样本容量 有时总体 P 可能在 P_0 与 P_1 之间，连续测查，点子常在两平行线之间。所以需预先计算一个推断所需最大样本容量 $E(m)$。当抽样在 $m = E(m)$ 时，则停止抽样，由此时的 h 值做推论。若 h 偏向于 h_a，则按 $P < P_0$ 处理；若 h 偏向于 h_r，则按 $P > P_1$ 处理。由抽样也可计算出 $P = h/m$ 作为总体 P 的估计值。

二项式分布时，有

$$E(m) = \frac{-\lg\left(\dfrac{\beta}{1-\alpha}\right)\lg\left(\dfrac{1-\beta}{\alpha}\right)}{\left(\lg\dfrac{P_1}{P_0}\right)\lg\left(\dfrac{1-P_0}{1-P_1}\right)} \tag{16-18}$$

下面通过例题说明具体方法。

【例 16-7】 设按上述方法对玉米完好穗率进行调查，以确定是否需要继续用药。此时确定 $P_0 = 0.50$，即完好穗率低于 50%，一定要防治；$P_1 = 0.75$，即完好穗高于 75%，不再防治。$\alpha = 0.10$，即应该防治而误以为不需防治的风险允许为 0.10；$\beta = 0.10$，即不需防治而误以为要防治的风险允许为 0.10；玉米完好穗率总体分布估计为二项式分布。

由式（16-17）计得 h_a 的截距（A）和 h_r 的截距（B）及斜率（C），即

$$A = \frac{\lg\left(\dfrac{\beta}{1-\alpha}\right)}{\lg\left(\dfrac{P_1}{P_0}\right) - \lg\left(\dfrac{1-P_1}{1-P_0}\right)} = \frac{\lg\left(\dfrac{0.10}{0.90}\right)}{\lg\left(\dfrac{0.75}{0.50}\right) - \lg\left(\dfrac{0.25}{0.50}\right)} = \frac{\lg 0.111\,1}{\lg 1.5 - \lg 0.5} = \frac{-0.954\,3}{+0.477\,1} = -2.00$$

$$B = \frac{\lg\left(\dfrac{1-\beta}{\alpha}\right)}{\lg\left(\dfrac{P_1}{P_0}\right) - \lg\left(\dfrac{1-P_1}{1-P_0}\right)} = \frac{\lg\left(\dfrac{0.9}{0.1}\right)}{0.477\,1} = \frac{0.954\,2}{0.477\,1} = +2.00$$

$$C = \frac{\lg\left(\dfrac{1-P_0}{1-P_1}\right)}{\lg\left(\dfrac{P_1}{P_0}\right) - \lg\left(\dfrac{1-P_1}{1-P_0}\right)} = \frac{\lg\left(\dfrac{1-0.5}{1-0.75}\right)}{\lg\left(\dfrac{0.75}{0.5}\right) - \lg\left(\dfrac{1-0.75}{1-0.5}\right)} = 0.631$$

因而两条控制线为

$$h_a = -2.00 + 0.631m$$
$$h_r = 2.00 + 0.631m$$

由式（16-18）得

$$E(m)=\frac{-\lg\left(\frac{\beta}{1-\alpha}\right)\lg\left(\frac{1-\beta}{\alpha}\right)}{\lg\left(\frac{P_1}{P_0}\right)\lg\left(\frac{1-P_0}{1-P_1}\right)}=\frac{-\lg0.111\,1\times\lg9}{\lg1.5\times\lg2}=\frac{0.954\,3\times0.954\,2}{0.176\,1\times0.301\,0}=\frac{0.910\,6}{0.053\,0}=17.18$$

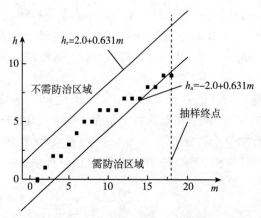

图 16-2　玉米完好穗率序贯抽样控制

说明推断所需最大样本容量为测定 18 株。

将计算结果画成图 16-2 中两条回归线。经田间逐穗实际测查结果列于表 16-4。

表 16-4　玉米完好穗数序贯抽样结果

累计测查穗数（m）	1	2	3	4	5	6	7	8	9	10	11	12	13	14	15	16	17	18
累计完好穗数（h）	0	1	2	2	3	4	4	5	6	6	6	7	7	8	8	8	9	9

测查至 $m=18$ 时，$h=9$，超出界外，抽样停止，因 $h<h_a(h_a=-2.00+0.631\times18=9.36)$，故推论为总体完好穗率在 50% 以下，所以需要防治。

本例恰好抽样至 $E(m)=18$ 时才做出推断，这是因为总体完好穗率与"推断"所依据的两个标准 P_0 和 P_1 很相近，如果相差较大，则测查穗数 m 小于 18 便能做出推断。

设若将 α 及 β 均定为 0.05，P_0 及 P_1 不变，则有 $h_a=-2.68+0.631m$，$h_r=2.68+0.631m$，$E(m)=30.85$，两条平行线的间距增宽了，推断所需最大样本容量也增加了。

又设若将 α、β 均定为 0.05，$P_0=0.50$，$P_1=0.60$，则有 $h_a=-7.26+0.550m$，$h_r=7.26+0.550m$，$E(m)=213.08$，两条平行线的间距更宽了，推断所需最大样本容量也更大了。

这里说明序贯抽样法中有效确定 α、β、P_0、P_1 值对提高工作效率是很重要的。这需要依据专业知识确定。

上例因估计总体是二项式分布。如果总体不是二项式分布而属泊松（Poisson）分布，则有

$$h_a=\frac{\ln\left(\frac{\beta}{1-\alpha}\right)}{\ln\left(\frac{b_1}{b_0}\right)}+m\frac{b_1-b_0}{\ln\left(\frac{b_1}{b_0}\right)}$$

$$h_r = \frac{\ln\left(\dfrac{1-\beta}{\alpha}\right)}{\ln\left(\dfrac{b_1}{b_0}\right)} + m\,\frac{b_1 - b_0}{\ln\left(\dfrac{b_1}{b_0}\right)} \tag{16-19}$$

式中，ln 为自然对数的符号，b_0 与 b_1 为"推断"所依据的两个标准。例如每千克种子含某种杂草种子在 1 粒以下便调进，若在 3 粒以上便拒绝，这时因每千克种子中含某种杂草种子数是泊松分布，$b_0 = 1$，$b_1 = 3$。若设 $\alpha = 0.1$、$\beta = 0.1$，则 h_a 截距（A）、h_r 截距（B）和斜率（C）为

$$A = \frac{\ln\left(\dfrac{\beta}{1-\alpha}\right)}{\ln\left(\dfrac{b_1}{b_0}\right)} = \frac{\ln\left(\dfrac{0.1}{0.9}\right)}{\ln 3} = \frac{-2.197\,22}{1.098\,61} = -2.00$$

$$B = \frac{\ln\left(\dfrac{1-\beta}{\alpha}\right)}{\ln\left(\dfrac{b_1}{b_0}\right)} = \frac{\ln\left(\dfrac{0.9}{0.1}\right)}{\ln 3} = \frac{2.197\,22}{1.098\,61} = 2.00$$

$$C = \frac{b_1 - b_0}{\ln\left(\dfrac{b_1}{b_0}\right)} = \frac{2}{\ln 3} = \frac{2}{1.098\,61} = 1.82$$

则有

$$h_a = -2.00 + 1.82m$$
$$h_r = 2.00 + 1.82m$$

"推断"所需平均样本容量，$b < b_0$ 及 $b > b_1$ 时不同，$b < b_0$ 时的 $E(m)_0$ 和 $b > b_0$ 时的 $E(m)_1$ 分别为

$$E(m)_0 = \frac{(1-\alpha)\ln\left(\dfrac{\beta}{1-\alpha}\right) + \alpha\ln\left(\dfrac{1-\beta}{\alpha}\right)}{(b_0 - b_1) + b_0\ln\left(\dfrac{b_1}{b_0}\right)}$$

$$E(m)_1 = \frac{\beta\ln\left(\dfrac{\beta}{1-\alpha}\right) + (1-\beta)\ln\left(\dfrac{1-\beta}{\alpha}\right)}{(b_0 - b_1) + b_1\ln\left(\dfrac{b_1}{b_0}\right)} \tag{16-20}$$

此处　$E(m)_0 = \dfrac{0.9 \times \ln\left(\dfrac{0.1}{0.9}\right) + 0.1 \times \ln\left(\dfrac{0.9}{0.1}\right)}{(1-3) + \ln(3/1)} = \dfrac{-1.977\,50 + 0.219\,72}{-2 + 1.098\,61} = \dfrac{-1.757\,78}{-0.901\,39} = 1.95$

$E(m)_1 = \dfrac{0.1 \times \ln\left(\dfrac{0.1}{0.9}\right) + 0.9 \times \ln\left(\dfrac{0.9}{0.1}\right)}{(1-3) + 3\ln(3/1)} = \dfrac{-0.219\,72 + 1.977\,50}{-2 + 3.295\,83} = \dfrac{1.757\,78}{1.295\,83} = 1.36$

说明平均抽取 2 个抽样单位即可获得推断。若实践中抽样至 $3 \times 1.95 = 6$ 个抽样单位尚无结果，则可停止抽样。计取这 6 个抽样单位的平均数 $\bar{b}$，若 $\bar{b}$ 偏向 b_0 则推断为可调进，若 $\bar{b}$ 偏向 b，则推断为拒绝调进。

上列计算结果可画成图 16 - 3。本例 SAS 计算程序见附录 1 的 LT16 - 7。

【例 16 - 8】检查某批玉米种子中检疫性杂草假高粱种子的含量，抽样单位为每千克种子中该杂草种子的粒数，若平均每千克 1 粒以下便调进这批种子，每千克 3 粒以上便拒绝调进。其 h_a、h_r、$E(m)_0$、$E(m)_1$ 计算如上文。现逐个抽取样品，并检查其杂草种子数，结果列于表 16 - 5。

抽样至第 5 个样品，已落入调进区域，初判可以调进。为保险起见，再抽第 6 个样品，已稳定落入调进区，结论为可以调进。此时 $\bar{b} = \dfrac{h}{m} = \dfrac{6}{6} = 1$。该批种子平均约每千克含有 1 粒假高粱种子。

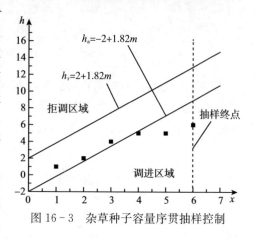

图 16 - 3　杂草种子容量序贯抽样控制

表 16 - 5　每千克玉米种子中假高粱种子数序贯抽样结果

样品序号（m）	1	2	3	4	5	6
每千克样品中假高粱种子数（b）	1	1	2	1	0	1
累计假高粱种子数（h）	1	2	4	5	5	6

以上通过 2 个例题介绍了序贯抽样的基本方法，读者如需进一步了解，可参考邬祥光（1963）所著《昆虫生态学的常用数学分析方法》。

第三节　样本容量的估计

设计抽样方案及抽样调查结果的统计分析中，样本容量是一个非常重要的因素，它与抽样调查结果的准确性、精确性以及人力物力消耗（费用）有密切关系，因而研究工作者在决定抽样方案的样本容量时要有一定的论证和依据。本节将讨论一级抽样、分层抽样、二级或多级抽样的样本容量问题，在涉及抽样单位大小与样本容量有关的问题时，进一步讨论抽样单位大小与样本容量的相互决定方法。

一、简单一级抽样样本容量的估计

简单一级抽样主要指简单随机抽样。在估计其样本容量时，首先要对调查对象的标准差做出估计，并提出预定准确度和置信系数的要求，然后据此以确定样本容量。

因为

$$t = \frac{\bar{y} - \mu}{s_{\bar{y}}} = \frac{\bar{y} - \mu}{s / \sqrt{n'}}$$

式中 n' 为待定的样本容量。

经移项，得

$$\bar{y} - \mu = ts / \sqrt{n'}$$

或

$$\sqrt{n'}\ (\bar{y} - \mu) = ts$$

所以有
$$n' = \frac{t^2 s^2}{(\bar{y} - \mu)^2} = \frac{t^2 s^2}{d^2} \tag{16-21}$$

式（16-21）中，$\bar{y} - \mu$ 代表预定的准确度要求，即指要求所得的样本平均数与总体平均数相差不超过给定的量 $d = (\bar{y} - \mu)$。若 s 估计值来自大样本，则 95% 置信系数下 $t \approx 2$，所以有

$$n' = 4s^2 / d^2 \tag{16-22}$$

【例 16-9】设测查一块大豆试验地的单株荚数，抽样单位为每点 10 株，由过去资料估计标准差为 2.5 荚/株，这可以看作被测定总体标准差的近似估计值。由此可以估计一定置信系数下，各种准确度要求的样本容量。如果要求所获结果与总体相差不超过 ±2 荚/株，即 $d = \pm 2$，置信系数为 95%，则 $n = \dfrac{4 \times (2.5)^2}{(2)^2} = 6.25$，即需从该田块中调查 6~7 个单位。

若要求 d 不超过 ±1 荚/株，则 $n' = \dfrac{4 \times (2.5)^2}{(1)^2} = 25$，需调查 25 个单位。

有时事先没有大样本的 s 值可借用，这种情况下也可以通过平均全距（或平均极差）估计 s 值，即

$$s \approx \bar{w} / c \tag{16-23}$$

$$n' = \frac{t^2 s^2}{d^2} = \frac{t^2 \bar{w}^2}{d^2 c^2} = \left(\frac{t \bar{w}}{d c}\right)^2 \tag{16-24}$$

式中，$\bar{w}$ 为 k 个容量为 n 的小样本极差的平均值，c 为折算系数（表 16-6），t 由表 16-6 中的自由度估计值（ν）及置信系数决定。

表 16-6　由平均极差（$\bar{w}$）折算标准差（s）的折算系数（c）和近似自由度（ν）值表

k		n								
		2	3	4	5	6	7	8	9	10
1	ν	1.0	2.0	2.9	3.8	4.7	5.5	6.3	7.0	7.7
	c	1.41	1.91	2.24	2.48	2.67	2.83	2.96	3.08	3.18
2	ν	1.9	3.8	5.7	7.5	9.2	10.8	12.3	13.8	15.1
	c	1.28	1.81	2.15	2.40	2.60	2.77	2.91	3.02	3.13
3	ν	2.8	5.7	8.4	11.1	13.6	16.0	18.3	20.5	22.6
	c	1.23	1.77	2.12	2.38	2.58	2.75	2.89	3.01	3.11
4	ν	3.7	7.5	11.2	14.7	18.1	21.3	24.4	27.3	30.1
	c	1.21	1.75	2.11	2.73	2.57	2.74	2.88	3.00	3.10
5	ν	4.6	9.3	13.9	18.4	22.6	26.6	30.4	34.0	37.5
	c	1.91	1.74	2.10	2.36	2.56	2.73	2.87	2.99	3.10
10	ν	9.0	18.4	27.6	36.5	44.9	52.9	60.6	67.8	74.8
	c	1.16	1.72	2.08	2.34	2.55	2.72	2.86	2.98	3.09
15	ν	13.4	27.5	41.3	54.6	67.2	79.3	90.7	101.6	112.0
	c	1.15	1.71	2.07	2.33	2.54	2.71	2.85	2.98	3.08
20	ν	17.8	36.6	55.0	72.7	89.6	105.6	120.9	135.3	149.3
	c	1.14	1.70	2.06	2.33	2.54	2.71	2.85	2.98	3.08

【例 16-10】 设上例中 s 不知，先调查 4 个小样本每个为 3 点，其结果列于表 16-7。

表 16-7   4 个小样本的大豆单株荚数调查结果

样本号		y		w
1	24	23	27	4
2	29	27	24	5
3	27	25	24	3
4	24	26	28	4

由表 16-7 计得

$$\overline{w} = \frac{\sum w}{k} = \frac{16}{4} = 4$$

查表 16-6，$n=3$、$k=4$ 时，$c=1.75$，$\nu=7.5$。查附表 3，自由度估计值 $\nu=7.5 \approx 8$ 时，$t_{0.05}=2.306$。若令预定准确度要求 $d=\pm2$，则得

$$n' = \left(\frac{t\overline{w}}{dc}\right)^2 = \left(\frac{2.306 \times 4}{2 \times 1.75}\right)^2 = 6.9$$

这种方法，先由少量小样本估得 s 后，可以应用于大规模调查时样本容量的估计。

以上样本容量估计的方法将总体看成是无限性的。若总体属有限性时，估计的抽样误差应按式（16-3）用抽样分数做矫正，因而式（16-21）将变为

$$n' = \frac{t^2 s^2 (1-\phi)}{d^2} = \frac{t^2 s^2}{d^2} \left(1 - \frac{n'}{N}\right)$$

移项合并后，得

$$n' = \left(\frac{ts}{d}\right)^2 \Big/ \left[1 + \frac{1}{N}\left(\frac{ts}{d}\right)^2\right] \tag{16-25}$$

如果 N 很大，就可计算其近似值 n_0'，即式（16-21）变为

$$n_0' = \left(\frac{ts}{d}\right)^2$$

如果 n_0'/N 比数不大，就可采用近似值 n_0'，否则须计算 n' 值，其计算式为

$$n' = \frac{n_0'}{1 + \frac{n_0'}{N}} \tag{16-26}$$

从上式可知，抽样单位数（n'）是随变异程度（s^2）和置信概率（t_α）两者的增加而增加，同时随容许误差（d）数值的减小而增加的。

【例 16-11】 为估计 222 块田的小麦产量，从以往经验，田块间方差为 90.3kg。问在置信概率为 0.99、容许误差（d）为 2kg 时，应测产多少块田？

首先计算近似值，得

$$n_0' = \frac{(2.6)^2 (90.3)}{(2)^2} \approx 153 \text{（块田）}$$

因将 90.3 当作总体方差，222 为总体容量，初步估计出样本需 153 块田。现先看 n_0'/N 比数，$n_0'/N = 153/222 = 0.69$，这个比数很大，所以应计计算精确 n' 值，即

$$n' = \frac{153}{1 + 0.69} \approx 91 \text{（块田）}$$

此例为总体方差已知，若无准确估计值，可先用小样本直接估计 s^2，或如例 16 - 10 那样由小样本的 w 估计 s。

上述样本容量估计方法适用于简单随机抽样、简单顺序抽样、简单典型抽样等一级抽样方法，在分层随机抽样、整群抽样、双重抽样等抽样方法中也能应用。

二、分层抽样样本容量的估计

分层随机抽样中，抽样单位在各层次中的配置有比例配置法和最优配置法两类。

(一) 比例配置法

若各区层比例为 $p_i = N_i/N$，则当总样本容量为 n' 时，各区层样本容量可按 $p_i n'$ 进行分配，因此只要估计出 n'，便可确定各区层的 n_i'。

因为 $t = d/s_{\bar{y}}$，所以 $s_{\bar{y}}^2 = d^2/t^2$。

此处若令 $d^2/t_a^2 = V$，则称 V 为一定置信系数下的样本必需方差。

经过类似于式 (16 - 21) 及式 (16 - 26) 的推演，得到比例配置法的分层抽样样本容量的近似公式，即

$$n_0' = \sum (p_i s_i^2)/(d^2/t^2) = \sum (p_i s_i^2)/V \tag{16 - 27}$$

$$n' = n_0' \Big/ \left(1 + \frac{n_0'}{N}\right) \tag{16 - 28}$$

式 (16 - 28) 与式 (16 - 26) 相同，若抽样分数极小，则 $n_0' \approx n'$。

(二) 最优配置法

最优配置法的基本出发点是区层大、误差大的应安排较多抽样单位，区层小、误差小的可少安排抽样单位。Neyman 证实若按区层大小与区层标准差乘积分配抽样单位，可使样本平均数具有最小方差，因而称为最优配置。由此，各区层抽样单位数为

$$n_i' = n' N_i s_i / \sum (N_i s_i) \tag{16 - 29}$$

同样，经类似于式 (16 - 21) 及式 (16 - 26) 的推演，得最优配置法分层抽样样本容量估计的近似公式，即

$$n_0' = \left(\sum p_i s_i\right)^2 / (d^2/t^2) = \left(\sum p_i s_i\right)^2 / V \tag{16 - 30}$$

$$n' = n_0' \Big/ \left(1 + \frac{1}{NV} \sum p_i s_i^2\right) \tag{16 - 31}$$

抽样分数极小时，$n_0' \approx n'$。

以上两种配置方法公式的推导过程可参考马育华 (1982) 所著《试验统计》和 Cochran (1963) 所著 Sampling Techniques。

【例 16 - 12】某乡小麦生产按村分为 5 个区层，其小麦播种面积和抽样标准差列于表 16 - 8，并附所要计算的部分数据。假定待测产面积依各村原有面积按比例分配，而且在这基础上要求测产结果的置信系数达到 95%，计算平均亩（1 亩 = 1/15 hm²）产量准确至 10 kg 以内，试求出抽样单位数目（面积）应该多少？

本例：$d = 10$，暂定 $t = 2$，所以 $V = d^2/t^2 = 100/4 = 25$。由表 16 - 8 得 $\sum p_i s_i^2 = 36\ 942$，代入式 (16 - 27) 得

$$n_0' = \sum p_i s_i^2 / V = \frac{36\ 942}{25} = 1\ 477.68 \text{（亩）}$$

$$n' = n'_0 \left/ \left[1 + \frac{n'_0}{N} \right] = 1\ 477.68 \right/ \left[1 + \frac{1\ 477.68}{10\ 000} \right] = 1\ 477.68/1.147\ 768 = 1\ 287\ （亩）$$

再按上述 $n'_i = p_i n'$ 计算每村应调查面积，例如区层（村）1 的调查面积为 $n'_i = 1\ 287 \times 0.08 = 103$ 亩，其余类推。结果列于表 16-8。

表 16-8　确定必需抽样单位数目的计算方法

区层（村）	面积（N_i）	比例（p_i）	标准差（s_i）	s_i^2	$p_i s_i$	$p_i s_i^2$	比例分配（n_i）	最优分配（n'_i）
1	800	0.08	100	10 000	8.00	800	103	51
2	1 800	0.18	130	16 900	23.40	3 042	232	150
3	2 000	0.20	150	22 500	30.00	4 500	257	192
4	4 000	0.40	200	40 000	80.00	16 000	515	511
5	1 400	0.14	300	90 000	42.00	12 600	180	268
总	10 000	1.00	—	—	183.40	36 942	1 287	1 172

注：1 亩 = 1/15 hm²。

如按最优分配计算，$\left(\sum p_i s_i \right)^2 = (183.40)^2 = 33\ 635.56$，$\sum p_i s_i^2 = 36\ 942$，$V = 25$，代入式（16-30）和式（16-31）得

$$n'_0 = \left(\sum p_i s_i \right)^2 / V = \frac{33\ 635.56}{25} = 1\ 345.42\ （亩）$$

$$n' = n'_0 \left/ \left[1 + \frac{1}{NV} \sum p_i s_i^2 \right] = 1\ 345.42 \right/ \left[1 + \frac{36\ 942}{10\ 000 \times 25} \right] = 1\ 172\ （亩）$$

算得总抽样面积后，再按式（16-29），计算每区层的调查数目。这里 $n' N_i s_i / \sum N_i s_i = 0.000\ 639 (N_i s_i)$，将 0.000 639 乘每区层的 $N_i s_i$ 数得 n'_i。例如区层 1 的 $N_i s_i = 80\ 000$，则调查面积为 $0.000\ 639 \times 80\ 000 = 51$（亩），其余类推。结果列于表 16-8。和比例分配结果相比较，最优配置法在区层 1 至区层 3 的抽样单位数减少，在区层 5 增加，总数减少。本例 SAS 计算程序见附录 1 的 LT16-12。

关于确定必要抽样单位数目，除了考虑每个区层容量和区层变异两个因素外，有时尚须考虑在每个区层抽样时每个单位的费用问题。这类问题的解决方法将在后文中涉及。

三、二级或多级抽样样本容量的估计

分级抽样时要考虑各级样本容量的合理搭配。其关键是要对各级抽样误差做出确定的估计，这通常可依据经验资料，或通过实际调查进行估测，然后根据准确度等有关要求综合考虑。

设第二级抽样误差和第一级抽样误差的估计值分别为 $\hat{\sigma}_A^2$ 及 $\hat{\sigma}_B^2$，待定的抽样方案中第一级样本容量为 k'，第二级样本容量为 n'，则所待抽取的样本平均数标准误将为

$$s_{\bar{y}}^2 = \frac{\hat{\sigma}_A^2}{n'k'} + \frac{\hat{\sigma}_B^2}{k'} = \frac{1}{n'k'} (\hat{\sigma}_A^2 + n'\hat{\sigma}_B^2) \tag{16-32}$$

$$d^2 = t^2 s_{\bar{y}}^2 = t^2 (\hat{\sigma}_A^2 + n'\hat{\sigma}_B^2) / n'k'$$

所以，有

$$n' = \frac{t^2 \hat{\sigma}_A^2}{k'd^2 - t^2 \hat{\sigma}_B^2} \tag{16-33}$$

或
$$k' = \frac{t^2(\hat{\sigma}_A^2 + n'\hat{\sigma}_B^2)}{n'd^2} \qquad (16-34)$$

在能假定 $n'k'$ 较大时，t^2 可用 $2^2 = 4$ 做近似估计。否则需用假定自由度下的 t 值。

【例 16-13】假定上节表 16-3 农药残留量分析所估得的 $\hat{\sigma}_A^2 = 0.006\ 6$、$\hat{\sigma}_B^2 = 0.072\ 4$ 具有一定的代表性，由此可以设计不同准确度要求下的二级抽样样本容量的配置。

例如设 $d = \pm 0.3$，假定 $t = 2$，则有

$$k' = \frac{4(0.006\ 6 + 0.072\ 4n')}{n'(0.3)^2} = \frac{4(0.006\ 6 + 0.072\ 4n')}{0.09n'} = \frac{0.026\ 4 + 0.289\ 6n'}{0.09n'}$$

本例，由于株间误差远较株内叶片间误差大，同样测定次数下，以多取植株，每株少取叶片为宜，故若 $n' = 1$，则有

$$k' = \frac{0.026\ 4 + 0.289\ 6n'}{0.09n'} = \frac{0.026\ 4 + 0.289\ 6}{0.09} = \frac{0.316}{0.09} = 3.5$$

即取 4 株，每株取 1 叶便能达到 $d = \pm 0.3$ 单位的准确度要求。但此处因 $d = \pm 0.3$，甚小，故 $t = 2$，自由度 $\nu = 4 - 1 = 3$ 时，置信系数系为 83%。若要求置信系数为 95%，则可迭代一次以自由度 $\nu = 3$ 时的 $t_{0.05} = 3.182$ 代入式（16-34）重算得

$$k' = (3.182)^2(0.006\ 6 + 0.072\ 4n')/n'(0.3)^2 = (0.066\ 83 + 0.733\ 1n')/0.09n'$$

当 $n' = 1$ 时，$k' = (0.066\ 3 + 0.733\ 1)/0.09 = 8.89$，即取 9 株，每株 1 叶可达到 $d = \pm 0.3$ 单位的要求，其置信系数在自由度为 $\nu = 9 - 1 = 8$ 时约 98.5%。若取 $n' = 2$，则可算得 $k' = 8.52$，即 9 株，每株 2 叶共 18 次测定，比 $n' = 1$ 时增益不大。

由 k' 的公式可估计出同一准确度要求下的不同方案，还可估计出多种准确度要求下的各种方案以供选用。如果对 k' 和 n' 再加一种约束，例如提供 k' 和 n' 间的人力物力消耗或财力消耗的关系式，则可以解出给定 d 值下的最佳方案。

设抽取第一级单位（植株）的费用为 C_B，抽取第二级单位（叶片）的费用为 C_A，则抽取 $k'n'$ 单位的费用（C）为

$$C = k'C_B + k'n'C_A \qquad (16-35)$$

若将式（16-32）与式（16-35）相乘，则有

$$s_{\bar{y}}^2 C = \left(\frac{\hat{\sigma}_A^2}{n'k'} + \frac{\hat{\sigma}_B^2}{k'}\right)(k'C_B + k'n'C_A) = \frac{1}{n'}\hat{\sigma}_A^2 C_B + \hat{\sigma}_B^2 C_B + \hat{\sigma}_A^2 C_A + n'\hat{\sigma}_B^2 C_A \qquad (16-36)$$

式（16-36）中无 k'，当 $s_{\bar{y}}^2 C$ 最小时，其微分为

$$\frac{d(s_{\bar{y}}^2 C)}{d(n')} = \hat{\sigma}_B^2 C_A - \frac{\hat{\sigma}_A^2 C_B}{(n')^2} = 0$$

解得
$$n' = \frac{\hat{\sigma}_A}{\hat{\sigma}_B}\sqrt{\frac{C_B}{C_A}} \qquad (16-37)$$

此时 n' 为最佳第二级抽样单位数。

将例 16-13 数据代入式（16-37）得

$$n' = \sqrt{\frac{0.006\ 6C_B}{0.072\ 4C_A}} = \frac{0.081}{0.069}\sqrt{\frac{C_B}{C_A}} = 0.30\sqrt{\frac{C_B}{C_A}}$$

若 C_B 10 倍于 C_A 则 $n' = 0.3\sqrt{10} = 0.948 \approx 1$，即抽取植株的费用 10 倍于抽取叶片的费用时最佳抽取叶片数为每株 1 叶。本例因为测定是对叶片进行的，抽取叶片的费用高于抽取

植株的费用，$C_B < C_A$，若 $C_B = C_A/10$，则 $n' = 0.30\sqrt{\dfrac{1}{10}} = 0.095$，每株 1 叶足够有余了。

由 $n' = 1$，可在设定 t^2 及 d^2 的要求下，代入式（16-34）求出 k' 值。

设 $d = \pm 0.2$，$t = 3$，则有

$$k' = \frac{9(0.006\,6 + 0.072\,4)}{(0.2)^2} = 17.78$$

即抽取 18 株，每株 1 叶，所获测定值可在 99% 以上置信系数（自由度为 $18-1 = 17$）下准确度不超过 ± 0.2 个测定值单位。

以上讨论了二级抽样的情况，三级或更多级抽样依此类推。三级抽样时，可根据三级抽样试验进行三级巢式数据方差分析，从而估计出一级抽样、二级抽样和三 3 级抽样的误差分别为 $\hat{\sigma}_C^2$、$\hat{\sigma}_B^2$ 和 $\hat{\sigma}_A^2$，即有

$$s_{\bar{y}}^2 = \frac{\hat{\sigma}_A^2}{n'k'l'} + \frac{\hat{\sigma}_B^2}{k'l'} + \frac{\hat{\sigma}_C^2}{l'} \tag{16-38}$$

通过 $d^2 = t^2 s_{\bar{y}}^2$，可推导出 n'、k'、l' 间的关系式。

若

$$C = l'C_C + l'k'C_B + l'k'n'C_A \tag{16-39}$$

则

$$s_{\bar{y}}^2 C = \left(\frac{\hat{\sigma}_A^2}{n'k'l'} + \frac{\hat{\sigma}_B^2}{k'l'} + \frac{\hat{\sigma}_C^2}{l'} \right) (l'C_C + l'k'C_B + l'k'n'C_A)$$

求 $s_{\bar{y}}^2 C$ 为最小值时的解，得

$$k' = \sqrt{\frac{C_C \hat{\sigma}_B^2}{C_B \hat{\sigma}_C^2}} \tag{16-40}$$

$$n' = \sqrt{\frac{C_B \hat{\sigma}_A^2}{C_A \hat{\sigma}_B^2}} \tag{16-41}$$

求出 k' 及 n' 后，再代入 $d^2 = t^2 s_{\bar{y}}^2$ 中可解出 l'。

四、抽样单位大小与样本容量的相互决定

一些抽样方案中抽样单位是定性的，例如种子含油量的测定，其抽样单位是一次测定，当然也可将 2 次测定算 1 个抽样单位，但习惯上不这么做。另有一些抽样方案中，抽样单位是定量的，例如测定田间穗数，1 个测框可以是 $1\,m^2$，也可以是 $0.5\,m^2$ 或 $2\,m^2$。此时测定 $2\,m^2$ 抽样单位的工作量将分别为 $1\,m^2$ 及 $0.5\,m^2$ 的 2 倍和 4 倍。抽样方案中得权衡用大抽样单位少样本容量合适，还是用小抽样单位大样本容量合适，何者精确度高、花费少。这时便须考虑抽样单位大小与样本容量的相互决定问题。

【例 16-14】研究田间麦穗数抽样调查中的抽样单位大小与样本容量的抽样误差，在 3 块大小相同的田内进行调查，每块田分为 16 小块，每小块中随机定 1 样点，每样点调查 1m 行长、1 行的穗数，顺序查平行 6 行，按次序记录。所获数据共有 $3 \times 16 = 48$ 个样点，48×6 个每米穗数记录。这里将 3 块田看作 3 个相等的区层，每区层中样点看作一级抽样单位，每样点内 1 行看作 1 个二级抽样单位，抽样单位大小为 1 行。若将相邻 2 行依次合并，二级抽样单位大小为 2 行。若将相邻 3 行分别合并，则二级抽样单位大小为 3 行。因此同一组数据可以用于估计一级单位的抽样误差、不同大小二级单位的抽样误差，以这些误差估计值为依据，可制订今后麦田穗数调查的抽样方案。

上列数据的方差分析结果列于表 16-9。

表 16-9 麦田穗数抽样方案研究方差分析表

变异来源	DF	SS	MS	EMS	方差估计值
田块间	$3-1=2$	18 589.78	9 294.89		
田块内样点间	$3(16-1)=45$	107 403.44	2 386.74*	$\sigma_{B_1}^2+6\sigma_C^2$	$\hat{\sigma}_C^2=251.00$
样点内二级单位间(1行)	$3\times16(6-1)=240$	211 374.78	880.73	$\sigma_{B_1}^2$	$\hat{\sigma}_{B_1}^2=880.73$
样点内二级单位间(2行)	$3\times16(3-1)=96$	114 597.67	1 193.73*	$\sigma_{A_2}^2+2\sigma_{B_2}^2$	$\hat{\sigma}_{B_2}^2=260.84$
样点内二组单位内(2行)	$3\times16\times3(2-1)=144$	96 777.11	672.06	$\sigma_{A_2}^2$	$\hat{\sigma}_{A_2}^2=672.06$
样点内二级单位间(3行)	$3\times16(2-1)=48$	76 014.04	1 583.62*	$\sigma_{A_3}^2+3\sigma_{B_3}^2$	$\hat{\sigma}_{B_3}^2=292.87$
样点内二组单位内(3行)	$3\times16\times2(3-1)=192$	135 360.74	705.00	$\sigma_{A_3}^2$	$\hat{\sigma}_{A_3}^2=705.00$
总	$3\times16\times6-1=287$	337 368.00			

表 16-9 中，σ_C^2 为样点间抽样误差的估计值；$\sigma_{B_1}^2$、$\sigma_{B_2}^2$ 和 $\sigma_{B_3}^2$ 分别为二级抽样单位是 1 行、2 行和 3 行的抽样误差估计值。此调查研究为二级抽样，由式（16-32）及式（16-35）可得

1 行单位时 $s_{\bar{y}}=\dfrac{\hat{\sigma}_{B_1}^2}{n'k'}+\dfrac{\hat{\sigma}_C^2}{k'}$，若 $C=k'C_C+k'n'C_{B_1}$

2 行单位时 $s_{\bar{y}}=\dfrac{\hat{\sigma}_{B_2}^2}{n'k'}+\dfrac{\sigma_C^2}{k'}$，若 $C=k'C_C+k'n'C_{B_2}$

3 行单位时 $s_{\bar{y}}=\dfrac{\hat{\sigma}_{B_3}^2}{n'k'}+\dfrac{\sigma_C^2}{k}$，若 $C=k'C_C+k'n'C_{B_3}$

则由式（16-37）得

1 行单位时 $n_1'=\dfrac{\hat{\sigma}_{B_1}}{\hat{\sigma}_C}\sqrt{\dfrac{C_C}{C_{B_1}}}=\dfrac{29.67}{15.84}\sqrt{\dfrac{C_C}{C_{B_1}}}=1.873\sqrt{\dfrac{C_C}{C_{B_1}}}$

2 行单位时 $n_2'=\dfrac{\hat{\sigma}_{B_2}}{\hat{\sigma}_C}\sqrt{\dfrac{C_C}{C_{B_2}}}=\dfrac{\hat{\sigma}_{B_2}}{\hat{\sigma}_C}\sqrt{\dfrac{C_C}{2C_{B_1}}}=\dfrac{16.15}{15.84\sqrt{2}}\sqrt{\dfrac{C_C}{C_{B_1}}}=0.721\sqrt{\dfrac{C_C}{C_{B_1}}}$

3 行单位时 $n_3'=\dfrac{\hat{\sigma}_{B_3}}{\hat{\sigma}_C}\sqrt{\dfrac{C_C}{C_{B_3}}}=\dfrac{\hat{\sigma}_{B_3}}{\hat{\sigma}_C}\sqrt{\dfrac{C_C}{3C_{B_1}}}=\dfrac{17.11}{15.84\sqrt{3}}\sqrt{\dfrac{C_C}{C_{B_1}}}=0.624\sqrt{\dfrac{C_C}{C_{B_1}}}$

以上假定 2 行单位及 3 行单位的花费或工作量分别为 1 行单位的 2 倍和 3 倍。

由以上分析，麦田穗数抽样中，1 行单位的抽样误差 $\hat{\sigma}_{B_1}^2$ 为 880.73，2 行单位的 $\hat{\sigma}_{B_2}^2$ 为 260.84，3 行单位的 $\hat{\sigma}_{B_3}^2$ 为 292.87。抽样单位较大时抽样误差较小，但三者中以 2 行单位的抽样误差最小。结合抽样单位的花费考虑，在二级抽样单位分别为 1 行、2 行、3 行大小时其最佳二级抽样单位数分别为 $1.873\sqrt{\dfrac{C_C}{C_{B_1}}}$、$0.721\sqrt{\dfrac{C_C}{C_{B_1}}}$ 和 $0.624\sqrt{\dfrac{C_C}{C_{B_1}}}$，三者公因子为 $\sqrt{\dfrac{C_C}{C_{B_1}}}$，因而可进行相互比较。相同准确度和精确度要求下最佳第二级 1 行、2 行和 3 行抽样单位的实际工作量比为 $1.873:0.721\times2:0.624\times3=1.873:1.442:1.872$，2 行单位的工作量最小，因而综合 $\hat{\sigma}_{B_2}^2$ 及 n_2' 的信息，二级抽样单位以 2 行为较合适。

以上例子，主要用于说明抽样单位大小与样本容量相互决定的关系。上例中具体抽样方

案可按前面估计二级抽样样本容量的方法进行，此处不须赘述。

 习 题

1. 试解释以下几个术语：无限总体与有限总体、抽样单位与样本容量、抽样调查计划与抽样方案、抽样分数与总体编号。

2. 随机抽样与典型抽样有何区别？随机抽样方法有哪几种？各有哪些特点与优点？怎样进行抽样单位的随机？

3. 假定从 $2\,hm^2$ 小麦田内随机抽到 10 个测框每框为 $1\,m^2$ 的样本，脱粒计产如下：12、15、10、13、10、15、12、12、13、13，计产单位为 $1\,kg/20$（即 $50\,g$）。试计算单位面积产量（kg/hm^2）及 $2\,hm^2$ 田的总产量（kg），同时计算标准误和 95% 置信概率的置信范围。

［参考答案：$\bar{y}=12.5$（$\times 50\,g$），$6\,250\,kg/hm^2$，$N_{\bar{y}}=12\,500\,kg$，$s_{\bar{y}}=0.54$（$\times 50\,g$），$11.3\sim 13.7$（$\times 50\,g$）］

4. 假定有一块棉田，播种 120 行，每行 160 株。倘以行内 10 株作为 1 个抽样单位，要求采用顺序抽样方法抽取 20 个单位，调查受盲蝽危害株数，试述抽取方法以及抽出号码。

5. 假定在上述棉田中用整群抽样方法，将 20 个抽样单位从 4 个群（行）中抽取，试列举出这 4 个群的单位号码。

6. 假定 4 个群的顺序抽样样本受害株数的调查结果见下表。试分析抽样调查结果。

群	受害株数				
1	1	1	1	2	0
2	2	0	0	1	2
3	0	1	1	1	1
4	0	0	2	2	2

［参考答案：平均受害株数 $\bar{y}=1$ 株，$s_{\bar{y}}=0.08$ 株，95% 置信范围 $0.83\sim 1.17$ 株］

7. 假定在一块长方形水稻田里，按相同面积纵向划分为 3 个区层，在每个区层内有 $10\,000$ 单位，采用简单随机抽样方法抽出 10 个抽样单位，每个单位为连续 20 穴稻株，抽样目的为估计每抽样单位产量（g）以测定该田产量。方差分析结果如下表。试计算抽样误差（要不要进行矫正？），倘和简单随机抽样比较，分层抽样方法的抽样误差是增大还是减小？这说明什么问题？

变异来源	DF	SS	MS
区层间	（3−1）	2 000.00	1 000.0
区层内（单位间）	3×（10−1）	5 400.00	200.0
总	（30−1）	7 400.00	

［参考答案 $n/N=30/30\,000$，抽样分数小，不必矫正。分层抽样 $s_{\bar{y}}=2.58$（$g/$单位）^{2}，简单随机抽样 $s_{\bar{y}}=2.92$（$g/$单位）^{2}］

8. 现测定萝卜的含钙量，第一级随机抽取 4 株，第二级每株随机抽取 3 张叶片，其测定结果如右表所示。试估计株间的抽样误差、叶片间的抽样误差以及这一样本的抽样误差，并估计总体的 95% 置信区间。

株号	叶片号		
1	6	7	6
2	5	4	4
3	5	7	5
4	8	8	7

[参考答案：$\hat{\sigma}^2_{株内}=1.73$，$\hat{\sigma}^2_{株间}=0.58$，$s_{\bar{y}}=0.69$，6 ± 2.2]

9. 何谓双重抽样？试联系你的专业内容提出一项双重抽样的调查方案。

10. 何谓序贯抽样？试联系你的专业内容提出一项序贯抽样的调查方案。

11. 试比较简单随机抽样、分层抽样、整群抽样、分级抽样、双重抽样、序贯抽样的特点，说明其应用的场合。

12. 现某农场拟对麦田测产，事先并无总体抽样单位间变异度的估计，调查得 10 个测框，每框为 1m^2 的结果见本章的习题 3。试将这 10 个数据用随机方法分成 5 组，由平均极差估计总体的标准差。进一步估计在准确度要求为 ±0.1、±0.5、±1 和 ±2 个单位（kg/20），置信系数为 95% 时的样本容量，以便对场内其他田块进行测产调查。

[参考答案：依分组结果而异，其中之一分别为 10、22、41、10 和 3]

13. 假定本章习题 7 的调查按区层的分析结果如右表所示，按准确度 $d=\pm5.0\,\text{g}/单位$，置信系数 95% 的要求，估计样本容量 n' 及其在各区层的分配。

区层	p_i	s_i^2
1	20%	350
2	30%	250
3	50%	200

[参考答案：$t=2$ 时，$n'=40$；按比例配置为 8、12、20；按最优配置为 10、12、18]

14. 若本章习题 8 所估计的一级抽样误差和二级抽样误差有代表性，试按准确度 $d=\pm1$、置信系数 95% 的要求，讨论这二级抽样的适宜样本容量。

[参考答案：$t=2$ 时，$k'=(6.92+2.32n')/n'$ 或 $n'=6.92/(k'-2.32)$]

实 习 指 南

试验统计方法是植物生产类专业的一门应用性很强的专业基础课。学习这门课程，除了课堂教学和课后练习外，到生产实践和科学实验的第一线设计试验、采集数据和分析结果，有助于加深对所学知识的理解，缩短理论与应用的距离，是一种值得推荐的做法。鉴于此，除习题外我们设计了 10 项实习（含研究类实习 8 项和计算工具类实习 2 项）供参考使用选用。任课教师可根据专业要求和课时数量酌情安排，有兴趣的学生也可自行选做。

实习 1　组织科研兴趣小组，制订科研计划

组织学生参加科学研究兴趣小组，在任课教师和有关专家的指导下通过阅读文献、小组讨论制订一项研究计划，并付诸实施。研究计划的内容包括：①研究目的；②工作假设；③研究路线；④试验设计；⑤试验指标；⑥数据分析方法等。

实习 2　田间试验设计的应用情况调查

调查所在院、系科学研究中所采用的试验设计类型，比较田间试验、温室或大棚（网室）试验、实验室试验在选用试验设计方面的异同，分析栽培试验、育种试验、生理生化试验、生态与环境试验等在设计上的特点。在此基础上，对所学过的各种试验设计类型的特点和应用场合做出评述。

实习 3　作物性状的测定和特征描述

选择某种作物，依次测定同一群体中各单株的某一性状，获得 100~200 个观察值（变量）。将这些变量做成次数分布表，说明该性状次数分布的主要特征。计算反映这组变量基本特征的统计数，例如平均数、中位数、众数、极差、方差、标准差、变异系数等，并从专业角度予以解释。

实习 4　遗传学定律的验证

结合遗传学的学习，调查一种作物的分离群体中某个相对性状（例如水稻秆尖的有色和无色、玉米籽粒的糯性和非糯等）的出现个体数或次数，测验实际分离比率与理论分离比率的差异显著性，概括该相对性状的遗传规律。对同一小组不同学生的测定结果进行同质性测验，并解释所得结果。

实习 5　多变数资料的采集和线性回归分析

在成熟期调查一种作物的产量（Y）和产量结构性状（X_1、X_2、…、X_m，例如每株穗数、每穗粒数、籽粒质量等），获得 30 组以上的测定值。先对产量和各个产量性状分别进行一元线性回归分析，再进行产量依各产量性状的多元线性回归分析。对各个产量性状的重要性做出评价，对一元回归和多元回归中可能存在的不一致性做出解释。

也可以本班同学现阶段的英语（或数学、化学、植物学等学科）成绩为 Y，以高考入学时的各门成绩为 X 进行一元和多元线性回归分析；组织班会对所得结果开展讨论。

实习 6　植物生长的动态测定和曲线方程配置

种植一种植物（例如向日葵、玉米、高粱等），测定其株高的生长过程。将全生育期划分为约 30 个时间单位（精确到天），每个时间单位测定 1 次株高，获得 30 个左右的观察值。为这个生长过程配置一条 S 形曲线，并指出这种作物在现有生长条件下的生长规律。

实习 7　常用田间试验设计的应用和现场参观

在科研兴趣小组成员的参与下，以能明确区分的品种和播种密度（或栽植密度）为供试因素，在教学田中分别布置二因素的完全随机化试验、随机区组试验、裂区试验、条区试验和拉丁方试验。组织学生现场参观，重点了解各试验在排列方式上的异同，同时对小区形状、小区面积、小区的长宽比例、标牌、保护行等概念增加感性认识。要求学生在参观后以本专业的一个二因素试验为例，画出田间种植图。

实习 8　田间或实验室抽样方案的确定

制订一项在田间或实验室进行分层或二级抽样调查的计划，取得数据后分析各级抽样单位的抽样误差，并提出不同准确度和精确度要求下的抽样方案。

实习 9　统计软件 SAS 的使用

参考附录 1 "统计软件 SAS 简介及程序范例"，在计算机教室演示和使用 SAS 软件。本实习的重点是介绍 SAS 的基本统计功能，可结合书中的例题或习题进行。由于 SAS 内容丰富，功能强大，建议开设 "统计分析系统 SAS" 课程，供学生选修。

统计软件在不断更新和发展中。各学校也可根据本校特点选择介绍其他统计或计算软件，例如 SPSS、SYSTAT、MATLAB 等。

实习 10 运用 SAS 软件的矩阵运算方法，计算一般线性模型

一般线性模型原理可以涵盖方差分析、协方差分析、回归分析等众多统计分析方法的通用性统计分析方法，在第十一章第六节简要介绍了一般线性模型的矩阵解法，随后第十二章和第十三章中有该方法的一些应用。一般线性模型方法的应用性很强，用该方法编写的程序功能强大，但对于非数学专业的同学而言似乎学习起来有一定难度，因此需要加强有关学习。可采用 SAS 软件的矩阵运算方法，以第十一章第六节的例题作为数据示例，进行矩阵运算，一步步运算后，可加深方法的理解，也可增强处理一般线性模型的能力。

附　　表

附表 1　累积正态分布 $F_N(y)$ 值表

$$F_N(y) = \frac{1}{\sqrt{2\pi}} \int_{-\infty}^{y} e^{-\frac{u^2}{2}} du$$

u	−0.09	−0.08	−0.07	−0.06	−0.05	−0.04	−0.03	−0.02	−0.01	−0.00
−3.0	0.001 00	0.001 04	0.001 07	0.001 11	0.001 14	0.001 18	0.001 22	0.001 26	0.001 31	0.001 35
−2.9	0.001 39	0.001 44	0.001 49	0.001 54	0.001 59	0.001 64	0.001 69	0.001 75	0.001 81	0.001 87
−2.8	0.001 93	0.001 99	0.002 05	0.002 12	0.002 19	0.002 26	0.002 33	0.002 40	0.002 48	0.002 56
−2.7	0.002 64	0.002 72	0.002 80	0.002 89	0.002 98	0.003 07	0.003 17	0.003 26	0.003 36	0.003 47
−2.6	0.003 57	0.003 68	0.003 79	0.003 91	0.004 02	0.004 15	0.004 27	0.004 40	0.004 53	0.004 66
−2.5	0.004 80	0.004 94	0.005 08	0.005 23	0.005 39	0.005 54	0.005 70	0.005 87	0.006 04	0.006 21
−2.4	0.006 39	0.006 57	0.006 76	0.006 95	0.007 14	0.007 34	0.007 55	0.007 76	0.007 98	0.008 20
−2.3	0.008 42	0.008 66	0.008 89	0.009 14	0.009 39	0.009 64	0.009 90	0.010 17	0.010 44	0.010 72
−2.2	0.011 01	0.011 30	0.011 60	0.011 91	0.012 22	0.012 55	0.012 87	0.013 21	0.013 55	0.013 90
−2.1	0.014 26	0.014 63	0.015 00	0.015 39	0.015 78	0.016 18	0.016 59	0.017 00	0.017 43	0.017 86
−2.0	0.018 31	0.018 76	0.019 23	0.019 70	0.020 18	0.020 68	0.021 18	0.021 69	0.022 22	0.022 75
−1.9	0.023 30	0.023 85	0.024 42	0.025 00	0.025 59	0.026 19	0.026 80	0.027 43	0.028 07	0.028 72
−1.8	0.029 38	0.030 05	0.030 74	0.031 44	0.032 16	0.032 88	0.033 62	0.034 38	0.035 15	0.035 93
−1.7	0.036 73	0.037 54	0.038 36	0.039 20	0.040 06	0.040 93	0.041 82	0.042 72	0.043 63	0.044 57
−1.6	0.045 51	0.046 48	0.047 46	0.048 46	0.049 47	0.050 50	0.051 55	0.052 62	0.053 70	0.054 80
−1.5	0.055 92	0.057 05	0.058 21	0.059 38	0.060 57	0.061 78	0.063 01	0.064 26	0.065 52	0.066 81
−1.4	0.068 11	0.069 44	0.070 78	0.072 15	0.073 53	0.074 93	0.076 36	0.077 80	0.079 27	0.080 76
−1.3	0.082 26	0.083 79	0.085 34	0.086 91	0.088 51	0.090 12	0.091 76	0.093 42	0.095 10	0.096 80
−1.2	0.098 53	0.100 27	0.102 04	0.103 83	0.105 65	0.107 49	0.109 35	0.111 23	0.113 14	0.115 07
−1.1	0.117 02	0.119 00	0.121 00	0.123 02	0.125 07	0.127 14	0.129 24	0.131 36	0.133 50	0.135 67
−1.0	0.137 86	0.140 07	0.142 31	0.144 57	0.146 86	0.149 17	0.151 51	0.153 86	0.156 25	0.158 66
−0.9	0.161 09	0.163 54	0.166 02	0.168 53	0.171 06	0.173 61	0.176 19	0.178 79	0.181 41	0.184 06
−0.8	0.186 73	0.189 43	0.192 15	0.194 89	0.197 66	0.200 45	0.203 27	0.206 11	0.208 97	0.211 86
−0.7	0.214 76	0.217 70	0.220 65	0.223 63	0.226 63	0.229 65	0.232 70	0.235 76	0.238 85	0.241 96
−0.6	0.245 10	0.248 25	0.251 43	0.254 63	0.257 85	0.261 09	0.264 35	0.267 63	0.270 93	0.274 25
−0.5	0.277 60	0.280 96	0.284 34	0.287 74	0.291 16	0.294 60	0.298 06	0.301 53	0.305 03	0.308 54
−0.4	0.312 07	0.315 61	0.319 18	0.322 76	0.326 36	0.329 97	0.333 60	0.337 24	0.340 90	0.344 58
−0.3	0.348 27	0.351 97	0.355 69	0.359 42	0.363 17	0.366 93	0.370 70	0.374 48	0.378 28	0.382 09
−0.2	0.385 91	0.389 74	0.393 58	0.397 43	0.401 29	0.405 17	0.409 05	0.412 94	0.416 83	0.420 74
−0.1	0.424 65	0.428 58	0.432 51	0.436 44	0.440 38	0.444 33	0.448 28	0.452 24	0.456 20	0.460 17
−0.0	0.464 14	0.468 12	0.472 10	0.476 08	0.480 06	0.484 05	0.488 03	0.492 02	0.496 01	0.500 00

（续）

u	0.00	0.01	0.02	0.03	0.04	0.05	0.06	0.07	0.08	0.09
0.0	0.500 00	0.503 99	0.507 98	0.511 97	0.515 95	0.519 94	0.523 92	0.527 90	0.531 88	0.535 86
0.1	0.539 83	0.543 80	0.547 76	0.551 72	0.555 67	0.559 62	0.563 56	0.567 49	0.571 42	0.575 35
0.2	0.579 26	0.583 17	0.587 06	0.590 95	0.594 83	0.598 71	0.602 57	0.606 42	0.610 26	0.614 09
0.3	0.617 91	0.621 72	0.625 52	0.629 30	0.633 07	0.636 83	0.640 58	0.644 31	0.648 03	0.651 73
0.4	0.655 42	0.659 10	0.662 76	0.666 40	0.670 03	0.673 64	0.677 24	0.680 82	0.684 39	0.687 93
0.5	0.691 46	0.694 97	0.698 47	0.701 94	0.705 40	0.708 84	0.712 26	0.715 66	0.719 04	0.722 40
0.6	0.725 75	0.729 07	0.732 37	0.735 65	0.738 91	0.742 15	0.745 37	0.748 57	0.751 75	0.754 90
0.7	0.758 04	0.761 15	0.764 24	0.767 30	0.770 35	0.773 37	0.776 37	0.779 35	0.782 30	0.785 24
0.8	0.788 14	0.791 03	0.793 89	0.796 73	0.799 55	0.802 34	0.805 11	0.807 85	0.810 57	0.813 27
0.9	0.815 94	0.818 59	0.821 21	0.823 81	0.826 39	0.828 94	0.831 47	0.833 98	0.836 46	0.838 91
1.0	0.841 34	0.843 75	0.846 14	0.848 49	0.850 83	0.853 14	0.855 43	0.857 69	0.859 93	0.862 14
1.1	0.864 33	0.866 50	0.868 64	0.870 76	0.872 86	0.874 93	0.876 98	0.879 00	0.881 00	0.882 98
1.2	0.884 93	0.886 86	0.888 77	0.890 65	0.892 51	0.894 35	0.896 17	0.897 96	0.899 73	0.901 47
1.3	0.903 20	0.904 90	0.906 58	0.908 24	0.909 88	0.911 49	0.913 09	0.914 66	0.916 21	0.917 74
1.4	0.919 24	0.920 73	0.922 20	0.923 64	0.925 07	0.926 47	0.927 85	0.929 22	0.930 56	0.931 89
1.5	0.933 19	0.934 48	0.935 74	0.936 99	0.938 22	0.939 43	0.940 62	0.941 79	0.942 95	0.944 08
1.6	0.945 20	0.946 30	0.947 38	0.948 45	0.949 50	0.950 53	0.951 54	0.952 54	0.953 52	0.954 49
1.7	0.955 43	0.956 37	0.957 28	0.958 18	0.959 07	0.959 94	0.960 80	0.961 64	0.962 46	0.963 27
1.8	0.964 07	0.964 85	0.965 62	0.966 38	0.967 12	0.967 84	0.968 56	0.969 26	0.969 95	0.970 62
1.9	0.971 28	0.971 93	0.972 57	0.973 20	0.973 81	0.974 41	0.975 00	0.975 58	0.976 15	0.976 70
2.0	0.977 25	0.977 78	0.978 31	0.978 82	0.979 32	0.979 82	0.980 30	0.980 77	0.981 24	0.981 69
2.1	0.982 14	0.982 57	0.983 00	0.983 41	0.983 82	0.984 22	0.984 61	0.985 00	0.985 37	0.985 74
2.2	0.986 10	0.986 45	0.986 79	0.987 13	0.987 45	0.987 78	0.988 09	0.988 40	0.988 70	0.988 99
2.3	0.989 28	0.989 56	0.989 83	0.990 10	0.990 36	0.990 61	0.990 86	0.991 11	0.991 34	0.991 58
2.4	0.991 80	0.992 02	0.992 24	0.992 45	0.992 66	0.992 86	0.993 05	0.993 24	0.993 43	0.993 61
2.5	0.993 79	0.993 96	0.994 13	0.994 30	0.994 46	0.994 61	0.994 77	0.994 92	0.995 06	0.995 20
2.6	0.995 34	0.995 47	0.995 60	0.995 73	0.995 85	0.995 98	0.996 09	0.996 21	0.996 32	0.996 43
2.7	0.996 53	0.996 64	0.996 74	0.996 83	0.996 93	0.997 02	0.997 11	0.997 20	0.997 28	0.997 36
2.8	0.997 44	0.997 52	0.997 60	0.997 67	0.997 74	0.997 81	0.997 88	0.997 95	0.998 01	0.998 07
2.9	0.998 13	0.998 19	0.998 25	0.998 31	0.998 36	0.998 41	0.998 46	0.998 51	0.998 56	0.998 61
3.0	0.998 65	0.998 69	0.998 74	0.998 78	0.998 82	0.998 86	0.998 89	0.998 93	0.998 96	0.999 00

附表 2　正态离差 u_α 值表（两尾）

$$\alpha = 1 - \frac{1}{\sqrt{2\pi}} \int_{-u_\alpha}^{u_\alpha} e^{-\frac{u^2}{2}} du$$

α	0.01	0.02	0.03	0.04	0.05	0.06	0.07	0.08	0.09	0.10
0.00	2.575 829	2.326 348	2.170 090	2.053 749	1.959 964	1.880 794	1.811 911	1.750 686	1.695 398	1.644 854
0.10	1.598 193	1.554 774	1.514 102	1.475 791	1.439 531	1.405 072	1.372 204	1.340 755	1.310 579	1.281 552
0.20	1.253 565	1.226 528	1.200 359	1.174 987	1.150 349	1.126 391	1.103 063	1.080 319	1.058 122	1.036 433
0.30	1.015 222	0.994 458	0.974 114	0.954 165	0.934 589	0.915 365	0.896 473	0.877 896	0.859 617	0.841 621
0.40	0.823 894	0.806 421	0.789 192	0.772 193	0.755 415	0.738 847	0.722 479	0.706 303	0.690 309	0.674 490
0.50	0.658 838	0.643 345	0.628 006	0.612 813	0.597 760	0.582 842	0.568 051	0.553 385	0.538 836	0.524 401
0.60	0.510 073	0.495 850	0.481 727	0.467 699	0.453 762	0.439 913	0.426 148	0.412 463	0.398 855	0.385 320
0.70	0.371 856	0.358 459	0.345 126	0.331 853	0.318 639	0.305 481	0.292 375	0.279 319	0.266 311	0.253 347
0.80	0.240 426	0.227 545	0.214 702	0.201 893	0.189 118	0.176 374	0.163 658	0.150 969	0.138 304	0.125 661
0.90	0.113 039	0.100 434	0.087 845	0.075 270	0.062 707	0.050 154	0.037 608	0.025 069	0.012 533	0.000 000

附表 3　学生氏 t 值表（两尾）

$$P(\,|\,t\,|>t_\alpha)=\alpha$$

自由度	概率值（P）								
（ν）	0.500	0.400	0.200	0.100	0.05	0.025	0.010	0.005	0.001
1	1.000	1.376	3.078	6.314	12.706	25.452	63.657	127.321	636.619
2	0.816	1.061	1.886	2.920	4.303	6.205	9.925	14.089	31.599
3	0.765	0.978	1.638	2.353	3.182	4.177	5.841	7.453	12.924
4	0.741	0.941	1.533	2.132	2.776	3.495	4.604	5.598	8.610
5	0.727	0.920	1.476	2.015	2.571	3.163	4.032	4.773	6.869
6	0.718	0.906	1.440	1.943	2.447	2.969	3.707	4.317	5.959
7	0.711	0.896	1.415	1.895	2.365	2.841	3.499	4.029	5.408
8	0.706	0.889	1.397	1.860	2.306	2.752	3.355	3.833	5.041
9	0.703	0.883	1.383	1.833	2.262	2.685	3.250	3.690	4.781
10	0.700	0.879	1.372	1.812	2.228	2.634	3.169	3.581	4.587
11	0.697	0.876	1.363	1.796	2.201	2.593	3.106	3.497	4.437
12	0.695	0.873	1.356	1.782	2.179	2.560	3.055	3.428	4.318
13	0.694	0.870	1.350	1.771	2.160	2.533	3.012	3.372	4.221
14	0.692	0.868	1.345	1.761	2.145	2.510	2.977	3.326	4.140
15	0.691	0.866	1.341	1.753	2.131	2.490	2.947	3.286	4.073
16	0.690	0.865	1.337	1.746	2.120	2.473	2.921	3.252	4.015
17	0.689	0.863	1.333	1.740	2.110	2.458	2.898	3.222	3.965
18	0.688	0.862	1.330	1.734	2.101	2.445	2.878	3.197	3.922
19	0.688	0.861	1.328	1.729	2.093	2.433	2.861	3.174	3.883
20	0.687	0.860	1.325	1.725	2.086	2.423	2.845	3.153	3.850
21	0.686	0.859	1.323	1.721	2.080	2.414	2.831	3.135	3.819
22	0.686	0.858	1.321	1.717	2.074	2.405	2.819	3.119	3.792
23	0.685	0.858	1.319	1.714	2.069	2.398	2.807	3.104	3.768
24	0.685	0.857	1.318	1.711	2.064	2.391	2.797	3.091	3.745
25	0.684	0.856	1.316	1.708	2.060	2.385	2.787	3.078	3.725
26	0.684	0.856	1.315	1.706	2.056	2.379	2.779	3.067	3.707
27	0.684	0.855	1.314	1.703	2.052	2.373	2.771	3.057	3.690
28	0.683	0.855	1.313	1.701	2.048	2.368	2.763	3.047	3.674
29	0.683	0.854	1.311	1.699	2.045	2.364	2.756	3.038	3.659
30	0.683	0.854	1.310	1.697	2.042	2.360	2.750	3.030	3.646
35	0.682	0.852	1.306	1.690	2.030	2.342	2.724	2.996	3.591
40	0.681	0.851	1.303	1.684	2.021	2.329	2.704	2.971	3.551
45	0.680	0.850	1.301	1.679	2.014	2.319	2.690	2.952	3.520
50	0.679	0.849	1.299	1.676	2.009	2.311	2.678	2.937	3.496
55	0.679	0.848	1.297	1.673	2.004	2.304	2.668	2.925	3.476
60	0.679	0.848	1.296	1.671	2.000	2.299	2.660	2.915	3.460
70	0.678	0.847	1.294	1.667	1.994	2.291	2.648	2.899	3.435
80	0.678	0.846	1.292	1.664	1.990	2.284	2.639	2.887	3.416
90	0.677	0.846	1.291	1.662	1.987	2.280	2.632	2.878	3.402
100	0.677	0.845	1.290	1.660	1.984	2.276	2.626	2.871	3.390
110	0.677	0.845	1.289	1.659	1.982	2.272	2.621	2.865	3.381
120	0.677	0.845	1.289	1.658	1.980	2.270	2.617	2.860	3.373
∞	0.6745	0.8416	1.2816	1.6448	1.9600	2.2414	2.5758	2.8070	3.2905

附表 4　5%（上）和 1%（下）点 F 值表（一尾）

ν_2	ν_1											
	1	2	3	4	5	6	7	8	9	10	11	12
1	161.45	199.50	215.71	224.58	230.16	233.99	236.77	238.88	240.54	241.88	242.98	243.91
	4 052.18	4 999.50	5 403.35	5 624.58	5 763.65	5 858.99	5 928.36	5 981.07	6 022.47	6 055.85	6 083.32	6 106.32
2	18.51	19.00	19.16	19.25	19.30	19.33	19.35	19.37	19.38	19.40	19.40	19.41
	98.50	99.00	99.17	99.25	99.30	99.33	99.36	99.37	99.39	99.40	99.41	99.42
3	10.13	9.55	9.28	9.12	9.01	8.94	8.89	8.85	8.81	8.79	8.76	8.74
	34.12	30.82	29.46	28.71	28.24	27.91	27.67	27.49	27.35	27.23	27.13	27.05
4	7.71	6.94	6.59	6.39	6.26	6.16	6.09	6.04	6.00	5.96	5.94	5.91
	21.20	18.00	16.69	15.98	15.52	15.21	14.98	14.80	14.66	14.55	14.45	14.37
5	6.61	5.79	5.41	5.19	5.05	4.95	4.88	4.82	4.77	4.74	4.70	4.68
	16.26	13.27	12.06	11.39	10.97	10.67	10.46	10.29	10.16	10.05	9.96	9.89
6	5.99	5.14	4.76	4.53	4.39	4.28	4.21	4.15	4.10	4.06	4.03	4.00
	13.75	10.92	9.78	9.15	8.75	8.47	8.26	8.10	7.98	7.87	7.79	7.72
7	5.59	4.74	4.35	4.12	3.97	3.87	3.79	3.73	3.68	3.64	3.60	3.57
	12.25	9.55	8.45	7.85	7.46	7.19	6.99	6.84	6.72	6.62	6.54	6.47
8	5.32	4.46	4.07	3.84	3.69	3.58	3.50	3.44	3.39	3.35	3.31	3.28
	11.26	8.65	7.59	7.01	6.63	6.37	6.18	6.03	5.91	5.81	5.73	5.67
9	5.12	4.26	3.86	3.63	3.48	3.37	3.29	3.23	3.18	3.14	3.10	3.07
	10.56	8.02	6.99	6.42	6.06	5.80	5.61	5.47	5.35	5.26	5.18	5.11
10	4.96	4.10	3.71	3.48	3.33	3.22	3.14	3.07	3.02	2.98	2.94	2.91
	10.04	7.56	6.55	5.99	5.64	5.39	5.20	5.06	4.94	4.85	4.77	4.71
11	4.84	3.98	3.59	3.36	3.20	3.09	3.01	2.95	2.90	2.85	2.82	2.79
	9.65	7.21	6.22	5.67	5.32	5.07	4.89	4.74	4.63	4.54	4.46	4.40
12	4.75	3.89	3.49	3.26	3.11	3.00	2.91	2.85	2.80	2.75	2.72	2.69
	9.33	6.93	5.95	5.41	5.06	4.82	4.64	4.50	4.39	4.30	4.22	4.16
13	4.67	3.81	3.41	3.18	3.03	2.92	2.83	2.77	2.71	2.67	2.63	2.60
	9.07	6.70	5.74	5.21	4.86	4.62	4.44	4.30	4.19	4.10	4.02	3.96
14	4.60	3.74	3.34	3.11	2.96	2.85	2.76	2.70	2.65	2.60	2.57	2.53
	8.86	6.51	5.56	5.04	4.69	4.46	4.28	4.14	4.03	3.94	3.86	3.80
15	4.54	3.68	3.29	3.06	2.90	2.79	2.71	2.64	2.59	2.54	2.51	2.48
	8.68	6.36	5.42	4.89	4.56	4.32	4.14	4.00	3.89	3.80	3.73	3.67
16	4.49	3.63	3.24	3.01	2.85	2.74	2.66	2.59	2.54	2.49	2.46	2.42
	8.53	6.23	5.29	4.77	4.44	4.20	4.03	3.89	3.78	3.69	3.62	3.55
17	4.45	3.59	3.20	2.96	2.81	2.70	2.61	2.55	2.49	2.45	2.41	2.38
	8.40	6.11	5.18	4.67	4.34	4.10	3.93	3.79	3.68	3.59	3.52	3.46

（续）

ν_2	ν_1											
	1	2	3	4	5	6	7	8	9	10	11	12
18	4.41	3.55	3.16	2.93	2.77	2.66	2.58	2.51	2.46	2.41	2.37	2.34
	8.29	6.01	5.09	4.58	4.25	4.01	3.84	3.71	3.60	3.51	3.43	3.37
19	4.38	3.52	3.13	2.90	2.74	2.63	2.54	2.48	2.42	2.38	2.34	2.31
	8.18	5.93	5.01	4.50	4.17	3.94	3.77	3.63	3.52	3.43	3.36	3.30
20	4.35	3.49	3.10	2.87	2.71	2.60	2.51	2.45	2.39	2.35	2.31	2.28
	8.10	5.85	4.94	4.43	4.10	3.87	3.70	3.56	3.46	3.37	3.29	3.23
21	4.32	3.47	3.07	2.84	2.68	2.57	2.49	2.42	2.37	2.32	2.28	2.25
	8.02	5.78	4.87	4.37	4.04	3.81	3.64	3.51	3.40	3.31	3.24	3.17
22	4.30	3.44	3.05	2.82	2.66	2.55	2.46	2.40	2.34	2.30	2.26	2.23
	7.95	5.72	4.82	4.31	3.99	3.76	3.59	3.45	3.35	3.26	3.18	3.12
23	4.28	3.42	3.03	2.80	2.64	2.53	2.44	2.37	2.32	2.27	2.24	2.20
	7.88	5.66	4.76	4.26	3.94	3.71	3.54	3.41	3.30	3.21	3.14	3.07
24	4.26	3.40	3.01	2.78	2.62	2.51	2.42	2.36	2.30	2.25	2.22	2.18
	7.82	5.61	4.72	4.22	3.90	3.67	3.50	3.36	3.26	3.17	3.09	3.03
25	4.24	3.39	2.99	2.76	2.60	2.49	2.40	2.34	2.28	2.24	2.20	2.16
	7.77	5.57	4.68	4.18	3.85	3.63	3.46	3.32	3.22	3.13	3.06	2.99
26	4.23	3.37	2.98	2.74	2.59	2.47	2.39	2.32	2.27	2.22	2.18	2.15
	7.72	5.53	4.64	4.14	3.82	3.59	3.42	3.29	3.18	3.09	3.02	2.96
27	4.21	3.35	2.96	2.73	2.57	2.46	2.37	2.31	2.25	2.20	2.17	2.13
	7.68	5.49	4.60	4.11	3.78	3.56	3.39	3.26	3.15	3.06	2.99	2.93
28	4.20	3.34	2.95	2.71	2.56	2.45	2.36	2.29	2.24	2.19	2.15	2.12
	7.64	5.45	4.57	4.07	3.75	3.53	3.36	3.23	3.12	3.03	2.96	2.90
29	4.18	3.33	2.93	2.70	2.55	2.43	2.35	2.28	2.22	2.18	2.14	2.10
	7.60	5.42	4.54	4.04	3.73	3.50	3.33	3.20	3.09	3.00	2.93	2.87
30	4.17	3.32	2.92	2.69	2.53	2.42	2.33	2.27	2.21	2.16	2.13	2.09
	7.56	5.39	4.51	4.02	3.70	3.47	3.30	3.17	3.07	2.98	2.91	2.84
32	4.15	3.29	2.90	2.67	2.51	2.40	2.31	2.24	2.19	2.14	2.10	2.07
	7.50	5.34	4.46	3.97	3.65	3.43	3.26	3.13	3.02	2.93	2.86	2.80
34	4.13	3.28	2.88	2.65	2.49	2.38	2.29	2.23	2.17	2.12	2.08	2.05
	7.44	5.29	4.42	3.93	3.61	3.39	3.22	3.09	2.98	2.89	2.82	2.76
36	4.11	3.26	2.87	2.63	2.48	2.36	2.28	2.21	2.15	2.11	2.07	2.03
	7.40	5.25	4.38	3.89	3.57	3.35	3.18	3.05	2.95	2.86	2.79	2.72
38	4.10	3.24	2.85	2.62	2.46	2.35	2.26	2.19	2.14	2.09	2.05	2.02
	7.35	5.21	4.34	3.86	3.54	3.32	3.15	3.02	2.92	2.83	2.75	2.69
40	4.08	3.23	2.84	2.61	2.45	2.34	2.25	2.18	2.12	2.08	2.04	2.00
	7.31	5.18	4.31	3.83	3.51	3.29	3.12	2.99	2.89	2.80	2.73	2.66

（续）

ν_2	ν_1											
	1	2	3	4	5	6	7	8	9	10	11	12
42	4.07	3.22	2.83	2.59	2.44	2.32	2.24	2.17	2.11	2.06	2.03	1.99
	7.28	5.15	4.29	3.80	3.49	3.27	3.10	2.97	2.86	2.78	2.70	2.64
44	4.06	3.21	2.82	2.58	2.43	2.31	2.23	2.16	2.10	2.05	2.01	1.98
	7.25	5.12	4.26	3.78	3.47	3.24	3.08	2.95	2.84	2.75	2.68	2.62
46	4.05	3.20	2.81	2.57	2.42	2.30	2.22	2.15	2.09	2.04	2.00	1.97
	7.22	5.10	4.24	3.76	3.44	3.22	3.06	2.93	2.82	2.73	2.66	2.60
48	4.04	3.19	2.80	2.57	2.41	2.29	2.21	2.14	2.08	2.03	1.99	1.96
	7.19	5.08	4.22	3.74	3.43	3.20	3.04	2.91	2.80	2.71	2.64	2.58
50	4.03	3.18	2.79	2.56	2.40	2.29	2.20	2.13	2.07	2.03	1.99	1.95
	7.17	5.06	4.20	3.72	3.41	3.19	3.02	2.89	2.78	2.70	2.63	2.56
55	4.02	3.16	2.77	2.54	2.38	2.27	2.18	2.11	2.06	2.01	1.97	1.93
	7.12	5.01	4.16	3.68	3.37	3.15	2.98	2.85	2.75	2.66	2.59	2.53
60	4.00	3.15	2.76	2.53	2.37	2.25	2.17	2.10	2.04	1.99	1.95	1.92
	7.08	4.98	4.13	3.65	3.34	3.12	2.95	2.82	2.72	2.63	2.56	2.50
65	3.99	3.14	2.75	2.51	2.36	2.24	2.15	2.08	2.03	1.98	1.94	1.90
	7.04	4.95	4.10	3.62	3.31	3.09	2.93	2.80	2.69	2.61	2.53	2.47
70	3.98	3.13	2.74	2.50	2.35	2.23	2.14	2.07	2.02	1.97	1.93	1.89
	7.01	4.92	4.07	3.60	3.29	3.07	2.91	2.78	2.67	2.59	2.51	2.45
80	3.96	3.11	2.72	2.49	2.33	2.21	2.13	2.06	2.00	1.95	1.91	1.88
	6.96	4.88	4.04	3.56	3.26	3.04	2.87	2.74	2.64	2.55	2.48	2.42
100	3.94	3.09	2.70	2.46	2.31	2.19	2.10	2.03	1.97	1.93	1.89	1.85
	6.90	4.82	3.98	3.51	3.21	2.99	2.82	2.69	2.59	2.50	2.43	2.37
125	3.92	3.07	2.68	2.44	2.29	2.17	2.08	2.01	1.96	1.91	1.87	1.83
	6.84	4.78	3.94	3.47	3.17	2.95	2.79	2.66	2.55	2.47	2.39	2.33
150	3.90	3.06	2.66	2.43	2.27	2.16	2.07	2.00	1.94	1.89	1.85	1.82
	6.81	4.75	3.91	3.45	3.14	2.92	2.76	2.63	2.53	2.44	2.37	2.31
200	3.89	3.04	2.65	2.42	2.26	2.14	2.06	1.98	1.93	1.88	1.84	1.80
	6.76	4.71	3.88	3.41	3.11	2.89	2.73	2.60	2.50	2.41	2.34	2.27
400	3.86	3.02	2.63	2.39	2.24	2.12	2.03	1.96	1.90	1.85	1.81	1.78
	6.70	4.66	3.83	3.37	3.06	2.85	2.68	2.56	2.45	2.37	2.29	2.23
1 000	3.85	3.00	2.61	2.38	2.22	2.11	2.02	1.95	1.89	1.84	1.80	1.76
	6.66	4.63	3.80	3.34	3.04	2.82	2.66	2.53	2.43	2.34	2.27	2.20
∞	3.84	3.00	2.61	2.37	2.22	2.10	2.01	1.94	1.88	1.83	1.79	1.76
	6.64	4.61	3.79	3.33	3.02	2.81	2.65	2.52	2.41	2.33	2.25	2.19

（续）

ν_2	ν_1											
	14	16	20	24	30	40	50	75	100	200	500	2 000
1	245.36	246.46	248.01	249.05	250.10	251.14	251.77	252.62	253.04	253.68	254.06	254.19
	6 142.67	6 170.10	6 208.73	6 234.63	6 260.65	6 286.78	6 302.52	6 323.56	6 334.11	6 349.97	6 359.50	6 362.68
2	19.42	19.43	19.45	19.45	19.46	19.47	19.48	19.48	19.49	19.49	19.49	19.49
	99.43	99.44	99.45	99.46	99.47	99.47	99.48	99.49	99.49	99.49	99.50	99.50
3	8.71	8.69	8.66	8.64	8.62	8.59	8.58	8.56	8.55	8.54	8.53	8.53
	26.92	26.83	26.69	26.60	26.50	26.41	26.35	26.28	26.24	26.18	26.15	26.14
4	5.87	5.84	5.80	5.77	5.75	5.72	5.70	5.68	5.66	5.65	5.64	5.63
	14.25	14.15	14.02	13.93	13.84	13.75	13.69	13.61	13.58	13.52	13.49	13.47
5	4.64	4.60	4.56	4.53	4.50	4.46	4.44	4.42	4.41	4.39	4.37	4.37
	9.77	9.68	9.55	9.47	9.38	9.29	9.24	9.17	9.13	9.08	9.04	9.03
6	3.96	3.92	3.87	3.84	3.81	3.77	3.75	3.73	3.71	3.69	3.68	3.67
	7.60	7.52	7.40	7.31	7.23	7.14	7.09	7.02	6.99	6.93	6.90	6.89
7	3.53	3.49	3.44	3.41	3.38	3.34	3.32	3.29	3.27	3.25	3.24	3.23
	6.36	6.28	6.16	6.07	5.99	5.91	5.86	5.79	5.75	5.70	5.67	5.66
8	3.24	3.20	3.15	3.12	3.08	3.04	3.02	2.99	2.97	2.95	2.94	2.93
	5.56	5.48	5.36	5.28	5.20	5.12	5.07	5.00	4.96	4.91	4.88	4.87
9	3.03	2.99	2.94	2.90	2.86	2.83	2.80	2.77	2.76	2.73	2.72	2.71
	5.01	4.92	4.81	4.73	4.65	4.57	4.52	4.45	4.41	4.36	4.33	4.32
10	2.86	2.83	2.77	2.74	2.70	2.66	2.64	2.60	2.59	2.56	2.55	2.54
	4.60	4.52	4.41	4.33	4.25	4.17	4.12	4.05	4.01	3.96	3.93	3.92
11	2.74	2.70	2.65	2.61	2.57	2.53	2.51	2.47	2.46	2.43	2.42	2.41
	4.29	4.21	4.10	4.02	3.94	3.86	3.81	3.74	3.71	3.66	3.62	3.61
12	2.64	2.60	2.54	2.51	2.47	2.43	2.40	2.37	2.35	2.32	2.31	2.30
	4.05	3.97	3.86	3.78	3.70	3.62	3.57	3.50	3.47	3.41	3.38	3.37
13	2.55	2.51	2.46	2.42	2.38	2.34	2.31	2.28	2.26	2.23	2.22	2.21
	3.86	3.78	3.66	3.59	3.51	3.43	3.38	3.31	3.27	3.22	3.19	3.18
14	2.48	2.44	2.39	2.35	2.31	2.27	2.24	2.21	2.19	2.16	2.14	2.14
	3.70	3.62	3.51	3.43	3.35	3.27	3.22	3.15	3.11	3.06	3.03	3.02
15	2.42	2.38	2.33	2.29	2.25	2.20	2.18	2.14	2.12	2.10	2.08	2.07
	3.56	3.49	3.37	3.29	3.21	3.13	3.08	3.01	2.98	2.92	2.89	2.88
16	2.37	2.33	2.28	2.24	2.19	2.15	2.12	2.09	2.07	2.04	2.02	2.02
	3.45	3.37	3.26	3.18	3.10	3.02	2.97	2.90	2.86	2.81	2.78	2.76
17	2.33	2.29	2.23	2.19	2.15	2.10	2.08	2.04	2.02	1.99	1.97	1.97
	3.35	3.27	3.16	3.08	3.00	2.92	2.87	2.80	2.76	2.71	2.68	2.66

ν_2	ν_1											
	14	16	20	24	30	40	50	75	100	200	500	2 000
18	2.29	2.25	2.19	2.15	2.11	2.06	2.04	2.00	1.98	1.95	1.93	1.92
	3.27	3.19	3.08	3.00	2.92	2.84	2.78	2.71	2.68	2.62	2.59	2.58
19	2.26	2.21	2.16	2.11	2.07	2.03	2.00	1.96	1.94	1.91	1.89	1.88
	3.19	3.12	3.00	2.92	2.84	2.76	2.71	2.64	2.60	2.55	2.51	2.50
20	2.22	2.18	2.12	2.08	2.04	1.99	1.97	1.93	1.91	1.88	1.86	1.85
	3.13	3.05	2.94	2.86	2.78	2.69	2.64	2.57	2.54	2.48	2.44	2.43
21	2.20	2.16	2.10	2.05	2.01	1.96	1.94	1.90	1.88	1.84	1.83	1.82
	3.07	2.99	2.88	2.80	2.72	2.64	2.58	2.51	2.48	2.42	2.38	2.37
22	2.17	2.13	2.07	2.03	1.98	1.94	1.91	1.87	1.85	1.82	1.80	1.79
	3.02	2.94	2.83	2.75	2.67	2.58	2.53	2.46	2.42	2.36	2.33	2.32
23	2.15	2.11	2.05	2.01	1.96	1.91	1.88	1.84	1.82	1.79	1.77	1.76
	2.97	2.89	2.78	2.70	2.62	2.54	2.48	2.41	2.37	2.32	2.28	2.27
24	2.13	2.09	2.03	1.98	1.94	1.89	1.86	1.82	1.80	1.77	1.75	1.74
	2.93	2.85	2.74	2.66	2.58	2.49	2.44	2.37	2.33	2.27	2.24	2.22
25	2.11	2.07	2.01	1.96	1.92	1.87	1.84	1.80	1.78	1.75	1.73	1.72
	2.89	2.81	2.70	2.62	2.54	2.45	2.40	2.33	2.29	2.23	2.19	2.18
26	2.09	2.05	1.99	1.95	1.90	1.85	1.82	1.78	1.76	1.73	1.71	1.70
	2.86	2.78	2.66	2.58	2.50	2.42	2.36	2.29	2.25	2.19	2.16	2.14
27	2.08	2.04	1.97	1.93	1.88	1.84	1.81	1.76	1.74	1.71	1.69	1.68
	2.82	2.75	2.63	2.55	2.47	2.38	2.33	2.26	2.22	2.16	2.12	2.11
28	2.06	2.02	1.96	1.91	1.87	1.82	1.79	1.75	1.73	1.69	1.67	1.66
	2.79	2.72	2.60	2.52	2.44	2.35	2.30	2.23	2.19	2.13	2.09	2.08
29	2.05	2.01	1.94	1.90	1.85	1.81	1.77	1.73	1.71	1.67	1.65	1.65
	2.77	2.69	2.57	2.49	2.41	2.33	2.27	2.20	2.16	2.10	2.06	2.05
30	2.04	1.99	1.93	1.89	1.84	1.79	1.76	1.72	1.70	1.66	1.64	1.63
	2.74	2.66	2.55	2.47	2.39	2.30	2.25	2.17	2.13	2.07	2.03	2.02
32	2.01	1.97	1.91	1.86	1.82	1.77	1.74	1.69	1.67	1.63	1.61	1.60
	2.70	2.62	2.50	2.42	2.34	2.25	2.20	2.12	2.08	2.02	1.98	1.97
34	1.99	1.95	1.89	1.84	1.80	1.75	1.71	1.67	1.65	1.61	1.59	1.58
	2.66	2.58	2.46	2.38	2.30	2.21	2.16	2.08	2.04	1.98	1.94	1.92
36	1.98	1.93	1.87	1.82	1.78	1.73	1.69	1.65	1.62	1.59	1.56	1.56
	2.62	2.54	2.43	2.35	2.26	2.18	2.12	2.04	2.00	1.94	1.90	1.89
38	1.96	1.92	1.85	1.81	1.76	1.71	1.68	1.63	1.61	1.57	1.54	1.54
	2.59	2.51	2.40	2.32	2.23	2.14	2.09	2.01	1.97	1.90	1.86	1.85
40	1.95	1.90	1.84	1.79	1.74	1.69	1.66	1.61	1.59	1.55	1.53	1.52
	2.56	2.48	2.37	2.29	2.20	2.11	2.06	1.98	1.94	1.87	1.83	1.82

（续）

ν_2	ν_1											
	14	16	20	24	30	40	50	75	100	200	500	2 000
42	1.94	1.89	1.83	1.78	1.73	1.68	1.65	1.60	1.57	1.53	1.51	1.50
	2.54	2.46	2.34	2.26	2.18	2.09	2.03	1.95	1.91	1.85	1.80	1.79
44	1.92	1.88	1.81	1.77	1.72	1.67	1.63	1.59	1.56	1.52	1.49	1.49
	2.52	2.44	2.32	2.24	2.15	2.07	2.01	1.93	1.89	1.82	1.78	1.76
46	1.91	1.87	1.80	1.76	1.71	1.65	1.62	1.57	1.55	1.51	1.48	1.47
	2.50	2.42	2.30	2.22	2.13	2.04	1.99	1.91	1.86	1.80	1.76	1.74
48	1.90	1.86	1.79	1.75	1.70	1.64	1.61	1.56	1.54	1.49	1.47	1.46
	2.48	2.40	2.28	2.20	2.12	2.02	1.97	1.89	1.84	1.78	1.73	1.72
50	1.89	1.85	1.78	1.74	1.69	1.63	1.60	1.55	1.52	1.48	1.46	1.45
	2.46	2.38	2.27	2.18	2.10	2.01	1.95	1.87	1.82	1.76	1.71	1.70
55	1.88	1.83	1.76	1.72	1.67	1.61	1.58	1.53	1.50	1.46	1.43	1.42
	2.42	2.34	2.23	2.15	2.06	1.97	1.91	1.83	1.78	1.71	1.67	1.65
60	1.86	1.82	1.75	1.70	1.65	1.59	1.56	1.51	1.48	1.44	1.41	1.40
	2.39	2.31	2.20	2.12	2.03	1.94	1.88	1.79	1.75	1.68	1.63	1.62
65	1.85	1.80	1.73	1.69	1.63	1.58	1.54	1.49	1.46	1.42	1.39	1.38
	2.37	2.29	2.17	2.09	2.00	1.91	1.85	1.77	1.72	1.65	1.60	1.59
70	1.84	1.79	1.72	1.67	1.62	1.57	1.53	1.48	1.45	1.40	1.37	1.36
	2.35	2.27	2.15	2.07	1.98	1.89	1.83	1.74	1.70	1.62	1.57	1.56
80	1.82	1.77	1.70	1.65	1.60	1.54	1.51	1.45	1.43	1.38	1.35	1.34
	2.31	2.23	2.12	2.03	1.94	1.85	1.79	1.70	1.65	1.58	1.53	1.51
100	1.79	1.75	1.68	1.63	1.57	1.52	1.48	1.42	1.39	1.34	1.31	1.30
	2.27	2.19	2.07	1.98	1.89	1.80	1.74	1.65	1.60	1.52	1.47	1.45
125	1.77	1.73	1.66	1.60	1.55	1.49	1.45	1.40	1.36	1.31	1.27	1.26
	2.23	2.15	2.03	1.94	1.85	1.76	1.69	1.60	1.55	1.47	1.41	1.39
150	1.76	1.71	1.64	1.59	1.54	1.48	1.44	1.38	1.34	1.29	1.25	1.24
	2.20	2.12	2.00	1.92	1.83	1.73	1.66	1.57	1.52	1.43	1.38	1.35
200	1.74	1.69	1.62	1.57	1.52	1.46	1.41	1.35	1.32	1.26	1.22	1.21
	2.17	2.09	1.97	1.89	1.79	1.69	1.63	1.53	1.48	1.39	1.33	1.30
400	1.72	1.67	1.60	1.54	1.49	1.42	1.38	1.32	1.28	1.22	1.17	1.15
	2.13	2.05	1.92	1.84	1.75	1.64	1.58	1.48	1.42	1.32	1.25	1.22
1 000	1.70	1.65	1.58	1.53	1.47	1.41	1.36	1.30	1.26	1.19	1.13	1.11
	2.10	2.02	1.90	1.81	1.72	1.61	1.54	1.44	1.38	1.28	1.19	1.16
∞	1.70	1.65	1.57	1.52	1.46	1.40	1.35	1.29	1.25	1.18	1.12	1.09
	2.09	2.01	1.88	1.80	1.70	1.60	1.53	1.43	1.37	1.26	1.17	1.13

附表 5　χ²值表（右尾）

$$P(\chi^2 > \chi^2_{\nu,\alpha}) = \alpha$$

自由度 (ν)	概率值（P）												
	0.995	0.990	0.975	0.950	0.900	0.750	0.500	0.250	0.100	0.050	0.025	0.010	0.005
1	0.00	0.00	0.00	0.00	0.02	0.10	0.45	1.32	2.71	3.84	5.02	6.63	7.88
2	0.01	0.02	0.05	0.10	0.21	0.58	1.39	2.77	4.61	5.99	7.38	9.21	10.60
3	0.07	0.11	0.22	0.35	0.58	1.21	2.37	4.11	6.25	7.81	9.35	11.34	12.84
4	0.21	0.30	0.48	0.71	1.06	1.92	3.36	5.39	7.78	9.49	11.14	13.28	14.86
5	0.41	0.55	0.83	1.15	1.61	2.67	4.35	6.63	9.24	11.07	12.83	15.09	16.75
6	0.68	0.87	1.24	1.64	2.20	3.45	5.35	7.84	10.64	12.59	14.45	16.81	18.55
7	0.99	1.24	1.69	2.17	2.83	4.25	6.35	9.04	12.02	14.07	16.01	18.48	20.28
8	1.34	1.65	2.18	2.73	3.49	5.07	7.34	10.22	13.36	15.51	17.53	20.09	21.95
9	1.73	2.09	2.70	3.33	4.17	5.90	8.34	11.39	14.68	16.92	19.02	21.67	23.59
10	2.16	2.56	3.25	3.94	4.87	6.74	9.34	12.55	15.99	18.31	20.48	23.21	25.19
11	2.60	3.05	3.82	4.57	5.58	7.58	10.34	13.70	17.28	19.68	21.92	24.72	26.76
12	3.07	3.57	4.40	5.23	6.30	8.44	11.34	14.85	18.55	21.03	23.34	26.22	28.30
13	3.57	4.11	5.01	5.89	7.04	9.30	12.34	15.98	19.81	22.36	24.74	27.69	29.82
14	4.07	4.66	5.63	6.57	7.79	10.17	13.34	17.12	21.06	23.68	26.12	29.14	31.32
15	4.60	5.23	6.26	7.26	8.55	11.04	14.34	18.25	22.31	25.00	27.49	30.58	32.80
16	5.14	5.81	6.91	7.96	9.31	11.91	15.34	19.37	23.54	26.30	28.85	32.00	34.27
17	5.70	6.41	7.56	8.67	10.09	12.79	16.34	20.49	24.77	27.59	30.19	33.41	35.72
18	6.26	7.01	8.23	9.39	10.86	13.68	17.34	21.60	25.99	28.87	31.53	34.81	37.16
19	6.84	7.63	8.91	10.12	11.65	14.56	18.34	22.72	27.20	30.14	32.85	36.19	38.58
20	7.43	8.26	9.59	10.85	12.44	15.45	19.34	23.83	28.41	31.41	34.17	37.57	40.00
21	8.03	8.90	10.28	11.59	13.24	16.34	20.34	24.93	29.62	32.67	35.48	38.93	41.40
22	8.64	9.54	10.98	12.34	14.04	17.24	21.34	26.04	30.81	33.92	36.78	40.29	42.80
23	9.26	10.20	11.69	13.09	14.85	18.14	22.34	27.14	32.01	35.17	38.08	41.64	44.18
24	9.89	10.86	12.40	13.85	15.66	19.04	23.34	28.24	33.20	36.42	39.36	42.98	45.56
25	10.52	11.52	13.12	14.61	16.47	19.94	24.34	29.34	34.38	37.65	40.65	44.31	46.93
26	11.16	12.20	13.84	15.38	17.29	20.84	25.34	30.43	35.56	38.89	41.92	45.64	48.29
27	11.81	12.88	14.57	16.15	18.11	21.75	26.34	31.53	36.74	40.11	43.19	46.96	49.64
28	12.46	13.56	15.31	16.93	18.94	22.66	27.34	32.62	37.92	41.34	44.46	48.28	50.99
29	13.12	14.26	16.05	17.71	19.77	23.57	28.34	33.71	39.09	42.56	45.72	49.59	52.34
30	13.79	14.95	16.79	18.49	20.60	24.48	29.34	34.80	40.26	43.77	46.98	50.89	53.67
40	20.71	22.16	24.43	26.51	29.05	33.66	39.34	45.62	51.81	55.76	59.34	63.69	66.77
50	27.99	29.71	32.36	34.76	37.69	42.94	49.33	56.33	63.17	67.50	71.42	76.15	79.49
60	35.53	37.48	40.48	43.19	46.46	52.29	59.33	66.98	74.40	79.08	83.30	88.38	91.95
70	43.28	45.44	48.76	51.74	55.33	61.70	69.33	77.58	85.53	90.53	95.02	100.43	104.21
80	51.17	53.54	57.15	60.39	64.28	71.14	79.33	88.13	96.58	101.88	106.63	112.33	116.32
90	59.20	61.75	65.65	69.13	73.29	80.62	89.33	98.65	107.57	113.15	118.14	124.12	128.30
100	67.33	70.06	74.22	77.93	82.36	90.13	99.33	109.14	118.50	124.34	129.56	135.81	140.17

附表 6　Duncan's 新复极差测验 5%（上）和
1%（下）SSR 值表（两尾）

自由度 (ν)	概率 (P)	测验极差的平均数个数（p）													
		2	3	4	5	6	7	8	9	10	12	14	16	18	20
1	0.05	18.00	18.00	18.00	18.00	18.00	18.00	18.00	18.00	18.00	18.00	18.00	18.00	18.00	18.00
	0.01	90.00	90.00	90.00	90.00	90.00	90.00	90.00	90.00	90.00	90.00	90.00	90.00	90.00	90.00
2	0.05	6.09	6.09	6.09	6.09	6.09	6.09	6.09	6.09	6.09	6.09	6.09	6.09	6.09	6.09
	0.01	14.00	14.00	14.00	14.00	14.00	14.00	14.00	14.00	14.00	14.00	14.00	14.00	14.00	14.00
3	0.05	4.50	4.50	4.50	4.50	4.50	4.50	4.50	4.50	4.50	4.50	4.50	4.50	4.50	4.50
	0.01	8.26	8.50	8.60	8.70	8.80	8.90	8.90	9.00	9.00	9.00	9.10	9.20	9.30	9.30
4	0.05	3.93	4.01	4.02	4.02	4.02	4.02	4.02	4.02	4.02	4.02	4.02	4.02	4.02	4.02
	0.01	6.51	6.80	6.90	7.00	7.10	7.10	7.20	7.20	7.30	7.30	7.40	7.40	7.50	7.50
5	0.05	3.64	3.74	3.79	3.83	3.83	3.83	3.83	3.83	3.83	3.83	3.83	3.83	3.83	3.83
	0.01	5.70	5.96	6.11	6.18	6.26	6.33	6.40	6.44	6.50	6.60	6.60	6.70	6.70	6.80
6	0.05	3.46	3.58	3.64	3.68	3.68	3.68	3.68	3.68	3.68	3.68	3.68	3.68	3.68	3.68
	0.01	5.24	5.51	5.65	5.73	5.81	5.88	5.95	6.00	6.00	6.10	6.20	6.20	6.30	6.30
7	0.05	3.35	3.47	3.54	3.58	3.60	3.61	3.61	3.61	3.61	3.61	3.61	3.61	3.61	3.61
	0.01	4.95	5.22	5.37	5.45	5.53	5.61	5.69	5.73	5.80	5.80	5.90	5.90	6.00	6.00
8	0.05	3.26	3.39	3.47	3.52	3.55	3.56	3.56	3.56	3.56	3.56	3.56	3.56	3.56	3.56
	0.01	4.74	5.00	5.14	5.23	5.32	5.40	5.47	5.51	5.50	5.60	5.70	5.70	5.80	5.80
9	0.05	3.20	3.34	3.41	3.47	3.50	3.52	3.52	3.52	3.52	3.52	3.52	3.52	3.52	3.52
	0.01	4.60	4.86	4.99	5.08	5.17	5.25	5.32	5.36	5.40	5.50	5.50	5.60	5.70	5.70
10	0.05	3.15	3.30	3.37	3.43	3.46	3.47	3.47	3.47	3.47	3.47	3.47	3.47	3.47	3.48
	0.01	4.48	4.73	4.88	4.96	5.06	5.13	5.20	5.24	5.28	5.36	5.42	5.48	5.54	5.55
11	0.05	3.11	3.27	3.35	3.39	3.43	3.44	3.45	3.46	4.46	3.46	3.46	3.46	3.47	3.48
	0.01	4.39	4.63	4.77	4.86	4.94	5.01	5.06	5.12	5.24	5.24	5.34	5.38	5.38	5.39
12	0.05	3.08	3.23	3.33	3.36	3.40	3.42	3.44	3.44	3.46	3.46	3.46	3.46	3.47	3.48
	0.01	4.32	4.55	4.68	4.76	4.84	4.92	4.96	5.02	5.07	5.13	5.17	5.22	5.24	5.26
13	0.05	3.06	3.21	3.30	3.35	3.38	3.41	3.42	3.44	3.45	3.45	3.46	3.46	3.47	3.47
	0.01	4.26	4.48	4.62	4.69	4.74	4.84	4.88	4.96	4.98	5.04	5.08	5.13	5.14	5.15
14	0.05	3.03	3.18	3.27	3.33	3.37	3.39	3.41	3.42	3.44	3.45	3.46	3.46	3.47	3.47
	0.01	4.21	4.42	4.55	4.63	4.70	4.78	4.83	4.87	4.91	4.96	5.08	5.04	5.06	5.07
15	0.05	3.01	3.16	3.25	3.31	3.36	3.38	3.40	3.42	3.43	3.44	3.45	3.46	3.47	3.47
	0.01	4.17	4.37	4.50	4.58	4.64	4.72	4.77	4.81	4.84	4.90	4.94	4.97	4.99	5.00
16	0.05	3.00	3.15	3.23	3.30	3.34	3.37	3.39	3.41	3.43	3.44	3.45	3.46	3.47	3.47
	0.01	4.13	4.34	4.45	4.54	4.60	4.67	4.72	4.76	4.79	4.84	4.88	4.91	4.93	4.94

（续）

自由度（ν）	概率（P）	测验极差的平均数个数（p）													
		2	3	4	5	6	7	8	9	10	12	14	16	18	20
17	0.05	2.98	3.13	3.22	3.28	3.33	3.36	3.38	3.40	3.42	3.44	3.45	3.46	3.47	3.47
	0.01	4.10	4.30	4.41	4.50	4.56	4.63	4.68	4.72	4.75	4.80	4.83	4.86	4.88	4.89
18	0.05	2.97	3.12	3.21	3.27	3.32	3.35	3.37	3.39	3.41	3.43	3.45	3.46	3.47	3.47
	0.01	4.07	4.27	4.38	4.46	4.53	4.59	4.64	4.68	4.71	4.76	4.79	4.82	4.84	4.85
19	0.05	2.96	3.11	3.19	3.26	3.31	3.35	3.37	3.39	3.41	3.43	3.44	3.46	3.47	3.47
	0.01	4.05	4.24	4.35	4.43	4.50	4.56	4.61	4.64	4.67	4.72	4.76	4.79	4.81	4.82
20	0.05	2.95	3.10	3.18	3.25	3.30	3.34	3.36	3.38	3.40	7.43	3.44	3.46	3.46	3.47
	0.01	4.02	4.22	4.33	4.40	4.47	4.53	4.58	4.61	4.65	4.69	4.73	4.76	4.78	4.79
22	0.05	2.93	3.08	3.17	3.24	3.29	3.32	3.35	3.37	3.39	3.42	3.44	3.45	3.46	3.47
	0.01	3.99	4.17	4.28	4.36	4.42	4.48	4.53	4.57	4.60	4.65	4.68	4.71	4.74	4.75
24	0.05	2.92	3.07	3.15	3.22	3.28	3.31	3.34	3.37	3.38	3.41	3.43	3.45	3.46	3.47
	0.01	3.96	4.14	4.24	4.33	4.39	4.44	4.49	4.53	4.57	4.62	4.62	4.67	4.70	4.72
26	0.05	2.91	3.06	3.14	3.21	3.27	3.30	3.34	3.36	3.38	3.41	3.43	3.45	3.46	3.47
	0.01	3.93	4.11	4.21	4.30	4.36	4.41	4.46	4.50	4.53	4.58	4.60	4.65	4.67	4.69
28	0.05	2.90	3.04	3.13	3.20	3.26	3.30	3.33	3.35	3.37	3.40	3.43	3.45	3.46	3.47
	0.01	3.91	4.08	4.18	4.28	4.34	4.39	4.43	4.47	4.51	4.56	4.58	4.62	4.65	4.67
30	0.05	2.89	3.04	3.12	3.20	3.25	3.29	3.32	3.35	3.37	3.40	3.42	3.44	3.46	3.47
	0.01	3.89	4.06	4.16	4.22	4.32	4.36	4.41	4.45	4.48	4.54	4.51	4.61	4.63	4.65
40	0.05	2.86	3.01	3.10	3.17	3.22	3.27	3.30	3.33	3.35	3.39	3.40	3.44	3.46	3.47
	0.01	3.82	3.99	4.10	4.17	4.24	4.30	4.34	4.37	4.41	4.46	4.44	4.54	4.57	4.59
60	0.05	2.83	2.98	3.08	3.14	3.20	3.24	3.28	3.31	3.33	3.37	3.40	3.43	3.45	3.47
	0.01	3.76	3.92	4.03	4.12	4.17	4.23	4.27	4.31	4.34	4.39	4.44	4.47	4.50	4.53
100	0.05	2.80	2.95	3.05	3.12	3.18	3.22	3.26	3.29	3.32	3.36	3.40	3.42	3.45	3.47
	0.01	3.71	3.96	3.98	4.06	4.11	4.17	4.21	4.25	4.29	4.35	4.38	4.42	4.45	4.48
∞	0.05	2.77	2.92	3.02	3.09	3.15	3.19	3.23	3.26	3.29	3.34	3.38	3.41	3.44	3.47
	0.01	3.64	3.80	3.90	3.98	4.04	4.09	4.14	4.17	4.20	4.26	4.31	4.34	4.38	4.41

附表 7　二项式分布的 95%（上）和 99%（下）置信区间

观察次数 (f)	样本容量 (n) 10		15		20		30		50		100		观察分数 (f/n)	样本容量 (n) 250		1 000	
0	0	31	0	22	0	17	0	12	0	7	0	4	0.00	0	1	0	0
	0	41	0	30	0	23	0	16	0	10	0	5		0	2	0	1
1	0	45	0	32	0	25	0	17	0	11	0	5	0.01	0	4	0	2
	0	54	0	40	0	32	0	22	0	14	0	7		0	5	0	2
2	3	56	2	40	1	31	1	22	0	14	0	7	0.02	1	5	1	3
	1	65	1	49	1	39	0	28	0	17	0	9		1	6	1	3
3	7	65	4	48	3	38	2	27	1	17	1	8	0.03	1	6	2	4
	4	74	2	56	2	45	1	32	1	20	0	10		1	7	2	4
4	12	74	8	55	6	44	4	31	2	19	1	10	0.04	2	7	3	5
	8	81	5	63	4	51	3	36	1	23	1	12		2	9	3	6
5	19	81	12	62	9	49	6	35	3	22	2	11	0.05	3	9	4	7
	13	87	8	69	6	56	4	40	2	26	1	13		2	10	3	7
6	26	88	16	68	12	54	8	39	5	24	2	12	0.06	3	10	5	8
	19	92	12	74	8	61	6	44	3	29	2	14		3	11	4	8
7	35	93	21	73	15	59	10	43	6	27	3	14	0.07	4	11	6	9
	26	96	16	79	11	66	8	48	4	31	2	16		3	13	5	9
8	44	97	27	79	19	64	12	46	7	29	4	15	0.08	5	12	6	10
	35	99	21	84	15	70	10	52	6	33	3	17		4	14	6	10
9	55	100	32	84	23	68	15	50	9	31	4	16	0.09	6	13	7	11
	46	100	26	88	18	74	12	55	7	36	3	18		5	15	7	12
10	69	100	38	88	27	73	17	53	10	34	5	18	0.10	7	14	8	12
	59	100	31	92	22	78	14	58	8	38	4	19		6	16	8	13
11			45	92	32	77	20	56	12	36	5	19	0.11	7	16	9	13
			37	95	26	82	16	62	10	40	4	20		6	17	9	14
12			52	96	36	81	23	60	13	38	6	20	0.12	8	17	10	14
			44	98	30	85	18	65	11	43	5	21		7	18	9	15
13			60	98	41	85	25	63	15	41	7	21	0.13	9	18	11	15
			51	99	34	89	21	68	12	45	6	23		8	19	10	16
14			68	100	46	88	28	66	16	43	8	22	0.14	10	19	12	16
			60	100	39	92	24	71	14	47	6	24		9	20	11	17
15			78	100	51	91	31	69	18	44	9	24	0.15	10	20	13	17
			70	100	44	94	26	74	15	49	7	26		9	22	12	18
16					56	94	34	72	20	46	9	25	0.16	11	21	14	18
					49	96	29	76	17	51	8	27		10	23	13	19

观察次数 (f)	样本容量 (n) 10		15		20		30		50		100		观察分数 (f/n)	样本容量 (n) 250		1 000	
17					62	97	37	75	21	48	10	26	0.17	12	22	15	19
					55	98	32	79	18	53	9	29		11	24	14	20
18					69	99	40	77	23	50	11	27	0.18	13	23	16	21
					61	99	35	82	20	55	9	30		12	25	15	21
19					75	100	44	80	25	53	12	28	0.19	14	24	17	22
					68	100	38	84	21	57	10	31		13	26	16	22
20					83	100	47	83	27	55	13	29	0.20	15	26	18	23
					77	100	42	86	23	59	11	32		14	27	17	23
21							50	85	28	57	14	30	0.21	16	27	19	24
							45	88	24	61	12	33		15	28	18	24
22							54	88	30	59	14	31	0.22	17	28	19	25
							48	90	26	63	12	34		16	30	19	26
23							57	90	32	61	15	32	0.23	18	29	20	26
							52	92	28	65	13	35		17	31	20	27
24							61	92	34	63	16	33	0.24	19	30	21	27
							56	94	29	67	14	36		18	32	21	28
25							65	94	36	64	17	35	0.25	20	31	22	28
							60	96	31	69	15	38		18	33	22	29
26							69	96	37	66	18	36	0.26	20	32	23	29
							64	97	33	71	16	39		19	34	22	30
27							73	98	39	68	19	37	0.27	21	33	24	30
							68	99	35	72	16	40		20	35	23	31
28							78	99	41	70	19	38	0.28	22	34	25	31
							72	100	37	74	17	41		21	36	24	32
29							83	100	43	72	20	39	0.29	23	35	26	32
							78	100	39	76	18	42		22	37	25	33
30							88	100	45	73	21	40	0.30	24	36	27	33
							84	100	41	77	19	43		23	38	26	34
31									47	75	22	41	0.31	25	37	28	34
									43	79	20	44		24	39	27	35
32									50	77	23	42	0.32	26	38	29	35
									45	80	21	45		25	40	28	36
33									52	79	24	43	0.33	27	39	30	36
									47	82	21	46		26	41	29	37

（续）

观察次数 (f)	样本容量 (n)						观察分数 (f/n)	样本容量 (n)	
	10	15	20	30	50	100		250	1 000
34					54 80	25 44	0.34	28 40	31 37
					49 83	22 47		26 42	30 38
35					56 82	26 45	0.35	29 41	32 38
					51 85	23 48		27 43	31 39
36					57 84	27 46	0.36	30 42	33 39
					53 86	24 49		28 44	32 40
37					59 85	28 47	0.37	31 43	34 40
					55 88	25 50		29 45	33 41
38					62 87	28 48	0.38	32 44	35 41
					57 89	26 51		30 46	34 42
39					64 88	29 49	0.39	33 45	36 42
					60 90	27 52		31 47	35 43
40					66 90	30 50	0.40	34 46	37 43
					62 92	28 53		32 48	36 44
41					69 91	31 51	0.41	35 47	38 44
					64 93	29 54		33 50	37 45
42					71 93	32 52	0.42	36 48	39 45
					67 94	29 55		34 51	38 46
43					73 94	33 53	0.43	37 49	40 46
					69 96	30 56		35 52	39 47
44					76 95	34 54	0.44	38 50	41 47
					71 97	31 57		36 53	40 48
45					78 97	35 55	0.45	39 51	42 48
					74 98	32 58		37 54	41 49
46					81 98	36 56	0.46	40 52	43 49
					77 99	33 59		38 55	42 50
47					83 99	37 57	0.47	41 53	44 50
					80 99	34 60		39 55	43 51
48					86 100	38 58	0.48	42 54	45 51
					83 100	35 61		40 56	44 52
49					89 100	39 59	0.49	43 55	46 52
					86 100	36 62		41 57	45 53
50					93 100	40 60	0.50	44 56	47 53
					90 100	37 63		42 58	46 54

注：①如果 f 超过 50，则以 100－f 为观察次数，然后从 100 减去各置信区间；②如果 f/n 超过 50，则以 1－f/n 为观察分数，然后从 100 减去各置信区间。

附表 8　r 和 R 的 5% 和 1% 显著值

自由度 (ν)	概率 (P)	变数的个数 (M)				自由度 (ν)	概率 (P)	变数的个数 (M)			
		2	3	4	5			2	3	4	5
1	0.05	0.997	0.999	0.999	0.999	24	0.05	0.388	0.470	0.523	0.562
	0.01	1.000	1.000	1.000	1.000		0.01	0.496	0.565	0.609	0.643
2	0.05	0.950	0.975	0.983	0.987	25	0.05	0.381	0.462	0.514	0.553
	0.01	0.990	0.995	0.997	0.997		0.01	0.487	0.555	0.600	0.633
3	0.05	0.878	0.930	0.950	0.961	26	0.05	0.374	0.454	0.506	0.545
	0.01	0.959	0.977	0.983	0.987		0.01	0.479	0.546	0.590	0.624
4	0.05	0.811	0.881	0.912	0.930	27	0.05	0.367	0.446	0.498	0.536
	0.01	0.917	0.949	0.962	0.970		0.01	0.471	0.538	0.582	0.615
5	0.05	0.754	0.836	0.874	0.898	28	0.05	0.361	0.439	0.490	0.529
	0.01	0.875	0.917	0.937	0.949		0.01	0.463	0.529	0.573	0.607
6	0.05	0.707	0.795	0.839	0.867	29	0.05	0.355	0.432	0.483	0.521
	0.01	0.834	0.886	0.911	0.927		0.01	0.456	0.522	0.565	0.598
7	0.05	0.666	0.758	0.807	0.838	30	0.05	0.349	0.425	0.476	0.514
	0.01	0.798	0.855	0.885	0.904		0.01	0.449	0.514	0.558	0.591
8	0.05	0.632	0.726	0.777	0.811	35	0.05	0.325	0.397	0.445	0.482
	0.01	0.765	0.827	0.860	0.882		0.01	0.418	0.481	0.523	0.556
9	0.05	0.602	0.697	0.750	0.786	40	0.05	0.304	0.373	0.419	0.455
	0.01	0.735	0.800	0.837	0.861		0.01	0.393	0.454	0.494	0.526
10	0.05	0.576	0.671	0.726	0.763	45	0.05	0.288	0.353	0.397	0.432
	0.01	0.708	0.776	0.814	0.840		0.01	0.372	0.430	0.470	0.501
11	0.05	0.553	0.648	0.703	0.741	50	0.05	0.273	0.336	0.379	0.412
	0.01	0.684	0.753	0.793	0.821		0.01	0.354	0.410	0.449	0.479
12	0.05	0.532	0.627	0.683	0.722	60	0.05	0.250	0.308	0.348	0.380
	0.01	0.661	0.732	0.773	0.802		0.01	0.325	0.377	0.414	0.442
13	0.05	0.514	0.608	0.664	0.703	70	0.05	0.232	0.286	0.324	0.354
	0.01	0.641	0.712	0.755	0.785		0.01	0.302	0.351	0.386	0.413
14	0.05	0.497	0.590	0.646	0.686	80	0.05	0.217	0.269	0.304	0.332
	0.01	0.623	0.694	0.737	0.768		0.01	0.283	0.330	0.363	0.389
15	0.05	0.482	0.574	0.630	0.670	90	0.05	0.205	0.254	0.288	0.315
	0.01	0.606	0.677	0.721	0.752		0.01	0.267	0.312	0.343	0.368
16	0.05	0.468	0.559	0.615	0.655	100	0.05	0.195	0.241	0.274	0.299
	0.01	0.590	0.662	0.706	0.738		0.01	0.254	0.297	0.327	0.351
17	0.05	0.456	0.545	0.601	0.641	125	0.05	0.174	0.216	0.246	0.269
	0.01	0.575	0.647	0.691	0.724		0.01	0.228	0.267	0.294	0.316
18	0.05	0.444	0.532	0.587	0.628	150	0.05	0.159	0.198	0.225	0.247
	0.01	0.561	0.633	0.678	0.710		0.01	0.208	0.244	0.269	0.290
19	0.05	0.433	0.520	0.575	0.615	200	0.05	0.138	0.172	0.196	0.215
	0.01	0.549	0.620	0.665	0.697		0.01	0.181	0.212	0.235	0.253
20	0.05	0.423	0.509	0.563	0.604	300	0.05	0.113	0.141	0.160	0.176
	0.01	0.537	0.607	0.652	0.685		0.01	0.148	0.174	0.192	0.208
21	0.05	0.413	0.498	0.552	0.593	400	0.05	0.098	0.122	0.139	0.153
	0.01	0.526	0.596	0.641	0.674		0.01	0.128	0.151	0.167	0.180
22	0.05	0.404	0.488	0.542	0.582	500	0.05	0.088	0.109	0.124	0.137
	0.01	0.515	0.585	0.630	0.663		0.01	0.115	0.135	0.150	0.162
23	0.05	0.396	0.479	0.532	0.572	1 000	0.05	0.062	0.077	0.088	0.097
	0.01	0.505	0.574	0.619	0.653		0.01	0.081	0.096	0.106	0.115

附表 9　z 与 r 值转换表

z	z									
	0.01	0.02	0.03	0.04	0.05	0.06	0.07	0.08	0.09	0.10
0.0	0.010 0	0.020 0	0.030 0	0.040 0	0.050 0	0.059 9	0.069 9	0.079 8	0.089 8	0.099 7
0.1	0.109 6	0.119 4	0.129 3	0.139 1	0.148 9	0.158 6	0.168 4	0.178 1	0.187 7	0.197 4
0.2	0.207 0	0.216 5	0.226 0	0.235 5	0.244 9	0.254 3	0.263 6	0.272 9	0.282 1	0.291 3
0.3	0.300 4	0.309 5	0.318 5	0.327 5	0.336 4	0.345 2	0.354 0	0.362 7	0.371 4	0.379 9
0.4	0.388 5	0.396 9	0.405 3	0.413 6	0.421 9	0.430 1	0.438 2	0.446 2	0.454 2	0.462 1
0.5	0.469 9	0.477 7	0.485 4	0.493 0	0.500 5	0.508 0	0.515 4	0.522 7	0.529 9	0.537 0
0.6	0.544 1	0.551 1	0.558 1	0.564 9	0.571 7	0.578 4	0.585 0	0.591 5	0.598 0	0.604 4
0.7	0.610 7	0.616 9	0.623 1	0.629 1	0.635 1	0.641 1	0.646 9	0.652 7	0.658 4	0.664 0
0.8	0.669 6	0.675 1	0.680 5	0.685 8	0.691 1	0.696 3	0.701 4	0.706 4	0.711 4	0.716 3
0.9	0.721 1	0.725 9	0.730 6	0.735 2	0.739 8	0.744 3	0.748 7	0.753 1	0.757 4	0.761 6
1.0	0.765 8	0.769 9	0.773 9	0.777 9	0.781 8	0.785 7	0.789 5	0.793 2	0.796 9	0.800 5
1.1	0.804 1	0.807 6	0.811 0	0.814 4	0.817 8	0.821 0	0.824 3	0.827 5	0.830 6	0.833 7
1.2	0.836 7	0.839 7	0.842 6	0.845 5	0.848 3	0.851 1	0.853 8	0.856 5	0.859 1	0.861 7
1.3	0.864 3	0.866 8	0.869 2	0.871 7	0.874 1	0.876 4	0.878 7	0.881 0	0.883 2	0.885 4
1.4	0.887 5	0.889 6	0.891 7	0.893 7	0.895 7	0.897 7	0.899 6	0.901 5	0.903 3	0.905 1
1.5	0.906 9	0.908 7	0.910 4	0.912 1	0.913 8	0.915 4	0.917 0	0.918 6	0.920 1	0.921 7
1.6	0.923 2	0.924 6	0.926 1	0.927 5	0.928 9	0.930 2	0.931 6	0.932 9	0.934 1	0.935 4
1.7	0.936 6	0.937 9	0.939 1	0.940 2	0.941 4	0.942 5	0.943 6	0.944 7	0.945 8	0.946 8
1.8	0.947 8	0.948 8	0.949 8	0.950 8	0.951 7	0.952 7	0.953 6	0.954 5	0.955 4	0.956 2
1.9	0.957 1	0.957 9	0.958 7	0.959 5	0.960 3	0.961 1	0.961 8	0.962 6	0.963 3	0.964 0
2.0	0.964 7	0.965 4	0.966 1	0.966 7	0.967 4	0.968 0	0.968 7	0.969 3	0.969 9	0.970 5
2.1	0.971 0	0.971 6	0.972 1	0.972 7	0.973 2	0.973 7	0.974 3	0.974 8	0.975 3	0.975 7
2.2	0.976 2	0.976 7	0.977 1	0.977 6	0.978 0	0.978 5	0.978 9	0.979 3	0.979 7	0.980 1
2.3	0.980 5	0.980 9	0.981 2	0.981 6	0.982 0	0.982 3	0.982 7	0.983 0	0.983 3	0.983 7
2.4	0.984 0	0.984 3	0.984 6	0.984 9	0.985 2	0.985 5	0.985 8	0.986 1	0.986 3	0.986 6
2.5	0.986 9	0.987 1	0.987 4	0.987 6	0.987 9	0.988 1	0.988 4	0.988 6	0.988 8	0.989 0
2.6	0.989 2	0.989 5	0.989 7	0.989 9	0.990 1	0.990 3	0.990 5	0.990 6	0.990 8	0.991 0
2.7	0.991 2	0.991 4	0.991 5	0.991 7	0.991 9	0.992 0	0.992 2	0.992 3	0.992 5	0.992 6
2.8	0.992 8	0.992 9	0.993 1	0.993 2	0.993 3	0.993 5	0.993 6	0.993 7	0.993 8	0.994 0
2.9	0.994 1	0.994 2	0.994 3	0.994 4	0.994 5	0.994 6	0.994 7	0.994 9	0.995 0	0.995 1

附表 10　百分数反正弦（$\sin^{-1}\sqrt{y}$）转换表

%	0.0	0.1	0.2	0.3	0.4	0.5	0.6	0.7	0.8	0.9
0	0.00	1.81	2.56	3.14	3.63	4.05	4.44	4.80	5.13	5.44
1	5.74	6.02	6.29	6.55	6.80	7.03	7.27	7.49	7.71	7.92
2	8.13	8.33	8.53	8.72	8.91	9.10	9.28	9.46	9.63	9.80
3	9.97	10.14	10.30	10.47	10.63	10.78	10.94	11.09	11.24	11.39
4	11.54	11.68	11.83	11.97	12.11	12.25	12.38	12.52	12.66	12.79
5	12.92	13.05	13.18	13.31	13.44	13.56	13.69	13.81	13.94	14.06
6	14.18	14.30	14.42	14.54	14.65	14.77	14.89	15.00	15.12	15.23
7	15.34	15.45	15.56	15.68	15.79	15.89	16.00	16.11	16.22	16.32
8	16.43	16.54	16.64	16.74	16.85	16.95	17.05	17.15	17.26	17.36
9	17.46	17.56	17.66	17.76	17.85	17.95	18.05	18.15	18.24	18.34
10	18.43	18.53	18.63	18.72	18.81	18.91	19.00	19.09	19.19	19.28
11	19.37	19.46	19.55	19.64	19.73	19.82	19.91	20.00	20.09	20.18
12	20.27	20.36	20.44	20.53	20.62	20.70	20.79	20.88	20.96	21.05
13	21.13	21.22	21.30	21.39	21.47	21.56	21.64	21.72	21.81	21.89
14	21.97	22.06	22.14	22.22	22.30	22.38	22.46	22.54	22.63	22.71
15	22.79	22.87	22.95	23.03	23.11	23.18	23.26	23.34	23.42	23.50
16	23.58	23.66	23.73	23.81	23.89	23.97	24.04	24.12	24.20	24.27
17	24.35	24.43	24.50	24.58	24.65	24.73	24.80	24.88	24.95	25.03
18	25.10	25.18	25.25	25.33	25.40	25.47	25.55	25.62	25.70	25.77
19	25.84	25.91	25.99	26.06	26.13	26.21	26.28	26.35	26.42	26.49
20	26.57	26.64	26.71	26.78	26.85	26.92	26.99	27.06	27.13	27.20
21	27.27	27.35	27.42	27.49	27.56	27.62	27.69	27.76	27.83	27.90
22	27.97	28.04	28.11	28.18	28.25	28.32	28.39	28.45	28.52	28.59
23	28.66	28.73	28.79	28.86	28.93	29.00	29.06	29.13	29.20	29.27
24	29.33	29.40	29.47	29.53	29.60	29.67	29.73	29.80	29.87	29.93
25	30.00	30.07	30.13	30.20	30.26	30.33	30.40	30.46	30.53	30.59
26	30.66	30.72	30.79	30.85	30.92	30.98	31.05	31.11	31.18	31.24
27	31.31	31.37	31.44	31.50	31.56	31.63	31.69	31.76	31.82	31.88
28	31.95	32.01	32.08	32.14	32.20	32.27	32.33	32.39	32.46	32.52
29	32.58	32.65	32.71	32.77	32.83	32.90	32.96	33.02	33.09	33.15
30	33.21	33.27	33.34	33.40	33.46	33.52	33.58	33.65	33.71	33.77
31	33.83	33.90	33.96	34.02	34.08	34.14	34.20	34.27	34.33	34.39
32	34.45	34.51	34.57	34.63	34.70	34.76	34.82	34.88	34.94	35.00
33	35.06	35.12	35.18	35.24	35.30	35.37	35.43	35.49	35.55	35.61
34	35.67	35.73	35.79	35.85	35.91	35.97	36.03	36.09	36.15	36.21

（续）

‰	0.0	0.1	0.2	0.3	0.4	0.5	0.6	0.7	0.8	0.9
35	36.27	36.33	36.39	36.45	36.51	36.57	36.63	36.69	36.75	36.81
36	36.87	36.93	36.99	37.05	37.11	37.17	37.23	37.29	37.35	37.41
37	37.46	37.52	37.58	37.64	37.70	37.76	37.82	37.88	37.94	38.00
38	38.06	38.12	38.17	38.23	38.29	38.35	38.41	38.47	38.53	38.59
39	38.65	38.70	38.76	38.82	38.88	38.94	39.00	39.06	39.11	39.17
40	39.23	39.29	39.35	39.41	39.47	39.52	39.58	39.64	39.70	39.76
41	39.82	39.87	39.93	39.99	40.05	40.11	40.16	40.22	40.28	40.34
42	40.40	40.45	40.51	40.57	40.63	40.69	40.74	40.80	40.86	40.92
43	40.98	41.03	41.09	41.15	41.21	41.27	41.32	41.38	41.44	41.50
44	41.55	41.61	41.67	41.73	41.78	41.84	41.90	41.96	42.02	42.07
45	42.13	42.19	42.25	42.30	42.36	42.42	42.48	42.53	42.59	42.65
46	42.71	42.76	42.82	42.88	42.94	42.99	43.05	43.11	43.17	43.22
47	43.28	43.34	43.39	43.45	43.51	43.57	43.62	43.68	43.74	43.80
48	43.85	43.91	43.97	44.03	44.08	44.14	44.20	44.26	44.31	44.37
49	44.43	44.48	44.54	44.60	44.66	44.71	44.77	44.83	44.89	44.94
50	45.00	45.06	45.11	45.17	45.23	45.29	45.34	45.40	45.46	45.52
51	45.57	45.63	45.69	45.74	45.80	45.86	45.92	45.97	46.03	46.09
52	46.15	46.20	46.26	46.32	46.38	46.43	46.49	46.55	46.61	46.66
53	46.72	46.78	46.83	46.89	46.95	47.01	47.06	47.12	47.18	47.24
54	47.29	47.35	47.41	47.47	47.52	47.58	47.64	47.70	47.75	47.81
55	47.87	47.93	47.98	48.04	48.10	48.16	48.22	48.27	48.33	48.39
56	48.45	48.50	48.56	48.62	48.68	48.73	48.79	48.85	48.91	48.97
57	49.02	49.08	49.14	49.20	49.26	49.31	49.37	49.43	49.49	49.55
58	49.60	49.66	49.72	49.78	49.84	49.89	49.95	50.01	50.07	50.13
59	50.18	50.24	50.30	50.36	50.42	50.48	50.53	50.59	50.65	50.71
60	50.77	50.83	50.89	50.94	51.00	51.06	51.12	51.18	51.24	51.30
61	51.35	51.41	51.47	51.53	51.59	51.65	51.71	51.77	51.83	51.88
62	51.94	52.00	52.06	52.12	52.18	52.24	52.30	52.36	52.42	52.48
63	52.54	52.59	52.65	52.71	52.77	52.83	52.89	52.95	53.01	53.07
64	53.13	53.19	53.25	53.31	53.37	53.43	53.49	53.55	53.61	53.67
65	53.73	53.79	53.85	53.91	53.97	54.03	54.09	54.15	54.21	54.27
66	54.33	54.39	54.45	54.51	54.57	54.63	54.70	54.76	54.82	54.88
67	54.94	55.00	55.06	55.12	55.18	55.24	55.30	55.37	55.43	55.49
68	55.55	55.61	55.67	55.73	55.80	55.86	55.92	55.98	56.04	56.10
69	56.17	56.23	56.29	56.35	56.42	56.48	56.54	56.60	56.66	56.73

（续）

%	0.0	0.1	0.2	0.3	0.4	0.5	0.6	0.7	0.8	0.9
70	56.79	56.85	56.91	56.98	57.04	57.10	57.17	57.23	57.29	57.35
71	57.42	57.48	57.54	57.61	57.67	57.73	57.80	57.86	57.92	57.99
72	58.05	58.12	58.18	58.24	58.31	58.37	58.44	58.50	58.56	58.63
73	58.69	58.76	58.82	58.89	58.95	59.02	59.08	59.15	59.21	59.28
74	59.34	59.41	59.47	59.54	59.60	59.67	59.74	59.80	59.87	59.93
75	60.00	60.07	60.13	60.20	60.27	60.33	60.40	60.47	60.53	60.60
76	60.67	60.73	60.80	60.87	60.94	61.00	61.07	61.14	61.21	61.27
77	61.34	61.41	61.48	61.55	61.61	61.68	61.75	61.82	61.89	61.96
78	62.03	62.10	62.17	62.24	62.31	62.38	62.44	62.51	62.58	62.65
79	62.73	62.80	62.87	62.94	63.01	63.08	63.15	63.22	63.29	63.36
80	63.43	63.51	63.58	63.65	63.72	63.79	63.87	63.94	64.01	64.09
81	64.16	64.23	64.30	64.38	64.45	64.53	64.60	64.67	64.75	64.82
82	64.90	64.97	65.05	65.12	65.20	65.27	65.35	65.42	65.50	65.57
83	65.65	65.73	65.80	65.88	65.96	66.03	66.11	66.19	66.27	66.34
84	66.42	66.50	66.58	66.66	66.74	66.82	66.89	66.97	67.05	67.13
85	67.21	67.29	67.37	67.46	67.54	67.62	67.70	67.78	67.86	67.94
86	68.03	68.11	68.19	68.28	68.36	68.44	68.53	68.61	68.70	68.78
87	68.87	68.95	69.04	69.12	69.21	69.30	69.38	69.47	69.56	69.64
88	69.73	69.82	69.91	70.00	70.09	70.18	70.27	70.36	70.45	70.54
89	70.63	70.72	70.81	70.91	71.00	71.09	71.19	71.28	71.37	71.47
90	71.57	71.66	71.76	71.85	71.95	72.05	72.15	72.24	72.34	72.44
91	72.54	72.64	72.74	72.85	72.95	73.05	73.15	73.26	73.36	73.46
92	73.57	73.68	73.78	73.89	74.00	74.11	74.21	74.32	74.44	74.55
93	74.66	74.77	74.88	75.00	75.11	75.23	75.35	75.46	75.58	75.70
94	75.82	75.94	76.06	76.19	76.31	76.44	76.56	76.69	76.82	76.95
95	77.08	77.21	77.34	77.48	77.62	77.75	77.89	78.03	78.17	78.32
96	78.46	78.61	78.76	78.91	79.06	79.22	79.37	79.53	79.70	79.86
97	80.03	80.20	80.37	80.54	80.72	80.90	81.09	81.28	81.47	81.67
98	81.87	82.08	82.29	82.51	82.73	82.97	83.20	83.45	83.71	83.98
99	84.26	84.56	84.87	85.20	85.56	85.95	86.37	86.86	87.44	88.19

附表 11　正 交 表

(1) $L_4(2^3)$

处理号	列　号		
	1	2	3
1	1	1	1
2	1	2	2
3	2	1	2
4	2	2	1
组	1	2	

注：任意 2 列间的交互作用为剩下 1 列。

(2) $L_8(2^7)$

处理号	列　号						
	1	2	3	4	5	6	7
1	1	1	1	1	1	1	1
2	1	1	1	2	2	2	2
3	1	2	2	1	1	2	2
4	1	2	2	2	2	1	1
5	2	1	2	1	2	1	2
6	2	1	2	2	1	2	1
7	2	2	1	1	2	2	1
8	2	2	1	2	1	1	2
组	1	2		3			

$L_8(2^7)$ 表头设计

因素数	列　号						
	1	2	3	4	5	6	7
3	A	B	A×B	C	A×C	B×C	
4	A	B	A×B C×D	C	A×C B×D	B×C A×D	D
5	A	B	A×B C×D	C B×D	A×C	D B×C	A×D

(3) $L_{12}(2^{11})$

处理号	列　号										
	1	2	3	4	5	6	7	8	9	10	11
1	1	1	1	1	1	1	1	1	1	1	1
2	1	1	1	1	1	2	2	2	2	2	2
3	1	1	2	2	2	1	1	1	2	2	2
4	1	2	1	2	2	1	2	2	1	1	2
5	1	2	2	1	2	2	1	2	1	2	1
6	1	2	2	2	1	2	2	1	2	1	1
7	2	1	2	2	1	1	2	2	1	2	1
8	2	1	2	1	2	2	2	1	1	1	2
9	2	1	1	2	2	2	1	2	2	1	1
10	2	2	2	1	1	1	1	2	2	1	2
11	2	2	1	2	1	2	1	1	1	2	2
12	2	2	1	1	2	1	2	1	2	2	1

注：任意 2 列间的交互作用都不在表内。

(4) $L_{16}(2^{15})$

处理号	1	2	3	4	5	6	7	8	9	10	11	12	13	14	15
1	1	1	1	1	1	1	1	1	1	1	1	1	1	1	1
2	1	1	1	1	1	1	1	2	2	2	2	2	2	2	2
3	1	1	1	2	2	2	2	1	1	1	1	2	2	2	2
4	1	1	1	2	2	2	2	2	2	2	2	1	1	1	1
5	1	2	2	1	1	2	2	1	1	2	2	1	1	2	2
6	1	2	2	1	1	2	2	2	2	1	1	2	2	1	1
7	1	2	2	2	2	1	1	1	1	2	2	2	2	1	1
8	1	2	2	2	2	1	1	2	2	1	1	1	1	2	2
9	2	1	2	1	2	1	2	1	2	1	2	1	2	1	2
10	2	1	2	1	2	1	2	2	1	2	1	2	1	2	1
11	2	1	2	2	1	2	1	1	2	1	2	2	1	2	1
12	2	1	2	2	1	2	1	2	1	2	1	1	2	1	2
13	2	2	1	1	2	2	1	1	2	2	1	1	2	2	1
14	2	2	1	1	2	2	1	2	1	1	2	2	1	1	2
15	2	2	1	2	1	1	2	1	2	2	1	2	1	1	2
16	2	2	1	2	1	1	2	2	1	1	2	1	2	2	1
组	1	2	3					4							

$L_{16}(2^{15})$ 表头设计

因素数	1	2	3	4	5	6	7	8	9	10	11	12	13	14	15
4	A	B	A×B	C	A×C	B×C		D	A×D	B×D		C×D			
5	A	B	A×B	C	A×C	B×C	D×E	D	A×D	B×D	C×E	C×D	B×E	A×E	E
6	A	B	A×B D×E	C	A×C D×F	B×C E×F		D	A×D B×E C×F	B×D A×E	E	C×D A×F	F		C×E B×F
7	A	B	A×B D×E	C	A×C D×F E×G	B×C E×F D×G		D	A×D B×E C×F	B×D A×E C×G	E	C×D A×F B×G	F	G	C×E B×F A×G
8	A	B	A×B D×E F×G C×H	C	A×C D×F E×G B×H	B×C E×F D×G A×H	H	D	A×D B×E C×F G×H	B×D A×E C×G F×H	E	C×D A×F B×G E×H	F	G	C×E B×F A×G D×H

（5）$L_9(3^4)$

处理号	列　号			
	1	2	3	4
1	1	1	1	1
2	1	2	2	2
3	1	3	3	3
4	2	1	2	3
5	2	2	3	1
6	2	3	1	2
7	3	1	3	2
8	3	2	1	3
9	3	3	2	1
组	1	2		

注：任意 2 列间的交互作用为另外 2 列。

（6）$L_{27}(3^{13})$

处理号	列　号												
	1	2	3	4	5	6	7	8	9	10	11	12	13
1	1	1	1	1	1	1	1	1	1	1	1	1	1
2	1	1	1	1	2	2	2	2	2	2	2	2	2
3	1	1	1	1	3	3	3	3	3	3	3	3	3
4	1	2	2	2	1	1	1	2	2	2	3	3	3
5	1	2	2	2	2	2	2	3	3	3	1	1	1
6	1	2	2	2	3	3	3	1	1	1	2	2	2
7	1	3	3	3	1	1	1	3	3	3	2	2	2
8	1	3	3	3	2	2	2	1	1	1	3	3	3
9	1	3	3	3	3	3	3	2	2	2	1	1	1
10	2	1	2	3	1	2	3	1	2	3	1	2	3
11	2	1	2	3	2	3	1	2	3	1	2	3	1
12	2	1	2	3	3	1	2	3	1	2	3	1	2
13	2	2	3	1	1	2	3	2	3	1	3	1	2
14	2	2	3	1	2	3	1	3	1	2	1	2	3
15	2	2	3	1	3	1	2	1	2	3	2	3	1
16	2	3	1	2	1	2	3	3	1	2	2	3	1
17	2	3	1	2	2	3	1	1	2	3	3	1	2
18	2	3	1	2	3	1	2	2	3	1	1	2	3
19	3	1	3	2	1	3	2	1	3	2	1	3	2
20	3	1	3	2	2	1	3	2	1	3	2	1	3
21	3	1	3	2	3	2	1	3	2	1	3	2	1
22	3	2	1	3	1	3	2	2	1	3	3	2	1
23	3	2	1	3	2	1	3	3	2	1	1	3	2
24	3	2	1	3	3	2	1	1	3	2	2	1	3
25	3	3	2	1	1	3	2	3	2	1	2	1	3
26	3	3	2	1	2	1	3	1	3	2	3	2	1
27	3	3	2	1	3	2	1	2	1	3	1	3	2
组	1	2			3								

$L_{27}(3^{13})$ 表头设计

因素数	1	2	3	4	5	6	7	8	9	10	11	12	13
							列　号						
3	A	B	$(A\times B)_1$	$(A\times B)_2$	C	$(A\times C)_1$	$(A\times C)_2$	$(B\times C)_1$			$(B\times C)_2$		
4	A	B	$(A\times B)_1$ $(C\times D)_2$	$(A\times B)_2$	C	$(A\times C)_1$ $(B\times D)_2$	$(A\times C)_2$		D	$(A\times D)_1$	$(B\times C)_2$	$(B\times D)_1$	$(C\times D)_1$

(7) $L_{16}(4^5)$

处理号	1	2	3	4	5
			列　号		
1	1	1	1	1	1
2	1	2	2	2	2
3	1	3	3	3	3
4	1	4	4	4	4
5	2	1	2	3	4
6	2	2	1	4	3
7	2	3	4	1	2
8	2	4	3	2	1
9	3	1	3	4	2
10	3	2	4	3	1
11	3	3	1	2	4
12	3	4	2	1	3
13	4	1	4	2	3
14	4	2	3	1	4
15	4	3	2	4	1
16	4	4	1	3	2
组	1		2		

注：任 2 列交互作用在另 3 列。

(8) $L_{25}(5^6)$

处理号	1	2	3	4	5	6
			列　号			
1	1	1	1	1	1	1
2	1	2	2	2	2	2
3	1	3	3	3	3	3
4	1	4	4	4	4	4
5	1	5	5	5	5	5
6	2	1	2	3	4	5
7	2	2	3	4	5	1
8	2	3	4	5	1	2
9	2	4	5	1	2	3
10	2	5	1	2	3	4
11	3	1	3	5	2	4
12	3	2	4	1	3	5
13	3	3	5	2	4	1
14	3	4	1	3	5	2
15	3	5	2	4	1	3
16	4	1	4	2	5	3
17	4	2	5	3	1	4
18	4	3	1	4	2	5
19	4	4	2	5	3	1
20	4	5	3	1	4	2
21	5	1	5	4	3	2
22	5	2	1	5	4	3
23	5	3	2	1	5	4
24	5	4	3	2	1	5
25	5	5	4	3	2	1
组	1		2			

注：任 2 列交互作用在另 4 列。

(9) $L_8(4\times2^4)$

处理号	1	2	3	4	5
			列　号		
1	1	1	1	1	1
2	1	2	2	2	2
3	2	1	1	2	2
4	2	2	2	1	1
5	3	1	2	1	2
6	3	2	1	2	1
7	4	1	2	2	1
8	4	2	1	1	2

注：第 1 列和另外任意 1 列的交互作用为其余 3 列。

$L_8(4\times2^4)$ 表头设计

因素数	1	2	3	4	5
			列　号		
2	A	B	$(A\times B)_1$	$(A\times B)_2$	$(A\times B)_3$
3	A	B	C	$A\times B$	$A\times B$
		$A\times C$	$A\times B$	$A\times C$	$A\times C$
		B	C	D	$A\times B$
4	A	$A\times C$	$A\times B$	$A\times B$	$A\times C$
		$A\times D$	$A\times D$	$A\times C$	$A\times D$
5*	A	B	C	D	E

* 混杂的互作略。

(10) $L_{16}(4^4 \times 2^3)$

处理号	1	2	3	4	5	6	7
1	1	1	1	1	1	1	1
2	1	2	2	2	1	2	2
3	1	3	3	3	2	1	2
4	1	4	4	4	2	2	1
5	2	1	2	3	2	2	1
6	2	2	1	4	2	1	2
7	2	3	4	1	1	2	2
8	2	4	3	2	1	1	1
9	3	1	3	4	1	2	2
10	3	2	4	3	1	1	1
11	3	3	1	2	2	2	1
12	3	4	2	1	2	1	2
13	4	1	4	2	2	1	2
14	4	2	3	1	2	2	1
15	4	3	2	4	1	1	1
16	4	4	1	3	1	2	2

(11) $L_{16}(4^3 \times 2^6)$

处理号	1	2	3	4	5	6	7	8	9
1	1	1	1	1	1	1	1	1	1
2	1	2	2	1	1	2	2	2	2
3	1	3	3	2	2	1	1	2	2
4	1	4	4	2	2	2	2	1	1
5	2	1	2	2	1	1	2	1	2
6	2	2	1	2	2	1	2	1	1
7	2	3	4	1	1	1	2	2	1
8	2	4	3	1	2	1	1	1	2
9	3	1	3	1	2	2	2	2	1
10	3	2	4	1	2	1	1	1	2
11	3	3	1	2	1	1	2	1	2
12	3	4	2	2	1	2	1	1	2
13	4	1	4	2	2	1	2	1	2
14	4	2	3	2	2	2	1	2	1
15	4	3	2	1	1	1	1	1	1
16	4	4	1	1	2	1	2	2	2

(12) $L_{16}(4^2 \times 2^9)$

处理号	1	2	3	4	5	6	7	8	9	10	11
1	1	1	1	1	1	1	1	1	1	1	1
2	1	2	1	1	1	2	2	2	2	2	2
3	1	3	2	2	2	1	1	1	2	2	2
4	1	4	2	2	2	2	2	2	1	1	1
5	2	1	1	2	2	1	2	2	1	2	2
6	2	2	1	2	2	2	1	1	2	1	1
7	2	3	2	1	1	1	2	2	2	1	1
8	2	4	2	1	1	2	1	1	1	2	2
9	3	1	2	1	2	2	1	2	2	1	2
10	3	2	2	1	2	1	2	1	1	2	1
11	3	3	1	2	1	2	1	2	1	2	1
12	3	4	1	2	1	1	2	1	2	1	2
13	4	1	2	2	1	2	2	1	2	2	1
14	4	2	2	2	1	1	1	2	1	1	2
15	4	3	1	1	2	2	2	1	1	1	2
16	4	4	1	1	2	1	1	2	2	2	1

(13) $L_{16}(8 \times 2^8)$

处理号	1	2	3	4	5	6	7	8	9
1	1	1	1	1	1	1	1	1	1
2	1	2	2	2	2	2	2	2	2
3	2	1	1	1	1	2	2	2	2
4	2	2	2	2	2	1	1	1	1
5	3	1	1	2	2	1	1	2	2
6	3	2	2	1	1	2	2	1	1
7	4	1	1	2	2	2	2	1	1
8	4	2	2	1	1	1	1	2	2
9	5	1	2	1	2	1	2	1	2
10	5	2	1	2	1	2	1	2	1
11	6	1	2	1	2	2	1	2	1
12	6	2	1	2	1	1	2	1	2
13	7	1	2	2	1	1	2	2	1
14	7	2	1	1	2	2	1	1	2
15	8	1	2	2	1	2	1	1	2
16	8	2	1	1	2	1	2	2	1

(14) $L_{16}(4\times 2^{12})$

处理号	1	2	3	4	5	6	7	8	9	10	11	12	13
1	1	1	1	1	1	1	1	1	1	1	1	1	1
2	1	1	1	1	1	2	2	2	2	2	2	2	2
3	1	2	2	2	2	1	1	1	1	2	2	2	2
4	1	2	2	2	2	2	2	2	2	1	1	1	1
5	2	1	1	2	2	1	1	2	2	1	1	2	2
6	2	1	1	2	2	2	2	1	1	2	2	1	1
7	2	2	2	1	1	1	1	2	2	2	2	1	1
8	2	2	2	1	1	2	2	1	1	1	1	2	2
9	3	1	2	1	2	1	2	1	2	2	2	1	2
10	3	1	2	1	2	2	1	2	1	1	1	2	1
11	3	2	1	2	1	1	2	1	2	2	1	2	1
12	3	2	1	2	1	2	1	2	1	2	2	1	2
13	4	1	2	2	1	1	2	2	1	2	2	2	1
14	4	1	2	2	1	2	1	1	2	1	1	1	2
15	4	2	1	1	2	1	2	2	1	1	1	1	2
16	4	2	1	1	2	2	1	1	2	2	2	2	1

$L_{16}(4\times 2^{12})$ 表头设计

因素数	1	2	3	4	5	6	7	8	9	10	11	12	13
3	A	B	$(A\times B)_1$	$(A\times B)_2$	$(A\times B)_3$	C	$(A\times C)_1$	$(A\times C)_2$	$(A\times C)_3$	$B\times C$			
4	A	B	$(A\times B)_1$ $C\times D$	$(A\times B)_2$	$(A\times B)_3$	C	$(A\times C)_1$ $B\times D$	$(A\times C)_2$	$(A\times C)_3$	$B\times C$ $(A\times D)_1$	D	$(A\times D)_3$	$(A\times D)_2$
5	A	B	$(A\times B)_1$ $C\times D$	$(A\times B)_2$ $C\times E$	$(A\times B)_3$	C	$(A\times C)_1$ $B\times D$	$(A\times C)_2$ $B\times E$	$(A\times C)_3$	$B\times C$ $(A\times D)_1$ $(A\times E)_2$	D $(A\times E)_3$	E $(A\times D)_3$	$(A\times E)_1$ $(A\times D)_2$

附　　录

附录 1　统计软件 SAS 简介及程序范例

一、SAS 简介

1. SAS 软件简介　美国 SAS 研究所经 10 年研制于 1976 年推出的统计分析系统 SAS（Statistical Analysis System）是一个用来整理数据、对数据进行统计分析和打印报告的大型组合式软件包，1985 年 SAS 研究所推出微机版本后，此软件一直在不断更新版本。SAS 属当前国际上最流行、并具有权威性的统计分析软件。SAS 是模块式结构软件，SAS/BASE 是基础模块，附加统计分析 SAS/STAT 和绘图软件 SAS/GRAPH 可以很好地完成数据管理和统计分析的任务。还有 SAS/ETS（预测）、SAS/IML（矩阵运算）和 SAS/QC（质量控制）等 20 个模块。这些模块可单独使用，也可互相配合使用。SAS 软件包功能齐全、使用灵活方便，可用于自然科学、社会科学的各个领域。近年来，我国的农业、医学、生物、体育、经济、教育等自然科学及社会科学各领域中很多科研工作者均使用 SAS 软件去处理科研数据，应用领域不断扩大。国内有些高等院校已经把 SAS 软件作为统计课程的教学内容。

SAS 软件系统的基础是 SAS 语言，它是一种高级语言，它将统计分析方法定义为计算程序，统计分析时可以直接调用，具有简单实用的特点；它把数据管理和数据分析融为一体，这是它区别于其他数据管理软件，优于其他统计分析软件的重要原因。由于每个 SAS 模块都是由可执行的文件组成的，它们被称为 SAS 程序（SAS Procedure），例如进行单变量统计分析的程序名是 UNIVARIATE。使用 DATA 步和 PROC 步建立数据集或分析数据时，必须用 SAS 语言编写出满足各种统计要求的 SAS 程序（SAS Program），建立用户与 SAS 系统之间的联系。

2. SAS 软件的常用统计分析程序　SAS 的常用统计方法的分析程序有：①MEANS 程序，用于计算平均数和变异数；②FREQ 程序，用于频数统计及卡方测验等；③TTEST 程序，用于 t 测验；④ANOVA 程序，用于平衡资料的方差分析，包括一元、多元及有重复观测值等情况，还可以处理拉丁方设计、某些平衡不完全区组设计和完全的分枝设计；⑤GLM 程序，应用范围较广，除用于平衡及不平衡资料的方差分析外，还可用于回归分析、协方差分析等；⑥NESTED 程序，可用于纯分枝式随机模型的方差、协方差分析；⑦CATMOD 程序，用于分类数据的方差分析；对于方差分量（包括随机模型和混合模型）的估计可应用 VARCOMP 程序完成；⑧CORR 程序，用于简单相关分析和复相关分析；⑨CANCORR 程序，用于典范相关分析；⑩PLAN 程序，用于试验设计；⑪NLIN 程序，用于拟合非线性回归模型；⑫REG 程序，适用于线性回归模型分析。SAS 的程序函数远不只这些，它们简化了统计运算，通常的统计方法运算只需编写包括计算函数的简单几个语句短程序，即可完成分析任务。"SAS 程序"函数使用说明，请参看《SAS 使用手册》。

3. SAS 软件程序的基本结构　有关模型的写作方式这里举例简单说明。例如第六章例 6-13，对组内有重复观测值的两向分组资料进行方差分析，SAS 程序如下：

```
data a613;
do A=1 to 3; do r=1 to 3; do B=1 to 3; input y @@; output; end; end; end;
cards;
21.4 19.6 17.6 21.2 18.8 16.6 20.1 16.4 17.5 12.0 13.0 13.3 14.2 13.7
14.0 12.1 12.0 13.9 12.8 14.2 12.0 13.8 13.6 4.6 13.7 13.3 14.0
```

;

proc anova; class A B; model y＝A B A＊B; means A B A＊B/ducan alpha＝0.05; means A B A＊B /duncan alpha＝0.01;

run;

　　从这个程序看，SAS 程序包括几个基本部分。①读入数据，这里采用 3 个 do 循环语句来确定该两向分组资料是有重复观测值的试验设计的数据；②写出数据分析的程序方法，这里使用了 anova 程序分析方法，分析的数据为平衡数据，所做为"方差分析"；③数据分类，这里 y 表示依变量，是由用户输入数据时命名的，A 和 B 均为分类变量，附在 class 命令后，对观察值 y 所对应设计信息做说明；④模型写作，用 model 命令指定对数据集 a14 分析的方法（模型），为二因素有重复观察值的线性模型；⑤执行上述数据分析，用 run 命令。

　　4. SAS 软件的模型写作　　SAS 分析中，要求正确书写模型，才能够保证分析准确。SAS 软件通过 model 命令行，指定数据分析的模型（分析方法）。这里举例说明模型写作方法。单因素线性模型为 $y_{ij}＝\mu＋\tau_i＋\varepsilon_{ij}$，$\tau_i$ 为因素 A 的效应，ε_{ij} 为随机误差，且具有分布 $N(0, \sigma^2)$。SAS 语言中，使用模型语句 "model y＝A"，即能够说明统计方法，由软件执行该方法。二因素试验设计的线性模型为 $y_{ijk}＝\mu＋\tau_i＋\beta_j＋(\tau\beta)_{ij}＋\varepsilon_{ijk}$，其中 τ_i 和 β_j 分别为因素 A 和 B 的效应，$(\tau\beta)_{ij}$ 为 A 和 B 的互作效应，ε_{ijk} 为随机误差且具有分布 $N(0, \sigma^2)$。SAS 软件中，对此模型，用语句 "model y＝A B A＊B" 即能够表示该模型含义。若二因素试验设计中，无互作项，则模型语句为 "model y＝A B" 即可。对于嵌套式设计，其中包括 A 和 B 的效应，而且 B 是嵌套于 A 中，模型语句写成 "model y＝A B (A)" 即可。同理，可写出其他模型。正确写作模型对于数据分析极为重要，一定要写作正确。对于模型写作过程中存在疑问，可参阅 SAS 操作手册。此外，model 语句还有许多附加选项，对数据分析方法进一步说明，这也需要参阅 SAS 操作手册。

　　5. SAS 软件的界面和几个最基本的操作　　以 SAS9.1.3 版本为基础说明。显示管理系统操作方式是：首先找到 SAS. exe，进入 SAS 显示管理系统。SAS 显示管理系统有下列 3 个主要窗口组成：①程序编辑（PROGRAM EDITOR）窗口，在此能送入各种 SAS 命令或语句，进行程序的编辑、修改、发布执行命令等。②日志（LOG）窗口，随着 SAS 语句的执行，显示出 SAS 系统的信息和已执行的语句；并让用户了解所产生的错误（ERROR）是在哪一步以及错误的性质。③ 输出（OUTPUT）窗口，在这里显示由 SAS 过程所输出的结果。按 F5、F6 和 F7 可分别快速进入上列 3 个窗口，F9 则有放大上列 3 个窗口的作用。

　　介绍几个基本操作。

　　（1）FILE（存储文件）命令　　FILE 命令以文件形式存储窗口信息，在任何窗口都可以使用 FILE 命令，把该窗口信息作为磁盘文件存储起来，但通常使用 OUTPUT、LOG 和 PRG 窗口，格式为：FILE ′D：\ FILENAME′。"D："为驱动器号，"FILENAME"是文件名。文件名的后面，最好加上扩展名，例如 ". OUT" ". LOG" ". PGM" 等，以利识别文件的性质。在运行 SAS 程序后，程序编辑窗口内的 SAS 程序从屏幕上暂时消失后可按 F9 键将其从内存中召回屏幕上。

　　（2）INC（读取文件）命令　　INC 命令用来调入磁盘文件，格式为：INC ′D：\ FILENAME ′（指明从 D 驱动器读入指定的文件或程序）。

　　（3）运行 SAS 程序的命令　　在命令行键入 run 或按 F10 键。

　　（4）退出 SAS 显示管理系统操作方式　　在上述 3 个主要窗口的任意一个窗口内的命令行键入 bye 即可。

　　6. 例题程序在数据分析中应用　　编写 SAS 程序要求对 SAS 语言要有一定了解，然后进行编程，这对初学者仍有难度。为简化应用，这里列出教材的大部分例题分析程序范例，应用者只需将其中的数据改为自己的试验数据即可进行分析。当然，如果试验设计与例题相近，一般需要改动数据的个数，然后运行程序，即可得到所需结果。因此范例程序简单实用。

二、SAS 范例程序

　　SAS 程序是本教材中的例题，应用中可对照 SAS 分析结果与例题中的说明，加深理解；有关英文单词可以查阅本教材的"索引与英汉述语对照表"。程序标号为 LT（例题），LT 后面的数字如"9-1"代表第九章例 9-1，以此类推。

```
/*LT2-1*/
proc plan seed=27 371;factors unit=12;
treatments treat=12 cyclic(1 1 1 1 1 1 2 2 2 2 2 2);
output out=outdat;
proc sort;by unit;
proc print;   run;
```

```
/*LT2-2*/
TITLE1 "Completely Block Design";
TITLE2 "For 4 Treatments";
proc plan seed=17 371;
treatments tmts=5 cyclic(1 2 3 4 5)1;
factors block=4 variety=5;
output out=outdat;quit;
proc tabulate;
class block variety;var tmts;
table block,variety*(tmts*f=8.)/rts=8;run;
```

```
/*LT2-3*/
TITLE1 "Latin Square Design";
TITLE2 "For 4 treatments";
proc plan seed=17 371;
factors rows=4 ordered cols=4 ordered/noprint;
treatments tmts=4 cyclic;
output out=outdat rows;
cvals=("Day 1" "Day 2" "Day 3" "Day 4")
random cols
cvals=("Lab 1" "Lab 2" "Lab 3" "Lab 4")random
tmts;
nvals=(0 100 200 300)random;quit;
proc tabulate;
class rows cols;var tmts;
table rows,cols*(tmts*f=6.)/rts=8;run;
```

```
/*LT2-4*/
TITLE1 "Hierarchical Design";TITLE2 "For 3 hou-
ses 4 pots and 3 plants";
proc plan seed=13 371;factors houses=3 pots=4
plant=3;run;
```

```
/*LT3*/
```

```
data a3;
input yield @@;yield=int((yield-67.5)/13)*13
+67.5;
cards;
177 215 197 97 123 159 245 119 119 131 149
152 167 104 161 214 125 175 219 118 192 176
175 95 136 199 116 165 214 95 158 83 137 80
138 151 187 126 196 134 206 137 98 97 129 143
179 174 159 194 136 108 101 141 148 168 163
176 102 158 145 173 75 130 149 150 161 155
111 205 131 189 91 142 140 154 152 163 123
187 149 155 131 209 183 97 119 181 149 254
131 215 111 186 118 150 155 197 116 184 239
160 172 179 151 198 124 179 135 151 168 169
173 181 188 211 197 175 122 159 171 166 175
143 190 213 192 231 163 159 158 159 177 147
194 227 141 169 124 165
;
proc means mean std cv stderr maxdec=2;
proc chart;vbar yield;
proc freq;proc univariate normal plot;run;
```

```
/*LT5-1*/
data a51;   input weight@@;
cards;
35.6 37.6 33.4 35.1 32.7 36.8 35.9 34.6
;
proc ttest h0=34 data=a1;var weight;run;
```

```
/*LT5-3*/
data a53;
input y gr $@@;
cards;
79.6 a 83 b 87 a 87.8 b 81.8 a 87.5 b
91.7 a 91.1 b 82.8 a 87.8 b 88.1 a 84.1 b
86.9 a 87.1 b 82.3 a 83 b 77.3 a 85.9 b
85.8 a 85.9 b
;
run;
proc ttest;class gr;var y;run;
```

```
/* LT5-4 */
data a54;
input d gr $@@;
cards;
160 A 220 B 160 A 270 B 200 A 197 B 160 A 262 B
200 A 270 B 170 A 256 B 150 A 265 B 210 A 236 B
213 B
;
proc ttest;class gr;var d;run;


/* LT5-6 */
data a56;
input y1 y2@@;
cards;
10 25 13 12 8 14 3 15 5 12 20 27 6 18
;
proc ttest;paired y1 * y2;run;
proc ttest alpha=0.01 data=a6;paired y1 * y2;run;


/* LT5-7 */
data a57;
input y1 y2@@;
cards;
67.40 60.60 72.80 66.60 68.40 64.90
66.00 61.80 70.80 61.70 69.60 67.20
67.20 62.40 68.90 61.30 62.60 56.70
;
proc ttest h0=5;paired y1 * y2;run;


/* LT5-10 */
data a510;
do a=1 to 1 000;c=1;if a<658 then x=1;else x
=0;
output;end;
do b=1 to 1 000;c=2;if b<729 then x=1;else x=
0;
output;   end;
cards;
proc ttest;class c;var x;run;


/* LT6-1 */
data a61;
do k=1 to 4;do r=1 to 4;
```

```
input y @@;output;end;end;
cards;
18 21 20 13 20 24 26 22
10 15 17 14 28 27 29 32
;
proc anova;class k;
model y=k;
means k/lsd duncan tukey alpha=0.05 lines;
means k/lsd duncan tukey alpha=0.01 lines;run;


/* LT6-9 */
data a69;
do k=1 to 5;do r=1 to 4;
input y @@;
output;   end;end;
cards;
24 30 28 26
27 24 21 26
31 28 25 30
32 33 33 28
21 22 16 21
;
proc anova;class k;
model y=k;means k/duncan alpha=0.05;
means k/duncan alpha=0.01;run;


/* LT6-10 */
data a610;
input k $ y @@;output;
cards;
1 12 1 13 1 14 1 15 1 15 1 16 1 17
2 14 2 10 2 11 2 13 2 14 2 11 3 9
3 2 3 10 3 11 3 12 3 13 3 12 3 11
4 12 4 11 4 10 4 9 4 8 4 10 4 12
;
proc anova;class k;
model y=k;means k/lsd duncan;run;


/* LT6-11 */
data a611;
do r=1 to 4;do l=1 to 4;do m=1 to 3;
input y @@;
output;   end;end;end;
```

```
cards;
50 35 45 50 55 55 85 65 70 60 60 65
55 35 40 45 60 45 60 70 70 55 85 65
40 30 40 50 50 65 90 80 70 35 45 85
35 40 50 45 50 55 85 65 70 70 75 75
;
proc anova;class l m r;
model y=l m(l);test h=l e=m(l);
means l/duncan;run;


/* LT6-12 */
data a612;
do A=1 to 8;do B=1 to 3;
input y @@;
output;end;end;
cards;
10.9 9.1 12.2 10.8 12.3 14.0 11.1 12.5
10.5 9.1 10.7 10.1 11.8 13.9 16.8 10.1
10.6 11.8 10.0 11.5 14.1 9.3 10.4 14.4
;
run;
proc anova;class A B;model y=A B;
means A B/lsd alpha=0.05;means A B/lsd alpha
=0.01;
run;
proc glm;class A B;model y=A B;
means A B/lsd alpha=0.05;means A B/lsd alpha=
0.01;run;


/* LT6-13 */
data a613;
do A=1 to 3;do r=1 to 3;do B=1 to 3;
input y @@;
output;end;end;end;
cards;
21.4 19.6 17.6 21.2 18.8 16.6
20.1 16.4 17.5 12.0 13.0 13.3
14.2 13.7 14.0 12.1 12.0 13.9
12.8 14.2 12.0 13.8 13.6 14.6
13.7 13.3 14.0
;
proc anova;class A B;
model y=A B A*B;
```

```
means A B A*B /duncan alpha=0.05;
means A B A*B /duncan alpha=0.01;run;


/* LT6-14 */
data a614;
do r=1 to 6;do t=1 to 4;
input y @@;Y=arsin(sqrt(y/100))/3.141 592 6 *
2 * 90;
output;end;end;
cards;
97 95 93 70 91 77 78 68 82 72 75 66
85 64 76 49 78 56 63 55 77 68 71 64
;
proc print;run;
proc anova;class r t;model Y=t;
means t/lsd alpha = 0.05; means t/lsd alpha =
0.01;run;


/* LT7-1 */
proc iml;alpha=0.05;n=4;
v=175.6;h0=50;chi2=(n-1) * v/h0;
pval=1-probchi(chi2,n-1);
print chi2 pval;/* example 7.1 */
left=(n-1) * v/cinv(1-alpha/2,n-1);
right=(n-1) * v/cinv(alpha/2,n-1);
print left right;/* example 7.3 */
quit;


/* LT7-4 */
/* Bartlett multiple-sample test for equal
variances */
proc iml;si2={2.621 6 3.24 1.862};v={5 3 4};
k=ncol(si2);c=1+(sum(1/v)-1/sum(v))/(3 *
(k-1));
sp2=sum(v # si2)/sum(v);
chi2=(2.302 6/c) * (log10(sp2) * sum(v)-sum(v
# log10(si2)));pval=1-probchi(chi2,k-1);
print k sp2 c chi2 pval;quit;


/* LT7-5 */
data a75;
input color $ count;
datalines;
```

green 44

red 168

;

proc freq data=a5;weight count;

table color/chisq testp=(25 75);run;

/ * LT7 - 8 * /

data a78;

do t1=1 to 2;do t2=1 to 2;

input y @@;

output;end;end;

cards;

13 25 92 100

;

proc freq;table t1 * t2/chisq;weight y;run;

/ * LT7 - 9 * /

data a79;

do t1=1 to 2;do t2=1 to 3;

input y @@;

output;end;end;

cards;

29 68 96 22 199 2

;

proc freq;table t1 * t2/chisq;weight y;run;

/ * LT7 - 10 * /

data a710;

do t1=1 to 3;do t2=1 to 3;

input y @@;

output;end;end;

cards;

146 7 7 183 9 13 152 14 16

;

proc freq;table t1 * t2/chisq;weight y;run;

/ * LT8 - 1 * /

data a92;

input x y@@;

cards;

35. 5 12 34. 1 16 31. 7 9 40. 3 2 36. 8

7 40. 2 3 31. 7 13 39. 2 9 44. 2 - 1

;

proc reg corr;

model y=x/R CLB CLM;

output out=B P=P R=R;option PS=30 LS=78;

proc plot;plot P * R=' * ';/ * plot y * x / symbol

='1'; * /

run;

/ * LT8 - 6 * /

data a96;

input x y @@;

cards;

70 1 616. 3 67 1 610. 9 55 1 440. 0 52 1 400. 7 51

1 423. 3 52 1 471. 3 51 1 421. 8 60 1 547. 1 64

1 533. 0

;

proc reg corr;model y=x/OUTSEB CLB;

proc plot;plot y * x='-';run;

/ * LT9 - 1 * /

data a101;

input x1 x2 y@@;

cards;

26. 7 73. 4 504 31. 3 59. 0 480 30. 4 65. 9 526

33. 9 58. 2 511 34. 6 64. 6 549 33. 8 64. 6 552

30. 4 62. 1 496 27. 0 71. 4 473 33. 3 64. 5 537

30. 4 64. 1 515 31. 5 61. 1 502 33. 1 56. 0 498

34. 0 59. 8 523

;

proc reg;

model y = x1 x2/selection = backward sls =

0. 05;run;

proc corr nosimple;run;

proc corr;partial x1;run;

proc corr;partial x2;run;

/ * LT9 - 6 * /

data a106;

input x1-x4 y @@;

cards;

10 23 3. 6 113 15. 7 9 20 3. 6 106 14. 5 10 22 3. 7 111

17. 5 13 21

3. 7 109 22. 5 10 22 3. 6 110 15. 5 10 23 3. 5 103 16. 9

8 23 3. 3

100 8. 6 10 24 3. 4 114 17. 0 10 20 3. 4 104 13. 7 10
21 3. 4 110
13. 4 10 23 3. 9 104 20. 3 8 21 3. 5 109 10. 2 6 23 3. 2
114 7. 4 8
21 3. 7 113 11. 6 9 22 3. 6 105 12. 3
;
proc reg;model y＝x1－x4/selection＝backward sls
＝0. 05;
run;

```
/ * LT10 - 1 * /
data a111;
input x y @@;y＝log(y);
cards;
0 100 5 82 10 65 15 52 20 44 25 36 30 30
35 25 40 21 45 17 50 14 55 11 60 9 65 7. 5
70 6. 0 75 5. 0 80 4. 0 85 3. 3
;
proc plot;plot y * x＝' * ';   run;
proc reg;model y＝x;run;
```

```
/ * LT10 - 2 * /
data a112;
input x y @@;xx＝log(x);yy＝log(y);
cards;
2 0. 8 2. 5 2. 2 3 5. 6 3. 4 9. 3 3. 7 14. 6
4. 1 20 4. 4 28 4. 8 33. 3 4. 9 38. 7 5 42. 7
;
proc plot;plot y * x＝' * ';run;
proc plot;plot yy * xx＝' * ';run;
proc reg;model yy＝xx;run;
```

```
/ * LT10 - 3 * /
data a113;
input x y@@;
cards;
0 0. 30 3 0. 72 6 3. 31 9 9. 71 12 13. 09
15 16. 85 18 17. 79 21 18. 23 24 18. 43
;
proc plot;plot y * x＝'－';
proc nlin method＝dud;
parms k＝100 b＝0. 1 a＝11;
model y＝k/(1＋a * exp(−b * x));run;
```

```
/ * LT10 - 4 * /
data a114;
input x y @@;x2＝x * x;x3＝x * x * x;
cards;
3. 37 349 4. 12 374 4. 87 388 5. 62 395
6. 37 401 7. 12 397 7. 87 384
;
proc plot;plot y * x＝'－';run;
proc glm data＝a4;model y＝x x2;run;
proc glm data＝a4;model y＝x x2 x3;run;
```

```
/ * LT11 - 3 * /
data a133;
do k＝1 to 8;do r＝1 to 3;
input y @@;
output;end;end;
cards;
92. 2 73. 8 105. 1 129. 8 145. 1 161. 6
187. 6 201. 9 181. 6 201. 5 217. 8 211. 5
196. 4 205. 6 206. 2 87. 3 92. 4 104. 2 233. 1
248. 4 273. 9 163. 2 174. 4 193. 9
;
proc anova;class k r;
model y＝k r;
means k/lsd duncan alpha＝0. 05;
means k/lsd duncan alpha＝0. 01;run;
```

```
/ * LT11 - 6 * /
data a136;
do r＝1 to 5;do c＝1 to 5;
input variety $ y @@;
output;end;end;
cards;
D 37 A 38 C 38 B 44 E 38
B 48 E 40 D 36 C 32 A 35
C 27 B 32 A 32 E 30 D 26
E 28 D 37 B 43 A 38 C 41
A 34 C 30 E 27 D 30 B 41
;
proc anova;class r c variety;model y＝r c variety;
means variety/lsd duncan alpha＝0. 05;
means variety/lsd duncan alpha＝0. 01;run;
```

```
/* LT11 - 7 */
data a137;
do r=1 to 5;do c=1 to 5;input variety $ y @@;
output;end;end;
cards;
A 14 E 22 D 20 C 18 B 25
D 19 B 21 A 16 E 23 C 18
B 23 A 15 C 20 D 18 E 23
C 21 D. E 24 B 21 A 17
E 23 C 16 B 23 A 17 D 20
;
proc glm;class r c variety;
model y=r c variety/ss3;
means variety/duncan;run;


/* LT11 - 9 */
data a139;
do A=1 to 3;do I=1 to 8;
input x y @@;
output;end;end;drop I;
datalines;
47 54 58 66 53 63 46 51 49 56 56 66 54 61
44 50 52 54 53 53 64 67 58 62 59 62 61 63
63 64 66 69 44 52 48 58 46 54 50 61 59 70
57 64 58 69 53 66
;
proc glm;class A;
model y=A x/ss3;lsmeans A/stderr pdiff tdiff;run;
proc glm;class A;
model x y=A/ss3 solution;
manova h=A/printh printe htype=1 etype=1;run;
proc anova data=a6;class A;
model x y=A;run;
proc reg;model y=x;run;


/* LT11 - 11 */
data a1 311;
do t=1 to 14;do b=1 to 2;
input x y @@;
output;end;end;
cards;
4.59 58 4.32 61 4.09 65 4.11 62 3.94 64
4.11 64 3.90 66 3.57 69 3.45 71 3.79 67
```

```
3.48 71 3.38 72 3.39 71 3.03 74 3.14 72
3.24 69 3.34 69 3.04 69 4.12 61 4.76 54
4.12 63 4.75 56 3.84 67 3.60 62 3.96 64
4.50 60 3.03 75 3.01 71
;
proc glm;class t b;
model y=x t b/ss3 solution;
lsmeans t/stderr pdiff tdiff;run;
proc glm;class t b;
model x y=t b/ss3 solution;
manova h=t / printh printe htype=1 etype=1;run;
proc anova;class t b;model y x=t b;run;
proc reg;model y=x;run;


/* LT11 - 12 */
data a1 312;
do k=1 to 4;do r=1 to 3;
input y @@;
output;end;end;
cards;
196.4 205.6 206.2 87.3. 104.2 233.1
248.4 273.9 163.2 174.4 193.9
;
proc glm;class k r;
model y=k r/ss1 ss2 ss3 ss4;
means k/lsd duncan;run;


/* LT11 - 13 */
data a1 313;
do k=1 to 5;do r=1 to 4;
input y @@;
output;end;end;
cards;
24 30 28 26 27 24 21 26 31 28
25 30 32 33 33 28 21 22 16 21
;
proc glm;class k r;
model y=k;
contrast 'L1' k 1-1 0 0 0;contrast 'L2' k 0 0 1-1 0;
contrast 'L3' k 1 1 1 1-4;contrast 'L4' k 1 1-1-
1 0;
run;
```

```
/ * LT12 - 1 * /
data a141;
do A=1 to 3;do B=1 to 3;do R=1 to 3;
input y @@;
output;end;end;end;
cards;
8 8 8 7 7 6 6 5 6 9 9 8 7 9
6 8 7 6 7 7 6 8 7 8 10 9 9
;
proc anova;class A B R;model y=R A B A * B;
means A B A * B/duncan alpha=0. 05;
means A B A * B/duncan alpha=0. 01;run;


/ * LT12 - 2 * /
data a142;
do A=1 to 3;do B=1 to 3;do R=1 to 3;
input y @@;
output;end;end;end;
cards;
8 8 8 7 7 6 6 5 6 9. 8 7 9
6 8 7 6 7 7 6 8 7 8 10 9.
;
proc glm;class A B R;random R;
model y=R A B A * B/ss3;
means A B A * B/duncan alpha=0. 05;
means A B A * B/duncan alpha=0. 01;run;


/ * LT12 - 3 * /
data a143;
do A=1 to 3;do B=1 to 2;do C=1 to 2;do R=1 to
5;
input y @@;
output;end;end;end;end;
cards;
16. 3 19. 6 20. 4 18. 3 19. 6 15. 5 17. 6 17. 3
18. 7 19. 1 30. 9 35. 6 33. 2 32. 6 36. 6 28. 4
23. 9 26. 0 24. 0 29. 2 18. 7 18. 4 15. 1 17. 9
17. 4 15. 6 15. 6 17. 8 17. 7 16. 7 28. 2 34. 3
32. 1 26. 2 29. 0 27. 7 27. 2 22. 3 18. 0 20. 3
18. 9 17. 7 18. 0 15. 9 15. 6 16. 1 10. 8 14. 7
15. 2 12. 6 40. 8 38. 7 35. 1 41. 0 42. 9 27. 2
31. 3 27. 1 29. 1 25. 0
;
```

```
proc anova;class A B C;
model y=A B C A * B A * C B * C A * B * C;
means A B C A * B A * C B * C A * B * C/duncan
alpha=0. 05;
means A B C A * B A * C B * C A * B * C/duncan
alpha=0. 01;run;


/ * LT12 - 4 * /
data a144;
do A=1 to 2;do B=1 to 2;do C=1 to 3;do R=1 to
3;
input y @@;
output;end;end;end;end;
cards;
12 14 13 12 11 11 10 9 9 10 9 9 9 9 8 6
6 7 3 2 4 4 3 4 7 6 7 2 2 3 3 4 5 5 7 7
;
proc anova;class A B C R;
model Y=R A B C A * B A * C B * C A * B * C;
means A B C A * B A * C B * C A * B * C/duncan
alpha=0. 05;
means A B C A * B A * C B * C A * B * C/duncan
alpha=0. 01;run;


/ * LT12 - 5 * /
data a145;
do A=1 to 2;do B=1 to 2;do C=1 to 3;do R=1 to
3;
input y @@;
output;end;end;end;end;
cards;
12 14 13 12 11 11 10 9 9 10 9 9 9 9 8.
6 7 3 2. 4 3 4 7 6 7 2 2 3 3 4 5 5 7 7
;
proc glm;class A B C R;
model Y= A B C A * B A * C B * C A * B * C
R/ss3;
means A B/duncan;run;


/ * LT12 - 6 * /
data a146;
do A=1 to 3;do B=1 to 4;do R=1 to 3;
input y @@;
```

output;end;end;end;

cards;

29 28 32 37 32 31 18 14 17 17 16 15

28 29 25 31 28 29 13 13 10 13 12 12

30 27 26 31 28 31 15 14 11 16 15 13

;

proc anova;class R A B;

model y=R A R＊A B A＊B;

means A B/duncan alpha=0.05;

means A B/duncan alpha=0.01;

test h=R A e=R＊A;run;

/＊LT12-7＊/

data a147;

do A=1 to 3;do B=1 to 4;do R=1 to 3;

input y @@;

output;end;end;end;

cards;

. 28 32 37 32 31 18 14 17 17 16 15

28 29 25 31 28 29 13 13 10 13 12 12

30 27 26 31 28 31 15 14 11 16 15 13

;

proc glm;class R A B;

model y=R A R＊A B A＊B/ss3;

means A B/duncan alpha=0.05;

means A B/duncan alpha=0.01;test h=R A e=R

＊A;run;

/＊LT12-8＊/

data a148;

do A=1 to 3;do B=1 to 3;do R=1 to 6;

input y @@;output;

end;end;end;

cards;

386 396 387 298 366 397 376 406 347 280

356 356 355 388 337 201 333 348 496 549

513 469 474 520 480 540 500 436 465 509

446 533 482 413 425 490 476 492 476 436

458 487 455 512 468 398 434 473 433 482

435 334 413 447

;

proc anova;class R A B;

model y=R A R＊A B R＊B A＊B;

means A B/lsd alpha=0.05;

means A B/lsd alpha=0.01;

test h=R A e=R＊A;test h=B e=R＊B;run;

/＊LT12-9＊/

data a149;

do region=1 to 4;do block=1 to 3;do year=1 to 2;

do variety=1 to 5;

input y @@;output;

end;end;end;end;

cards;

19.7 28.6 20.3 27.9 22.3 45.5 47.5 54.2

62.2 47.4 31.4 38.3 27.5 40.0 30.8 50.3

41.1 52.3 53.1 57.8 29.6 43.5 32.6 46.1

31.1 60.0 49.4 64.5 74.7 50.5 40.8 44.4

44.6 39.8 71.5 53.9 63.7 53.9 74.2 51.1

29.4 34.9 41.4 39.2 47.6 58.8 61.1 59.1

75.6 47.3 30.2 33.9 26.2 29.1 55.4 47.7

52.2 56.4 67.0 45.0 34.7 28.8 29.8 27.7

43.0 42.1 38.8 42.1 44.3 53.9 29.1 28.7

38.4 27.6 32.7 47.1 29.4 40.0 43.5 51.8

35.1 21.0 28.0 20.4 32.0 30.8 30.5 39.8

47.7 50.3 20.2 13.2 24.5 19.0 27.6 26.6

21.4 20.7 20.7 32.6 30.2 20.5 41.6 18.4

30.0 26.5 18.7 26.8 23.6 40.0 16.0 9.6

30.6 24.6 22.7 32.7 24.1 30.4 30.9 34.2

;

proc glm;class variety region year block;

model y=variety|region|year block(region year);

means variety/duncan alpha=0.05;

means variety/duncan alpha=0.01;

test h=variety e=variety＊year;run;

/＊LT12-10＊/

data a1410;

do region=1 to 4;do block=1 to 3;do year=1 to 2;

do variety=1 to 5;input y @@;output;

end;end;end;end;

cards;

19.7 28.6 20.3 27.9 22.3 45.5 47.5 54.2

62.2 47.4 31.4 38.3 27.5 40.0 30.8 50.3

41.1 52.3 53.1 57.8 29.6 43.5 32.6 46.1

31.1 60.0 49.4 64.5 74.7 50.5 40.8 44.4

39. 8 71. 5 53. 9 63. 7 53. 9 74. 2 51. 1
29. 4 34. 9 41. 4 39. 2 47. 6 58. 8 61. 1 59. 1
75. 6 47. 3 30. 2 33. 9 26. 2 29. 1 55. 4 47. 7
52. 2 56. 4 67. 0 45. 0 34. 7 28. 8 29. 8 27. 7
43. 0 42. 1 38. 8 42. 1 44. 3 53. 9 29. 1 28. 7
38. 4 27. 6 32. 7 47. 1 29. 4 40. 0 43. 5 51. 8
35. 1 21. 0 28. 0 20. 4 32. 0 30. 8 30. 5 39. 8
47. 7 50. 3 20. 2 13. 2 24. 5 19. 0 27. 6 26. 6
21. 4 20. 7 20. 7 32. 6 30. 2 20. 5 41. 6 18. 4
30. 0 26. 5. 26. 8 23. 6 40. 0 16. 0 9. 6
30. 6 24. 6 22. 7 32. 7 24. 1 30. 4 30. 9 34. 2
;
proc glm data＝a1410；
class variety region year block；
model y ＝ variety | region | year block (region
year)/ss3；
random year region * year variety * year block(region
year)variety * year * region；
test h＝variety e＝variety * year；
test h＝region e＝region * year；
test h＝variety * region e＝variety * year * region；
run；

/ * LT12 - 13 * /
data a1413；
input A B C @@；
do R＝1 to 2；input y @@；output；end；
cards；
1 1 1 980 935 1 2 2 900 860 1 3 3 1 135 1 125
2 1 3 905 920 2 2 1 880 920 2 3 2 1 110 1 100
3 1 2 905 720 3 2 3 775 680 3 3 1 1 035 990
;
proc anova；class A B C R；
model y＝A B C R；
means A B/duncan alpha＝0. 05；run；

/ * LT12 - 14 * /
data a1414；
input A B C D E F G @@；
do R＝1 to 2；input y @@；
output；end；
cards；
1 1 1 1 1 1 1 8 8 1 1 2 2 2 2 2 22. 4 22. 4

1 1 3 3 3 3 3 14 14 1 2 1 2 2 3 3 20 20
1 2 2 3 3 1 1 21 21 1 2 3 1 1 2 2 14. 5 14
1 3 1 3 3 2 2 16 16 1 3 2 1 1 3 3 20 20. 5
1 3 3 2 2 1 1 12 10 2 1 1 2 3 2 3 28 14. 8
2 1 2 3 1 3 1 24 14. 8 2 1 3 1 2 1 2 8 8
2 2 1 3 1 1 2 14 15. 4 2 2 2 1 2 2 3 10 10
2 2 3 2 3 3 1 19. 6 19. 6 2 3 1 1 2 3 1 20 21
2 3 2 2 3 1 2 14 14 2 3 3 3 1 2 3 21 20
3 1 1 3 2 3 2 22. 4 28 3 1 2 1 3 1 3 12 12
3 1 3 2 1 2 1 12. 6 12. 6 3 2 1 1 3 2 1 14 14. 5
3 2 2 2 1 3 2 24 29 3 2 3 3 2 1 3 22. 4 16
3 3 1 2 1 1 3 22. 4 24. 4 3 3 2 3 2 2 1 22. 4
22. 4 3 3 3 1 3 3 2 8 8
;
proc anova；class A B C D E F G R；
model y＝R A B C D E F G A * B A * C B * C；
means A B C D E F G A * B A * C B * C/lsd dun-
can；run；

/ * LT12 - 15 * /
data a1415；
do N＝0 to 42 by 7；do P＝0 to 18 by 3；
input y @@；NP＝N * P；NN＝N * N；PP＝P * P；
output；end；end；
cards；
86. 9 162. 5 216. 4 274. 7 274. 3 301. 4 270. 3
110. 4 204. 4 276. 7 342. 8 343. 4 368. 4 335. 1
134. 3 238. 9 295. 9 363. 3 361. 7 345. 4 351. 5
162. 5 275. 1 325. 3 336. 3 381. 0 362. 4 382. 2
158. 2 237. 9 320. 5 353. 7 369. 5 388. 2 355. 3
144. 3 204. 5 286. 9 322. 5 345. 9 344. 6 353. 5
88. 7 192. 5 219. 9 278. 0 319. 1 290. 5 281. 2
;
proc glm；model y＝N P N * P N * N P * P/ss1；run；
proc glm；model y＝N P N * N P * P/ss1；run；

/ * LT13 - 2 * /
data a152；
do group＝1 to 2；do block＝1 to 5；
do plot＝1 to 5；do rep＝1 to 2；
input treatmnt yield @@；
output；end；end；end；end；
cards；

1 6 1 13 2 7 2 26 3 5 3 9 4 8 4 13 5 6 5 11
6 16 6 15 7 12 7 18 8 12 8 22 9 13 9 11 10
8 10 15 11 17 11 19 12 7 12 10 13 7 13 10 14
9 14 10 15 14 15 16 16 18 16 21 17 16 17 16
18 13 18 17 19 13 19 4 20 14 20 17 21 14 21
15 22 15 22 12 23 11 23 13 24 14 24 20 25 14
25 8 1 24 1 16 6 13 6 7 11 24 11 20 16 11 16
13 21 8 21 21 2 21 2 15 7 11 7 10 12 14 12
11 17 11 17 7 22 23 22 14 3 16 3 7 8 4 8 11
13 12 13 15 18 12 18 15 23 12 23 16 4 17 4
19 9 10 9 14 14 30 14 20 19 9 19 6 24 23 24
16 5 15 5 17 10 15 10 18 15 22 15 20 20 16
20 15 25 19 25 14
;
proc print data=a152;id treatmnt;run;
proc lattice data=soy cov;run;

/＊LT13－3＊/
data a153;
do b=1 to 7;input variety y@@;output;end;
cards;
1 3.5 2 3.8 4 4.1 2 3.4 3 4.0 5 3.3 3 4.1
4 4.3 6 4.6 4 4.3 5 4.2 7 4.6 5 3.7 6 4.6
1 3.9 6 4.0 7 4.8 2 3.7 7 4.9 1 4.0 3 4.5
;
proc glm;class b variety;
model y=b variety;
lsmeans variety/ADJUST=T;run;
data a;
input y@@;
cards;
44 30 42 30 40 42 34 32 33 43 32 40 31 28 40 37 43 38
37 38 36 39 31 39 43 41 40 41 34 34 36 40 41 30 42 38
39 30 40 40 32 42 43 34 41 31 36 33 42 40 42 41 30 31
40 38 44 41 39 32 41 32 40 42 38 40 30 39 36 33 41 39
42 40 32 35 41 42 38 41 37 38 41 29 41 37 44 39 37 39
37 34 42 32 38 31 30 30 40 31 40 38 44 36 31 42 38 42
42 39 28 41 39 43 39 42 46 34 35 40 39 40 35 39 29 31
38 34 41 36 31 44 31 38 38 42 39 29 39 33 43 41 41 30
37 40 40 30 38 43 39 32 40 44 41 41 45 42 27 45 40 30
41 39 35 39 41 37 35 43 41 43 39 40 39 43 38 40 37 38
41 27 40 37 32 38 35 40 42 33 38 31 42 40 34 38 41 39
39 30 41 34 40 37 29 36 42 40 42 37 37 44 42 38 28 42

42 37 40 32 32 41 39 30 44 42 41 28 36 46 42 42 34 41
39 41 33 41 36 39 32 43 30 38 39 39 38 44 30 37 41 31
38 39 39 42 42 33 29 31 32 32 40 41 39 34 39 38 33 40
41 35 41 43 40 40 41 41 29 40 40 41 42 42 38 42 32 34
40 40 37 43 40 40 39 44 28 42 38 33 40 31 39 40 43 43
37 42 44 36 29 40 38 36 38 31 39 40 39 40 38 43 41 42
43 43 29 41 39 40 41 39 41 31 41 40 39 43 41 36 36 39
40 39 43 39 40 44 38 39 40 40 40 42 42 35 35 40 36 41
32 33 34 34 43 42 41 37 39 37 44 32 42 41 40 34 42 40
40 42 40 31 40 36 40 40 41 37 38 41 38 41 42 27 38 34
38 32 37 41 41 38 40 41 38 34 43 39 41 40 32 37 40 43
39 37 43 42 40 44 40 31 38 43 35 37 31 37 36 42 40 31
32 38 42 45 41 46 39 34 39 30 39 38 41 40 41 39 41 32
;
proc fmm data=a;
model y = / k=2 parms(40 4, 40 4);
run;

/＊LT15－1＊/
data a121;
input variety $ x1 x2@@;
output;
cards;
1 1 6 2 9 1 3 6 2 4 6 7 5 10 3 6 2 4 7 9 6
;
run;
proc plot data=a1;plot x1＊x2=".";run;
proc distance data=a1 method=EUCLID out=md;
var interval(x1－x2);id variety;run;
proc cluster data=md method=sin pseudo outtree=
tree;id variety;run;
proc tree data＝tree nclusters=2　hor out＝tree2
lines＝(color＝blue width＝4)vaxis＝axis2 haxis＝
axis3;
id variety;　run;
proc cluster data=md method=com pseudo outtree
=tree;id variety;run;
proc tree data＝tree nclusters=2　hor out＝tree2
lines＝(color＝blue width＝4)vaxis＝axis2 haxis＝
axis3　INC＝0.2;id variety;run;
proc cluster data=md method=med pseudo outtree
=tree;id variety;run;
proc tree data＝tree nclusters＝2 hor out＝tree2

```
lines=(color=blue width=4)vaxis=axis2 haxis=
axis3 INC=0.15;id variety;run;
proc cluster data=md method=ave pseudo outtree
=tree;id variety;run;
proc tree data=tree nclusters=2 hor out=tree2
lines=(color=blue width=4)vaxis=axis2 haxis=
axis3;
id variety;run;
proc cluster data=md method=cen pseudo outtree
=tree;id variety;run;
proc tree data=tree nclusters=2  hor out=tree2
lines=(color=blue width=4)vaxis=axis2 haxis=
axis3  INC=0.2;id variety;run;
proc cluster data=md method=war pseudo outtree
=tree;id variety;run;
proc tree data=tree nclusters=2  hor out=tree2
lines=(color=blue width=4)vaxis=axis2 haxis=
axis3  INC=0.2;id variety;run;
```

```
/*LT15-2*/
data a122;
input variety $ x1-x8 @@;output;
cards;
1 115 10.62 34 53 4 40 100 5
2 163 14.03 64 62 7 56 255 8
3 137 13.18 42 70 6 100 580 6
4 160 19.05 64 53 8 80 480 6
5 165 17.10 101 34 7 80 360 7
6 160 13.02 101 45 3 46 70 7
7 175 23.00 70 45 9 40 400 8
8 165 23.90 60 60 8 80 480 6
9 125 16.30 49 50 8 53 341 8
10 136 13.40 32 62 8 50 370 6
11 156 16.20 48 67 8 63 367 9
12 155 15.13 80 58 4 60 220 8
13 130 15.80 22 55 9 80 560 5
14 138 19.30 42 45 8 90 230 7
15 125 10.25 60 40 3 50 110 7
;
run;
proc distance data=a2 method=cityblock out=md;
var interval(x1-x8);id variety;run;
proc cluster data=md method=average pseudo out-
```

```
tree=tree;id variety;run;
proc plot data=tree;plot(_psf_ _pst2_) * _ncl_=_
ncl_;run;
proc tree data=tree nclusters=4 hor out=tree2
lines=(color=blue width=3)vaxis=axis2 haxis=
axis3 INC=0.2;id variety;   run;
proc sort data=tree2;by cluster variety;run;
proc print data=tree2;run;
```

```
/*LT15-3*/
data dis2(type=distance);
input  variety $ x1 x2 x3 x4 x5 x6 x7 x8 x9 x10;
datalines;
1 0 0.333 0.6 1 0.412 1 0.333 0.143 0.333 0.5
2 0.333 0 0.333 0.818 0.412 1 0.667 0.143 0.333 0.5
3 0.6 0.333 0 0.286 0.2 0.8 0.6 0.412 0.143 0.263
4 1 0.818 0.286 0 0.375 0.667 0.636 0.846 0.412
0.333
5 0.412 0.412 0.2 0.375 0 0.833 0.294 0.263 0.043
0.048
6 1 1 0.8 0.667 0.833 0 0.714 1 0.846 0.818
7 0.333 0.667 0.6 0.636 0.294 0.714 0 0.429 0.333
0.25
8 0.143 0.143 0.412 0.846 0.263 1 0.429 0 0.2 0.333
9 0.333 0.333 0.143 0.412 0.043 0.846 0.333 0.2
0 0.091
10 0.5 0.5 0.263 0.333 0.048 0.818 0.25 0.333
0.091 0
;
proc cluster data=dis2 method=ave pseudo outtree
=tree;  id variety;run;
proc plot data=tree;plot(_psf_ _pst2_) * _ncl_=_
ncl_;
run;
proc tree data=tree nclusters=3 hor out=tree2
lines=(color=blue width=3)  inc=0.2;id varie-
ty;run;
proc sort data=tree2;by cluster;run;
proc print data=tree2;run;
```

```
/*LT16-2*/
data a162;input y f@@;
cards;
```

```
0 1 1 2 2 3 3 8 4 4 5 4 6 2
7 2 8 2 9 1 10 0 11 0 12 1
;
proc means mean std vardef=wdf;
var y;weight f;
output out=resa2 mean=average std=sd;
run;
data a23;
set resa2;
n=30;alpha=0.05;nall=336;
t=tinv(1-alpha/2,n-1);sy1=sd/sqrt(n);
lclm=average-t*sy1;uclm=average+t*sy1;
sy2=sy1*sqrt(1-n/nall);
lclm2=average-t*sy2;uclm2=average+t*sy2;
run;
proc print;run;


/*LT16-4*/
data a164;
input x1 x2@@;y=x2/x1*100;
cards;
1 980 178 2 062 211 2 154 335 2 512 345 2 315
212 2 098 238 2 421 460 1 867 119 2 248 298
;
proc means mean std stderr clm sum alpha=0.05;
var y; output out = resy mean = average std = sd
stderr=stderror sum=sumy n=num;run;
proc means sum data=a3;var x1;
output out=resx1 sum=sumx1;run;
proc means sum data=a3;var x2;
output out=resx2 sum=sumx2;run;
data res2;
set resy;set resx1;set resx2;
nall=100;alpha=0.05;
n1=sumx1;n2=sumx2;t=tinv(1-alpha/2,num-1);
sy=stderror*sqrt(1-num/nall);
lclm=average-t*sy;uclm=average+t*sy;
p=n2/n1;sp=sqrt(p*(1-p)/n1);
proc print;run;


/*LT16-5*/
data a165;
do r=1 to 4;do k=1 to 4;input y@@;output;
```

```
end;end;
cards;
3.28 3.09 3.03 3.03 3.52 3.48 3.38 3.38
2.88 2.80 2.81 2.76 3.34 3.38 3.23 3.26
;
proc glm alpha=0.05 data=a5 outstat=stats;
class r k;model y=r/ss3;random r;
output out=new;run;
proc print data=stats;run;
proc iml;use work.stats;
read all into mx;use work.new;
read all into my;
n=4;k=4;alpha=0.05;
ymean=my[+,3]/(n*k);ms=mx[,2]/mx[,1];
sigmaA2=ms[1];sigmaB2=(ms[2]-sigmaA2)/n;
syhat2=sigmaA2/(n*k)+sigmaB2/k;syhat=sqrt
(syhat2);
t=tinv(1-alpha/2,k-1);
lclm=ymean-t*syhat;uclm=ymean+t*syhat;
resout=n||k||alpha||ymean||sigmaA2||sigmaB2
||syhat2||syhat||t||lclm||uclm;
cname={"_n_" "_k_" "_alpha_" "_ymean_" "_sig-
maA2_" "_sigmaB2_" "_syhat2_" "_syhat_" "_t_"
"_lclm_" "_uclm_"};
create out from resout[colname=cname];
append from resout;print my;quit;
proc print data=out;run;


/*LT16-6*/
proc iml;
alpha=0.05;n=20;n0=5;ryx=0.924;sx2=
55.37;df=n-2;
a=-0.38;b=0.56;syx2=3.06;m=100;m0=5;
num=1 986;
xmean=num/m;yhat=b*xmean+a;
sy2=syx2/n+b*b*sx2/m;sy=sqrt(sy2);
t=tinv(1-alpha/2,df);
lclm=yhat-t*sy;uclm=yhat+t*sy;
print df yhat sy2 sx2 t lclm uclm;quit;


/*LT16-7*/
data a167;
do r=1 to 18;input m h@@;output;end;
```

cards;

1 0 2 1 3 2 4 2 5 3 6 4 7 5 8 5 9 6 10 6
11 6 12 7 13 7 14 7 15 8 16 8 17 9 18 9
;

proc iml;use work. a7;read all into mh;

m=mh[,2];h=mh[,3];p0=0.5;p1=0.75;alpha
=0.1;beta=0.1;

ha0=log10(beta/(1−alpha))/(log10(p1/p0)−
log10((1−p1)/(1−p0)));

hr0=log10((1−beta)/alpha)/(log10(p1/p0)−
log10((1−p1)/(1−p0)));

b=log10((1−p0)/(1−p1))/(log10(p1/p0)−
log10((1−p1)/(1−p0)));

Em=−log10(beta/(1−alpha))*log10((1−beta)/
alpha)/(log10(p1/p0)*log10((1−p0)/(1−p1)));

ha=ha0+b*m;hr=hr0+b*m;

print mh m h ha hr ha0 hr0 b Em;

resout=ha||hr||h||m;

cname={"ha" "hr" "h" "m"};

create out from resout[colname=cname];

append from resout;

options linesize=80;proc gplot data=out;

symbol i=joint v=none;

plot ha * m=1 hr * m=2 h * m=' * '/overlay hax-
is=1 to 20 by 1 href=18;run;

/ * LT16 - 12 * /

data a1 612;

do r=1 to 5;

input N p s@@;ns=N * s;ps=p * s;ps2=p * s
* s;

output;end;

cards;

800 0. 08 100 1 800 0. 18 130 2 000 0. 20 150
4 000 0. 40 200 1 400 0. 14 300

;

proc iml;use work. a12;read all into NPS;

print NPS;Ni=NPS[,2];sumN=NPS[+,2];

pi=NPS[,3];Ns=NPS[,5];sumNs=NPS[+,5];

sumps=NPS[+,6];sumps2=sumps * 2;

sumpss=NPS[+,7];

print Ni pi Ns sumN sumNs sumps2 sumpss;

d=10;t=2;V=d * 2/(t * 2);

/ * Stratified sampling with proportional
allocation * /

n0=sumpss/V;n=n0/(1+n0/sumN);ni=pi * n;

print n0 n ni;

/ * Stratified sampling with optimum allocation * /

n0=sumps2/V;n=n0/(1+sumpss/(sumN * v));ni
=n * Ns/sumNs;

print n0 n ni;quit;run;

附录 2 希腊字母表

A	α	alpha	H	η	eta	N	ν	nu	T	τ	tau
B	β	beta	Θ	θ	theta	Ξ	ξ	xi	Υ	υ	upsilon
Γ	γ	gramma	I	ι	iota	O	o	omicron	Φ	ϕ	phi
Δ	δ	delta	K	κ	kappa	Π	π	pi	X	χ	chi
E	ϵ	epsilon	Λ	λ	lambda	P	ρ	rho	Ψ	ψ	psi
Z	ζ	zeta	M	μ	mu	Σ	σ	sigma	Ω	ω	omega

附录3　主要统计符号注解

一、希腊字母符号

α	统计测验的显著水平；第一类错误的概率；总体回归截距
β	第二类错误的概率；线性模型中的区组效应；总体回归系数；
β_i	总体偏回归系数
δ_{jk}	重复内分组设计的分组误差
$\varepsilon,\ \varepsilon_{ij}$	线性模型中的试验误差；随机误差；重复内分组设计的参试材料误差
κ_A^2	固定模型中 A 因素的方差；
κ_B^2	固定模型中 B 因素的方差；
κ_{AB}^2	固定模型中 A×B 互作方差
κ_τ^2	固定模型中处理的期望均方
Λ	多元方差分析统计量
μ	总体平均数
$\hat{\mu}$	总体平均数的估计值
μ_k	总体的 k 阶中心矩
$\hat{\mu}_k$	样本的 k 阶中心矩
$\mu_{\sum y}$	样本总和数抽样分布的平均数
μ_Y	Y 的总体平均数
$\mu_{Y/X}$	Y 依 X 的总体平均数
$\mu_{\bar{y}}$	平均数抽样分布的平均数
$\mu_{\bar{y}_1-\bar{y}_2}$	统计数 $\bar{y}_1-\bar{y}_2$ 抽样分布的平均数
ν	自由度
ν_1	第一样本的自由度；统计数 F 的分子均方自由度
ν_2	第二样本的自由度；统计数 F 的分母均方自由度
ν_e	离回归自由度
ρ	总体相关系数
$\rho_{ij}\cdot$	总体偏相关系数
σ	总体标准差
σ_p	二项成数标准差
$\sigma_{\bar{y}}$	样本平均数分布的标准误
σ^2	总体方差
σ_A^2	随机模型中 A 因素方差；三级抽样误差
σ_{AB}^2	线性随机模型中 A×B 互作方差
σ_B^2	随机模型中 B 因素方差；二级抽样误差
σ_C^2	随机模型中 C 因素方差；一级抽样误差
σ_e^2	组内方差；环境方差
σ_g^2	遗传方差；
σ_p^2	表型方差
$\sigma_{\bar{y}}^2$	样本平均数抽样分布的方差

$\sigma^2_{\sum y}$	样本总和数抽样分布的方差
$\sigma^2_{\bar{y}_1 - \bar{y}_2}$	统计数 $\bar{y}_1 - \bar{y}_2$ 抽样分布的方差
$\hat{\sigma}^2$	方差估计值
$(\sigma')^2$	重复内区组间理论方差
$\sigma_{Y/X}$	Y 依 X 的总体回归的估计标准差
τ	线性模型中的处理效应
$\tau\beta$	两个因素的互作效应
ϕ	抽样分数
$\varphi(u)$	标准正态分布函数
χ^2	卡平方
χ^2_C	经连续矫正的卡平方值
χ^2_T	总卡平方值
$\chi^2_{a,\nu}$	自由度为 ν 显著水平为 α 时的卡平方临界值

二、拉丁字母大写体符号

A、B、C	多因素试验的 A、B、C 因素
A×B	A 因素和 B 因素的交互作用
$\overline{A}$	事件 A 的对立事件
C	矫正数；Bartlett 测验中的矫正数；列总次数；抽样中的抽样费用
C_i	正交系数
C_a、C_b	调整平均数
CK	对照
CV	变异系数
D_{pq}	G_p 和 G_q 两类间的距离
$D(y)$	y 的方差
DF	自由度
DF_T、DF_t	总自由度、处理自由度
DF_A、DF_{AB}、	A 因素、A×B 互作自由度
E	理论次数
$E(y)$	y 的数学期望
$E(y^k)$	总体的 k 阶原点矩
$E[(y-\mu)^k]$	总体的 k 阶中心矩
EMS	期望均方
E_a、E_b、E_c	再裂区或条区设计资料的方差分析中的误差项，前二者为重复内分组或分组内重复设计的误差项
F	F 统计数
$F_N(y)$	正态分布的累积函数
FPLSD	Fisher 保护下最小显著差数法
$F_{0.05}$、$F_{0.01}$	F 分布的 0.05、0.01 临界值
$F(y)$	累积函数
$F(\chi^2_p)$	χ^2 累积分布函数
G	几何平均数
GLM	一般线性模型

H_0	无效假设
H_A	备择假设
I	信息量
K_b	调整平方和成分（b）
K_a	未调整平方和成分（a）
Lb	可估函数
$L(\theta)$	似然函数
$L_k(m^j)$	m 个水平、k 个处理、j 个效应的正交表
$L_k(m_1^{j_1} \times m_2^{j_2})$	具有 m_1 水平 j_1 列、m_2 水平 j_2 列的 k 行混合水平的正交表
L_1	置信下限
L_2	置信上限
LSD	两个平均数差数的最小显著值
LSD_α	显著水平为 α 的最小显著差数
LSR	最小显著极差值
M	多元回归的变数总个数
M_d	中数
M_o	众数
MP	均乘
MS	均方
N	有限总体的总观察值数
$D_{N_{ij}}$	Nei 氏距离
$N(\mu, \sigma^2)$	平均数为 μ、方差为 σ^2 的正态分布
O	观察次数
$P(A)$	事件 A 发生概率
$P(B \mid A)$	事件 A 发生下事件 B 发生的概率
Q	离回归平方和；处理合并对比的差数总和数
Q_k	k 次多项式离回归平方和
$Q_{y/12\cdots m}$	多元回归的离回归平方和
R	多元相关系数；极差；R 行总次数
R	简单相关系数阵
R(⋯)	矩阵模型的剩余平方和
R_α	显著水平为 α 时的临界 R 值
$R_{y \cdot 12\cdots m}$	复相关系数（多元相关系数）
$R^2_{y \cdot x, x^2, \cdots, x^k}$	k 次多项式的决定系数
SE	标准误
$SNK(NK)$	复极差测验
SP	乘积和
SS	平方和
SS_k	组类平方和
SS_A	A 因素的平方和
SS_B	B 因素的平方和
SS_{AB}	A×B 互作的平方和
SS_D	单一自由度平方和

SS_e	误差平方和
SS_t	处理平方和
SS_Y	Y 总变异平方和
SS_x	x 变数平方和
SS_y	y 变数平方和
SSR	Duncan 新复极差测验的统计数
T	观察值总和数
T_A、T_B	A、B 因素各水平总和数
T_c	调整处理总和
T_x、T_y	变数 x、y 的总和数
U	回归平方和
U	必然事件
U_k	k 次多项式回归平方和
U_{P_i}	y 对 x_i 的偏回归平方和
$U_{y/12\cdots m}$	多元回归的回归部分平方和
V	不可能事件；随机效应的方差协方差矩阵
X	直线回归中的自变数
$\boldsymbol{X}$	结构矩阵；系数矩阵
$(\boldsymbol{X}'\boldsymbol{X})^{-1}$	$(\boldsymbol{X}'\boldsymbol{X})$ 的逆矩阵
Y	直线回归中的依变数；
$\boldsymbol{Y}$	依变数观测值向量
$\boldsymbol{Z}_i$	是第 i 个随机因子的设计矩阵，维数为 $n\times m_i$

三、拉丁字母小写体符号

a、b、c	多因素试验中因素 A、B、C 的水平数；重复内分组设计的分组数
a	直线回归方程中样本的回归截距，用于估计 α
a'	尺度转换后的回归截距
b	样本回归系数，用于估计 β
$\boldsymbol{b}$	回归系数向量
b_0	直线回归方程中的回归截距
b'	尺度转换后的回归系数
b_i	样本偏回归系数，用于估计 β_i
b_i'	样本标准偏回归系数（通径系数）
cf	换算系数
c_k	峰度系数
cov	协方差
c_s	偏度系数
c_{ij}、c_{ij}'	高斯乘数
d	成对观察值的差数；预定准确度
$\bar{d}$	成对观察值的差数的平均数
$d_{ij}(E)$	欧氏距离
$d_{ij}(1)$	加权欧氏距离
$d_{ij}(M)$	马氏距离

e	自然对数的底
e_i	误差效应
f	观察次数
f_i	第 i 组变数观察值的个数；均方自由度
$f_N(y)$	正态分布的概率密度函数
gcv	遗传变异系数
h	代表 m 个单位中具备某种性状的累计数
h^2	遗传力
h_a	代表符合 $P<P_0$ 的控制线
h_r	代表符合 $P>P_0$ 的控制线
k	样本数或处理数；BIB 设计中的区组大小
l	系统分组资料中的组数
$\ln L(\theta)$	对数似然函数
m	一个多元回归中的自变数个数；系数分组资料的亚组数；泊松分布的平均数、方差；全试验总平均数；格子设计中的总平均数
n	一个样本的观察值数目或样本容量或样本含量
n_0	每组观察次数不相等资料方差分析时的平均数
n'	待定样本容量
n_0'	待定样本容量的近似值
n_i	第 i 个样本或类别的观察值数
p	一个二项总体的成数；LSR 测验中全距所包含的平均数个数；格子设计中区组内品种数；两极差间所包含的平均数个数（秩）
p_i	通径系数，标准偏回归系数；样本的成数
q	学生氏复极差测验的统计数；二项总体的成数
q_a	显著水平为 α 的学生氏极差
r	样本相关系数，用于估计 ρ、相依表的行数、试验重复数与重复效应
r^2	样本决定系数
$r_{ij\cdot}$	变数 i 和 j 间的偏相关系数
r_e	环境相关系数
r_g	遗传相关系数
r_p	表型相关系数
s	样本标准差，用于估计 σ；试点数与试点效应
$s_{ij}(1)$	相似系数
$s_{ij}(2)$	余弦夹角
s_b	回归系数 b 的样本标准误
s_{b_i}	偏回归系数 b_i 的样本标准误
$s_{b_1-b_2}$	两个回归系数差数的样本标准误
$s_{\bar{d}}$	样本差数平均数的标准误
s_D	回归矫正平均数间的差数标准误
s_k	k 次多项式离回归标准误
s_r	样本相关系数 r 的标准误
$s_{r_{ij\cdot}}$	偏相关系数 $r_{ij\cdot}$ 的标准误
s_t^2	处理的均方

s_T^2	总的均方
$s_{\bar{y}}$	样本平均数的标准误
$s_{\hat{y}}$	条件总体中平均数的估计标准误
$s_{y/x}$	离回归标准误
$s_{y/12\cdots m}$	多元回归估计的离回归标准误
s^2	样本方差，用于估计 σ^2
s_e^2	试验误差的方差
t	t 分布的统计数；BIB 设计的处理数
t_c	连续性矫正的 t 值
t_{ef}	未调整的品种总和
t'_{ef}	调整的品种总和
$t_{a,\nu}$	自由度为 ν 显著水平为 α 的 t 临界值
u	正态分布的统计数；正态标准离差
u_a	显著水平为 α 的 u 临界值
u_c	连续性矫正的 u 值
v	相同试验方案联合分析中的品种数、品种效应
v_{12}	简单格子设计中品种 1、2 的未调整平均数
w	可靠度
$\bar{w}$	k 个含量为 n 的小样本极差的平均值
x	直线回归中自变数
x_i	X 变数的第 i 个观察值；多元回归中第 i 个自变数
$\bar{x}$	x 变数的样本平均数，用于估计 μ
x'	尺度转换后的新变数
$(x_i,\ y_i)$	两个变数资料的某对观察值
y	直线回归中的依变数
$\hat{y}_i$	直线回归中 y_i 的预测值
$\bar{y}$	y 变数的样本平均数
$\overline{y^k}$	样本的 k 阶原点矩
$\overline{(y-\bar{y})^k}$	样本的 k 阶中心矩
y'	尺度转换后的新变数
$\bar{y}_{ic}$	调整处理平均数
$\bar{y}_{i(x=\bar{x})}$	矫正平均数
z	相关系数 r 的转换值

索引与英汉术语对照表

（5.1代表第五章第一节，其余类推）

A

acceptance region	接受区	5.1
additivity	可加性	6.6
agglomerative clustering	聚合法	15.2
alternative hypothesis	对应假设，备择假设	5.1
analysis of covariance	协方差分析	11.5，11.6
analysis of variance	方差分析	6.1
ANOVA	方差分析程序	11.6
arcsine transformation	反正弦转换	6.6
arithmetic mean	算术平均数	3.3
average	平均数	3.3

B

balanced data	平衡数据	11.6
balanced incomplete block design	平衡不完全区组设计	13.1
balanced lattice	平衡格子设计	13.1
balanced lattice square	平衡格子方设计	13.1
bar diagram	条形图	3.2
Bartlett test	Bartlett 测验	7.2
Bernoulli	贝努里	4.2
bias	偏差	1.3
binary population	二项总体	4.2
binomial distribution	二项式分布或二项分布	4.2
blank test	空白试验	2.2
block	区组	2.4
block in replication	重复内分组设计	13.1

C

check	对照	1.2，2.4
class interval	组距	3.2
class limit	组限	3.2
class value	组中点值，组值	3.2
centroid	重心法	15.2
cluster analysis	聚类分析	15.0
coefficient of kurtosis	峰度系数	14.2
coefficient of skewness	偏度系数	14.2

主 要 参 考 文 献

陈魁，2005. 实验设计与分析. 北京：清华大学出版社.

杜荣骞，1997. 生物统计学. 北京：高等教育出版社.

范濂，1983. 农业试验统计方法. 郑州：河南科学技术出版社.

盖钧镒，章元明，王建康，2003. 植物数量性状遗传体系. 北京：科学出版社.

高惠璇，1997. SAS 系统 Base SAS 软件使用手册. 北京：中国统计出版社.

胡良平，2010. SAS 统计分析教程. 北京：电子工业出版社.

金大永，徐勇，2011. 概率论与数理统计. 3 版. 北京：高等教育出版社.

金勇进，2010. 抽样：理论与应用. 北京：高等教育出版社.

李春喜，王文林，1997. 生物统计学. 北京：科学出版社.

林德光，1982. 生物统计的数学原理. 沈阳：辽宁人民出版社.

刘权，1997. 果树试验设计及统计. 北京：中国农业出版社.

洛尔，2009. 抽样：设计与分析. 金勇进，译. 北京：中国统计出版社.

马育华，1982. 试验统计. 北京：农业出版社.

茆诗松，周纪芗，2007. 概率论与数理统计. 3 版. 北京：中国统计出版社.

莫惠栋，1992. 农业试验统计. 2 版. 上海：上海科学技术出版社.

王松桂，陈敏，陈立萍，2003. 线性统计模型. 北京：高等教育出版社.

邬祥光，1963. 昆虫生态学的常用数学分析方法. 北京：农业出版社.

辛涛，2010. 回归分析与实验设计. 北京师范大学出版社. 北京：

张瑛，雷毅雄，2009. SAS 软件实用教程. 北京：科学出版社.

朱军，1999. 线性模型分析原理. 北京：科学出版社.

BOX G E P，W G HUNTER，J S HUNTER，1978. Statistics for experimenters. New York：John Wiley and Sons.

COCHRAN W G，1963. Sampling techniques. 2nd ed. New York：John Wiley and Sons.

Cochran W G，G M Cox，1957. Experimental designs. 2nd ed. New York：John Wiley and Sons.

EVERITT B S，HAND D J，1981. Finite mixture distributions. New York：Chapman and Hall.

IRELAND C，2010. Experimental statistics for agriculture and horticulture. Oxfordshire：CASBI Publishing.

LITTLE T M，F J HILLS，1979. Agricultural experimentation，design and analysis. New York：John Wiley and Sons.

MCLACHLAN G J，KRISHNAN T，2008. The EM algorithm and extensions. 2nd ed. Trenton：John Wiley and Sons.

MEAD R，R N CURNOW，1983. Statistical methods in agriculture and experimental biology. London：Chapman and Hall.

QUINN G P，M J KEOUGH，2002. Experimental design and data analysis for biologists. Cambridge：Cambridge University.

SNEDECOR G W，W G COCHRAN，1989. Statistical methods. 8th ed. Des Moines：The Iowa State University Press.

STEEL R G D，J H TORRIE，1996. Principles and procedures of statistics：a biometrical approach. 2nd ed. New York：McGraw Hill.

WILSON E B，1952. An introduction to scientific research. New York：McGraw Hill.